材料科学与工程著作系列
HEP Series in Materials Science and Engineering

"十二五"国家重点图书

沈晓冬　姚燕　主编

水泥材料研究进展

Research Progress of Cementitious Materials

高等教育出版社·北京
HIGHER EDUCATION PRESS　BEIJING

内容简介

本书围绕水泥低能耗制备与高效应用的基础研究，全面、系统地概述国内外对阿利特微结构和熟料矿物相组成优化、水泥生产预分解窑技术及研究进展、水泥粉磨动力学及粉磨性能控制、水泥熟料与辅助性胶凝材料优化复合的化学和物理基础、复合水泥浆体组成和结构的演变规律研究进展、水泥基材料的产物与结构稳定性及服役行为等方面的研究和探讨。同时，翻译了第十二届国际水泥化学大会的主题报告，补充了水泥在测试手段和发展方向等方面的论述。

本书可供无机非金属材料专业的学生以及从事水泥生产、科研、设计的有关科研人员和工程技术人员阅读参考。

图书在版编目（CIP）数据

水泥材料研究进展 / 沈晓冬，姚燕主编. —北京：高等教育出版社，2012.1

（材料科学与工程著作系列）

ISBN 978-7-04-033624-5

Ⅰ.①水… Ⅱ.①沈… ②姚… Ⅲ.①水泥-研究 Ⅳ.①TQ172.6

中国版本图书馆 CIP 数据核字（2011）第 230113 号

策划编辑	刘剑波	责任编辑	焦建虹	封面设计	王凌波	版式设计	杜微言
责任校对	金 辉	责任印制	朱学忠				

出版发行	高等教育出版社	咨询电话	400-810-0598	
社　　址	北京市西城区德外大街 4 号	网　　址	http://www.hep.edu.cn	
邮政编码	100120		http://www.hep.com.cn	
印　　刷	涿州市星河印刷有限公司	网上订购	http://www.landraco.com	
开　　本	787mm×1092mm　1/16		http://www.landraco.com.cn	
印　　张	33	版　　次	2012 年 1 月第 1 版	
字　　数	620 千字	印　　次	2012 年 1 月第 1 次印刷	
购书热线	010-58581118	定　　价	89.00 元	

本书如有缺页、倒页、脱页等质量问题，请到所购图书销售部门联系调换。

版权所有　侵权必究

物 料 号　33624-00

前　言

中国水泥工业发展迅速。2010 年我国水泥产量达 18.68 亿 t，占世界总量的 50% 以上，连续 26 年居世界第一；2001—2010 年，我国水泥产量年平均增长率为 13.19%，未来需求和产量仍将持续增长。预计到 2020 年发展中国家水泥需求增长是 1990 年的 115% ~ 180%。可持续发展和国际关系研究所（IDDRI）和 Entreprises pour l'Environnement（EpE）预测 2050 年水泥需求量为近 50 亿 t，世界自然基金会（WWF）/拉法基预测水泥需求量将超过 55 亿 t。国际能源机构（IEA）预测高需求情景下 2050 年水泥产量为 44 亿 t，低需求情景下为 36.6 亿 t。水泥工业能源资源消耗大、产品质量偏低、环境负荷严重。据统计，2009 年我国原煤产量为 29.6 亿 t，燃烧排放 CO_2 为 77.5 亿 t，其中水泥生产能耗约 1.8 亿 t 煤，占当年全国总能耗的 6.6%，CO_2 排放总量约 13 亿 t。

另一方面，水泥能够利用工业废渣作为其辅助性胶凝组分。水泥工业目前利用废弃物的数量占废弃物排放总量的 30%，为工业废渣的资源化利用发挥了重要作用。但是其利用方式是粗放式的，工业废渣高效资源化利用亟须科学性指导。此外，在水泥使用过程中，因其性能不良导致的混凝土工程质量低下，造成了混凝土结构服役寿命偏短。实现废弃物的合理利用，提高水泥的应用效率，延长工程的服役寿命，这其中仍然存在许多有待解决的问题。

水泥工业实现节能减排目标形势严峻。国家当前倡导的可持续发展既是水泥工业发展的压力，也是水泥工业跨越发展的重大机遇。提高水泥性能、降低能源和资源消耗、减少环境污染、提高水泥的应用效能是水泥工业技术进步的方向。

近几十年来，水泥科学技术的发展促进了水泥工业的一系列重大变革，如基于热动力学理论发明的水泥预分解窑煅烧技术、基于颗粒料层粉磨理论发明的高效粉磨技术、基于水泥水化理论产生的辅助性胶凝材料应用技术等，使水泥生产能耗降低了近 40%，水泥混凝土服役寿命有所提高。但是，总体上来说，已有研究以材料强度性能为重点，水泥制备与应用相对脱节，缺乏系统性，研究成果无法全面指导解决当前水泥制备和应用过程中的一系列问题。

前言

本书以节能减排和提高水泥性能为中心，围绕水泥组成和结构优化、制备过程节能与水泥高效应用等重大问题系统地展开，包括阿利特微结构和熟料矿物相组成优化、水泥生产预分解窑技术及研究进展、水泥粉磨动力学及粉磨性能控制、水泥熟料与辅助性胶凝材料优化复合的化学和物理基础、复合水泥浆体组成和结构的演变规律研究进展、水泥基材料的产物与结构稳定性及服役行为等方面的研究和探讨，并翻译介绍了第十二届国际水泥化学大会的主题报告。这对实现高胶凝性熟料性能的优化设计、实现熟料形成过程最佳能量配置、指导新型高效节能粉磨技术和装备的研发、提高水泥应用效能、显著促进水泥科学由经验描述或半定量描述向精确描述和预测方面发展以及发展水泥制备和应用的创新技术等，具有重大科学意义。

本书由沈晓冬和姚燕担任主编，具体分工如下：第一、七章由沈晓冬编写，第二章由汪澜编写，第三章由叶旭初编写，第四章由余其俊编写，第五章由邓敏编写，第六章由姚燕编写。马素花博士负责统稿工作。

由于编写时间仓促，书中不当之处在所难免，殷切希望读者给予批评指正。

编者
2011 年 11 月

目　录

第一章　阿利特微结构和熟料矿物相组成优化 …………………… 1
　1.1　引言 ……………………………………………………………… 1
　1.2　阿利特高介稳微结构研究 ……………………………………… 3
　　　1.2.1　C_3S 多晶型结构 ………………………………………… 3
　　　1.2.2　C_3S 晶型的命名 ………………………………………… 5
　　　1.2.3　介稳 C_3S 晶体结构模型 ………………………………… 6
　　　1.2.4　阿利特介稳结构的影响因素 …………………………… 11
　1.3　掺杂对熟料形成过程的影响 …………………………………… 16
　　　1.3.1　掺杂对 C_3S 形成过程及性能的影响 …………………… 16
　　　1.3.2　阳离子对液相性质及熟料相形成的影响 ……………… 17
　　　1.3.3　阴离子(团)对液相性质及熟料相形成的影响 ………… 19
　1.4　熟料矿物相组成优化 …………………………………………… 20
　　　1.4.1　阿利特形成动力学 ……………………………………… 21
　　　1.4.2　熟料矿物相组成的相互关系 …………………………… 23
　　　1.4.3　熟料矿物相组成优化匹配 ……………………………… 25
　　　1.4.4　促进阿利特形成的措施及其控制 ……………………… 29
　1.5　含 $C_4A_3\bar{S}$ 矿物硅酸盐水泥的工业示范 ……………………… 29
　　　1.5.1　含 $C_4A_3\bar{S}$ 矿物硅酸盐水泥熟料的原料选择及工业配料 … 29
　　　1.5.2　含 $C_4A_3\bar{S}$ 矿物硅酸盐水泥的工业试制 ………………… 30
　1.6　熟料矿物相定量分析 …………………………………………… 31
　　　1.6.1　显微镜统计法 …………………………………………… 32
　　　1.6.2　Bogue 法 ………………………………………………… 32
　　　1.6.3　X 射线衍射法 …………………………………………… 32
　　　1.6.4　Rietveld 全谱拟合定量分析方法 ……………………… 33
　1.7　结束语 …………………………………………………………… 35
　参考文献 ……………………………………………………………… 35

第二章　水泥生产预分解窑技术及研究进展 …………………… 45
　2.1　引言 ……………………………………………………………… 45

2.2 熟料烧成热动力学过程 ·· 46
 2.2.1 热力学研究 ··· 47
 2.2.2 动力学研究 ··· 50
 2.2.3 烧成过程研究 ··· 51
2.3 快速烧成的研究进展 ·· 52
2.4 预分解窑产量的研究进展 ·· 53
 2.4.1 生料分解率测定的研究 ······································· 53
 2.4.2 预分解窑产量能力的研究 ····································· 54
 2.4.3 提高预分解窑产量的研究 ····································· 54
2.5 结束语 ·· 56
参考文献 ·· 56

第三章 水泥粉磨动力学及粉磨性能控制 ··································· 61

3.1 引言 ·· 61
3.2 粉磨动力学方程 ·· 62
 3.2.1 粉磨动力学方程的建立 ······································· 62
 3.2.2 实际粉磨动力学方程 ··· 63
 3.2.3 方程中 m 和 K_t 值的确定 ································· 63
3.3 粉磨动力学方程研究进展 ·· 63
3.4 水泥粉磨动力学方程研究进展 ·· 65
3.5 离心力场中粉磨动力学研究进展 ······································ 67
 3.5.1 研究背景 ··· 67
 3.5.2 行星球磨机的研究现状 ······································· 68
 3.5.3 行星球磨机的应用 ··· 69
 3.5.4 行星球磨机的运动学研究 ····································· 72
 3.5.5 立式行星球磨机动力学研究 ··································· 76
 3.5.6 立式行星球磨机实验研究 ····································· 79
 3.5.7 粉碎机理与能量传递规律的研究 ······························· 81
3.6 小能量破碎理论基础研究 ·· 87
3.7 粉磨过程对水泥颗粒组成及性能的影响 ································ 89
3.8 结束语 ·· 90
参考文献 ·· 91

第四章 水泥熟料与辅助性胶凝材料优化复合的化学和物理基础 ··············· 99

4.1 主要工业废渣在水泥中的利用及存在的问题 ···························· 101

4.2 水泥熟料与辅助性胶凝材料的复合技术和理论 ………………………… 104
4.3 分析研究与测试方法进展 ………………………………………………… 108
4.4 复合水泥颗粒级配优化理论 ……………………………………………… 115
    4.4.1 调整颗粒级配改善浆体性能的原理 ……………………………… 116
    4.4.2 最紧密堆积物理模型 ……………………………………………… 118
4.5 高性能减水剂研究进展 …………………………………………………… 129
    4.5.1 聚羧酸系超塑化剂合成与性能研究 ……………………………… 131
    4.5.2 相关机理研究 ……………………………………………………… 134
    4.5.3 超塑化剂对水化产物的影响 ……………………………………… 142
    4.5.4 减水剂分子结构与性能关系研究 ………………………………… 143
    4.5.5 聚羧酸系减水剂与水泥间的相容性 ……………………………… 145
4.6 水泥基复合材料的组成、环境参数等与塑性浆体性能以及硬化体
    收缩开裂的关系 …………………………………………………………… 147
参考文献 …………………………………………………………………………… 153

第五章 复合水泥浆体组成和结构的演变规律研究进展 ……………………… 161

5.1 硬化水泥浆体的组成与结构 ……………………………………………… 161
    5.1.1 C-S-H ……………………………………………………………… 161
    5.1.2 $Ca(OH)_2$ 和 AFt(AFm) ………………………………………… 169
    5.1.3 未水化水泥颗粒和未反应辅助性胶凝材料 ……………………… 174
    5.1.4 孔 …………………………………………………………………… 177
    5.1.5 孔溶液 ……………………………………………………………… 179
    5.1.6 水 …………………………………………………………………… 183
5.2 NMR 在水泥浆体结构研究中的应用 …………………………………… 186
5.3 复合水泥硬化浆体结构演化的计算机模拟 ……………………………… 190
    5.3.1 CEMHYD3D 研究进展 …………………………………………… 191
    5.3.2 HYMOSTRUC 研究进展 ………………………………………… 192
    5.3.3 水泥浆体微观结构三维模拟的新进展和软件操作 ……………… 193
5.4 水泥浆体的组成、结构与性能的关系 …………………………………… 194
    5.4.1 微区力学性能 ……………………………………………………… 194
    5.4.2 变形性能 …………………………………………………………… 196
    5.4.3 离子固结或持留作用 ……………………………………………… 199
    5.4.4 有害介质在水泥浆体中的扩散、迁移与渗透 …………………… 199
    5.4.5 性能调控 …………………………………………………………… 201
参考文献 …………………………………………………………………………… 205

第六章 水泥基材料的产物与结构稳定性及服役行为 227
6.1 复合水泥基材料的水化产物和结构稳定性 227
6.1.1 概述 227
6.1.2 复合水泥基材料组成与混凝土耐久性之间的关系 230
6.1.3 复合水泥基材料水化反应研究 232
6.1.4 复合水泥基材料水化研究测试和表征方法 237
6.1.5 存在问题和研究方向 244
6.2 水泥基材料孔结构表征与传输机制 244
6.2.1 水泥基材料的孔隙结构 244
6.2.2 裂隙结构 247
6.2.3 传输性能和孔隙结构的关系 248
6.2.4 宏观传输性能的测试方法 249
6.3 侵蚀性介质在水泥基材料中的传输机制及其影响 250
6.3.1 水泥基材料浆体对有害离子的固化作用及其稳定性研究 250
6.3.2 水泥基材料混沌分形特征与耐久性 254
6.3.3 混凝土渗透性研究现状及发展 264
6.3.4 侵蚀性介质在水泥基材料中的传输机制及其影响的研究 268
6.4 环境条件作用下混凝土的服役性能及寿命预测 279
6.4.1 多因素耦合作用下混凝土性能劣化的评价 279
6.4.2 多因素耦合作用下水泥基材料耐久性劣化过程研究 287
6.4.3 水泥基材料 TSA 破坏机理及预防措施研究 296
参考文献 303

第七章 第十二届国际水泥化学大会（ICCC 2007）主题报告 331
7.1 水泥矿物、水泥及其反应产物在原子和纳米尺度的表征 331
7.2 可持续发展和气候变化计划 366
7.3 混凝土的耐久性——由有害化学反应引起的劣化现象 387
7.4 水泥基材料研究和应用中的创新 424
7.5 水泥系统的流变学和早期性能 438
7.6 水泥基材料的早期性能综述 477
7.7 材料性能试验 496

第一章
阿利特微结构和熟料矿物相组成优化

1.1 引言

水泥是重要的建筑材料,具有悠久的历史,是世界上应用最广泛的人造石材,它对工程建设起着重要的作用。近些年水泥市场日益繁荣,各种通用水泥及特种水泥层出不穷,其品种已达一百余种,如快硬水泥、抗硫酸盐水泥、大坝水泥以及油井水泥。2010年我国水泥产量达18.68亿t,与去年同比增长了14.4%,占世界水泥总产量的50%以上,连续26年稳居世界之首。

众所周知,硅酸盐水泥主要包含四种矿物:硅酸盐矿物C_3S(Alite)和C_2S(Belite)、铝酸盐矿物C_3A、铁铝酸盐固溶体C_4AF。这四种矿物在水泥熟料中的总量达到了95%(质量分数)。通常,C_3S固溶少量的氧化物称为阿利特。在水泥熟料的这四种矿物中阿利特是最主要的强度源,也是最难烧成或合成的矿物。阿利特的充分形成是硅酸盐水泥熟料烧成的表征。提高熟料中的阿利特含量可以提高熟料的强度,也可以增加水泥水化过程中产生的$Ca(OH)_2$,从而加强对辅助胶凝组分的激发作用。阿利特的含量、晶体尺寸、晶型、晶貌和晶体结构等参数对水泥熟料的物理力学性能有很大影响。此外,硅酸二钙(C_2S)[1,2]、铝酸三钙(C_3A)[3,4]和铁铝酸四钙(C_4AF)[5,6]的结构在其以往的研究中得到了全面而翔实的资料，但是硅酸三钙 C_3S 由于存在多种晶型，其结构至今还没有完全清楚，尤其是其介稳态结构模型的研究还需要进一步深入。在阿利特的 7 种晶型中，三方的 R 型是高温稳定的晶型，三斜的 T1 型是最低温稳定的晶型，常温下各种晶型的阿利特都是以介稳状态存在的，显然高温晶型阿利特的介稳化程度较高。含高温晶型阿利特的熟料的胶凝性高于含低温晶型阿利特的熟料的胶凝性。通常，熟料中的阿利特属较低温晶型的单斜晶系，因此，欲获得更高胶凝性的熟料，应就如何获得高介稳高对称的阿利特高温晶型，使其处于更高的跃迁能量状态展开研究。

目前大量使用的硅酸盐水泥尚存在一些缺点和不足，主要表现为：早期强度偏低，仅有 20~30 MPa；烧成温度较高，一般需要 1 450 ℃甚至更高，导致能源消耗高；水泥熟料中阿利特含量高，通常为 50%~60%（质量分数，下同），对石灰石原料品质要求高，消耗大量优质石灰石资源；由于大量使用石灰石，产生大量的 CO_2 等废气，环境污染日趋严重。此外，社会发展对水泥的性能也提出了更高的要求，如施工性能更好、水化热更低、强度更高、体积更稳定、耐腐蚀性和耐久性更好。因此，降低能耗、提高性能是水泥工业发展的方向，以较少量的高性能水泥达到较大量低质水泥的使用效果是水泥科学与技术研究的主要目标[7]。

高 C_3S 含量的硅酸盐水泥熟料是制备高胶凝性水泥的关键。众所周知，水泥熟料的胶凝性主要取决于熟料中 C_3S 及其晶型晶貌特征。熟料中 C_3S 的含量高，则熟料的强度较高；如果熟料中 C_3S 发生晶格畸变，则可以降低生产水泥的烧成温度，降低能耗。通过掺杂技术、改变热历史、调整化学组成等手段实现高介稳阿利特微结构调控及高胶凝性熟料相匹配是降低水泥生产能耗、提高水泥性能的重要途径[8]。

提高水泥熟料的胶凝性，一直是水泥生产和研究的目标，而熟料的胶凝性与熟料矿物的组成及微观结构有关。在水泥熟料矿物体系中，C_3S 是最主要的结晶相，也是综合物理性能最好的矿物相。C_3S 的含量、晶体尺寸、晶型、晶貌和晶体结构等参数对水泥熟料的物理力学性能有很大影响。研究提高熟料中 C_3S 含量并提高其水化活性的理论和技术，是实现水泥高性能化的重要课题。

1.2 阿利特高介稳微结构研究

1.2.1 C₃S 多晶型结构

自脱奈波姆提出阿利特(Alite)的命名以来[9],世界各国学者针对这种水泥矿相分别通过相平衡研究、光学显微镜研究、X 射线研究和化学研究的方法进行了广泛的分析。已经知道,C_3S 有分属三方(rhombohedral,R)、单斜(monoclinic,M)、三斜(triclinic,T)3 个晶系的 7 种晶型,而这 7 种晶型间很多具有相似的结构,见表 1.1。C_3S 的晶体结构随着煅烧过程中温度和过程条

表 1.1 由 X 射线衍射(XRD)、光学显微镜和差热分析(DTA)观察的 C_3S 的多种晶型

温度/℃	XRD	DTA 观察到的信号	强弱/(cal·g⁻¹)	光学显微镜
1 070	R 纯	MⅡb→R 无	—	R M3→R;孪晶以及不同的光属性
1 060	MⅡb ZnO 掺杂	MⅡa→MⅡb 无	—	M3 (M1,M2)→M3;孪晶以及不同的光属性
990	MⅡa 纯	MⅠa→MⅡa 弱的可逆信号	0.05	M1,M2 无区别
980	MⅠa 纯	TⅢ→MⅠa 强信号,简单,可逆,弱的延迟(10 ℃)	0.5	T3→M1;孪晶以及不同的光属性
920	TⅢ 纯	TⅡ→TⅢ 强信号,简单,可逆,弱的延迟(10 ℃)	1	T2,T3 无区别
620	TⅡ 纯	TⅠ→TⅡ 大信号,可逆,强延迟(20~40 ℃),冷却过程中	0.6	T1→(T2,T3):不同的光属性
20	TⅠ 纯	无	—	T1

注:R—三方晶系,M—单斜晶系,T—三斜晶系。

件的变化而变化。纯 C_3S 的室温稳定相是 T1 型，M3 型只有通过光学显微镜才能观察到，在室温下 M3 型 C_3S 只在掺杂的组成中出现。在高温时纯 C_3S 的晶型为高对称高介稳的 R 型结构，在冷却过程中对称性降低，由 R 型向 M 型及 T 型结构转变。这种对称性降低在 XRD 粉末衍射图谱上表现为多组粉末衍射线分离，见图 1.1，可作为判断 C_3S 晶型转变的方法之一[10-15]。有研究探讨了 C_3S 的 DTA 曲线，认为通过 DTA 区分 C_3S 的晶型转变是很精确的。但是对其中提及的一些 DTA 曲线的变形，仍然不能给以解释。2002 年，Urabe 等[15]发现 M3 位于 M2 和 R 之间，M3-M2 之间的转换仅仅体现在光学特性方面。

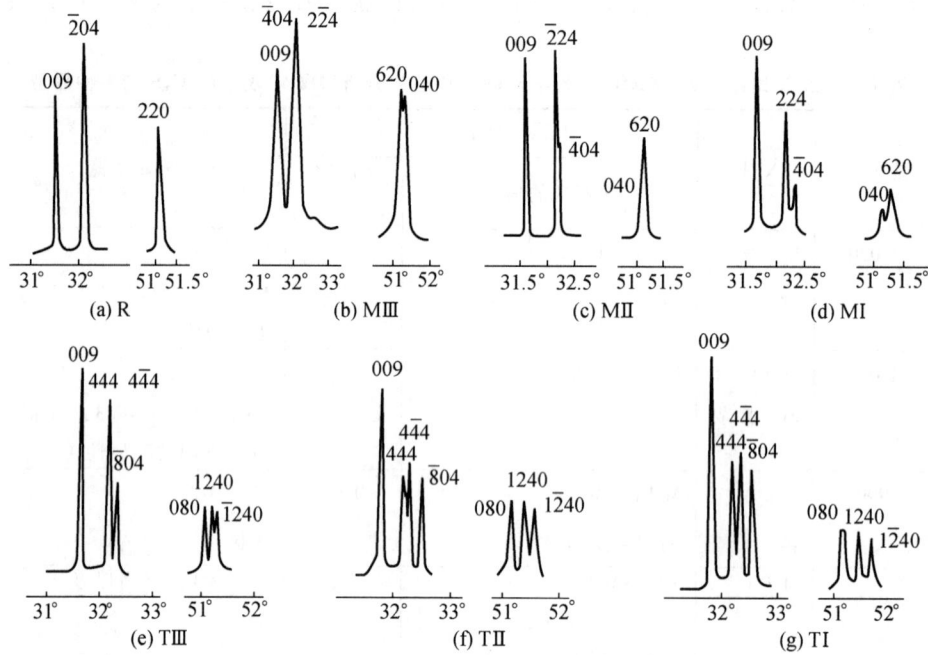

图 1.1　不同晶型 C_3S 的 XRD 特征谱线

由于 C_3S 的变体多并且相类似，且其转变焓很小，因而转变是复杂的，此外，差热分析、高温 X 射线衍射和光学显微镜所得的转变点并不总是相同的，见表 1.1。其原因可能是热振荡的作用，原子团的分布近似于较高对称性模型。但是当温度降低时，原子在一定晶格点阵上振动的振幅随温度降低而减小，引起晶格变形，而且此过程常常无任何明显的滞后。所以，对于纯 C_3S 来说，任何一种高温型变体都无法用急冷的方法在室温下稳定下来[16]。而根据表 1.1 也不难看出，在温度从 20 ℃向 1 070 ℃转变的过程中，常温下的各种晶型可以通过控制手段向高对称的 R 型转变。不同晶型之间的多晶转变和转变温度如下式所示：

$$R \xleftrightarrow{1\,070\,℃} M3 \xleftrightarrow{1\,060\,℃} M2 \xleftrightarrow{990\,℃} M1 \xleftrightarrow{980\,℃} T3 \xleftrightarrow{920\,℃} T2 \xleftrightarrow{620\,℃} T1$$

在室温下，纯 C_3S 以 T1 型存在，掺杂使各种晶型可以在室温下稳定存在。M1 和 M3 是工业熟料中最常见的晶型。Staněk 和 Sulovský[17]阐述了 C_3S 晶型与水泥强度之间的关系，SO_3 是 M1 晶型的稳定剂，MgO 是 M3 晶型的稳定剂，发现以 M1 晶型为主的水泥比以 M3 为主的水泥强度高 10%。ZnO 可稳定 C_3S 的所有变体形式[18]，可从低对称性的三斜型(T)和单斜型(M)晶系到高对称性的三方型(R)晶系。在各变体中 ZnO 的含量如下：在 T1 中的含量小于 1.0%，在 T2、T3 中的含量为 1.0%~2.0%，在 M1 中 2.0%~2.5%，在 M2 中为 2.5%~4.0%，在 R 中为 4.0%~5.0%。利用选区电子衍射对系列掺杂 ZnO 的 C_3S 固溶体进行研究，发现掺杂 3.2% 以下 ZnO 的 C_3S 呈现 T2 晶型、掺杂 4.8% ZnO 呈现 M1 晶型、掺杂 6.4% ZnO 可同时具有 M1 和 M2 晶型、掺杂大于 6.4% ZnO 呈现 M3 晶型。然而，研究者[19]研究 Al、Fe、Mg 进入 C_3S 晶格引起晶型变化，均得到 T1 晶型，其强度有着明显的区别，影响抗压强度的主要因素是 Al、Fe、Mg 进入固溶体取代本来固有的元素。汪浩明等研究了氧化铜、氧化亚铜对 C_3S 水化性能的影响，认为：掺杂物的性质、水化产物和晶格缺陷决定了 C_3S 的水化活性和水化机理，而不是由于晶体晶型的改变引起的。熟料矿相晶型与水化性能的关系仍存在争议。因此，C_3S 和阿利特的介稳程度和晶型变化与水化性能的关系有待进一步研究。

1.2.2　C_3S 晶型的命名

自 20 世纪 50 年代以来，对于 C_3S 晶体结构的研究的报道屡见不鲜，对于 C_3S 晶型的命名也略有不同[20]（表 1.2）。

表 1.2　C_3S 不同的命名

T1	T2	T3	M1	M2	M3	R
三斜：Jeffery Il'inets			单斜 pseudo-orthorhombic：Yamaguchi		单斜：Jeffery	三方：Jeffery Il'inets Nishi

续表

T1	T2	T3	M1	M2	M3	R
TⅠ: Bigaré Eysel Golovastikov Guinier Hahn Il'inets Regourd Sinclair Urabe Woermann	TⅡ: Bigaré Eysel Guinier Hahn Il'inets Regourd Sinclair Urabe Woermann	TⅢ: Bigaré Eysel Guinier Hahn Il'inets Regourd Sinclair Urabe Woermann	MⅠ: Bigaré Guinier Hahn Regourd Sinclair Urabe Woermann	MⅡ: Bigaré Guinier Hahn Regourd Sinclair Urabe Woermann	MⅢ: Guinier Il'inets Sinclair Urabe	R = R(a, c): Bigaré Eysel Urabe Hahn Maki Nishi Regourd Taylor Urabe Woermann
			MⅠa: Eysel Regourd	MⅡa: Eysel Regourd	MⅡb: Regourd MⅠb: Eysel	R = R(2a, c): Il'inets
T1: Maki Regourd Taylor	T2: Maki Taylor	T3: Maki Taylor	M1: Maki Taylor	M2: Maki Regourd Taylor	M3: Maki Nishi Regourd Taylor	
T: Nishi						

1.2.3 介稳 C_3S 晶体结构模型

目前，已经分别确定了 R、M3 和 T1 型 C_3S 的晶体结构[21-26]。但是，对于 M1、M2、T2、T3 这些多型体的结构仍然没有完全解释清楚[22]（表 1.3）。

表 1.3 C₃S 晶体学参数

样品		参考文献	空间群		a/Å	b/Å	c/Å	α/(°)	β/(°)	γ/(°)	V(23)	Z
R, pseudo-structure	S	Jeffery, 1952	$R3m$	H	7	7	25	90	90	120	1 061	9
				OH	12.124	7	25	90	90	90	2 122	
C₃S: $T = 1\,100$ ℃	P	Bigaré 等, 1967	$R3m$	H	7.15	7.15	25.560	90	90	120	1 132	9
	P	Guinier 和 Regourd, 1969		OH	12.384	7.15	25.560	90	90	90	2 263	
Ca₂.₉₈Si₀.₉₈Al₀.₀₄O₅: $T = 1\,200$ ℃	S	Nishi 和 Takéuchi, 1984	$R3m$	H	7.135	7.135	25.586	90	90	120	1 128	9
				OH	12.358	7.135	25.586	90	90	90	2 256	
C₃S, SrO-doped: $T = 1\,400$ ℃		Il'inets 和 Malinovskii, 1985	$R3m$	H	7.056 7	7.056 7	24.974	90	90	120	1 078	9
				OH	12.222	7.056 7	24.974	90	90	90	2 256	
M3, C₃S + (MgO, Al₂O₃)	S	Jeffery, 1952	Cm		33.08	7.07	18.56	90	94.17	90	4 330	36
C₃S + 0.5% ZnO: $T = 1\,020 \sim 1\,090$ ℃	P	Regourd, 1979		OH	12.372	7.123	25.440	90	90	90	2 242	?
Ca₂.₈₉SiMg₀.₁₁O₅	S	Nishi 等, 1985	Cm		33.083	7.027	18.499	90	94.12	90	4 289	36
				OH	12.242	7.027	24.932	90	90.14	90	2 145	

续表

样品		参考文献	空间群		a/Å	b/Å	c/Å	α/(°)	β/(°)	γ/(°)	V(23)	Z
从熟料中获得的阿利特	S	Mumme, 1995	Cm		12.235	7.073	9.298	90	116.31	90	721	6
	P	de Noirfontaine 等		OH	12.235	7.073	25.005	90	89.71	90	2 164	6
M2, C_3S: $T=1\ 000$℃	P	Bigaré 等, 1967	Cm	OH	12.231 3	7.033	24.957 3	90	90.09	90	2 147	?
C_3S + 0.5% ZnO: $T=990$℃	P	Regourd, 1979	?	OH	12.342	7.143	25.434	90	90	90	2 242	?
M1, C_3S: $T=980$℃	P	Bigaré 等, 1967	Cm	OH	12.333	7.137	25.442	90	90	90	2 239	?
	P	Taylor, 1964	?	OH	12.332	7.142	25.420	90	89.95	90	2 239	?
	P	de Noirfontaine 等		OH	12.426	7.045	24.985	90	90.07	90	2 155	?
T3, C_3S: $T=940$℃	P	Bigaré 等, 1967	$C1$	OH	12.257 5	7.059	25.046 2	90	90.06	90	2 167	?
T2, C_3S: $T=680$℃	P	Bigaré 等, 1967	$C1$	OH	24.633	14.29	25.412	90.06	89.86	89.91	8 945	?
T1, C_3S: $T=20$℃	P	Bigaré 等, 1967	$C1$	OH	24.528	14.27	25.298	89.98	89.75	89.82	8 854	?
	S	Golovastikov 等, 1975	$P\bar{1}$	OH	24.398	14.212	25.103	89.91	89.69	89.69	8 704	18
					11.67	14.24	13.72	105.5	94.33	90	2 190	
				OH	12.32	7.05	25.21	89.95	90.41	89.66	2 190	
	P	de Noirfontaine 等		OH	12.307	7.041	25.097	89.74	90.23	89.7	2 175	

Jeffery 最早提出 R 型的 C_3S,作为假三方结构中的六次轴,$a = 7$ Å,$c = 25$ Å,空间群为 $R3m$,$Z = 9$。Handke 和 Ptak 用红外和拉曼光谱研究了 C_3S 的结构,发现三斜结构是层状的,其层内的对称与 Jeffery 提出的 $R3m$ 对称接近。后来,由 Nishi 对其进行了修正,晶胞参数 $a = b = 7.135$ Å,$c = 25.586$ Å,在 1 200 ℃下稳定存在。其中,发现硅氧四面体无序地分布在这个结构中。Il'inets 等重新研究了 C_3S 的 R 型结构。然后标定了在大气气氛下离子稳定的结构。空间群确定为 $R3m$,晶胞参数 $a = b = 7.056~7$ Å,$c = 24.974$ Å。

M3 型 C_3S 由光学显微镜发现,其光性方位和双折射与 M1 型有明显不同。由于其稳定范围很窄(10 ℃),一直未被 X 射线衍射观察到。M3 型 C_3S 首先由 Jeffery[22] 通过组成为 $54CaO \cdot 16SiO_2 \cdot Al_2O_3 \cdot MgO$ 的 C_3S 样品来确定的。这种形式的晶胞中有 18 个 C_3S 分子,两个硅原子被铝原子取代,一个 Mg 原子进入晶格中平衡电荷。单斜形式的 C_3S 的空间群为 Cm,晶格参数 $a = 33.08$ Å,$b = 7.07$ Å,$c = 18.56$ Å,$\beta = 94.17°$。Nishi 等也研究了单斜的 C_3S,认为 M3 这种超晶格结构具有大的单位晶胞 4 312 Å^3,这种结构最初是随着三方结构引入单斜亚晶胞来确定的,该相的单晶衍射能够精确地阐述其超结构。这个结构与 Jeffery 确定的单斜结构相一致。M3 的非双晶晶体通过氧化镁能稳定至室温。$C2/m$ 和 Cm 可能的空间群中 Cm 被用来作为 $R3m$ 的一个亚群,进行结构分析。

关于单斜 C_3S 的结构,Jeffery 首先确定了第一个单斜结构,描述了钙原子的不同位置。X 射线的结构分析详细地阐述了不对称单元中 36 个钙原子和 36 个氧原子的关联,同时描述了它们可能占有同一位置以及相近邻的两个位置的可能性。晶胞参数 $a = 33.083$ Å,$b = 7.027$ Å,$c = 18.499$ Å,$\beta = 94.12°$。考虑到硅氧四面体取向的不确定,氧在钙多面体角顶的占位率较小,钙的配位数在 6.0~7.12 之间,名义配位数为 6.15。T1 型的名义配位数是 6.21,R 型的名义配位数是 5.66,M3 居两者之间。在 T 型和 R 型 C_3S 中,硅氧四面体具有确定的取向,而在 M 型 C_3S 中则取向不确定,因而 M 型有转化为 T 型和 R 型的趋势。Mumme 在 Nishi 和 Takeuchi 提出的超晶格结构的基础上研究了 M3 的亚晶格结构。这项工作在水泥熟料的晶体结构方面是一个前沿工作,因此经常用于水泥结构研究方面。晶胞参数 $a = 12.235$ Å,$b = 7.073$ Å,$c = 9.298$ Å,$\beta = 116.31°$,空间群为 Cm。de la Torre 等又对 M3 型 C_3S 的晶体结构重新进行了修正。晶胞参数 $a = 33.108$ Å,$b = 7.036$ Å,$c = 18.521$ Å,$\beta = 94.14°$,空间群为 Cm。

已经获得表征的 T1 型 C_3S 仅有一种形式,与其他的种类一样具有相似的结构,Golovastikov 等[26] 描述了 T1 型晶体结构,晶胞参数 $a = 11.67$ Å,$b = 14.24$ Å,$c = 13.72$ Å,$\alpha = 105.5°$,$\beta = 94.33°$,$\gamma = 90°$,空间群为 $P\bar{1}$。Guinier 和 Regourd[27] 通过高分辨透射电镜研究了 T1 型超晶胞,这种三斜超晶胞的晶

胞参数 $a = 28.160$ Å，$b = 28.294$ Å，$c = 25.103$ Å，$\alpha = 90.30°$，$\beta = 89.77°$，$\gamma = 119.53°$，但是没有结构图给出，而且因为没有数据，这个结构与 Golovastikov 等确定的结构之间的相互关系不能确定。而后，Viani 等[28]对纯的 C_3S 以及加热过的纯 C_3S 和 Mg 稳定的 C_3S 的晶型进行 XRD 分析，但是仅仅能够表示出已经表征过的 T1、M3 型。Porras-Vázquez 等[29]研究了 CaO-SiO$_2$-CaF$_2$ 系统的熟料，提出了氟稳定的 C_3S 在六方坐标中为 $P6_3/mmc$，另一个氟包裹相 $KF_{0.2}[Ca_6(SO_4)(SiO_4)_2O]$ 经常在熟料中被发现，这个结构是由 Fayos 等[30]确定的，与 Jeffery 确定的结构相似。

Regourd 和 Guinier 等[10,27,31]首次对 C_3S 粉末样品进行了结构研究。多晶型 C_3S 的衍射图谱之间的相似性表明这些多晶型具有平均结构。在粉末衍射图谱中，弱衍射峰表明超结构的存在。de la Torre 等[25]（2002 年）采用同步辐射和中子衍射 C_3S 的单位晶胞结构，对 M3 型 C_3S 晶体结构进行了修正。晶胞参数 $a = 3.3108$ nm，$b = 0.7036$ nm，$c = 1.8521$ nm，$\beta = 94.14°$，空间群为 Cm。

Peterson 等[32]、de la Torre 等[33]、de Noirfontaine 等[34]在 C_3S 单晶晶体结构的基础上，分别以 T1 型、M3 型为初始模型，利用粉末 X 射线衍射和中子衍射数据，采用最小二乘法原理，得到 T2 型、T3 型、M1 型晶体结构。Peterson 等[32]采用同步衍射技术 Rietveld 精修得出 T2 型晶体结构，$a = 1.17416$ nm，$b = 1.42785$ nm，$c = 1.37732$ nm，$\alpha = 105.129°$，$\beta = 94.415°$，$\gamma = 89.889°$，空间群为 $P\bar{1}$。de la Torre 等[33]通过引入氧化镁、氧化铝按化学计量合成 $Ca_{2.95}Mg_{0.03}Al_{0.04}Si_{0.98}O_5$ 得出 T3 型 C_3S 晶体结构，其晶胞参数 $a = 1.16389$ nm，$b = 1.41716$ nm，$c = 1.36434$ nm，$\alpha = 104.982°$，$\beta = 94.622°$，$\gamma = 90.107°$，空间群为 $P\bar{1}$。de Noirfontaine 等[34]研究含有 MgO（0.76%）和 SO$_3$（0.88%）水泥熟料的 M1 型 C_3S 超结构模型，Rietveld 法精修晶胞参数为 $a = 2.7873$ nm，$b = 0.7059$ nm，$c = 1.2257$ nm，$\alpha = 90°$，$\beta = 116.03°$，$\gamma = 90°$，空间群为 Pc。

总之，C_3S 多晶型中的 R 型、T1 型、M3 型单晶结构以及 T2 型、T3 型晶体粉末结构均已得到较多的晶型结构模型，根据原子坐标作图，如图 1.2 所示。M1 型 C_3S 已得到晶体的晶胞参数，但原子坐标仅为平均结构，有待于进一步解析。单斜结构 M2 型仍为未知结构。随着测试方法和手段的不断完善以及分析软件的开发，C_3S 多晶型晶体结构模型将得到更深入系统的研究，为调控 C_3S 晶型提供充分的理论依据。

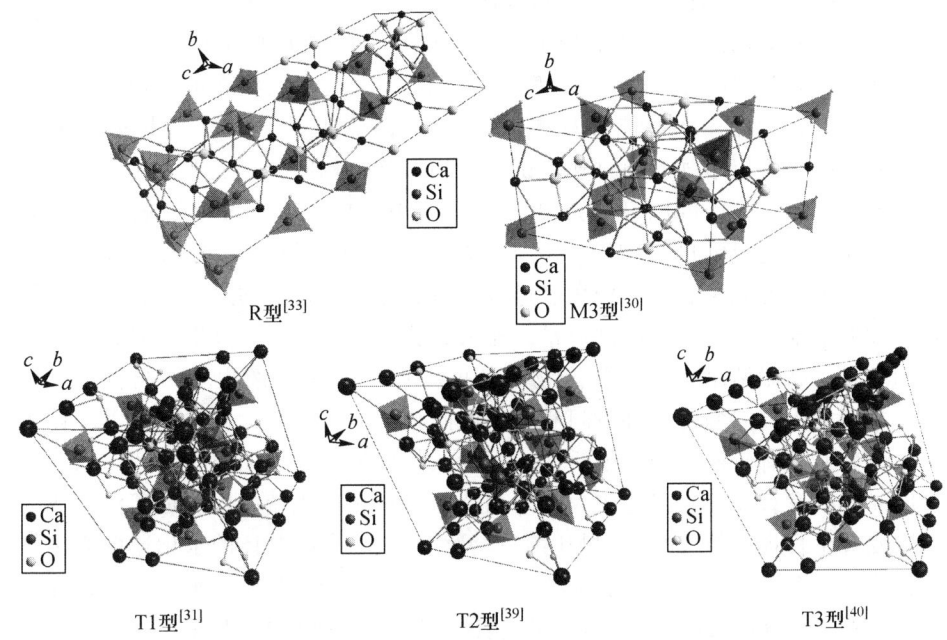

图 1.2 C₃S 的晶体结构模型

1.2.4 阿利特介稳结构的影响因素

不同晶型的阿利特对熟料强度的贡献相距甚大。有数据表明[35]，含有较高对称性的高温晶型阿利特的熟料强度较高。在阿利特含量相同的前提下，含三方晶型(R型)阿利特的熟料 28 天抗压强度比含单斜晶型阿利特的熟料的强度可以高出 5 MPa 之多。熟料中 R 型阿利特的含量比较高时，熟料的水硬活性较高；反之，水硬活性较低[36]。

以往研究表明：在熟料的形成过程中，煅烧条件、液相性质及其杂质固溶情况对熟料中 C_3S 的组成、结构和性能影响显著。其中，热历史影响熟料的矿物组成、矿物的晶体尺寸及阿利特中杂质的固溶量；液相的出现温度、液相黏度和液相量影响 C_3S 的形成量、形貌和晶型[37]；掺杂效应对 C_3S 的晶体结构影响显著，在结构中这些少量杂质占据晶格结点的一些位置或者占据空隙位置，由于杂质离子的种类、半径和电价与基质点 Ca^{2+}、Si^{4+} 之间存在差异，引起晶格局部扭曲，晶体的熵值增加，使 C_3S 的某一种高温晶型稳定为常温晶型，进而影响其活性。

1. 煅烧温度

在硅酸盐水泥熟料煅烧过程中，C_3S 的大量形成是在高温液相出现(一般为 1 250～1 280 ℃)之后。所以提高煅烧温度,可使液相量增加,液相黏度降低,有利于 C_3S 的形成。也正是由于这个原因,阿利特在熟料中呈伪三方结构,M1 型和 M3 型最为常见,T2 型鲜有存在[38]。前面已经知道,随着温度的增长,阿利特的晶体形态能够从 M1 型转变成 M3 型,并且进一步发展成 T2 型,介稳结构得以增强。通过熟料试样岩相显微结构的分析发现,在较低温度(1 350 ℃)下,形成的阿利特形状完整、大小适中,宏观性能一般,凝结略慢。而在较高烧成温度(1 470 ℃)下烧结熟料产生的阿利特的晶体形态有两种:一种为发育完善、尺寸较大、边棱平直、包裹物较少的六角板状,另一种则为长型玉米棒状,两种晶体数量之比大致为 7:3。长型玉米棒状阿利特是中间相较多的高温熔融熟料特征产物,其成因可能是高温液相对阿利特过度熔蚀,亦可能为高温慢冷条件下阿利特于中间相内二次结晶;该类晶体由于比表面积较大而具有较好早期水硬活性,可为熟料提供较好早期强度支持,故 3 天强度尚可。发育完善、尺寸较大的阿利特与麻面状贝利特的成因是高温烧成为晶体发育生长提供较充足空间与时间;尺寸较大阿利特晶体的水化速度必然较慢,甚至中心部位会处于"微集料"地位,不利于水硬活性发挥,这也解释了后期(28 天)强度较低的原因。有研究表明[17]:M1 型和 M3 型单斜型阿利特晶体的水化特性不同。当晶型由 M3 型转变为 M1 型时,能使水化 2 天、7 天、28 天以后的抗压强度增加 10%,精度 ±2%,而其原因还是要归结为阿利特的微观结构,也正是这项研究需要更为深入之处。

煅烧温度提高使 C_3S 的含量增多,晶体粗大,早期(如 1 天)水硬活性降低[39,40]。随着温度提高,C_3S 含量和晶体形态都有增长[41],初凝时间也从 55 min 分别延长到 1 h 27 min 和 2 h 29 min,终凝时间从 2 h 49 min 分别延长至 4 h 39 min 和 7 h 17 min。3 天强度从 23.6 MPa 分别提高到 27 MPa 和 41.2 MPa;28 天强度从 52.2 MPa 分别提高到 57.7 MPa 和 64.2 MPa。低温(1 150～1 200 ℃)烧成的熟料,C_3S 结粒细小,晶形不完整,C_3S 含量低[42]。

通过提高煅烧温度,可以使阿利特晶型朝高介稳的方向转变。

2. 保温时间

熟料在同一煅烧温度下保温时间从 0.5 h 分别延长到 1 h 和 4 h,C_3S 的含量从 38% 分别增加到 46% 和 59%,1 天抗压强度从 21.6 MPa 分别降低到 21 MPa 和 17.8 MPa,3 天抗压强度却从 38.7 MPa 提高到 39.6 MPa 和 40.3 MPa[43]。保温时间延长,C_3S 晶粒变大,C_3S 早期活性降低,有些铝酸盐活性也降低,但有些保持不变。当保温时间从 1 h 分别延长到 3 h 和 6 h,C_3S 晶体的平均尺寸从 20～30 μm 分别增大到 30～35 μm 和 40 μm;1 h 水化热从 11.5×10^3 J/kg 分别下降到 8.4×10^3 J/kg 和 7.3×10^3 J/kg;而诱导期结束的时间则从 1.9 h 分别延长到 2.5 h 和 2.8 h,早期强度下降。熟料中 C_3S 有两种晶型[44]：M1 型和 M3 型。保温时间短为 M1 型，保温时间长则为 M3 型。M3 型早期水化比 M1 型的慢，强度也比 M1 型的低，但 M3 型水化 3 天的结构较致密，强度较 M1 型的高。将已煅烧好的硅酸盐水泥熟料再在 1 450 ℃ 煅烧 5~10 min，结果水泥的早期活性下降，凝结时间延长，早期强度稍低而最终强度稍高[45]。这是因为 C_3S 晶体明显发育良好和晶体尺寸增大的缘故。随着保温时间的延长，含氟 C_3S 的初凝和终凝时间均延长[46]。因此，延长水泥熟料保温时间，可使熟料中 C_3S 的含量增多，晶体尺寸变大且发育良好，早期水化活性降低，诱导期延长，凝结变慢，早期(1 天)强度降低，3 天及以后龄期强度增加。因此，对于水泥熟料来说，选择合适的保温时间具有非常重要的意义。

3. 煅烧气氛

还原气氛使得 C_3S 的稳定性降低[47]，C_3S 稳定性变差将导致 C_3S 晶体内部发生成分离析。所以，在水泥熟料的煅烧过程中，还原气氛是应该极力避免的，但却又是难以克服的。

从 XRD 衍射分析可以知道[35]，不同的煅烧制度对矿物的晶型影响显著，在固定角度范围内($2\theta = 29° ~ 33.2°$，$2\theta = 51° ~ 52.5°$)的衍射线发生分裂，表明 C_3S 固溶体的结构发生了变化。在氧化气氛烧成、空气中快速冷却的 C_3S 固溶体以高温介稳态存在，C_3S 固溶体的晶型主要以 M 型、R 型存在，或者以两种晶型共存；在氧化气氛下烧成、炉内缓慢冷却时，C_3S 固溶体稳定性降低，主要以 M 型和 T 型存在；在还原气氛下烧成、空气中快速冷却的 C_3S 固溶体的晶型以 M 型为主，还有少量的 R 型；在还原气氛下烧成，炉内缓慢冷却的 C_3S 固溶体以 M 型和 T 型存在。

由此可见，还原气氛对水泥熟料的烧成影响显著：C_3S 的稳定性降低，B 矿 γ 化，C_3A 含量增加，C_4AF 含量降低，f-CaO 含量增加；由于熟料的矿物组成和结构上的变化，由此制成的水泥凝结时间缩短，早期水化放热量增加，安定性不良等。所以，研究煅烧气氛对水泥熟料矿物组成、结构和性能的影响，为水泥的生产提供理论依据，具有十分重要的现实意义。

4. 冷却制度

在回转窑中生产的熟料，一般冷却速度较快，在高温下形成的液相 20%~30% 来不及结晶，大部分冷却成玻璃体，或者即使液相结晶，不是通过固、液相反应而是液相单独结晶。冷却速度直接影响矿物的结晶状态[48,49]，与 C_3S 的介稳程度、介稳态多晶转变以及液相组分的析晶程度有着密切的关系。而且熟料慢冷将促使熟料矿物晶体长大，煅烧良好和急冷的熟料中矿物晶体细小并发育完整，水泥的强度较高。熟料的冷却速度影响熟料的色泽，1 450 ℃ 烧成的熟料直接自炉中取出在空气中快冷后磨成的水泥，比放置炉中慢冷至室温的熟料的颜色黑,同时还提高了强度。熟料采用快速冷却,3 天、7 天强度低,但 28 天强度高[50]。此外,易磨性、安定性和抗硫酸盐性能均较好。保温时间短造成熟料晶体缺陷多、活性高,高速冷却更能保证这一点[51],这对熟料水硬活性提高甚为有利。同样研究发现,保温短、冷却快也造成熟料阿利特晶体尺寸较小,部分阿利特晶体呈纺锤状,而不是六方板状,这是由于保温时间短、高速冷却造成阿利特晶体沿某晶向得到优先生长,使得宏观性能表现良好,但是,小尺寸阿利特晶体由于水化较快不能对后期强度再提供更强的有力支持,故 28 天强度提高幅度不如 3 天强度提高幅度大。

因此,冷却速度影响水泥熟料的色泽、矿物组成以及结晶形态。在硅酸盐水泥熟料中,由于冷却速度的变化,引起熟料中矿物组成和结构发生变化进而影响该熟料制备的水泥性能,如导致水泥的早期强度下降,易磨性变差,安定性不良,以及抗硫酸盐性能降低。

5. 液相

物料加热到最低共熔温度(物料在加热过程中,开始出现液相的温度称为最低共熔温度)时,物料中开始出现液相,液相出现后,C_2S 和 CaO 都开始溶于其中,在液相中 C_2S 吸收游离氧化钙形成 C_3S。大量 C_3S 的形成于液相出现之后,普通硅酸盐水泥组成一般在 1 300 ℃ 左右时就开始出现液相,而 C_3S 形成的最快速度约在 1 350 ℃,在 1 450 ℃ 下绝大部分的 C_3S 形成。液相量的增加和液相黏度的减小,都利于 C_2S 和 CaO 在液相中扩散,即有利于 C_2S 吸收 CaO 形成 C_3S。所以,影响液相量和液相黏度的因素,也是影响 C_3S 形成的因素。

液相量与组分的性质、含量及熟料烧结温度有关,所以不同的生料成分与煅烧温度等对液相量有很大影响,一般水泥熟料煅烧阶段的液相量为 20% ~ 30%。其计算方法在很多报道中均有出现。

液相黏度对 C_3S 的形成影响较大。黏度小,液相中质点的扩散速度增加,有利于 C_3S 的形成。提高温度,离子动能增加,减弱了相互间的作用力,因而降低了液相的黏度,有利于 C_3S 的形成。

液相的表面张力越小,越易润湿固体物质或熟料颗粒,有利于固液反应,促进 C_3S 的形成。液相的表面张力与液相温度、组成和结构有关。

C_3S 的形成也可以视为 C_2S 和 CaO 在液相中的溶解过程。C_2S 和 CaO 逐步溶解于液相的速率大,C_3S 的成核与发展也越快。因此,要加速 C_3S 的形成,实际上就是提高 C_2S 和 CaO 的溶解速率,而这个速率大小受 CaO 颗粒大小和液相黏度所控制。实验表明,随着 CaO 粒径减少和温度增加,CaO 溶解速率增大。

阿利特在液相中存在两种生长模式:稳定生长模式和不稳定生长模式。在这两种不同模式下形成的阿利特的微观形貌有很大不同。不稳定模式下不均匀生长的阿利特以很快的速率长大，带有大量的包裹体，晶粒尺寸大，形状不规则，其中固溶有较多的杂质及 Al_2O_3 和 Fe_2O_3，主要是 M1 型。在稳定模式下长大的阿利特，晶体中少见包裹体，杂质固溶量相对较少，主要是 M3 型。据此，Chikawa 等[52]将阿利特的晶型晶貌形成分为 3 个动力学阶段：① 高速成核，低速长大；② 低速成核，高速长大；③ 低速成核，低速长大。它们分别对应于不稳定形成模式、稳定形成模式和过渡模式。文献报道[53]：C_3S 在液相中的成核与长大影响其晶型，不同的成核与长大条件形成一系列不同的晶型。快速不稳定长大得到 M1 型，慢速长大则得到 M2 型。随长大速率变慢，阿利特的生长从不稳定变为稳定，晶型从 M1 型变为 M3，不稳定状态生成的晶核有更多的缺陷。如前所述：CaO 和 C_2S 在熔体中的过饱和度是 C_3S 的成核与长大条件，高温液相更有利于成核，随温度升高，成核速率增加，过饱和度下降，限制了晶核长大速率，形成小的晶体，主要是 M3 型。而低温下成核则需要更高的过饱和度，长大速率优于成核速率，主要得到 M1 型。

6. 掺杂效应

通常在 C_3S 晶体结构中会固溶大量的杂质，这些杂质分布在 C_3S 晶体的晶格内，它的含量多少可以改变，类似溶质溶解在溶剂中一样，但是这些杂质并不破坏基质晶体的结构，在宏观上仍保持着组成的均匀性。杂质对熟料及水泥性能的总体影响可归纳为三个方面：① 改变液相性质，包括降低物料起始形成温度、改变液相黏度、改变液相表面张力；② 通过固溶作用，使熟料矿物的热稳定性发生变化；③ 通过固溶作用或改变晶体的晶格完整程度，使熟料矿物的水化活性发生变化。杂质占据晶体中晶格结点的一些位置，破坏了基质点排列的有序性，引起周期势场的畸变，造成结构不完整。X 射线结构分析结果表明，一种原子进入另一种原子所组成的三维空间点阵的分布方式可能有三种，按其溶质原子进入溶剂点阵的结构性质来划分，可分为三种不同的基本类型：置换型固溶体、间隙型固溶体和缺位型固溶体。形成的固溶体类型与引入杂质的离子半径大小、键的性质或者极化、离子的电价等密切相关。

杂质会导致 C_3S 生长条件处于非稳定状态，此时，C_3S 主要以 M1 型变体的形式结晶。在低速率且晶体发育无掺杂时，C_3S 主要以 M3 型变体的形式结晶。各种杂质对熟料矿物，尤其是 C_3S 和 C_2S 的稳定性影响各不相同，凡降低液相形成温度、促进 C_3S 形成的物质，则会使熟料相中 C_3S 的含量增高。相反，如有利于 C_2S 的稳定，则不利于 C_3S 的形成。

杂质可从三个主要方面影响水泥的水化活性：① 通过固溶作用引起晶格缺陷，从而提高矿物的水化活性；② 使具有高水化活性的矿物相能在常温下稳定存在；③ 可能存在着不利于水化的方面(如在未水化的水泥颗粒表面形成不溶的碱性物质,从而起着保护膜的作用,而延缓水化)。

熟料矿物的水化活性会受到熟料中微量组分很大的影响,Aldous[54]研究了过渡簇元素和碱金属元素引起的C_3S晶格缺陷,他的实验结果证实了Bargana的统计观察结果,即斜方阿利特比单斜阿利特具有更高的水化活性。而Puertas和Trivino[55]的研究结果则与此结论相反,他们的结论是斜方相有较低的强度,该斜方相是经水淬冷而得的,该方法可能改变了矿物相的反应活性。Boikova的研究表明,对于含有ZnO的C_3S固溶体,随着ZnO掺量的增加,晶体发生从三斜→单斜→斜方的转变,当晶体结构处于一相到另一相转变的过渡阶段时,晶格缺陷和水化活性达到最大值。总体上,对于可溶性的盐类(如P、Zn、Cu、F),它们能明显地延缓水泥的水化,当其作为外加剂时同样会使水泥缓凝,不过仅当这些外加剂的掺量达到一定程度时,才会出现上述现象。

综上所述,掺杂是控制和提高熟料中阿利特晶型结构介稳程度的一种非常有效的手段,也是工业化生产中通常采用的一种方法。

1.3 掺杂对熟料形成过程的影响

1.3.1 掺杂对C_3S形成过程及性能的影响

硅酸三钙(C_3S)是硅酸盐水泥熟料中的主要胶凝相,只有在液相出现后才大量形成[56],液相的形成温度、液相黏度及液相量对C_3S矿物的形成温度和形成量均影响较大。在该熟料体系中引入适宜的掺杂离子,一方面可以降低该熟料体系烧成中液相形成温度及液相黏度[57,58],另一方面外来离子的引入也会固溶到阿利特晶体中,使阿利特晶体发生畸变或缺陷[10],这种多晶转变或晶格畸变对烧成过程的影响也较大。

在硅酸盐水泥熟料中,C_3S主要通过液相反应形成,而纯固相反应的形成量是很少的,其形成温度常高达1 300~1 450 ℃。当物料温度升至1 250~1 280 ℃以后,液相开始形成,C_2S和CaO部分溶解于液相中,并离解成Ca^{2+}和SiO_4^{4-}。它们从系统中获得能量并在液相中扩散,克服界面能,结合并析出C_3S晶核[59,60]。所以C_2S和CaO在液相中的溶解速度会制约C_3S的形成[50]。

硅酸盐水泥熟料液相属于微弱结合类和高盐基性铁铝硅酸盐熔融体,其中的骨架结构由硅氧基团组成,这种硅氧基团主要以复合的SiO_4^{4-}、Ca^{2+}和两性的Al^{3+}和Fe^{3+}的形式存在。Al^{3+}和Fe^{3+}根据不同条件进入$[MeO_4]^{5-}$或$[MeO_6]^{9-}$形成$[MeO_x]^{y-}$复合体时,Al^{3+}和Fe^{3+}呈酸性;当它们由八面体氧包围而形成$[MeO_6]^{9-}$复合体时,Al^{3+}和Fe^{3+}则呈现碱性。由于Me—O键在低氧

复合体 $[MeO_4]^{5-}$ 中比在八面体的 $[MeO_6]^{9-}$ 复合体中更稳定,因此复合体 $[MeO_4]^{5-}$ 在熔融体中的移动主要呈未离解状态;而 $[MeO_6]^{9-}$ 复合体则离解成流动性较好的 Me^{3+} 和 $6O^{2-}$,黏度较小[9]。此外,液相的形成温度、液相量等液相性质对 C_3S 晶核的形成也影响较大。因而在熟料制备中,可以通过降低液相的形成温度、降低液相黏度、提高液相的形成量来降低 C_3S 晶核的形成温度及形成量。

1.3.2 阳离子对液相性质及熟料相形成的影响

水泥熟料常规成分以外的某些杂质离子或离子团对熟料的烧成和性能有较大的影响,尤其是一些金属离子,如 Cu^{2+}、Zn^{2+}、Mg^{2+} 等,能够显著改善熟料的易烧性、易磨性及胶凝性能。Kakali 等[61]认为在 $CaO\text{-}Al_2O_3\text{-}Fe_2O_3\text{-}SiO_2$ 体系中,通过在生料中掺入一定量的 CuO(0.5% 以上),可使熟料的烧成温度至少下降 50 ℃;CuO 作为一种助熔剂或矿化剂,在 1 100 ℃ 温度以上即可作用并降低熟料体系中的液相形成温度,有利于较低温度条件下 f-CaO 的吸收并加速贝利特及阿利特晶体的形成和生长,改变了熟料冷却阶段的矿物结晶过程;而 Cu_2O 的存在则不利于 C_3S 的形成[62]。李好新等[94]研究了 CuO 对熟料矿相和水化性能的影响,掺入适量 CuO 促进 C_3S 形成和 C_3S 颗粒的成长,然而过量的 CuO 也会带来负面影响,即伴随着低熔点 Cu_2O 的形成。侯贵华等[63]通过在硅酸盐水泥生料(KH、SM 及 AIM 分别为 0.98、2.4 和 2.4)中掺入 1.0% 的 CuO,在 1 450 ℃ 下煅烧并保温 30 min,可制得 C_3S 含量高达 73.37% 的高 C_3S 硅酸盐水泥熟料;1.0% CuO 的加入使 $CaCO_3$ 的分解温度及活化能分别降低了 12 ℃ 和 10 kJ·mol^{-1}[64,65];CuO 与 CaO 反应形成了 $CaCu_2O_3$ 和 Ca_2CuO_3 两个中间产物,并在 1 000～1 050 ℃ 产生液相。Chen 等[66]研究了掺入 CuO 后由于固溶 Cu 影响硅酸钙的晶格,改变熟料矿相的形态和熟料的反应活性。

Kolovos 等[67]在水泥生料中分别掺入 1.0% 的 CuO、MnO_2、V_2O_5、PbO、CdO、ZrO_2、Li_2O、MoO_3、Co_2O_3、NiO、WO_3、ZnO、Nb_2O_5、CrO_3、Ta_2O_5、TiO_2、BaO_2 等氧化物,测得 1 200 ℃ 和 1 450 ℃ 下烧成试样中 f-CaO 的含量,如图 1.3 所示。在 1 200 ℃ 时,CuO 的掺入增强了生料的反应活性,f-CaO 的含量降低了 60% 以上;而 Li_2O 的掺入则对 $CaO\text{-}SiO_2\text{-}Al_2O_3\text{-}Fe_2O_3$ 系统中 $CaCO_3$ 的分解产生影响,其分解温度较基准试样显著降低,这与 Saraswat 等[68]的结论是基本一致的。Saraswat 等发现 Li_2CO_3 的加入加速了 C_2S 的形成,认为其与系统中高活性 CaO 的形成有关。在 1 450 ℃ 时,Cu、Ti、Mo、W、Ta 的氧化物的掺入提高了反应活性,使 f-CaO 含量降低 30.0%～60.0%,而 Cr 的氧化物则增加了 f-CaO 的含量。

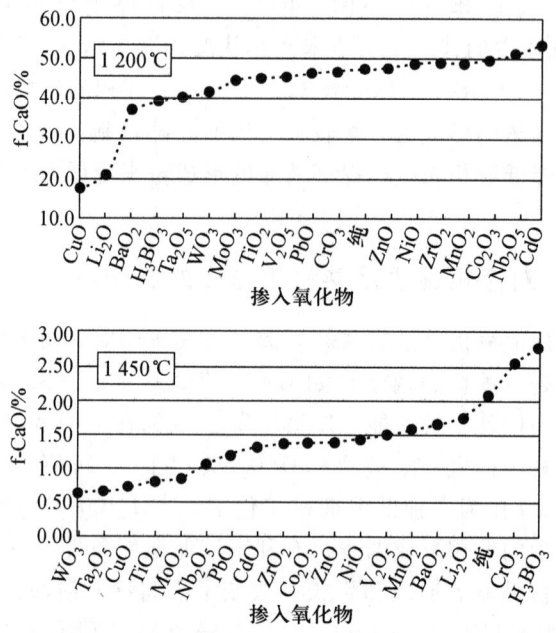

图 1.3　不同掺杂试样中在 1 200 ℃ 及 1 450 ℃ 的 f-CaO 的含量

ZnO 作为矿化剂或溶剂的加入，促进了固相反应过程，并通过增加反应过程中的液相量而加速了阿利特相的形成[69,70]，被认为有利于生料的煅烧，并加速熟料的形成。Ivan 等[71]研究发现 ZnO 的掺入加速了波特兰水泥熟料的形成，但延缓了 C_3S 的早期水化，并加速了钙矾石的形成；随 ZnO 掺量的增加，水泥的凝结时间延长、强度发展变缓。Ivan 等[71]也对 ZnO 在 C_3S 相中的固溶量进行了研究，ZnO 在 C_3S 晶格中的最大固溶量可达 4.7%，受 ZnO 掺量的不同，C_3S 呈现五种不同的晶型；C_3S-ZnO 固溶体在高温下易分解，且 ZnO 在 C_3S 相中的固溶对 C_3S 的水化性能及强度产生影响，这和 Morita 等[72]及 Urabe 等[73]的结论是基本一致的。Bolio-Arceo 等[74]也对 ZnO 在铝相中的固溶量进行了研究。Rose 等[75]通过对掺 ZnO 的 C_3S 的水化产物的研究发现，Zn 固溶于 C-S-H 矩阵中并通过 Zn—O—Si 键链接在 Si 链的顶端，且 Zn—Si 距离约为 3.1 Å。侯贵华等[63]在 KH、SM、IM 分别为 0.98、2.4、2.4 的生料组成中掺入质量分数为 1.0% 的 ZnO，发现 ZnO 对生料的低温反应阶段的促进作用较少，而在 1 200 ℃ ~ 1 350 ℃ 间对生料的煅烧产生了强烈的促进作用；1 350 ℃ ~ 1 450 ℃ 温度段内，ZnO 在试样中已产生了大量的液相，C_3S 大量形成。ZnO 的掺入亦能使高 KH、高 IM 生料在通常硅酸盐水泥熟料烧成温度范围内烧成，但与 CuO 相比，由于 ZnO 的作用产生于较窄的温度区间内，因此若选择 ZnO

作为高 KH、高 IM 生料煅烧的促进剂时，需有稳定的煅烧制度，否则有可能会使熟料具有较高的 f-CaO 含量。

MgO 被认为对水泥的安定性是有害的。近年来利用高镁石灰石资源，对 MgO 的作用有了进一步的认识。Staněk 等[17]研究了 MgO 与 SO_3 对 C_3S 晶型转变的共同作用，当 MgO/SO_3 比例增加时，促进 C_3S 的 M3 晶型产生，随比例的降低，M3 型会逐渐消失，并稳定 C_3S 的 M1 型；M1 型 C_3S 的强度比 M3 型在所有龄期要高 10%。Thompson 等[76]研究了掺 MgO 的阿利特的水化反应特性，发现：在 MgO 的掺入使阿利特的晶型由单斜向三斜晶相转变时，阿利特的早期水化热显著增加；外掺 MgO 量低于 0.9% 的试样经退火处理后，阿利特反应活性降低，而纯 C_3S 则没有影响。Abdul-Maula 等[77]认为：C_3S 晶格中 MgO 的最大固溶量可达 1.8%，MgO 的掺入提高了 C_3S 的抗压强度；掺杂试样的水化历程因掺入量而变化。此外，国内外研究者还分别研究了 TiO_2[78]、Ni_2O_3[14]、PbO[79] 及 Cr_2O_3[80] 等对 C_3S 形成及水化性能的影响。廖翠香等[93]研究了锡锑渣替代萤石作矿化剂的效果，由于锡锑渣中的主要矿物橄榄石和鳞石英的最低共熔温度为 1 178 ℃，比正常熟料的最低共熔点 1 338 ℃ 要低 150 ℃ 以上，所以锡锑渣能使熟料最低共熔温度下降，促使液相提前生成，降低水泥熟料烧成时的液相形成温度。碱（K_2O、Na_2O 等）通常由黏土质原料及煤灰带入，少量的碱（通常 1.0% 以内）亦可降低液相形成温度及增加液相量，从而有利于熟料中 f-CaO 的吸收及 C_3S 的形成。Stephan 等研究了 Cr、Ni、Zn 氧化物形式对纯熟料相 C_3S 性能的影响。掺杂重金属影响了 C_3S 的结构和水化活性，国内其他研究者还研究了稀土元素对硅酸盐熟料形成的影响，认为稀土元素促进了 C_3S 矿物的形成，并更多地固溶在硅酸盐相中，同时增加 Al_2O_3、Fe_2O_3 在 C_3S 中的固溶量；另有研究认为镧系元素促进 C_3S 的形成，但主要分布在中间相。

1.3.3　阴离子（团）对液相性质及熟料相形成的影响

CaF_2 是最常使用的矿化剂。CaF_2 作为矿化剂能有效促进碳酸钙的分解，降低液相出现的温度，被认为有利于 1 200 ℃ ~1 450 ℃ 范围内 f-CaO 的吸收，可增加 C_3S 的形成量及改善易烧性，加速 C_3S 的形成，并可使熟料煅烧温度降低 50 ~100 ℃ [81-83]。CaF_2 质量掺量为 0.5% ~1% 时，有利于提高水泥的早期力学性能。CaF_2 的掺量超过 1.5%（质量分数）时，生成氟铝酸盐 $C_{11}A_7$ · CaF_2，且不利于 C_3S 和硫铝酸钡钙矿物形成。Larbi Kacimi 等研究了外掺 KF、NaF、CaF_2 对熟料的煅烧温度和性能的影响，1% 的 KF、NaF、CaF_2 能降低烧成温度，提高熟料相形成量和水化活性。Kolovos 等[67]对 SO_4^{2-}、F^- 及 HPO_4^{2-} 等阴离子（团）对 $CaO-SiO_2-Al_2O_3-Fe_2O_3$ 体系的作用作了研究，认为这些阴离子

(团)可以通过改变两性离子如 Al^{3+}、Fe^{3+} 的配位平衡 $[MeO_4]^{5-} \longleftrightarrow [MeO_6]^{9-}$ 来改变熔体的黏度及表面张力，进而影响熟料体系中 CaO 的扩散能力，促使 C_3S 形成。Chen 等[66]研究了掺入 NaF 固溶 F 改变硅酸钙矿物相晶格，改变熟料矿物相形态和熟料反应活性。

王忠等[84]认为：P_2O_5 与煤矸石中硫的复合作用优于氟硫复合矿化剂，且如再引入 CaF_2 效果并不理想。P_2O_5 的主要作用是稳定 C_2S，且适量的 P_2O_5 能降低液相黏度，有利于 C_3S 生长发育。童雪莉等[136]则认为：原料中的磷主要固溶于熟料的硅酸盐相及中间相中，贝利特中固溶磷最多，阿利特中次之，中间相中最少；磷的掺入能稳定 C_2S、阻碍阿利特（或 C_3S）的形成或促使其分解，同时使阿利特由强度高的单斜晶型转变为强度稍低的三方晶型，C_2S 部分形成强度低的 α-C_2S；含磷酸量较大时，水泥凝结变慢，强度尤其是早期强度显著下降。Staněk 等[85]研究了 P_2O_5 在熟料中形成的影响，当 P_2O_5 含量大于 0.7% 时，C_3S 开始分解为 C_2S 和 f-CaO，当含量达到 4.5% 时，不能形成 C_3S 矿相，P_2O_5 在该体系中能降低熟料液相的黏度，阻碍阿利特相成核，增加液相的表面张力，P_2O_5 能替代熟料结构中硅酸盐相中的 SiO_2。

适宜的掺杂形成的 C_3S 固溶体将诱导纯三斜 T3 型 C_3S 向介稳的高对称性晶型转变。研究表明，通过掺杂和调整烧成参数，对阿利特晶体结构加以调整，可以提高阿利特的对称性，这可能是提高熟料强度的原因，但还缺少充分证据，有待进一步开展研究。

1.4 熟料矿物相组成优化

阿利特是水泥熟料中最重要的矿物，是硅酸盐系统水泥熟料中含量最高、胶凝性能最好的矿物。提高熟料中的阿利特含量是改善熟料胶凝性的有效途径之一[57]。熟料烧成中，阿利特是形成温度最高的矿物，因此阿利特的充分形成实际上也代表了熟料的烧成。在传统硅酸盐水泥熟料中阿利特是水泥强度的主要来源，其含量一般为 50%～60%（质量分数）。对于纯硅酸盐水泥而言，提高熟料的阿利特含量也就要求熟料烧成温度高、能耗高、资源消耗量大，这在现有的水泥窑中常会遇到困难。需要充分应用各种物理化学手段，促进高阿利特含量熟料矿相体系的低温快速形成，大幅度提高熟料矿相体系的胶凝性[7,86]。

国内外已经对阿利特的形成做了大量的研究，并取得了很大成果，但是对于高阿利特含量的熟料矿物的形成还有待于进一步研究[87]。加快阿利特在较低温度下的形成速度，减少熟料烧成的热耗一直是人们关注的热点。

通过改变熟料的化学组成、加入微量组分或者提高水泥中混合材的掺入量，不仅使熟料可以在相对较低的温度下烧成，提高 C_3S 的含量，而且可以提高水泥的强度。掺入大量混合材的高 C_3S 水泥熟料，可降低单位质量水泥的生产能耗、资源消耗、水泥成本、环境污染，有利于大量地利用工业废料，并且利用低钙介稳的工业废渣与高钙的熟料在胶凝作用方面具有的互补效应[88,89]，能够弥补纯硅酸盐水泥性能的不足。近 5 年来，作者对高阿利特含量的高胶凝性熟料体系研究方面取得重要进展，获得阿利特含量达到 70% 左右的相体系配料和烧成方法，在高阿利特高胶凝性水泥熟料及其制备方法方面取得突破。

1.4.1 阿利特形成动力学

有关阿利特形成的研究主要集中在 20 世纪六七十年代，对 C_3S 矿物在液相中形成的研究主要可以归结为：熟料形成过程由几个独立的物理化学过程所组成，其中主要的是 Ca^{2+} 和 SiO_4^{4-} 在高温下向液相中扩散的过程，即 CaO 和 C_2S 向熟料液相中的溶解速率。根据不同条件下测得的实验结果，相应地分成了两派：溶解控制论和扩散控制论。

1. 溶解控制论

C_3S 的形成受 C_2S、CaO 溶解速率的控制。托洛波夫（T. A. Toponok）以不同粒径的 CaO 在液相中溶解，液相组成为 SiO_2 6.7%、Al_2O_3 18.5%、Fe_2O_3 18.5%、CaO 56.3%，在不同的温度下进行实验（溶解所用的容器能够旋转），由所得数据求出溶解方程[90]：

$$\lg t = \lg \frac{a}{A} + \frac{E}{RT} \lg e \tag{1.1}$$

其中：t 为溶解时间(min)，R 为气体常数(kcal·mol^{-1}·K^{-1})，d 为 CaO 粒径(min)，T 为绝对温度(K)，A 为 CaO 颗粒表面常数(mm/min)，e 为自然对数的底，E 为 CaO 溶解活化能(kcal·mol^{-1})。

进一步得出溶解厚度(1 450 ℃时)：

$$y = 16.7 \times 10^{-6t} \tag{1.2}$$

Butt 等[91]在温度为 1 350 ~ 1 450 ℃时，测定了 CaO 和 C_2S 的溶解速率，容器的转速为 600 ~ 1 400 r/m，结果如下。

CaO 的溶解速率：$\lg t = (6.1 \sim 8.34) \times 10^{-6}$ cm·s^{-1}

C_2S 的溶解速率：$\lg t = (1.94 \sim 2.78) \times 10^{-6}$ cm·s^{-1}

结果说明 C_2S 的溶解速率反而比 CaO 的低。但实际生料会有碱、MgO、SO_3，此时 C_2S 的溶解速率将加快为 22.2×10^{-6} cm·s^{-1}，而 CaO 的溶解速率基本不变，因此最后结论也是受 CaO 的溶解速率的控制。

2. 扩散控制论

C_3S 的形成受 Ca^{2+} 的扩散速率的控制。Kondo 采用夹层技术，两个试样中夹液相，夹紧升温至要求温度后淬火，再作 X 射线测定，得到扩散方程。

当液相为 30% 时：

$$y^2 = 17.96 \times 10^{-10}$$

扩散速率为

$$\frac{dy}{dt} = \frac{17.96 \times 10^{-10}}{2y} \text{ cm} \cdot \text{s}^{-1} \tag{1.3}$$

克利斯顿逊对两种熟料进行了实验研究，得到如下方程[92]：

$$\frac{dy}{dt} = \frac{19.2 \times 10^{-8}}{2y} \text{ cm} \cdot \text{s}^{-1} \tag{1.4}$$

得出的结论为：扩散速率低于溶解速率，因此 C_3S 的形成受扩散的控制。

两种理论差别很大，其根本原因在于试验条件不同。前者是大量液相，而且容器旋转；而后者采用夹层，液相量比较少。前者可以使 Ca^{2+} 很快离开界面层，因此得出结论 C_3S 的形成受溶解速率的控制；后者在边界层上形成越来越厚的 C_3S 产物层，因此溶于液相的 Ca^{2+} 要穿透过这个产物层，所受的阻力大，因此受扩散速率的影响。

写成杨氏方程形式为

溶解理论：

$$1 - \sqrt[3]{1-a} = kt \tag{1.5}$$

扩散理论：

$$(1 - \sqrt[3]{1-a})^2 = kt \tag{1.6}$$

实际生产中无大量的液相，也不用夹层技术，则 $(1 - \sqrt[3]{1-a})^n = kt$ 中 n 的取值范围应为 $1 < n < 2$。影响 n 值的因素有：随液相增加，n 减小；随温度增高，n 减少；随颗粒粒度的减小，n 减小；随生料均匀性的增加，n 减小。

杨氏方程只能用于反应初期反应转化率较小的情况，而金斯特林格方程能适用于更大的反应程度，能够描述转化率很大情况下的固相反应。根据实际生产的要求，C_3S 的含量在 30% 以上，采用金斯特林格方程更为合理，则反应量 $F(t)$ 与转化率 a 之间存在以下关系：

$$F(t) = 1 - \frac{2}{3}a - (1-a)^{\frac{2}{3}} \tag{1.7}$$

阿累乌尼斯方程表示速度常数与温度、活化能 E 之间的关系，如下所示：

$$K = Ae^{-\frac{E}{RT}} \tag{1.8}$$

由反应量的关系 $F(t) = Kt$，则有

$$F(t) = 1 - \frac{2}{3}a - (1-a)^{\frac{2}{3}} = Ae^{-\frac{E}{RT}}t \tag{1.9}$$

也即

$$\left[1 - \frac{2}{3}a - (1-a)^{\frac{2}{3}}\right]/t = Ae^{-\frac{E}{RT}} \tag{1.10}$$

其中：t 为保温时间(s)；A 为常数；E 为反应的表观活化能；$R = 8.3145\ \text{J} \cdot \text{mol}^{-1} \cdot \text{K}^{-1}$，为摩尔气体常数。

对式(1.10)两边同时求对数得：

$$\ln\left\{\left[1 - \frac{2}{3}a - (1-a)^{\frac{2}{3}}\right]/t\right\} = \ln A - \frac{E}{RT} \tag{1.11}$$

对于反应程度 a，一般假定 Fe、Al 在硅酸盐相没有发生固溶，全部生成 C_3A 和 C_4AF，则反应程度主要就决定于 C_2S 向 C_3S 的转化率，这可以通过体系中生成 C_3S 所需要的 CaO_{C_3S} 量与熟料中游离 CaO（用 f-CaO 表示）含量的关系求出：

$$a = \frac{CaO_{C_3S} - \text{f-CaO}}{CaO_{C_3S}} \tag{1.12}$$

那么，根据上式对 $1/T$ 作图，由其斜率可以求出活化能 E。

由于在一定温度的范围 E 变化很小，可视为常数，则可以得出一定温度下相应的动力学方程。

秦守婉[109]根据式(1.11)发现，在生料率值相同的情况下，各个温度下较粗生料所得熟料中 f-CaO 的含量较多，使计算得到 C_3S 形成的表观活化能较高。因此认为应降低物料的颗粒尺寸，使溶解和扩散更易于进行，从而降低了 C_3S 形成的表观活化能。李好新等[94]采用三维球形对称扩散动力学模型 $(1 - \sqrt[3]{1-a})^2 = kt$，得出在 1 450 ℃，CuO 的加入明显地增大了 C_3S 矿物形成速率常数，并随着 CuO 掺量的增加，C_3S 矿物形成速率常数明显增大。

1.4.2 熟料矿物相组成的相互关系

在水泥生产过程中，需预先设计各氧化物之间的比例，以控制水泥熟料矿物的组成。根据各种氧化物和熟料矿物之间的关系推导出表示氧化物之间数量关系的率值。率值能较好地控制熟料的矿物组成和水泥性能。率值可作为熟料生产控制的一种重要指标。在硅酸盐水泥熟料体系中，氧化物或矿物间的依存关系有多种表达式，我国一般采用率值石灰饱和系数（Козфицит Насыщения Известыо，KH）、硅率（Silica Modulus，SM）、铁率（Iron Modulus，IM）关系式表达[95]：

$$KH = \frac{CaO - 1.65Al_2O_3 - 0.35Fe_2O_3}{2.8SiO_2} = \frac{C_3S + 0.8838C_2S}{C_3S + 1.3256C_2S} \tag{1.13}$$

$$SM = \frac{SiO_2}{Al_2O_3 + Fe_2O_3} = \frac{C_3S + 1.325C_2S}{1.434C_3A + 2.046C_4AF} \tag{1.14}$$

$$IM = \frac{Al_2O_3}{Fe_2O_3} = \frac{1.15C_3A}{C_4AF} + 0.64 \quad (IM \geqslant 0.64) \tag{1.15}$$

由式(1.13)可以看出：当 C_3S 的含量为 0 时，KH 为 0.667，也就是说，当 KH 为 0.667 时，表示熟料中只含有 C_2S、C_3A 和 C_4AF；当 C_2S 的含量趋为 0 时，KH 为 1，即当 KH 为 1 时，表示熟料中没有 C_2S 而只含有 C_3S、C_3A 和 C_4AF。由此可见，理论上 KH 的取值介于 0.667 和 1 之间。从熟料矿物组成角度看，KH 实际上反映了熟料中 C_3S 与 C_2S 含量的比例。KH 越大，则硅酸盐矿物中的 C_3S 比例越高，熟料强度越好，有利于提高水泥质量，但 KH 过高，熟料煅烧困难。

由式(1.14)可知：当 C_4AF 的含量为 0 时，熟料中仅含有 C_3S、C_2S 和 C_3A，这三种矿相组成即属白色硅酸盐水泥，此时硅率可达 4.0 甚至更高。当 C_3A 的含量为 0 时，熟料中仅含有 C_3S、C_2S 和 C_4AF，这种相组成即为高铁硅酸盐水泥所含的主要矿物相[96]。当 C_3A 和 C_4AF 的含量均为 0 时，SM 值将极大，熟料中仅含有 C_3S 和 C_2S，这表示该熟料将仅以纯固相的形式反应生成。SM 表示了熟料中硅酸盐矿物与溶剂矿物的比例关系，相应地也反映了熟料的质量和易烧性，硅率随着硅酸盐矿物与溶剂矿物之比而递减。若硅率过高，则由于高温液相量显著减少，熟料煅烧困难，C_3S 不易形成；硅率过低，则形成的熟料中的硅酸盐矿物减少，强度降低。通常硅酸盐水泥熟料的硅率在 1.7~2.7 之间。

由式(1.15)可得：当 $IM \geqslant 0.64$ 并逐渐升高时，C_4AF 将逐渐减少，熟料烧成时液相的黏度将逐渐增大，熟料的颜色将逐渐变白，即白色硅酸盐水泥；而当 $IM < 0.64$ 时，则熟料矿物组成为 C_3S、C_2S、C_2F 和 C_4AF，矿物相中没有 C_3A 存在，即为高铁水泥。铝率表示了熟料中矿物 C_3A 和 C_4AF 的比例关系，因而在很大程度上决定水泥的凝结性能，同时还关系到熟料液相的黏度，从而影响熟料煅烧的难易。在实际水泥生产中，铝率通常控制在 0.7~1.7 之间。

通常将熟料的三个率值作为水泥生料的配料方案，合理的率值既能保证水泥熟料顺利烧成，又能保证水泥熟料的质量。KH 值高，SM 值也偏高，这时熔剂矿物的含量必然少，吸收 f-CaO 的反应不完全，熟料不易烧结，且 f-CaO 的含量高。SM 值高，KH 值低，熟料的烧成温度虽然不需要太高，但 C_2S 的含量高易造成熟料粉化，熟料强度低。KH 值低，SM 值也低，熟料的烧成温度不需要很高，但熔剂矿物(C_3A 和 C_4AF)的总含量较高，液相量较多，虽然 KH 值低，熟料易烧，但 f-CaO 的含量较高，不宜应用于工业生产。在选择 IM 值时，也要考虑与 KH 值相对应。一般情况下，当提高 KH 值时，要相应地降低 IM 值，即提高 C_4AF 的含量，以降低液相出现的温度和黏度，有助于 C_3S 矿相的形成。三个率值要互相配合适当，不能单独强调某一个率值。矿物组成不同的熟料,其水泥性能差别亦很大。由上述可知,硅酸盐水泥熟料矿物相之间相互依存。

1.4.3 熟料矿物相组成优化匹配

众所周知,硅酸盐水泥熟料矿物主要含有硅酸三钙(C_3S)、硅酸二钙(C_2S)、铝酸三钙(C_3A)、铁铝酸四钙(C_4AF),其矿物组成决定了水泥的水化速度、水化产物种类、形态与尺寸以及彼此间构成网状结构时各种键的比例,对水泥强度起重要作用。水泥熟料的性能可由熟料矿物特征来表征。CaO-SiO_2-Al_2O_3 硅酸盐熟料矿物体系中,硅酸盐矿物的含量是决定水泥强度的重要因素,28 天强度基本依靠 C_3S 的含量,硅酸盐水泥熟料成分在相图中的位置如图 1.4 所示,建立相组成与实际水泥强度之间的关系具有非常重要的意义。

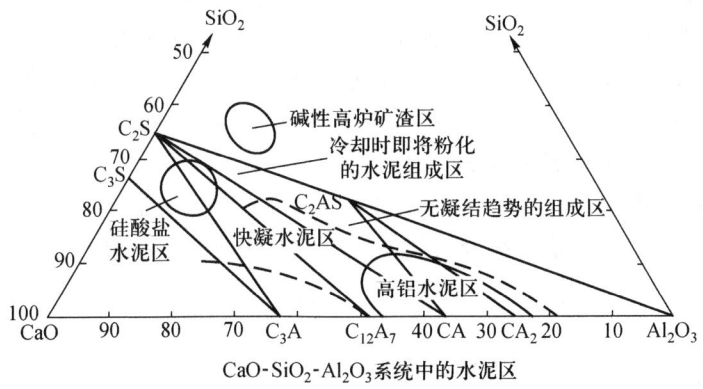

图 1.4 硅酸盐水泥熟料成分在相图中的位置

Brüggemann 和 Bentrup 统计了大量水泥样品的数据,并根据所得的相关系数,把下列参数按照它们对水泥强度的影响作用排列成以下顺序:$C_3S + C_2S$(Bogue 法)$> 3C_3S + 2C_2S +$ 铝酸盐和铁相(Knöfel 强度特征系数)> 硅率 > C_3S(Bogue 法)> 阿利特 + 贝利特 > 贝利特[97]。在 4 种熟料组成矿物中,硅酸盐矿物 C_3S 和 C_2S 含量之和,即硅酸盐相对水泥强度性能产生的影响作用表现得最为显著。根据德国水泥企业状况,Knöfel[98] 认为熟料相组成与强度的关系是实际存在的,提出了水泥熟料 4 种主要矿物成分和 28 天抗压强度之间的关系,强度特征系数 F_{28} 的关系式为

$$F_{28} = 3 \times 阿利特 + 2 \times 贝利特 + 铝酸盐 - 铁相 \tag{1.16}$$

关系式表明强度特征系数 F_{28} 和水泥 28 天抗压强度基本呈直线上升的关系,F_{28} 值越大,水泥 28 天抗压强度越高。在强度特征系数公式中,不同矿物所对应的系数高低即可反映每种矿物对水泥 28 天抗压强度贡献的程度。很显然,

硅酸盐水泥熟料中阿利特的含量对水泥 28 天抗压强度的影响最大。

Tsivilis 和 Parissakis[99]报道了借助矿物组成和粒度分布预测水泥各龄期的抗压强度,关系式为

$$S_2 = 0.0066S_b + 0.31P_{80} - 0.90(\%\ 3-32\ \mu m) + 0.98(\%\ 3-16\ \mu m) + 0.93(\%\ 16-24\ \mu m) \tag{1.17}$$

$$S_7 = -1.34C_3S/C_2S + 1.64LSF - 13.93pp + 6.77P_{80} - 3.58(\% < 3\ \mu m) \tag{1.18}$$

$$S_{28} = -11.75C_3S/C_2S + 35.37C_3A/C_4AF + 8.35LSF - 74.05pp + 35.48P_{80} - 9.87(\% < 3\ \mu m) - 5.39(\% < 3-32\ \mu m) + 6.93(\% < 16-24\ \mu m) \tag{1.19}$$

其中:S_2、S_7、S_{28} 分别为水泥 2 天、7 天、28 天抗压强度。S_b 为比表面积,pp 为位置参数,P_{80} 为 80% 过筛尺寸,LSF 为石灰饱和系数。由式(1.17)~式(1.19)可以得到:水泥的早期强度主要取决于水泥的细度,后期强度主要取决于水泥熟料的矿物组成,28 天抗压强度受水泥颗粒大小的影响,如水泥颗粒为 < 3 μm、3~16 μm、16~24 μm 和 24~32 μm,而 16~24 μm 颗粒是唯一一个对强度发展有积极影响的因素。

Mechling 等[100]研究了 6 个来自不同水泥企业的不同水泥样品组成和强度之间的关系,得到纯水泥组分与浆体的抗压强度的关系式为

$$fc_p = \sigma'_{28}(0.2[C_3S] - 0.65)\left(\frac{v_c}{v_c + v_w + v_a}\right)^{2.95} \tag{1.20}$$

其中 fc_p 为纯水泥净浆 28 天抗压强度,σ'_{28} 为水泥 28 天标准强度,v_c、v_w、v_a 分别是水泥、水、浆体中空气的体积。由式(1.20)可以看出:纯水泥净浆 28 天抗压强度主要决定于水泥中 C_3S 的含量。28 天水泥净浆的抗压强度主要由水泥的化学组成决定,尤其是 C_3S 的含量,反映了水泥熟料中硅的量。

罗云峰等[101]报道了早期抗压和抗折强度与 C_3S 含量有很好的相关性,C_3S 的含量高,则水泥早期强度高,对于水泥早期强度的差异,C_3A 不是主要影响因素。水泥后期抗折强度与 $C_3S + C_2S$ 及 C_3S 的含量相关性不是太好,表明水泥后期抗折强度不仅仅取决于硅酸盐相的含量,还可能与中间体有关,水泥胶砂强度不仅取决于硅酸盐相的含量,很大程度上也取决于矿物形态。熟料矿物晶体发育良好,晶体尺寸适中,晶体自形性好,则水泥的强度相对较高。

支俊秉等[102]对某水泥企业全年 500 多个熟料样品的矿物组成和熟料强度进行回归分析,分析得到:熟料 3 天抗压强度相关性较好的是 C_3S、C_2S 及 f-CaO,而 C_3A 和 C_4AF 与 3 天抗压强度几乎不呈线性关系,没有显著的影响。即提高 C_3S 的含量可大幅度提高熟料 3 天抗压强度;熟料 28 天抗压强度相关

性较好的主要是 C_3A、C_4AF 及 f-CaO，而 C_3S 和 C_2S 与 28 天抗压强度则几乎不呈线性关系，没有显著的影响。这说明熟料中 C_3A 的提高及 C_4AF 的降低有利于提高熟料的煅烧质量，提高熟料 28 天抗压强度。

水泥熟料的烧成过程与液相形成温度、液相量、液相黏度等液相性质以及 CaO、C_2S 溶解液相的溶解速率、离子扩散速率等各种因素有关。液相量的增加和液相黏度的减小，使液相中质点的扩散速率增加，有利于 C_2S 吸收 CaO 形成 C_3S。影响液相量的主要成分是 Al_2O_3、Fe_2O_3、MgO 和 R_2O，Al_2O_3[29] 和 Fe_2O_3[103] 的增加使液相量增加，熟料中 MgO、R_2O 等成分也能增加液相量，含量较多时为有害成分。液相黏度与液相组成的关系随液相中离子状态和相互作用力的变化而异，R_2O 的含量增加，液相黏度会增加，但 MgO、K_2SO_4、Na_2SO_4、SO_3 的含量增加，液相黏度会有所下降。液相的表面张力越小，越易润湿固体物质或熟料颗粒，有利于固液反应，促进 C_3S 的形成。液相中有镁、碱、硫等物质存在时，可降低液相表面张力，从而促进熟料烧结。提高温度，离子动能增加，减弱了相互间的作用力，因而降低了液相的黏度，有利于 C_3S 形成，但温度过高能耗会增加，容易在窑内结大块、结圈等。Hendrick 等的研究表明[104]：水泥熔体黏度随 SiO_2 含量的增多而有显著的提高，但 Al_2O_3 含量的增加对其影响程度要小得多。研究[105] 表明灰分含量的升高是降低液相初析温度的主要原因，随着灰分含量的升高，造成液相黏度增加。而煤灰熔融温度的高低取决于煤灰中各元素的组成及含量，酸性氧化物的含量越多，煤灰的熔融温度越高，碱性氧化物的含量越多，煤灰熔融温度越低[106]。

由于硅酸盐水泥熟料是多矿物复杂相集合体，熟料的强度主要决定于四个主要矿物的强度，但不是四种单矿物强度的简单加和，众多矿物相共同决定了熟料的强度性能，矿物相互之间还有一定的促进作用。C_3S 是熟料中最主要的结晶相，也是综合物理性能最好的矿相。C_3A 的强度较低，但与 C_3S 混合后，在 C_3A 为 15%、C_3S 为 85% 时，混合物的 3 天强度比 C_3S 的还高；但 C_3A 超过一定比例后，混合物的强度显著下降。C_4AF 和 C_3S 混合后，当 C_4AF 为 5%、C_3S 为 95% 时，也有类似的规律。C_3S 和 C_2S 混合物强度随着 C_2S 含量的增加而降低，直接合成的多矿物熟料有类似的规律性。

对于熟料中四种矿物强度的发展，鲍格发表了其研究结果，如图 1.5 所示。纯 C_3S 的早期强度高，后期强度缓慢但不断增长，而 C_3A 和 C_4AF 的强度极低。C_3S 对水泥浆体水化早、中、后期强度都有着决定性的贡献。C_3S 的含量增高，相对 C_2S 的含量降低，由于 C_2S 难磨，又相应降低了水泥粉磨的电耗。图 1.6 表示高 C_3S 熟料的实验砂浆和低 C_3S 熟料的实验砂浆 180 天的抗压强度。C_3S 的含量增高，提高了熟料质量，扩大了辅助性胶凝材料的掺量，减少了混凝土工程中的水泥用量，同时也相应减少了能源消耗。

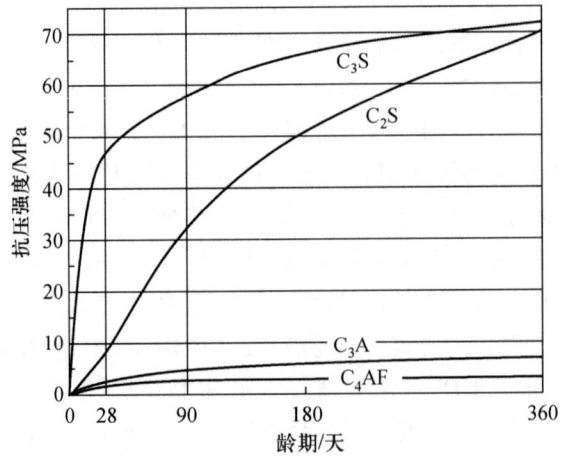

图1.5 熟料中单矿物相在不同龄期的抗压强度

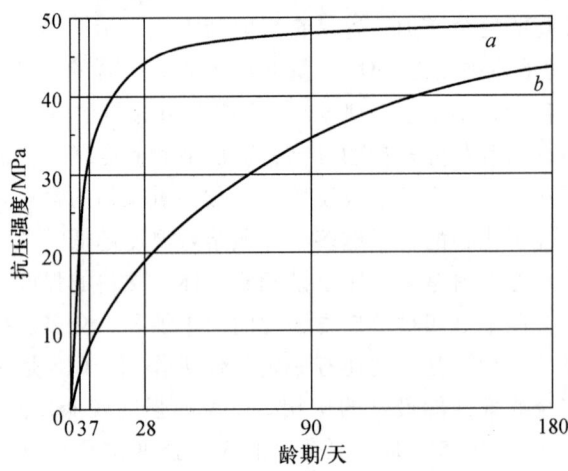

图1.6 不同 C_3S 含量的硅酸盐水泥砂浆抗压强度

a 为 70% C_3S、10% C_2S,b 为 30% C_3S、50% C_2S

综上所述,硅酸盐水泥熟料的化学组成与性能是长期关注的重要课题之一。必须匹配水泥熟料相组成,提高熟料矿物相水化活性,建立相组成与熟料性能的关系,获得高胶凝性水泥熟料,高效发挥水泥熟料相胶凝性,增加水泥中矿物掺合料的比例,减少水泥熟料用量,大幅度提高工业废弃物的综合利用率,达到节能减排的目的,为高性能水泥熟料的制备提供理论依据和技术支持。

1.4.4 促进阿利特形成的措施及其控制

1. 率值控制

研究表明提高石灰饱和系数 KH，CaO 吸收不完全，熟料的易烧性变差[107]。降低 KH，熟料煅烧易结，C_3S 过低，熟料强度下降[108]。硅酸率值 n 提高，液相量减少；n 降低，液相量总量增多。铝率值 p 过高，液相黏度大，煅烧操作困难。对于高硅熟料，提高铝率，液相增多，可促进 A 矿形成；对于低硅熟料，铝率增加，导致液相黏度增加，抑制 A 矿形成。文献[63]得出，当 KH 值、n 值和 p 值分别为 0.98、2.4 和 2.4，掺杂质量分数为 1% CuO 的生料在 1 450 ℃ 煅烧 30 min，得到的 C_3S 为 73.37%（质量分数）。

2. 促进阿利特形成的措施

根据国内外研究可采取很多物理化学促进阿利特形成的方法，例如，对于 CaO-Al_2O_3-Fe_2O_3-SiO_2 体系，通过在生料中掺入一定量的 CuO[61]，可使熟料的烧成温度至少下降 50 ℃。锡锑渣[93,109]替代萤石作矿化剂的效果是，由于锡锑渣中的主要矿物橄榄石和鳞石英的最低共熔温度为 1 178 ℃，比正常熟料的最低共熔点 1 338 ℃低 150 ℃以上。文献[110]中认为 1% 的 CaF_2 能促进熟料中 C_3S 的形成。熟料中的 SO_3 主要由原料及燃料煤带入或人为加入，适量的 SO_3 对易烧性、C_3S 矿物的形成及提高水泥强度等有显著作用。掺 0.5% P_2O_5[111]的试样中 A 矿含量减少，B 矿含量增加。当把 2% 的含钡废料[112]加入到原料混合物的组成中，则熟料的形成速度加快。尾矿配料[113,114]用于水泥生产，尾矿中各种微量元素在熟料形成中起促进作用。生料中掺入少量的 Li_2O[115]能改善水泥生料的易烧性，促进 f-CaO 的吸收，促进硫铝酸钙与硅酸三钙的共存。适量 Cr_2O_3 及 P_2O_5[116]的掺入能显著降低生料中 $CaCO_3$ 的分解温度（降低约 36 ℃），并降低高温反应所需的能量。

1.5 含 $C_4A_3\bar{S}$ 矿物硅酸盐水泥的工业示范

1.5.1 含 $C_4A_3\bar{S}$ 矿物硅酸盐水泥熟料的原料选择及工业配料

对于含 $C_4A_3\bar{S}$ 矿物硅酸盐水泥熟料的制备，为了达到较高的早期强度及合理增长的后期强度的目的，要求在熟料矿物组成中有一定含量的早强组分 $C_4A_3\bar{S}$ 及较高的 C_3S 含量，因而，生料配料在兼顾易烧性的同时应采用较高的 KH 值；此外，为保证 $C_4A_3\bar{S}$ 的生成，应采用铝质含量较高的原料，及采用石膏和萤石配料[117]。

对于高铝质原料的问题，一般情况下应考虑采用铝矾土配料，在实际工业生产配料中可不用或少用黏土,而多采用高铝质工业废渣或低品位原料进行配料,如低品位铝矾土[118]、煤矸石[119,120]、矿渣[111]及粉煤灰等[121,122]。粉煤灰中Al_2O_3的含量一般比黏土的高,而不必再去找高铝原料来调整,以保证熟料中适量的$C_4A_3\bar{S}$含量;而且用粉煤灰配制的生料易磨性好,生料磨产量显著提高;易烧性也较好,低温煅烧易控制,有利于降低熟料的单位烧成能耗。此外,对于含$C_4A_3\bar{S}$矿物的硅酸盐水泥而言,Fe_2O_3易消耗Al_2O_3形成铁铝酸盐,影响熟料中$C_4A_3\bar{S}$的形成。因此在阿利特-硫铝酸盐水泥生料中一般不需要另外掺入铁质校正原料,而且生料配料时一般应避免使用铁含量高的原料,这在一定程度上简化了配料工艺。

生料中石膏的配料主要是为$C_4A_3\bar{S}$的生成提供硫源。实际工业生产中,生料中配入的SO_3有20%以上在煅烧过程中挥发掉,因而生料中的石膏应该以比配方设计要求高出20%以上配入[60]。对于熟料中$C_4A_3\bar{S}$的含量以多少为宜,目前国内外尚未有定论。游宝坤[123]对$C_4A_3\bar{S}$系统进行研究后指出,在水泥中含有3.0%~4.0%的$C_4A_3\bar{S}$就可足以补偿收缩。文献研究表明[60],当熟料中$C_4A_3\bar{S}$的含量为5.86%时,熟料中SO_3的含量达4.28%,28天膨胀率达0.6%左右。在水泥的生产控制中,矿渣水泥中的三氧化硫指标不得超过4.0%,而火山灰水泥、粉煤灰水泥、普硅水泥、硅水泥中则要求不超过3.5%。若再增加$C_4A_3\bar{S}$的含量,势必会造成水泥中SO_3的含量超标,导致胶砂膨胀率增大,影响水泥施工性能和建筑工程质量。本书作者的课题组[124]以化学试剂合成$C_4A_3\bar{S}$作为无机矿物碱激发剂掺入粉煤灰矿物混凝土中,发现$C_4A_3\bar{S}$的掺入有利于激发粉煤灰的早期水化活性,使其参与到水泥的水化进程中。在$C_4A_3\bar{S}$的含量高于3.0%时,其对粉煤灰的活性激发效果尤为明显。

1.5.2 含$C_4A_3\bar{S}$矿物硅酸盐水泥的工业试制

目前国内外对于该体系水泥熟料的生产实践及推广,主要是在机立窑水泥厂进行的;虽然国内近年来部分研究单位,如中国建筑材料研究总院、同济大学、济南大学、甘肃省建材科研设计院及青海水泥股份有限公司等单位也相继在回转窑上进行了中试和试生产,但对于该熟料在回转窑上的烧制工艺及操作参数的研究目前尚不充分。

蔡丰礼[119]以高铝煤矸石(Al_2O_3含量=28%~35%)为铝源,以盐石膏(SO_3含量=38%~45%)为硫源,按$C_4A_3\bar{S}$的设计含量为7.5%进行配料,在辽宁三环水泥有限公司年产10万t立窑上进行了工业烧制试验,立窑台时产量提高14.6%、熟料热耗降低15.0%,水泥及熟料样的抗折、抗压及抗酸、抗碱侵蚀性能均优于普通水泥。

1981年，魏金照等[125]以粉煤灰(约20%)和石灰石(约70%)、石膏(约6%)及萤石(约1.5%)配料先后在Φ0.6 m/0.75 m×14 m和Φ3.1 m/2.5 m×78 m的回转窑上进行了半工业化试验，试制结果表明：$LSF(A)$以0.93~0.95为宜，SO_3的含量控制在Al_2O_3含量的1/4~1/3；烧成温度控制在1 350 ℃左右，不宜还原气氛；因粉煤灰与熟料颗粒度差别大，耐磨性不同，宜采用二级粉磨或分别粉磨。

1998年，刘晓存等[121]以粉煤灰配料在小型中空回转窑上进行了阿利特-硫铝酸盐水泥的试制，生料细度控制在80 μm方孔筛余量小于15%，同时对生料中CaO及SO_3的含量进行控制。以粉煤灰配制的生料易烧性好，窑的产量可提高10%~15%；配料中石灰石的减少，熟料烧成温度较原配方降低约150 ℃，同时加上粉煤灰带入一定热量，熟料煅烧热耗降低15.0%~20.0%。氧化气氛有利于硫铝酸钙矿物的生成，而还原气氛则会加快硫铝酸钙矿物的分解，因此煅烧气氛以氧化气氛为宜。熟料过烧不利于$C_4A_3\bar{S}$矿物的形成，且C_3S结晶粗大，熔蚀严重；正常煅烧熟料的1天、3天强度可达25 MPa及48 MPa以上，28天强度可达67 MPa以上。

甘肃省建材科研设计院以石灰石、铝矾土及石膏配料，于2002年3月在景泰第二水泥厂的回转窑上进行了阿利特-硫铝酸盐水泥的试制(Φ1.6 m/1.9 m×21 m)，生料细度控制在200 μm筛余量为0，80 μm筛余量小于8%；烧成温度控制在1 320±50 ℃，严格控制"富氧"煅烧气氛，熟料的升重控制在(1 350±50)kg/m³，同时严格控制熟料中的SO_3，采用薄料快烧、快烧快卸的方法进行熟料的煅烧，熟料3天强度平均达36 MPa以上，28天强度平均达68 MPa以上，凝结时间比普通水泥明显提前。

青海水泥股份有限公司于2005年10月以煤矸石(发热量为3 000 kJ/kg)及工业石膏作原料配料，同时掺入少量萤石作矿化剂，在2 000 t/d预分解窑上进行了30天的工业煅烧试验，配料方案为$KH=0.92\pm0.02$，$n=2.1\pm0.1$，$p=3.6\pm0.1$，$Pm=0.73$。熟料3天强度平均达36.7 MPa，28天强度平均为63.8 MPa；试制过程中共生产熟料66 724 t，其中优质熟料57 813 t；熟料标准煤耗≤118 kg/t(原熟料煤耗≤125 kg/t)，水泥综合电耗≤104 kW·h/t(原水泥综合煤耗≤107 kW·h/t)。

1.6 熟料矿物相定量分析

水泥的质量主要取决于熟料的矿物组成和结构。水泥熟料主要由C_3S、C_2S、C_3A和C_4AF四种矿物以及少量的氧化钙等杂质组成。准确地测定水泥熟料中各相的含量是控制水泥质量的关键。水泥物相定量分析通常有三种，即显微镜统计法、Bogue 法和 X 射线衍射法。

1.6.1 显微镜统计法

显微镜统计法所得的阿利特和贝利特的定量分析结果比较可靠。但在水泥熟料中，C_3S、$β-C_2S$ 具有较好的晶型，C_3A、C_4AF 及其他物相晶粒比较小，或多以微晶或玻璃相形式出现，用于铝相和铁相的定量分析有一定的局限性，用显微镜比较难于分辨。再加上如果铝相中掺杂的铁或碱金属元素较多，铝相和铁相都是正交晶系，它们的形貌通常是枝状或针状，显微镜观察会无法区分。Insley 和 Chayes 等曾先后提出用显微镜方法测定熟料中的各相含量，但必须进行大量的统计数据分析，而且对于物相结晶较差的样品往往无能为力。显微镜统计法定量分析水泥需要丰富的经验及大量的人力和时间，在工业界很难推广。

1.6.2 Bogue 法

Bogue 以平衡结晶系统为基础，提出用化学分析数据计算各物相含量的经验公式[126]。但由于实际生产是在部分熔融的非平衡状态下进行的，不仅无法区分晶态和非晶态中的氧化物，而且无法解决物相中的固溶体替换问题，往往导致测量误差较大。目前工业上用得最广泛的定量分析方法为 Bogue 法。Bogue 法假设水泥中存在的物相仅为阿利特、贝利特、铝相、铁相、游离氧化钙和石膏，基于元素分析的基础之上，根据理论计算出来的矿物组成。Bogue 法定量分析结果可提供一定的参考价值，但是这种方法没有考虑水泥矿物相的固溶杂质元素，Bogue 法通常高估贝利特而低估阿利特的含量。许多学者对 Bogue 法的分析结果提出了质疑。

1.6.3 X 射线衍射法

Aldridge[127] 对水泥物相的显微镜统计法、Bogue 法及 X 射线衍射法三种定量分析方法进行了对比研究，指出快捷、有效的定量分析方法是 X 射线衍射法。随着测试手段的不断提高，粉末 X 射线衍射技术在水泥材料的物相定量分析方面发挥了重要作用。X 衍射物相定量是根据混合相试样中各相物质衍射线的强度来确定各相物质的相对含量。常规 X 射线定量分析包括内标法、增量法和 K 值法等。常规 X 射线定量分析水泥的方法是以每一物相在其粉末衍射图中的一个或几个衍射峰的强度为依据的，因此，所选取的衍射峰的强度可靠性是常规方法的根本。在实际分析过程中，由于水泥物相组成的复杂性，衍射峰重叠非常严重，尤其是 C_3S 和 C_2S 的衍射峰。因此，准确单独选取某一物相特定 hkl 衍射峰是有一定难度的，再加上样品的择优取向问题，使得常规 X

射线衍射法依赖的一个或几个衍射峰的强度可靠性大大降低。

1.6.4 Rietveld 全谱拟合定量分析方法

在 X 射线衍射法中，最近发展起来的 Rietveld 全谱拟合定量分析方法（简称 Rietveld 方法）是应用于水泥熟料矿相准确定量的重要手段。与常规的 XRD 定量分析方法相比，Rietveld 方法使用了全谱，而不是单个强峰，每个物相的所有衍射峰都参与计算，包括严重重叠的衍射峰。因此，Rietveld 方法克服了常规的 XRD 定量分析方法中的重叠峰分解问题，而且最大限度地减少了单峰计算的不确定性及择优取向、微吸收、衍射峰重叠以及纯标样制备难等所带来的影响。不仅如此，由于它使用结构数据进行标定，克服了纯标样制备困难以及标样与实际样品的晶态差别等问题，同时也使固溶体替换、有序无序等问题可以得到解决。用 Rietveld 方法定量分析水泥熟料中各个矿物的含量已经成为水泥分析科学的一个发展趋势，国内外已有不少学者采用 Rietveld 方法进行定量分析[128-132]。

1. Rietveld 方法的原理

与常规 X 射线定量分析方法不同的是，利用 Rietveld 方法进行定量分析所利用的信息不是单个或几个 hkl 衍射峰的积分强度，而是所有的粉末衍射数据点。前面已经提及 Rietveld 方法测定晶体结构的基本原理，Rietveld 方法的定量分析其实就是在 Rietveld 精修晶体结构基础上一个一个应用延伸。已经知道单物相的粉末衍射图的计算公式，对于 j 个物相的样品，模拟数据点的公式为

$$y_i^{cal} = b_i + \sum_j S_j \times \sum_{h,k,l} I_{hkl}^j \times SHAPE_j \tag{1.21}$$

在进行 Rietveld 方法的定量分析时，假定已知所分析物相的晶体结构，因而上述公式中的 $\sum_{h,k,l} I_{hkl}^j$ 部分可以精确计算出，所精修的参数包括温度因子、峰形参数及其他系统误差的相关参数，如零点漂移、样品高度等。可以根据所分析样品中某一物相的晶体结构模型，模拟出该物相的粉末衍射图。

将所有物相的模拟图谱叠加得到所分析样品的粉末模拟图，Rietveld 方法通过精修各物相的尺度因子 S_j，使得 $\sum [y_i^{cal} - y_i^{obs}]^2$ 最小。通过 Rietveld 精修，可以得到比较准确的各物相的尺度因子，从而计算出物相间的相对重量比，通过归一化计算出各物相的含量。

Crumbie 等[133]利用 Rietveld 方法对八种水泥熟料进行了定量分析，并将其结果与显微镜统计法和 Bogue 法进行了比较。Rietveld 方法对阿利特和贝利特的含量分析与显微镜统计法的结果非常接近，这两种方法得到的阿利特的含量比 Bogue 法的高，而贝利特的含量比 Bogue 法的低。对铝相而言，这三种方法的结果类似，而 Rietveld 方法给出的铁相的含量普遍比显微镜统计法和 Bogue

法的低三个百分点，其中有两个熟料的 Rietveld 方法没有检测到铁相的存在。

de la Torre 等[134]也利用 Rietveld 方法对四种 Mg 含量不同的水泥熟料进行了定量分析，并与 Bogue 法的结果进行了比较。与 Crumbie 的结论类似的是，Rietveld 方法测定的阿利特的含量比 Bogue 法的高，而贝利特的含量比 Bogue 法的低。与 Crumbie 不同的是，de la Torre 认为 Bouge 法高估了铝相和低估了铁相的含量。

Hong 等[135]利用 Rietveld 方法对水泥熟料的定量分析结果表明贝利特和铁相的结果与 Bogue 法类似，阿利特的含量比 Bouge 法的高而铝相的含量比 Bouge 法的低。

用粉末衍射技术对水泥进行定量分析的数据来源通常有三种，即实验室粉末 X 射线衍射、同步辐射 X 射线衍射和中子衍射。Peterson 等曾用上述三种技术对 NIST SRM 熟料 8488 标样进行定量分析，并对定量分析结果进行了比较。结果表明这三种方法对水泥熟料中主相的分析结果是一致的，然而对阿利特多晶型的定量分析结果相差较大。对于 C_3A 来说，这三种分析方法的结果不一致，中子数据几乎不能识别 C_3A 物相。

可以看出 Rietveld 定量分析还未成为常规的水泥定量分析手段，文献中报道的结果也有不吻合的地方，在分析 Rietveld 定量分析的结果时一定用注意这种方法可能带来的误差。

2. 影响 Rietveld 定量分析的因素

1）无定形物质

无定形物质由于长程无序几乎不产生尖锐的 XRD 衍射峰，而是微弱而弥散的隆峰，并作为背景出现在粉末衍射图谱上。Rietveld 定量分析所得到的结晶物相之间的相对比例是很准确的，但是由于无法从无定形的物质中得到更多有用的信息，因而在计算某一物相的绝对含量时会由于此无定形物质带来一些误差。虽然水泥样品的绝大多数物质以晶态的形式存在，强调这一点可帮助人们对 Rietveld 分析结果有个科学的认识。

2）晶体结构模型的准确性

Rietveld 定量分析的一个前提是对所分析物相的晶体结构有比较深入的理解。正如前面所述，水泥中各物相的晶体结构有相当的波动性，尤其是主相 C_3S。由于生产厂家所用原料的来源和质地不一，掺杂进的离子也不尽相同。再加上水泥烧成制度的差异性，需要不同的阿利特晶体结构模型来描述不同厂家水泥中的阿利特相。目前的 Rietveld 定量分析所用模型多为公认的三个单晶晶体结构，也有不少学者利用粉末衍射技术确定了其他几个晶型的阿利特晶体结构，并且把它们用于工业水泥的定量分析。因此准确的晶体结构描述也是 Rietveld 定量分析结构可靠性的保障。

3）择优取向

由于样品本身或制样的原因，所分析的水泥样品中或多或少有一点择优取向。这样会给 Rietveld 定量分析带来一些误差，但这些误差比常规的 X 射线定量分析所带来的误差小得多，再加上一般的做 Rietveld 定量分析的软件带有精修择优取向的功能，常采用 March 函数来修正。相对而言，择优取向对 Rietveld 定量分析的结果影响比较小。

1.7 结束语

综合国际和国内最新研究进展和发展趋势，水泥低能耗制备与高效应用是水泥工业可持续发展的迫切需求。在水泥熟料组成和性能上有所突破，将 C_3S 的含量从目前熟料的约 50% 提高到约 70%，确立高胶凝性熟料矿物相优化匹配关系，在研究熟料矿物微结构及其形成机制基础上，建立熟料微结构、熟料相组成与熟料性能的关系。调控 C_3S 晶型及晶体缺陷程度，熟料中 C_3S 晶体缺陷的程度高、在亚微观尺度上的参数变化及熟料中矿物处于热力学介稳状态，有利于熟料的高性能化，获得高胶凝性的水泥熟料。优化熟料矿物相组成、提高熟料和水泥质量、降低生产能耗、提高水泥应用效率等基础研究，为水泥工业的科学和技术自主创新发展提供强力支撑。

参考文献

[1] Jost K H, Ziemer B, Seydel R. Redetermination of the structure of β-dicalcium silicate[J]. Acta Crystallogr., 1977, 33(6): 1696-1700.

[2] Mumme W G, Hill R J, Bushnellwye G, et al. Rietveld crystal structure refinements: crystal chemistry and calculated powder diffraction data for the polymorphs of dicalcium silicate and related phases [J]. Neues Jahrb. Mineral. Abh., 1995, 169(1): 35-68.

[3] Mondal P, Jeffery J W. The crystal structure of tricalcium aluminate, $Ca_3Al_2O_6$ [J]. Acta Crystallogr., 1975, 31(3): 689-697.

[4] Nishi F, Takeuchi Y. The Al_6O_{18} rings of tetrahedra in the structure of $Ca_{8.5}NaAl_6O_{18}$[J]. Acta Crystallogr., 1975, 31: 1169-1173.

[5] Colvillen A A, Geller S. The crystal structure of brownmillerite, Ca_2FeAlO_5[J]. Acta Crystallogr., 1971, 27(12): 2311-2315.

[6] Colville A A, Geller S. The crystal structure of $Ca_2Fe_{1.43}Al_{0.57}O_5$ and $Ca_2Fe_{1.28}Al_{0.72}O_5$[J]. Acta Crystallogr., 1973, 28(11): 3196-3200.

[7] 陈益民. 我国水泥材料科学的创新和发展方向[C]//中国硅酸盐学会迎接 21 世

纪学术报告会. 北京: 中国硅酸盐学会, 2000, 1-7.

[8] 张文生, 陈益民, 欧阳世翕. 粉煤灰与水泥熟料共同水化硬化的基础研究进展及评述[J]. 硅酸盐学报, 2000, 28 (2): 160-164.

[9] Lea F M, Desch C H. The Chemistry of Cement and Concrete[M]. London: Edward Arnold Ltd., 1970.

[10] Bigaré M, Guinier A, Mazières C, et al. Polymorphism of tricalcium silicate and its solid solutions[J]. J. Am. Ceram. Soc., 1967, 50(11): 609-619.

[11] Maki I, Chrom S. Characterization of the alite phase in Portland cement clinker by microscop[J]. Cemento, 1978, 3(1): 252-274.

[12] Mumme W G, Tsamborakis G, Hill R J, et al. In matrials characterization using Rietveld analysis of diffraction data[J]. Melbourne, 1995, 39.

[13] Taylor H F W. Cement Chemistry [M]. 2nd ed. [s. l.]: Thomas Telford, 1997.

[14] Stephan D, Maleki H, Knöfel D, et al. Influence of Cr, Ni, and Zn on the properties of pure clinker phases part I. C_3S[J]. Cem. Concr. Res., 1999, 29 (4): 545-552.

[15] Urabe K, Shirakami T, Iwashima M. Superstructure in a triclinic phase of tricalcium silicate[J]. J. Am. Ceram. Soc., 2000, 83(5): 1253-1258.

[16] Гиньеи А, Регур А. Структура портландцементных минералов [C]//Пятый международ-ный ко егресс по химии цемента. Токио: [s. n.], 1968, 6-23.

[17] Staněk T, Sulovský P. The influence of the alite polymorphism on the strength of the Portland cement[J]. Cem. Concr. Res., 2002, 32 (1): 1169-1175.

[18] Andrade F R D, Maringolo V, Kihara Y. Incorporation of V, Zn and Pb into the crystalline phases of Portland clinker[J]. Cem. Concr. Res., 2003, 33 (1): 63-71.

[19] Stephan D, Dikoundou S N, Raudaschl-Sieber G. Influence of combined doping of tricalcium silicate with MgO, Al_2O_3 and Fe_2O_3: synthesis, grindability, X-ray diffraction and ^{29}Si NMR [J]. Mater. Struct., 2008, 41 (10): 1729-1740.

[20] Nishi F, Takeuchi Y. The rhombohedral structure of tricalcium silicate at 1200 degrees[J]. Zeitschrift fuer Kristallographie, 1984, 168(1): 197-212.

[21] Il'inets A M, Malinovski Y, Nevskii N N. The crystal structure of the rhombohedral modification of tricalcium silicate [J]. Smithsonian/NASA Astrophsics Data System, 1985, 20(191): 332-336.

[22] Jeffery J W. The crystal structure of tricalcium silicate[J]. Acta Crystallogr., 1952, 5: 26-35.

[23] Nishi F, Takéuchi Y, Maki I. Tricalcium silicate $Ca_3O(SiO_4)$: The monoclinic

superstructure[J]. Zeitschrift füe Kristallographie, 1985, 172 (3-4): 297-314.

[24] Mumme W G. Crystal structure of tricalcium silicate from a Portland cement clinker and its application to quantitative XRD analysis[J]. Neues Jahrbuch fuer Mineralogie, 1992, 38: 127-220.

[25] de la Torre Á G, Bruque S, Campo J, et al. The superstructure of C_3S from synchrotron and neutron powder diffraction and its role in quantitative phase analyses[J]. Cem. Concr. Res., 2002, 32(9): 1347-1356.

[26] Golovastikov N I, Matveeva R G, Belov N V. Crystal structure of the tricalcium silicate $(CaO)_3 \cdot SiO_2 = C_3S$[J]. Kristallografiya, 1975, 20(1): 721-729.

[27] Guinier A, Regourd M. Proc. of the 5th International Symposium on the Chemistry of Cement[C]. Tokyo, [s. n.], 1968.

[28] Viani A, Artlioli G, Bellotto M. Thermal expansion of C_3S and Mg-doped alite [J]. Mater. Sci. Forum, 1998, 278(281): 384-389.

[29] Porras-Vázquez J M, de la Torre Á G, Losilla E R, et al. Oxide and proton conductivity in aluminum-doped tricalcium oxy-silicate[J]. Solid State Ionics, 2007, 178(15-18): 1073-1080.

[30] Fayos J, Glasser F P, Howie R A, et al. Structure of dodecacalcium potassium fluoride dioxide tetrasilicate bis (sulphate) $KF \cdot 2[Ca_6(SO_4)(SiO_4)_2O]$: a fluorine-containig phase encountered in cement clinker production process[J]. Acta Crystallogr. Sect. C, 1985, 41(6): 814-816.

[31] Yannaquis N, Regourd M, Mazières C, et al. Polymorphism of the tricalcium silicate[J]. Bull. Soc. Fr. Mineral. Cristallogr., 1962, 85 (3): 271-281.

[32] Peterson V K, Hunter B A, Ray A. Tricalcium silicate T_1 and T_2 Polymorphic Investigations: Rietveld refinement at various temperatures using synchrotron powder diffraction[J]. J. Am. Ceram. Soc., 2004, 87(9): 1625-1634.

[33] de la Torre Á G, de Vera R N, Cuberos A J M, et al. Crystal structure of low magnesium-content alite: application to Rietveld quantitative phase analysis [J]. Cem. Concr. Res., 2008, 38(11): 1261-1269.

[34] de Noirfontaine M N, Dunstetter F, Courtial M, et al. Polymorphism of tricalcium silicate, the major compound of Portland cement clinker: 2 Modelling alite for Rietveld analysis, an industrial challenge [J]. Cem. Concr. Res., 2006, 36(1): 54-64.

[35] 朱晓燕. 煅烧条件对高胶凝性水泥熟料的烧成和阿利特晶体结构的影响[D]. 北京: 中国建筑材料科学研究总院, 2007.

[36] 陈益民. 高性能水泥制备的研究[C]//第九届全国水泥和混凝土化学及应用技术会议. [s. l.]: [s. n.], 2005, 9: 128.

[37] 王善拔. 煅烧制度对硅酸盐水泥熟料矿物组成和性能的影响[J]. 水泥, 1991,

3: 8-11.

[38] Woermann E, Bsel W, Hahn T. Chemical and structural investigations of the formation of solid solutions of tricalcium silicate. II Phase relations in the systems CaO-MgO-SiO_2 and CaO-Al_2O_3-SiO_2 [J]. Zement-Kalk Gips, 1967, 20 (9): 358-391.

[39] Costa U, Massorzza F. Structure and properties of cement suspension[C]// Proc. of the 8th International Congress on the Chemistry of Cement. [s. l.]: [s. n.], 1986, 248-256.

[40] Odler I, Schmidt O. Structure and properties of Portland cement clinker doped with zinc oxide[J]. J. Am. Ceram. Soc., 1980, 63(1-2): 13-16.

[41] 李浩璇, 杨家智. 煅烧温度对掺复合矿化剂水泥熟料岩相构造及 A 矿固溶程度的影响[J]. 水泥, 1986, 14(1): 13.

[42] 编辑委员会. 水泥学术会议论文集[M]. 北京: 中国建筑工业出版社, 1983.

[43] 编辑委员会. 第六届国际水泥化学会议论文集[M]. 第 1 卷. 钟白茜, 等译. 北京: 中国建筑工业出版社, 1982.

[44] Nagashima M, Asakura E, Kawabata H. Characteristics of alite in Portland cement clinker and C_3S solid solution [C]//Proc. of the 8th International Congress on the Chemistry of Cement. [s. l.]: [s. n.], 1986, 199-204.

[45] Duda W H. 国际水泥工艺资料集[M]. 北京: 中国建筑工业出版社, 1981.

[46] 王善拔, 丁武成. 含氟硅酸盐水泥的不正常凝结[J]. 硅酸盐学报, 1988, 16 (4): 304.

[47] Centurione S L. Characterization of reducing environment in Portland cement clinker by microscopy [C]//Proc. of the 13th International Conference on Cement Microscopy, ICMA, TaMPa, Florida, 1991, 120-130.

[48] Тимащев В. Зависимость вяжущих свойств клинкерных минералов от температурых обжиг а икристаллигескойструктуры [J]. Цемент, 1961, 2 (17).

[49] Тимащев В. портландц ементклинкер [J]. 1967.

[50] Ghosh S N. 水泥技术进展[M]. 杨南如, 等译. 北京: 中国建筑工业出版社, 1986.

[51] Ye Q, Kong J M, Liu B Y. Effect of fluorite_gypsum composite mineralizer on the microstructure and properties of Portland cement clinker phase [C]// Proc. of the 9th International Congress on the Chemistry of Cement. New Delhi: [s. n.], 1992: 342-350.

[52] Chikawa M I, Kanya M. Effect of minor components and heating rates on the fine textures of alite in Portland cement clinker[J]. Cem. Concr. Res., 1997, 27 (7): 1123-1129.

[53] Moranvile M, Regourd A, Bolkova I. Chemistry, structure, properties and

quality of clinker [C]//Proc. of the 9th International Congress on the Chemistry of Cement. New Delhi: [s. n.], 1992, 3-45.

[54] Aldous R T H. The hydraulic behaviour of rhomohedral alite [J]. Cem. Concr. Res., 1983, 13(1): 89-96.

[55] Puertas F, Trivino F. Examinations by infra-red spectroscopy for the polymorphs of dicalcium silicate[J]. Cem. Concr. Res., 1985, 15(1): 127-133.

[56] Michaux M, Nelson E. Cement chemistry and additives [J]. Oilfield Review, 1989, 1(1): 18-25.

[57] 陈益民, 郭随华, 管宗甫. 高胶凝性水泥熟料[J]. 硅酸盐学报, 2004, 32(7): 873-879.

[58] 管宗甫, 陈益民, 秦守婉. 杂质离子对硅酸盐水泥熟料烧成影响的研究进展[J]. 硅酸盐学报, 2003, 31(8): 795-800.

[59] 托罗波夫 H A. 水泥化学[M]. 李振夏, 等译. 北京: 中国建筑工程出版社, 1959.

[60] Wang Y, Thomson W J. Kinetic studies of tricalcium silicate formation from sol-gel precursors[J]. J. Mater. Sci., 1996, 31(5): 1319-1325.

[61] Kakali G, Parissakis G, Bouras D. A study on the burnability and the phase formation of PC clinker containing Cu oxide[J]. Cem. Concr. Res., 1996, 26(10): 1473-1478.

[62] Bhatty J I. Role of minor elements in cement manufacture and use[C]// Portland Cement Association, Skokie, IL, USA: 1995.

[63] 侯贵华, 沈晓冬, 许仲梓. 高硅酸三钙硅酸盐水泥熟料组成及性能的研究[J]. 硅酸盐学报, 2004, 32(1): 85-89.

[64] 侯贵华, 沈晓冬, 许仲梓. 氧化铜对碳酸钙热分解动力学过程的影响[J]. 硅酸盐学报, 2005, 33(1): 109-114.

[65] 侯贵华. 高 C_3S 水泥熟料形成化学与掺杂 C_3S 结构研究[D]. 南京: 南京工业大学, 2005.

[66] Chen I A, Juenger M C G. Synthesis and hydration of calcium sulfoaluminate-belite cements with varied phase compositions[J]. J. Mater. Sci., 2011, 46(8): 2568-2577.

[67] Kolovos K, Loutsi P, Tsivilis S, et al. The effect of foreign ions on the reactivity of the $CaO-SiO_2-Al_2O_3-Fe_2O_3$ system: part I. Anions [J]. Cem. Concr. Res., 2001, 31(3): 425-429.

[68] Saraswat I, Mathur V K, Ahluwalia S C. Thermal studies of the $CaCO_3$: SiO_2 (2:1) system containing lithium as dopant [J]. Thermochim. Acta, 1986, 97(1): 313-320.

[69] Tsuboi T, Ito T, Hokinoue Y, et al. Effect of MgO, SO_3 and ZnO on the sintering of Portland cement clinker[J]. Zement-Kalk-Gips, 1972, 25 (9): 426-431.

[70] Kakali G, Parissakis G. Investigation of the effect of Zn oxide on the formation of Portland cement clinker[J]. Cem. Concr. Res., 1995, 25(1): 79-85.

[71] Ivan O, Samir A M. Polymorphism and hydration of tricalcium silicate doped with ZnO[J]. J. Am. Ceram. Soc., 1983, 66 (1): 1-4.

[72] Morita H, Nakano H, Shirakami T, et al. Super structure of tricalcium silicate doped with ZnO[J]. Euro. Ceram., 2002: 747-750.

[73] Urabe K, Nakano H, Morita H. Structural modulations in monoclinic tricalcium silicate silid solutions doped with zinc oxide, M(Ⅰ), M(Ⅱ) and M(Ⅲ)[J]. J. Am. Ceram. Soc., 2002, 85(2): 423-429.

[74] Bolio-Arceo H, Glasser F P. Zinc oxide in cement clinkering: part 1. Systems $CaO-ZnO-Al_2O_3$ and $CaO-ZnO-Fe_2O_3$[J], Adv. Cem. Res., 1998, 10 (1): 25-32.

[75] Rose J, Moulin I, Masion A, et al. X-ray absorption spectroscopy study of immobilization processes for heavy metals in calcium silicate hydrates: part 2. Zinc[J]. Langmuir, 2001, 17 (12): 3658-3665.

[76] Thompson R A, Killoh D C, Forrester J A. Crystal chemistry and reactivity of the MgO-stabilized alites[J]. J. Am. Ceram. Soc., 1975, 58 (1-2): 54-57.

[77] Abdul-Maula S, Odler I. Structure and properties of tricalcium silicate doped with MgO, Al_2O_3 and Fe_2O_3 [C]//Basic Science Section of the British Ceramic Society, 1984.

[78] Katyal N K, Parkash R, Ahluwalia S C, et al. Influence of titania on the formation of tricalcium silicate[J]. Cem. Concr. Res., 1999, 29 (3): 355-359.

[79] Qiao X C, Poon C S, Cheeseman C R. Investigation into the stabilization/solidification performance of Portland cement through cement clinker phases [J]. J. Hazard. Mater., 2007, 139 (2): 238-243.

[80] Shih P H, Chang J E, Lu H C, et al. Reuse of heavy metal-containing sludges in cement production[J]. Cem. Concr. Res., 2005, 35 (11): 2110-2115.

[81] Altun I A. Effect of CaF_2 and MgO on sintering of cement clinker [J]. Cem. Concr. Res., 1999, 29(11): 1847-1850.

[82] Raina K, Janakiraman L K. Use of mineralizer in black meal process for improved clinkerization and conservation of energy[J]. Cem. Concr. Res., 1998, 28 (8): 1093-1099.

[83] Dominguez O, Torres-Castillo A, Flores-Velez L M, et al. Characterization

using thermomechanical and differential thermal analysis of the sinterization of Portland clinker doped with CaF_2 [J]. Mater. Charact., 2010, 61 (4): 459-466.

[84] 王忠, 王波, 王军华. P_2O_5 对煤矸石水泥性能的影响[J]. 山东建材学院学报, 1995, 9 (2): 19-25.

[85] Staněk T, Sulovský P. The influence of phosphorous pentoxide on the phase composition and formation of Portland clinker [J]. Mater. Charact., 2009, 60 (7): 749-755.

[86] Hewlett P C. Lea's Chemistry of Cement and Concrete[M]. 4th ed. London: Amold Publishers, 1997.

[87] 叶瑞伦, 朱教群. 超高阿利特水泥的研究[C]//第四届水泥学术会议论文集. 北京: 中国建材工业出版社, 1992.

[88] 郭守铭, 苏峥. 充分利用工业废渣提高社会经济效益[J]. 房材与应用, 2000 (1): 34-36.

[89] 魏文强. 矿渣配料对煅烧硅酸盐水泥熟料的影响[J]. 四川水泥, 2007, (6): 24-25.

[90] 中国建筑材料科学研究总院水泥所. 水泥熟料烧成动力学(内部资料)[G]. 1996, 27.

[91] Butt Y M, Timashev V V. The mechanism of clinker formation processes and ways of modification of clinker structure [C]//Proc. of the 6th International Congress on the Chemistry of Cement. Moscow: [s. n.], 1974.

[92] 中国建筑材料科学研究总院水泥所. 水泥熟料烧成动力学(内部资料)[G]. 1996: 26.

[93] 廖翠香, 李健生. 用锡锑渣替代萤石作矿化剂提高水泥熟料质量[J]. 山东建材, 2002, 5: 12-14.

[94] 李好新, 王培铭, 吴建国. 不同CuO掺量下C_3S矿物形成的等温研究[J]. 同济大学学报(自然科学版), 2007, 35(5): 641-643.

[95] 沈威, 黄文熙, 闵盘荣. 水泥工艺学[M]. 武汉: 武汉工业大学出版社, 2000.

[96] 冯修吉, 阎培渝. 烧成制度和矿物组成对C_4AF和高铁水泥水化的影响[J]. 硅酸盐通报, 1987, (3).

[97] Brüggemann H, Bentrup L. Correlations between mineralogical clinker parameters and cement strength [C]//Proc. of the 11th international Conference on Cement Microscopy. New Orleans: [s. n.], 1989.

[98] Knöfel D. Interrelation between proportion of clinker phases and compressive strength of Portland cements [C]//Interrelation between Proportion of Clinker Phases and Compressive Strength of Portland Cements. [s. l.]: [s. n.]: 1989.

[99] Tsivilis S, Parissakis G. Mathematilcal model for the prediction of cement strength[J]. Cem. Concr. Res., 1995, 25(1): 9-14.

[100] Mechling J M, Lecomte A, Diliberto C. Relation between cement composition and compressive strength of pure pastes[J]. Cem. Concr. Compos., 2009, 31(4): 255-262.

[101] 罗云峰, 樊粤明, 卢迪芬, 等. 水泥熟料矿物组成及矿物形态对水泥强度的影响[J]. 水泥, 2008, (10): 5-9.

[102] 支俊秉, 张旭. 影响熟料强度的若干因素分析[J]. 水泥, 2008, (2): 24-27.

[103] Tenório J A S, Pereira S S R, Ferreira A V, et al. CCT diagrams of tricalcium silicate: part I. Influence of the Fe_2O_3 content[J]. Mater. Res. Bull., 2005, 40(3): 433-438.

[104] Lea F M. 水泥和混凝土化学[M]. 唐明述, 译. 北京: 中国建筑工业出版社, 1982.

[105] 朱战岭, 谢峻林, 肖飞燕, 等. 煤中灰分在水泥熟料烧成中的作用及其机理[J]. 武汉理工大学学报, 2007, 29(10): 32-37.

[106] 张德祥, 等. 煤灰中矿物的化学组成与灰熔融性的关系[J]. 华东理工大学学报, 2003, (6): 590-594.

[107] 郭随华. 铝率及液相性质对高硅酸三钙含量硅酸盐水泥熟料烧成过程的影响[J]. 硅酸盐学报, 2004, 3(23): 340-345.

[108] 潘积信. 水泥质量研究[M]. 武汉: 武汉工业大学出版社, 1998.

[109] 秦守婉. 高阿利特含量水泥熟料形成动力学[D]. 北京中国建筑材料科学研究总院, 2007.

[110] 李艳君, 张宁, 张西臣, 等. CaF_2 对 C_3S 和 C_4A_3S 矿物形成及共存的影响[J]. 山东建材学院学报, 2001, (2).

[111] 刘晓存, 李艳君, 孙祥作. P_2O_5 对阿利特-硫铝酸盐水泥熟料矿物形成及性能的影响[J]. 水泥, 1997, (12).

[112] 兰海. 含钡废料用做熟料煅烧过程的矿化剂[J]. 四川水泥, 2004, (4): 31-32.

[113] Pan Y Z, Chi Y C. The Influence of molybdic compound on formation of cement clinker[C]//Proc. of the 10th International Congress on the Chemistry of Cement. [s. l.]: [s. n.], 1997.

[114] 王金忠, 吴村. 铁尾矿配料的普通水泥熟料形成及其节能效果[J]. 沈阳建筑工程学院学报, 2000, 16(2): 112-114.

[115] 马素花, 沈晓冬, 龚学萍, 等. 氧化锂对高胶凝性水泥熟料矿物形成的影响[J]. 硅酸盐通报, 2006, 25(3): 74-77.

[116] Benarchid M Y, Rogez J. The effect of Cr_2O_3 and P_2O_5 additions on the phase transformations during the formation of calcium sulfoaluminate $C_4A_3\bar{S}$ [J]. Cem. Concr. Res., 2005, 35(11): 2074-2080.

[117] 沈晓冬,严生,万建东,等. 机立窑稳定生产含硫铝酸盐硅酸盐水泥熟料[J]. 水泥工程,1998(3):22-24.

[118] 宋旭辉,杨树新,田斌守. 阿利特-硫铝酸盐水泥的试生产[J]. 水泥,2003(2).

[119] 蔡丰礼. 利用高铝煤矸石和盐石膏低温烧制阿利特-硫铝酸盐水泥熟料的研究[J]. 水泥,2001(6):4-8.

[120] 冉斌. 利用煤矸石、工业石膏煅烧阿利特-硫铝酸盐水泥熟料[J]. 水泥,2006(5):14-15.

[121] 刘晓存,李艳君. 粉煤灰配料烧制阿利特-硫铝酸盐水泥的生产实践[J]. 水泥,1998(5):34-35.

[122] 龚学萍,沈晓冬,宦欢,等. 用粉煤灰制备高硅硫铝酸盐水泥熟料研究[J]. 粉煤灰综合利用,2006(1):31-33.

[123] 游宝坤. 国外阿利特硫铝酸盐熟料的研制及其设想[J]. 中国建材科技,1980(2):67-73.

[124] 黄弘,沈晓冬,唐明亮,等. 无碱矿物激发剂在粉煤灰矿渣混凝土中的应用研究[J]. 混凝土,2006(1):43-47.

[125] 魏金照,王月娥. C_3S-$C_4A_3\bar{S}$型粉煤灰水泥的烧成与性能[J]. 同济大学学报,1982(2):76-83.

[126] Bogue R H. Calculation of the compounds in Portland cement[J]. Ind. Eng. Chem. Anal. Ed.,1929,1(4):192-197.

[127] Aldridge L P. Accuracy and precision of phase analysis in Portland cement by Bogue, microscopic and X-ray diffraction methods[J]. Cem. Concr. Res.,1982,12(3):381-398.

[128] Peterson V, Hunter B, Ray A, et al. Rietveld refinement of neutron, synchrotron and combined powder diffraction data of cement clinker[J]. Appl. Phy. A: Mater. Sci. Proc.,2002,74(suppl. II):s1409-s1411.

[129] de la Torre Á G, Aranda M A G. Accuracy in Rietveld quantitative phase analysis of Portland cements[J]. J. Appl. Crystallogr.,2003,36:1169-1176.

[130] Scrivener K L, Fullmann A, Gallucci E, et al. Quantitative study of Portland cement hydration by X-ray diffraction/Rietveld analysis and independent methods[J]. Cem. Concr. Res.,2004,34(9):1541-1547.

[131] Stutzman P. Powder diffraction analysis of hydraulic cements: ASTM Rietveld round-robin results on precision[J]. Powder Diffr.,2005,20(2):97-100.

[132] de la Torre Á G, de Vera R N, Cuberos A J M, et al. Crystal structure of low magnesium-content alite: application to Rietveld quantitative phase analysis[J]. Cem. Concr. Res.,2008,38(11):1261-1269.

[133] Crumbie A, Walenta G, Füllmann T. Where is the iron? Clinker microanalysis

with XRD Rietveld, optical microscopy/point counting, Bogue and SEM-EDS techniques[J]. Cem. Concr. Res., 2006, 36 (8): 1542-1547.

[134] de la Torre Á G, Bruque S, Campo J, et al. The superstructure of C_3S from synchrotron and neutron powder diffraction and its role in quantitative phase analyses[J]. Cem. Concr. Res., 2002, 32(9): 1347-1356.

[135] Hong H L, Fu Z Y, Min X M. Quantitative XRD analysis of cement clinker by the multiphase Rietveld method [J]. Journal of Wuhan University of Technology-Materials Science, 2003, (03).

[136] 童雪莉, 张晓东. P_2O_5 对硅酸盐水泥熟料矿物组成影响的研究[J]. 硅酸盐学报, 1986, 14 (1): 56-62.

第二章
水泥生产预分解窑技术及研究进展

2.1 引言

自1824年Aspdin获得第一个水泥领域的专利并利用立窑生产水泥熟料以来，人们一直不断地追求工艺和设备的改进，促进质量的提高和热耗的降低。1877年用回转窑烧制水泥熟料获得专利权；1910年立窑实现了机械化连续生产；1928年立波尔窑的出现，使窑的产量明显提高，热耗降低较多。20世纪50年代初悬浮预热器窑的应用，更使热耗大幅度降低。

自1971年日本IHI公司与秩父水泥公司共同开发第一台SF窑以来，正式开创了预分解窑生产水泥熟料的时代。至今，以预分解窑为核心技术的新型干法生产工艺已经成为熟料烧成的主流，国外几乎都是采用预分解窑类型，我国2010年预分解窑占有比例已经达到81%（截至2010年年底共有预分解窑1 323条）。

预分解窑的主要特点是把大量吸热的碳酸钙分解反应从窑内传热速率较低的区域移到悬浮预热器与窑之间的分解炉中，或利用窑尾上升烟道进行。生料颗粒分散在分解炉中，处于悬浮或沸腾状态，在燃料燃烧的同时，进行高速传热过程，使生料迅速发生分解反应。入窑生料的表观分解率可达85%~95%。这样，不仅可以减轻窑内煅烧带的热负荷，有利于缩小窑的规格及生产大型化，而且可以延长衬料寿命，有利于减少大气污染。

各种预分解窑的主要区别是在分解炉结构、形式上的差异，主要有旋风式、喷腾式、旋风-喷腾式、悬浮式、流化床式分解炉。分解炉结构、形式的差异，又使炉内气、固运动方式和燃料燃烧环境以及物料在炉内分散、混合、均布等方面的一系列条件发生变化。随着预分解技术的日趋完善和技术上的相互渗透，各种预分解窑在工艺装备、工艺流程和分解炉结构形式方面又都是大同小异的。各种分解炉都可以看做是悬浮预热器与回转窑之间的改造了的上升烟道，有的是上升烟道延长，有的是上升烟道的扩展和改造。

虽然预分解窑生产熟料存在众多优势，但还存在一些不足，如表面散热过大、回转窑内热效率较低、工艺投资成本较大等。

从20世纪80年代开始，国内外学者、工业界不断努力，探讨多种方式进一步改善预分解窑的缺点，弱化回转窑煅烧熟料的功能。其中比较有代表性的有：

（1）德国 KHD Humboldt Wedag 公司研制的 Pyrorapid 短窑1980年首次在 Spenner 水泥厂投入运行，将传统的回转窑 L/D 从 14~16 缩短到10左右。热耗上大幅减少了回转窑表面散热损失，机械上将回转窑由三点支撑改进为两点支撑，简化了受力结构。

（2）日本川崎重工业株式会社于1984年开始沸腾窑试验，经过 $2\ t\cdot d^{-1}$、$20\ t\cdot d^{-1}$、$200\ t\cdot d^{-1}$ 的中试试验，发展到2008年6月在山东淄博张店建成 $1\ 000\ t\cdot d^{-1}$ 试验线，实现了水泥矿物形成过程中的分解、固相反应、烧结、冷却都在悬浮态下进行，较大地降低了水泥熟料热耗。

水泥熟料的煅烧过程是一个复杂的热工过程，它既有能量的传递，同时还伴随着物理化学反应。熟料矿物生成的反应发生在固-液-气环境下，并夹杂着多种中间产物生成和消失，多个反应阶段重叠，要精确描述过程中的热力学、动力学过程非常困难。

目前的研究工作仍包括基础理论研究和新型窑炉技术的研发。

2.2　熟料烧成热动力学过程

熟料烧成热动力学过程的研究有多重意义：一是通过研究了解熟料矿物形成过程和条件，实现最佳过程控制；二是指导新型生产工艺技术的开发。

2.2.1 热力学研究

1. 热力学理论研究

热力学是从18世纪末发展起来的科学理论，主要研究功与热之间的能量转换。材料热力学是热力学在材料科学中的应用，通常是利用热力学原理配合相图去求出一些对材料做热加工处理所需要的热力学系统条件。

关于水泥生料煅烧形成熟料的反应，彼得罗相[1]1972年在其专著《硅酸盐热力学》中总结了前人研究的成果，对 CaO、SiO_2、Al_2O_3、Fe_2O_3 相互之间反应的各个分系统作了热力学分析，全面地用热力学的方法分析了水泥配料生成熟料矿物的反应。此项工作首次利用热力学理论解析水泥熟料矿物生成反应，对从理论上指导水泥的煅烧工艺具有重大意义。

20世纪80年代，张指铭[2]结合彼得罗相的计算，也对水泥熟料生产反应的各阶段热力学数据进行了分析：

① 从氧化物出发生成熟料矿物的反应按热力学分析，在整个温度范围内都有可能发生，但在生产中这些反应常不起重要作用。

② 碳酸钙的分解反应，实际情况从 527 ℃ 开始时较为合理，从 550 ℃ 开始已有 C_2S 及 CA 生成。

③ 高岭土失水时发生的反应，一般认为在 500~600 ℃ 脱水生成偏高岭石。

④ 碳酸钙和高岭石直接作用生成 β-C_2S 及 CA 的反应在 377 ℃ 以上就有可能。

⑤ 碳酸钙和氧化铁作用生成 C_2F 的反应大概要到 650 ℃ 以上才有可能进行，但氧化钙和氧化铁的反应在所有温度范围内都有可能。

⑥ $CaCO_3$、CaO 和中间产物作用的热力学趋势主要通过 CaO 而不是 $CaCO_3$ 和中间产物作用较为可取。

⑦ 一般认为根据动力学总是先形成 C_2S，且在 800 ℃ 以上才有显著速度，然后由 C_2S 与 $CaCO_3$ 或 CaO 反应生成 C_3S；C_2S 与 CaO 的作用在所有温度范围按热力学计算均不可能，但人们的经验是 C_3S 可以通过将 C_2S 和 CaO 在固相煅烧合成，与热力学计算得出的结论不同。

⑧ 一般认为先形成 CA，在 800~900 ℃ CA 与 CaO 作用生成 $C_{12}A_7$，再在 900~1 100 ℃ 开始生成 C_3A；$C_{12}A_7$ 与 CaO 作用生成 C_3A 的过程不可能在固相进行；CA 与 CaO 生成 C_3A 的过程也不能进行；已有的经验和热力学也发生了矛盾。

⑨ C_4AF 的生成反应可能按 $C_3A + C_2F = C_4AF + C$ 或 $C_3A + CF = C_4AF$ 方式进行，两种方式在 527 ℃ 以上均有可能发生。

2. 窑炉系统热效率的研究

为了掌握能量利用的情况，应对整个系统作必要的测定与分析，计算出带入的各项能量和带出的各项能量，从而求得为达到某项预定目标所必须使用的能量占实际使用能量的百分率，即热效率。进而找出能量损失的数量和去向，分析主要矛盾，采取措施加以克服或回收，这是一种从数量上评价能量利用情况的方法，是以热力学第一定律为基础的。

孙义燊等[3-5]建立了中空回转窑的传热方程，提出窑型模数 M_K 的概念，并建立了窑型模数与窑的平均传热强度、窑热利用系数和窑尾烟气温度之间的函数关系式。论述了窑尾烟气温度是重要的边界条件，预热设备与窑合理匹配的实质是确定合理的窑型模数 M_K 和系统模数 M；引入形成单位熟料需要得到的热量 q_{cl} 和在窑内需要传给物料的热量 q_K 的概念，并借以建立各种干法窑的产量计算式。进一步分析得出预热器窑的生产能力与窑的长度几乎无关，窑的散热能力是控制因素，预分解窑的分解炉能力是关键，但窑的传热能力亦是制约因素等结论。

黄文熙等[6]通过对管道、旋风筒、分解炉和沸腾窑的试验研究得出：

① 生料在悬浮状态下，经 0.07~0.09 s 即能预热到 440~450 ℃；预热到 300~700 ℃ 的生料经 0.8~2.0 s 分解率即可达 85%~90%。

② 悬浮沸腾状态下传热系数达 962~5 021 kJ/(m²·h·℃)，为传统回转窑的 2.5~25 倍，而传热面积达 16.15~50 m²/kg，为传统回转窑的 1 300~4 000 倍，比立窑和立波尔窑的传热面积也大 100~450 倍。

③ 生料在稀相悬浮态传热的情况下，它的传热面积经测定计算接近于 45~75 μm 颗粒理论上全部分散时的传热面积。

④ 管道传热量占每级预热器总传热量的 87.5%~94%，旋风筒的主要任务是收尘而不是传热。

⑤ 分解炉的关键在于使物料充分分散，并在分解炉内实现无焰燃烧，只要 0.8~2.0 s 即可使分解率达 85%~90%。生料分解率应控制在 85%~90%，不要超过 90%，以免增加热损失，甚至产生生料聚结和结皮。

徐德龙等[7,8]从有效能和热力学定理出发从理论上解析了悬浮预热和预分解窑系统的热效率和各子系统（预热器、分解炉、回转窑、冷却机）热效率之间的关系，提出了有效能分数的新概念及理论表达式。研究表明：总系统的热效率是各子系统热效率的线性加权叠加，预热器和冷却机的热效率对总系统的影响程度是相当的，而反应器的热效率对总系统热效率的作用最为显著。并利用悬浮预热系统中质量和热量平衡的关系，从理论上推算出双系列高固气比五级悬浮预热系统热效率表达式，分析表明：随固气比的增大，系统热效率出现峰值；热效率随各级旋风筒分离效率的增大而增大，C1 分离效率对热效率的影响最明显；系统级数越多，越有利于提高热效率，但随级数的增多，提高幅度越来越小。

3. 㶲分析研究

根据热力学第二定律可知，能量有不同的形式，彼此在数量上虽然可以当量互算，但在质量上却存在明显差异。电能和机械能可以全部转化为热能，但热能却不能全部转化为机械能或电能，这种差异具体表现在对环境作功的能力上。为了表达能量质量上的这种差别，热力学引入了㶲与㶲的概念，来度量能量对给定环境而言的作功能力。作功能力越强，㶲值越高。㶲平衡分析更能够揭示能量的质量，更能够反映煅烧过程的方向性与不可逆程度。

水泥煅烧过程的㶲平衡分析法是由 Frankenberger[9] 1967 年最先提出的。他指出水泥窑内存在三种不同情况的热量，分别是：表面散失㶲、气体或固体的显热、化学反应焓。

金欣等[10]以物质在发生化学反应过程中所作的功即化学反应㶲及反应过程㶲损失为理论基础，计算了水泥熟料高温烧成时各化学反应阶段的化学反应㶲，提出了通过㶲平衡以计算熟料形成㶲的方法。计算了某种生料烧制的水泥熟料形成㶲(为 1 761.61 kJ·kg^{-1})。若考虑生料加热吸收的显热㶲与熟料冷却放出的显热㶲之差(45.6 kJ·kg^{-1})，则该水泥熟料形成㶲为 1 807.21 kJ·kg^{-1}。

刘瑞芝等[11]运用㶲分析研究方法对日产 5 000 t 水泥熟料生产线烧成系统中的分解炉类型进行㶲分析，深入过程内部研究㶲损失产生的原因。研究表明要增加普遍㶲效率，减少不可逆性，就必须减少气固传热㶲损失、燃料燃烧㶲损失以及不完全燃烧㶲等固有㶲损失。

刘宗明等[12]分析认为固有㶲损失在㶲平衡的支出中占有很大的比例，只要系统的煅烧方式或者煅烧温度不发生变化，这部分固有㶲损失就无法减少或利用。研究表明因此降低煅烧过程的烧成温度，即降低过程的传热温差是减少过程的固有㶲损失、提高过程㶲效率的一个最有效的途径。

吴国芳等[13]通过对实际预分解窑生产线进行的热平衡及㶲平衡计算，分析了造成系统损失的原因及其影响程度，指出余热发电是现阶段减少损失最有效的方法。

4. 熟料热耗的研究

熟料理论热耗及实际热耗是熟料烧成系统的最核心指标，它的高低直接反映熟料烧成系统工艺、设备、管理的水平高低。

黄文熙等[14]从热平衡角度出发，计算得出当入窑碳酸钙分解率达到 70.43% 时，回转窑包括冷却机内熟料的理论热耗为零。在窑外分解系统中，当入窑生料分解率为 85%，温度为 850 ℃，熟料在窑内形成的理论热耗为

$-116.3 \text{ kJ} \cdot \text{kg}^{-1} \cdot \text{Cl}^{-1}$。

Carvalho 和 Madivate[15]依据 Hess 定律,利用高温量热计直接测定熟料的理论热耗,并可判断熟料矿物生成程度。计算的实验所用生料的熟料理论形成热耗为 $1\,461 \text{ kJ} \cdot \text{kg}^{-1} \cdot \text{Cl}^{-1}$。

黄文熙等[16]研究发现悬浮沸腾炉系统升温速度快,使熟料形成过程反应几乎重合,并可能使 $CaCO_3$ 直接参与形成 C_3S 的反应,使熟料形成理论热耗(同样组成的生料)从 $1\,785 \text{ kJ} \cdot \text{kg}^{-1} \cdot \text{Cl}^{-1}$ 降至 $1\,507 \text{ kJ} \cdot \text{kg}^{-1} \cdot \text{Cl}^{-1}$,降低了 $278 \text{ kJ} \cdot \text{kg}^{-1} \cdot \text{Cl}^{-1}$。沸腾炉系统使散热面积下降,表面温度降低,漏风量小,废气量低,冷却机热效率高,从而使工艺能耗大大下降,且随规模增大而下降,其工艺能耗较窑外分解窑和预热器窑降低达 $355\sim680 \text{ kJ} \cdot \text{kg}^{-1} \cdot \text{Cl}^{-1}$。悬浮沸腾炉系统的单位熟料热耗较预分解窑和预热器窑降低 $630\sim950 \text{ kJ} \cdot \text{kg}^{-1} \cdot \text{Cl}^{-1}$,达 $2\,466\sim2\,935 \text{ kJ} \cdot \text{kg}^{-1} \cdot \text{Cl}^{-1}$。

赵正一等[17]把回转窑废气看成由两个部分组成:一为理论基,是有效耗热部分;一为实际基,包括有效热和非有效热两项之和。理论基以理论上最低耗热为基础,不包括一切热损失。而实际基则是以实际的料耗和实际热耗为基础。实际基表达了实际操作条件下的真实热经济状况。

陈宏春[18]根据 CO_2 量的平衡原理,用废气组成来确定单位熟料热耗。

曹红红等[19]采用氧弹法测定水泥熟料的理论热耗,具有简便、可靠、准确、适用性广的优点,测定准确度较高,误差小于 2%。

2.2.2 动力学研究

热力学是研究过程进行的可能性,而过程如何进行则需要反应动力学理论的解析;反应动力学研究化学反应的发生及控制。反应动力学涉及过程变化速率和变化机理,包括扩散过程动力学、固相反应动力学及烧结过程动力学等。在材料领域的反应动力学研究,就是要通过降低反应阻力、加快反应速率,在工业规模上实现材料热加工处理和产品生产的过程控制。

冯其璜等[20,21]从化学反应动力学的观点,比较了快速煅烧法与普通煅烧法煅烧水泥熟料的不同,采用 XRD 定量分析 C_3S 的方法来测算熟料的形成活化能,结果是 $E_r = 636 \text{ kJ} \cdot \text{mol}^{-1}$,$E_0 = 999 \text{ kJ} \cdot \text{mol}^{-1}$,水泥熟料快速煅烧法的活化能小于普通煅烧法的活化能。利用电子自旋共振试验、X 射线衍射仪测试反应快速煅烧制得的 CaO 结构与普通煅烧制得的 CaO 结构相比,具有晶格常数大、缺陷多、晶格不完整、晶粒度小的特点,有利于加快 Ca^{2+} 的扩散。

有资料报道了苏联学者在热力学方面的研究进展[22]。他们提出了涉及反应速率、转化率和活化能的总的动力学方程式,并发现用煤矸石(代替黏土组分 50%)能使活化能降低到原来的 43%。他们对辐射热合成 C_2S 进行了研究,认为由相应氧化物合成 C_2S 的速度取决于 Ca^{2+} 通过反应产物的迁移速度，C_2S 合成的扩散控制动力学实际上包括三种活化机理：热作用、辐射热作用和涉及产物多晶转变的机理。

叶旭初等[23]研究了在恒定升温梯度下测定的反应动力学参数接近于窑内的实际生产状况，在 1 000~1 250 ℃ 温度段及 1 300~1 450 ℃ 温度段的活化能相差较大，产生该差异的原因是两段的主体反应产物不同。在固相反应段，主体反应的产物是 C_2S；在烧结段，主体反应的产物是 C_3S。

Chromy[24]报道了基于工业生料的 19 个关于阿利特形成的动力学方程。

Suresh 等[25]提出了缩核模型的边界，并认为在固相反应是一系列的过程。模型反映出在反应颗粒中存在一或两个反应界面。分析得出反应初始阶段由 Thiele 类型参数控制，产物形成阶段靠扩散反应控制。实验针对 CaO-Al_2O_3 系统在 1 150~1 250 ℃ 进行，并计算出扩散系数为 10^{-19}~10^{-18} $m^2 \cdot s^{-1}$，中间阶段的转化速率常数为 10^{-6} s^{-1}。

2.2.3 烧成过程研究

硅酸盐水泥熟料烧成过程中出现的液相，其数量和性质对熟料矿物的生成有着极为重要的影响。人们在研究 C_3S 生成动力学时很早就注意到，C_3S 的生成与硅酸盐熔体有极为密切的联系。液相能改善 C_3S 的形成反应。早在 20 世纪 60 年代初，一些学者就已注意到了熟料烧成过程中液相性质对熟料矿物形成动力学的影响。

在探讨外加离子对硅酸盐水泥熟料的烧成液相性质的影响方面，苏联学者 Timashev 和 Вии 对熟料液相的物理化学性质（黏度、表面张力、扩散系数、电导率）随温度及微量元素的变化做了较多的工作，对烧成的研究做了有益的探索。但 Timashev 等没有提及黏度的测量必须考虑被测物质的流变特性这一基本原则。实际上，只有当被测流体为牛顿流体时，黏度值才是物质的组成及温度的函数，对于非牛顿流体，还必须考虑测量时剪切速率的大小，才能使黏度有确定值，这种黏度称为表观黏度。

孔建民等[26]研究了硅酸盐水泥熟料液相的流变特性，在剪切速率 D 较低时（D 小于 30 s^{-1}）表现出假塑性流体特性，在 D 较高时，可以近似按牛顿流体处理。CaF_2 和 $CaSO_4$ 的掺入并不能改变硅酸盐水泥熟料液相的流变特性，但可使熔体的黏度降低。

高锦明[27]分析得出：① A/F = 1.38 的熟料有大量液相生成，温度升高，液相量变化不大，同时，A/F 偏离 1.38 越远，生成液相量越少。② 熔剂矿物全熔时已有大量液相生成，在 1 400~1 450 ℃ 间液相量增加得并不多。③ Al_2O_3 和 Fe_2O_3 总量越多，生成液相量也越多，反而与 CaO/SiO_2 无关。

④ 增加液相量可以增加熔解于液相中的 C_2S 和 CaO 的含量, 有利于 C_2S 吸收 CaO 生成 C_3S, 但液相过多会给操作带来困难, 如窑内容易结圈或结块。一般硅酸盐水泥熟料煅烧时形成的液相量为 21% ~ 30%, 在此范围提高液相量将有利于 C_3S 的形成。

2.3 快速烧成的研究进展

硅酸盐水泥熟料的煅烧需要高温, 为了节省能源, 寻求低温烧成的方法, 各国学者多从两方面着手研究解决这个问题: 一是在生料中加入矿化剂以降低烧成温度; 二是改进烧成方法, 使熟料能在低于 1 450 ℃ 的温度下形成。对于矿化剂改善烧成条件的情况已有大量研究, 在此不再评述。仅对国内外学者研究得最为广泛的快速烧成情况作一介绍。

快速烧成水泥熟料方法的特点是提高热力梯度, 对物料快速加热, 使物料从室温升温到烧成温度所需时间由普通煅烧方法的数十分钟缩短到 1 ~ 2 min, 从而使熟料烧成温度由普通煅烧方法的 1 450 ℃ 左右降低到 1 300 ℃ 左右, 实现水泥熟料的低温煅烧。

黄文熙等[28]从热力学角度研究讨论了快速升温煅烧对 C_3S、C_2S 形成过程的影响, 说明 $CaCO_3$ 在高温下存在 $CaCO_3$-CaO-SiO_2 系统, $CaCO_3$ 参与了 C_3S、C_2S 形成反应的可能性, 而且形成的阿利特还将与 SiO_2 反应生成 C_2S 的可能性, 改变了熟料的形成过程。

黄文熙等[29]研究得出: 快速升温可以改变分解动力学参数, 尤其使分解活化能 E 降低, 从而提高分解速率。提高升温速率, 可使分解温度在一定程度内上升, 使 $CaCO_3$ 分解反应与 $3CaO \cdot SiO_2$ 的形成基本重叠, 保持新生 CaO 的活性, 利于熟料烧成。提高升温速度, 可使 $CaCO_3$ 分解温度增加, 从而降低水泥熟料煅烧中 $CaCO_3$ 的分解热耗。

黄文熙等[30]用高温显微镜、高温黏度计研究水泥熟料在急烧和普烧过程中的液相性质, 并用 X 荧光分析和穆斯堡尔谱对淬冷熟料的微观结构进行分析, 结果表明: 快速煅烧可使水泥熟料在反应过程中的一部分 Al^{3+} 和 Fe^{3+} 从结构紧密的四配位转变成结构松散的六配位, 从而使水泥熟料中液相出现温度降低 200 ℃ 左右, 液相黏度降低近一半, 液相量增加速度加快, 不仅使熟料反应各阶段均处于液相参与下进行, 而且降低了水泥熟料的煅烧温度, 可以在 1 300 ℃ 左右烧成优质熟料。

黄文熙等[31]通过研究发现: 快速或慢速升温时, C_2S 形成动力学机制都是由扩散速度控制, 满足金斯特林格方程; C_3S 形成的动力学过程, 慢速升温时由扩散速度控制, 而快速升温时则由于扩散传质速度加快, 使界面化学反应成为与扩散传质同等重要的控制过程,属过渡范围。快速升温煅烧促进了矿物形成,表现为 C_3S 形成活化能降低,形成速度常数增大。

季尚行等[32]运用 X 荧光分析和穆斯堡尔谱方法研究了急烧淬冷和普通方法煅烧而后淬冷的水泥熟料中 Al^{3+} 和 Fe^{3+} 的配位态。结果表明,在 1 310 ℃ 左右(急烧熟料烧成温度),急烧熟料熔融相内 Fe^{3+} 大部分以六配位态存在,Al^{3+} 以六配位态出现。

季尚行等[33]研究发现:① 急烧加速了 $CaCO_3$ 的分解和 SiO_2 的溶解,但急烧熟料中 C_3S、C_2S 是随急烧时间延续而逐渐形成的,急烧初期,C_3S、C_2S 不能大量生成,故急烧方法低温烧成硅酸盐水泥熟料主要是利用了矿物新生态的观点值得商榷。② 急烧条件下,熟料中硅酸盐矿物的反应途径是:熟料液相形成→CaO、SiO_2 溶于液相→Ca^{2+}、SiO_4^{4-} 相互扩散,聚集成团→进行化合反应生成 C_2S 和 C_3S→聚集团里 Ca^{2+}、SiO_4^4 调整比例→硅酸钙结构调整,生成较多的 C_3S,C_2S 含量减少→f-CaO 吸收完,反应结束。

胡曙光[34]研究发现:① 快速升温煅烧水泥熟料过程中未发现新的活性中间相。相反,其结果是简化原过程。生料在 1 320 ℃ 时煅烧 3 min,就出现了在常规煅烧中需 2 h 才能出现的全部物化反应,在此以后,生成物种类不再发生变化。② 快烧中 $CaCO_3$ 能在高温下保留较长时间,如此可产生大量活性 CaO,其分解过程由化学反应控制变为扩散控制。③ 快烧料初期形成的 C_2S 相中含有较多杂质,增加了 C_2S 相的缺陷,这使其反应活性大大提高。④ 快速升温条件下水泥熟料矿物低温形成的机理主要是,各种反应物活性很高,早期形成的产物具有较多缺陷。

封孝信[35]认为对于快速煅烧来说,生料在烧成温度以下进行预热对熟料形成没有多大贡献,反而有可能使新生态的高活性物料"老化",应使物料尽可能快地达到烧成温度。

Altun[36]研究了不同煅烧制度下熟料的性能比较,以 f-CaO 含量的相对高低为标志,认为熟料可以在高的升温速率下以更短的时间和更低的温度生成。

2.4　预分解窑产量的研究进展

2.4.1　生料分解率测定的研究

生料分解率是表征预分解窑中生料分解情况的重要指标,也是反映分解炉工作状况以至整个窑炉系统工作状况的重要指标。一直以来人们将生料的烧失量全面当做碳酸钙分解释放的 CO_2。事实上,烧失量是把试样放在已恒重的铂或瓷坩埚中,在 950~1 000 ℃ 的温度下灼烧至恒重后测得的。当在高温下灼烧时,样品中许多组分将发生氧化、还原、分解以及化合等一系列反应。例如,有机物硫化物和某些低价化合物的氧化,碳酸盐、硫酸盐的分解,碱金属化合物的挥发以及附着水、化合水、二氧化碳的排除等。

对于预分解生产所用的生料来说,在 150 ℃ 以前自由水挥发,当生料温度继续升高至 500~600 ℃ 时高岭土脱水分解释放出结晶水,物料温度升高至 750~800 ℃ 碳酸钙和碳酸镁大量分解。在分解炉内的物料温度一般达到 500~900 ℃,碳酸钙的分解率在 85% 以上。因此可以看出,生料中的烧失量主要是碳酸盐的分解放出 CO_2,还有一部分是生料的物理水、化学水及其他有机物的燃烧挥发或分解。

朱教群等[37]按照上述原理,重新推导了生料分解率的计算公式。

2.4.2 预分解窑产量能力的研究

对于预分解窑的产量,不少作者从不同的角度进行了探讨。

陈宏春[38,39]认为在现有工艺条件下,对可能的原料和燃料组成,预分解窑的产量最大可能为相应的预热器窑产量的 2.68~4 倍。

德国学者、日本学者、天津水泥工业设计研究院有限公司、北京建筑材料科学研究总院、南京工业大学等[40-45]从不同角度对统计的回转窑生产能力进行回归分析,得出了预分解窑产量与回转窑有效容积、窑内径及窑长的回归关系式。

黄文熙等[46]分析得出预分解回转窑内热料的理论热耗是负值,决定回转窑产量的主要因素是物料在烧成带的停留时间,所以采用窑内烧成带物料的假定流通能力计算窑的生产能力。他们认为烧成带长度偏短、窑尾废气温度偏低、系统漏风严重和预烧能力与烧结能力的不平衡是目前国内预分解回转窑生产能力偏低的根本原因。

陈久丰[47,48]认为预分解窑能力回归公式实际上已经失去其适用性。分解炉的介入使回转窑的作用发生了质的变化,使窑的尺寸可以大为缩小,而且随着分解炉技术的进步,窑的作用将继续衰退。我国大多数预分解窑"窑大炉弱",使用"强炉",花费不大,却可以大大增强烧成系统的能力。

喇华璞[49]分析出预分解窑产量为入窑物料分解率 f_b、烧成温度(用 SM 表示)和升温速率(用 L/D 表示)的函数。f_b 需受 L/D 的制约,以避免可能产生的飞砂料或结圈,SM 的高低受燃烧器品种规格的制约。

2.4.3 提高预分解窑产量的研究

目前预分解窑是按照分解炉和回转窑燃料用量在 6:4 和生料入窑表观分解率在 95% 左右的思路来进行设计的。许多学者由此探讨了进一步加强分解炉功能对预分解窑产量的影响。

李建锡等[50]从热平衡的角度出发,提出分解炉不仅能使物料完全分解,而且还可将物料温度提高到 1 000 ℃,同直径的窑产量可提高一倍。但认为对新型干法生产而言,窑头用煤可以认为已基本接近极限,进一步增加窑头用煤量(提高截面积热负荷)是不现实的。在有条件的情况下适当提高分解炉用煤的比例,加强物料的预烧,则可增加窑产量。

周永康[51]从热平衡的角度计算了当由一般 PC 窑(入窑料温 840 ℃,分解率 90%)发展为强化 PC 窑(入窑料温 1 000 ℃,分解率 100%)时,窑内燃料比率将由原先的 46% 下降为 27% 左右,从而在保持窑相同热负荷时,回转窑熟料产量比原先提高 80%。

陈小东等[52]根据统计数据发现,预分解窑的回转窑截面积热负荷还没达到预热器窑截面热负荷的水平,提出提高现有预分解窑产量的分两步走的思路。第一步的主要设计思想为提高回转窑烧成带的截面热负荷,即通过提高窑头的用煤量,挖掘回转窑的生产能力。第二步的主要设计思想是在提高分解炉的烧煤量方面开拓思路,以充分发挥预热预分解系统的功效。在第一步的基础上,继续增大分解炉内的喷煤量(例如,达到总用煤量的 75% 左右甚至更高,提高生料的入窑温度,如达到 1 000 ℃ 甚至更高),使原本在窑内进行的吸热反应再部分地转移到分解炉内进行,从而大幅度地提高回转窑的熟料产量。

朱明等[53]对华新宜昌公司中 $\Phi 4.3 \text{ m} \times 60 \text{ m}$ 预分解窑生产线在不同生产操作条件下的两次热工性能检测数据进行对比分析,随着窑和炉燃料的分配比例从 37.9∶62.1 调整到 30∶70,窑的台时产量从 138.92 $t \cdot h^{-1}$ 稳定增加到 151.04 $t \cdot h^{-1}$,对应的回转窑容积产量达到 222.09 $kg \cdot m^{-3} \cdot h^{-1}$。

赵金魁[54]分析出预分解窑在操作上要做到窑温与炉温同时控制稳定,不应该寄托用炉煤去完成熟料煅烧任务,更不应该让窑煤完成生料分解任务,合理使用窑、炉用煤量。预分解窑的烧成系统中传热效果最好的是在预热器及分解炉的悬浮状态下,为了提高传热效率,就要充分发挥分解炉加煤的潜力,如果分解炉燃烧能力不足,将是系统的致命软肋。

陈久丰等[55]认为提高炉窑燃料比可以提高窑的产量,它还可减轻烧成带的热负荷、减少窑尾结皮、降低烧成系统 NO_x 的最终生成量和系统能耗。

当然分解炉用煤比例不能无限制提升,还需考虑工艺设备条件。王增良[56]就指出分解率的控制值要随窑的长径比而异。对于"短窑",应适当提高入窑分解率,以保证物料的充分煅烧;对于"长窑",要适当降低入窑分解率,以防止因拉长窑皮和产生后圈而影响窑的正常操作和产量的提高。从另外一个角度说明,将窑变短的前提就是提高入窑分解率。

2.5 结束语

(1) 目前对于水泥熟料矿物生产各阶段反应都是在可逆热力学的前提下进行分析的,对于不可逆过程热力学分析手段的应用还未见报道。

(2) 熟料理论热耗目前也停留在可逆热力学分析的前提下,煅烧方式的变化会改变熟料理论热耗。

(3) 熟料烧成是一个多阶段耦合的反应过程,不同的阶段、不同的中间产物,其反应的动力学控制机制都会有所不同。

(4) 熟料烧成过程中的液相性质比较复杂,目前还难以对其进行准确描述。

(5) 通过对窑系统热效率的分析看出,预分解窑是一个系统工程,各个子系统之间相互影响,要提高全系统热效率,需要深入分析各子系统之间的交互作用。

(6) 理论分析及实验证明,快速烧成是降低熟料烧成温度、减少熟料热耗的一种良好的工艺措施。

(7) 预分解窑产量能力回归公式适应性较差,预分解窑的生产能力必须考虑到分解炉能力的大小及与后续工艺设备的匹配问题。

(8) 理论上分析指出,通过对现有预分解窑预烧能力与烧成能力的优化,能大幅度提高产量,降低热耗。

参考文献

[1] 彼得罗相. 硅酸盐热力学[M]. 蒲心诚,曹建华,译. 北京:中国建筑工业出版社,1983.

[2] 张指铭. 水泥熟料矿物生产反应的热力学探讨[J]. 南京工业大学学报(自然科学版),1984,1:78-84.

[3] 孙义燊. 中空回转窑的传热量、窑型模数和预热设备匹配问题[J]. 硅酸盐学报,1981,9(4):466-480.

[4] 孙义燊. 旋风预热器窑与预分解窑的热工参数及生产能力分析[J]. 水泥工程,1998,3:1-4.

[5] 孙义燊,朱祖培. 新型干法回转窑的窑型和热利用系数[J]. 新世纪水泥导报,1999,5(3)7-10.

[6] 黄文熙,王谢,徐贤进,等. 论悬浮沸腾态的传热[J]. 水泥,1982,2:2-7.

[7] 徐德龙. 水泥悬浮预热预分解窑的理论研究和实践[D]. 沈阳:东北大学,1996.

[8] 胡亚茹,陈延信,徐德龙,等. 双系列高固气比预热系统热力学理论计算与分析[J]. 水泥, 2010, 4: 8-11.

[9] Frankenberger R. The exergetic assessment of cement burning[J]. ZKG, 1967 (1): 24-28.

[10] 金欣,谢玉声,洪履祥. 水泥熟料形成火用的求算[J]. 南京工业大学学报, 2002, 24 (4): 35-38.

[11] 刘瑞芝,刘继开. 水泥熟料烧成系统分解炉的火用研究[C]//中国工程热物理学会工程热力学与能源利用学术会议, 2003: 21-27.

[12] 刘宗明,赵军,段广彬,等. 水泥预分解窑煅烧系统的热力学分析[J]. 硅酸盐通报, 2005, 1: 104-107.

[13] 吴国芳,陆雷,武相萍,等. 预分解窑系统的火用分析[J]. 建筑材料学报, 2008, 11 (6): 752-756.

[14] 黄文熙,夏友明. 预分解回转窑热工特性的研究[J]. 水泥, 1989, 2: 19-22.

[15] Carvalho M, Madivate D O. Theoretical energy requirement for burning clinker [J]. Cem. Concr. Res., 1999, 695-698.

[16] 黄文熙,彭洪. 新型水泥熟料煅烧装置:悬浮沸腾炉的热经济探讨[J]. 四川建材学院学报, 1987, Z1: 17-22.

[17] 赵正一,陈作夫. 熟料热耗的简捷计算法:按废气成分计算熟料热耗的研究[J]. 中国建材, 1964, 19: 29-32.

[18] 陈宏春. 用废气组成确定熟料热耗[J]. 水泥, 1985, (6): 15-16.

[19] 曹红红,杨南如,钟白茜. 燃烧氧弹法测定水泥熟料的理论热耗[J]. 南京化工大学学报, 1996, 1-6.

[20] 冯其璜,张文敬,禹尚仁. 不同煅烧方法的水泥熟料形成动力学研究[J]. 武汉工业大学学报, 1988, 2: 147-154.

[21] Lei J H, Ma Z S, Feng Q H, et al. Effects of different burning processes on the formation kinetics of cement clinker[J]. Wuhan University of Technology-Mater. Sci. Ed., 1999, 14 (3): 28-34.

[22] 毛起炤. 熟料烧成物理化学研究的新进展[J]. 国外建材科技, 1994, 15 (3): 44-55.

[23] 叶旭初,王雅琴,周松林,等. 回转窑内生料反应动力学的实验研究[J]. 水泥工程, 1999, (4): 9-11.

[24] Chromy S. Kinetic evaluation[J]. World cement, 2007, 57-62.

[25] Suresh A K, Ghoroi C. Solid-solid reactions in series: a modeling and experimental study[J]. 美国化工学会会刊, 2009, 55 (9): 2399-2413.

[26] 孔建民,刘宝元,薛君玕. 硅酸盐水泥熟料液相黏度的探讨[J]. 中国建材科技, 1989, 4: 1-4.

[27] 高锦明. 水泥熟料烧成液相量的计算探讨[J]. 水泥技术, 1993, 6: 46-51.

[28] 黄文熙,施其祥,王丹.快速升温煅烧对C_2S和C_3S形成过程的影响[J].四川建材学院学报,1987,1:19-26.

[29] 黄文熙,王谢,王丹,等.快速升温对$CaCO_3$分解及水泥熟料煅烧的影响[J].四川建材学院学报,1987,3:1-12.

[30] 黄文熙,叶巧明,何卓然,等.快速煅烧水泥熟料中液相的研究[J].四川建材学院学报,1990,5(3):1-9.

[31] 黄文熙,杨渝蓉.快速升温熟料C_2S和C_3S形成动力学机制的研究[J].四川建材学院学报,1991,6(2):1-8.

[32] 季尚行,王谢,祁守仁.急烧水泥熟料高温熔体中Al^{3+}、Fe^{3+}配位态的研究[J].武汉工业大学学报,1989,4:407-413.

[33] 季尚行,王谢.急烧水泥熟料中硅酸盐矿物形成机理的研究[J].武汉工业大学学报,1990,4:16-21.

[34] 胡曙光.硅酸盐水泥熟料矿物在快速煅烧条件下的形成机理[J].武汉工业大学学报,1992,14(1):44-50.

[35] 封孝信.快速煅烧条件下生料预热对熟料形成的影响[J].水泥工程,1997,4:15-16.

[36] Altun I A. Influence of heating rate on the burning of cement clinker[J]. Cem. Concr. Res., 1999, 599-602.

[37] 朱教群,齐砚勇.生料分解率的正确计算公式[J].水泥技术,1993,2:33-34.

[38] 陈宏春.论预分解窑的可能产量[J].水泥,1986,8:3-13.

[39] 陈宏春.再论预分解窑的可能产量[J].水泥,1986,8:3-6.

[40] 朱祖培.预分解窑的产量和热工指标分析[J].水泥,1979,5:6-15.

[41] 周迈.悬浮预热窑和预分解窑的产量计算公式及其应用[J].南京化工学院学报,1986,3:89-100.

[42] 陶从喜.用Microsoft Excel求预分解窑的产量计算式[J].水泥工程,1998,6:9-11.

[43] 于兴敏,彭学平,林培芳.现代预分解窑设计产量初探[J].中国建材装备,1998,4:6-8.

[44] 于兴敏,彭学平,林培芳.现代预分解窑产量计算公式[J].水泥技术,1999,4:16-18.

[45] 李昌勇,刘龙.预分解窑熟料产量计算公式及增产潜力浅析[J].水泥技术,1999,5:10-13.

[46] 黄文熙,夏友明.预分解窑系列生产能力的研究[J].四川建材学院学报,1988,2:8-15.

[47] 陈久丰.对预分解窑能力的思考[J].新世纪水泥导报,1996,1:14-20.

[48] 陈久丰.对预分解窑能力回归公式的评价[J].新世纪水泥导报,1997,3:14-18.

[49] 喇华璞. 影响 NSP 窑产量的主要因素[J]. 水泥, 2000, 1: 12-13.

[50] 李建锡, 胡曙光, 陈学军. 大幅提高新型干法窑产量的新方法探讨[J]. 新世纪水泥导报, 2000, 1: 6-8.

[51] 周永康. 强化预分解与回转窑的增产[J]. 新世纪水泥导报, 2000, 4: 26-27.

[52] 陈小东, 高玉宗. 关于新型干法回转窑水泥熟料产量的探讨[J]. 中国水泥, 2004, 4: 41-42.

[53] 朱明, 陈袁魁, 马保国, 等. 热工制度的优化与水泥窑系统增产节能的探讨[J]. 新世纪水泥导报, 2005, 1: 22-23.

[54] 赵金魁. 窑与分解炉用煤量对熟料煅烧的影响[J]. 四川水泥, 2008, 3: 15-16.

[55] 陈久丰, 程益中. 论分解炉用煤的高比例控制与准确检测[J]. 新世纪水泥导报, 2010, 3: 10-13.

[56] 王增良. 入窑分解率对预分解窑台时产量和结圈的影响[J]. 中国建材科技, 1988, 2: 16-21.

第三章
水泥粉磨动力学及粉磨性能控制

3.1 引言

根据国家统计局统计,可统计的水泥企业 2010 年全年水泥产量 13.88 亿 t,同比 2009 年增长 15.53%。在水泥的生产中每吨水泥的电耗约为 110 kW·h,其中大约 40% 消耗于熟料粉磨,因此对于传统水泥熟料粉磨系统的优化具有巨大的潜力[1,2]。Delagrammatikas 和 Celik 提出了生产高细水泥、降低能量消耗和减少废气排放、优化水泥粉磨的目标[3,4]。国内外学者为此进行了大量的研究。

长期以来,世界各国水泥工业一直致力于大幅度地降低能源消耗,认为这是一项重要而长期的任务。在水泥生产"二磨一烧"三大环节中,"磨"既是熟料烧成的必要前提,又是决定水泥成品质量的关键;同时,"二磨"电耗约占水泥生产过程总电耗的 70%。降低粉磨电耗已成为粉磨技术进步的重要标志。目前,水泥生料已广泛采用立磨(一般节电 30%);然而在水泥粉磨系统中,国内外的所有高效磨机还不能替代传统球磨机,原因是粉碎的水泥产品不能达到规定的技术标准[5]。随着 ISO 9000 水泥新标准全面实施,水泥细度、粒度分布等的要求更加严格,有关文献[6]提出的水泥最佳颗粒级配为：普通硅酸盐水泥中 3~30 μm 颗粒应达到 40%~50%；高强快硬硅酸盐水泥中 3~30 μm 颗粒应达到 50%~60%；超高强快硬硅酸盐水泥中 3~30 μm 颗粒应达到 70% 以上。水泥的粒度分布与混凝土的许多主要性能如早期强度、晚期强度、密实性、水灰比等都有较大关系，它也是目前现代化水泥生产厂调控水泥品种、强度等级及某些施工性能的主要手段之一。目前，只有球磨机才能合理地操作控制参数，粉磨出的产品能达到上述的粒度分布要求。

3.2 粉磨动力学方程

在物料粉磨过程中，物料细度、磨机产量、能量消耗均与粉磨速度有关，通过研究磨机内物料粉磨速度和影响因素，建立定量的数学关系式，应用该式分析和评价磨机的实际工作情况，可为选择最佳的操作条件提供依据。如果设被磨物料中某粒级粗颗粒的百分含量为 R，经过粉磨一定时间以后，粗颗粒的含量将减少，某粒级粗颗粒的百分含量随时间的变化率 $-\dfrac{\mathrm{d}R}{\mathrm{d}t}$，称为粉磨速度。

粉磨动力学研究的是粉磨过程中物料细度随时间变化的规律及各有关因素对它的影响。如果设影响粉磨速度的因素为 A、B、C 等，指数 a、b、c 等表示各因素的影响程度，K 为比例系数，粉磨动力学方程通式则为

$$-\frac{\mathrm{d}R}{\mathrm{d}t} = KA^{a}B^{b}C^{c} \tag{3.1}$$

根据式中 a、b、c 之和的大小，可分为零级、一级、二级粉磨动力学方程，其中应用最广的是一级粉磨动力学方程，而零级和二级粉磨动力学方程只是一级的特殊式。

3.2.1 粉磨动力学方程的建立

戴维斯（Divas）和范伦沃尔德（Fanrenwald）早期提出在粉磨过程的瞬间，物料某粒级粗颗粒含量减少的速度与物料该粒级粗颗粒含量成正比，数学表达式为

$$\frac{\mathrm{d}R}{\mathrm{d}t} = -K_{t}R \tag{3.2}$$

式中：R 为粉磨 t 时间后某粒级的筛余累积百分数，t 为粉磨时间，K_t 为粉磨速度常数，"$-$"表示某粒级粗颗粒含量随时间增加而减少。

3.2.2 实际粉磨动力学方程

阿利厄夫登对式(3.2)作了修正，得到

$$R = R_0 e^{-K_t t^m} \tag{3.3}$$

式中：m 为时间指数，由物料性质和粉磨条件决定。

3.2.3 方程中 m 和 K_t 值的确定

粉磨动力学方程中的参数 m 和 K_t，在一定的粉磨条件和物料性质下，可以用试验方法确定。对式(3.3)取两次对数得

$$\lg\lg\frac{R_0}{R} = m\lg t + \lg K_t + \lg\lg e \tag{3.4}$$

在以 $\lg t$ 为横坐标、$\lg\lg\dfrac{R_0}{R}$ 为纵坐标的坐标系中，式(3.4)为一直线，m 为该直线的斜率，$\lg K_t + \lg\lg e$ 为截距。

通过测出不同粉磨时间 t_1，t_2，$\cdots$，t_n 所对应的粉磨产物中某粒级的筛余累积百分数 R_1，R_2，$\cdots$，R_n，在对数坐标纸上绘制出相应的直线，从粉磨试验曲线上读出 m 和 K_t。m 和 K_t 与物料性质、粉磨条件有关。

3.3 粉磨动力学方程研究进展

1937 年苏联科学家提出的间歇磨粉磨动力学方程，是研究粉磨设备进出物料粒度间关系的理论，与球磨机在粉磨过程中连续地进行单一作业的实践比较吻合。近年来现代粉磨动力学的研究虽有所发展，但经典粉磨动力学因有具体的计算公式，运用起来比较方便、简单；同时，用它推导出有关粉磨的一些常数，在生产实践中至今仍在使用。但是在运算过程中，受到其参数和常数相互关系的困扰，经常出现一些问题，影响了它指导生产实践的作用[7]。为此许多学者对指数作了论述，但对它的范围论述尚有不足之处，无法具体应用到粉磨技术中去。

指数方程中各项参数都很重要，但作为方程的指数来说，显得更为重要，它是表达粉磨作业优劣程度的重要参数；要想取得准确的 n 值，并用以指导生产，必须弄清它与诸参数之间的关系[8]。

迄今为止对物料粉磨已提出了好几种动力学模型。有的是将粒级累积质量百分率与粉磨时间相联系，以反映粒级随时间的变化规律；有的是将粒级累积质量百分率与能量、输入功率、磨机长度和生产率相联系，但这些因素也是和时间相关的量，只不过用它们代替时间罢了；有的是将表面积的变化与粉磨时

间联系起来,因表面积与粒度有关,所以这种模型是用表面积代替了粒度。此外还有一类离散型动力学模型,即总体质量平衡模型[9]。

Kotake 等[10]研究了石英玻璃、石灰石和石膏在球磨机中粉磨时加料粒度和研磨体直径对粉磨速度常数的影响。得出以上几种物料的粉磨速度常数随加料粒度变化是相似的,主要取决于研磨体直径和物料性质。Kotake 等[11]还研究了五种不同种类的物料在间歇式球磨机中的粉磨情况。研究表明,当改变研磨体直径、进料粒度的大小和物料的性质时,可以用以 Tanaka 理论为基础的经验公式对粉磨速率常数进行估算。

Kano 等[12]学者就球磨机、振动式磨机和行星球磨机在不同转速下,改变粉磨时间,测定产品比表面积和晶体结构,从图 3.1 可以看出在双对数坐标中粉磨速度与单位冲击能呈直线关系。

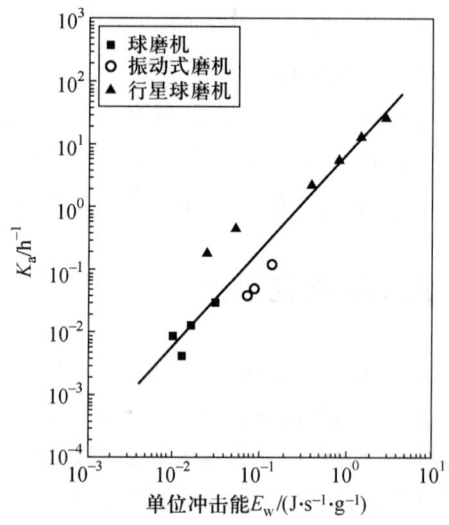

图 3.1　不同粉磨条件下单位冲击能与单位比表面积速度常数之间的关系

Kanda[13]在不同形式的磨机中于粉磨的初期,研究了加料粒度、研磨体的直径、料球比和磨机转速等对粉磨矿渣、石灰石等脆性非金属矿物的粉磨速率常数的影响,并得出相应的经验公式。

Choi 等[14]在立式湿法行星球磨机粉磨方解石、叶蜡石和滑石的实验中,改变研磨体的大小和级配,通过分析产品的粒度分布,确定粉磨动力学方程 $R(x,t) = R(x,0)\exp(-K'x^{n'}t^{\gamma})$ 中的粉磨速度常数。对于方解石,n' 和 γ 为 1.16 和 0.806;对于叶蜡石,为 1.18 和 0.907;对于滑石,为 0.955 和 1.038。粉磨速度常数 K' 可以表示为以毫米为单位的研磨体平均直径 d_B、以厘米为单

位的原料平均直径 x_{mo}、以 $kW \cdot h \cdot t^{-1}$ 为单位的物料邦德功指数 W_i 的函数。在实验范围内经验常数 c_1、c_2 为 592 和 0.043 8。K' 的表达式如下：

$$K' = \frac{c_1}{(W_i x_{mo})^2}\left(\frac{x_{mo}}{d_B}\right)\exp\left[-c_2\left(\frac{W_i x_{mo}}{d_B}\right)\right] \quad (3.5)$$

3.4 水泥粉磨动力学方程研究进展

在水泥的粉磨动力学研究过程中，Fuerstenaua 等[15]认为粉磨动力学可以用粉磨时间或比能耗来表示。其非线性关系是由粉碎设备的能量转换引起的，粗颗粒可能被优先粉磨或被细颗粒屏蔽。Parichay[16]对于间歇式粉磨设备，粒度累积分布采用新的回算方法预测动力学方程中的参数。累积形式采用了单一质量分率数据中的偏差，取整误差的最小累积使得估算程序具有一定优势。Jankovic 等[17]利用邦德研究方法和质量平衡模型对水泥粉磨系统进行了分析和优化，通过采用预破碎系统使得传统的闭路循环粉磨系统的产量提高 10% ~ 20%，总能量利用率提高 5% ~ 10%。

Deniz[18]在球磨机中针对水泥熟料、石灰石，研究了研磨体直径、物料的喂料尺寸对产品粒度分布和破碎比率的影响（见图 3.2 和图 3.3）。Deniz[19]还研究了球磨机转速对水泥熟料、石灰石粉磨效果的影响，图 3.4 和图 3.5 为磨机转速为临界转速 65% 和 85% 时水泥熟料筛余与粉磨时间的关系。

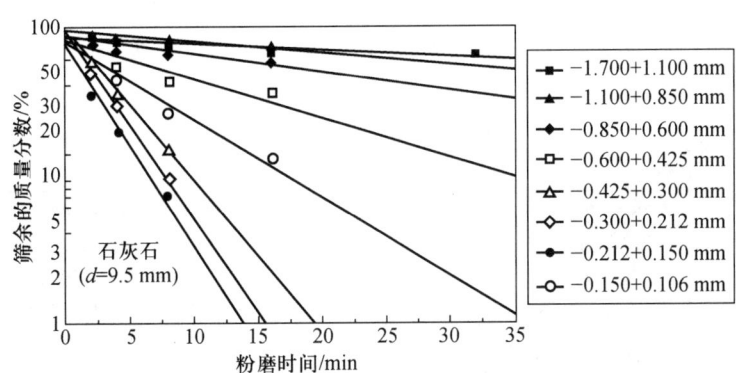

图 3.2　球磨机粉磨石灰石时筛余与粉磨时间的关系

Schnatz[20]通过改变水泥磨机的长径比、研磨体的加入量、研磨体的尺寸和物料的停留时间，研究其对产品比表面积的影响。Fuerstenaua 等[15]用球磨机粉磨白云石，改变操作参数测定产品的粒度组成和筛余的变化，结果如图 3.6 所示。

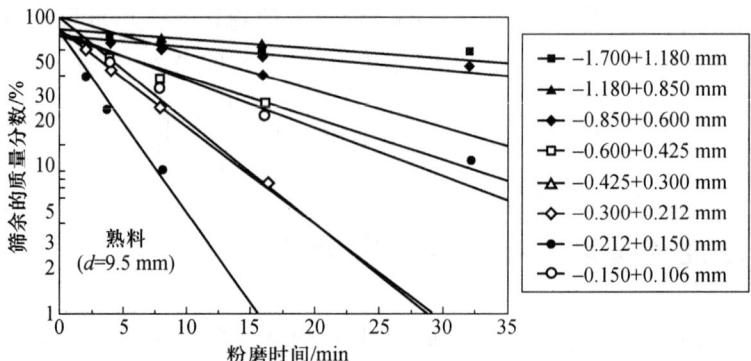

图 3.3　球磨机粉磨水泥熟料时筛余与粉磨时间的关系

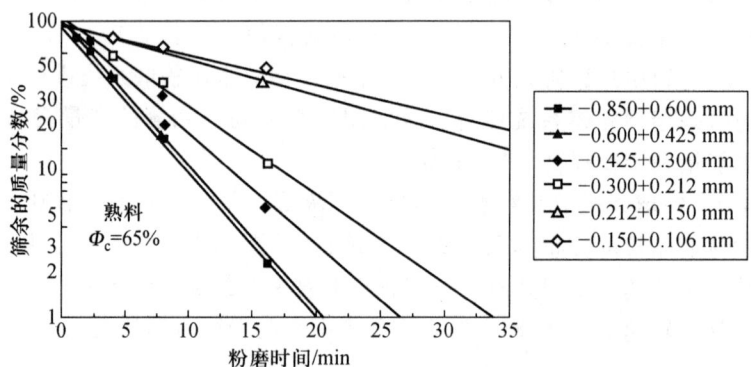

图 3.4　$\Phi_c=65\%$ 时水泥熟料筛余与粉磨时间的关系

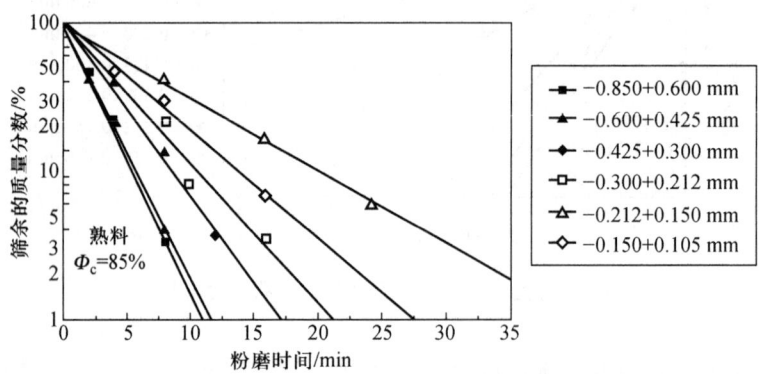

图 3.5　$\Phi_c=85\%$ 时水泥熟料筛余与粉磨时间的关系

Touil 等[21]在球磨机中粉磨水泥熟料,改变研磨体的级配和加料粒度,研究粉磨速度的变化,图 3.7 为直径 20 mm 研磨体粉磨水泥熟料的粒度分布结果。

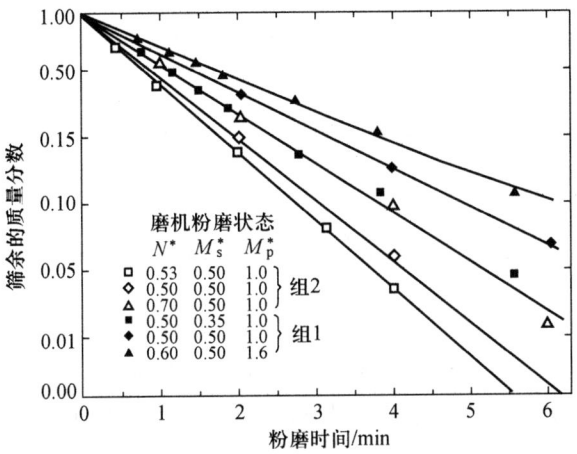

图 3.6　不同粉磨条件下筛余与粉磨时间的关系

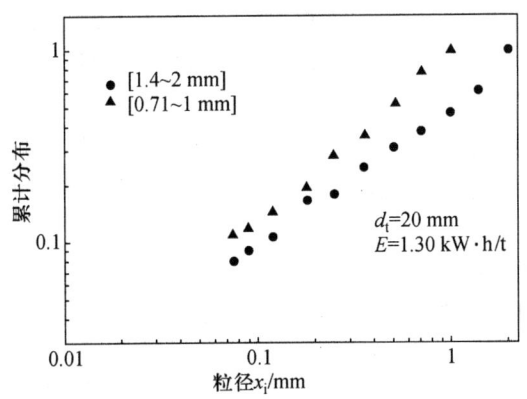

图 3.7　研磨体直径为 20 mm 粉磨水泥熟料的粒度分布

3.5　离心力场中粉磨动力学研究进展

3.5.1　研究背景

现有的研究证明:国内外的高效粉磨设备(如立磨)不能运用于水泥磨的

原因之一就是不符合上述的水泥粒度分布规律,除此以外,还影响到水灰比、混凝土的流变性等指标,最终影响混凝土的性能。目前,国内外可选用的主要水泥粉磨系统及电耗情况如表3.1所示。

表3.1 不同粉磨系统的电耗比较

粉磨系统	平均电耗/(kW·h·t^{-1})
立磨+球磨机+分选设备	40左右
球磨机+分选设备	45~58
行星球磨机+分选设备(还没有工业化)	半工业化试验结果:35左右

从表3.1可以看出,立磨、球磨机分选系统电耗比较低,但是,立磨的投资较大,一般每台在2 000~6 000万元,而且,性能优越的大型立磨主要靠引进。由此可见,如果行星球磨机开发成功,将具有广阔的推广前景。

3.5.2 行星球磨机的研究现状

1. 行星球磨机的工作原理

行星球磨机工作原理的本质是利用离心力,行星球磨机上的磨筒内的钢球在附加离心力的作用下,可以获得普通球磨机内同质量钢球的几倍甚至几十倍的一次打击力,增加粉碎效果,达到节能效果。行星球磨机的结构有立式和卧式两种形式,结构特点是磨筒在公转的同时还进行自转,这样可以使磨筒公转转速突破普通球磨机临界转速的限制,带动磨球作复杂的大回转运动和离心运动,对物料撞击、研磨。

2. 立式行星球磨机

通常在文献里介绍和实验室应用的是立式行星球磨机,其结构如图3.8所

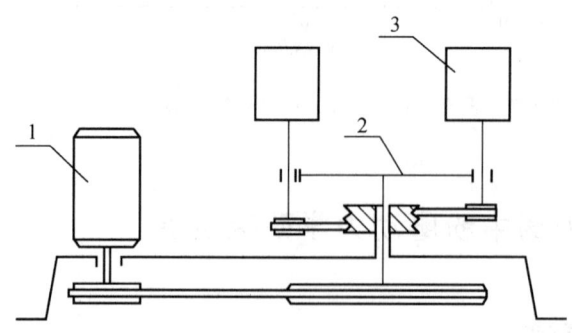

1—电机;2—大盘;3—磨筒
图3.8 立式行星球磨机的结构

示。这种行星球磨机的磨筒被立式装在一水平放置的大盘上作行星运动,在运动过程中,磨球和物料在受公转和自转的作用下,相互碰撞,研磨物料。在研磨过程中,对于相对静止的底平面而言,容易出现磨料结底,即如果磨料不是十分干燥,在粉磨时,由于重力作用往往会沉到磨筒底部,最后结成硬块,无法磨细;其次,磨球和磨料的重力不起粉磨作用,并且球磨时的主要研磨面只有一部分筒壁和筒底面,没有利用所有的磨筒内表面积,因此影响了粉磨效率。

3. 卧式行星球磨机

具备连续化生产的卧式行星球磨机2001年前后已经问世,其结构如图3.9所示,该球磨机的特点是磨筒被卧式安装在一竖直平面放置的大盘上作行星运动。在这种运动过程中,磨筒没有固定的底面,筒内磨球和物料在竖直平面内受到磨筒公转转速、自转转速、自身重力的共同作用。机器运转时,筒内各点所受力的大小与方向都在不断变化,运动轨迹杂乱无章,因此导致磨球与磨料在高速运转中相互之间猛烈碰撞、挤压,大大提高了设备研磨能力和改善了研磨效果。特别是磨筒处于水平放置,由于转动,磨筒内没有固定的面,避免了立式行星球磨机的结底现象,并且利用了整个磨筒的内表面积。

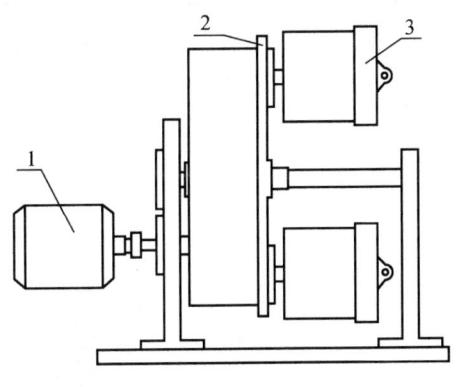

1—电机;2—大盘;3—磨筒

图3.9 卧式行星球磨机的结构

3.5.3 行星球磨机的应用

1. 实验室应用

由于行星球磨机具有高能粉磨作用,因此被广泛应用于超细粉体的制备[22,23]、机械力化学[24,25]、机械合金化[26-28]等领域。并且行星球磨机粉磨过程中磨筒能够全封闭,所以既可以干磨[29,30],也可以湿磨[31,32];还可以在磨筒内充入不同的气体,实现不同气氛下的粉体加工。

Pourghahramani 等[33]在球磨机和离心力作用下粉磨物料的行星球磨机中粉磨赤铁矿，通过改变球磨机的操作参数，研究不同粉磨时间，产品粒度分布和比表面积的变化规律。图 3.10 为行星球磨机中的粉磨情况。

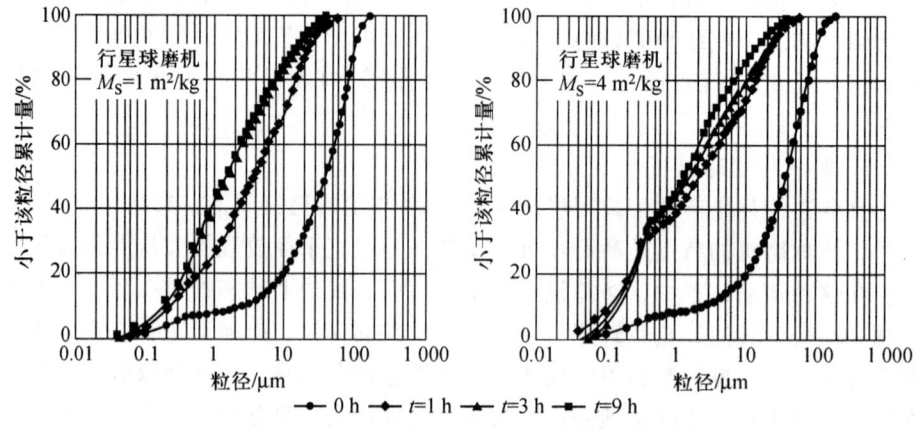

图 3.10　行星球磨机粉磨赤铁矿产品的粒度分布

Yekeler 等[34]利用行星球磨机粉磨石英，研究操作参数对产品粒度分布和筛余的影响(见图 3.11)。Mio 等[35]研究行星球磨机 P5 粉磨氢氧化铝时，在不同公转转速下，粉磨时间与粉磨前后物料中位径比值的关系，图 3.12 为关系曲线图。同时研究了不同立式行星球磨机中粉磨物料的情况，得出球磨机旋转速度与物料粉磨速度的关系。

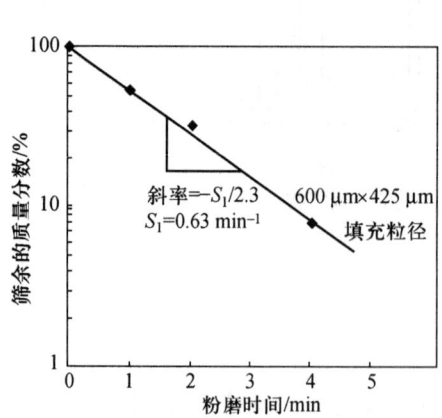

图 3.11　不同粉磨时间石英颗粒的筛余累积变化

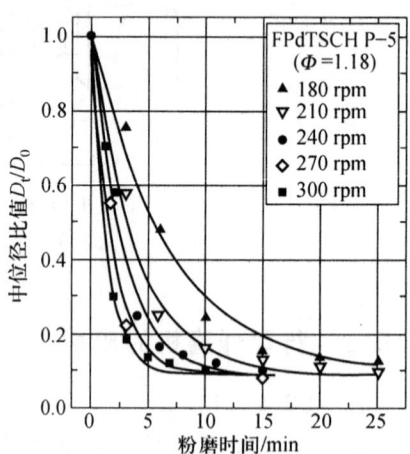

图 3.12　P5 中不同转速下中位径比值与粉磨时间的关系

Choi[36]在行星球磨机中采用单一和混合研磨体粉磨方解石,得出粉磨速度常数与研磨体直径之间的变化规律,$K = k_1 \overline{d_B} \exp(-k_2 \overline{d_B^{-2}})$。Cho 等[37]学者通过改变行星球磨机磨筒回转直径与磨筒直径的比值,研究了石灰石、滑石、伊利石的粉磨特性。图 3.13 和图 3.14 分别为粉磨伊利石产品的粒度分布图和 SEM 图。

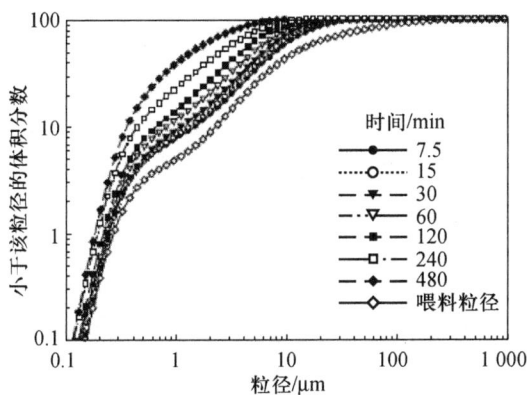

图 3.13　石灰石在磨机转速为 300 rpm 时不同粉磨时间的粒度分布图

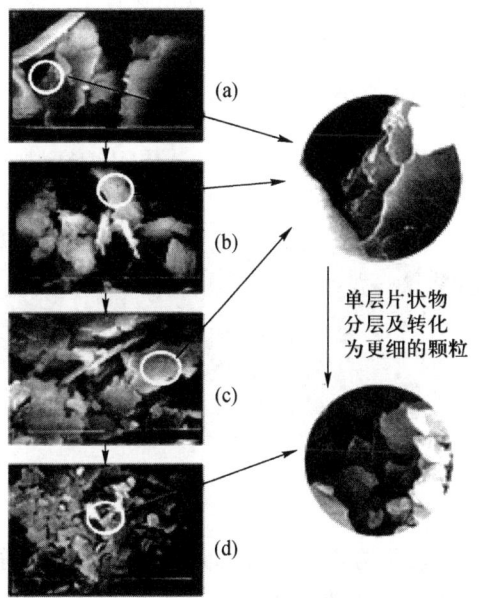

图 3.14　伊利石在不同粉磨时间的 SEM 图
(a) 7.5 min；(b) 30 min；(c) 120 min；(d) 480 min

国内学者对立式间歇行星球磨机的粉磨性能和放大方法进行了研究。郑炳年等[38]用 BS 模型研究了立式间歇行星球磨机中重钙的超细粉碎动力学，并建立了包含粉碎工艺参数的动力学方程。郝雪弟等[39,40]针对立式行星球磨机启动阶段不同转速下的荷载特点，利用仿真技术得到基于动力学仿真结果的行星球磨机磨辊系统的应力状态。根据分析结果，提出了确定立式行星球磨机实际操作参数的依据，并模拟了立式行星球磨机启动阶段的动态行为。文中未考虑到粉磨过程中塑性变形、热效应、被磨物料的化学反应的影响。

2. 工业化应用

行星球磨机具有独特的粉磨过程、高效的粉磨能力和较高的能量利用率，但连续化和工业化对它是一个极大的难题，经过多年的研究，我国率先解决了多年来制约行星球磨机大规模发展的连续化、大型化、黏壁、磨损和产品细度控制等相关的技术难题，并且采用"自保护"技术克服了设备磨损和粉碎过程中的产品污染问题，使得连续式行星球磨机在我国实现了大型工业化生产[41-44]。目前，已经将其应用到了矿渣、滑石等材料的粉磨工业化试验[45]。

3.5.4 行星球磨机的运动学研究

1. 行星球磨机运动学理论分析

行星球磨机有两个运动系统，即主盘以角速度 ω_1 绕主轴匀速转动，行星盘以角速度 ω_2 绕行星轴匀速转动。两种运动导致球磨罐既作自转又作公转（即行星运动），如图 3.15 所示。

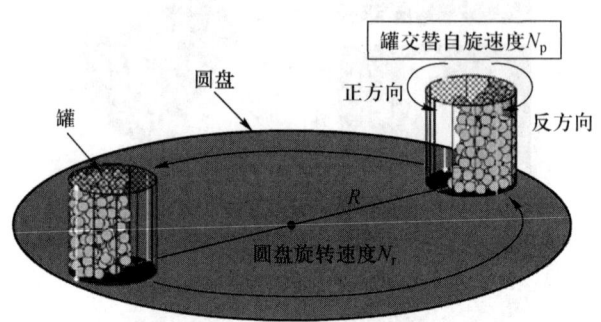

图 3.15 行星球磨机运动示意图

国内关于球磨机运动学方面的研究都是一些理论上的分析，他们对球磨机的临界转速、最佳转速、最佳转球率、最佳料球比等都做了一些研究[46]。得到这样一些理论或成果：自转速度的极限值 $\omega_c = \omega_1 \sqrt{\dfrac{R}{r}}$（$\omega_1$ 为公转角速度，R 为公转半径，r 为自转半径），让行星球磨机工作在其临界转速的 80% 左右可获得最佳的粉磨效果；当物料之间的摩擦系数在 0.85~1.2 时，装球率要控制在 0.4~0.5 之间；行星球磨机的料球比 $\xi = \sqrt{\dfrac{a}{g}}\xi_2$（$\xi_2 = 0.423$）。球磨机在转动时带动内部磨球转动，一些学者根据磨球受到的惯性力描绘出磨球在球磨机内部的运动轨迹[47]，如图 3.16 所示。

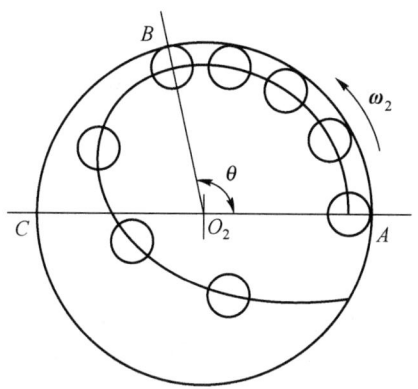

图 3.16　磨球在磨筒内的运动轨迹

国外学者多是通过使用分离变量的方法对行星球磨机进行研究，Chattopadhyay 等对球磨机中磨球的运动情况作了详细的分析[48]。图 3.17 表示

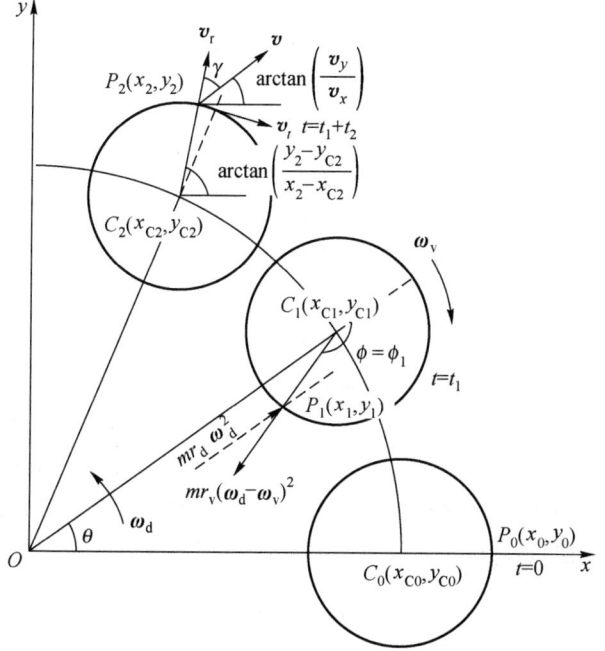

图 3.17　$t = t_1 + t_2$ 时间内磨球在磨筒内的运动情况

磨球从开始($t=0$)到随筒壁运行一段时间($t=t_1$)再到发生碰撞($t=t_2$)这一过程的受力情况。

在任意时刻t，磨球的位置矢量x_1和y_1由下列公式得出：

$$x_1 = r_d\cos\omega_d t + r_v\cos(\omega_d - \omega_v)t \tag{3.6}$$

$$y_1 = r_d\sin\omega_d t + r_v\sin(\omega_d - \omega_v)t \tag{3.7}$$

所以，可以得出x和y方向上的速度分量v_x和v_y：

$$v_x = \frac{d_{x_1}}{d_t} = -\omega_d r_d\sin\omega_d t - (\omega_d - \omega_v)r_v\sin(\omega_d - \omega_v)t \tag{3.8}$$

$$v_y = \frac{d_{y_1}}{d_t} = \omega_d r_d\cos\omega_d t + (\omega_d - \omega_v)r_v\cos(\omega_d - \omega_v)t \tag{3.9}$$

由于大盘公转和磨筒自转产生各自的离心力，磨球受到的在P_1C_1方向上这两个力的净力矢量为

$$N = m[r_v(\omega_d - \omega_v)^2 + r_d\omega_d^2\cos\phi] \tag{3.10}$$

式中，ϕ为钢球在运动中的绝对角度，m为单球质量。

显然，当$N>0$时，钢球与磨筒保持接触，即磨球沿着磨筒壁运动，则有

$$\cos\phi \geq -\frac{r_v(\omega_d - \omega_v)^2}{r_d\omega_d^2} \tag{3.11}$$

当磨球与磨筒壁分离时，$\phi = \phi_1$，此时磨球所受到的作用力N减小为0。由此可得：

$$\cos\phi_1 = -\frac{r_v(\omega_d - \omega_v)^2}{r_d\omega_d^2} \tag{3.12}$$

定义分离参数S：

$$S = \frac{r_v(\omega_d - \omega_v)^2}{r_d\omega_d^2} \tag{3.13}$$

$$\cos\phi \geq -1, \quad 0 \leq s \leq 1$$

分离判据：

$$\phi_1 = \pi - \arccos s$$

随时间的推移，磨球在磨筒表面的坐标为

$$x_2 = x_1 + v_x t_2 = r_d\cos\omega_d t + r_v\cos(\omega_d - \omega_v)t + v_x t_2 \tag{3.14}$$

$$y_2 = y_1 + v_y t_2 = r_d\sin\omega_d t + r_v\sin(\omega_d - \omega_v)t + v_y t_2 \tag{3.15}$$

在完成一次撞击后，磨球重新与磨筒接触，准备下一周期的运动。自碰撞后到下一周期的时间为t_3：

$$t_3 = \frac{\alpha}{\omega_v} \tag{3.16}$$

则磨球每运动一周所需时间为

$$t_f = t_1 + t_2 + t_3 \tag{3.17}$$

式中，t_1 为磨球与磨筒壁接触时间，t_2 为离开磨筒壁发生撞击所用时间。

则磨球的撞击频率为

$$f = \frac{1}{t_f} \tag{3.18}$$

由图 3.18 中力的分解可知：

$$v^2 = \omega_d^2 r_d^2 + (\omega_d - \omega_v)^2 r_v^2 + 2\omega_d(\omega_d - \omega_v) r_v r_d \cos\phi_1 = v_r^2 + v_t^2 \tag{3.19}$$

式中，v_r 为冲击速度的径向分量，v_t 为冲击速度的切向分量。

此时，碰撞角度 γ 为

$$\gamma = \arctan\left(\frac{v_t}{v_r}\right) = \arctan\left(\frac{y_2 - y_{C2}}{x_2 - x_{C2}}\right) - \arctan\left(\frac{v_y}{v_x}\right) \tag{3.20}$$

2. 临界转速

Mio 等[35]提出在粉磨期间，磨球同时受到磨筒自转和磨盘公转产生的离心力，分别是自转离心力 F_p 和公转离心力 F_r，如图 3.18 所示，磨筒达到平衡状态时，得到了临界速度比 r_c。

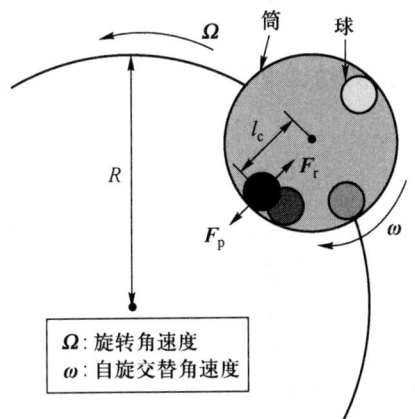

图 3.18 磨球受力模型

这两个离心力见方程式(3.21)和式(3.22)。

$$F_p = m l_c \omega^2 \tag{3.21}$$

$$F_r = m(R - l_c) \Omega^2 \tag{3.22}$$

$$l_c = \frac{d_m}{2} - \frac{d_b}{2} \tag{3.23}$$

这里 ω 和 Ω 分别是自转和公转的角速度，l_c 表示从磨筒自转转轴到贴着磨筒壁的磨球质心的距离(如图3.18所示),考虑到,$F_r > F_p$ 时,磨球形成抛落状态;$F_r < F_p$ 时,磨球形成离心状态,贴着磨筒离心运动;当 $F_r = F_p$ 时,磨球处于离心运动的临界状态,由方程式(3.21)和式(3.22)推导出临界转速比的方程式(3.24):

$$r_c = \sqrt{\frac{R}{l_c} - 1} \tag{3.24}$$

颜景平等[46]提出,在行星式球磨机中,滚筒公转角速度为 Ω、筒心公转半径为 R 时,筒心的向心加速度为 $\Omega^2 R$。设滚筒自身的自转角速度为 ω,滚筒半径为 r,则筒的圆周相对于筒心的向心加速度为 $\omega^2 r$。由此可知,滚筒中贴近周边外的物料具有向心加速度 a_r,如下所示:

$$a_r = \Omega^2 R + \omega^2 r \tag{3.25}$$

若 a_r 恒大于零,则物料始终贴近筒壁。a_r 的极小值发生于 r 与 R 方向相反的情况,即 $\min a_r = \Omega^2 R - \omega^2 r$,令该式 $a_r = 0$ 可得 ω 的极限值即临界自转角速度 ω_c:

$$\omega_c = \Omega \sqrt{\frac{R}{r}} \tag{3.26}$$

3.5.5 立式行星球磨机动力学研究

1. 立式行星球磨机动力学理论分析

Chattopadhyay 等对行星球磨机磨球动力学作了一定的研究[48]。图3.17表示为磨球从开始($t=0$)到随筒壁运行一段时间($t=t_1$)再到发生碰撞($t=t_2$)。假设磨球按照自有抛落轨迹运动速度不发生变化,在碰撞过程中质量为 m 的钢球的可用动能 E_t 可按式(3.27)表示:

$$E_t = 0.5mv^2 \tag{3.27}$$

所以每次碰撞由钢球传递的总的能量 P_t 为

$$P_t = fE_t \tag{3.28}$$

一些早期的研究[49,50]认为磨球与罐壁的碰撞是在 Hertzian 条件下发生的,那时的研究也是在这一理论条件下进行的。由 Hertzian 理论可知碰撞作用力的径向分量为

$$F_r = \left(\frac{4}{3}\right) r_b \left(\frac{Y}{1-\nu^2}\right) \delta_r^{\frac{3}{2}} \tag{3.29}$$

式中,r_b 是磨球半径,δ_r 是磨球到罐壁的距离,Y 是杨氏模量,ν 是泊松指数。因此正向压强 p_n 为

$$p_n = F_r / \pi a^2 \tag{3.30}$$

这里的 a 是由参考文献[51]得到的圆形碰撞面的半径,如果钢球变形是

可逆性的，由赫兹(Hertzian)碰撞理论可知碰撞时间为

$$t_i = 2.94 \frac{\delta_r}{v_r} \quad (3.31)$$

因此考虑到变形的自然可逆恢复作用，挤压作用时间为 $t_c = t_i/2$。

相关研究[48]指出变形的多少与尺寸和钢球密切相关，因此作用力在切线方向必须通过直接适当地调整来表达：

$$\boldsymbol{F}_t = m \frac{\mathrm{d}}{\mathrm{d}t}(\boldsymbol{v}_t + \boldsymbol{\omega}_r r_b) \quad (3.32)$$

式中，$\boldsymbol{F}_t$ 为作用力的切向分量，$\boldsymbol{v}_t$ 为碰撞点处的切向分速度，$\boldsymbol{\omega}_r$ 为对应的角速度。碰撞区作用力的法向分量同上一样进行修正：

$$\frac{\mathrm{d}}{\mathrm{d}t}[m\boldsymbol{v}_r r_b + m(r_b^2 + r_g^2)\boldsymbol{\omega}_r] = 0 \quad (3.33)$$

式中，r_g 是磨球关于自己质心的回转半径，由式(3.32)与式(3.33)消去 $\boldsymbol{\omega}_r$，$\boldsymbol{F}_t$ 可由式(3.34)计算得到：

$$\boldsymbol{F}_t = -\frac{m}{(1 + r_b^2/r_g^2)}\left(\frac{\mathrm{d}v_t}{\mathrm{d}t_i}\right) \quad (3.34)$$

假设 $\boldsymbol{F}_t$ 在时间间隔 t_c 与切向速度减小为 0 之间时起作用，式(3.34)转化为

$$\int_0^{t_c} \mathrm{d}t_i = -\boldsymbol{F}_t \frac{m}{(1 + r_b^2/r_g^2)} \int_{v_t}^0 \mathrm{d}\boldsymbol{v} \quad (3.35)$$

因此 $\boldsymbol{F}_t$ 可由式(3.35)得到：

$$\boldsymbol{F}_t = \frac{m}{\left(1 + \dfrac{r_b^2}{r_g^2}\right)}\left(\frac{\boldsymbol{v}_t}{t_c}\right) \quad (3.36)$$

2. 等效冲击力

周家春等对磨球的冲击力做了等效分析[52]。磨球到达抛落段后，以末速度 $\boldsymbol{v}_1$ 撞击到区内的磨球上，设在 Δt 时间内，速度变为 $\boldsymbol{v}_2$。对于质量为 m_1 的磨球，动量改变量为 $m_2(\boldsymbol{v}_1 - \boldsymbol{v}_2)$，平均冲击力 $\boldsymbol{F}$ 为

$$\boldsymbol{F} = \frac{m_1 \Delta \boldsymbol{v}}{\Delta t} = \frac{m_1(\boldsymbol{v}_1 - \boldsymbol{v}_2)}{\Delta t} \quad (3.37)$$

转动式磨机中，磨球抛落的末速度 $\boldsymbol{v}_1$ 可按式(3.38)估计(如图3.19所示)。

$$m_1 g h + \frac{1}{2}m_1(r_p \boldsymbol{\omega}_p)^2 = \frac{1}{2}m_1 \boldsymbol{v}_1^2 \quad (3.38)$$

式中，$\boldsymbol{\omega}_p$ 为抛落时的初角速度，r_p 为磨筒半径，由滑移段的分析可知：

$$\boldsymbol{\omega}_p = \sqrt{\frac{g\sin\theta}{r_p}} \quad (3.39)$$

式中，θ 为磨机中物料的抛射角。

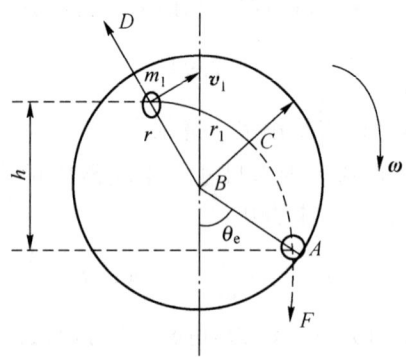

图 3.19 等效冲击力

磨球抛落后的末速度 v_2 是一个随机量，它取决于能量吸收率。在正常填充率工况下，可近似认为 $v_2=0$；当料少、球多时，能量吸收不充分，$v_2 \neq 0$。因此，$v_2=0$ 是一种较为乐观的估计。

式(3.40)确定出 v_1 随抛落高度而异，根据磨球在抛落区内的堆积层数及等效抛落点位置，可估计出 h 的平均值[53]，$h \approx 1.82r_p$。因而，等效冲击力 F 为

$$F = \frac{m_1}{\Delta t} \times \sqrt{2gh + (r_p \omega_p)^2} \qquad (3.40)$$

3. 立式行星球磨机磨球脱离条件分析

1) 坐标系建立

设磨球是质量为 m 的一个质点，以便进行运动和受力分析[54]。建立如图 3.20 所示的坐标系，其中 $x'O'y'$ 为静坐标系，xOy 为动坐标系。xOy 相对 $x'O'y'$ 作定轴转动，为一非惯性坐标系。

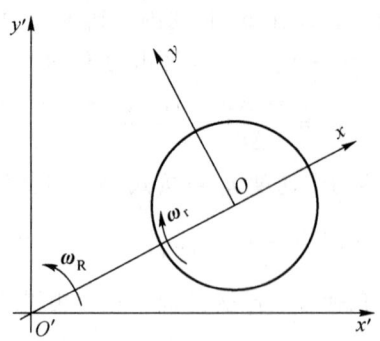

图 3.20 建立坐标系

2) 磨球在可脱离条件下的临界转速

在上述坐标系中，在磨球未脱离筒之前，m 的受力情况由分析可知，如图 3.21 所示，其中磨球的重力同其余力相比甚小，因而分析时不计。当球处于图 3.21(a) 所示位置时，磨球处在离心区域。由自转和公转产生的离心力都将球压向筒壁，不太可能使球脱离筒壁。当球随筒壁转至向心区域时，则磨球有可能脱离筒壁而甩出，其中尤以图 3.21(b) 中位置为最有可能。因此可以将此位置作为磨球脱离的临界位置，从而求得临界转速。

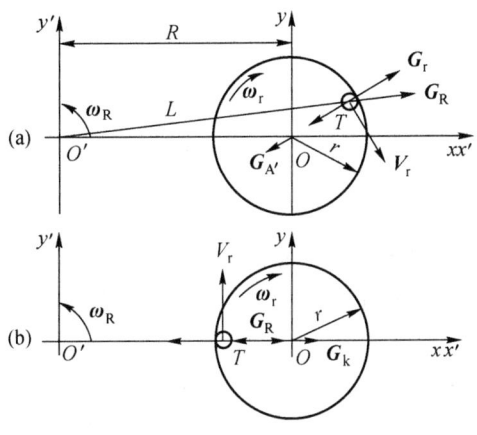

图 3.21　磨球受力分析

磨筒绝对角速度为 $\omega_T = \omega_R - \omega_r$，磨球在图 3.21(b) 所示的位置时有

$$G_r = mr(\omega_R - \omega_r)^2$$
$$G_R = m(R - r)\omega_R^2 \qquad (3.41)$$
$$G_k = 2mr\omega_R(\omega_R - \omega_r)$$

若要使磨球在该位置时脱离筒壁，必须使 $G_k + G_R \geqslant G_r$ 成立，即

$$m(R - r)\omega_R^2 + 2mr\omega_R(\omega_R - \omega_r) \geqslant mr(\omega_R - \omega_r)^2$$
$$R\omega_R^2 \geqslant r\omega_t^2$$

即

$$|\omega_r/\omega_R| \leqslant \sqrt{\frac{R}{r}} \qquad (3.42)$$

这就是脱离条件。

3.5.6　立式行星球磨机实验研究

1. 磨筒转动方向的影响

日本学者对于自转方向对磨球动力学的影响作了不少研究[55,56]，研究的

主要方向是磨球碰撞速度与能量大小。图 3.22 所示为转速方向不同时磨球速度矢量分布。

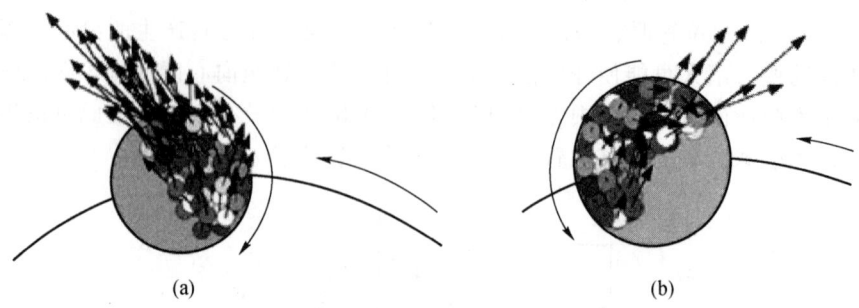

图 3.22　不同转速时磨球速度矢量的分布情况：(a) 自转转速与公转转速反向相反；(b) 自转转速与公转转速反向相同

自转转速方向与公转转速方向相反时，磨球的速度矢量比方向相同时的速度矢量大得多，同时矢量相对密集，此时磨球自身速度较大，碰撞也相对激烈。

图 3.23 为不同转动方向单位时间内磨球发生的撞击次数。磨筒自转转速与公转转速相反时，单位时间内磨球之间发生碰撞的频率也会比转速方向相同时的高出很多。磨筒自转与公转转速方向对磨球在筒内的运动轨迹、碰撞情况、能量传递有显著影响。

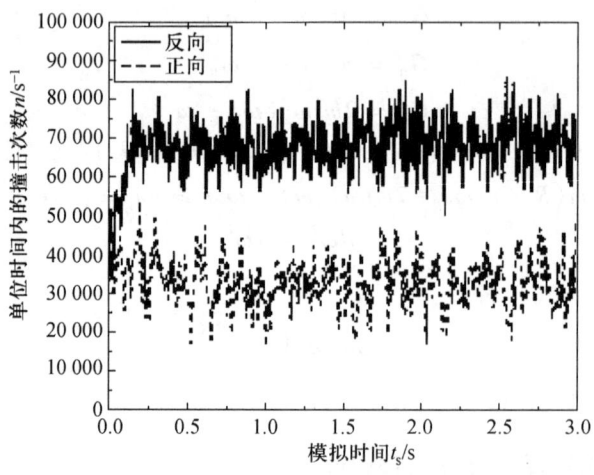

图 3.23　不同转动方向单位时间内磨球发生的撞击次数

2. 自转转速公转转速比的影响

Chattopadhyay 等就转速比对磨球作用力的影响也作了研究[48]。图 3.24 为转速比大小对磨球发生碰撞时径向作用力(F_r)与切向作用力(F_t)的影响。公转转速不变磨球碰撞时径向作用力(F_r)不受转速比大小的影响，它趋向维持在一个稳定值上，提高公转转速可以显著提高磨球碰撞时的径向作用力(F_r)；切向作用力(F_t)在自转转速/公转转速比为 1.0 时方向发生变化，由正值变为负值。公转转速不变磨球碰撞时切向作用力(F_t)随转速比的增加而增大，同时提高公转转速可以显著提高磨球碰撞时的切向作用力(F_t)。所以公转转速是影响磨球碰撞时作用力大小的主要因素。

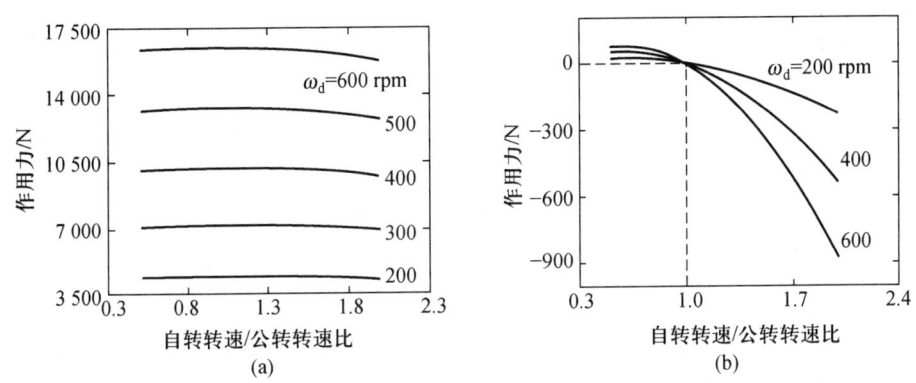

图 3.24 自转转速公转转速比对磨球碰撞时作用力大小的影响

3.5.7 粉碎机理与能量传递规律的研究

当行星球磨机内物料填充率较低时，Magini 等[57]认为碰撞是能量传递的主要机制，评价的主要参数包括：

(1) 磨球的动能。
(2) 动能传递给物料的部分。
(3) 磨球碰撞过程中被作用的物料量。

在行星球磨机中磨球运动的运动方程在文献中已经给出[58]，这里给出了在磨筒中一个磨球的相对碰撞速度 v_b，如下所示：

$$v_b = K_b \omega_p R_p \tag{3.43}$$

式中，R_p 是行星球磨机的公转半径；K_b 是与球磨机几何参数有关的常数，对于行星球磨机来说 K_b 大约取 0.98。

磨球冲击传递给粉料的能量取决于磨球具有的动能。磨球的动能为 $1/2 m_b v_b^2$，其中，m_b 是磨球的质量。每次碰撞传递的能量如下所示：

$$\Delta E = K_a \frac{1}{2} m_b v_b^2 \tag{3.44}$$

式中，K_a 是与碰撞性质相关的系数。当碰撞为完全弹性碰撞时，$K_a=0$，碰撞过程中不存在能量传递；完全非弹性碰撞时，$K_a=1$，磨球的动能全部传递给粉料。文献[59]中指出，如果磨球被粉末覆盖，几乎产生的都是非弹性碰撞，所以 $K_a \approx 1$，同时指出，在早期粉磨阶段，传递给物料的动能部分实际上等于碰撞过程的全部能量。因此，单次碰撞过程中，单个磨球传递给物料的能量可以由下式给出：

$$\Delta E = K_c m_b \omega_p^2 R_p^2 \tag{3.45}$$

式中，$K_c = K_a K_b^2/2$。

磨球与磨筒的单次碰撞过程中，受到冲击作用的样品量可由以下方法计算。

赫兹碰撞理论认为，磨球与磨筒碰撞时，受到挤压作用产生的圆形区域的最大半径为

$$R_{h,max} = 0.8394 v_b^{0.4} m_b^{0.2} d_b^{0.4} / E^{0.2} \tag{3.46}$$

式中，v_b 是磨球与相同材质的平面碰撞时的速度，E 是杨氏模量。在粉磨的早期阶段，绝大部分被冲击的物料是黏附在磨球和筒壁的表面，只有少量的物料是自由存在的，因此可以通过实验测定磨球质量随时间的变化规律，从而估算出所覆盖物料的表面密度 σ。

故而，在一次碰撞过程中，被冲击作用的物料的最大值可以由下式给出：

$$Q_{max} = 2\sigma \pi R_{h,max}^2 \tag{3.47}$$

式中，因子2是考虑到物料不仅覆盖磨球表面，同时也黏附在磨筒表面。联立方程式(3.45)跟方程式(3.47)，可以得到单位质量物料所获得的能量：

$$\Delta E/Q_{max} = 7.66 \times 10^{-2} R_p^{1.2} \rho^{0.6} E^{0.4} d_b^{1.2} \omega_p^{1.2} / \sigma \tag{3.48}$$

式中，ρ 是磨球的密度。

1. 公转、自转速度的影响

Magini 等[57]在不同公转速度条件下，对空磨筒及装有研磨球和不同粉料的磨筒所消耗的能量进行了测量，研究了粉磨过程中粉体获得的能量与转速的变化关系。结果表明，随着磨筒转速的增加，粉体所获得的能量增多。采用碰撞模型对粉体吸收能量进行了计算，两种直径研磨球的计算结果与实测结果均较为吻合，如图3.25所示。

Chattopadhyay 等[48]通过对单个磨球受力情况和运动规律的研究，推导出磨球撞击频率、磨球动能及总的冲击能的计算公式，研究了自转转速 ω_v 及公转转速 ω_d 对磨球动能及总冲击能的影响规律，如图3.26、图3.27所示。磨球动能主要由公转速度决定，而自转转速对磨球的动能基本没有影响，总的冲

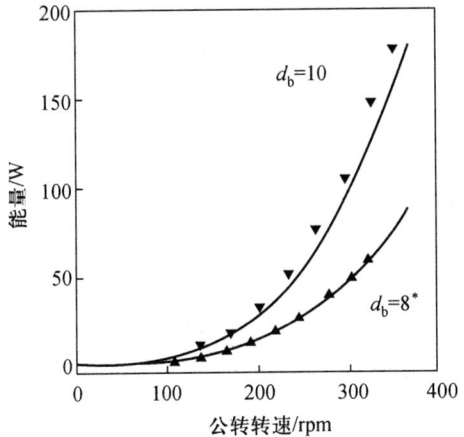

图 3.25 粉体获得能量随公转转速的变化规律

击能随公转转速的变化规律与动能的变化规律一致，但在自转转速大于 200 rpm 时，总的冲击能随自转转速增大而增大，这是由于自转转速的提高增加了磨球的碰撞频率，从而增大了总的冲击能。

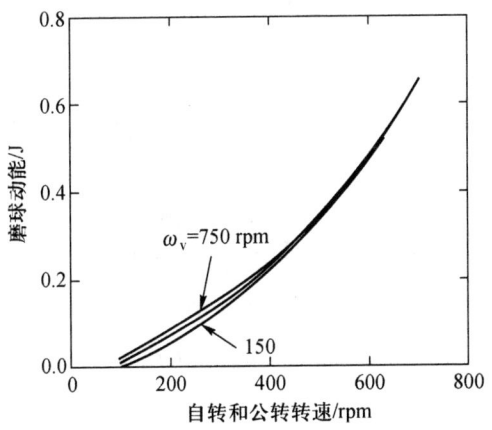

图 3.26 磨球动能随自转和公转转速的变化规律

2. 磨球材质的影响

Iasonna 等[60]在相同公转转速条件下，对比了不同材质磨球（不锈钢球及碳化钨球）所获得的能量，结果如图 3.28 所示。由于碰撞过程中所获得的能量与碰撞的性质有关，而碳化钨的弹性要大于不锈钢的弹性，因此，在相同的操作条件下，碳化钨球获得的能量大于不锈钢球。

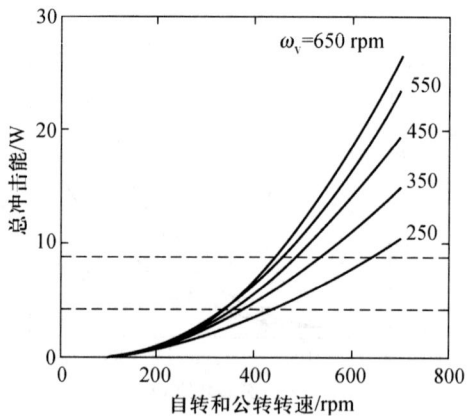

图 3.27 总冲击能随自转和公转转速的变化规律

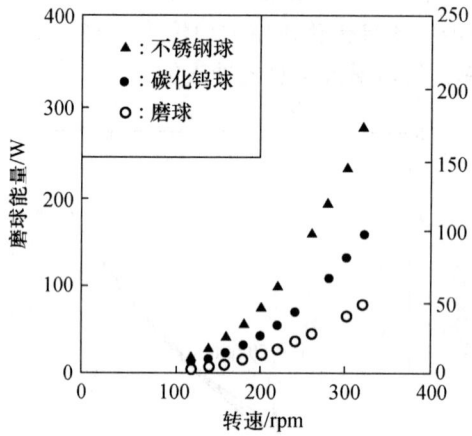

图 3.28 磨球能量随转速的变化规律

3. 自转方向的影响

Mio 等[35]研究了自转方向对冲击过程中比冲击能(单位质量磨球获得能量)的影响规律,结果如图 3.29 所示。由图可知,当自转方向与公转方向相反时,单位质量磨球获得的能量比方向相同时大得多,有利于粉磨。

4. 磨筒深度的影响

Mio 等[56]就磨筒深度(h)对冲击能(E_i)的影响作了相关研究,在自转半径、公转半径及填球率一定时,对不同深度以及不同球数的行星球磨机进行对比,结果如图 3.30 所示。

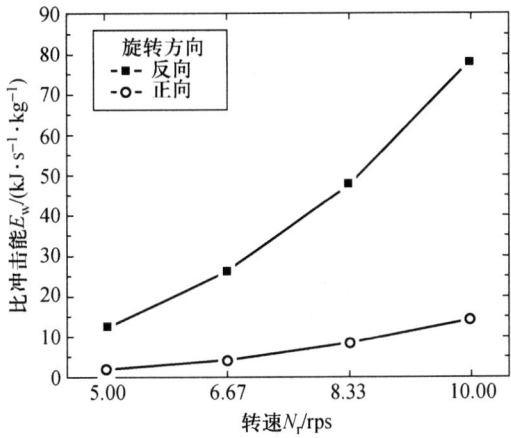

图 3.29　比冲击能随转速的变化规律(正向，反向)

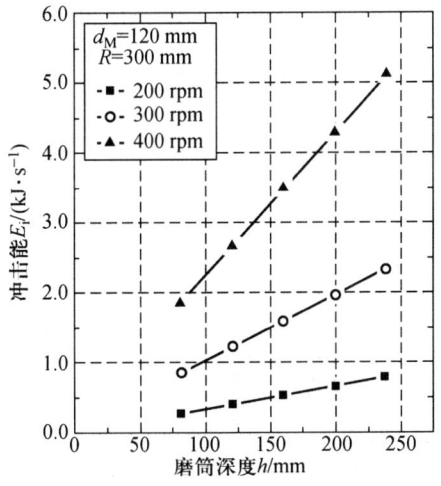

图 3.30　冲击能随磨筒深度的变化规律

由图 3.30 可知，保持填充率不变，随着磨筒深度增加，磨球数量增加，而比冲击能即单位质量磨球获得的能量保持不变，故磨球获得的总冲击能随之增加。

5. 公转半径(d_M)、自转半径(R)的影响

公转半径(d_M)、自转半径(R)的影响在 Mio 等[56]研究中也有所表述，如图 3.31 和图 3.32 所示。经理论分析得出如下结论，作用能量(E_i)是随着公转半径(d_M)和公转速度(N_r)的增加而增加的，图中直线的斜率大概为 3.02，所

以公转半径(d_M)与作用能量(E_i)之间的关系为

$$E_i \propto d_M^3 \tag{3.49}$$

作用能量(E_i)是随着自转半径(R)和公转速度(N_r)的增加而增加的,这样的关系可以描述为

$$E_i \propto R \tag{3.50}$$

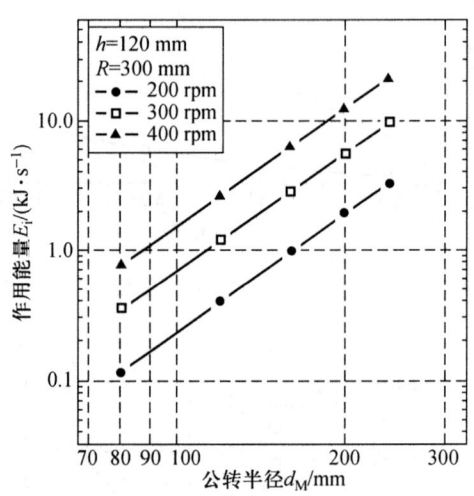

图3.31 公转半径与作用能量之间的联系

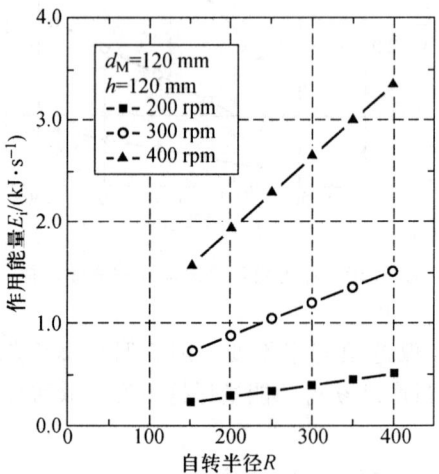

图3.32 自转半径与作用能量之间的联系

3.6　小能量破碎理论基础研究

物料粉碎可追溯到几千年以前（如制陶、冶炼、开山碎石等）甚至更远，但它作为大规模的社会行为并提升到一定的理论高度是在第一次工业革命之后。早在 20 世纪 50 年代艾利斯－查尔默斯公司就开始大规模研究破碎工作，20 世纪 60 年代得出具有重大意义的结论。破碎理论是解决物料粉碎与能量消耗关系的理论基础，它对合理利用能源、节约能源具有重要的意义，很多学者在这方面作出了重大贡献。

1867 年，学者 von Rittinger 提出了一个崭新的概念——破碎理论。它首次以定量的方法揭示了物料粉碎状态与能量消耗之间的内在联系，对物料粉碎领域的发展起着重要的指导作用。von Rittinger 的面积学说、Кирлиуев 和 Kick 的体积学说、Bond 的裂缝学说，这是著名的三大粉碎功耗学说。之后，1957 年 Charles 综合了上述三大粉碎理论，提出了一个粉碎能耗的普遍公式，高丁和舒曼先后研究了在不同粉碎方式下，物料原始粒度和粉碎产物之间的内在联系，建立了产品粒度特性方程，即高丁－舒曼方程（简称 G-S 方程）。Holms（霍尔姆斯）认为，根据脆性物料的尺寸效应及韦布尔的统计推断，列出破碎一块物料实际需要的能量。田中达夫在 1954 年提出了有界粉碎能耗的关系。列宾杰尔通过对石英粉碎的研究发现，石英粉碎后不仅存在极限比表面积，也存在塑性变形，还因机械的活化作用使石英无定形化，他于 1962 年提出了粉碎石英所需能量的关系式。1979 年 Tkavova 首次从热力学的角度研究粉碎系统的内能、熵、自由焓等参数的变化规律及与粉碎能耗之间的关系，建立了热力学能量平衡方程。1985 年加巴洛夫从结构化学的角度研究了两个原子相互作用力和原子间的距离与粉碎能耗问题。母福生等[61-64]概述了破碎理论的研究现状及发展，总结了每个破碎理论都有各自的适用范围，从这个角度讲，各具有一定的片面性。例如，没有考虑物料颗粒的大小和强度对粉碎所需的能量的影响，以及物料内聚力对粉碎的影响。随着研究的深入，人们认识到高功率的破碎作业可以用来改善能源效率和降低生产成本。

有关粉碎中的能耗问题以及如何节能，国内外已经有了大量的研究。国外学者 Lindqvist[65]、Otwinowski[66] 和我国学者邓跃红等[67]、母福生等[68]研究了岩石在破碎过程中功耗和能量消耗规律。Eskin 等[69] 和 Apling 等[70]研究了粉磨机的能耗评价以及节能的方法。我国科研工作者胡景坤等[71]在研究颗粒的粉碎时得出结论，静压粉碎效率比单次冲击效率更高。为了节约能量，提高粉碎效率，应多用静压粉碎，少用冲击粉碎。Touil 等研究了对于单颗粒破碎时，在空气中一次破碎的碎片撞击金属板时会产生二次破碎，一次破碎的碎片具有的动能占全部破碎能量的45%，如能充分利用二次破碎能量，则可提高破碎效率[17,20,72]。也有人指出，较小的持续负荷比短时间的强大冲击更有效率破碎物料[73,74]。Madras 等[75]研究了晶体急剧破碎、裂纹增长的平衡方程。

现有的粉碎理论有表面积假说、体积假说、裂纹假说和粒间粉碎假说等。其中表面积假说适用于粒度在 0.01~1 mm 之间的物料，体积假说适用于粒度大于 10 mm 的物料，裂纹假说适用于粒度在 1~10 mm 之间的物料，而粒间粉碎假说适用于辊压机的粉碎过程。这些粉碎理论都建立在经典力学的基础上，以没有内部缺陷的物料作为假想的研究对象，其基本原理为：利用常规的破碎机、粉磨机（如颚式破碎机、圆锥破碎机、球磨机等）的作用力，在物料中形成应变及应力带，随着破碎力及磨碎力的增大，这些应变及应力带也在增大，当超过物料的强度时，物料沿着应变或应力带产生脆性断裂或屈服断裂，将物料破碎。由于应变及应力带是在整个物料块体中建立的，能量积存在整个物料块体中，而只有少量的应变势能集中在破碎面附近产生破碎作用（有用功），其余绝大部分能量则以热量形式散发掉（无用功），因此常规的破碎过程效率很低。另外，由于常规的破碎机、磨矿机的负荷作用点是偶然的，破碎表现出非选择性，破碎有可能沿着强度最大的面进行，从而造成过多的能量消耗。

目前一般球磨过程的效率不超过 2%，而破碎机则不超过 7%。球磨机广泛应用于冶金、建材、矿山、电力等行业，其优点是坚固、破碎比大、物料适应性强。但球磨机能耗大，能量有效利用率仅有 2%，且传统球磨机维护繁杂，费工费时。传统球磨机采用滑动轴瓦，摩擦阻力大，摩擦功耗约占球磨机常规配用电动机功率的 17%~23%，是传统球磨机能耗高的重要因素。杨和平[76]利用滚动轴承代替轴瓦，主轴承的摩擦功耗能降低 90%，从而达到节能目的。Fuerstenau 等[77]对球磨机的粉碎过程中的能耗进行了研究。黄鹏等[78]对影响球磨机临界转速的因素进行了研究。目前已经存在一些振动式破碎机，如振动圆锥破碎机等。振动破碎机的作用负荷是一种交变的作用力，同时又有冲击的动态性质。另外振动还可以清除黏结在物料块间的粉末，这些粉末不仅削弱料块之间的相互作用，而且自身破碎会导致过度粉碎。刘智超等[79]对物料粉碎耗散结构的研究与破碎机齿板温度场进行了分析。Celik 等[74]研究了水泥熟料和水泥特性对粉碎技术的影响。Schnatz 等[17,20,73]通过变化 L/D 的比值、装球量、球的大小、持续时间、球的路径等来优化球磨机。申祖武[80]对高速冲击粉碎系统控制过程进行了试验研究。Calka、Henein 等[81-88]对颚式破碎机、圆锥破碎机、球磨机、辊磨机等混合过程以及破碎过程的相关问题进行了研究。我国学者廖正光[89]对水泥原料破碎的工艺设计进行了研究。

水泥一般是通过"两磨一烧"生产出来的，对于生料岩石的能耗，也有许多学者进行了研究[90-101]。尤明庆等[102-105]研究了岩石变形和强度特征与所受应力状态，其相关研究[106,107]对大理岩、花岗岩、砂岩等进行常规三轴加载与固定轴向位移的三轴围压试验，并对不同应力条件下的变形模量及强度参数进行了对比分析。尤明庆等[108]采用对岩样三轴加载后保持轴向变形降低围压的试验方法，利用轴压随围压的变化曲线来确定岩石材料的泊松比。高春玉等[109]对大理岩进行加、卸载三轴试验，并分析不同应力路径下的变形模量及强度参数特征。申卫兵和张保平[110]对不同煤种进行三轴压缩试验，研究不同煤种的强度弹性模量泊松比随围压的变化规律。Shkuratnik 等[111,112]分别对煤样进行单轴和三轴压缩试验，研究煤样在单轴和三轴压缩全过程中声发射的变化规律，得出煤样应力-应变全程曲线与声发射特性的对应关系。

实际上，物料的形状也会对粉碎产生影响[113]，并且内部都必然会存在很多夹杂、空洞、不同组分的界面、裂纹等缺陷，造成物料本身的不均匀性。通过断裂力学理论可知，物料的破碎更易沿着这些缺陷进行。对于颗粒在磨机中的运动轨迹和破碎方式，Djordjevic 和 Tavares[114-116]对此进行了大量研究。颗粒之间的接触以及颗粒与钢球之间的接触，Musil、Oliver 和 Bao 等[79,117-122]在接触力学和压痕理论的基础上，通过加载-卸载曲线的关系，得到压头在加载和卸载过程中的能量耗损和弹性恢复能，当弹性模量、强度和硬度等力学性能已知以后，可通过使用这些参数来评价材料的破碎难易程度。

结合水泥生产中所需的物料破碎和粉碎需求，可以采用振动式破碎机来实现小荷载、重复加载的破碎机制[123,124]，提出利用小能量振动方式来破碎和粉碎物料，具有比一般破碎方式高得多的效率。常规的粉碎理论无法解释这种现象，国外的振动破碎机设计都是建立在实验基础之上的，根据物料的性质、产品的要求进行试验来选择合理的机型和性能参数。然而要对振动破碎方式进行最优化，从而设计出节能、高效的振动破碎机。因此，对小能量振动破碎的基础理论进行深入研究具有重要的理论和现实意义。

3.7 粉磨过程对水泥颗粒组成及性能的影响

目前，国内外水泥粉磨过程通常采用的工艺系统有四类：开流高细磨、球磨机+高效选粉机圈流系统、辊压机+球磨机+高效选粉机等组成的联合粉磨系统、无球磨机的终粉磨系统（辊压机终粉磨系统、筒辊磨终粉磨系统、立磨终粉磨系统）。随着水泥粉磨技术的进步，提高了水泥粉磨效率，但同时也带来了水泥颗粒特性的变化。

乔龄山[125]指出，开路和一般闭路系统球磨机磨制的水泥颗粒分布在 RRSB 函数图上为一条直线，n 值一般为 0.95~1.05。立磨和辊压机磨制的水泥不是一条完全的直线，与 RRSB 函数的对应关系不如球磨机准确，颗粒分布更窄，n 值多在 1.10 以上。

对于不同粉磨过程对水泥颗粒参数的影响，王昕等[126]进行了系统的研究，包括颗粒形貌、颗粒分布等。研究结果表明，我国不同粉磨工艺下水泥颗粒形貌、颗粒分布存在较大差别。在颗粒组成分布上，开路粉磨磨制水泥的颗粒分布最宽，闭路粉磨次之，带棍压机预粉磨的最窄。从小于 3 μm 的颗粒含量上，开路粉磨磨得最多，其他的相差不多。而在水泥颗粒的圆形度上，一般开路粉磨磨得最次，高细开路粉磨磨得最好，循环闭路系统的相差无几。

王爱琴、任小良[127]对本企业不同粉磨过程中水泥的颗粒级配进行了测试分析，证明开路粉磨的水泥颗粒分布远远宽于闭路粉磨的水泥颗粒分布。

陈云波等[128]研究了用不同的粉磨方式制备水泥的强度性能和颗粒组成。熟料和石膏分别经过领式破碎机破碎至全部通过 3.2 mm 方孔筛。水泥的 SO_3 含量控制为 2.5%。所用试验磨机分别是 TRW3600 试验立磨、Φ305×305 标准试验球磨、XZM100 振动磨样机、XPF-Φ105B 协盘式粉碎机。立磨水泥细度由选粉机调节，球磨和振动磨磨的水泥细度由粉磨时间控制，由于盘磨无法调节产品细度，因此只制成一种细度的盘磨水泥。结果表明，相同比表面积时，立磨水泥的颗粒分布最为集中，其次是振动磨水泥，再其次是球磨水泥，盘磨水泥颗粒分布最宽。而对强度贡献最大的 330 μm 级配范围内的颗粒，立磨含量最高，球磨次之，振动磨第三，盘磨最少，这种排列顺序正好与水泥的强度高低相对应。

文献[129]中对 Horomill 筒棍磨和球磨的水泥颗粒分布进行了分析，结果表明 Horomill 终粉磨系统所生产的水泥颗粒分布与球磨机生产的水泥颗粒分布范围虽然相似，但分布更趋于集中，水泥中 0~3 μm 的颗粒占 12.49%，3~30 μm 的颗粒占 68.29%（接近70%），水泥颗粒中大于 65 μm 的颗粒仅占 0.27%，而大于 80 μm 的颗粒则没有。

3.8 结束语

球磨机是大规模粉体加工工业设备，广泛应用于建材、电力、冶金、矿山、化工等领域，在国民经济中起着很大的作用。但由于其工作效率低（其粉碎有用功占磨机总功率的 10% 以下），对硬质合金钢的磨耗高，因此如何提高球磨机的粉碎效率、降低合金钢磨耗，不仅符合产业政策，节能、节省原材料，还可获得较为可观的经济效益和社会效益。

行星球磨机克服了球磨机受临界转速限制的缺点，将粉磨筒体置于偏离旋转中心，从而提高粉磨效率，降低能耗。但立式行星球磨机因为容易在筒体底部形成死角，对细磨和混合不利。

卧式行星球磨机可以解决以上问题，同时可以实现连续化生产。但查阅文献未检索到关于行星球磨机中进行水泥、矿渣等物料粉磨的研究资料，也未见有关卧式行星球磨机粉磨动力学方程的报导。因此研究离心力作用下的水泥熟料和混合材粉磨动力学方程，通过优化离心力场的粉磨动力学方程，为水泥工业大幅降低水泥粉磨系统电耗提供理论依据，这具有重大的意义。

参 考 文 献

[1] 李斌，王再元．大型水泥球磨机节能降耗的经验[J]．水泥，2008，8：34-37．

[2] 李锐，赵永德，卢奎．水泥助磨剂及应用现状[J]．水泥工程，2008，1：27-29．

[3] Delagrammatikas G, Tsimas S. Particle size distributions a new approach[J]. Powder Technol., 2007, 176: 57-65.

[4] Celik I B. The effects of particle size distribution and surface area upon cement strength development [J]. Powder Technol., Accepted 23 May 2008, Available online.

[5] 朱建平，张日华，张战营，等．新标准下水泥粉磨工艺及设备[J]．矿山机械，2001，10：36-38．

[6] 邓鹏翔，顾快．水泥粉磨工艺对混凝土性能的影响[J]．水泥，2003，11：10-12．

[7] 宋天民．试论粉磨动力学指数方程式常数与参数间的关系[J]．水泥技术，1997，5：9-11．

[8] 宋天民．对粉磨动力学指数方程式指数求解的评价和分析（一）[J]．新世纪水泥导报，2000，6：34-36．

[9] Lynch A J. 破矿和磨矿回路的模拟、最佳化、设计与控制[M]．祝振鑫，胡长柏，译．北京：原子能出版社，1983．

[10] Kotake N, Suzuki K, Asahi S, et al. Experimental study on the grinding rate constant of solid materials in a ball mill [J]. Powder Technol., 2002, 122: 101-108.

[11] Kotake N, Daibo K, Yamamoto T, et al. Experimental investigation on a grinding rate constant of solid materials by a ball mill: effect of ball diameter and feed size[J]. Powder Technol., 2004, 143-144: 196-203.

[12] Kano J, Miyazaki M, Saito F. Ball mill simulation and powder characteristics of ground talc in various types of mill[J]. Adv. Powder Technol., 2000, 11(3): 333-342.

[13] Kanda Y. Study of grinding rate constant for solid materials in a ball mill[J]. Powder Technol., 2002, 122 (2-3): 101-108.

[14] Choi W S, Chung H Y, Yoon B R, et al. Applications of grinding kinetics

analysis to fine grinding characteristics of some inorganic materials using a composite grinding media by planetary ball mill[J]. Powder Technol. , 2001, 115: 209-214.

[15] Fuerstenaua D W, Deb A, Kapur P C. Linear and nonlinear particle breakage processes in comminution systems[J]. Int. J. Miner. Process. , 2004, 74S: S317-S327.

[16] Parichay K D. Use of cumulative size distribution to back-calculate the breakage parameters in batch grinding[J]. Comput. Chem. Eng. , 2001, 25: 1235-1239.

[17] Jankovic A, Valery W, Davis E. Cement grinding optimization[J]. Miner. Eng. , 2004, 17(11-12): 1075-1081.

[18] Deniz V. A study on the specific rate of breakage of cement materials in a laboratory ball mill[J]. Cem. Concr. Res. , 2003, 33: 439-445.

[19] Deniz V. The effect of mill speed on kinetic breakage parameters of clinker and limestone[J]. Cem. Concr. Res. , 2004, 34: 1365-1371.

[20] Schnatz R. Optimization of continuous ball mills used for finish-grinding of cement by varying the L/D ratio, ball charge filling ratio, ball size and residence time[J]. Int. J. Miner. Process. , 2004, 74: 55-63.

[21] Touil D, Belaadi S, Frances C. The specific selection function effect on clinker grinding efficiency in a dry batch ball mill[J]. Int. J. Miner. Process. , 2008, 87: 141-145.

[22] 曾辉, 王华昌, 黎东涛, 等. 钒铁超细微粒及含钒铁涂料的制备和应用[J]. 热加工工艺, 2008, 37 (1): 4-6.

[23] 沈建兴. 行星磨干法制备硅酸浩超细粉研究[J]. 中国陶瓷, 2000, 36 (2): 13-15.

[24] 高海炼, 陈伟凡, 李凤生, 等. 湿固相机械化学法制备超细氧化钇的研究[J]. 稀有金属, 2006, 30 (6): 795-799.

[25] Koch C C, Whittenberger J D. Mechanical milling/alloying of inter-metallics [J]. Intermetallics, 1996, 4: 339-355.

[26] 吴其胜, 张少明, 周勇敏, 等. 无机材料机械力化学研究进展[J]. 材料科学与工程, 2001, 73: 137-142.

[27] Ward T S, Chen W, Schoenitz M, et al. A study of mechanical alloying processes using reactive milling and discrete element modeling[J]. Acta Mater. , 2005, 53(10): 2909-2918.

[28] Rietsch J C, Gadiou R, Dentzer J, et al. The influence of the composition of atmosphere on the mechanisms of degradation of graphite in planetary ball millers[J]. J. Alloys Compd. , 2010, 491: L15-L19.

[29] Fukumori Y, Tamura H, Jono K, et al. Dry grinding of chitosan powder by a

planetary ball mill[J]. Adv. Powder Technol. , 1998, 9 (4): 281-292.

[30] Maria-Aparecida P, Santos D, Costa C A. Comminution of silicon carbide powder in a planetary mill[J]. Powder Technol. , 2006, 169 (2): 84-88.

[31] Matijasic G, Zizek K, Glasnovic A. Suspension rheology during wet comminution in planetary ball mill[J]. Chem. Eng. Res. Des. , 2008, 86 (4): 384-389.

[32] Mi G, Saito F, Hanada M. Mechanochemical synthesis of tobermorite by wet grinding in a planetary ball mill[J]. Powder Technol. , 1997, 93 (1): 77-81.

[33] Pourghahramani P, Forssberg E. Comparative study of microstructural characteristics and stored energy of mechanically activated hematite in different grinding environments[J]. Int. J. Miner. Process. , 2006, 79: 120-139.

[34] Yekeler M, Ozkan A, Austin L G. Kinetics of fine wet grinding in a laboratory ball mill[J]. Powder Technol. , 2001, 114: 224-228.

[35] Mio H, Kano J, Saito F, et al. Optimum revolution and rotational directions and their speeds in planetary ball milling[J]. Int. J. Miner. Process. , 2004, 74S: S85-S92.

[36] Choi W S. Grinding rate improvement using composite grinding balls in an ultra-fine grinding mill. Kinetic analysis of grinding[J]. Powder Technol. , 1998, 100: 78.

[37] Cho H, Lee H, Lee Y. Some breakage characteristics of ultra-fine wet grinding with a centrifugal mill[J]. Int. J. Miner. Process. , 2006, 78: 250-261.

[38] 郑炳年, 徐颖利, 文衍宣. 行星磨中重质碳酸钙湿法超细粉碎动力学研究[J]. 无机盐工业, 2007, 39 (10): 65-68.

[39] 郝雪弟, 卞致瑞, 尹常治, 等. 立式行星磨启动阶段的动力学研究[J]. 冶金设备, 2007, 1: 16-20.

[40] 郝雪弟, 李耀刚, 刘立. 立式行星磨启动时间的确定与动态仿真[J]. 金属矿山, 2007, 6: 62-65.

[41] 颜景平, 周家春, 张志胜. 连续式干法行星球磨机 CN: 99228781.2[P]. 2000.

[42] 徐金山, 颜景平. 一种大型连续进出料行星球磨机 CN: 200610040101.7[P]. 2006.

[43] 徐金山, 颜景平. 大型行星球磨机的进料装置 CN: 200610040102.1[P]. 2006.

[44] 徐金山, 颜景平. 大型行星球磨机的集料组件 CN: 200610040103.6[P]. 2006.

[45] 郑水林. 中国超细粉碎和精细分级技术现状及发展[J]. 现代化工, 2001, 21

(11): 10-15.

[46] 颜景平, 党根茂. 行星式球磨机最佳参数的理论分析[J]. 电子工业专用设备, 1990, 2: 47-57.

[47] 孙怀涛, 方莹, 万勇敏. 行星球磨机磨球运动规律的研究[J]. 金属矿山, 2007, 10: 104-106.

[48] Chattopadhyay P P, Manna I, Talapatra S, et al. A mathematical analysis of milling mechanics in a planetary ball mill[J]. Mater. Chem. Phys., 2001, 68: 85-94.

[49] Dallimore M P, McCormick P G. Distinct element modelling of mechanical alloying in a planetary ball mil[J]. Mater. Sci. Forum, 1997, 235-238: 5-14.

[50] Brun P Le, Froyen L, Delaey L. The modelling of the mechanical alloying process in a planetary ball mill: comparison between theory and in-situ observations[J]. Mater. Sci. Eng. A, 1993, 161: 75-82.

[51] Johnson K L. Contact Mechanicsp[M]. Cambridge: Cambridge University Press, 1985.

[52] 周家春, 颜景平. 磨机的冲击粉碎能力分析[J]. 东南大学学报, 1998, 27(4): 22-25.

[53] 许根华, 万慈, 刘英杰. 球磨机磨球冲击应力的测试与计算[J]. 清华大学学报, 1996, 4: 87-92.

[54] 龚姚腾, 刘世勋. 行星式球磨机机理及磨碎试验研究[J]. 南方冶金学院学报, 1993, 14(4): 294-301.

[55] Mio H, Kano J, Saito F, et al. Effects of rotational direction and rotation-to-revolution speed ratio in planetary ball milling[J]. Mater. Sci. Eng., 2002, A332: 75-80.

[56] Mio H, Kano J, Saito F. Scale-up method of planetary ball mill[J]. Chem. Eng. Sci., 2004, 59: 5909-5916.

[57] Magini M, Iasonna A, Padella F. Ball milling: an experimental support to the energy transfer evaluated by the collision model[J]. Scripta Mater., 1996, 34(1): 13-19.

[58] Burgio N, Iasonna A, Magini M, et al. Mechanically alloying of the Fe-Zn System Correlation between input energy and the products[J]. Il Nuovo Cimenro D, 1991, 13(4): 459.

[59] Magini M, Burgio N, Iasonna A, et al. Analysis of energy transfer in the mechanical alloying process in the collision regime[J]. J. Mater. Synth. Process., 1993, 3: 135-144.

[60] Iasonna A, Magini M. Power measurements during mechanical milling. An experimental way to investigate the energy transfer phenomena[J]. Acta Mater., 1996, 44(3): 1109-1117.

[61] 母福生. 破碎理论的研究现状及发展要求[J]. 硫磷设计与粉体工程, 2006, 4: 20-24.

[62] 李启衡. 粉碎理论概要[M]. 北京: 冶金工业出版社, 1993.

[63] 赵敏, 卢亚平, 潘英民. 粉碎理论与粉碎设备发展评述[J]. 矿冶, 2001, 6: 36-41.

[64] 神保元二, 等. 粉碎[M]. 王少儒, 孙成林, 译. 北京: 中国建筑工业出版社, 1985.

[65] Lindqvist M. Energy considerations in compressive and impact crushing of rock [J]. Miner. Eng., 2008, 21 (9): 631-641.

[66] Otwinowski H. Energy and population balances in comminution process modelling based on the informational entropy[J]. Powder Technol., 2006, 167 (1): 33-44.

[67] 邓跃红, 等. 岩石在破碎过程中功耗三理论的讨论[J]. 湖南有色金属, 1996, 7: 27-29.

[68] 母福生, 张智铁, 等. 破碎过程能量消耗规律的研究[J]. 焦作工学院学报, 1996, 8: 54-58.

[69] Eskin D, Voropayev S. Engineering estimations of opposed jet milling efficiency[J]. Miner. Eng., 2001, 14 (10): 1161-1175.

[70] Apling A, Bwalya M. Evaluating high pressure milling for liberation enhancement and energy saving [J]. Miner. Eng., 1997, 10 (9): 1013-1022.

[71] 胡景坤, 徐小荷. 静压和冲击粉碎岩石的能耗比较[J]. 金属矿山, 1987, 03: 9-11.

[72] Touil D, Belaadi S, Frances C. Energy efficiency of cement finish grinding in a dry batch ball mill [J]. Cem. Concr. Res., 2006, 36 (3): 416-421.

[73] Benzer H, Ergun L, Lynch A J, et al. Modelling cement grinding circuits[J]. Miner. Eng., 2001, 14 (11): 1469-1482.

[74] Celik I B, Oner M, Can N M. The influence of grinding technique on the liberation of clinker minerals and cement properties[J]. Cem. Concr. Res., 2007, 37 (9): 1334-1340.

[75] Madras M, McCoy B J. Reversible crystal growth-dissolution and aggregation breakage: numerical and moment solutions for population balance equations [J]. Powder Technol., 2004 143-144: 293-307.

[76] 杨和平. 专用滚动轴承节能球磨机的研究与开发[J]. 金属矿山, 2005, 8: 309-312.

[77] Fuerstenau D W, Abouzeid A Z M. The energy efficiency of ball milling in comminution[J]. Int. J. Miner. Process., 2002, 67 (1-4): 161-185.

[78] 黄鹏, 迟毅林, 董为民, 等. 影响球磨机临界转速因素的研究[J]. 中国矿业,

2007, 6 (6): 53-59.

[79] 刘智超, 等. 物料粉碎耗散结构的研究与破碎机齿板温度场分析[J]. 焦作工学院学报, 1996 (4): 53-59.

[80] 申祖武. 高速冲击粉碎系统控制过程的试验研究[J]. 河南建材, 2002, 3: 15-16.

[81] Calka, Wexler D. Mechanical milling assisted by electrical discharge [J]. Nature, 2002, 419: 147-151.

[82] Henein H, Brimacombe J K, Watkinson A P. Experimental Study of Transverse Bed Motion in Rotary Kilins[J]. Metall. Trans., 1983, 14B: 191-205.

[83] Liu X X, Ge W, Xiao Y L, et al. Granular flow in a rotating drum with gaps in the side wall[J]. Powder Technol., 2008, 182: 241-249.

[84] He Y R, Chen H S, Ding Y L, et al. Solids motion and segregation of binary mixtures in a rotation drum mixer[J]. Chem. Eng. Res. Des., 2007, 85 (7): 963-973.

[85] Mindlin R D, Deresiewicz H. Elastics spheres in contact under varying oblique forces[J]. J. Appl. Mech., 1953, 20: 327-344.

[86] Hosten C, Avsar C. Grindability of mixtures of cement clinker and trass[J]. Cem. Concr. Res., 1998, 28 (11): 1519-1524.

[87] Wills B A, Napier-Munn T. Will's Mineral Processing Technology [M]. Queensland: Butterworth Heinemann, 2005.

[88] Abouzeid A M, Fuerstenau D W. Grinding of mineral mixtures in high-pressure grinding rolls[J]. Int. J. Miner. Process., 2009, 93: 59-65.

[89] 廖正光. 水泥原料破碎的工艺设计[J]. 开采与破碎, 1997, 4: 3-8.

[90] 谢和平, 彭瑞东. 岩石破坏的能量分析初探[J]. 岩石力学与工程学报, 2005, (8): 2603-2608.

[91] Ma G W, Ye Z Q, Shao Z S. Modeling loading rate effect on crushing stress of metallic cellular materials[J]. Int. J. Impact Eng., 2009, 36 (6): 775-782.

[92] Sun J, Wang S, Rock J. mechanics and rock engineering in China: developments and current state -of -the -art[J]. Int. J. Rock Mech. Min. Sci., 2000, 37: 447-465.

[93] 蔡美峰, 何满潮, 刘东燕. 岩石力学与工程[M]. 北京: 科学出版社, 2002: 13-20.

[94] 李如生. 非平衡态热力学和耗散结构[M]. 北京: 清华大学出版社, 1986: 44-50.

[95] Yu M H, Zan Y W, Zhao J, et al. A unified strength criterion for rock material [J]. Int. J. Rock Mech. Min. Sci., 2002, 39: 975-989.

[96] 张宗贤, 俞洁, 赵清. 岩石的加载率效应[J]. 有色金属, 1996, 01.

[97] Carpinteri A, Corrado M. An extended (fractal) overlapping crack model to describe crushing size-scale effects in compression[J]. Eng. Fail. Anal., 2009, 9.

[98] 张宗贤,俞洁. 岩石断裂韧度的加载率效应的分形研究[J]. 有色金属, 1995, 02.

[99] 孙波勇,段卫东,等. 爆破作用下岩石破碎理论模型的研究及发展趋势[J]. 金属矿山, 2006, (9): 5-7.

[100] Martin G, MeGarel S. Nonlinear mill control[J]. ISA Trans., 2001, 40: 369-379.

[101] 赵伏军,李夕兵,冯涛,动静载组合破碎脆性岩石试验研究[J]. 岩土力学, 2005, 26 (7): 1038-1042.

[102] 尤明庆. 复杂路径下岩样的强度和变形特征[J]. 岩石力学与工程学报, 2002, 21 (1): 23-28.

[103] 尤明庆. 岩石试样的杨氏模量与围压的关系[J]. 岩石力学与工程学报, 2003, 22 (1): 53-60.

[104] 尤明庆,苏承东,徐涛. 岩石试样的加载卸载过程及杨氏模量[J]. 岩土工程学报, 2001, 23 (5): 588-592.

[105] 尤明庆,苏承东. 岩石的非均质与杨氏模量的确定方法[J]. 岩石力学与工程学报, 2003, 22 (5): 757-761.

[106] 王在泉,华安增,王谦源. 加卸荷条件下岩石变形及三轴强度研究[J]. 河海大学学报, 2001, 29 (12): 10-12.

[107] 尤明庆,华安增. 应力路径对岩样强度和变形特性的影响[J]. 岩土工程学报, 1998, 20 (5) 101-104.

[108] 尤明庆,华安增. 卸围压法测量岩石材料的泊松比[J]. 实验力学, 1997, 12 (2): 274-278.

[109] 高春玉,徐进,何鹏,等. 大理岩加卸载力学特性的研究[J]. 岩石力学与工程学报, 2005, 24 (3): 456-460.

[110] 申卫兵,张保平. 不同煤阶煤岩力学参数测试[J]. 岩石力学与工程学报, 2000, 19(增): 860-862.

[111] Shkuratnik V L, Filimonov Y L, Kuchurin S V. Experimental investigations into acoustic emission in coal samples under uniaxial loading[J]. Journal of Mining Science, 2004, 40 (5): 458-464.

[112] Shkuratnik V L, Filimonov Y L, Kuchurin S V. Regularities of acoustic emission in coal samples under triaxial compression[J]. Journal of Mining Science, 2005, 41 (1): 44-52.

[113] Unland G, Al-Khasawneh Y. The influence of particle shape on parameters of impact crushing[J]. Miner. Eng., 2009, 22 (3): 220-228.

[114] Djordjevic N, Morrison R. Exploratory modelling of grinding pressure within a

compressed particle bed[J]. Miner. Eng., 2006, 19 (10): 995-1004.
[115] Tavares L M, Particle weakening in high-pressure roll grinding [J]. Miner. Eng., 2005, 18 (7): 651-657.
[116] Tavares L M. Optimum routes for particle breakage by impact[J]. Powder Technol., 2004, 142 (2-3): 81-91.
[117] Bao Y W, Wang W, Zhou Y C. Investigation of the relationship between elastic modulus and hardness based on the depth-sensing[J]. Acta Mater., 2004, 52: 5397-5404.
[118] Oliver W C, Pharr G M. Improved technique for determining for determining hardness and elastic modulus using load and displacement sensing indentation experiments[J]. J. Mater. Res., 1992, 7: 15-64.
[119] Musil J, Kunc F, Zeman H, et al. Relationships between hardness Young's modulus and elastic recovery in hard nanocomposite coatings[J]. Surface & Coating Tech., 2002, 154: 304.
[120] Oliver W C, Pharr G M. Measurement of hardness and elastic modulus by instrumented indentation: advances in understanding and refinements to methodology[J]. J. Mater. Res., 2004, 19: 3-20.
[121] Bao Y W, Liu L Z, Zhou Y C. Investigation of the relationship between elastic modulus and hardness based on depth-sensing indentation measurements [J]. Acta Materialia, 2005, 53: 48-57.
[122] Cheng Y T, Cheng C M. Scaling dimensional analysis and indentation measurements[J]. Material Science & Engineering R-Reports, 2004, 44: 91.
[123] Tavares L M. Analysis of particle fracture by repeated stressing as damage accumulation[J]. Powder Technol., 2009, 190 (3): 327-339.
[124] Pitchumani R, Strien S A, Meesters G M H, et al. Breakage of sodium benzoate granules under repeated impact conditions[J]. Powder Technol., 2004, 140: 240-247.
[125] 乔龄山. 水泥的最佳颗粒分布及其评价方法[J]. 水泥, 2001, 8.
[126] 王昕, 等. 我国回转窑水泥不同粉磨工艺颗粒形貌剖析[J]. 水泥, 2002, 2.
[127] 王爱琴, 任小良. 不同粉磨工艺水泥颗粒级配的研究及评价[J]. 水泥, 2003, 3.
[128] 陈云波, 徐培涛, 韩仲琦, 等. 粉磨方法和粉磨细度对水泥强度的影响[D]. 上海: 中国科学院上海冶金研究所, 2000.
[129] 韩仲琦. 现代水泥粉磨技术的发展[J]. 山西建材, 2000, 3.

第四章
水泥熟料与辅助性胶凝材料优化复合的化学和物理基础

水泥自1824年诞生至今,已有180多年的历史,是目前用量最大、用途最广的人造建筑材料,是现代最重要的工程结构材料之一,构成了现代人类社会生活、文化生活的基础。由于水泥具有原料易得、生产成本较低、工程应用性能良好以及环境相容性好等特点,在相当长的时间内水泥仍将是人类社会主要的建筑材料。

2010年我国水泥产量16.68亿t,占世界水泥总产量的52%,连续26年居世界首位。由于我国经济正处于快速发展时期,据预测,我国水泥产量仍将以每年10%的速度增长。

硅酸盐水泥的生产简言之是一个"二磨一烧"过程,需要较高的能耗、物耗,并产生粉尘和废气排放。随着人类赖以生存的资源逐渐减少和生态环境的日益恶化,人类对生态环境的保护越来越重视。硅酸盐水泥与资源、环境的不协调性矛盾逐渐显现出来。根据硅酸盐水泥生产工艺流程和产品组成,通过整个生存周期的环境负荷分析,硅酸盐水泥的生产与应用显现出如下与环境的不协调性:

(1)生产硅酸盐水泥需要消耗大量的、不可再生的矿产资源。每生产1 t水泥熟料,需要石灰石约1.2 t、黏土约0.3 t、石膏约80 kg。2010年我国的水泥产量已达16.68亿t,熟料产量近12亿t,消耗石灰石12亿t,黏土3亿t[1]。根据我国已探明的适合于硅酸盐水泥生产的石灰石矿存储量,仅能供数十年之用。

（2）水泥生产过程需要消耗大量的能源。硅酸盐水泥熟料的生成一般需要1 450 ℃左右的高温，需消耗大量优质燃料，且在粉磨过程中消耗大量的电能。按照10亿t水泥熟料、13.6亿t水泥计算，2010年我国水泥工业消耗标准煤1.5亿多t（按每吨熟料热耗为130 kg标准煤计），消耗电能约1 860亿kW·h（按每吨水泥电耗为100 kW·h计）[2]。所以按照水泥目前的技术水平和需求发展，必然面临能源问题的严峻挑战。

（3）生产过程产生大量的空气污染物。每生产1 t水泥熟料，约产生1 t CO_2、0.86 kg SO_x，1.75 kg NO_x和30 kg粉尘。以年产水泥18亿t、熟料12亿t计算，向大气排放烟尘及粉尘3 500多万t，排放CO_2 12多亿t，排放SO_x 100多万t，排放NO_x 200多万t[3]。尤其是巨大的CO_2排放量，与《京都议定书》要求的温室气体限额必然发生冲突。目前我国是仅次于美国的全球第二大温室气体排放国，温室气体排放量约占全球总排放量的15%。从1996—2010年，水泥工业为地球大气层增加CO_2的积存量达180亿t之巨，对环境产生的负面影响不可估量。

（4）耐久性不良。由于硬化硅酸盐水泥浆体中含有较多的易腐蚀成分（$Ca(OH)_2$、水化铝酸钙等），很容易受到环境因素的腐蚀。另外，受环境污染造成的化学物质侵蚀、大气降水pH的变化和全球气候变化异常造成的沙尘暴、干旱、寒冷气候、土地盐渍化、冰冻循环次数频繁等外部因素的影响，硅酸盐水泥的耐久性越来越差，很多水泥混凝土建筑物的使用寿命不足50年。

（5）废弃后不能降解，再生利用难度大，成本高。

上述水泥工业与资源、环境的不协调性，迫使人们必须对传统的水泥产业进行优化、升级，使之符合科学发展的要求。其中的一个主要和重要途径就是提高水泥的使用效率和辅助性胶凝材料用量，达到减少水泥熟料生产量的目的。

辅助性胶凝材料泛指具有胶凝性或潜在胶凝性的天然或人造材料，其中各类固体工业废弃物占绝大多数。随着我国经济的高速增长，生产规模空前扩张，在满足大量生产资料需求的同时，产生了数量庞大的工业固体废弃物。工业固体废弃物是工业生产、加工、矿石采和选及治理环境过程中，所丢弃的固体、半固体物质的总称，主要包括各类炉渣、煤矸石、粉煤灰、赤泥、废石、尾矿等。根据国家统计局的数据可知：2007年全国工业固体废物排放总量为17.6亿t，比上年增加15.9%；工业固体废物综合利用率为62.1%，比上年提高1.9%。工业固体废弃物总堆积量达120.0亿t，其中粉煤灰、炉渣、冶炼废渣等多种废渣可被水泥工业利用，约占废弃物总量的50%，如何大量、高效地利用好这些废渣是水泥工业和冶金工业节能减排的关键，目前水泥工业利用的废渣主要有粉煤灰、钢渣、矿渣等，虽然其在水泥混凝土中的应用已在国内外取得丰富的科研成果和使用经验，但由于现行技术、标准和应用规程等问题，未能在水泥混凝土和新型建筑材料中高掺量复合利用粉煤灰、煤矸石、钢渣、矿渣、尾矿等工业废渣，目前处于一种市场自发的、很少有行业指导的状况。虽然我国大部分水泥中掺加工业废渣作为混合材，而水泥企业以降低生产成本为目的而自觉地加大水泥中的废渣掺入量，但是这种掺加是粗放式的，常导致水泥和水泥基材料的综合性能降低。同时工业废渣在水泥中的利用量也受到了较大限制，没有达到可能实现的最高水平。长期以来，对于辅助性胶凝材料在水泥中的应用研究重点集中于提高辅助性胶凝材料的反应活性，以及通过原材料配合比设计寻求辅助性胶凝材料的最佳掺量，而忽视了辅助性胶凝材料的水化活性远比水泥熟料的低，二次水化反应仅发生在颗粒表面或反应程度极为有限这个事实。水泥熟料和辅助性胶凝材料在初始组成、颗粒堆积以及反应速度等未能实现良好匹配，缺乏对辅助性胶凝材料综合的、系统的和长期的影响效应，以及整体胶凝性能的调控和提高等方面的统一认识和理论，致使体系中水泥熟料和辅助性胶凝材料不能完全实现各尽所能和物尽其用。

国家"十一五"规划纲要中提出单位 GDP 能源消耗降低 20% 的约束性指标，水泥工业成为影响国家目标能否实现的关键行业之一。提高水泥性能、减少能源和资源消耗、提高二次资源与水泥的应用效能是水泥工业实现节能减排的重要战略步骤。

4.1 主要工业废渣在水泥中的利用及存在的问题

我国是一个产钢大国，钢产量连续多年位居世界首位，在满足社会主义现代化建设所需大量钢铁的同时，也带来了大量的矿渣和钢渣等冶炼废渣。同时，我国也是一个产煤大国，煤炭为电力生产基本燃料。近年来，随着电力工业的迅速发展，粉煤灰排放量也急剧增加，燃煤热电厂堆积的粉煤灰更是数量巨大。钢渣、矿渣和粉煤灰被统称为三大工业废渣，2007 年我国产出矿渣 1.6 亿 t、钢渣 8 500 万 t、粉煤灰 3.5 亿 t，三者合计近 6 亿 t，占全国工业固体废渣总量(17.6 亿 t)的 33.8%[1]。

矿渣是一种活性很好的水泥混合材，具有较好的潜在活性，目前利用技术也比较成熟，利用率已接近 100%。粉煤灰是一种具有火山灰活性的辅助性胶凝材料，当其钙含量较高时，具有较好的活性，利用情况较好。我国的粉煤灰大部分是低钙粉煤灰，其玻璃体网络结构较完整，即使在熟料水化的环境中，其结构也较难解离，水化活性较低，大大限制了水泥中粉煤灰的掺量和掺粉煤灰水泥的强度。目前，我国粉煤灰的利用率为 66%，但多为粗放式的利用，经济效益不高。相比之下，钢渣的利用要逊色很多，钢渣的利用率只有约

10%，远低于矿渣和粉煤灰的利用率。至今处理钢渣的方式还主要是堆填。据统计，截至2007年底，全国历年堆存的钢渣总量达到3.38亿t，共占用土地3万余亩(1亩=666.67 m^2)，且钢渣的堆存量每年还以数千万吨的数量递增。

　　根据水泥生产所用工业废渣的物理化学性质，可以将它们分为：具有潜在水硬性、火山灰活性、水硬性、气硬性、惰性和其他六大类。目前水泥行业对工业废弃物的利用大致分三方面：一是以具有潜在水硬性的废渣作混合材，生产复合水泥或用以制备高活性掺合料；二是以化学石膏类废渣作缓凝剂；三是以各种废渣作为替代原料、燃料或矿化剂，烧制熟料或特种水泥，并可能降低熟料煅烧能耗，提高水泥质量。对于一些活性较高的工业废渣，如矿渣等，还可用来生产无熟料水泥。其中，以水泥混合材利用工业废渣的数量最大，是废渣高效利用的最主要途径。

　　充分发挥熟料和辅助性胶凝材料的胶凝性能和协同效应，是水泥工业节约资源和能源的重要途径。水泥熟料与辅助性胶凝材料的物理化学性质差异显著，实现复合水泥体系中水泥熟料的高效水化、研究辅助性胶凝材料活性发挥所需的反应环境和控制条件、促进复合水泥各组分的粒度分布和颗粒堆积及表面特性等物理效应与化学效应的协调发展，是该领域研究最新发展趋势。这不仅改变了以往仅注重研究化学效应，尤其是偏重于辅助性胶凝材料的化学效应（例如辅助性胶凝材料的活化研究）的研究思路，而且有助于科学和充分利用辅助性胶凝材料，降低水泥制备能耗。

　　目前国家标准中，掺加废渣的水泥有矿渣水泥、石膏矿渣水泥、粉煤灰硅酸盐水泥、钢渣矿渣水泥、复合硅酸盐水泥等。由于矿渣具有较好的潜在胶凝活性，在熟料水化形成的碱性环境中，能够较好地发挥其胶凝活性，矿渣水泥的性能较好，矿渣的掺量也较大。石膏矿渣水泥由粒化高炉矿渣、石膏、石灰或硅酸盐水泥熟料共同磨制而成，存在凝结慢、养护条件苛刻、性能波动大和大气稳定性差等问题。粉煤灰硅酸盐水泥由硅酸盐水泥熟料与粉煤灰复合而成，粉煤灰的物理化学性质决定了粉煤灰硅酸盐水泥的需水量较大、浆体孔隙较多。粉煤灰玻璃体网络结构完整，其火山灰活性较难激发出来，形成的水化产物较少，使粉煤灰硅酸盐水泥的性能较差。目前工业生产中粉煤灰掺量仅为20%左右，粉煤灰硅酸盐水泥性能可达32.5粉煤灰硅酸盐水泥的标准。钢渣矿渣水泥由钢渣、矿渣、少量激发剂制成，主要是利用钢渣、矿渣中的胶凝性矿物，其性能较差，目前仅能生产22.5、27.5等级的砌筑水泥。

　　复合硅酸盐水泥由硅酸盐水泥熟料、两种或两种以上规定的混合材和适量石膏磨细制成的水硬性胶凝材料，简称复合水泥。由于复合水泥可以掺加多种废渣，可以利用各种废渣的特性，提高复合水泥的性能和废渣的掺量。由于浆体中$Ca(OH)_2$与矿渣等辅助性胶凝材料发生"二次水化反应"，硬化浆体中

Ca(OH)$_2$含量很低,从而使复合水泥具有良好的耐久性。例如,钢渣、矿渣的复合掺加可使复合水泥的强度具有"超叠加效应",这主要是利用了钢渣的钙含量较高、矿渣钙含量较低的特点,两者复合后,水化反应可以持续进行,生成较多的水化产物,从而提高了复合水泥的性能。

国内外采用不同工业废渣制备复合水泥的研究很多,Wu 等[4-6]采用 30%~50% 水泥熟料 +30%~50% 矿渣 +10%~20% 粉煤灰 +5% 石膏 +2% 钠盐 +3%~4% 明矾石制备了性能优良的复合水泥。李东旭等众多学者采用不同废渣、不同的工艺成功制备了不同性能的复合水泥,对工业废渣的利用具有重大意义[7-9]。KAWASAKI 钢铁公司等国外的一些研究所和科研人员也通过各种激发方法制备了性能良好的复合水泥[10]。

但是,利用工业废渣生产的复合水泥仍存在较多的不足,主要表现在以下几个方面:

(1) 复合水泥性能较差。虽然大多数用于水泥生产的废渣具有一定胶凝活性(火山灰活性)或潜在胶凝活性,但其活性却大大低于熟料活性,导致复合水泥的性能较差,主要体现为各龄期强度较低。例如,无熟料钢渣矿渣水泥的强度等级仅为 17.5 MPa。

(2) 废渣掺量较低。由于废渣的大量掺入导致复合水泥性能大幅度下降,为保证复合水泥的性能,废渣在水泥中的掺量一般较低,无法达到大量利用工业废渣的目的。目前,复合水泥中矿渣掺量在 40% 左右,粉煤灰掺量在 20% 左右,钢渣掺量一般低于 10%。

(3) 复合水泥颗粒级配较差。目前,复合水泥的生产主要采用混合磨细的方式,导致复合水泥颗粒分布较差,水泥的原始堆积不密实,需水量较大,其性能也较差。

(4) 各组分活性未充分发挥。由于采用粗放式的粉磨方式,复合水泥中活性较高的组分(熟料、矿渣)颗粒较粗,其活性未完全发挥,造成了熟料的浪费。

(5) 成本较高。目前,掺加某些激发剂可以获得性能良好的少熟料复合水泥甚至无熟料水泥,但激发剂的成本较高。

(6) 复合水泥安定性不良。某些废渣(特别是钢渣)中含有较多的 f-CaO、MgO,容易造成复合水泥的安定性不良。

因此,研究工业废渣的特性,通过各种措施提高废渣在水泥中的掺量和复合水泥性能,从而达到大量、高效地利用废渣生产复合水泥,减少工业废渣对环境的污染,降低水泥工业环境负荷的目的。

4.2 水泥熟料与辅助性胶凝材料的复合技术和理论

国内有学者借鉴研制高强度水泥和混凝土的技术路线，尝试在通用水泥的生产过程中利用掺入细磨混合材的方法，来提高水泥强度和混合材掺量。结果表明：在 8~24 μm 和 32~48 μm 两个粒径范围的颗粒含量高的水泥试样，其强度也高。即水泥颗粒的分布应尽量控制在几个不同的范围，且每一范围越小（颗粒集中），对水泥强度越有利[11]。

还有研究者研究了表征磨细矿渣（简称矿粉）细度诸参数之间的相关关系[12]。结果表明：相同工艺情况下，矿粉比表面积越大，即矿粉越细，矿粉颗粒分布范围越宽。在矿粉比表面积接近的情况下，小磨全段研磨体加工的矿粉与球段相比，全段加工的矿粉颗粒分布范围更窄，细颗粒含量更多；小磨加工（全段、球段）的矿粉与实际生产（开流、圈流）的矿粉相比，矿粉颗粒分布范围更宽，粗颗粒含量更多；实际生产中开流磨加工的矿粉与圈流磨产品相比，开流磨加工的矿粉颗粒分布范围更宽，细颗粒含量更多；矿粉颗粒级配对矿渣水泥各龄期强度有较明显的影响。粒径 <10 μm，特别是 <3 μm 的微粉含量对 3 天强度影响最大[13]。细粉（粒径 13~30 μm）含量对 7 天强度影响较大。比表面积与各龄期水泥强度均有较好相关性，可作为日常控制与调节矿粉质量的主要参数。

土耳其研究人员将高钙灰和低钙灰分别以一定孔径的筛将其过筛（筛孔分别为 45 μm、63 μm、90 μm、125 μm），研究了不同粒径段颗粒的化学成分情况，并以同样的量替代水泥进行胶砂活性强度测定[14]。结果显示：粉煤灰粒径越小，其活性越高，并且未分离灰样的胶砂强度比根据各粒径段颗粒百分数及各粒径段颗粒胶砂强度所得的计算强度高。低钙灰各粒径段化学成分没有明显差异，而高钙灰则呈现较大区别：SiO_2 和烧失量随粒径减小而下降，Al_2O_3 在各粒径段没有很大的区别，其他氧化物则随粒径下降而上升[15]。

在水泥熟料与辅助性胶凝材料的颗粒群匹配研究方面，国外科学家发现通过一定条件下的粉磨，调节颗粒的形状，改善颗粒粒径及其级配，可取得较好的颗粒堆积，改善了新拌浆体的性能，又可进一步激发辅助性胶凝组分的潜在活性，提高其使用效率，且着力于一些天然材料的活化利用。

土耳其的 Demirboǧa 等在水泥中掺入 30% 的硅灰、粉煤灰、钢渣，通过调整配比，使水泥石在后期有很高的抗压强度[16]；Yazici 等将这三种混合材粉磨到一定细度，选择最佳颗粒级配，制备出强度超过 170 MPa 的超高强度混凝土[17]。在韩国，将偏高岭土作为掺合料制备高强度的混凝土，也取得了较好的效果。

印度学者比较了硅灰、粉煤灰、凝灰岩、页岩、偏高岭土及谷壳灰的火山灰活性，确定这些材料作为水泥的掺合料，并使混合水泥具有较好的性能；研究了塘灰的颗粒群分布对其火山灰活性的影响[18]。他们的研究结果表明：塘灰中含有低活性或非活性的大颗粒和活性的小颗粒。只有在将大尺寸的颗粒剔除后，方可将其作为水泥和混凝土的活性掺合料。

南非学者研究了矿渣的颗粒群分布与矿渣水泥的泌水性能的关系[19]。他们将矿渣分成特征粒径相近、均匀性系数不同以及均匀性系数相近、特征粒径不同的两大类试样。研究对矿渣水泥泌水量及泌水速度的影响。结果表明：当x(特征粒径)不变，变化n(均匀性系数)时，泌水性与之没有一定的相关性，但最高泌水速率和泌水量出现在n为适中的时候；在n保持恒定的情况下，随x的增加而出现泌水量增加的结果。

加拿大学者对于超细矿物外加剂对混凝土的流变性进行了研究[20]。他们用硅灰、超细磨砂、超细磨石灰石粉(比表面积达 1 000 $m^2 \cdot kg^{-1}$)部分替代水泥，结果表明：在超塑化剂存在的情况下，砼达到同一和易性，超细磨砂、超细磨石灰石等粉掺量可以达到20%而不增加超塑化剂的掺量(相反均对超塑化剂的需求量有所减少)。只有硅灰在掺量超过10%时增加超塑化剂的需要量。研究者认为高比表面积不是影响硅灰超塑化剂需要量的唯一因素，硅灰对超塑化剂产生了多分子层的吸附。超细矿物外加剂掺量为15%(替代水泥)时新拌混凝土1小时内流动阻力、黏性扭矩均有不同程度的下降。他们认为，超细矿物外加剂的加入改善了胶凝体系的颗粒群级配，并且细粒子提供的润滑效应降低了骨料的相互吸引作用。

国外实验结果表明，现代高性能和超高性能胶凝材料组分在纳米尺度范围内优化方法的发展使得材料的许多性能得到大幅改进。由于纳米级火山灰有增强的反应活性和纳米级原位粒子尺寸，它的加入不仅能使体系有较高的早期强度，而且有相对更高的最终强度。它也能改善材料整体的空隙率和使孔细小化。同时，胶凝材料的强度和耐久性是相互联系的，由于试样强度和抗压强度的提高，耐久性和其他性能也有所提高。这个结论已经通过水化相、空隙率、毛细吸附水系数以及强度(早期和终期)测试得以证明。Chandra 等运用 X 射线衍射法和差热分析法证实了胶体二氧化硅(纳米二氧化硅)和氢氧化钙之间的反应速度要比其和浓缩的硅灰快很多[21]。他们同时还发现，很少量的纳米二氧化硅(质量分数<5%)和用量更多的浓缩硅灰产生的火山灰反应效果(抗压强度增加)是一样的。他们把这种显著的反应效果归结为是纳米二氧化硅粒子更细小的缘故。

Wu 等推断出纳米二氧化硅的加入能够加快硅酸三钙水化，硅酸三钙是波特兰水泥的主要组成成分，因此加快了水泥早期强度形成的速率。早期氢氧化钙的减少与火山灰反应速率一致，氢氧化钙含量的减少在20℃水化1天可以检测出来[4]。他们研究了该系统的流变性并且将得到的数据与传统的硅灰浆体系统的流变性能数据进行了比较，发现该系统没有分层和离析现象，在湿度为60%、空气温度为20℃的条件下养护28天的抗压强度达到100 MPa。

与典型的普通混凝土试样不同，含纳米火山灰典型试样的集料粒子和水泥浆体之间的连接非常紧密。断口表面比较平整，裂纹的形成不像普通混凝土那样集中在集料粒子附近。在这种试样中，断裂是穿过集料粒子发生的（穿晶断裂），这是因为集料颗粒和水泥浆体之间的连接紧密。普通混凝土试样中集料和水泥浆体之间的界面过渡区（ITZ）是强度最弱的部分，而在含火山灰的试样中，集料和水泥浆体几乎有着相同的强度。所以集料可能是限制强度的因素，此结论也和其他作者的观点具有一致性。实验表明，相对于只含有微米级火山灰或不含火山灰的试样，含纳米级火山灰的试样孔更细小，并且总的孔隙率也降低了。

中国建筑科学研究院研究了不同材质的矿物外加剂，如矿渣、磷渣、河砂和硅灰等对水泥浆体、砂浆和砼拌和物流动性及流变性能的影响[22]。结果表明：粉体由于其颗粒的细微化，在砼中的表面物化作用显著，单掺时对流动性的影响主要依赖于粉体的表面吸水性，除了比表面积极大的硅灰外，晶体与玻璃体材质的粉体作用效果无大差别。粉体与高效减水剂双掺时，不同材质的粉体的作用效果差别显著，玻璃体材质的粉体能够强烈吸附高效减水剂。对水泥浆体（或混凝土）具有分散效应，可显著增大浆体（或混凝土）的流动性，并降低其屈服应力和黏度值，适于用来配制低水灰比、高流态的泵送砼，而非玻璃体材质的粉体则增大浆体的屈服应力和黏度值。粉体对浆体（或砼）的流化作用效果主要是依赖于其分散性。

土耳其研究人员研究了天然火山灰和粒化高炉矿渣制备混合材水泥时分别粉磨和共同粉磨的效果[23]。在保持同样粉磨能耗的前提下，分别粉磨和共同粉磨的水泥具有不同的颗粒群分布，这一结果表明在共同粉磨时不同组分间发生了相互作用。共同粉磨时各组分间的相互作用更多的是在大尺寸颗粒粒径范围。不论是较软的火山灰，还是较硬的粒化高炉矿渣，随粉磨能耗的增加共同粉磨相对分别粉磨颗粒群总体较细，故早期强度较高，但随龄期增长差距逐渐减小。

由上述内容可见，多年来人们对水泥的颗粒群分布与其性能尤其是活性的关系研究已作了不少工作。并且随着对矿物外加剂科学、有效利用的迫切性显现，人们也开始关注矿物外加剂颗粒群分布与其性能的关系。但研究工作尚处于起步阶段，并且尚未涉及矿物外加剂-水泥复合体系的颗粒群匹配与该体系性能尤其是活性关系的研究。更未见有对该方面的机理与数学模型的研究报道。

国家重点基础研究发展计划(973计划)"高性能水泥制备和应用的基础研究"项目,对高胶凝性水泥熟料矿物体系、高胶凝性和特性熟料复合体系、性能调节型辅助胶凝组分、水泥水化机理及过程控制、高性能水泥浆体的结构形成与优化、高性能水泥与水泥基材料的环境行为及失效机理等进行了一系列研究。提出了制备活性辅助性胶凝组分的方法和活化机理,取得了创新性成果。其中,研究了煤矸石、赤泥、磷渣等多种工业废渣转化成辅助胶凝组分的方法和机理,特别是复合型辅助胶凝组分性能优化的方法和作用,提出高性能水泥体系复合胶凝效应与性能优化设计。对煤矸石、粉煤灰做了详细的调研分析工作,从粉煤灰、煤矸石以及矿渣等辅助性胶凝材料的本质特性出发,研究和确立活化工业废渣制备辅助性胶凝组分的激活方法和理论。并将高胶凝性硅酸盐水泥熟料和煤矸石、粉煤灰、矿渣等三种辅助性胶凝组分复合进行物理性能试验,取得较好效果。以钢渣、磷渣、赤泥作为辅助性胶凝组分进行研究,其中微细钢渣作为水泥活性混合材的研究取得成果,获得钢渣组成、预处理方法、细度因素对性能的影响规律,提出质量控制指标,已经在多家企业进行产业化。此外,运用数学灰色关联方法,对水泥熟料-辅助性胶凝组分体系颗粒群匹配与强度关系进行了研究,获得了颗粒群匹配与强度关系的对应曲线。此项研究仅限于强度性能,在其匹配优化的化学和物理的基础研究方面还未深入。在国内外缺乏的对煤矸石活化途径和机理的研究方面,陈益民等科研人员对煤矸石中的黏土矿物结构转变成无定形结构,外来离子(如钙)改变了无定形化结构状态性质,使其结构状态进一步失稳的研究发现,已居国际先进水平。在性能调节型辅助性胶凝组分的活化和多种辅助性胶凝材料共同作用时的复合胶凝效应及其在高性能水泥种类的应用方面,研究了煤矸石、粉煤灰、钢渣、赤泥和磷渣等工业废渣的组成、结构等特性及其对胶凝性的影响,提出这些工业废渣转化成性能调节型辅助性胶凝组分的活化方法及机理。但是对辅助性胶凝材料的胶凝活性的量化描述还有待深入,对天然火山灰质和页岩类的辅助性胶凝材料没有进行归纳和研究。另一方面,辅助性胶凝材料化学组分的多变性增加了化学反应系统的复杂性,丧失了其在普通水泥体系中最初研究的化学组分的最佳化。辅助性胶凝材料活性发挥所需的反应环境和控制条件、水泥熟料和辅助性胶凝材料充分高效水化的机制研究、非平衡环境体系多元复合胶凝效应以及水泥与辅助性胶凝材料水化过程浆体结构的形成过程等一系列问题亟待解决。目前,国内的研究主要集中在工业废渣的应用和活化,对天然辅助性胶凝材料的研究不够深入。在我国亟待发展的西部地区,工业废渣并不丰富,如何更好利用当地资源丰富的天然材料,使之转化为辅助性胶凝材料是摆在人们面前的重大问题。

清华大学廉慧珍教授与北京住总集团合作，开展环保型胶凝材料的研究，利用44%的熟料与矿物细掺料(粉煤灰、矿渣)混磨制得了一种高性能胶凝材料。经过试验研究与工程应用，该高性能胶凝材料可直接配制出C35、C60、C70高性能混凝土，取得了良好的效果。朱清江主编的《高强高性能混凝土研制及应用》一书，收录了大量关于添加掺合料、外加剂配制高强高性能混凝土的文章，较系统地介绍了掺合料及外加剂的应用情况。其中，也有将水泥、外加剂、掺合料进行简单复合或采用三元、四元以上复合制备高性能胶凝材料的介绍。叶群山等对复合水泥进行了研究，考察了三种粉磨方式对复合水泥性能的影响：① 混磨，将所有原料一次加入球磨机粉磨至比表面积为387 $m^2 \cdot kg^{-1}$；② 分磨Ⅰ，将熟料、石膏、石灰石一起粉磨至比表面积为341 $m^2 \cdot kg^{-1}$，矿渣、粉煤灰分别单独粉磨至比表面积为438 $m^2 \cdot kg^{-1}$和484 $m^2 \cdot kg^{-1}$，再按比例混合制得比表面积为383 $m^2 \cdot kg^{-1}$的胶凝材料；③ 分磨Ⅱ，先粉磨矿渣至筛余为$(12 \pm 1)\%$，熟料、石膏、石灰石再一同预磨至筛余为$(15 \pm 1)\%$，之后，将上述两种中间产品与粉煤灰混磨至比表面积为419 $m^2 \cdot kg^{-1}$的成品。经性能测试试验，结果表明：三种粉磨方式中，混磨制得的胶凝材料配制的混凝土强度最低，而分磨Ⅱ强度最高[24]。

近年来许多研究表明，粉煤灰和水淬矿渣具有很多的效应。沈旦申研究粉煤灰在混凝土中的作用时提出了粉煤灰效应假说，即形态效应、火山灰效应及微集料效应。吴中伟认为工业废渣复合具有叠加效应或超叠加效应，不同活性的工业废渣复合可以发挥各自的优点以达到优势互补效果，在保证混凝土高性能的前提下最大限度地利用工业废渣，以达到节约水泥、能源、资源、保护环境的目的。因此，利用各种具有潜在活性的工业废渣开发激活胶凝材料的研究为水泥混凝土科学界所重视，并逐渐成为21世纪节能、低成本、环保水泥研究和开发的战略方向之一。

4.3 分析研究与测试方法进展

对于粉体颗粒群紧密堆积的研究由来已久，并且该领域的Dinger-Funk方程已被公认为经典的粉体紧密堆积数学描述公式。不少研究者也对粉体颗粒群的堆积密实性与其流动性、硬化浆体的强度等做了研究。但尚缺乏实际粉体颗粒群堆积与紧密堆积差异程度的评判手段，并且将该差异与粉体的各项性能加以联系，研究其内在的关系。

随着材料科学和应用技术的不断发展，水泥的高性能化越来越引起国内外产业界和专家的重视。随着材料科学研究的不断深入，人们对材料的组成、结构与性能的认识不断深化，并按照材料科学的原则，考虑材料的组成和内部结构，按指定性能优化设计水泥。随着辅助性胶凝材料在水泥中的应用，其与水泥熟料的优化匹配使得水泥组成设计面临着新的挑战，与此同时，相关理论的进一步更新和完善也十分必要。

水泥熟料与辅助性胶凝材料复合胶凝体系包括多种熟料矿物和多种矿物掺合料，各种组分水化活性的差异使得复合胶凝体系的水化过程与反应机理较硅酸盐水泥复杂得多，这些又会直接影响硬化浆体的微观结构以及各种物理力学性能的发展，并对混凝土的抗裂性能、耐久性能等产生影响。

复合胶凝体系的水化进程受到原料颗粒群特性、矿物组成的影响，在不同的养护环境下差异也很大，化学反应动力学方程可以综合考虑这些内外因的影响。

颗粒学认为，颗粒的粒度及其分布、形状和比表面积决定着颗粒体系的各种应用性质和行为。作为粉体材料，水泥颗粒和辅助性胶凝材料的颗粒群特征直接影响水泥性能，对所配制的砂浆和混凝土性能也有着显著影响，掺合料的形态效应和微骨料效应与颗粒的几何特征密切相关，对其进行研究是优化材料性能的重要手段之一。

在复合胶凝体系的原材料中，活性材料如水泥、矿渣、粉煤灰、沸石等都是粉体材料，粉体材料的工程性质与粉体的成分、结构密切相关。对活性的胶凝材料来说，颗粒群的粒度分布在粉体的许多物性中是最重要的特性值，它常常决定着粉体的物理、力学和化学性质。在一般实验条件下，小于 10 μm 的活性粉体颗粒水化最快；3~30 μm 的颗粒是胶凝材料的主要活性组分；大于 60 μm 的颗粒水化缓慢；大于 90 μm 的颗粒只是表面水化，只起到微集料的作用[14]。在胶凝材料中灰渣的活性远远不如水泥，在超细加工的同时，科学地测试评价粉体的粒度分布特性值对深入研究粉体的作用机制是十分必要的。

大量研究表明，可以通过调整颗粒分布使水泥和辅助性胶凝材料在水化之前就达到最紧密堆积，从而加快该体系的水化反应进程，增强其体系的微观结构，提高硬化水泥浆体的密实性和强度。其原因一般认为是细颗粒组分所起的填充作用改善了粉体的颗粒群分布，减少了孔隙率。从化学活性角度考虑，小颗粒组分具有更高的活性，但只有当颗粒粒径小于某一粒径值时，才能起到积极的作用。

研究熟料和辅助性胶凝组分对复合体系的物理、化学填充密实作用，除调整颗粒分布外还要考虑颗粒形状、表面特性、反应活性和相互间的匹配。

水泥粉煤灰颗粒群的细度匹配有化学活性匹配和物理细度匹配两层含义。细度匹配是指两者匹配后的颗粒群堆积状况，复合胶凝体系粉体的堆积密实程度除对其净浆、砂浆和混凝土的一系列性能有影响外，对其硬化强度也将产生一定的因果关系。化学活性匹配则是指水泥的水化反应速度（习惯上称为一次水化反应）与辅助性胶凝材料水化反应速度（习惯上称为二次水化反应）的匹配,对组成一定的水泥和煤矸石复合体系,化学活性的匹配则就是各自颗粒群分布的匹配。复合水泥基材料中颗粒群匹配与其宏观活性的相互关系,是其化学活性匹配和物理细度匹配的综合反映。可以选择一定的量化指标,如以复合体系早期水化反应速度(水化结合水)来表征该体系化学活性匹配的优劣,以复合体系颗粒群分布的堆积密实度来表征物理细度匹配的优劣。

对颗粒群特征的研究手段一般采用的材料显微结构分析方法只能得到二维结构的信息,定量体视学结合图像分析法可以获得丰富的三维结构的信息,是分析颗粒群特征的新的有效方法,是一种统计复原法。用光学显微镜观察载玻片上的粉体颗粒,必须保证颗粒之间充分分散而不互相粘连。由于光学显微镜的放大倍数有限,极小颗粒就无法统计,而这一部分颗粒的个数很多,研究这些极小颗粒对颗粒形貌特征参数的影响以及如何使用图像分析法解决其统计问题是进一步的方向。

化学反应动力学是以动态的观点研究化学反应,分析化学反应过程中的内因(反应物的状态、结构)和外因(催化剂)温度对反应速率和反应方向的影响,从而揭示化学反应的宏观和微观机理。水泥的水化动力学控制了硬化水泥浆体物理性能的发展。在相同条件下水泥的水化产物与单个组成矿物的水化产物在化学和物理性质上相当接近。进一步推广到水泥熟料矿物的独立水化假设:相同条件下,水泥的水化反应为各种熟料组分单独反应的综合;根据水泥的矿物组成,可在一定基础上描述各种水泥的水化特征。但是复合胶凝材料中的矿物掺合料的水化反应需要硅酸盐水泥水化产物的激发,是多相多级、相互关联的复杂反应,其反应动力学过程比较复杂,不能使用各组分独立水化的假设。

颗粒的水化受三个过程的控制:结晶成核和晶体生长过程、相边界反应过程、扩散过程。三个过程可同时发生,但是水化过程的整体发展取决于其中最慢的一个反应过程。知道反应速率方程和适宜的速率常数,可以计算某时间某粒径颗粒的反应程度,对所有粒径的颗粒反应程度加和得到整个材料的反应程度。水泥的水化动力学曲线是其组成相动力学曲线的权重加和。各水泥相的反应性和粒度分布是反应程度的重要变量。研究表明,在结晶成核和晶体生长过程控制的水化阶段,水化速率正比于比表面积,这与扩散过程控制阶段不同。

水化程度和水化时间的关系,包括它们之间的影响因子,反映了水化动力学。水化程度可以是单矿物的,也可以是指整个水泥的。熟料的相组成、水泥的粒度分布、养护时的相对湿度和温度是影响水化程度的主要因素,水灰比、混合材(包括石膏)的含量和分布、熟料相以及熟料和水泥的微观结构也是影响因素。水化早期,石灰石加速了水化速率。杨南如等研究了粉煤灰水泥的水化动力学[25],提出为了改善粉煤灰水泥的性质,必须同时促进粉煤灰的火山灰反应和水泥的水化反应。

另有研究表明：水化速率随水灰比的增大而增大；温度的影响很大，特别在水化早期；相对湿度对反应速率的影响明显。

对水化动力学研究可以采用水化热、化学结合水、QXDA、离子浓度等方法测定反应速率常数 K、反应级数 n 和表观活化能等动力学参数以及各反应阶段的反应速率与反应度的关系。Fernández-Jimenez 等[26]对碱激发矿渣的水化过程进行了动力学研究，但只对初期由扩散控制的反应进行了分析。de Schutter 用等温量热法和绝热温升法研究了矿渣硅酸盐水泥的水化过程，认为硅酸盐水泥与矿渣的水化过程是可以分离的，但未解释不同水化阶段的反应机理[27]。

早期扫描电子显微镜主要用二次电子信号研究样品表面形貌，现在越来越多的研究者使用扫描电子显微镜的背散射模式，以确定试样的定性、定量分析点，以及观察杂质和相组成。在背散射电子成像(Backscattered Electron Imaging，BEI)模式下，能够产生包含成分(平均原子序数)和拓扑信息的灰度照片。由此得到的灰度直方图，灰度范围从 0~255，直方图中某一个灰度范围就对应了某种物相，其峰值的高低对应了相应灰度的像素计数率。不同物相的灰度值与其平均原子序数有关，例如，对含有集料的砂浆来说，灰度值从小到大的物相依次为：孔隙、外部水化产物(OP)、集料、内部水化产物(IP)、氢氧化钙和未水化水泥熟料。拍摄背散射电子图像时亮度和对比度的设置很重要，过高或过低都会导致信息的丢失。放大倍率的选择要考虑到采样的视域和所感兴趣的最小细节，通常选择 500 倍。将 BEI 应用于水泥水化研究及其相关领域，可以获得水化样品中各组成相的分布，结合图像分析就可以进一步定量分析水泥浆体的微观结构。早期图像分析依靠灰度阈值的选取进行不同灰度的物相鉴别，在区分灰度相近的物相时存在难度，并且耗时耗力，现在发展了利用采集 BEI 时同时采集的能谱面扫信息的自动处理程序，大大简化了图像处理的程序，提高了图像处理的精度。

自从 20 世纪 80 年代 BEI 得到应用以来，已逐渐显示出对水泥基材料研究的潜力，该技术的优点有：

(1) 对抛光平面的研究具有一定的代表性。

(2) 放大倍率可以从 20 倍到 10 000 倍，因此可以对水泥浆体中特征性的细节进行连续观察。低倍率的情况下，可以研究混凝土中集料、浆体和缺陷的分布；高倍率的情况下，可以研究水化产物的形貌，如 C-S-H、钙矾石等，以及小至 100 nm 的孔。

(3) 对比度具有可重复性，因此可以用图像分析对不同的微结构成分进行量化研究。

(4) 可以将 BEI 与能谱分析结合。

目前，BEI 主要的局限是空间分辨率比二次电子差，以及对三维微观结构只能进行二维表征，因此对水化层厚度的测量可能偏大，对小颗粒的粒径测量误差较大，并且不能从二维结构上得到三维结构的连通性，如孔隙的连通性。

BEI 中显示的硬化水泥浆体的特征是波特兰水泥中的普遍现象，因此为了区分不同的浆体，最终建立结构和性能之间的关系，必须对微观结构特征进行定量描述。而 BEI 对比度的可重复性使之非常适合于定量分析。另外，BEI 表征的是二维截面，唯一可以将二维图像直接转化为三维结构的方法是获得截面上某物质的面积百分比，其直接等效于该物质的体积百分比。

在灰度直方图中很容易通过阈值的设定鉴别未水化的水泥熟料。由于水泥是各相异性的材料，必须通过多个视域的测量才能得到代表整个样品的结果。放大倍率越高，需要分析的视域就越多，才能对同样的区域进行表征。因此，或者选择高放大倍率下得到高的分辨率，或者选择低放大倍率下得到更大的测量视域。从统计学上来说，测量更大的视域（低倍率）要优于高倍率下获得某个颗粒的高分辨率。Scrivener[28]研究发现，对水泥浆体来说，400 倍下拍摄 10 个视域足够使对未水化水泥熟料测量的标准偏差达到约 0.6%。最近，Mouret 等[29]进行了更为严格的统计学分析，认为 200 倍已经足够对未水化水泥熟料相得到满意的分析结果，通过 30 张图像的测量，可以使水泥净浆和砂浆中未水化相含量的平均误差小于 0.2%。研究表明，用 BEI 对未水化水泥熟料相含量的测量结果和其他方法的测量结果相一致。

虽然对硬化水泥浆体断面进行很好的抛光处理后，可以在灰度直方图上确定氢氧化钙的峰，但是浆体中氢氧化钙与其他物相的相互交织使得用 BEI 测量的结果不如用传统方法（如 TGA 和 XRD）测量的结果精确。

BEI 灰度直方图中剩余的灰度值是孔隙和其他水化产物（分辨率和灰度值之间的差异太小而不能从 BEI 中进行区分）。水化几天的浆体灰度直方图中没有单独的孔的峰，即使硬化水泥浆体中的孔径大部分也小于几个微米，孔和 C-S-H 的边界很难明确划分，其灰度直方图中的灰度值有重叠部分，很难确定阈值。但是可以利用图像分析技术对孔结构进行研究[29]，例如，Patel 使用的阈值划分方法与其他的孔径测量方法相比具有可比性。Diamond 的研究[30]表明用 MIP 测量得到的表观孔径与 BEI 得到的结果相比，至少相差了一个数量级，这主要是由于 MIP 测量的是汞的注入孔径，和真实孔径之间存在差异。

由于金属在 BEI 图中显得较亮，将低熔点金属注入硬化水泥浆体中可以进行孔隙率的研究，这是除压汞法以外的另一种新的孔隙率和孔径分布的研究方法。Richardson 等使用牛顿金属（Newton's metal），Rahman、Scrivener 和 Nemati 以及 Willis 等使用伍德金属（Wood's metal）进行研究。也可以将注入低熔点金属的硬化水泥浆体溶解掉，然后用 SEM-BEI 对孔结构进行三维成像。

混凝土中水泥浆体和集料表面之间的界面过渡区（Interfacial Transition

Zone，ITZ)孔隙率较高，容易形成通向水泥浆体的渗透路径，导致混凝土耐久性的降低，因此混凝土界面过渡区是一个重要的研究内容。混凝土界面过渡区的微观结构很不均匀，很难对其"平均"特征进行描述。如果对混凝土中不同集料拍摄大量的背散射图像，然后对集料表面等距离的区域中的未水化水泥熟料、氢氧化钙、其他水化产物和孔进行相对含量的分析，就可以得到 ITZ 中不同微观组分的"平均"分布。背散射电子-图像分析技术在混凝土界面过渡区的研究中已经得到了广泛应用，关键需要解决的问题是对集料颗粒的鉴别。从对 BEI 图像手工进行集料边界的划分，到利用采集 BEI 时同时采集的能谱面扫信息的自动处理程序，大大简化了图像处理的程序，提高了图像处理的精度。

对水泥水化程度的测量方法很多，如水化热、化学结合水和氢氧化钙含量的测定，所有方法都是基于所测量的参数与完全水化浆体的参数的比较，得到的是整个浆体水化程度的平均值，对于掺加了活性混合材的体系来说，很难由此得到体系中水泥的水化程度，因此发展一种可以同时直接测量混合水泥浆体中水泥和活性混合材水化程度的方法是很有意义的。近几年，SEM 定量技术已经被用于纯水泥体系中直接测量水泥的水化程度，通过采集 BEI，然后使用基于不同灰度分析的软件进行定量分析，所得水化程度的结果远远高于对氢氧化钙含量测量或对化学结合水测量得到的水化程度的结果，主要原因可能在于灰度阈值选择的误差或受图像分辨率的限制不能区分不同的灰度层次，以及化学结合水测量方法上的缺陷。在混合水泥中，由于粉煤灰、矿渣和水泥熟料颗粒的灰度相近，要从灰度上区分它们就更加困难。将 BEI 和能谱面扫结合，可以很好地解决以上问题，但是能谱的采集往往需要耗费数小时。Feng、Garbociz 和 Bentz 等发展了扫描电镜计数程序，将栅格覆盖在 BEI 图像上，对每个格点位置的物相进行鉴别，得到足够数量的统计数据后就进行水泥和活性混合材的水化程度计算，其结果与选择性溶解法结果相比低于化学结合水测量的结果，标准偏差在 $\pm 1.5\%$ ~ $\pm 1.8\%$。对于混合体系中的水泥的水化程度，标准偏差在 $\pm 1.4\%$ ~ $\pm 2.2\%$，混合体系中的粉煤灰在 $\pm 4.6\%$ ~ $\pm 5.0\%$，矿渣在 $\pm 3.6\%$ ~ $\pm 4.3\%$。

尽管背散射电子-图像分析已经得到了广泛的应用，但该方法也有难以克服的缺点，主要是样品制备和图像分割。著名的例子就是始于 20 世纪 70 年代的关于波特兰水泥基材料水化过程中的哈德利粒子(Hadley grains)或空壳(hollow shells)形成本质的争论。最新的 BEI 研究表明，某些在研究中被认为是空壳的区域实际上是较小的完全水化颗粒。相对多孔、密度较小的水化产物被相对密实的水化产物包裹，由于存在较为密实的包裹层，样品制备时树脂很难进入多孔的内部，随后的磨抛过程会将内部的水化产物磨掉，在 BEI 中就会被误认为是孔隙。图像分割的时候，由于低密度 C-S-H 在 BEI 上显得较暗，在灰度直方图上较难与孔隙进行区分；同样，Ca(OH)$_2$ 和高密度的内部 C-S-H 在灰度直方图上也较难区分。

背散射电子 - 图像分析的发展趋势是对 BEI 进行定量分析，从统计意义上来说，需要采集大量的图像，因而未来主要的问题在于采集图像的时间和需要精确的分析设备。

计算机模拟是将现代的数学方法和计算技术相结合，对水化过程和微观结构进行定量的预测研究，通过参数的输入和调整进行物理性能的预测。常用的输入参数包括原料组成、粒度分布、颗粒形状、水灰比和养护条件，典型的输出包括水化物相的质量分数或体积分数、化学结合水含量、水化热、强度、孔隙率和渗透性，这种方法开辟了研究不同水泥的物理 - 化学性能的普遍规律的可能性，指出进一步改进控制过程的途径，还有可能确定造成材料性能差异的本质原因。

综合以上的研究结果，主要是侧重于水泥熟料或辅助性胶凝材料颗粒群特征的粒径、粒度分布和形状系数，或侧重于研究水化反应动力学过程，考虑的影响因素较为单一，水泥熟料 - 辅助性胶凝材料体系的化学组成和矿物组成非常复杂，需要考虑其与水接触初期的反应平衡状态对水化进程的影响，颗粒群的颗粒群特征参数、起始空间分布状态和随反应进行特征参数、分布状态的动态变化也必然会影响反应动力学过程，该研究基于水泥熟料与辅助性胶凝材料的颗粒群特征参数和化学反应参数，建立各组分的初始颗粒堆积状态及动态演化进程的优化匹配模型。

低钙粉煤灰由于其含有较稳定的莫来石晶体和高的聚合度，因而活性较低，在通常条件下，它与 Ca 反应很慢，提高细度和碱度对粉煤灰的活性激发有利。粉煤灰的易磨作用和外加剂的活化作用改善了复合水泥的强度、水化和孔结构特性，从而得到性能优异的复合水泥。

高掺粉煤灰对水泥的水化动力学参数的改变有很大的影响，并改变了水泥水化放热历程，有利于大体积混凝土温度裂缝的控制。水泥水化初始阶段反应速率主要决定于固、液相反应，此时反应级数 $N=1$，而在高掺粉煤灰混凝土中 $N=1/2$，这是由两方面原因造成的：一方面，由于大量细小粉煤灰颗粒对水泥颗粒起到分散作用，降低了水泥颗粒与水分子的碰撞发生速率。另一方面，在混凝土拌和初期由于粉煤灰颗粒的"微集料效应"，颗粒群中积储大量水分同样会降低水泥颗粒与水分子的碰撞发生速率。当普通混凝土中的水泥水化反应受水分子扩散速率所控制时，其反应级数 $N=2$，而在高掺粉煤灰混凝土中 $N=3$。这是由于在水泥水化的复杂反应历程中增加了粉煤灰与水泥水化产物 Ca(OH)$_2$ 的基元反应造成的。这一二次反应可以提高高掺粉煤灰混凝土的后期强度。

由粉煤灰、矿渣、水泥熟料和复合激发剂组成的复合体系中，水化产物DTA曲线中Ca(OH)$_2$峰值较小，是由于大掺量粉煤灰和矿渣玻璃网络解体释放出的活性物质与Ca(OH)$_2$反应的原因，也说明复合激发剂对废渣的活性具有良好的激发效果。

XRD和NMR用于水泥水化研究的历史由来已久，至今在原子和纳米尺度上对水泥和水化产物的表征仍发挥着巨大的作用。

自从2000年Taylor等将XRD Rietveld法用于水泥研究后，世界各国的研究者纷纷开始将其应用于对水泥熟料、水泥和水化产物的定量分析，也可以用于矿渣和粉煤灰的分析。Peterson、Pritula、Scarlett、Stutzman、Torre、Walenta和Füllmann近几年的研究涵盖了从工业XRD和中子衍射等各种方法获得的衍射谱。

对未水化水泥熟料和水泥的Rietveld定量分析是为了满足水泥生产的质量控制和标准的要求，而对水化产物的定量分析则主要是为了科研的需要。Scrivener等[31]最先将Rietveld法应用于水化产物的研究，伴随着Rietveld分析软件的商业化，该项研究很快发展起来。

研究中需要注意的是，水泥熟料的矿物组成和粒径密切相关，较细的颗粒中中间相的含量可能被夸大，而较粗的颗粒中硅酸盐相的含量可能被夸大，硫酸盐矿物在极细的颗粒中占主要部分。Mitchell等研究了颗粒粒径对Rietveld分析的影响。

NMR对于无定形和晶体物质都可以进行组成和结构的分析，弥补了XRD只能对长程有序进行分析的缺陷。在胶凝材料研究中的应用近30年来获得了很大的进步，可用于对水泥熟料矿物、混合材（石英、硅灰、偏高岭土等）以及水泥水化产物C-S-H凝胶的结构分析。目前已有将其应用于对含有辅助性胶凝材料的硅酸盐水泥中阿利特和贝利特的水化动力学研究。例如，对白水泥－黏土体系的研究表明，黏土矿物会加速阿利特和贝利特的水化，主要是由于分散得很好的黏土颗粒起到了晶核的作用，促进了C-S-H的形成。可以从 ^{29}Si NMR获得水化产物C-S-H凝胶对Al的结合信息。Dyson结合选择性酸溶法研究了矿渣水泥的^{29}Si NMR，获得了较为可靠的矿渣水化程度和C-S-H凝胶含量的结果。

水泥在各种尺度上都是一种多相材料，未水化的水泥具有非常复杂的粒径分布，水化以后硬化浆体的物相和结构分布也异常复杂，此外，材料的表面相和体相的性质与作用也有所不同，这些在今后的研究中需要加以重视。

4.4 复合水泥颗粒级配优化理论

如果把20世纪70年代前归为胶凝材料宏观研究阶段，那么20世纪80年代则为微观力学与宏观力学搭接年代，20世纪90年代后胶凝材料研究者除关注化学键外，更注意颗粒间范德华力的开发，人们意识到范德华力与颗粒中心间距的二次方成反比的微妙关系并建立起紧密堆积理论(concept of high packing density)。利用紧密堆积理论与颗粒大小分布(Particle Size Distribution，PSD)技术[32]，使微细颗粒挤入材料空隙，提高了颗粒间的范德华力，从而提高了胶凝材料的性能。

复合材料的强度理论认为[33,34]，水泥石强度一般只有几十 MPa，远低于硅酸盐分子键的强度水平，水泥混凝土强度主要与其亚微观结构相关，孔隙率是控制强度的决定因素，因此减小孔隙率意味着提高强度。20世纪70年代，热压水泥[35]、MDF[36]、DSP[32,37]材料等一系列超高强水泥基材料的相继发明更加坚定了这种观念。在这些致密材料中，水化程度只有20%~50%，而强度却比较容易达到200 MPa[38]，甚至达到600 MPa[36]。所以，唐明述[39]提出，水泥混凝土若有良好的堆积，不需要全部水化就可形成较高的强度，关键在于颗粒堆积状态与颗粒之间的界面结合。

4.4.1 调整颗粒级配改善浆体性能的原理

目前我国水泥颗粒细粉偏少，粗粉偏多，在最佳堆积密度上的差距是我国水泥性能偏低的主要原因之一，可作为提高我国水泥性能的有效途径。硬化水泥浆体强度与水泥粉体在拌水前的堆积状态有着密切的关系[40]。水泥粉体堆积密度越高，水泥浆性能越好。水泥砂浆和混凝土强度及耐久性都与其结构密实性和均匀性有很大关系，影响结构密实性的主要因素是砂浆的用水量和流动性，现在的努力方向是尽可能提高流动性，降低用水量[18,41]。

水泥与水拌和后，水首先要充满粉体颗粒之间的空隙，并将颗粒润湿包围在其表面形成一层水膜，使颗粒之间容易产生相对滑动，使砂浆有足够的流动性。填充水的量取决于系统的堆积密度，要减少填充水量，必须提高体系的堆积密度。此外，有些辅助性胶凝材料(特别是粉煤灰)具有较好的圆形度，产生"滚珠效应"，尽管灰比很小，但水泥浆体的流动性仍然很好[11]。德国水泥工业研究所发表的一个试验报告中得出，水泥粉体振实后空隙体积约占整个体积的40%，占固体体积的70%。若假设水泥颗粒为圆球形，不考虑表面不光滑特性和早期反应活性，根据标准稠度用水量和勃氏比表面积计算出颗粒表面的水膜厚度平均为 $0.22~\mu m$。试验还得出，一般颗粒越大，为获得足够流动性所需的水膜厚度也越大，颗粒分布越窄。在 RRB 坐标曲线上的均匀性系数 n 值越大，所需水膜厚度越大，n 值由 0.7 增大至 1.2，水膜厚度由 $0.11~\mu m$ 增大到 $0.36~\mu m$，需水量相应增大。因此，合理的水泥颗粒分布可使水泥浆体的初始堆积状态具有较低的空隙率，使水泥所需的填充水大大降低，从而减少了多余水量，减小了多余水留下的空隙，降低了所需水膜的厚度，达到降低需水量及提高砂浆流动性、混凝土强度和密实性的目的[42,43]。图4.1为含水化膜颗粒的紧密堆积示意图。

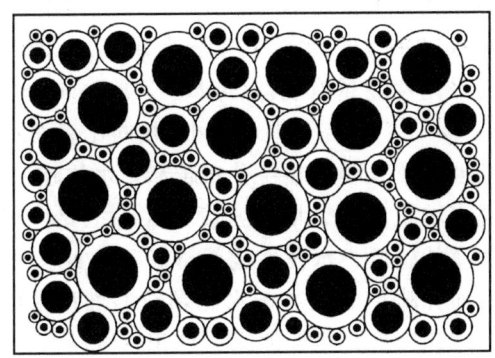

图4.1 含水化膜颗粒的紧密堆积示意图

为了实现最佳堆积密度就要在水泥粉体中掺加微细填料，目前它已成为水泥基材料不可缺少的组分之一。适当的填料可起到以下作用。

1. 充填作用

填料分活性和惰性两种，它们都应有足够的细度，用来填充大颗粒之间的空隙。达到最佳堆积密度的理想筛析曲线应该是连续的或小级差的，按目前的粉料制备工艺所获的细粉筛析曲线一般是连续的，但也会出现不连续的分布，即使这样将两种颗粒分布不同的细粉相互混合也会改善筛析曲线，降低混合料的空隙率。所以细粉填料应有助于改善混合料的颗粒分布，提高堆积密度。

2. 水化晶核作用

若惰性填料磨得很细，便能起一定的反应晶核作用，加速水泥初期的水化过程。

3. 减少集料边缘区的空隙含量

加入高度磨细的填料，首先便能提高集料周围的粉体含量、降低空隙率。在水泥水化过程中容易在集料表面富集多余的水、钙矾石和$Ca(OH)_2$。早期硅酸钙的水化产物很小，约为水泥平均粒径的1/1 000，在纳米范畴。而$Ca(OH)_2$和钙矾石的晶体要大数倍或十几倍，它们不仅加大了晶体之间的空隙，在受力时还成了容易相互错位的滑面，降低强度。若加入的活性填料有足够的细度，便能很快与多余的水和$Ca(OH)_2$反应生成水化硅酸钙，降低了集料周围的空隙率，增强了集料与基体的胶结[44]。

以上这3种作用都可以归结为填充作用，但外加微细粉往往不能像预想的那样提高堆积密度。因为细颗粒间的吸引力会相当大，超过重力作用，使它们紧靠在一起阻碍更细的颗粒进入其间，不论是干粉状态还是加水后的悬浮状态都有这种现象，干粉中范德华力起重要作用，悬浮液中静电斥力起主要作用。

硬化水泥石的强度与其孔结构和孔隙率有关，粒度分布对强度的影响主要体现在粉体原始堆积密度和水化速率两个方面，最终体现为孔隙率对水泥石性能的影响[45-47]。在一定范围内，水泥粒度分布越窄，水泥水化速度越快，水化产物越多，对提高水泥性能越有利。Powers[47]、Frigione 等[48]、许仲梓[49]、Kato 等[50,51]、Sprung 等[52-55]研究了颗粒大小（相同比表面积）的均匀性对水泥强度的影响。试验结果一致表明，颗粒分布越窄，水化越快，强度越高。较宽的颗粒分布有利于提高堆积密度，堆积密度的大小主要体现在孔隙率的高低，堆积密度越大，孔隙率就越低，水泥性能就越好。其实水泥的许多性能与孔隙率有着密切的关系，而孔隙率又取决于水泥颗粒的堆积密度和水泥水化程度。当水化速度较小时，堆积密度是主要原因，堆积密度越大，孔隙率越低，也就是较宽的分布可得到较低的孔隙率；当水化速度较大时，应综合考虑这两方面的影响[56]。

随着新拌水泥组分的水化和凝结，水泥浆体逐渐失去流动性和可塑性。当水泥浆体达到终凝时，则因完全失去流动性和可塑性而具有一定的机械强度，同时水泥浆体也转化成硬化水泥石。在硬化水泥石中，各固体颗粒的相对位置一定，颗粒之间只能发生界面相对位置移动而不能发生颗粒间的位置交换。水泥的水化产物一部分在颗粒表面沉积，使固体颗粒逐渐变大，造成固体颗粒间相互粘连、挤压，另一部分则堆积在颗粒间的孔隙中。随着水泥水化的进行，固体颗粒之间相互靠近，水泥石的孔隙率逐渐降低，水泥石的密实度也随之提高，水泥的性能也大幅度提高。

4.4.2 最紧密堆积物理模型

关于水泥颗粒分布对水泥性能影响的研究至少有 70 多年的历史。20 世纪 40 年代末就有人提出，不同的颗粒分布对水泥强度的作用不同，Taplin 在 1968 年提出颗粒分布在水泥水化模型中的重要作用，指出水泥颗粒分布对水泥和混凝土性能都有很大影响[57-59]。关于水泥颗粒分布与水泥性能之间的相互关系，中外学者和专家做了许多工作和研究，在理论、实验和实际应用中都取得了许多的成果，提出了一些堆积模型[47,54]。

颗粒孔隙空间的几何形状在不同程度上影响其堆积特性，而孔隙又取决于堆积类型、颗粒形状和粒度分布。确定这些堆积特性有重大实际意义，它们仅仅与孔隙的几何形状有关。在理论研究中，假定所有的粉体颗粒都是刚性球体，且无论颗粒大小，只考虑重力对颗粒堆积的作用，颗粒间都没有任何其他作用力[60-62]。

现在已普遍认可，两种粒度组成混合粉体的堆积密度比单一粒度粉体的高，细颗粒填入到粗颗粒之间的孔隙，并且不使粗颗粒彼此分离。依次下去，又可选择更细的颗粒填入所剩的孔隙，从而使堆积密度相应提高。影响堆积密度的因素主要有粗细颗粒的粒径比和粗细颗粒的含量比。堆积密度的提高取决于粗细颗粒的粒径比，在一定范围内，粒径比越大，堆积密度就越高。粗细颗粒的含量比对堆积密度的影响表现为：当粗颗粒最紧密堆积形成的孔隙未被细颗粒填满时，随着细颗粒含量的增加，堆积密度逐渐提高；当所有的孔隙都被细颗粒填满后，再加入细颗粒含量则会使粗颗粒彼此分开，堆积密度反而会降低。在整个堆积过程中，粗颗粒占优势地位。

实际应用中，粉体常是多粒级的。随着粒度组元数的增加，颗粒间的粒径比和含量比将变得非常复杂。对于多级粒径粉体最紧密堆积的描述模型有Horsfield 模型、Hudson 模型、Fuller 曲线、RRB 分布等。

1. Horsfield 模型

Horsfield 等[63]根据光滑刚性球体的最紧密堆积提出了粉体最紧密堆积的模型。他认为，当每一个孔隙只有一个小球堆积时，这个堆积球的直径就是堆积孔隙空间的最大球径。在六方最密排列中，六个等尺寸球之间围成的四方空洞由二次球填充，最初四个等尺寸球之间围成的三角空洞由三次球占据，进而四次球和五次球分别填进初次球和二次球之间的孔隙及初次球和三次球之间的孔隙中，所有剩余孔隙最终被相当小的等尺寸球所填满，进而达到最小的孔隙率(0.039)。各级颗粒的球径比如表 4.1 所示。

表 4.1　Horsfield 模型[63]

球	粒径比	颗粒数目	粉体孔隙率
初次球	1.0	—	0.259
二次球	0.414	1	0.207
三次球	0.225	2	0.190
四次球	0.177	8	0.158
五次球	0.116	8	0.149
堆积物	细颗粒	很多	0.039

Horsfield 模型说明，在粉体体系中，如果颗粒粒径的比例适当，堆积合理，就可以使体系的孔隙率降到一个合理的水平。

2. Hudson 模型

Hudson 认为，当一种以上的等尺寸球被堆积到最紧密的六方堆积的孔隙中时,孔隙率是随着较小球与初次球的球径比而变化的。孔隙率基本上随四方孔隙中较小球数目的增加而减小。由于有些球进入到三角孔隙中,且三角孔隙中球的数目不连续,造成孔隙率波动。当三角孔隙中球的尺寸比为 0.171 6 时,孔隙率达到最小(0.113 0),如表 4.2 所示。

表 4.2 Hodson 模型[40]

堆积状态	装入四角孔的颗粒数目	二次球径/初次球径	装入三角孔的颗粒数目	粉体孔隙率
四方孔隙直径支配的对称堆积	1	0.414 2	0	0.188 5
	2	0.275 3	0	0.217 8
	4	0.258 3	0	0.190 5
	6	0.171 6	4	0.188 8
	8	0.228 8	0	0.163 6
	9	0.216 6	1	0.147 7
	14	0.171 6	4	0.148 3
	16	0.169 3	4	0.143 0
	17	0.165 2	4	0.146 9
	21	0.178 2	1	0.129 3
	26	0.154 7	4	0.133 6
	27	0.138 1	5	0.162 1
三方空隙直径支配的对称堆积	8	0.224 8	1	0.146 0
	21	0.171 6	4	0.113 0
	26	0.142 1	5	0.156 3

3. Aim 和 Goff 模型

对于简单的二元系统,如掺有微细胶凝颗粒(如矿渣微粉、微硅、超细水泥、一级粉煤灰等)的水泥浆体系,最大堆积密度(φ)和最大堆积密度时微细胶凝颗粒的体积分数(φ_p^*)应用 Aim 和 Goff 模型[64-68]计算如下:

$$\varphi_p^* = \frac{1 - (1 + 0.9 d_p/d_c)(1 - \varepsilon_0)}{2 - (1 + 0.9 d_p/d_c)(1 - \varepsilon_0)} \tag{4.1}$$

当 $\varphi_p < \varphi_p^*$ 时,系统的堆积密实度 φ 可以用下式计算:

$$\varphi = \frac{1 - \varepsilon_0}{1 - \varphi_p} \tag{4.2}$$

当 $\varphi_p > \varphi_p^*$ 时，系统的堆积密实度 φ 可以用下式计算：

$$\varphi = \frac{1 - \varepsilon_0}{\varphi_p + (1 - \varphi_p)(1 + 0.9 d_p/d_c)(1 - \varepsilon_0)} \tag{4.3}$$

式中：d_p 为辅助性胶凝材料颗粒的平均粒径，d_c 为熟料颗粒的平均粒径，φ_p 为辅助性胶凝材料的体积分数，ε_0 为单一材料的孔隙率，φ_p^* 为辅助性胶凝材料的最大体积分数。

由此模型可以看出，体系的堆积密度取决于辅助性胶凝材料颗粒与水泥颗粒的直径比，这一比值越小，体系的堆积密度越高。

假定堆积密度为 0.45，一般水泥的比表面积为 3 000～3 200 cm²·g⁻¹，设 ρ 为 3.10 g·cm⁻³，则 d_c 约为 6.45 μm。因此二元系统的最大堆积密度取决于微细胶凝材料的粒径，d_p 越小，最大堆积密度越高。微细胶凝材料的比表面积 S(cm²·g⁻¹) 与直径的关系由下式计算[67]：

$$S = \frac{6 \times 10^{10}}{\rho d_p} \tag{4.4}$$

式中，ρ 为微细胶凝材料的密度，在此假定 ρ 为 3.0 g·cm⁻³。当 d_p 为 1～6 μm 时，S 为 0.33～0.50 m²·g⁻¹，二元系统最大堆积密度为 0.56～0.63，与单一水泥最大堆积密度 0.55 相差不大，微细胶凝材料充填效应不明显；当 d_p 为 1～3 μm 时，φ 较高而 S 相对不大；当 d_p 由 1 μm 减小至 0.1 μm 时，S 由 2 m²·g⁻¹ 升至 20 m²·g⁻¹，φ 由 0.75 增至 0.79，实现较紧密堆积。

粉体堆积体积分数(Packing Volume Fraction，PVF)可以衡量颗粒之间给定密度状态下的相容能力。PVF 为混合固相颗粒所占据的空间体积除以相同干混材料处于最大紧密堆积状态时占据的体积，即

$$PVF = \Sigma 绝对体积 / \Sigma 散装体积 \tag{4.5}$$

也可描述为

$$PVF = 1 - 粉体空隙率 \tag{4.6}$$

PVF 值越高，水泥石性能越好。例如，单一尺寸的球形颗粒按六方密堆积，PVF 值可达 0.74，但它们任意排列时 PVF 值只有 0.64。通过优选混合固相颗粒的大小分布可增大堆积体积分数，通常 PVF 值可超过 0.80。

还应当指出：① 高性能水泥浆体不应只从紧密堆积模型的数理模式考虑问题，而应把其他物理化学因素综合进行考虑，如颗粒形状、致密程度、光滑度、水膜厚度、吸附性能、流变性能、颗粒大小分布等；② 二元充填微细胶凝材料的尺寸(d_p)应在被填充材料颗粒尺寸(d_c)的 1/10～2/5 范围内(d_c 为最大颗粒直径)，因此在设计高性能水泥浆体时，必须对优化材料进行颗粒大小分布测定。

4. Stovall 模型

Stovall 等[68]提出的多粒级颗粒堆积密度的线性模型，成功解决了形状因素产生的影响[69]。该模型认为颗粒堆积体系的密实度与不同粒径颗粒的体积含量比 η_i 之间为线性关系。每一个粒径 d_i 的粒组为连续堆积时，都可计算得出一个堆积密度 $C(d_i)$ 值，其中最小者为该体系的最密堆积密度：

$$C(d_i) = \frac{a(d_i)}{1 - [1 - a(d_i)] \sum_{j=1}^{i} g(i,j)\eta_f - \sum_{j=i+1}^{n} f(i,j)\eta_j}} \quad (4.7)$$

其中：d_i 的单位为 μm；$a(d_i)$ 取决于堆积方式和粒子的几何形状，可以测定或通过计算得到；$f(i,j)$ 反映的是由于小颗粒的存在使大颗粒堆积密度减小的松动效应；$g(i,j)$ 反映的是由于大颗粒的存在，导致小颗粒堆积密度减小的墙效应。水泥的粒径是连续分布的，颗粒粒径间的差距较小，同时颗粒间存在静电力等凝聚和排斥力的相互作用。实际计算中，根据实验测定的若干种已知粒径分布的水泥堆积密度数据，通过试算法得出水泥粉体堆积中各种效应 $a(i,j)$、$f(i,j)$ 和 $g(i,j)$ 的经验公式，如下

$$a(d_i) = 0.485 + 0.06 \times \ln(d_i/90) \quad (4.8)$$

$$f(i,j) = [1 - (d_i/d_j)^2]^{3.1} + 3.1 \times (d_i/d_j)^2 \times [1 - (d_i/d_j)^2]^{2.9} \quad (4.9)$$

$$g(i,j) = [1 - (d_j/d_i)^2]^{1.3} \quad (4.10)$$

模型建立了堆积密度和粉体粒度分布的关系式，说明粒径的大小和粒度的分布共同影响粉体的堆积密度。

5. S. Tsivilis 分布

国内外众多水泥工作者对硅酸盐水泥（P·I 水泥）的最佳颗粒级配进行了研究。其中最有代表性的是 20 世纪 80 年代中后期 S. Tsivilis 等[54]学者提出来的观点：硅酸盐水泥中 3~30 μm 的颗粒对强度起主要作用，其质量比例应占 65% 以上；≤3 μm 的颗粒应在 10% 以下。也就是说：$y(30) - y(3) \geq 65$ 和 $y(3) \leq 10$，解两不等式得 19.6 μm $\leq X \leq$ 24.0 μm。n 的最大值为 1.2；n 的最小值与 X 有关，计算结果如表 4.3 所示。

表 4.3　S. Tsivilis 颗粒分布[54]

序号	X/μm	n	$Y(3)$/%	$[Y(30)-Y(3)]$/%	$R(80)$/%	$S/(m^2 \cdot kg^{-1})$
1	24.0	1.20	7.9	65.0	1.4	334
2	23.6	1.18	8.4	65.1	1.5	338
3	23.6	1.20	8.1	65.6	1.3	337
4	23.2	1.16	8.9	65.1	1.5	341

续表

序号	$X/\mu m$	n	$Y(3)/\%$	$[Y(30)-Y(3)]/\%$	$R(80)/\%$	$S/(m^2 \cdot kg^{-1})$
5	23.2	1.20	8.2	66.1	1.2	339
6	22.8	1.14	9.4	65.1	1.5	345
7	22.8	1.20	8.4	66.7	1.1	341
8	22.4	1.12	10.0	65.0	1.6	348
9	22.4	1.16	9.3	66.2	1.3	346
10	22.4	1.20	8.6	67.3	1.0	344
11	21.6	1.14	10.0	66.6	1.2	352
12	21.6	1.20	8.9	68.4	0.8	349
13	20.9	1.16	10.0	68.2	0.9	356
14	20.9	1.20	9.3	69.3	0.7	353
15	20.2	1.18	10.0	69.7	0.6	359
16	20.2	1.20	9.6	70.3	0.5	358
17	19.6	1.20	10.0	71.1	0.4	362

注：表中 S 为水泥勃氏比表面积($m^2 \cdot kg^{-1}$)，计算公式为 $S = 4104.8/(X^{0.394} n^{0.195} \times 3.1^{1.078})$。式中的 3.1 为硅酸盐水泥的密度，单位是 $g \cdot cm^{-3}$。

由表 4.3 可知，该种水泥颗粒分布参数的取值范围并不太大，特征粒径 X 为 19.6～4.0 μm，而均匀性系数 n 在 1.12～1.20 范围内。为了简化计算，任取其一中间值作为硅酸盐水泥最佳级配的代表，即 $X = 21.4 \mu m$，$n = 1.17$，将符合上式的颗粒级配简称为 S. Tsivilis 分布。

S. Tsivilis 级配硅酸盐水泥的主要特点为：

(1) 组分：硅酸盐水泥熟料和石膏。

(2) 粉磨细度：80 μm 筛余较小，$R(80) = 0.9\%$；但其比表面积却不大，$S = 352 \ m^2 \cdot kg^{-1}$。

(3) 颗粒分布：3 μm 以下的颗粒较少，$Y(3) = 9.5\%$；而 3～30 μm 的颗粒较多，$Y(30) - Y(3) = 67.9\%$；均匀性系数较大，$n = 1.17$，颗粒分布较窄、较集中。

(4) 性能特点：因 3 μm 以下的颗粒较少，3 天强度不是很大，水化热也不会很高，保水性能较差，胶体的孔隙率不会很小；但因 3～30 μm 的颗粒较多，故该水泥 28 天特别是后期强度较高，虽然均匀性系数 n 较大，但其比表面积 S 不大，故其标准稠度用水量不会很大。

S. Tsivilis 分布是 20 世纪 80 年代西方发达国家学者提出的,以提高水泥混凝土 28 天及后期强度为主要目的,是一种很有代表性的观点。这些学者主要考虑了硅酸盐水泥颗粒的水化速度和深度。因为水泥中过小的超细颗粒(如 <3 μm 的颗粒)很快(甚至在混凝土浇注之前)水化,所以对提高混凝土 28 天及长期强度不利;而过大的粗颗粒(如 30 ~ 60 μm 以上的水泥颗粒)即使到 28 天以后也不能完全水化,同样对提高混凝土 28 天及长期强度不利。

当时西方发达国家已开始大量使用高性能混凝土,其普遍采用硅酸盐水泥以及硅灰、粉煤灰等超细矿物掺合料和减水剂等化学外加剂。因此可以说,在这种环境中建立的 S. T 级配适用于配制高性能混凝土的硅酸盐水泥。

总之,S. Tsivilis 级配适用于采用矿物掺合料配制高性能混凝土时的硅酸盐水泥,而不适用于掺有大量混合材的、直接配制混凝土的胶凝材料的混合水泥和掺有矿物掺合料的混凝土胶凝材料(即硅酸盐水泥和矿物掺合料的混合物)。

为了解决这个问题,水泥混凝土工作者提出了混凝土及其胶凝材料最佳堆积密度的理论——Fuller 曲线。

6. Fuller 曲线

关于最佳堆积密度的颗粒分布问题,欧美学者多数主张使用 20 世纪 90 年代初 Fuller 和 Thompson 提出的理想筛析曲线,简称 Fuller 曲线(见图 4.2)。Fuller 曲线原本是计算粗集料的,其数学式为

$$U(x) = 100\left(\frac{x}{D}\right)^{0.5} \quad (4.11)$$

式中,$U(x)$ 为筛析通过量(%),x 为筛孔尺寸(mm),D 为混合集料中最大颗粒的直径(mm)。

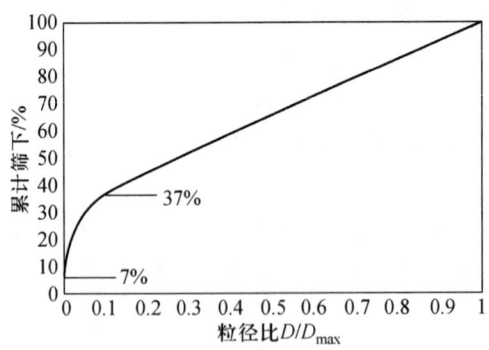

图 4.2 Fuller 曲线[70-72]

乔龄山[73]等一些学者所指出的 Fuller 曲线可以用于细粉部分。早期的 Fuller 曲线没有考虑颗粒形状和表面特性的影响，后来 Huttl 和 Johansen 等[74,75]学者将此式改为

$$U(x) = 100\left(\frac{x}{D}\right)^m \quad (4.12)$$

式中：x 为各分级筛孔尺寸或分级粒径(μm)；m 为指数，视集料颗粒形状特性而定。砾石类集料取 0.4，即

$$U(x) = 100\left(\frac{x}{D}\right)^{0.4} \quad (4.13)$$

德国水泥厂协会发表的专题研究报告中就将式(4.13)用做水泥颗粒分布的理想筛析曲线，并依此对水泥、砂浆及混凝土进行评价。

在研究水泥最佳堆积的粒度分布时也可以按国外文献的方法划分，即 0～63 μm 为胶凝材料，0～125 μm 为混凝土细粉，0～2 000 μm 为水泥标准试体砂浆或混凝土细砂。计算的各级颗粒累积含量列于表 4.4 中，按此表可绘出 Fuller 理想筛析曲线。0～63 μm 的 Fuller 曲线如图 4.3 所示。图中横坐标为颗粒粒径 d，纵坐标为 $A = 100(d/D)^{0.4}$。这个曲线适用于同一种容重的物料，若加入容重不同的物料，应考虑不同容重对体积的影响，因为最佳堆积密度主要由粉料体积所决定。2000 年 1 月 Roland Huttlt Bernd Hillemeier 公布了一个体积含量的 Fuller 曲线，见图 4.4[76]。它包括集料部分，图中集料最大尺寸为 16 mm，以 63 μm 为胶凝材料与集料的分界线，胶凝材料所占体积为 12.9%，集料所占体积为 87.1%。

表 4.4 按照 $A = 100\left(\dfrac{x}{D}\right)^{0.4}$ 计算的不同粒度范围颗粒的含量[50]/%

粒径范围 d/μm	0～63	0～80	0～125	0～2 000
<1	19.07	17.33	14.5	4.78
<2	25.16	22.87	19.13	6.31
<4	33.20	30.17	25.24	8.33
<8	43.80	39.81	33.30	10.99
<10	47.89	43.53	36.41	12.04
<16	57.80	52.53	43.94	14.50
<20	63.19	57.43	48.04	15.85
<24	67.97	61.87	51.68	17.05
<30	74.32	67.55	56.50	18.64

续表

粒径范围 $d/\mu m$	0~63	0~80	0~125	0~2 000
<32	76.26	69.31	57.40	19.13
<40	83.38	75.79	63.60	20.91
<60	98.07	89.13	74.56	24.6
<63	100	90.89	76.03	25.08
<80	100	100	83.65	27.59
<125	100	100	100	32
<2 000	100	100	100	100

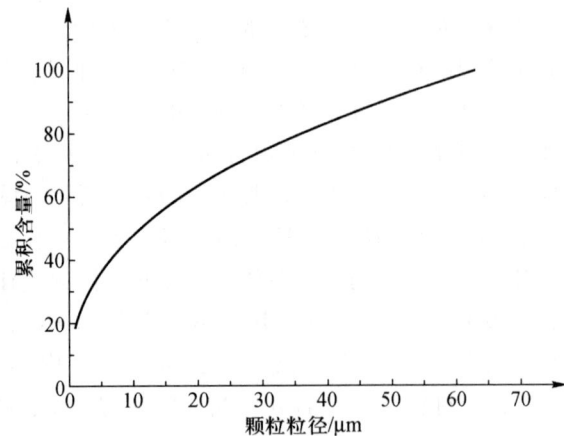

图 4.3　0~63 μm 粒径的 Fuller 曲线

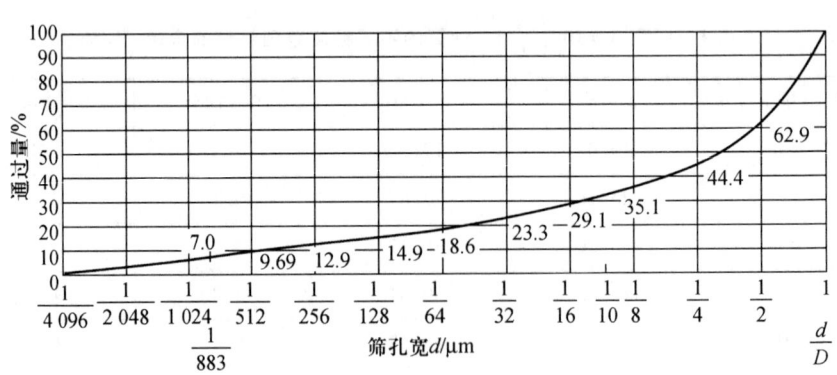

图 4.4　胶凝材料和集料的理想曲线[51]

Fuller 级配胶凝材料的主要特点是：

(1) 组分：混凝土粗细集料和矿物掺合料等细粉。

（2）颗粒分布及组成：<2.7 μm 的超细颗粒较多，$y_0(2.7) = 23.58\%$，其中大多数应为矿物掺合料；而 2.7~42.2 μm 之间的细颗粒较少，$y_0(42.2) - y_0(2.7) = 47.24\%$，其中大多数应为硅酸盐水泥；>42.2 μm 的粗颗粒也较多，$100 - y_0(42.2) = 29.18\%$，其中大多数应为矿物掺合料。

（3）性能特点：因含有大量矿物掺合料，故硅酸盐矿物相对较少，从而造成凝结时间较长，水化热较低，胶凝材料本身在固定水灰比和固定灰砂比下的 ISO 标准强度较低。但是，因其颗粒级配基本符合 Fuller 级配，故在减水剂等的配合下胶体孔隙率很小，胶体很密实，用该胶凝材料配制的混凝土具有良好的综合性能。

（4）其他要求：在该胶凝材料中超细颗粒很多，需水量较大，且颗粒极易结团。为此，用它配制混凝土时需掺入分散剂、减水剂等外加剂。

7. Andersen 模型

为探索粉体最紧密堆积的粒径分布，连续分布的提倡者 Andersen[75] 把实际的颗粒分布描述为具有相同形式的分布，即"统计类似"，即使加入越来越粗的颗粒也是如此，所加入的大颗粒的体积总是细粉总量的恒定分数[77]。将这种尺寸关系的方程表示为

$$U(D) = 100(D/D_L)^n \tag{4.14}$$

式中，$U(D)$ 为与粒径 D 对应的颗粒的筛下量，D_L 为体系中最大颗粒的粒径（μm），n 为分布模数。

这一方程描述了含有无限小尺寸的颗粒，显然这在实际系统中是不可能的。Andersen 认为如果最小颗粒的尺寸是有限的（只是最小颗粒粒径相对而言非常小）或是某个无限小的尺寸，其结果并无显著区别。Andersen 根据其试验结果指出，各种分布的空隙率随方程中分布模数 n 值的减小而下降，当降至 $n = 1/3$ 时，粉体可以得到最大的密实度，孔隙率最小，n 的最佳值在 0.33~0.55 范围内，而 n 值继续降低是没有意义的。当 $U(D) = 100(D/D_L)^{\frac{1}{3}}$ 时，颗粒分布如表 4.5 所示。目前生产的水泥是由水泥熟料、石膏等在磨机中经钢球、钢锻研磨而成，其颗粒粒径的分布具有连续性，其粒径分布衬合该方程。图 4.5 示出了 $D_L = 500$ μm 时不同分布模数 n 的 Andersen 分布。

表 4.5 最紧密堆积时的颗粒粒径分布（$D_{max} = 150$ μm）

粒径/μm	<1	1~2	2~5	5~10	10~15	15~20	20~37	37~44	44~60	60~80	80~150
频率分布	18.82	4.889	8.47	8.37	5.87	4.67	11.62	3.73	7.24	7.42	18.90
累积分布	18.82	23.71	32.18	40.55	46.42	51.09	62.71	66.44	73.68	81.10	100

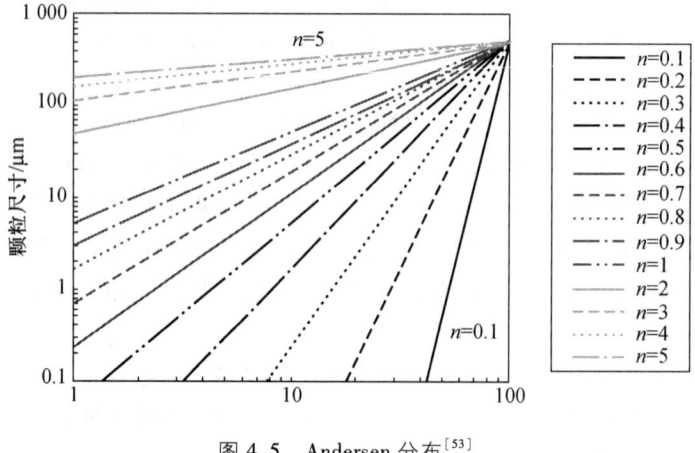

图 4.5 Andersen 分布[53]

Dinger 和 Funk 等通过在分布中引入有限最小颗粒尺寸 D，对 Andersen 方程进行了修正：假定当 $D = D_s$ 时，$U(D) = 0$；当 $D = D_L$ 时，$U(D) = 1$。则 Andersen 方程变为

$$U(D) = 100\frac{D^n - D_s^n}{D_L^n - D_s^n} \tag{4.15}$$

式中，$U(D)$ 为筛孔径为 D 时的筛析通过量(%)，n 为分布模数，D_L 为体系中最大颗粒的粒径(μm)，D_s 为粉体的最小粒径(μm)。

通过计算机模拟，Dinger 等指出，当 n 为 0.37 时，体系可获得最小的孔隙率。对于超细粉体，Andersen 方程和 Dinger-Funk 方程基本上是一致的，两者的区别如图 4.6 所示。而 Andersen 方程的形式简单，应用较多。

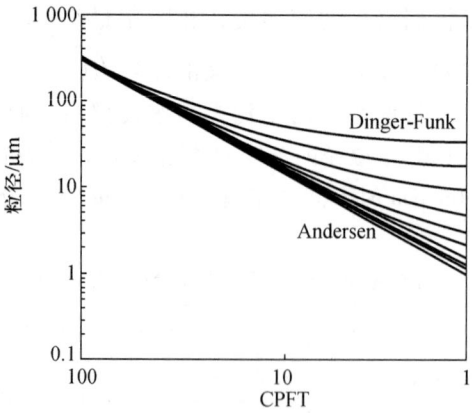

图 4.6 Dinger-Funk 与 Andersen 分布

方程式(4.15)是累计质量分数。对粒径 d 求导,得到粒径分布微分质量分数($n=1/3$),即

$$\frac{\partial U(x)}{\partial d} = \frac{100}{3D}\left[\frac{x}{D}\right]^{-\frac{2}{3}} = K_0 x^{-\frac{2}{3}} \tag{4.16}$$

式中,$K_0 = \frac{100}{3}D^{-\frac{1}{3}}$。

8. RRB 分布

关于水泥粉体的粒径分布,应用最为广泛的是 Rosin-Rammler-Bennet(RRB)分布[78-80]:

$$R(D) = 100\exp\left[-\left(\frac{D}{D_e}\right)^n\right] \tag{4.17}$$

式中:$R(D)$ 为与粒径 D 对应的筛余(质量分数)(%);D_e 为特征粒径,对应于 $R(D)=36.8\%$ 所取的值(μm);n 为均匀系数,表示粒度分布范围的宽窄。n 大表示粒度分布窄,n 小表示粒度分布宽,对于粉尘及粉碎产物,往往 $n<1$。

结合大量生产实践,很多学者指出,RRB 分布基本上能准确地描述水泥粉体的粒度分布。

4.5 高性能减水剂研究进展

超塑化剂是混凝土外加剂的一种,混凝土外加剂的发展经历了漫长的历史过程。早在古罗马时代,人们就曾经用牛血、牛油、牛奶和尿之类的东西掺加在火山灰里充当外加剂。在我国,早在秦代(公元前 221 年—公元前 206 年),修建万里长城时就曾使用糯米汁。宋代(960 年—1279 年)建筑和州城时曾用到糯米-石灰。在明代《天工开物》中记载用石灰 1 份加河砂 2 份,外加糯米、羊桃藤汁搅拌均匀制蓄水池。近代混凝土外加剂的发展有 60 多年的历史。20 世纪 30 年代初,英、美、日等发达国家已经在公路、隧道、地下工程中应用了防冻剂、引气剂、塑化剂和防水剂。1938 年,一种以萘磺酸盐为主要成分的水泥分散剂在美国取得了专利。早期使用的外加剂主要是松香酸钠、木质素磺酸盐、硬脂酸皂和氯化钠以及氯化钙等物质。

减水剂是化学外加剂的主要类型,其性能的优劣代表了化学外加剂发展水平的高低。混凝土减水剂的发展可分为三个阶段。自 1905 年木质素磺酸盐类问世以来,人们不断对混凝土的更高性能的减水剂进行探索和研究。该类超塑化剂减水率为 8% 左右,掺量也较低,为 0.25% 左右,有缓凝作用和较高的引气作用。现今商品混凝土中很少单用该类超塑化剂,常与萘系复合使用。1962 年日本的服部健一等将萘磺酸盐甲醛缩合物应用于混凝土中,达到非常好的效

果，1964年日本花王石碱公司将其作为产品进行销售。1963年联邦德国研制成功三聚氰胺甲醛缩聚物，同时还有多环芳烃磺酸盐甲醛缩合物。到20世纪70年代，这些减水剂在实际中得到了大量的应用。现在此类减水剂已在配置流态混凝土和高性能混凝土方面得到广泛的应用，这三种产品具有很强的分散作用，其减水率可达17%~23%。正因为如此，这些产品不同于普通减水剂，被称为超塑化剂或高效减水剂。该类超塑化剂成为目前用量最大、范围最广的产品。联邦德国使用超塑化剂研制成功流态混凝土，即坍落度6~8 cm的基准混凝土掺加超塑化剂后坍落度可达18~22 cm的混凝土。这有利于混凝土的拌和、运输、浇灌、振捣等操作，有利于混凝土的泵送。该类超塑化剂与萘系性能类似，但价格比萘系偏高。与以上两种超塑化剂类似的还有氨基磺酸盐类、蒽类超塑化剂。我国20世纪50年代开始使用纸浆废液作为减水剂，改善混凝土的性能；也有些单位采用制糖工业的废蜜，经加工后作为混凝土减水剂。1973年，采用染料工业的NNO作为减水剂，取得了良好的效果。1976年中国建筑材料科学研究院、上海染料涂料研究所和北京建筑工程研究所以提炼煤焦油过程中的工业副产品甲基萘作为主要原料联合研制出MF超塑化剂，减水率达到15%以上。这之后，在MF的基础上进行改进，生产出如建1、UNF等减水剂。21世纪初期，由于工业萘等原料价格的上涨，人们采用丙酮和甲醛为主要原料生产一种超塑化剂，即脂肪族超塑化剂，性能略优于萘系超塑化剂，但该类超塑化剂使混凝土呈黄色，不利于混凝土结构的外观。

1989年日本触媒研发成功聚羧酸系超塑化剂，发现该种超塑化剂具有更高的减水效果，减水率达30%~50%，这是磺酸盐类超塑化剂所不可逾越的。从此该种超塑化剂成为国内外众多学者的研究对象。

在日本，由于砂石料性能越来越差，而对混凝土性能要求越来越高。要求混凝土单方含碱量小于0.3 kg，氯离子小于0.6 kg。该超塑化剂的中和过程常使萘系带有大量的碱(硫酸钠)，为超塑化剂的8%~20%。这限制了萘系超塑化剂的应用，特别是在一些重大或重点工程中的应用。砂石骨料性能的劣化主要集中在级配的劣化以及含泥量的增加等。为弥补骨料劣化带来的对混凝土性能的影响，聚羧酸系超塑化剂这种具有高减水率的超塑化剂成为首选。

我国研发的时间比较短，但在现今由于大量国家重大工程的上马，特别是高速客运专线的建设，有力地推动了聚羧酸系超塑化剂的研究和应用。这些工程要求混凝土具有较高的耐久性，并因此也对混凝土原材料的性能进行了严格的限制。超塑化剂是混凝土重要原材料之一，要求其具有20%以上的减水率、小于10%的含碱量以及小于0.2%的氯离子含量。这使得萘系超塑化剂基本被排除了，聚羧酸系超塑化剂成为唯一的选择。据统计，2007年聚羧酸系超塑化剂的产量达到30万t。国外研究聚羧酸系超塑化剂的时间较长，研究也较为深入。日本是聚羧酸系超塑化剂用量最多的国家,对它的研究也较为深入,欧美一些研究者也在研究开发具有优越性能的聚羧酸系超塑化剂。

4.5.1 聚羧酸系超塑化剂合成与性能研究

该类超塑化剂多采用自由基共聚合的方式制备。二元共聚合的主要步骤如下。

引发剂的分解:
$$I \longrightarrow 2I*$$

链引发反应:
$$I* + M1 \longrightarrow M1*$$
$$I* + M2 \longrightarrow M2*$$

链增长反应:
$$M1* + M1 \longrightarrow M1*$$
$$M1* + M2 \longrightarrow M2*$$
$$M2* + M1 \longrightarrow M1*$$
$$M2* + M2 \longrightarrow M2*$$

链终止反应:
$$\sim M1*n + \sim M1*m \longrightarrow Mn+m(耦合终止)$$
$$\sim M1*n + \sim M1*m \longrightarrow Mn + Mm(歧化终止)$$
$$\sim M2*n + \sim M2*m \longrightarrow Mn+m(耦合终止)$$
$$\sim M2*n + \sim M2*m \longrightarrow Mn + Mm(歧化终止)$$
$$\sim M1*n + \sim M2*m \longrightarrow Mn+m(耦合终止)$$
$$\sim M1*n + \sim M2*m \longrightarrow Mn + Mm(歧化终止)$$

链转移反应:
$$\sim M \cdot 1 + L \longrightarrow \sim M1 + L \cdot$$

其中,I 代表引发剂,M1 和 M2 为单体,n、m 为自然数,L 为链转移剂或其他类物质。

该类反应引发剂的分解反应速率较低,而链增长和链终止反应速率比前者快得多,前者的活化能为 $100 \sim 150 \ kJ \cdot mol^{-1}$,链增长反应活化能为 $8 \sim 20 \ kJ \cdot mol^{-1}$,链终止反应活化能为 $8 \ kJ \cdot mol^{-1}$。可见,引发剂的分解速率对反应的进程影响很大。

较早以前有人把聚羧酸系高性能减水剂分成两种:一种是水不溶性的反应性高分子高效减水剂,另一种是水溶性的高效能减水剂。前者在其分子中含有酰胺基、酸酐基、酯基等基团,它们不溶于水,但在混凝土的碱性介质中水解而逐渐溶解放出具有减水作用的分子。由于原料、工艺等原因已经很少见到有关这种超塑化剂的报道。后者是含有羧基及其盐类、羟基、磺酸基及其盐的共聚羧酸类，分子量在几万到十几万之间，它们的水溶性好，性能稳定。现今大部分研究工作已转移到这种聚羧酸系超塑化剂上来。

用丙烯酸共聚物作为减少坍落度损失的高效减水剂，近年来引起了人们的注意，大量文献专利报道了这类高效减水剂。这类聚羧酸减水剂的分子量范围在几千到几万。聚羧酸系超塑化剂的主要原料之一为不饱和聚醚类单体，如下：

$$CH_2=C(R)-C(=O)-O-(CH_2-CH_2-O)_n-C_mH_2-CH_3$$

不饱和酯类，该类单体多为烷基聚醚和不饱和羧酸的酯化产物；

$$CH_2=C(R)-CH_2-O-(CH_2-CH_2-O)_n-H$$

不饱和聚醚类，该类单体多为环氧乙烷的直接反应产物。

以上两者在聚羧酸系超塑化剂的制备和生产中的用量相对较大。除此之外，还有不饱和酰胺类和不饱和亚胺类聚醚单体，如下：

$$CH_2=C(R)-C(=O)-NH-CH(R')-CH_2-(O-CH_2-CH_2)_n-(O-CH(R'')-CH_2)_m-OCH_3$$

$$CH_2=C(R)-C(=O)-O-N(CH_2-CH_2-(O-CH_2-CH_2)_n-OH)_2$$

除不饱和聚醚单体之外，聚羧酸系超塑化剂中的羧基单元也同样是重要的组成部分，其主要由含羧基的不饱和羧酸类物质引入，如丙烯酸、甲基丙烯酸、丁烯酸、马来酸(酐)、衣康酸、柠檬酸、富马酸等。

另外，其中也可引入磺酸基，该单元主要由带有磺酸基的不饱和物质引入，主要为烯丙基磺酸盐、乙烯基磺酸盐、2-(甲基)丙烯基乙磺酸盐、3-(甲基)丙烯基丙磺酸盐、3-(甲基)丙烯基羟基丙磺酸盐等。

此外，有些聚羧酸系引入了酯基，该单元主要由带有酯基的不饱和物质引入，主要有(甲基)丙烯酸甲酯、(甲基)丙烯酸乙酯、(甲基)丙烯酸羟乙酯、

(甲基)丙烯酸羟丙酯等，还有一些引入带有其他类型官能团的单元，如苯环、胺基等。

由此可见，聚羧酸系超塑化剂单体的可选择性范围比较大，如果进行数学组合，则可得到成千上万的可能组合。在早期的合成设计中，常采用不饱和酸(酐)和一些不饱和类单体等进行共聚反应，如(甲基)丙烯酸/(甲基)丙烯酸乙酯、烷基链烯烃/顺丁烯二酸酐共聚物、烯丙醇/顺丁烯二酸酐聚合物、乙烯基醚/顺丁烯二酸酐共聚物、苯乙烯基磺酸/顺丁烯二酸酐共聚物、(甲基)丙烯酸/(甲基)丙烯酸甲酯/丙烯酰胺共聚物及丙烯酸/苯乙烯磺酸共聚物等。但这类共聚物的分散性不高，迄今在市场上也未有该类产品出现。而后，出现了含聚醚侧链的聚羧酸系超塑化剂，并逐步完善，成为在各类聚羧酸系超塑化剂中应用最为成功的剂种。该类超塑化剂以末端带有不饱和双键的聚醚为基础，可共聚有不饱和羧酸、不饱和酯类和不饱和磺酸类等单体中的一种或多种单体。

该类超塑化剂的制备一般采用自由基共聚合的方法制备，并必须通过采用链转移剂或采用具有链转移功能的单体控制反应速率和反应产物的分子量。

制备该类超塑化剂较多采用溶剂聚合法，较少采用本体聚合。溶剂最普遍采用水，有一部分采用甲苯、苯等有机溶剂。使用有机溶剂加大了对环境的污染并且增加了成本，因此该方法基本已被淘汰。

日本对聚羧酸系超塑化剂的研究比较深入，在此类超塑化剂的合成技术上有大量专利，其中日本专利平-1-226757中所报道的共聚羧酸的制备方法已经被人们广泛采用。

Yamada、Takahashi和Hanehara等[81]研究了侧链聚合度为9、23、40和两种侧链聚合度均为23但主链聚合度不同的超塑化剂对水泥净浆流动度、极限切应力、黏度、凝结时间的影响，对在水泥颗粒表面上的吸附也做了研究，认为：① 同掺量下侧链聚合度大，则超塑化剂分散能力高、分散能力保持差、凝结时间短；② 同掺量下主链聚合度小，则超塑化剂分散能力高、凝结时间略长，对流动度经时损失不明显；③ 磺酸基含量越高，净浆流动度越大；④ 凝结时间主要由液相中离子官能团的浓度决定；⑤ 该聚羧酸系超塑化剂可以明显降低水泥净浆的切应力，在高水灰比下水泥浆的塑性黏度降低很明显，而在低水灰比下，则不太明显。Kinoshita、Nawa、Iida等[82]也得出类似的结果。

综合大量文献认为，作为第三代超塑化剂的聚羧酸系超塑化剂具有以下特点：

(1) 减水率高达30%以上，目前萘系超塑化剂的减水率为17%~23%，这使其成为配制高强度(C60以上)、自密实混凝土的基础。

（2）高坍落度保持能力，2 h 内掺该类超塑化剂的混凝土坍落度基本没有损失，有利于长时间的运输，掺萘磺酸盐类的混凝土则损失较大。

（3）低掺量，是胶凝材料用量的 0.05%～0.3%，而萘系超塑化剂掺量为胶凝材料用量的 0.7%～0.8%。

（4）对水泥适应能力（compatibility）强，而萘系超塑化剂需要大量的试验工作对其进行复合才能解决该问题。

（5）适当的引气能力。

（6）适当的缓凝能力。

4.5.2 相关机理研究

自减水剂问世以来，人们即对其作用机理展开了研究。目前人们普遍接受的观点是"吸附-分散"原理，即减水剂分子吸附在水泥颗粒表面进而增加颗粒表面的斥力，使水泥颗粒相互远离，破坏浆体的絮凝结构，释放出其中的水分。然而，其中还有很多问题没有解决，如减水极限问题、减水剂在水泥水化过程中到何处去的问题等。这些问题需基于水泥颗粒通过何种方式吸附减水剂分子、吸附是否是有选择的、减水剂的吸附形态、液相中减水剂的构象等一系列基础性研究。很多研究者对此做了大量的工作。然而对聚羧酸系超塑化剂这种新型的超塑化剂而言，其作用机理的研究相对萘系和其他磺酸盐类超塑化剂较少。

1. 超塑化剂在水泥颗粒表面的吸附

吸附是超塑化剂分散能力的作用基础，是研究其作用机理的主要部分。

水泥颗粒对超塑化剂的吸附是液相吸附，其吸附的过程类似溶质从溶剂中析出的过程。在此过程中，吸附剂与溶质和溶剂同时存在作用力，如图 4.7 所示。

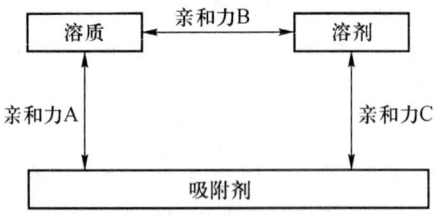

图 4.7　液相吸附时的相互作用

从图 4.7 可知，溶质吸附到吸附剂上所需的亲和力 A 必须克服溶质与溶剂之间的亲和力 B 和溶剂与吸附剂之间的亲和力 C。对于亲和力 B 而言，其实质为溶质在溶剂中的溶解能力，溶解能力越高，其在溶剂中的存在就越稳定，因而越难吸附到吸附剂上，相反则容易吸附到吸附剂上。亲和力 C 与亲和力 A 组成类似，其组成可能包括范德华力、氢键、静电引力等。两者在吸附剂上的吸附存在竞争关系。通常溶剂的量较大，因而常常首先吸附溶剂，溶质在吸附剂上的吸附的第一个过程需溶剂先脱附而后溶质才能够吸附到吸附剂上。此外，聚羧酸系超塑化剂溶液中的溶质为多组分的混合物，因此其吸附过程为多组分的液相吸附。相对于其他惰性或少活性的吸附溶质而言，由于水泥的水化反应，吸附溶质的种类和数量很可能处于不断的运动和变化的过程中，这使得对超塑化剂吸附的研究变得更加困难，而这也是研究超塑化剂吸附的不可缺少的内容之一。

水泥在空气中处于热力学不稳定状态，其在与水接触的时刻即发生剧烈的化学反应，也即水化反应。当混合有超塑化剂的水与水泥接触时，似乎水泥和水首先开始反应，而生成一系列的水化产物，而后才开始进行吸附的过程。对此人们进行了讨论。Fukaya 和 Kato 测得了萘系超塑化剂和木质素磺酸钙在 C-S-H(I) 和 AFt 上的吸附，认为其在 C-S-H 上呈 Langmuir 吸附而在 AFt 上则不然，采用脱附试验证明萘系超塑化剂不可脱附，作者认为在 CSH(I) 和 AFt 表面存在碱点，且一个碱点吸附一个超塑化剂分子[83]。Uchikawa 等[84]认为，β-萘磺酸盐的憎水基团吸附在水泥颗粒表面和水化层上，亲水基团伸向水中，他们似乎倾向于从超塑化剂的角度看待其在水泥颗粒上的吸附。Chandra 和 Flodin 总结了 1987 年以前的文献，他们认为，超塑化剂以及其他有机外加剂与水泥组分和水泥水化产物相互作用，这种作用可以认为是 Ca^{2+} 和外加剂中阴离子部分的作用[85]。通过这种作用，外加剂呈交联状吸附于水泥颗粒表面，从而形成膜层。Yoshioka 等[86]认为水泥颗粒的表面存在吸附超塑化剂的点，这些点随水泥品种的不同而不同，这似乎也可能是水化产物的不同造成的，抑或水泥矿物的不同。Liao 等[87]采用了甲基丙烯酸和 AMP 合成了聚羧酸系超塑化剂，认为随分子量的减小分散性增加。本书作者测了液相中超塑化剂分子量分布随时间的变化，发现分子量随时间的延长而降低，10 min 时基本达到稳定值，并且峰值降低更快，可能是由于大分子物质更容易被吸附吸收；作者还发现同分子量超塑化剂分散性随 AMP 量的增加先增加后降低，吸附量增加，分散性增加，在同单体配比条件下超塑化剂随分子量降低吸附量增加。

Griesser 认为超塑化剂在水泥浆体中有三种存在方式[88]，即吸附于颗粒表面的部分、吸收在水化产物中的部分和存在于液相中的部分。他还详细研究了吸附和吸收总量在不同条件下的变化，认为：吸附吸收总量随温度（选用的温度为 10 ℃、20 ℃ 和 30 ℃）变化不大；吸附吸收总量占总掺量百分比随掺量增加而下降；液相量随 C_3A 量的增加而下降且随时间的延长而达到一个稳定值

(饱和值);随硫酸钠的掺入量的增加吸附吸收量逐渐降低;液相超塑化剂的浓度随温度增加略有升高,但在低掺量下不明显,在高掺量下较为明显。Griesser 的实验还表明新拌浆体的屈服应力随硫酸钠量的增加先降低而后增加。进而本书作者认为,在水化早期高硫酸根离子浓度有利于减少超塑化剂的吸收量,诱导期硫酸根离子的浓度要低,以减少硫酸根离子与超塑化剂的吸附竞争,但作者并未证明是否减少了吸收的量。

Nakajima 等[89]提出了超塑化剂在水泥颗粒表面的吸附分散 4 点假设:① 水化早期水化产物的量与表面的面积呈正比;② 超塑化剂吸附于水泥颗粒表面时存在两种方式,即吸附于水化产物表面和被水化初期的产物吸收,超塑化剂的分散性能正比于水化产物单位面积上所吸附的超塑化剂分子;③ 吸附在水化产物上的超塑化剂与液相中的产生吸附平衡;④ 超塑化剂与硫酸根离子均呈 Langmuir 吸附,且两者存在竞争吸附。本书作者根据以上假设采用萘系超塑化剂(BNS)推导出其吸附公式:

$$Ad_{NS} = \frac{ei[NS]_t(AFt + AFm)}{1 + e[NS]_t + f[SO_4^{2-}]}$$

式中,Ad_{NS} 为萘系超塑化剂分子在水泥颗粒表面的吸附量($mmol \cdot g^{-1} \cdot cement^{-1}$),$[NS]_t$ 为某时刻萘系超塑化剂的浓度($mmol \cdot L^{-1}$),AFt 和 AFm 为 AFt 和 AFm 的数量($g \cdot g^{-1} \cdot cement^{-1}$),$[SO_4^{2-}]$ 为 SO_4^{2-} 的浓度($mmol \cdot L^{-1}$),e、f、i 为常数。

但其验证试验离散性很大。这与 4 点假设的正确性有重要的关系,例如,未提及液相超塑化剂的分散性,BNS 吸附于未水化产物还是水化产物的表面尚存争论,未考虑水化初期 C-S-H 和 CH 产生对超塑化剂的影响。另外,该模型以 Langmuir 吸附为基础进行推导,但水泥水化产物在水化过程中向液相中的扩展过程使之更为复杂,很可能 Langmuir 吸附是超塑化剂在水泥颗粒表面的吸附,是其表观的吸附,而且未考虑水泥水化对超塑化剂的吸收。

对于液相吸附而言,人们多借助气-固吸附理论来对其进行数学描述。Polanyi 首先将之应用于液相吸附,Manes 发展了该理论。但这种描述似乎难以令人信服。20 世纪 80 年代先后提出了非均质表面的二维聚集模型和胶束排斥模型,朱步瑶等将二阶段吸附模型与质量作用模型结合起来,提出了可用于表面活性剂吸附的通用等温线公式。他们认为,表面活性剂在固-液界面上的吸附分为两个阶段。第一阶段,个别表面活性剂分子或离子通过静电引力和/或范德华力直接吸附于固体表面;第二阶段,表面活性剂分子或离子通过碳氢链之间的疏水作用形成表面胶团(或半胶团),其吸附的中心为第一阶段所吸附在固体表面上的分子,这使吸附量急剧上升。

影响超塑化剂分子的吸附能力的因素有:① 温度,温度升高吸附量降低;

② 碳氢链长度，不论吸附质与吸附剂的性质如何，碳氢链长的吸附质吸附量较高；③ 吸附剂的极性，极性吸附剂容易吸附与其极性相反的吸附质；④ 溶液的 pH 和外加盐类，pH 可改变吸附剂表面的电性质，外加盐类也可能有类似的结果或改变吸附质的 CMC(临界胶束浓度)；⑤ 大分子物质与吸附质产生竞争吸附。

Yamada、Ogawa 和 Hanehara[90]研究了硫酸根离子对聚羧酸系超塑化剂分散能力的影响，认为硫酸根离子与聚羧酸系超塑化剂在水泥颗粒表面上的吸附存在竞争，并且硫酸根离子的掺入还可以造成超塑化剂侧链的收缩。他们还认为，超塑化剂分子主链在液相中的伸展是由于多个羧基在液相中的解离使它们之间产生静电斥力。大分子物质与超塑化剂分子的竞争吸附迄今未有文献报道。

甲氧基聚乙二醇丙烯酸酯与(甲基)丙烯酸的共聚物分子量一般在 10 000 ~ 100 000 之间，属于高分子的范畴，其在固体表面的吸附与一般的低分子物质不同。其特征如下：

(1) 高分子与吸附剂界面的亲和力较大，其吸附等温线一般在低浓度就急剧上升并迅速达到饱和，有时甚至在极低浓度下就达到饱和。

(2) 吸附量随高分子溶解度下降而增加。

(3) 在不良溶剂(poor solvent)中，吸附量随分子量的增加而增加，在良溶剂(good solvent)中，吸附量与分子量的关系不大。

(4) 吸附层厚度与分子量平方根成正比，在良溶剂中与分子量的 0.4 次平方根成正比，即使吸附量与分子量无关，吸附层厚度也随分子量的增加而增加。

(5) 稀释溶液很难甚至不能使已吸附的高分子脱附，但可被其他高分子或低分子量的物质所置换。

(6) 高分子量物质的吸附速率比低分子量物质的小。

超塑化剂在水泥颗粒表面的形态也是研究其作用机理的重要部分。近藤精一认为，为清楚地了解吸附于固体表面上的高分子链的结构，需求得以下七个量：① 单位表面积上的吸附量 A；② 高分子直接同表面接触的链节数 n 和聚合度 N 之间的比值 $p(p=n/N)$；③ 表面吸附位的覆盖率 θ；④ 吸附厚度 t；⑤ 吸附层中的链节分布；⑥ 高分子和溶剂之间的相互作用参数 χ；⑦ 高分子和吸附剂表面的相互作用参数 χs。高分子表面活性剂在固体表面上的吸附形态如图 4.8 所示。

高桥彰和川口正美更精细地描述了高分子吸附质在固体吸附剂上的吸附形态，如图 4.9 所示。

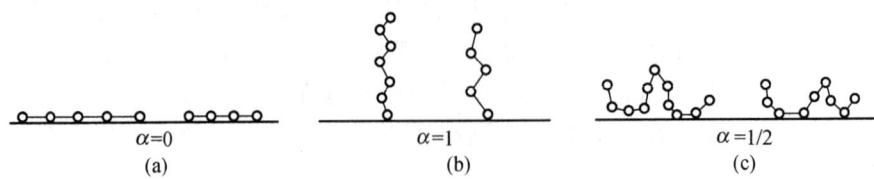

图 4.8 高分子的三种吸附形态：(a) 水平型；(b) 垂直型；(c) 回线性

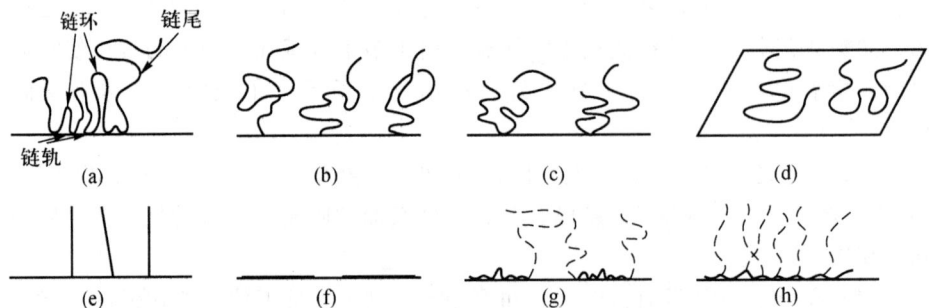

图 4.9 吸附高分子链的形态：(a) 均聚物（链环–链轨–链尾）；(b) 末端吸附（链尾）；(c) 单点吸附（两个链尾或链尾–链轨–链尾）；(d) 平躺吸附；(e) 刚直链垂直吸附；(f) 刚直链平躺吸附；(g) 钳段共聚物链环–链轨–链尾吸附，左边为 AB 型，右边为 ABA 型；(h) 接枝共聚物的锯齿型吸附

一些研究者认为[91]，β-萘磺酸盐甲醛缩合物的阴离子在 C_3A 上的吸附呈平躺状态。陈建奎研究了萘磺酸盐甲醛缩合物和三聚氰胺甲醛缩合物在水泥颗粒上的吸附，认为它们在水泥颗粒上的吸附呈 L 型单分子层吸附。Ohta、Sugiyama 等[92]研究了一种平均分子量为 26 000 的聚羧酸系超塑化剂在不同种类水泥、不同细度磨细矿渣和石灰石微粉上的吸附，认为理论计算上直径为 20 nm、高为 7 nm 的圆柱体可以容纳吸附一个超塑化剂分子，实际测量 100 nm^2 胶结材料表面只吸附一个超塑化剂分子，硫酸根离子可使超塑化剂分子收缩，使其在颗粒表面的排列更加紧密。Yamada、Ogawa 和 Hanehara[90]认为，硫酸根离子的掺入还可以造成超塑化剂侧链的收缩，超塑化剂分子主链在液相中的伸展是由于多个羧基在液相中解离后使它们之间产生静电斥力。

对于甲氧基聚乙二醇丙烯酸酯与(甲基)丙烯酸的共聚物而言，它并非一种物质，而是通过自由基共聚得到的，因此为多种相对分子质量物质的混合物，存在确定的相对分子质量分布，如图 4.10 所示。

该混合物与水泥进行的吸附为多组分液相吸附，其吸附过程比较复杂，很可能存在分级吸附。其吸附过程大致可分为以下三个阶段：在水泥颗粒表面液

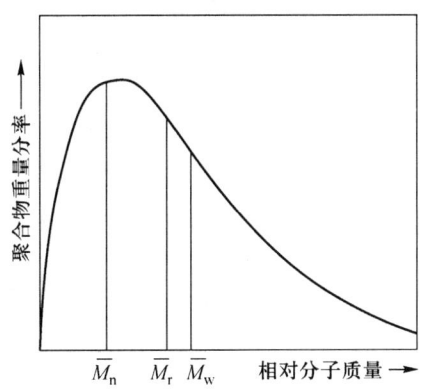

图 4.10　相对分子质量分布示意图

膜内的扩散、颗粒内的细孔扩散和表面扩散以及在细孔表面的吸附。然而，这对正处于剧烈变化过程中的水泥颗粒而言，似乎仍然难以进行描述，这也是需要人们进一步研究的内容。

2. 超塑化剂对水泥颗粒分散能力的来源

铝酸盐相的水化反应使颗粒表面带有正电荷，而硅酸盐相的水化使颗粒表面带有负电荷。铝相一般比硅相水化速率快，因此常常在水泥水化的早期颗粒带有正电。而在真实的水泥中，其颗粒粒径并不均一，常存在一个分布范围，也即水泥中有粒径较大的颗粒，也有粒径较小的颗粒。并且在水泥的粉磨过程中每个水泥颗粒中的矿物组成不可能均一。当其进行水化时每一颗粒的水化进程是不同的。电泳试验发现，在电极加载电压后，电泳槽内的水泥颗粒运动的方向不一致，一部分颗粒与另一部分颗粒的运动方向是相反的，且各个颗粒的移动速率也是不同的，如图 4.11 所示。

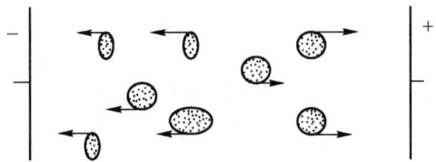

图 4.11　水泥浆体中水泥颗粒在电场作用下的运动示意图

但在该试验过程中发现，带正电颗粒较多而带负电的较少，这与铝相较快的水化反应有关。这些带有异号电荷的颗粒在形成新拌水泥浆体结构时可以充当黏结剂的作用。带正电的颗粒与带负电的颗粒连接，带负电颗粒再与其他带正电的颗粒连接，如此往复，形成絮凝结构，如图 4.12 所示。另外，水泥颗粒的轮廓是不规则的，往往存在尖端或楞边。袁润章认为，在这些部位的膜层比较薄，颗粒在布朗运动过程中容易在这些部位黏结，并形成空间网。水化物的生成可以使颗粒之间的距离靠近，当距离缩短到一定程度时颗粒之间的作用力就可由范德华力过渡到化学键或次化学键。随着水化的进行，颗粒表面电位产生变化，由正电转变为负电，此时颗粒之间的作用力可能主要是水化产物之间作用力更为强大的化学键或次化学键。徐永模研究了不同水化时间下浆体的颗粒分布，认为随着水化时间的延长，细颗粒数量逐渐减少，粗颗粒逐渐增多，他在解释这种现象时认为这是由于浆体结构中颗粒间强度较高的键的数量随水化时间逐渐增多。

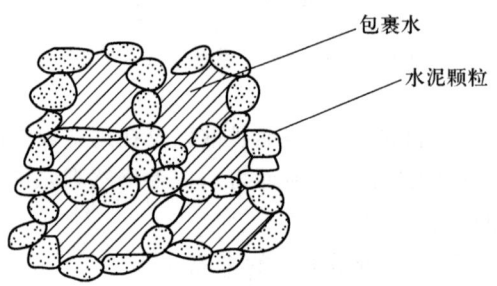

图 4.12　水泥浆的絮凝结构

水泥颗粒表面吸附超塑化剂之后，颗粒表面的性质，如电性质、膜层厚度与密度等性质即发生改变。而这些性质的改变影响了作为粗分散体系的新拌水泥浆体的内部结构。大多数研究者认为，超塑化剂在水泥表面的吸附增加了水泥颗粒之间的斥力，从而破坏了浆体的絮凝结构，进而释放出在絮凝结构中所包裹水，增加新拌水泥基材料的流动性。水泥颗粒之间斥力的来源成为研究者们关注的内容。

1）静电斥力

早在20世纪70年代末80年代初，胡秀春等对水化初期（5 min）的单矿物的表面电位进行了测试，发现铝酸盐相矿物均呈正值，而硅酸盐相矿物均呈负值，且前者的绝对值远高于后者。陈建奎对水泥颗粒的表面电位进行了测试，发现其初始电位为正值，而后随时间延长逐渐减小，最后转变为负值。很多研究者均得出相同的结论。当掺入超塑化剂后，水泥颗粒的表面电位则呈负值，并随掺量的增加逐渐达到饱和。然而，以上的研究者所采用的水灰比均比较高，一般在400以上，其试验方法借鉴了胶体化学的研究手段。这种方法显然没有考虑到超过量的水对水泥水化进程的影响，进而影响到水泥颗粒的表面电位。孙天文研究了水灰比为200、800、2 000的水泥颗粒的表面电位，发现随水灰比的增加正电粒子向负电粒子转变的速率增加，并且随温度的增加这个过程也会增加。Blask 等[93]采用动电声振(Electro kinetic Sonic Amplitude, ESA)法测量了不同用水量情况下水泥颗粒的表面电位,发现高用水量时表面电位呈正值,低用水量时呈负值。Uchikawa 等[84]也采用该方法测量了水灰比为 0.3 的浆体中水泥颗粒的表面电位,发现其表面电位为 -1.8 mV,掺萘系超塑化剂的表面电位为 -11.0 mV,大大增加了表面电位。

Blask 等[93]对比了蜜胺类、木质素磺酸盐类、萘磺酸盐系、聚羧酸类超塑化剂在不同掺量下对水灰比为 0.5 的水泥净浆中的水泥颗粒表面电位的影响,发现前三者随掺量的增加使表面电位变得更负,并逐渐达到一个饱和值,而后者随掺量增加其绝对值逐渐减小,并最后在几乎为零处达到饱和。Uchikawa 等[84]也有类似的结果。

2) 位阻斥力

位阻斥力来源于空间稳定理论,其主要用来解释表面吸附有高聚物或者表面活性剂的颗粒之间的稳定性。当表面吸附有高聚物的颗粒靠近到它们之间的距离小于两倍吸附层厚度时,就会产生体积限制效应(the volume restriction effect)和渗透斥力效应(the osmotic repulsion effect)。前者是由于吸附层的压缩使在作用区吸附的高分子的结构压缩,从而高分子的结构熵降低($\Delta S < 0$),由 $\Delta G = \Delta H - T\Delta S$ 可知,当 ΔH 不变时 $\Delta G > 0$,斥力产生,胶体可达到稳定。后者由于吸附在颗粒上的高分子相互渗透,从而产生两种作用:高分子和分散介质分子相互作用减少,从而产生混合焓;在渗透重叠区高分子浓度增大使其结构熵减小。由 $\Delta G = \Delta H - T\Delta S$ 可知 $\Delta G > 0$,可以产生斥力,从而有可能和范德华力达到位能的平衡。在实际中,通常是这两种效应在共同起作用。

研究者们还通过对比聚羧酸系超塑化剂与萘系超塑化剂之间的 Zeta 电位试验发现,具有较高分散能力的前者的 Zeta 电位低于后者所引起的电位,从而认为,聚羧酸系超塑化剂的分散机理与萘系超塑化剂的分散机理不同,前者主要通过位阻斥力破坏絮凝结构,而后者通过静电斥力。但也有研究者持不同的意见,他们认为,聚羧酸系超塑化剂分子吸附到水泥颗粒表面后,使溶剂化层的厚度增加了,采用电泳的方法所得的电位并非 Zeta 电位,而是与 Zeta 电位相差很大的液相与溶剂化层之间的滑移面的电位,显然该电位要小于吸附萘系超塑化剂分子的电位。

Uchikawa 等[94]采用 AFM 测得了浸入水中和 10% 超塑化剂溶液(萘系和两种聚羧酸系超塑化剂)中水泥熟料表面的作用力,发现浸入水中试样随时间的延长,表面的斥力增大;当测量浸入 5 min 后的作用力时,发现浸入水中试样的作用力为 0.004 nN,萘系溶液中为 0.24 nN,含羧基少聚醚侧链较多聚羧酸系超塑化剂(PC-A)的为 0.60 nN,含羧基多聚醚侧链少(PC-B)的为 0.19 nN;与之相应的净浆流动度分别为 113 mm、248 mm、467 mm、182 mm,可见超塑化剂的分散性与作用力具有很好的规律性，即作用力越大，分散能力越强。

Kauppi 等[95]采用氧化镁颗粒模拟水泥颗粒利用 AFM 测得了在不同离子强度下侧链聚合度为 60~80(Conpac30)和侧链聚合度为 25~60(Ultra1)以及木质素磺酸盐(DP563)减水剂的静电斥力与位阻斥力的作用范围，结果表明：超塑化剂吸附到颗粒表面后产生静电斥力和位阻斥力，颗粒之间距离小时以位阻斥力为主，较大时以静电斥力为主；并且发现在一定离子强度范围内 Ultra1 随溶液离子强度的增加位阻斥力有增加趋势，作者认为离子使该超塑化剂涨大了。对于三种超塑化剂在颗粒上的吸附，作者认为，聚羧酸系超塑化剂的带有阴离子的主链吸附于颗粒表面，侧链相互盘压于液相中，其中短侧链的比长侧链的更平，尤其是在较大的离子强度环境中，木质素磺酸盐类呈盘绕状吸附于颗粒表面。

3）空缺位阻

如果胶体溶液中存在可溶性高分子，则有空缺稳定理论产生的可能。空缺稳定理论认为，在胶体溶液中，两胶体颗粒之间的空间相当于微型的存储器，在存储器中存在许多高分子。当胶体颗粒相互靠近时其中的高分子就会被挤出存储器，这样就会在存储器内外产生浓度差，从而产生渗透压，使两个颗粒有进一步靠拢的趋势，产生引力，再加上范德华力，构成引力的总和；另外，由于将存储器间的高分子挤出的过程是高分子溶解的反过程，其溶解的过程是自发的过程，即 $\Delta G < 0$，故挤出的过程是 $\Delta G > 0$ 的过程，因而产生斥力。

Flatt 和 Houst[96]将超塑化剂在水泥浆体中的存在形式分了类。他们认为，超塑化剂在水泥浆中有三种存在方式：① 与水化矿物结合，生成有机矿物相(Organomineral Phase)；② 吸附在水泥颗粒表面上；③ 存在于液相中。其中，②是超塑化剂分散性产生的原因，①对分散性没有贡献，而③的作用未提及。Kim 和 Jiang 等[97]认为，液相中的超塑化剂分子和吸附在水泥颗粒上的超塑化剂分子之间存在斥力。

关于此类分散机理在超塑化剂的机理研究中很少有相关报道，可能是人们没有意识到液相中超塑化剂的作用。

4.5.3 超塑化剂对水化产物的影响

Chandra 和 Flodin[85]认为，超塑化剂的吸附影响水泥颗粒表面的 Zeta 电位和水化产物的结晶过程。赵宇平等采用 XRD、TDA/TG 以及 SEM 分析认为，掺入 MF 减水剂(没有发现新的水化产物，仅延缓了 CH 的产生，对后期水化产物没有影响。Yimlmaz 和 Glasser[98]采用 C_3S - 二水石膏系统通过水化热分析和 SEM 认为蜜胺类超塑化剂(SMF)可延迟 AFt 的形成和向 AFm 转变的时间，随时间的延长这种效果作用加强，而且发现掺 SMF 后颗粒表面形成的 AFt 呈纤维状。作者通过红外分析认为掺 SMF 的试样有一种复合体(complex)生成。因为分子量较大，不能进入晶体的内部，而是为水化前体(precursor)凝胶所包裹，进而增加凝胶的体积，并延长了其成核和生长的过程，该过程与温度有关。Prince 等[99]认为，超塑化剂不仅吸附在无水组分上，而且还吸附在水泥初期水化产物上，如钙矾石。这使钙矾石的生长延迟，使其形态不是通常的针状而是呈无定型的簇状，但当超塑化剂的量不够时又可以正常生长。Matsuyama 和 Young[100]发现了 C-S-H 和超塑化剂的有机复合物。Fernon 等[101]对 SNFC(萘系超塑化剂)与 C_3A 的反应做了研究，发现 SNFC 可以嵌入 C_3A 的水化产物中，并当硫酸盐与 SNFC 的比值增加时钙矾石数量也会增加，并且他们还提出了有机矿物的结构模型。但 Popova 等[102]通过 XRD 和 ^{29}Si NMR 分析了超塑化剂在 C-S-H 上的吸附，认为超塑化剂对 C-S-H 的结构没有影响，作者认为这可能是与其 C-S-H 的合成方式有关。Plank[103]通过 X 射线衍射试验研究了掺超塑化剂、不掺超塑化剂以及先掺和后掺超塑化剂对钙矾石生长的影响，发现没有不同的衍射峰形成，没有找到超塑化剂在钙矾石中的吸收而形成新物质的证据，但作者不排除该物质存在的可能性。Plank 等[104]采用聚羧酸超塑化剂和 C_3A 反应得到了一种 Layered Double Hydroxide (LDH)，采用 XRD、IR 和 TEM 分析，认为聚羧酸分子嵌入 LDH 的层间，并随侧链聚合度的增加层间距增加。

张文生等[105]通过 XRD、XPS 和 TEM 研究了一种聚羧酸系超塑化剂在 C-S-H 凝胶形成过程中对 C-S-H 结构的影响。认为 Ca 出现了新的结合能，结合 XRD 和 XPS 分析认为聚羧酸超塑化剂的有机分子基团可能插入了 C-S-H 层间；认为聚羧酸超塑化剂的羧基与钙离子键合，钙离子的另一端与 O—Si—O 连接形成交联结构；TEM 分析认为纯 C-S-H 呈卷曲片状，掺入聚羧酸超塑化剂后长出纤维管状物，并有很多晶格区，从而表明聚羧酸超塑化剂促使 C-S-H 由结晶度差的凝胶态向结晶态转变；掺入聚羧酸超塑化剂的 C-S-H 层间距增加，可能是由于羧基在 C-S-H 层间的竖向排列。但作者没有给出所使用的聚羧酸系超塑化剂的结构特征(如分子量分布、官能团类型以及数量等)，没有考虑到不同分子量超塑化剂的吸附特征，得到的仅是表观的结果。

4.5.4 减水剂分子结构与性能关系研究

1986 年，Bradley 等提出水溶性聚合物的结构与分散性的关系，认为单体的性质、官能团种类和聚合物的聚合度与减水剂分散性有关，探讨了减水剂的化学结构、分子量及 PEO 侧链长度对分散性的影响。Hirata 等的系列发明专利显示，聚羧酸系减水剂主链上接枝的亲水性基团，如羧基(—COO—)、羟基(—OH)、磺酸基(—SO_3—)、酰胺基(—$CONH_2$)、醚基(—O—)、聚氧化乙烯基(—(CH_2CH_2O)$_n$—)等,其数量与比例都与减水剂的分散性有关。同时减水剂侧链的长度、分子量及其分布也是影响其分散性、分散保持性和引气性的关键因素。另外所用聚醚单体的分子量及其分布与其聚合活性有关,从而影响合成聚羧酸系减水剂的化学结构,并进一步影响其分散性。Nishikawa 等的发明专利 WO2004/099099 表明,当聚羧酸系减水剂的 PEO 侧链较长时(如 $n=50$),其分散性较高,但分散保持性较差;当聚羧酸系减水剂的 PEO 侧链较短时(如 $n=10$),其分散保持性较好,但分散性较差;当 PEO 侧链长度不同(如 $n=50$ 和 $n=10$)的聚羧酸系减水剂以一定比例复配后使用,低掺量(0.22%)下,减水剂的分散性及分散保持性均得到提高。另外,减水剂的重均分子量超过 20 000 时,不利于其坍落度保持性的提高及混凝土黏度的降低。Hayashiy 等的发明专利 US2005/0182162 表明:聚氧化乙烯醚单体的表面活性过高时,合成聚羧酸系减水剂的引气性过强,不利于混凝土强度发展;在聚氧化乙烯醚结构中引入一定比例的聚氧化丙烯结构单元,形成聚氧化乙烯-氧化丙烯嵌段聚醚,该单体的表面活性相对较低(具有一定的消泡功能),可明显减弱合成减水剂的引气性,从而有效降低混凝土的含气量。Yamashita 等的系列发明专利也显示,同时含有长侧链和短侧链的聚乙二醇甲氧基醚丙烯酸酯大单体与二元不饱和酸酐共聚合成聚羧酸系减水剂的坍落度控制能力强,且在高温条件下其坍落度保持性能亦较好。Yamada 等从官能团数量及种类(羧基、磺酸基和聚氧化乙烯基)、PEO 侧链长度、主链聚合度、分子量及其分布等方面研究了化学结构对聚羧酸系减水剂性能的影响,使用 PEO 侧链长度分别为 9、23、46 的大单体,所合成聚羧酸系减水剂的重均分子量在 2.18 万~9.86 万之间。结果表明:长 PEO 侧链、短主链、高磺酸基密度的化学结构有利于聚羧酸系减水剂分散性的提高;但 PEO 侧链较长时,聚羧酸系减水剂分散保持性下降,主链较短时,对聚羧酸系减水剂的分散保持性影响不大;PEO 侧链和主链均较长时,缩短了水泥浆体的凝结时间;水泥浆体的凝结时间与液相中阴离子官能团浓度(羧基和磺酸基)有关。Thomas 等选用两种不同化学结构的聚羧酸系减水剂,研究了对混凝土坍落度保持性的影响,结果显示:高电荷密度、低 PEO 侧链接枝密度的聚羧酸系减水剂更容易从液相中被水泥颗粒吸附,混凝土坍落度损失快;而低电荷密度、高 PEO 侧链接枝密度的聚羧酸系减水剂从液相中被水泥颗粒吸附的速度相对要慢,混凝土的坍落度损失较慢。Cho 等研究了分子量及其分布对聚羧酸系减水剂分散性的影响,结果显示:重量重的分子比重量轻的分子对聚羧酸系减水剂的分散性及分散保持性的影响要大;分散性随多分散指数的增加而提高。Felekoğlu 等研究了化学结构对梳状聚羧酸系超塑化剂在自密实混凝土中分散保持性的影响,认为聚羧酸系减水剂的分散保持性与 PEO 侧链与主链的连接方式密切相关,当 PEO 侧链通过酯键与主链相连接时,酯键在混凝土的碱性溶液中容易发生水解,使减水剂的分散性随时间延长而降低;当 PEO 侧链通过醚键与主链相连接时,由于醚键在碱溶液中不会水解,减水剂的化学结构未受到破坏,PEO 侧链的"空间位阻效应"得到持续发挥,使减水剂的分散保持性提高,相应混凝土的坍落度损失变慢。Winnefeld 等[106]从分子量、PEO 侧链长度、PEO 侧链密度等方面研究了分子结构对梳状超塑化剂(甲氧基聚乙二醇甲基丙烯酸酯与甲基丙烯酸共聚物)性能的影响,结果表明:降低 PEO 侧链密度有利于水泥浆体的工作性能,即提高分散性,降低水泥净浆的表观屈服应力与黏度;而 PEO 侧链长度和分子量对浆体工作性能的影响较小;高分子量、低 PEO 侧链密度、短 PEO 侧链的聚羧酸系减水剂在水泥颗粒表面的吸附性更强。Plank 等[107]从 Zeta 电位、吸附量、水化热、流动度等方面,研究了羟基封端的 PEO 侧链和甲氧基封端的 PEO 侧链对聚羧酸系减水剂性能的影响,结果显示:PEO 侧链长度相同时,两者对 Zeta 电位、水化热的影响均具有相似的规律;与甲氧基封端的 PEO 侧链($n=45$)相比,羟基封端的 PEO 侧链($n=45$)使减水剂在水泥颗粒表面的吸附率降低,相应减水剂的分散保持性提高。

分析上述研究成果可见,聚羧酸系减水剂的性能与其分子结构息息相关,而 PEO 是聚羧酸系减水剂特有的官能团,其链的长度、在分子主链的连接方式及接枝密度均对减水剂的性能有重要影响;分子量及其分布是分子结构的重要参数,两者均对减水剂在水泥颗粒表面的吸附行为有影响,进而影响减水剂的分散性及分散保持性。

上述文献从不同层面分析了分子结构对聚羧酸系减水剂性能的影响,取得了丰硕的研究成果,但深入分析分子量及其分布对聚羧酸系减水剂综合性能(如引气性、抗收缩性、降黏性、分散性及分散保持性)影响的文献相当少见,而分子量及其分布的可调性决定了分子结构的多变性,可见聚羧酸系减水剂进一步高性能化的潜能仍很大。

4.5.5 聚羧酸系减水剂与水泥间的相容性

近年来聚羧酸系减水剂与水泥相容性问题备受国外科研人员的重视,研究并解决该问题也是促进聚羧酸系减水剂发展、拓宽其工程应用范围的关键。通常认为,聚羧酸系减水剂的分子结构和品种、水泥的品种、矿物组成以及硫酸盐含量都是影响减水剂与水泥相容性的因素。Bradley 等研究了含 PEO 侧链的甲基丙烯酸酯基聚羧酸系减水剂对混凝土的分散作用,考查了温度对水泥水化和减水剂在水泥表面吸附量的影响,结果表明:温度升高使混凝土坍落度损失加快,随着 PEO 侧链长度增加,温度对混凝土的坍落度及坍落度损失影响程度减小。Tseng 等[108]采用聚氧化乙烯基醚链接枝到主链的方法合成聚羧酸酯型超塑化剂，研究了羧酸/羧酸醚（CA/CE）摩尔比对水泥浆体流动度、减水剂吸附量以及水泥表面 Zeta 电位的影响，结果显示：随着 CA/CE 摩尔比增大，吸附量增加，但 Zeta 电位变化较小，所以 CA/CE 摩尔比是影响减水剂与水泥相容性的重要参数。加藤弘毅等将木质素磺酸盐、萘系、三聚氰胺系、氨基磺酸系、聚羧酸系等减水剂进行对比试验，结果显示：水泥的水化过程、凝结时间、减水剂和水泥的相容性均与水泥中可溶性硫酸盐含量有关，分析认为水泥浆体中硫酸根离子含量不仅影响减水剂在水泥表面的吸附，而且影响减水剂分子中 PEO 侧链空间位阻效应的发挥。Agarwal 等选用萘系、聚羧酸系、三聚氰胺系和木质素磺酸盐系等四种减水剂，研究了减水剂与不同品种水泥（三种不同强度等级的普通硅酸盐水泥、矿渣水泥、火山灰水泥）之间的相容性，分析了减水剂对凝结时间与强度的影响，结果显示：不同品种减水剂对同一品种水泥的凝结时间、强度发展影响程度均不同，而同一减水剂对不同品种水泥的凝结、强度发展的影响程度差别也较大；就凝结时间而言，不同品种水泥对减水剂掺量的敏感程度不同，而强度等级不同的同一品种水泥对减水剂掺量的敏感程度差别亦较大；分析说明，减水剂与水泥的相容性与水泥的矿物组成有关。Erdogdu 等[109]研究了化学成分不同的水泥与超塑化剂之间的相容性，结果表明：在超塑化剂掺量相同的条件下，对不同品种及强度等级的水泥，混凝土强度达到最高时所需水泥用量不同；混凝土强度并不是随掺量增加而增加，而有一最佳用量。Lim 等采用自由基聚合方法合成了一种马来酸酐-丙烯酸共聚物，然后与萘系减水剂复合使用，通过调整掺量和水灰比可有效控制水泥浆坍落度损失。Sakai 等采用定量 X 射线衍射方法研究了 C_3A 在硫酸钙体系下的早期水化，分析对比了梳型聚羧酸减水剂与萘系减水剂对其水化的影响，认为使用工业废料增加了水泥中铝酸盐相的含量，使坍落度损失加快，但梳型聚羧酸系减水剂可与水泥浆中铝酸盐相作用，控制其水化，从而对水泥浆起分散稳定作用。Yamada 等采用激光散射结合体积排除色谱方法，研究了水泥浆液相中硫酸根离子浓度对聚羧酸系减水剂分散力的影响，结果显示：液相中硫酸根离子浓度的增加导致水泥浆流动度和减水剂在水泥颗粒表面的吸附率均下降，硫酸根离子浓度的增加导致聚羧酸系减水剂分散力下降的原因是浆体液相中离子强度增加导致减水剂分子的空间体积收缩，以及硫酸根离子与羧酸根离子在水泥表面的竞争吸附；尽管减水剂分子的空间体积产生收缩，但 PEO 侧链在液相中的空间体积并没有变化，与液相的离子强度无关；通过添加可溶性多价阳离子盐和硫酸盐可控制液相中硫酸根离子的浓度，从而调节硫酸根离子对聚羧酸系减水剂分散力的影响。Plank 等在自流平砂浆体系下（胶凝材料由普通硅酸盐水泥、铝酸盐水泥和无水石膏组成）研究了缓凝剂对聚羧酸系减水剂分散性能的影响，结果显示：聚羧酸系减水剂与柠檬酸盐缓凝剂复合使用时，砂浆流动性很差,而与酒石酸盐缓凝剂复合使用时,砂浆的流动性很好;分析认为,由于柠檬酸盐分子的阴离子电荷密度过高,优先吸附在水泥颗粒表面,阻碍了减水剂分子的吸附,其吸附率竟不到10%;而通过提高减水剂分子的阴离子电荷密度,减水剂与柠檬酸盐不相容的问题得到解决,归因于减水剂吸附率的增加。

聚羧酸系减水剂是一类化学结构可控的共聚物,与水泥的相容性主要与其分子结构有关,同时受浆体液相中可溶离子浓度的影响。因此,解决聚羧酸系减水剂与水泥相容性问题关键是合理设计其分子结构,降低分子结构对高 pH 环境的敏感性。

4.6 水泥基复合材料的组成、环境参数等与塑性浆体性能以及硬化体收缩开裂的关系

水泥-辅助性胶凝材料系统在加水前后,其组分有所改变,而在有外加剂存在的情况下,其组分的分布也将发生重大变化,这些变化均会影响到浆体的流变性和初始结构的形成,进而影响浆体在混凝土中的空间分布、集料-浆体界面结构、硬化浆体的结构及硬化混凝土的各项性能。硅酸盐水泥熟料中的四大矿物组成(C_3S、C_2S、C_3A、C_4AF)和调凝剂石膏,其比例变化范围大,加水后表面电性质不同,而以活性 SiO_2、活性 Al_2O_3 等为主要组分的粉煤灰、矿渣粉、钢渣粉、煤矸石、偏高岭土、硅灰等,组分比例和表面形状变化范围更大,尽管在水泥浆体水化初期处于相对惰性的状态,但实际上对水泥熟料的空间聚类结构同样会产生影响。混凝土外加剂种类多样,组分更是复杂多变,加入水泥浆体中,不仅其表面活性物质对水泥/辅助性胶凝材料颗粒表面电性质有影响,而且其中的各种离子对水泥/辅助性胶凝材料中活性物质的溶出和产物的形成影响也不容忽视。

尽管水泥浆体初始结构早在20世纪后六七十年代就受到普遍关注,如 Feldman、Wittman 和 Taylor[110]等学者描述了水泥硬化浆体的结构,在1973年,Feldman 还利用氦流测定了硬化浆体的孔结构,Olson 等利用吸附水计算出了浆体中 C-S-H 凝胶的量,Jennings 建立了描述硅酸盐水泥水化过程中产生的水化硅酸钙的结构模型。

但由于浆体组成复杂,对其研究和认识只能是笼统的或片面的,当前大多数学者感兴趣的内容多在对 C-S-H 凝胶结构和 C-S-H 凝胶中水灰比的讨论方面。

近年来,辅助性胶凝材料在水泥基材料中的应用越来越普遍,水泥浆体组分更加复杂,加之各种混凝土外加剂的掺加使用,使得浆体初始流变性、流变

性的变化以及初始结构的转变规律与纯水泥浆体相比，发生了很大变化。为迎合辅助性胶凝材料和外加剂的广泛使用，必须通过各种手段，以水泥－辅助性胶凝材料－外加剂复合体系为对象，通过对其初始物理状态和空间聚类结构的测试、表征，建立组分、结构和性能之间的相互关系。在这点上，近年来的一些研究者的工作也十分活跃，如 van Breugel[111]应用 HYMOSTUC 的计算机程序，描述了水泥基材料的水化过程和微结构形成、演变过程，重点关注了早期颗粒的数量变化、颗粒间界面的形成等问题。Bernard 等[112]对水泥浆体的早期水化和微观力学之间的关系进行了研究。但尽管这样，关于 C-S-H 凝胶结构的研究和表征始终没有间断过。

鉴于当前对水泥浆体中各组分表面性状表征技术的发展，初始性状（液相黏度、初始切应力、Zeta 电位）等测定技术的发展，初始水化产物、液相种类和液相溶出物浓度、结晶物定量分析等技术的成熟、完善，可以通过空间聚类的方法对水泥浆体初始结构进行表征，从而更进一步将水泥浆体初始结构与随后的结构建立和演变以及性能发展建立比较密切的关系。

混凝土材料科学已经从宏观的、定性认识阶段进入向亚微观、微观层次，向半定量、定量化认识阶段的过渡时期，关于水泥组分的初始物理状态、空间聚类结构对浆体早期流变性能和初始结构影响的认识，是一项非常重要的课题。为优化水泥浆体和混凝土硬化体结构，高效应用本项目低能耗水泥，必须开展水泥－辅助性胶凝材料在有无外加剂存在情况下，各组分的初始物理状态、空间聚类结构，以及它们对浆体早期流变性和初始结构的影响规律的研究，为改善和提高浆体初始流变性、优化初始结构奠定坚实的基础。

随着社会对节能减排呼声的日益高涨和高性能混凝土的快速发展，对水泥性能也提出了越来越苛刻的要求。在水泥性能中，可加工性和强度增长是最为重要的技术性能，影响这些性能的因素除水泥熟料的化学成分、矿物组成和水泥中硫酸盐最佳化外，熟料及混合材的细度、颗粒形貌和颗粒分布便是主要影响因素。为进一步改善水泥性能，同时达到节能减排目的，一个比较现实和有效的途径便是在调整水泥熟料和混合材的品种、细度、颗粒分布及其配位上下工夫。

Skvara 等[55]也认为决定水泥性能的不仅仅是比表面积，而且还与颗粒分布有很大关系，特别是小于 5 μm 的水泥颗粒。但小于 5 μm 的颗粒含量也不能超过一定的比率（85%～95%）。冯修吉等用灰色系统理论的关联度计算方法定量地研究了不同大小颗粒对不同龄期强度贡献的差异。他提出了在实际生产中寻求最佳粒径分布的一个指导性原则，即提高 5～30 μm 颗粒的含量，限制 0～5 μm 和 30～60 μm 颗粒的含量，减少 >60 μm 颗粒的含量。在颗粒大小对水泥水化和性能的影响方面，他认为不同大小的颗粒，各自强度的发挥也很不同。0~30 μm 颗粒的强度发挥正常，粗颗粒在早期只达到很低的强度；0~10 μm 和 0~5 μm 的细颗粒在早期就达到较高的强度，但后期强度几乎没有增长，甚至产生倒缩。致使 0~10 μm 和 0~5 μm 细颗粒的后期强度发挥不好的原因是它们的水化反应速度太快，水化产物的胶结性能不好，胶结点的牢固程度较低，早期浆体结构易通过溶解和再结晶而被破坏。

Li 和 Roy 就水泥颗粒堆积对高强水泥强度的影响做了研究。他们认为在包含一系列颗粒尺寸的系统中，颗粒大小分布十分重要，为了达到最大的堆积密度，粗细颗粒的比例必须严格控制，对单尺寸(半径为 R)的分布来说，如果加入细粉的半径大于 $0.4R$，将不适合这种颗粒的孔隙。

Sprung 和 Locher 等研究了相同比表面积下，颗粒大小的均匀性对水泥强度的影响，试验结果一致表明，颗粒分布越窄，水化越快，强度越高。Frigione 首先用数学的方法证明了在相同的比表面积时，水泥颗粒分布均匀一致的体系，其水化速率和强度总是大于非均匀体系。许仲梓基于 Frigione 的工作，完整地证明了水泥颗粒分布的均匀性对水化过程的影响。他从数学上证明了当比表面积相同时，水泥颗粒越均匀，则水泥水化越快，水泥浆体的强度也越高的结论。理论分析表明，在水化过程中，均匀颗粒体系的比表面积总是大于不均匀颗粒体系的比表面积，这是均匀颗粒体系水化快、强度高的原因所在。

王爱勤等从理论上分析了颗粒级配对堆积密度和水化速度的影响，并就此计算、讨论了孔隙率与颗粒级配的关系。结果表明：颗粒级配对孔隙率的影响主要体现在堆积密度和水化速率两个方面。在一定范围内，较宽的颗粒分布对应于较大的堆积密度，较窄的颗粒分布对应于较快的水化速率。当水化深度较小时，堆积密度是主要因素，较宽的分布可得到较低的孔隙率；当水化深度较大时，应综合考虑这两方面的原因，水泥颗粒粒径存在着一个最佳分布。一方面，细颗粒水化活性高，较早生成有效水化物，粗颗粒水化慢，相同时间内提供的水化物少，甚至部分只能作为惰性颗粒存在于水泥石中；另一方面，最密集堆积要求粒径间有足够大的差距，以使小颗粒填充于大颗粒间的孔隙中，但由此确定的粒径分布不能保证各组分充分水化。现代生产中推广高 C_3S 熟料，由于其易磨性提高，颗粒细度增加，粒径差距变小，颗粒间的静电力、范德华力等相互排斥作用增加，早期水化程度提高，增加了早期水化消耗的水，水泥浆体的经时流动性降低。

按照最紧密堆积要求，水泥石强度并不一定随水泥细度的增加而提高，而是要求组分颗粒间的粒径合理匹配；细的水泥颗粒水化活性高，可以产生较多的水化物，同时需要填充由于水化产生的孔隙量也相应增加；增加粒径，可以增加堆积密度，但降低水化活性。有研究表明，如果水泥石完全由 C-S-H 凝胶构成，并不能得到最高的强度，一定数量的微集料的存在可以提高水泥石的强度，即在水泥组分中存在部分作为填充的不水化物即混合材是有利的。复合水泥的最佳粒径分布应该使体系的堆积密度和水泥颗粒的水化活性相匹配，使体系获得尽可能大的堆积密度，同时所产生的水化物足以使颗粒间的孔隙被完全填充，而且水泥石中 C-S-H 凝胶和微集料有适当的比例。

在复合水泥中，不同组分的获取成本、水化活性和作用各不相同，因此可以分别磨细为不同的粒径。水泥熟料细度应保证其 28 天内充分水化以充分利用，而且加快早期水化速度，弥补混合材早期水化程度的不足，为水泥提供早中期强度，通过调整混合材的细度，可以调整其水化速度，为水泥的中后期强度的增长提供保证，使混合材尽可能多地水化，而未水化粒子可作为微集料。

一些研究认为混合材仅具有潜在的水化活性，生成 C-S-H 凝胶量少，稀释了水泥石中水化产物的"浓度"，使强度尤其是早期强度随掺量的增加而下降。而复合材料的强度理论认为，水泥石强度一般只有几十 MPa，远低于硅酸盐分子键合的强度水平，水泥混凝土强度主要与其亚微观结构相关，孔隙率是控制强度的决定因素，因此减小孔隙率意味着提高强度。20 世纪 70 年代，热压水泥、NDF、DSP 材料等一系列超高强水泥基材料的相继发明更加坚定了这种观念。改变了那种认为化学能释放越多、材料强度就越高的传统胶凝材料的强度观念。在这些致密材料中，水化程度只有 20%～50%，而强度却比较容易达到 200 MPa，甚至达到 600 MPa，所以，唐明述院士提出，水泥混凝土若有良好的堆积，不需要全部水化能就可形成高强混凝土，关键在于颗粒的堆积状态和颗粒之间的界面结合。

对于不同的矿物，Mehta[8]研究认为，低钙粉煤灰的粒度分布是影响其活性的最重要因素之一，其活性正比于小于 10 μm 的颗粒含量，反比于大于 45 μm 的颗粒含量。蒋永惠利用灰色度系统分析方法研究认为，粉煤灰中 10～20 μm 的颗粒含量与水泥强度的关联度最大，30 μm 以下颗粒与水泥强度的关联度大于 0.9，而大于 30 μm 的颗粒与水泥强度负相关；要提高粉煤灰水泥的强度，应提高粉煤灰中小于 30 μm 的颗粒含量。英国 Dundee 大学 Dhir 等[113]指出，粉煤灰化学成分变异较小，对混凝土质量的影响小，但其物理性能变异大，显著影响混凝土的质量。随着水胶比的降低，未水化水泥量增加，水化产物量下降，但由于颗粒间距离减小，要填充的充水空间也减少，混凝土密实性提高，界面间结合良好。

将作为微集料的未水化熟料颗粒替换为本征强度更高的矿物颗粒，不仅使强度提高，而且改善耐久性。这些熟料颗粒因为缺水而未水化，其能位较高，在热力学上不稳定，如果后期得到水分，其水化产生的体积变化将威胁结构的稳定性。从另一方面讲，水泥熟料是消耗大量能源和自然资源而制得的，其未水化部分仅起到填充或集料的作用，无疑这是一种巨大的能源与资源浪费。辅助性胶凝材料的掺入在一定程度上能消除这种低水化率水泥基材料长期耐久性隐患，还可节约资源和能源；如果实现水泥熟料和辅助性胶凝材料在粒度分布、颗粒堆积、水化动力学过程上的匹配和协调作用，既提高水泥熟料颗粒的胶凝作用，又充分发挥辅助性胶凝材料的物理与化学效应，较大幅度提高辅助性胶凝材料用量和减少水泥熟料用量，将产生巨大的资源、能源和环境效益。

水泥混凝土材料由于其原材料来源广泛、价格低廉、易于塑造、力学性能优异等，在建筑工程中得到广泛应用，是目前最大宗人造建筑材料，也将是21世纪不可替代的主要建筑材料。但水泥混凝土材料自身存在一些缺陷，如自重大、抗拉强度低、易于收缩开裂（包括混凝土硬化前的塑性失水收缩开裂和硬化后的干燥收缩开裂）等，这些缺陷限制了其在结构工程中的更广泛使用。其中水泥混凝土易于收缩开裂的缺陷对混凝土工程质量影响重大，尤其对高强混凝土。混凝土在硬化以前出现的塑性收缩开裂轻则在工程施工阶段因直接影响工程外观质量而造成返工，重则将塑性阶段收缩裂缝带入工程使用阶段，使混凝土因这一"先天"缺陷而影响其抗渗、抗冻、抗化学介质侵蚀、抗钢筋锈蚀等性能，造成混凝土使用寿命大大缩短，维护修复费用大量上升；混凝土硬化后出现的干燥收缩开裂同样也严重影响混凝土的抗渗性、抗冻性、抗化学介质侵蚀、抗钢筋锈蚀等性能，也将造成混凝土使用寿命大大缩短。据有关资料，美国每年用于混凝土修复费用高达上千亿美元。

鉴于混凝土的塑性收缩开裂的易发性及对工程质量的危害性，许多国家的学者开展了对混凝土塑性收缩开裂的研究，通过掺加少量合成纤维等方法来克服其易塑性收缩开裂的缺陷，取得了较好效果。但对于水泥基材料产生塑性收缩开裂的本构关系和机理及纤维改善塑性收缩开裂的机理均尚未深入研究，使得改善塑性收缩开裂的方法仅停留在实验经验上，难以从根本上采取措施进行处理。Kraai[114]于1985年提出混凝土塑性收缩开裂平板实验法，该方法虽简便易行，但其复演性、可靠性令人生疑。其典型例证是Kraai介绍的平板法其实早在60年前就由Bates建立，且Bates认为失水不会引起混凝土塑性收缩开裂，这与Kraai的实验结果大相径庭。这其中固然有所用材料有年代差异等影响塑性收缩开裂因素的作用，也说明弄清塑性收缩开裂机理的重要，否则失之毫厘，将差之千里。在塑性收缩开裂机理未探明的情况下，对影响塑性收缩开裂因素的研究、防治方法的制定乃至于塑性收缩开裂实验方法的确立均会陷于摸索研究之中。究其原因，主要在于有关水泥基材料塑性性能的测试方法，如水泥基材料的塑性抗拉强度、水泥基材料的塑性失水收缩率、水泥基材料的塑性毛细管失水收缩拉应力等测试方法难以建立，使得此领域的研究虽被认为重要，但难以入手，只好"迂回侧击"或"退避三舍"，如Grzybowski和Shah采用环法研究混凝土干缩开裂时要待成型一天后才能开始，有的研究最短也要从几小时后开始。

马一平等于2000年在对纤维水泥基材料防开裂机理分析时提出水泥基材料塑性收缩开裂基本本构关系假设：若水泥基材料塑性毛细管失水收缩拉应力大于其自身塑性抗拉强度，水泥基材料将出现塑性开裂现象；反之，若水泥基材料塑性毛细管失水收缩拉应力小于其自身塑性抗拉强度，水泥基材料将不出现塑性开裂现象。该假设需要通过实验研究加以验证。国内外在此方面曾进行过一些实验探索研究，Wang通过研究认为混凝土的塑性收缩与其泌水速率、蒸发速率、孔隙水压力及混凝土自身抗拉承载能力有关，但未见其实验结果报道。Wittman曾采用毛细管水压力测定装置测定了混凝土毛细管水压力，并将其与混凝土塑性收缩建立关系，但无法对混凝土塑性开裂与否进行判定。柳献等采用毛细管水压力测定装置、线性位移传感器和超声波仪分别测定了砂浆的毛细管水压力、塑性收缩量和超声波声速在砂浆凝结前后的变化情况，试图通过此三者间的关联来说明砂浆塑性收缩开裂的本质，但这样的测试结果仅证明了毛细管水压力是造成塑性收缩的主要原因，且收缩是荷载和强度的综合作用结果。由于超声波声速难以揭示砂浆的塑性抗拉强度，需要设法测定砂浆的塑性抗拉强度；由于约束状况、试件尺寸等条件的限制，其所测试的毛细管水压力似乎不能代表实际开裂面上的拉应力；另外，该塑性收缩量测试采用的是接触式测量系统，对塑性水泥基材料来说似乎采用非接触式测量系统为好。由以上可见，由于缺少有效的塑性水泥基材料性能测试方法，使得在该领域的研究有很大困难。为此拟从自行设计切实可行的水泥基材料塑性抗拉强度、塑性收缩率、塑性毛细管失水收缩拉应力等测试方法入手，开展水泥基材料塑性收缩开裂本构关系和机理研究，探明决定水泥基材料塑性收缩开裂的作用力和抵抗力，建立两者的本构关系。进一步探清水泥基材料塑性变形、塑性收缩开裂与水泥熟料、辅助性胶凝材料、外加剂、环境条件、约束状态之间的本构关系。这将为有关水泥基材料塑性收缩开裂方面的研究，如塑性收缩开裂实验方法的科学建立、影响塑性收缩开裂因素的研究、塑性收缩开裂本构方程的建立、纤维防止塑性收缩开裂的机理研究、实际工程塑性收缩开裂预警机制的建立、纤维防止塑性开裂技术规范标准的制订等，提供强有力的理论基础和方法支持；同时，在塑性收缩开裂机理研究中建立的有关塑性水泥基材料性能的研究测试方法，将为研究水泥基材料塑性状态的结构形成发展过程提供测试手段基础，还可使有关硬化混凝土的研究，如硬化早期失水开裂、大体积混凝土的水化热开裂等的研究，延伸到本应延伸到的、以往因缺乏测试手段而不易进行的塑性阶段。故其研究成果将首次在全球建立水泥基材料塑性抗拉强度、塑性毛细管失水收缩拉应力等有关方法，首次建立起水泥基材料塑性失水收缩开裂本构方程，并阐明水泥基材料塑性收缩开裂机理，这具有重大的基础理论意义和巨大的现实经济意义。

参 考 文 献

[1] 徐德龙. 中国水泥工业的生态化[C]//第七届水泥混凝土国际会议. 济南：[s. n.]，2010.

[2] 汪澜. 论中国水泥工业CO_2的减排[J]. 中国水泥，2006，(4)：34-36.

[3] 杨南如，曾燕伟. 从科学发展观看传统水泥工艺改革的必然[J]. 水泥技术，2006，(3)：20-24.

[4] Wu X, Zhu H, Hou X, et al. Study on steel slag and fly ash composite Portland cement[J]. Cem. Concr. Res. , 1999, 29 (7)：1103-1106.

[5] Huang X, Yuan R Z. Developing a new generation of high performance composite cement[J]. Journal of Wuhan University of Technology (Materials Science Edition), 2000, 15 (3)：73-78.

[6] 邹伟斌，杨杰. 磨细矿渣粉在复合水泥生产中的应用[J]. 中国水泥，2003，(12)：49-52.

[7] Li D X, Chen L, Xu Z Z, et al. A blended cement containing blast furnace slag and phosphorous slag[J]. Journal Wuhan University of Technology (Materials Science Edition), 2002, 17(2)：62-65.

[8] Mehta P K. Influence of fly ash characteristics on the strength of Portland：fly ash cement[J]. Cem. Concr. Res. , 1985, 15：669-674.

[9] Konsta-gdoutos M S, Shah S, P. Hydration and properties of novel blended cements based on cement kiln dust and blast furnace slag [J]. Cem. Concr. Rese. , 2003, 33 (8)：1269-1276.

[10] CORP K S. Cement composition for hydrated hardened material used in civil engineering contains steel making slag as alkali stimulating agent and blended cement [P]. JP2003306359-A.

[11] Celik I B. The effects of particle size distribution and surface area upon cement strength development[J]. Powder Technol. , 2009, 188：272-276.

[12] Zhang Y J, Zhang X. Gry correlation analysis between strength of slag cement and particle fraction of slag powder[J]. Cem. Concr. Compos. , 2007, 29：498-504.

[13] Tsivilis S, Tsinmas S, Benetatou A. Study on the contribution of the fineness on cement strength[J]. ZKG, 1990, 1：26-29.

[14] Binici H, Temiz H, Kose M M. The effect of fineness on the properties of the blended cements incorporating ground granulated blast furnace slag and

ground basaltic pumice[J]. Construct. Build. Mater., 2007, 21: 1122-1128.
[15] Felekoğlu B, Türkel S, Kalyoncu H. Optimization of fineness to maximize the strength activity of high-calcium ground fly ash-Portland cement composites [J]. Construct. Build. Mater., 2009, 23 (5): 2053-2061.
[16] Ramazan Demirboğa Rüstem Gül. The effects of expanded perlite aggregate, silica fume and fly ash on the thermal conductivity of lightweight concrete [J]. Cem. Concr. Res., 2003, 33 (5): 723-727.
[17] Yazici H, Aydin S, Yiğiter H, et al. Effect of steam curing on class C high-volume fly ash concrete mixtures [J]. Cem. Concr. Res., 2005, 35 (6): 1122-1127.
[18] Ranganath R V, Bhattacharjee B, Krishnamoorthy S. Influence of size fraction of ponded ash on its pozzolanic activity[J]. Cem. Concr. Res., 1998, 28 (5): 749-761.
[19] Olorunsogo F T. Particle size distribution of GGBS and bleeding characteristics of slag cement mortars[J]. Cem. Concr. Res., 1998, 28(6): 907-919.
[20] Nehdi M, Mindess S, Aitcin P C. Rheology of high performance concrete: effect of ultrafine particles[J]. Cem. Concr. Res., 1998, 28 (5): 687-697.
[21] Harchand K S, Kumar R, Chandra K, et al. Mössbauer and X-ray investigations of some portland cements[J]. Cem. Concr. Res., 1984, 14 (2): 170-176.
[22] 张文生,陈益民,欧阳世翕. 粉煤灰与水泥熟料共同水化硬化的基础研究进展及评述[J]. 硅酸盐学报, 2000, 28 (2): 160-164.
[23] Erdogdu K, Turker P. Effects of fly ash particle size on strength of Portland cement fly ash mortars[J]. Cem. Concr. Res., 1998, 28: 1217-1222.
[24] 叶群山. 矿渣粉煤灰复合胶凝体系的试验研究[J]. 混凝土, 2004, (08): 42-45.
[25] 徐玲玲,杨南如,钟白茜. 机械活化粉煤灰的颗粒分布和活性的研究[J]. 硅酸盐通报, 2003 (2): 73-76.
[26] Fernández-Jimenez A, Puertas F. The alkali-silica reaction in alkali-activated granulated slag mortars with reactive aggregate [J]. Cem. Concr. Res., 2002, 32 (7): 1019-1024.
[27] De Schutter G. Applicability of degree of hydration concept and maturity method for thermo-visco-elastic behaviour of early age concrete[J]. Cem. Concr. Compos., 2004, 26 (5): 437-443.
[28] Scrivener K L. Backscattered electron imaging of cementitious microstructures: understanding and quantification[J]. Cem. Concr. Compos., 2004, 26 (8): 935-945.
[29] Mouret M, Bascoul A, Escadeillas G. Microstructural features of concrete in

relation to initial temperature: SEM and ESEM characterization[J]. Cem. Concr. Res., 1999, 29(3): 369-375.

[30] Diamond S. A discussion of the paper "Effect of drying on cement-based materials pore structure as identified by mercury porosimetry: a comparative study between oven-vacuum and freeze-drying"[J]. Cem. Concr. Res., 2003, 33(1): 169-170.

[31] Scrivener K L, Füllmann T, Gallucci E, et al. Quantitative study of Portland cement hydration by X-ray diffraction/Rietveld analysis and independent methods[J]. Cem. Concr. Res., 2004, 34(9): 1541-1547.

[32] Badanoiu A, Georgescu M, Puri A. The study of 'DSP' binding systems by thermo-gravimetry and differential thermal analysis[J]. J. Therm. Anal. Calorim., 2003, 74: 65-75.

[33] Menendez C, Bonavetti V, Irassar E F. Strength development of ternary blended cement with limestone filler and blast-furnace slag[J]. Cem. Concr. Compos., 2003, 25(1): 61-67.

[34] 廉惠珍, 童良, 陈恩义. 建筑材料物相研究基础[M]. 北京: 清华大学出版社, 1996.

[35] Roy D M, Goudu G R. Brobrowsk[J]. Cem. Concr. Res., 1972, 2: 349-353.

[36] Birchatt J D, Howard A J, Howard K K[P]. European Patent application, 0021682 and 0030408, 1981.

[37] Birchatt J D, Howard A J, Kendall K. Flexural strength and porosity of cements[J]. Nature, 1981: 289-293.

[38] 吴中伟. 高技术混凝土[J]. 硅酸盐通报, 1994, (1).

[39] 唐明述. 混凝土耐久性研究领域应成为最活跃的研究领域[J]. 混凝土与水泥制品, 1989, (5): 4-8.

[40] 陶珍东, 郑少华. 粉体工程与设备[M]. 北京: 化学工业出版社, 2003.

[41] Djamarani K M, Clark I M. Characterization of particle size based on fine and coarse fractions[J]. Powder Technol., 1997, 93: 101-108.

[42] Bentz D P, Conway J T. Computer modeling of the replacement of "coarse" cement particles by inert fillers in low w/c ratio concretes I. hydration and strength[J]. Cem. Concr. Res., 2001, 31: 503-506.

[43] Bentz D P. Replacement of "coarse" cement particles by inert fillers in low w/c ratio concretes II. hydration and strength[J]. Cem. Concr. Res., 2005, 35: 185-188.

[44] Lange F, Mortel H, Rudert V. Dense packing of cement paste and resulting consequences on mortar properties[J]. Cem. Concr. Res., 1997, 27(10): 1481-1488.

[45] Wang A Q, Zhang C Z, Zhang N S. The theoretic analysis of the influence of

the particle size distribution of cement system on the property of cement [J]. Cem. Concr. Res. , 1999, 29: 1721-1726.

[46] Wang A, Zhang C, Zhang N. Study of the particle size distribution on the properties of cement[J]. Cem. Concr. Res. , 1997, 27 (5): 685-695.

[47] Powers T C. 不详[J]. Industrial and Engineering Chemistry, 1935, 27: 790-794.

[48] Frigione G, Marra S. Relationship between particle size distribution and compressive strength in Portland cement [J]. Cem. Concr. Res. , 1976, 6 (1): 113-128.

[49] 许仲梓. 颗粒分布对水泥水化速度的影响的理论探讨[J]. 硅酸盐学报, 1986, 14 (1): 47-54.

[50] Kato A, Hirose K. Cement Assoc Japan[C]//Twenty Third General Meeting, 1969: 109-121.

[51] Kundsen T. The dispersion model for dration of Portland cement-General Concepts[J]. Cem. Concr. Res. , 1984, 14: 622-630.

[52] Sprung S, Kuhlmanm K, Ellerbrock H G, et al. Particle size distribution and properties of cement part-water demand of Portland cement[J]. ZKG, 1985, (11): 275-281.

[53] Kuhlmanm K, Ellerbrock H G, Sprung S, et al. Particle size distribution and properties of cement Part I: strength of Portland cement [J]. ZKG, 1985, (6): 136-144.

[54] Tsivilis S, Kakali G, Chaniotakis E, et al. A study on the hydration of Portland limestone cement by means of TGA [J]. J. Therm. Anal. , 1998, 52: 863-870.

[55] Skvara F, Kolar K, Novotny J, et al. The effect of cement particle size distribution upon properties of pastes and mortars with low water-to-cement ratio[J]. Cem. Concr. Res. , 1981, 11: 247-255.

[56] 李澄, 杨静. 胶凝材料颗粒级配对水泥胶凝体结构及强度的影响[J]. 建筑石膏与胶凝材料, 2004, (3): 44-48.

[57] Grzeszczyk S, Lipowski G. Effect of content and particle size distribution of high-calcium fly ash on the rhcological properties of cement pastes [J]. Cem. Concr. Res. , 1997, 27 (6): 907-916.

[58] Taplin J H . Proc. of the 5th International Symposium on the Chemistry of Cement II[C], Tokio, 1968: 337-421.

[59] Li F M. 水泥和混凝土化学[M]. 3 版. 北京: 中国建筑工业出版社, 1980.

[60] German R M. 粉末注射成形[M]. 曲选辉, 译. 长沙: 中南大学出版社, 2001.

[61] 郑水林. 超细粉碎[M]. 北京: 中国建材工业出版社, 1999.

[62] 陆厚根. 粉体工程导论[M]. 上海: 同济大学出版社, 1993.

[63] Horsfield H T. The Strength of Asphalt Mixtures [J]. J. Soc. Chem. Ind., 1934, 53: 107-115.

[64] 许仲梓. 粒径分布对水泥水化速率的影响的理论探讨[C]//第二届全国水泥学术会议论文选集. 北京: 中国建筑工业出版社, 1988: 256-263.

[65] 曾燕伟. 水泥体系颗粒分布对水化影响的数学分析[C]//第二届全国水泥学术会议论文选集. 北京: 中国建筑工业出版社, 1988: 264-267.

[66] 谢友均, 刘宝举, 龙广成. 水泥复合胶凝材料体系密实填充性能研究[J]. 硅酸盐学报, 2001, 29 (6): 512-517.

[67] 姜玉英. 水泥工艺实验[M]. 武汉: 武汉工业大学出版社, 1992.

[68] Stovall T, De Larrard F, Buil M. Linear packing density model of grain mixtures[J]. Powder Technol., 1986, 48: 1-12.

[69] 黄新, 袁润章, 龙世宗, 等. 水泥粒径分布对水泥石孔结构与强度的影响[J]. 硅酸盐学报, 2004, 32 (7): 888-891.

[70] Gallias J L, Kara-Ali R, Bigas J P. The effect of fine mineral admixtures on water requirement of cement pastes[J]. Cem. Concr. Res., 2000, 30: 1543-1549.

[71] Bentz D P, Garboczi E J, Haecker C J, et al. Effects of cement particle size distribution on performance properties of Portland cement-based materials [J]. Cem. Concr. Res., 1999, 29: 1663-1671.

[72] Fuller W B, Thompson S E. The laws of proportioning concrete[J]. American Mixtures Journal of The Society For Chemical Industry, 1934, 53: 107-115.

[73] 乔龄山. 水泥的最佳颗粒分布及其评价方法[J]. 水泥, 2001, 8: 1-5.

[74] Huttl R. Hochleistungs beton Beispiel Saureresistenz[J]. BFT, 2000, (1): 52-56.

[75] Johansen V, Andersen P J. Particle packing and concrete materials science of concrete[J]. Am. Ceram. Soc., 1991: 111-147.

[76] 刘浩斌. 颗粒尺寸分布与堆积理论[J]. 硅酸盐学报, 1991, 19 (2): 164-172.

[77] 曾凡, 胡永平. 矿物加工颗粒学[M]. 徐州: 中国矿业大学出版社, 1995.

[78] 张树青, 吴学礼. 矿粉颗粒级配及其对高掺量矿渣水泥强度的影响[J]. 水泥, 2001, (2): 5-9.

[79] Zhang T S, Liu F T, Liu S Q, et al. Factors influencing the properties of a steel slag composite cement[J]. Advance in Cement Research, 2008, 20 (4): 145-150.

[80] 王仲春. 水泥工业粉磨工艺技术[M]. 北京: 中国建材工业出版社, 2000.

[81] Yamada K, Takahashi T, Hanehara S, et al. Effects of the chemical structure on the properties of polycarhoxy-late-type superplasticizer[J]. Cem. Concr. Res., 2000, 30 (1): 197-207.

[82] Kinoshita M, Nawa T, Iida M, et al. Effect of chemical structure on fluidizing

mechanism of concrete superplasticizer containing polyethylene oxide graft chains [C]//Proc. of the 6th CANMET/ACI International Conference on Superplasticizers and Other Chemical Admixtures in Concrete. SA: American Concrete Institute, 2000, 163-179.

[83] Fukaya Y, Kato K. 超塑化剂在CSH(I)和钙矾石上的吸附作用[C]//第八届国际水泥会议论文集. 里约热内卢, 巴西, 1986: 48-53.

[84] Uchikawa H, Hanehara S, Shirasaka T, et al. Effect of adimxture on hydration of cement, adsorptive behavior of ad mixture an d fluidity and setting of flesh cement paste[J]. Cem. Concr. Res. , 1992, 22(6): 1115-1129.

[85] Chandra S, Flodin P. Interactions of polymers and organic admixtures on portland cement hydration[J]. Cem. Concr. Res. , 1987, 17(6): 875-890.

[86] Yoshioka K, Tazawa E I, Kawai K, et al. Adsorption characteristics of superplasticizers on cement component minerals [J]. Cem. Concr. Res. , 2002, 32(10): 1507-1513.

[87] Liao T S, Huang C L, Ye Y S, et al. Efect of a carboxylic acid/sulfonic acid copolymer on the material properties of cementitious materials [J]. Cem. Concr. Res. , 2006, 36(4): 650-655.

[88] Griesser A. Cement-superplasticizer interaction at ambient temperature [D]. Zurich: Swiss Federal Institute of Technology, 2002: 55-114.

[89] Nakajima Y, Goto T, Yamada K. A practical model for the interactions between hydrating Portland cements and poly-B-naphthalene sulfonate condensate superplastieizer[J]. J. Am. Ceram. Soc. , 2005, 88(4): 850-857.

[90] Yamada K, Ogawa S, Hanehara S. Controlling of the adsorption and dispersing force of polycarbxylate-type superplasticizer by sulfate ion concentration in aqueous phase [J]. Cem. Concr. Res. , 2001, 31(2): 375-383.

[91] 陈建奎. 混凝土外加剂的原理与应用[M]. 北京: 中国计划出版社, 1997.

[92] Ohta A, Sugiyama T, Uomoto T. Study of dispersing effect of plycarboxylate-based dispersant on fine particles [C]//Proc. of the 6th CANMET/ACI International Conference on Superplasticizers and Other Chemical Admixtures in Concrete. Paris, France, 2000: 211-228.

[93] Blask O, Honert D. The electrostatic potential of highly filled cement suspensions containing various superplasticizers [C]//Proc. of the 7th CANMET/ACI International Conference Oil Superplasticizers and Other Chemical Admixtures in Concrete. Bedin, Germany, 2003: 87-101.

[94] Uchikawa H, Hanehara S, Sawak D. The role of steric repulsive force in the dispersion of cement particles in fresh paste prepared with organic admixture

[J]. Cem. Concr. Res. , 1997, 27 (1): 37-50.

[95] Kauppi A, Andersson K M, Bergstom L. Probing the effect of superplasticizer adsorption on the surface forces using the colloidal probe AFM technique[J]. Cem. Concr. Res. , 2005, 35 (1): 133-140.

[96] Flatt R J, Houst Y F. A simplified view oil chemical effects perturbing the action of superplasticizers [J]. Cem. Concr. Res. , 2001, 31 (8): 1169-1176.

[97] Kim B G, Jiang S, Jolicoeur C, et al. The adsorption behavior of PNS superplasticizer and its relation to fluidity of cement paste [J]. Cem. Concr. Res. , 2000, 30 (6): 887-893.

[98] Yimlmaz T, Glasser F P. Very early hydration of tricalcium aluminate-gypsum mi xture in the presence of sulphonated melamine formalde-hyde superplasticizer[J]. Cem. Concr. Res. , 1991, 21 (5): 765-776.

[99] Prince W, Edwards-lajnef M, Aitcin P C. Interaction between ettringite and polynaphthalene sulfonate superplasticizer in a cementitious paste [J]. Cem. Concr. Res. , 2002, 32 (1): 79-85.

[100] Matsuyama H, Young J F. The formation of C-S-H/olymer complexes by hydration of reactive dielcium silicate[J]. Concr. Soc. Eng. , 1999, 1 (2): 66-75.

[101] Fernon V, Vichot A, Legoanvic N, Colombet P, et al. Interaction between Portland cement hydrates and polynaphthalene sulfonates[C]//Proc. of the 5th CANMET/ACI International Conference on Superplasticizers and Other Chemical Admixtures in Concrete. Farmington Hills, U. S. A, 1997: 225-248.

[102] Popova A, Geofroy G, Renor-gonnoM M F, et al. Interaction between polymeric dispersants and calcium silicate hydrates[J]. J. Am. ceram. Soc. , 2000, 83 (10): 2556-2560.

[103] Plank J. Superplasticizer adsorption on synthetic ettringite[C]//Proc. of the 7th CANMET/ACI International Conference on Superplasticizers and Other Chemical Admixtures in Concrete. Berlin, Germany, 2003: 283-297.

[104] Plank J, Dai Z, Andres P R. Preparation and characterization of new Ca-A1-polycarboxylate layered double hydroxides [J]. Mater. Lett. , 2006, 60: 3614-3617.

[105] 张文生，壬宏霞，叶家元. 聚羧酸类减水剂对水化硅酸钙微观结构的影响[J]. 硅酸盐学报，2006, 34 (5): 546-550.

[106] Winnefeld F, Becker S, Pakusch J, et al. Effects of the molecular architecture of comb-shaped superplasticizers on their performance in cementitious systems[J]. Cem. Concr. Compos. , 2007, 29 (4): 251-262.

[107] Plank J, Hirsch C. Impact of zeta potential of early cement hydration phases

on superplasticizer adsorption[J]. Cem. Concr. Res., 2007, 37 (3): 537-542.

[108] Tseng Y C, Wu W L, Huang H L. New carboxylic acid-based superplasticizer for high-performance concrete[C]//Proc. of the 6th CANMET/ACI International Conference on Superplaticizers and Other Chemical Admixtures in Concrete. Nice, France, 2000: 401-413.

[109] Erdogdu K, Tokyay M, Turker P. Comparison of intergrinding and separate grinding for the production of natural pozzolan and GBFS-incorporated blended cements[J]. Cem. Concr. Res., 1999, 29: 743-746.

[110] Taylor H F W. Cement Chemistry [M]. 2nd ed. London: Thomas Telford, 1997.

[111] van Breugel K. Simulation of hydration and formation of structure in hardening cement based materials [D]. Delft: Delft University of Technology, 1991.

[112] Bernard O, Ulm F J. Lemarchand Erie. A muhiscale micromechanics hydration model for the early in hot environments [J]. Construct. Build. Mater., 1998, 12 (6/7): 353-358.

[113] Dhir P K, Apte A G, Munday G L. Effect in source variability of pulverized-fuel ash upon the strength of OPC/PFA concrete[J]. Mag. Concr. Res., 1981, 33 (10): 68-76.

[114] Kraai P P. A proposed test to determine the cracking Potential due to drying shrinkage of concrete [J]. Concr. Construct., 1985, (9): 30-38.

第五章 复合水泥浆体组成和结构的演变规律研究进展

5.1 硬化水泥浆体的组成与结构

硬化水泥浆体是一个多相、多孔、多层次、多尺度的复杂体系，其微观结构呈现非均值和各向异性特征，且是时间的函数。硬化水泥浆体的物理力学性能、体积稳定性和耐久性主要决定于该结构体系的组成及其结构特征。

关于硬化水泥浆体的组成和结构以及结构的演变，国内外已有较多研究。近年来，随着材料科学的迅猛发展，多种高尖精仪器和测试设备不断出现[1-3]，从纳微米尺度探索硬化水泥浆体的组成和结构成为一个新的研究热点。

5.1.1 C-S-H

1. C-S-H 的结构

目前学术界比较一致的说法是，C-S-H 结构大体上类似于 Tobermorite(雪硅钙石) 或 Jennite(羟基硅钙石)。Tobermorite 和 Jennite 都属于稀有天然矿物，也存在于高压材料和绝热材料中。NMR、Raman、XAS 和 XRD 等测试技术在微观检测、孔隙率和界面特征等方面对 Tobermorite 的研究表明：Tobermorite 的主要结构单元为 CaO 多面体薄片组成的层状结构夹在两条单硅链中间[4-24]。硅链中的硅氧四面体($[SiO_4]^{4-}$)具有三元重复排列,其中两个四面体指向 CaO 多面体层,称为配对四面体,另一个四面体指向中间层,称为桥四面体[25,26]。这些钙硅层净电荷为负,被层间的 Ca^{2+} 联系在一起,层间区域还可能含有水分子。最小的基本空间在 c 轴方向大约为 0.98 nm,外来的水分子将其扩展到 1.1 nm 和 1.4 nm。1.1 nm Tobermorite 和 1.4 nm Tobermorite 的 [100] 和 [010] 晶向相似,都具有理想的单硅链和类似的氧化学位。1.1 nm Tobermorite 的理想结构式为 $Ca_{2.25}(Si_3O_{7.5}(OH)_{1.5}) \cdot H_2O$,钙硅比(Ca/Si)为 0.83,但是由于桥硅氧四面体可能会丢失或交叉,导致钙硅比可变。层间的 Ca^{2+} 也可能被其他阳离子取代,主要为 Al^{3+} [5,9,17-19,22-28]。

从 XRD[30]、^{29}Si NMR[9,32] 和 TEM[19] 的研究中可以推断出:Jennite 结构大致上与 Tobermorite 相似,只是硅链间隔丢失并被 OH^- 基团取代。Gard 等[30]研究认为:Jennite 结构建立在与 (001) 晶面平行的褶皱 $(Ca_8Si_6O_{18}H_2(OH)_8 \cdot H_2O)^{2-}$ 薄片基础之上,额外的 Ca^{2+} 和水分子夹在层间。理想的 Jennite 的结构式为 $(Ca_8(Si_6O_8H_2)(OH)_8)Ca \cdot 6H_2O$。

Taylor[29,31,33] 指出,钙硅比大于 1.5 的 C-S-H 结构与 Jennite 类似,称为 C-S-H(Ⅱ);钙硅比小于 1.5 的 C-S-H 结构与 Tobermorite 类似,称为 C-S-H(Ⅰ)。Viehland 等[18,19] 通过对透射电镜图像的分析,得出结论:C-S-H 同时包含 Tobermorite 和 Jennite 两种结构单元,并呈现一种无定型态。

众所周知,高温养护下的水化产物比起常温下的,其结构更为粗糙。Goto 和 Roy 的研究[34]表明,高温(60 ℃)下养护 4 周的试样与常温(27 ℃)下养护相同时间的试样相比,10^{-9} m 尺度范围内的细孔孔隙率更高,而 10^{-7} m 尺度范围内的粗孔孔隙率偏小。造成这种粗糙孔隙结构的原因是,高温下水化反应程度高,使得微观结构变得更加密实。Ito 等[35]测定了不同养护温度下水泥浆体的孔径分布,结果显示:在 20 ℃ 和 40 ℃,孔径分布的峰值出现在 $10^{-8} \sim 10^{-7}$ m 之间,且随着水化反应继续进行,孔隙率逐渐下降;在 60 ℃ 和 80 ℃,孔径分布的峰值出现在 $10^{-9} \sim 10^{-8}$ m 之间。

有研究指出,微孔内湿度的变化与混凝土材料的微观性能密切相关[36]。除此之外,在掺加粉煤灰或矿渣的混凝土中,由于形成了不含凝胶内孔的晶体,其孔隙结构与水泥净浆 C-S-H 的孔隙结构也大不相同[37]。另外,历经高温养护的试件,其 LD C-S-H(低密度 C-S-H)所占的体积分数明显降低,小角度中子散射(SANS)研究结果显示,热养护不会影响试件的比表面积,但体积分形密度会增加[38]。

2. C-S-H 的化学组成

各种商品水泥水化得到的 C-S-H 凝胶相的平均钙硅比在 0.7~2.3 之间变

化[39]。C-S-H 在细小尺度范围内存在成分一致性，如在 C_3S 或水泥净浆中，平均钙硅比约为 1.75，随着观测区域的不同，钙硅比在 1.2~2.1 之间变化。然而随龄期的增长，C-S-H 的化学成分趋于一致，如早期水泥净浆中钙硅比呈双模式分布，而到了后期逐渐演变为单模式分布。C_3S 或水泥净浆中的平均钙硅比并不随龄期而发生变化。C-S-H 中时常出现替代离子，其中为数最多、最常见的就是 Al^{3+}。添加粒化高炉矿渣的水泥水化产物中 Al/Ca 随着 Si/Ca 增加呈直线上升趋势。

3. C-S-H 的形貌

由颗粒尺寸相对较大的 C_3S 或水化形成的 Ip C-S-H（内部 C-S-H）在透射电镜中的图像由无数球状小颗粒构成。在 20 ℃下水化形成的颗粒尺寸在 4~8 nm 之间，在升温养护条件下水化形成的颗粒尺寸更小一些，只有 3~4 nm。C_3S 或水化形成的 Op C-S-H（外部 C-S-H）呈纤维状，由细长的颗粒组成，这些细长颗粒的最小维度尺寸为 3 nm，且长度在几纳米到几十纳米内变化。水泥浆体水化形成的 Op C-S-H 具有典型的细观形貌，粗纤维状的颗粒比较少。

在掺加矿渣的水泥浆体中，Op C-S-H 的平均钙硅比随着矿渣含量增加而下降。在钙硅比下降到 1.5 之前，C-S-H 保持一维线状形貌；而钙硅比进一步下降会导致趋向褶皱薄片状的形貌转变。这说明，当钙硅比下降时，C-S-H 颗粒从原本的一维生长转变为二维生长，从细长颗粒转变为薄片颗粒。

KOH 激活的水泥浆体中的 Op C-S-H 的形貌在高钙硅比区和低钙硅比区均呈薄片状，而且颗粒排列的有序性也比一般浆体（无碱激活）要好，类似于 1.4 nm Tobermorite 结构。在 KOH 激活的情况下 CH 被大幅度微晶化了，而一般情况下 CH 则大部分呈结晶态，在升温养护的情况下有时也会出现部分微晶化。KOH 激活的高岭土水泥浆体试样中的 Op C-S-H 也呈薄片状。

已经证实，薄片状形貌可能与 T 型结构相关，而据试验观测得知：在水激活体系中 Op C-S-H 的形貌由薄片状转变为纤维状，与 J 型结构单元或 CH 层的出现不谋而合，因此有理由将 J 型结构的出现与纤维状的形貌联系在一起。另外，在一些特殊的体系中，如碱激活的水泥浆中，即使在高钙硅比的情况下，所形成的 C-S-H 仍然是呈现薄片状的形貌，此时 CH 固溶结构似乎比 T/J 混合结构更为合理。所以，形貌上的转变可能应该归因于 J 型结构单元的出现而非固溶的 CH。然而，也可能只是因为不同化学体系中由 C-S-H 颗粒的生成速率不同，导致碱激活体系中的 T 型结构单元向二维方向生长，最终形成了薄片状形貌，而水激活体系中的 T 型结构单元在一维方向生长，最终形成了纤维状形貌。小颗粒完全水化形成的 C-S-H 凝胶，其钙硅比较高，且多孔不密实；形貌与水泥砂浆试样中的薄片状的 Op C-S-H 非常相似。因此，水化形成的 C-S-H 可能也是以 T 型结构为基础的。完全以 T 型为基础的结构与大部分以 J 型为基础的结构性能显然是不同的,所以完全水化形成的 C-S-H 与其他各处形成的 C-S-H 性能也可能不同。

C_3S 和水泥水化形成小颗粒的 C-S-H 可能会导致显著的边缘效应,即硅链链长较短,而链端含量较高。这解释了试样 ^{29}Si NMR 图谱中的存在,也解释了为什么在升温养护下信号峰的强度更高一些。在升温条件下,水化完全,水化程度也比较高,因此形成的水化产物颗粒尺寸较小。而在 KOH 激活试件中 C-S-H 呈薄片状,链端边缘区域与纤维状 C-S-H 相比要少一些,信号峰的强度较弱。

4. C-S-H 的结构模型

C-S-H 的钙硅比随测量区域的不同而发生变化(0.6~2),而其平均值在 1.7 左右。学术界对 C-S-H 凝胶的结构和钙硅比浮动提出了很多的模型。固溶模型最初由 Fujii 和 Kondo 提出,后被 Cong 和 Kirkpatrick[11]证实。该模型将 C-S-H 凝胶视做由 Tobermorite 和 CH 所形成的固溶体,CH 位于 Tobermorite 的层状结构中。这一模型可以解释 C-S-H 凝胶在晶体化学方面的一些观测结果,但是否可以推广到凝胶局部钙硅比更高的区域(如 Ca/Si > 2.0)还不确定。

Richardson 和 Groves[40]在原有固溶模型基础上提出了修正固溶模型,认为不同链长和含量的硅链相互孤立,形成了基体,其中固溶的 CH 含量也随硅氧四面体聚合程度的不同而发生变化。该模型很好地解释了 C-S-H 凝胶层状结构中的无序特性,而且可以用来描述局部钙硅比、水含量和平均硅链长度。然而该模型对局部结构特性少有涉及,对结构上的无序性如何与成分起伏联系也没有进行分析。

Taylor[5,7]提出了纳米相模型,认为 C-S-H 凝胶在纳米尺度范围内由 Tobermorite 和 Jennite 结构单元混合组成。该模型可以解释很多晶体化学的观测结果,尤其证实了局部范围内钙硅比存在强烈波动的重要性。在该模型下,C-S-H 凝胶被视为纳米非均质系统。近来许多学者通过 X 射线光电子能谱分析法也认同了纳米非均质性的观点。

近来,Xu 和 Viehland[18,41]通过透射电子显微镜对 5 年龄期的白水泥试样的观察,首次发现在 C-S-H 凝胶的内部产物中存在介观结构。这一介观结构由无定形基体、镶嵌在其中的成分变化的纳米晶区和短程有序区组成,纳米晶区在 5 nm 以下,在这一范围内 C-S-H 的组成是均匀的,短程有序区的大小范围小于 1 nm,它们的结构和组成是可变的。TEM 还检测出同时存在 Tobermorite 和 Jennite 结构单元。这一结论也就证实了 Taylor 提出的纳米相模型。Xu 和 Viehland 在养护 8 周的新鲜白水泥试样中也发现了纳米晶区的存在,虽然两个试样的介观结构大不相同,但纳米晶区的范围却是等同的。于是得出结论:纳米晶区在水化反应刚开始非常短的时间内发展迅速,当养护时间超过 8 周以后显著下降。

Chatterji[42]的研究结果表明,纳米晶区也可能是固溶的 CH 或由于电子束照射引起的局部 C-S-H 分解。因为 C-S-H 凝胶中纳米晶区的存在对纳米相模型构成强有力的支持,因此很有必要弄清楚纳米晶区的出现究竟是一个必然现象还是在特定条件下的偶然事件。

Zhang 等[43]采用高分辨电子显微镜(HREM)研究了两种最常见的水泥试样:普通水泥净浆试样和水泥砂浆试样。在养护 28 天的水泥净浆试样中观测到纳米晶区,晶区的形状和尺寸均可变,但尺寸均在 5 nm 以下,这与 Viehland 等的研究结论非常吻合。同时,在养护 7 天的净浆中也发现了纳米晶区,说明了纳米晶区形成于 7 天养护时间之前。在砂浆试样中也发现有纳米晶区的存在,说明 C-S-H 凝胶内部水化产物中出现纳米晶区是一个一般现象而并非偶然。养护 7 天的试样中纳米晶区所占的体积分数要小于 28 天的试样,不仅如此,同一个试样中的纳米晶区也存在显著差异。虽然 7 天试样与 28 天试样纳米晶区形状和尺寸间的差异难以区分,但却能观测到晶区层间距的变化,且与时间相关,说明水化产物的纳米结构是随时间变化的。

对纳米晶区进行 EDAX 分析显示,晶区内除了 Ca 并没有其他元素的谱线,意味着纳米晶区并不是从大颗粒的 CH 上剥落的部分,但也不排除在细微的范围内 CH 与 C-S-H 凝胶紧密结合的可能性。观测到了许多的 CH 聚集区域,但没有一个处于内部水化产物范围内,这些区域的尺寸在几百纳米左右。在高分辨电子显微镜观测下,纳米晶区的栅格图像和组成均没有发生变化,说明高分辨电子显微镜的电子束并没有将局部 C-S-H 凝胶分解。因此得出结论:Ip C-S-H 中存在的纳米晶区既非 CH 固溶区,也不是 C-S-H 局部凝胶分解区,而是 C-S-H 的纳米晶体。

在 XRD 衍射模式中,C-S-H 凝胶在 $d \approx 0.25 \sim 0.29$ nm 范围内存在一个很宽的峰,即层间距的分布很广。而这些层间距在试样的纳米晶区均可以观测到,说明纳米晶区实际上是不同层间距的 C-S-H 纳米晶体,层间距分布随时间的变化显示了纳米晶区的纳米结构随时间的变化,伴随而来的即是 C-S-H 随时间的发展。纳米晶区层间距的宽泛分布说明,C-S-H 的结构是高度可变的而非一个单一整体的结构。

根据以往的研究结果,0.27~0.28 nm 范围内的层间距接近 Tobermorite 结构中 CaO 部分的 Ca—Ca 键距,而 0.24~0.25 nm 范围内的层间距接近 Jennite 结构中 CaO 部分的 Ca—Ca 键距。最近一项透射电镜的研究结果表明,Tobermorite 和 Jennite 的栅格参数分别为 0.50~0.55 nm 和 0.97~1.01 nm,相应的 Ca—Ca 键距分别为 0.25~0.27 nm 和 0.24~0.25 nm,这些研究结果均表明纳米晶区内含有类似 Tobermorite 和 Jennite 的结构单元,从而有力地证明了纳米相模型。

在约 120 nm 区域范围内 EDAX 分析水化产物的钙硅比，研究发现该比值分布非常散乱，意味着 C-S-H 凝胶本身存在纳米非均质性，而造成这种非均质性的原因可以归纳为以下两类：不同的层间距和 CH 固溶物。

C-S-H 凝胶纳米结构的胶体模型由 Jennings[44]最先提出。该模型的发展主要用来解释对微细观结构敏感度不同的各项测试技术所得到的不同密度和比表面积数值。在该模型中，C-S-H 凝胶最小的独立单元近似为直径小于 5 nm 的小球体。这些小球体堆积在一起形成两种不同堆积密度的结构，称为高密度水化硅酸钙凝胶（HD C-S-H）和低密度水化硅酸钙凝胶（LD C-S-H）。这两种堆积形态大体上与 Rirchardson 等定义的"内部水化产物"和"外部水化产物"形貌相对应。LD C-S-H 在开放的毛细孔体系中形成，主要形成于水化反应早期的快速水化阶段；而 HD C-S-H 则集中在水化后期微结构的压缩区域中形成。

HD C-S-H 结构的平均堆积密度为 74%，恰巧是球体紧密堆积时的堆积密度，如面心立方堆积（fcc）结构或体心立方堆积（bcc）结构，在这两种堆积结构中，每一个球体周围有 12 个邻近球体。LD C-S-H 结构更为复杂，其堆积密度随尺度变化，因而在长度范围内呈现一种分形结构。除此以外，LD C-S-H 结构还随养护条件和环境改变。总体上，LD C-S-H 结构的堆积密度小于 64%，与任意堆积模型的理论堆积密度一致，在此种堆积结构中，每个球体周围有 6 个邻近球体。

在胶体模型的基础上，Jennings 和 Thomas 等[45-48]通过对小角度中子散射、纳米压痕硬度和平衡干燥三种实验结果的综合分析，提出了纳米结构的拓展胶体模型。该模型将原有的两种不同堆积密度的 C-S-H 凝胶结构更细分为三种，分别如下：

1) 高密度 C-S-H 凝胶（HD C-S-H）

HD C-S-H 凝胶被界定为直径 5 nm 的水化硅酸钙小球体紧密堆积的结构。在 HD C-S-H 结构中最大孔的孔径也只有 1 nm，与小角中子散射试验中使用的中子束的波长相似。因此，入射到 HD C-S-H 凝胶中被散射回来的是有效均一的中子束，而没有从内表面分散开来，所以小角度中子散射（SANS）测试不到其内表面区域。HD C-S-H 结构是紧密堆积的，它的基本组成非常稳定，不受加热、干燥、龄期的影响。在干燥过程中，只有当相对湿度低于 50% 时，水分才会丢失，而且丢失的水在再度湿润的情况下还可以重新进入结构当中。

2) 中低密度 C-S-H 凝胶（ILD C-S-H）

当水泥浆体在室温湿润的条件下水化时，最初形成的 ILD C-S-H 相呈现一种非常复杂的形态，在几十纳米尺度范围内存在堆积密度起伏，平均堆积密度大约为 50%。这实质上是能保持力学稳定状态的最小的堆积密度，因此这种结构相对比较容易改变和重组。这种可变结构可能对应着 5～10 GPa 纳米硬度模数峰。ILD C-S-H 结构的关键特征之一就是存在体积分形结构。其结构受到干燥、养护温度和龄期的强烈影响。

3）低密度 C-S-H 凝胶（LD C-S-H）

以单个水泥颗粒的水化来衡量水化过程时，LD C-S-H 凝胶从水泥颗粒表面向外生长，相邻水泥颗粒向外延伸的水化产物层相遇，相互交错生长而变密实，使得堆积密度增大形成高强度相将水泥浆体胶结在一起。此时形成的 LD C-S-H 凝胶的堆积密度大约为 64%，颗粒表面的水化产物层持续无阻碍地向毛细孔空间内生长，LD C-S-H 将在中间状态停留一段比较长的时间。这些中间过渡区域不承担附加在试样上的荷载，但是它们在封锁毛细孔空间、减少渗透性方面起着重大的作用。

当试样处于高温养护或干燥过程时，C-S-H 颗粒本身固有的性质并不改变，发生变化的仅是颗粒的堆积密度。由于 LD C-S-H 的相对精细结构不稳定，在干燥情况下产生不可逆的收缩，而在高温养护的情况下渗透性增加。

如图 5.1 所示[49]，C-S-H 凝胶的胶体模型中最小的结构单元是类似于 Tobermorite 或 Jennite 的颗粒。这些基本组成单元不规则地堆积在一起，形成胶束（globule）。胶束相互堆积形成低密度和高密度的水化硅酸钙凝胶。基本组成颗粒之间的空隙类似于层状结构模型中的层间隙。胶束之间的空隙则为 C-S-H 凝胶所固有的凝胶孔。凝胶颗粒之间存在大的凝胶孔，这种凝胶孔也相当于其他模型中的小毛细孔。

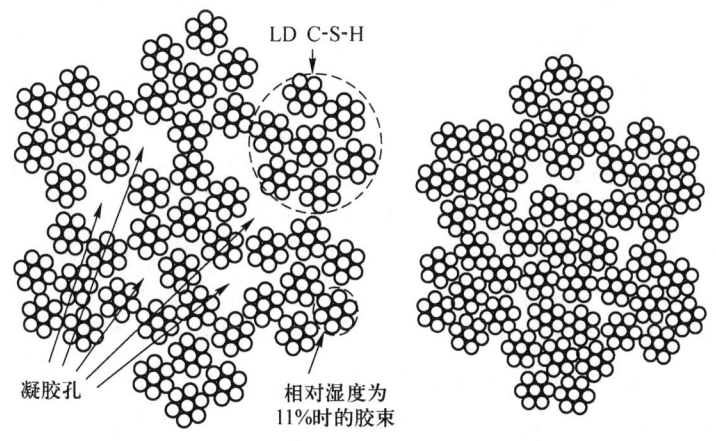

图 5.1　根据胶体模型数值模拟的 LD C-S-H（左）和 HD C-S-H（右）[49]

在 SANS、氮吸附等温等试验数据支持下，Jennings[50]对原先提出的凝胶模型，特别是 LD C-S-H 模型进行了修正。认为 C-S-H 凝胶仍然由胶束聚集堆积而成，但胶束并不是早前所认定的球形，而是存在分形特征。在 C-S-H 中含水的区域包括层间空间、胶束内部（IGP，≤1 nm）、小凝胶孔（SGP，1～3 nm）和大凝胶孔（LGP，3～12 nm），每个区域中存在的水都有其特定的热力学特性。不可逆收缩和徐变与 LGP 和 SGP 结构变化有关。胶束在压力作用下会重新排列。随着干燥、加热和龄期等的变化，LGP 的数量会下降。SGP 会重新排列，从而其中束缚的水的含量也相应发生变化。

Jeffrey 等[51]采用 SANS 测试方法，探讨了 C-S-H 凝胶的结构随龄期在干燥和再湿润条件下的变化。认为龄期和外界条件并没有改变水泥浆体的基本纳米结构特征，只是把凝胶结构压缩了，使其对进一步的不可逆变形变得不敏感。胶束粒径为 4.29 nm±0.09 nm，体积分形指数接近 2.6。干燥到相对湿度 54% 以上，体积分形结构保持湿润状态，毛细孔压力将凝胶压实，释放出较大的颗粒空间，增加了胶束的平均密度。这一过程同时还增加了胶束和毛细孔体系之间分形界面的粗糙比表面积，这是由于水泥浆体中非收缩固相限制体积收缩。干燥到相对湿度 33% 以上时，毛细孔压力消失。单个胶束表面的单层吸附水对 SANS 测试结果影响很大。此时可以认为，在这样高的相对湿度下，水的分离压力减少，使得邻近颗粒相互靠近接触，从而比表面积大大减少。随着龄期增加，固定空间内水化程度的加深或毛细孔压力使得胶束堆积密实，C-S-H 凝胶抵抗结构重排列的能力也增加，而并非之前认为的硅链聚合度增加。

Mondal 等[52]运用 AFM 和纳米压痕技术分析了水泥基材料局部的纳米力学性能，包括界面区的弹性模量。研究发现，在不同的区域范围内 C-S-H 凝胶结构存在 40～700 nm 的球形颗粒。在水泥浆体微结构中不同区域弹性模量也不一样，未水化水泥颗粒周围的浆体弹性模量相对较高，而浆体界面区的弹性模量总体上说较低。Alizadeh 等[53]采用 TGA 和 XRD 结合的方法分析了合成的 C-S-H（Ⅰ）的纳米结构对应于干燥条件的变化，同时对于利用 C-S-H（Ⅰ）作为水化浆体纳米模型的可行性也进行了评述。C-S-H（Ⅰ）具有明确的 X 射线图样，在 1.250 nm、0.304 nm 和 0.280 nm 的位置存在最强峰，对应于 1.250 nm 位置的 002 晶面间距对相对湿度下的结构变化非常敏感。氦注入总量很好地表征了从 C-S-H（Ⅰ）中排出水而产生的 002 晶面间距的变化。在氦注入量最大的情况下，层间距出现大的变化和层状结构开始坍塌对应着重量损失超过了水含量。Fernandez 等[54]采用 ^{29}Si MAS-NMR 的方法研究了 C_3S 水化和 C-S-H 形成过程中镁的影响。研究表明：有氧化镁存在的热水化条件下，C_3S 的水化过程及形成的 C-S-H 凝胶的结构发生了变化。此种条件下形成的 C-S-H 凝胶中结合了镁离子、氢氧化镁，但 CH 则比较少见。氧化镁可能阻碍了 CH 沉积。而凝胶的钙硅比分布较宽则说明：在钙硅比<1 的情况下，C-S-H 凝胶存在有缺陷的硅氧四面体链状结构，一些镁离子落入链的层间或桥四面体的八面体空隙

中；当钙硅比 >1 时，镁离子可能会落入硅链的四面体空隙中。

Bullard[55]提出的模型认为：C_3S 表面生成的亚稳水化相与反应溶液之间的平衡为进一步快速水化反应的发生设置了壁垒，更像是决定诱导期长短的主导因素。在水化早期稳定的 C-S-H 从亚稳相中成核，其生长破坏了亚稳层结构，使 C_3S 重新溶解。因此，稳定的 C-S-H 晶核一旦形成，诱导期和加速期的水化速率便由其生长速率决定。Beaudoin 等[56]采用 CP MAS、XRD、TGA、SEM、FTIR 及 EDX 测试技术研究了 C-S-H 凝胶与十六烷基三甲基胺(HDTMA)的相互作用。研究表明，超过 50 ℃ 真空干燥，甚至 25 ℃ 持续真空干燥都会导致 C-S-H 层间结构的破坏。在没有任何热源条件下的温和真空干燥有利于保持凝胶结构。C-S-H 凝胶的脱羟基反应低温化，以及在 383 ℃、555 ℃ 和 904 ℃ 发生的额外重量损失说明，HDTMA 分子与 C-S-H 表面的相互作用能显著改变 C-S-H 凝胶的分解性能。温度超过 830 ℃ 直至 904 ℃ 产生的重量损失，被认为是含碳的物质从 C-S-H 基体中释放出来的结果，在该温度区间范围内发生了结构重排。推想可知：养护温度、水化程度、化学和矿物外加剂可以极大地影响 C-S-H 的组成、纳米结构和形貌。Aono 等[57]采用 TG、MIP、氮吸附、水吸附、NMR 等方法研究了在 50 ℃ 干燥条件下，硬化水泥浆体的孔结构和 C-S-H 凝胶的纳米结构的变化。压汞试验结果表明：直径大于 8 nm 的孔体积增加，密度增加；直径小于 8 nm 的孔体积下降，总的孔体积保持不变。氮吸附测试结果表明，比表面积明显下降，水吸附得到的比表面积如果按照单层吸附模式只是略微下降，如果按照多层吸附模式也如同氮吸附结果显著下降。随着干燥的进行，硅链的聚合度增加，但硅链的聚合度和硬化水泥浆体的水化程度之间似乎不存在明显的关联。比表面积的下降和聚合度的增加意味着干燥对 C-S-H 凝胶黏聚结构的发展起作用。而由于干燥造成的硬化水泥浆体孔结构的粗化可能与硅链聚合形成的黏聚结构有关。

5.1.2 $Ca(OH)_2$ 和 AFt(AFm)

1. $Ca(OH)_2$

CH 是硅酸盐水泥浆体中最为纯净的水化产物，其化学组成中仅含有少量的杂质，如 Si、Fe 和 S 等。结晶良好，属三方晶系，具有层状结构，由彼此联结的 $Ca(OH)_2$ 八面体组成，其尺寸为 1~300 nm 不等。结构层内为离子键，结合较强。而结构层间为分子键，层间联系较弱，可能成为硬化水泥浆体受力时的一个裂缝起源[58]。

在硬化水泥浆体中存在着两种结构的 CH 相[59]。班杰尔等发现，刚生成的 CH 也是无定形的，以后才转变为晶体。随着反应温度升高，CH 在液相过饱和状态下成核速率增加，因而其晶体尺寸较小，但在一定范围内晶体尺寸的大小似乎并不影响浆体的抗压强度。在纯的 C_3S 的浆体中，CH 更多的是在 CSH 表面生长，在水化后期形成的 CH 晶体会逐渐包裹 C_3S 颗粒[59]。而在硅酸盐水泥浆体中，CH 首先是在石膏表面成核生长的，随着反应的进行，CH 浆体会形成一个一个的簇，最终形成人们所见的板状结构。这种结构在龄期较短时 CH 相起到了增强骨架的作用，因而在断口上很少发现。随着龄期的增长，CH 层状结构的解理面为断裂时的裂缝开展提供了极为有利的途径，从而在断口上 CH 相数量增多[60]。CH 的这种性质也会影响水泥浆体和其他各种界面之间的黏结，因为在界面区内部含有更致密和定向生长的 CH，这肯定对微裂纹在混凝土集料和钢筋周围集结有重要影响[61]。

虽然 CH 能够优先在硫酸钙周围生长，表明石膏已经成为 CH 浆体生长的晶核，但是三斜的 CH 浆体是不能在其他晶体结构的石膏（单斜石膏、正交半水石膏和硬石膏）表面继续生长的。从文献[59]中可以得出，石膏晶体的局部环境有利于 CH 的结晶成核。在普通硅酸盐水泥中，通过 TEM 观察，可以得出 CH 浆体是从水化 C_3S 或 C_2S 颗粒表面的一个晶核开始生长的，然后相当迅速地发展，直至附近的 Ca^{2+} 消耗完毕为止。CH 在生长过程中排除那些不能进入晶格的溶质，从而使它们在剩余的水溶液中得到富集。CH 在水泥浆体中择优定向生长，同时填充周围的毛细空间。这个过程似乎大部分发生在水化反应全过程的较早阶段。采用 SEM 背散射图像（BSE）研究发现，在硅酸盐水泥体系中，CH 晶体的生长似乎受可得到的石膏和氧化铝间的相互反应的影响，在这个体系中碱的影响很有限，但它会与硫酸盐发生协同作用。

当水中氧化钙（25 ℃）的浓度超过 1.14 g/L 时，即形成过饱和溶液。Hedin 发现，只要溶液浓度高，CH 晶体就往往向四面八方生长。当浓度稍高于 1.5 g/L 时，垂直于底轴面方向的生长速度大于垂直于六方棱柱面方向的生长速度。垂直于底轴面方向的择优生长能得到长条形晶体，垂直于六方棱柱面方向的择优生长则得到平板状浆体。

有研究表明，将温度从 15 ℃ 提高到 35 ℃，CH 晶核数增加，从而晶体尺寸减小。增加水固比能改善 CH 浆体的正面体特征，CH 晶体是一层接一层地生长的。

通过二次电子扫描电子显微镜分析表明，在水化早期，水泥浆体中有足够的空间让 CH 和钙矾石结晶成核，且 CH 为典型的板状六面体晶体，钙矾石为针状[62]。在水化 7 天之后，晶体生长只能在大的孔中进行，除了 CH、钙矾石以外，还生成了 C-S-H(Ⅰ)和 C-S-H(Ⅱ)，且板状的 CH 已经出现了裂缝，而钙矾石仍为针状，C-S-H(Ⅰ)为针状，而 C-S-H(Ⅱ)为板状。由于二次电子的能量比较低，只能观察到样品表面的晶体形貌。为了深入了解样品中的晶体特征，还必须借助背散射电子和 XRD 分析。

通过 BSE 分析发现，在硬化的水泥浆体中有两种 CH 晶体：长条状和块状。所观察到的长条状晶体就是板状 CH 晶体的横截面，产生横截面的原因是因为最初形成的典型的板状六面体 CH 晶体出现了断裂。而块状晶体可能是在水化后期形成的，是晶体生长不完全的结果，而且这些晶体都充满在 C-S-H 凝胶孔中。

另外，CH 晶体的生长和铝酸盐也有一定的关系。抑制 CH 成核的两种主要物质是硅酸盐和铝酸盐。硅酸根离子产生这种作用的原因是，它能吸引 C-S-H 里面的 Ca—O 层。而氧化铝的存在会抑制硅酸钙的形成，有可能抑制了溶液本来浓度就很低的硅酸根离子。但是氧化铝本身也有可能会抑制 CH 成核。因此，在含有氧化铝和石膏的系统中，在石膏晶粒周围存在着较少的硅酸根离子以及浓度较低的铝酸盐，这样就有利于 CH 成核。另一种可能的解释是硫酸盐和石膏的双重作用：由于硫酸盐与铝酸盐反应，硫酸盐被消耗后致使更多的石膏溶解，这样就导致水泥浆体的饱和度相对于 CH 而言提高了，从而阻碍了 CH 的生长[59]。

最近的研究发现，除了普遍存在的六方板状的 CH 晶体以外，晶体结构中还存在着无定形的 CH 相。Groves 用 TEM 检验了经离子束减薄的普通硅酸盐水泥的切片（水灰比为 0.15），在这些浆体中发现了形态为薄片状的微晶型，平行于基面，大约 10 nm（沿 c 轴）。这些薄片之间趋于局部平行（共同 c 轴），但垂直于 c 轴方向取向各异性。通过比较 X 射线衍射法和萃取法测出的结果，也可以得出微晶型 CH 存在的结论。大部分情况下，微晶的 CH 是和 C-S-H 凝胶结合在一起的[59]，所以认为无定形的 CH 可能具有富石灰的 C-S-H 的性质。Macphee 等[15]对 C-S-H 和 $Ca(OH)_2$ 进行了研究，并且给出了 SANS 或小角度 X 射线衍射（SAXS）测定微米尺度 $Ca(OH)_2$ 和纳米尺度 $Ca(OH)_2$ 的结果。Sato 等[78]采用热分析方法研究了纳米尺度 $Ca(OH)_2$ 的特征性质。

Korpa 等[72]研究了加入微米和纳米尺寸的具有胶凝性的混合材的水泥基材料水化产物的性质、形态以及结构。分析结果表明，加入微米和纳米尺寸的混合材后，生成 $Ca(OH)_2$ 的时间提前，$Ca(OH)_2$ 的尺寸变小，且诱导期缩短，水化热减少，并且能明显减少孔隙大小以及孔隙率。Knapen 等[73]研究了在存在水溶性聚合物的情况下水泥水化产物和微观结构的形成。由于这些水溶性聚合物的存在，$Ca(OH)_2$ 在水泥浆体中层状沉积，且没有变形。层与层之间的聚合物起到连接作用，使得浆体的强度得到提高。

2. AFt(AFm)

结晶完好的钙矾石为细棱柱形结晶体，其长径比可达到 10。根据泰勒等所提出的结构模型，其基本结构单元柱为 $\{Ca_3[Al(OH)_6 \cdot H_2O]\}^{3+}$。由 $[Al(OH)_6]^{3-}$ 八面体再在周围各结合三个钙多面体组合而成。每个钙多面体配以

OH^-以及水分子4个,柱间的沟槽中则有起电价平衡作用的SO_4^{2-}三个,从而将相邻的单元柱相互连接成整体,另外还有一个水分子存在。因此钙矾石的结构式可以写成:$[Ca_3Al(OH)_6 \cdot H_2O]_2(SO_4)_3 \cdot H_2O$。由于$Fe^{3+}$或$Si^{4+}$部分取代$Al^{3+}$,而其他离子可能部分或完全地取代$SO_4^{2-}$(如$OH^-$、$CO_3^{2-}$和$H_2SiO_4^{2-}$),因此水泥浆体中的钙矾石常用AFt相来表示。这些由于取代而产生的水化产物的结构都极为相似,所以在有两种或更多的离子存在时,有可能生成复杂的固溶体系列[58]。

在钙矾石中,$[Al(OH)_6]^{3-}$八面体是平行于c轴方向的,在此方向上的晶体的刚度主要是$[Al(OH)_6]^{3-}$八面体在起作用,因此钙矾石沿着c轴方向有最大的刚度,而沿着基面方向刚度却是最小的。它的这种性质和CH完全相反。CH呈典型的二价碱土金属氢氧化物(氢氧化镁)的层状结构,CH由Ca^{2+}和OH^-形成的八面体层状结构组成,沿着c轴方向,八面体结构层和层间的氢原子堆垛聚集。由于八面体层间是氢原子,所以沿着c轴方向CH的弹性模量是最小的,而沿着基面弹性模量是最大的。这种各向异性造成生长出来的CH晶体是板条状的[64]。

以硫酸盐系列水泥为例,在已经水化的水泥浆体中,利用SEM和EDS(X射线能谱仪)观察,可以发现在水泥浆体中存在着针状、长杆状、短柱状、六角柱状、管状、胶态状的钙矾石,它们对硬化水泥浆体的性能有不同程度的影响[65]。

在硅酸盐水泥浆体中,钙矾石是出现最多的水化产物,其硅钙比比化学计量低,含有相当数量的Si,一般呈六方棱柱状结晶,其形貌决定于实有的生长空间以及离子的供应情况。在水化开始的几小时内,常以凝胶状析出,然后长成针棒状,棱面清晰;尺寸和长径虽有一定变化,但两端挺直,一头并不变细,也无分叉现象。根据透射电子显微镜的观测结果,还有一些钙矾石以空心的管状出现,在组成上可能有一定差别[58]。

AFm相是单硫型水化硫铝酸钙中的Al被Fe置换,以及SO_4^{2-}部分被其他的阴离子置换形成的。单硫型水化硫铝酸钙水化物$C_4A\bar{S}H_{12}$是化学式$C_4AX_nH_y$的相同结构化合物群的一种,这种化合物具有层状结构,层面的阴离子为正电荷层所平衡。水泥水化的最终产物是在结构中同时含有OH^-和SO_4^{2-}的固溶体,但最新的研究发现可能还有SO_4^{2-},部分的Fe^{3+}和Si^{4+}置换Al^{3+}。

AFm相是由含有OH^-、SO_4^{2-}和CO_3^{2-}基本离子的固溶体不完全共溶于成熟浆体中形成的。碳酸盐为AFm的稳定存在提供了保证。因此,单碳铝酸三钙($Ca_4Al_2(CO_3)(OH)_{12} \cdot 5H_2O$)和单硫铝酸三钙稳定存在于25 ℃,羟基AFm和大部分固溶体在25 ℃处于亚稳态,这些固溶体是氢氧化物部分取代硫酸盐所形成的。由于氢氧化物部分取代AFm固溶体中的硫酸盐形成的固溶体在 25 ℃ 的分解驱动力很小,所以单碳铝酸三钙和单硫铝酸三钙能够稳定存在。

在 25 ℃ 下,半碳型铝酸三钙 $[Ca_4Al_2(CO_3)_{0.5}(OH)_{13} \cdot 5.5H_2O]$ 能够稳定存在于含有少量碳酸盐的水泥中。如此低含量的碳化物与其他条件一样重要,在研究水泥水化的矿物模型过程中应得到重视[67]!

早期形成的钙矾石(AFt)一般起支架作用,对强度发展有利,但在后期继续形成钙矾石会产生膨胀,影响水泥浆体的耐久性。有关延迟性钙矾石的形成原因在文献(《钙矾石和延迟性钙矾石的形成和膨胀》)中有详细叙述。Lee 等[68]就延迟性钙矾石产生的另一过程进行了模拟分析。

Lee 等[68]认为,钙矾石的形成与 C-S-H 对硫酸盐的吸附以及在高温下钙矾石的溶解有关。在 80 ℃ 条件下,钙矾石产生沉淀之前,硫酸盐已经被 C-S-H 大量吸附,而且在此温度下沉淀钙矾石所需硫酸盐的浓度是室温下的 5 倍多。但即使在 80 ℃ 下形成了钙矾石,由于它的特性,也会溶解。而在常温下,钙矾石溶解度下降,所需硫酸盐的浓度也较低,而此时 C-S-H 吸收的硫酸盐会被放出,因而会形成钙矾石。

有关钙矾石的膨胀机理,长期以来存在着两种结论:晶体生长理论和膨胀理论。Lee 等[68]在研究爱荷华州的高速公路破坏过程中,研究了钙矾石产生破坏的原因。在水泥浆体的水化后期,钙矾石填充了浆体中的微孔,膨胀压力来源于晶体生长以及微小的钙矾石对水的吸附,并且当混凝土处于水饱和的环境中时,这些填充的钙矾石使得孔对冻融循环的缓冲作用消失。

钙矾石除了由于自身膨胀对混凝土建筑产生破坏以外,它也会对其他破坏作用有协同作用。在混凝土结构遭受硫酸盐腐蚀时,会生成另一种类似于钙矾石结构[70]的物质——硅灰石膏 $\{[Ca_3Si(OH)_6 \cdot 12H_2O](SO_4) \cdot (CO_3)\}$。生成硅灰石膏所需的物质有碳酸盐、硫酸盐和硅酸盐,而这些物质都是 C-S-H 的分解产物。从化学动力学的角度来说,生成硅灰石膏的过程会使 C-S-H 不断分解,使硬化水泥浆体变为无胶结性能的组织,这样破坏了混凝土建筑的耐久性。而钙矾石在此过程的作用是为硅灰石膏的晶体生长提供模板,从而使硅灰石膏能够继续外延生长,进一步使得结构的使用性能恶化[71]。

Rebler[74]研究了水化产物如钾石膏、次生石膏以及 AFm 对普通硅酸盐水泥流变特性的影响。开始在加入水搅拌以后,由于生成钾石膏或 AFm 相,流动度降低;在水化 10~20 min 后,流动度降低的原因是生成石膏。另外,水化可以解释为以下两点:首先,由机械搅拌产生的剪切力使 AFm 连接水泥颗粒的网状结构遭到破坏;其次,随着水化的进行,最初形成的 AFm 被钙矾石取代,并且钙矾石不能像 AFm 那样有效地包裹和连接水泥熟料颗粒。另外,AFm 并不能有效地阻止 C_3A 的水化,相反,次生石膏能够为水泥浆体的液相

提供足够的 SO_4^{2-} 和 Ca^{2+}。在缺少 AFm 和次生石膏的情况下，长或短的棱柱状的钙矾石能够作为 C_3A 水化快慢的指示剂。

Collier[75]利用干冻、真空、丙酮萃取以及电炉干燥的方法来除去水泥中的水分以终止水泥水化，最终研究这四种除水技术对硬化水泥浆体组成和微观结构的影响。测试结果显示，所有样品中的晶体相都是水化石榴石型（C_3AH_6）矿物，除了水化石榴石型矿物以外，另外他们还在掺粉煤灰的水泥中发现了其他矿物：单硫型硫铝酸钙、绿色铁锈（$Fe_6(OH)_{12}(CO_3)$）、氢氧化钙、二氧化硅、莫来石以及未水化的水泥熟料 C_3S 和 C_2S。除丙酮萃取的硬化水泥浆体以外，在其他三种方法处理的浆体中还发现了脱水的单硫型硫铝酸钙。SEM 结果显示，丙酮萃取的水泥样品中的空隙所受影响比较小，而利用干冻技术处理的水泥浆体的孔受影响比较大，而且裂纹也较多，原因可能是由冰的膨胀。所有样品中的凝胶都是 C-S-H，氢氧化钙的含量很低，极有可能通过胶凝反应被消耗。

Diamond 等[76]也利用干冻技术来处理新拌水泥砂浆，然后用环氧树脂浸透水泥砂浆来研究早期水泥砂浆的性能，并将它和传统方法制备的水泥砂浆进行对比。新拌水泥砂浆的性能非常复杂，并且会影响硬化水泥浆体微观结构的发展。几小时后，有少量的 $Ca(OH)_2$ 和 C-S-H 会在含水层中形成。这些 $Ca(OH)_2$ 呈细长型，长度从几毫米至十几毫米，而且一旦形成就会向相邻的孔结构中生长。Renaudin[77]采用拉曼光谱研究了硫铝酸盐水泥体系中的钙矾石和单硫型水化硫铝酸盐。该技术也可借鉴来研究硅酸盐水泥体系。

5.1.3 未水化水泥颗粒和未反应辅助性胶凝材料

近几年来，国外对水泥基材料纳微米尺度上的结构表征、性能等都有一定程度的研究[78,79]。对于胶凝材料，目前存在许多种电子束成像技术，但是这些电子束成像技术将不会提供材料的力学性能。从大体上来看，局部探测器如原子力显微镜（AFM）可以并且刚开始被用来研究胶凝材料的纳米结构[80,81]。AFM 已被用来研究水泥熟料最初沉浸于饱和 $Ca(OH)_2$ 溶液中时的表面变化，其次是水、蔗糖溶液；研究置于不同的湿度环境下水化水泥浆体微观结构的变化、水化水泥浆体中 $Ca(OH)_2$ 的碳化过程，以及掺有硅粉或粉煤灰的水泥浆体的微观结构成像。AFM 也可被用来观察水泥、辅助性胶凝材料（如硅粉、低钙粉煤灰和高钙粉煤灰）的粒子形状和表面纹理状况。为描述水泥浆体试样的微观结构，两种不同的 AFM、一个数字仪器（DI）的纳米尺度多扫描探针显微镜和一个 JEOI JSPM-5200 被用于这方面的研究，以提供纳米尺度上的结构和形态学信息。AFM 的优点是，它可以使用一个特殊的钻石压头探测器来提取纳米尺度上的力学性能以及其高分辨率成像，但它一般只提供弹性模量的定性信息及比例值[83]。

经证明,一种局部探测器——纳米压痕,是用以定量确定局部力学性能的可靠技术[81,82]。纳米压痕的缺点是没有任何成像能力,这对于非均质材料如水泥浆体是一个问题。为了克服这个问题,在最近的一些纳米压痕研究中,在水化水泥浆体试件上测量了大量压痕数据,并对计算模量值进行归类统计,以获得不同阶段的模量值[80]。

为了使实验更加可靠,在另一项研究中,冷场发射扫描电子显微镜(CFE-SEM)也被用于增加其成像能力。一般来说,标准环境扫描电子显微镜是在高加速电压下进行工作的。而 CFE-SEM 成像的一个主要特点是它能在低于千电子伏电压下工作。在高压成像时,只能看见大而一般的形状,而在低压成像时,可以显示尺寸在数十纳米的细部结构。其区别在于,在较高加速电压下,发射电子穿透成像材料更深,造成表面结构可能被遮蔽或不可见。值得注意的是,即使是在高加速电压高真空条件下,与传统 SEM 相比,CFE-SEM 更有可能捕获清晰的图像[83]。通常的扫描电子显微镜图像是使用钨丝在高加速电压下获得的,或是通过环境扫描电子显微镜成像。环境扫描电子显微镜成像的优点是能够对没有脱水的水泥试样进行原位成像。然而,通常使用的 20~25 kV 加速电压可能会导致电子深入穿透水泥样品的表面,从而使得表面形貌被遮蔽或不可见[84]。

有报道称,使用一个相对较新类型的仪器即 Triboindenter 可以确定纳米尺度上的局部力学性能,允许观察试样测试前后的情况,它是将纳米压痕与高分辨率原位扫描探针显微镜(SPM)成像相结合。一个总夹角为 142.3° 的 Berkovich 尖和一个总夹角为 90° 的角锥尖均被用于压痕和扫描探针显微镜成像。从最初的测试发现,角锥尖能够更有效地进行高分辨率成像,因为它有较小的夹角和较小的有效半径。使用相同的压头时,可以提供辨别不同阶段和确定压头探测器在 10 nm 范围内的理想试验位置的能力。测试后成像还提供了验证该测试是否在预期位置进行的能力,以使获得的数据最可靠[80,85]。

1. 未反应辅助性胶凝材料

对于粉煤灰颗粒,AFM 能显示两种类型的球体:一种是大(约 100 μm)而黑的颗粒,其表面具有大量凹坑;一种是小(约 10 μm)颗粒,其表面光滑。据 Papadakis 等[86]研究得出:水泥颗粒呈现出不规则的多边形形状,颗粒尺寸范围为 0.5~15 μm。但硅粉颗粒太小而不能通过扫描电子显微镜获得其清晰图像。一般而言,各种大小的玻璃球构成了粉煤灰。由于表面沉淀物比例较小,且由碱硫酸盐晶体组成,低钙粉煤灰通过扫描电子显微镜就能表现出清晰的形貌。对于高钙粉煤灰,大部分颗粒包含许多规模较小的颗粒,但经过粉碎,小颗粒将形成像水泥颗粒那样的不规则形状。

从硅粉的 AFM 图看出，硅粉颗粒直径约为 0.1 μm。目前存在两种粒子形状，即球形和圆筒形。颗粒由两个互补性部分(半球或半气瓶)组成，这是材料的特性。这种特别的形状可以帮助人们鉴定出在水化过程中水泥浆体中的硅粉。使用 AFM 技术，观察到低钙粉煤灰主要由表面光滑的大球体颗粒(约 3 μm)和尺寸较小的(< 0.1 μm)不规则形状颗粒组成。高钙粉煤灰则由表面光滑而形状不规则的粒子(有些粒子过大而不能被 AFM 观察到)和其他小粒子(约 0.1 μm)构成。

2. 未水化的 OPC

对于未水化试样成像，与传统 SEM 相比，低千电子伏 CFE-SEM 成像具有明显的优势，它获得的图像更清晰，放大倍数更高，并解决了如 OPC 上的附着粒子、磨削损伤以及分层等细节问题[83]。对于未水化水泥，CFE-SEM 可鉴别附着粒子、磨削损害和颗粒细部结构；对于水化水泥，用它可看见纳米微孔、钙矾石结构和早期 C-S-H。这些功能使人们能对早期水化过程有更详细的了解。

在较高放大倍数下，可以看出一些改变的影响，它并不像 C_3S 图像那样存在各种问题。对这些颗粒表面进行仔细检查发现，它们是平滑的或有最小的表面粗糙度。其他颗粒则表现出其粗糙度、磨削加工损坏或开裂。在未水化 OPC 颗粒表面毛孔并不明显。

未水化 OPC 的一个共同特征是晶粒具有层状结构。在晶粒中层状结构可能呈阶梯状(见图 5.2)或连续的山脉状，它可以发生在多尺度条件下(见图 5.3)。这些层状结构可能是 OPC 中 C_3S 结构的薄弱环节处熟料发生断裂产生的。而纯 C_3S 是三斜晶系，OPC 中杂质往往形成一个单结构，这将会在断裂线处产生山脉状和层状结构。

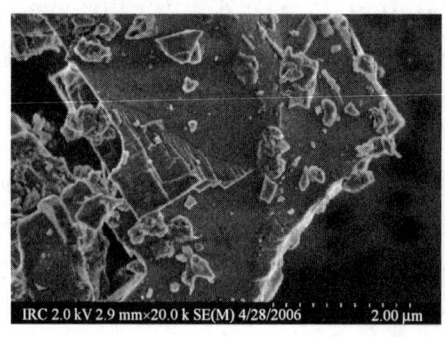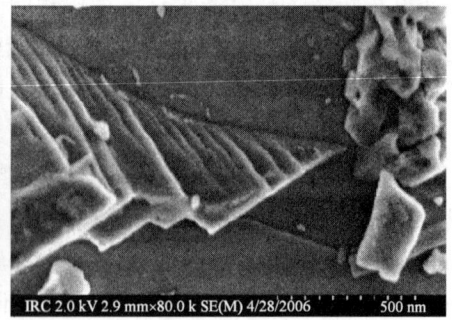

图 5.2　在磨削过程中未水化 OPC 暴露出的层状结构

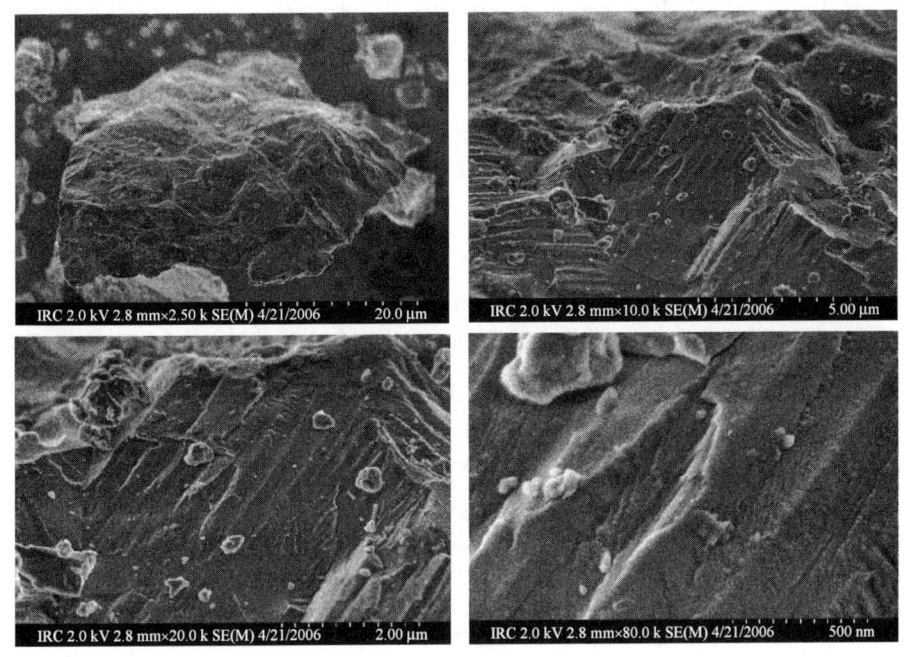

图 5.3　未水化 OPC 在多类型研磨效应下的颗粒

5.1.4　孔

水泥石属于多孔介质，其内含的孔隙与力学性能、耐久性能之间有密切的关联，这已经成为业界的共识。如何准确地表征并测出硬化水泥浆体中的孔隙，为业界所关注，采用核磁共振的手段测定水泥石的孔隙分布，是国内尚未开展的方向。

表征孔隙的参数有诸如总孔隙率、孔径分布、比表面积、渗透率等。目前有许多方法可以测量这些性能数据，但每一种方法有其局限性。光学显微镜、电子显微镜通过观察截面图像，借助图像分析仪可以获得孔隙信息；复杂的小角度 X 射线散射测量法在排除背景干扰后，得到有意义的图谱，用以分析孔隙信息；孔径分布的数据可利用气体吸附（BET）、压汞法（MIP）、小角中子散射法等。

目前最常用的确定孔径分布的方法是气体吸附和压汞法，两者的测试结果往往得到不同的分布，这是因为压汞法测量处理的是孔喉直径，而不是孔隙本身。并且，为得到小尺寸孔的数据，需要极大地提高测试压力，往往可能损害试样的内部结构，测量过程破坏了孔矩阵，使其无法再利用。气体吸附、核磁共振等方法就不存在此类问题，样品可以保持无损，并且可以再利用并恢复到以前的状态。气体吸附、核磁共振方法都是把液体放在孔洞中，并测量产生的纳米结构引起的热力学性能变化。气体吸附的理论基础依赖于开尔文公式，检测这种效应引起的蒸气压变化。

核磁共振冷孔测量法[87]基于吉布斯－汤姆森方程，关于特征孔隙长度尺度及由于在多孔基质中受限引起的液体凝固点或固体晶体熔点变化之间的关系。核磁共振方法返回一个绝对的信号，可任意缓慢地测量，或者不连续测量，从而得到更好的结果或信噪比。通过对专门建造的多孔硅群与交叉通道像毛孔变截面的探讨研究，核磁共振冷孔测量探测孔形态的能力已经得到验证[88]。通过在一个变化的磁场区域中对受限分子扩散的研究可以测量出孔隙的大小，这就是核磁共振扩散方法[89]。在一个单个的核磁共振冷孔测量实验中，通过结合这些测量技术，能测量出一个与空隙大小有关的多孔结构的连续程度信息[90]。

使用核磁共振弛豫法的试验结果表明[92]，水泥水化形成的 C-S-H 凝胶呈层状结构，特征长度约为几纳米到几十纳米。核磁共振冷孔测量仪是一个水泥微观结构的合适探测器。

一般将水作为水泥微观结构的融化[92]和冻结[93]的被吸收物，或将环己烷[95]作为被吸收物来测量水泥结构。使用核磁共振冷孔测量法和其他测量（MIP、氮气吸附）在记录的干燥水泥浆体中的孔径分布有明显不同[94]。MIP 的数据显示了大的孔隙率占据了相当大的体积(0.05 μm)，而核磁共振冷孔测量法的数据表明，有更多的小孔隙(<0.01 μm)。此外，MIP 和 BET 的测量无法探测任何封闭孔隙，而核磁共振可观察到。然而，如果水化过程的孔隙只有部分充满水，用核磁共振冷孔测量法测量时也可能会产生错误的结果。

Jehng 等[95]曾比较水灰比(w/c)为 0.43 的白水泥浆的核磁共振冷孔测量法和核磁共振弛豫分析。在两种情况下，水泥中的自由水都被用来作为被吸收物。对于较小的孔，观察了它的双峰分布，结果在两者之间有极好的一致性。

Valckenborg 等[96]也比较了使用核磁共振冷孔测量法和核磁共振弛豫的联合法的砂浆样品孔径分布。虽然这两种技术都显示三个离散的孔径，本书作者认为，核磁共振冷孔测量法的结果可能更准确，因为它们并不依赖于分布的先验知识。

变温核磁共振图像已被用于观察水－冰在各种水泥和混凝土样品中的熔融。虽然这些研究并不直接提供孔径分布，但它们可以用来观察整个样本的孔隙度均匀性。T_1 增强的单点成像技术(SPI)和核磁共振冷孔测量法的结合运用已被 Prado 等论证了[97]。后来这一技术被用来观察混凝土的冻害[97]。

Tritt-Goc 等[98]、Boguszyńska 等[99]和 Holly 等[98]还采用核磁共振技术研究了外加剂对水化水泥浆体的孔隙度的影响。

Koudriavtsev 等[100]提出了一种基于 ^{19}F-NMR 的 NMR 孔隙测量方法,主要是测试水化水泥浆中水的质子 ^{1}H NMR 的数据,但在解释实验数据时遇到了困难:化学结合水和凝胶的信号背景与毛细孔水(它们能主导频率和松弛速率)重叠了,所以很难在排出凝胶相的基础上估计孔的体积。用惰性的含氟液体可以克服此类缺陷,孔径分布是用 ^{19}F 纵向和横向松弛的多指数分析来得到的。这种方法没有背景的干扰,可以直接得到信号强度。

Friedemann 等[101]针对饱水轻骨料低水灰比水泥的水化体系进行研究时,采用 NMR 对包括孔隙结构等参数进行测试。

综上所述,采用核磁共振的手段研究水泥石的孔隙分布可提高测试的准确度,并且在技术上是可行的,具有重要的技术价值。

5.1.5 孔溶液

在水泥体系的水化过程中,液相与固相体系处于动态平衡状态,液相离子的浓度与水化反应的机理、速率、影响因素以及水化产物的形态、结构、性能和混凝土的耐久性等都有非常密切的关系[102-108]。所以,通过测量水泥水化时液相离子的浓度变化,对于了解不同情况下水泥的水化过程和其影响因素以及控制水化反应和最终的性能,都具有非常重要的理论意义和现实意义,也可以弥补其他测试研究方法只是针对水化体系固相的缺陷。

水泥加水后,在初凝前为水泥浆体,可以通过简单的过滤方法将溶液与水泥浆体中的固体分离[109,110],得到水泥早期水化过程中的水化溶液。对分离的水化溶液进一步分析,可以了解水化过程中水化液相浓度的变化规律。随着水化时间的延长,水泥浆体逐渐变硬,此时无法通过简单的过滤得到水化过程的液相,必须采用其他方法才能得到水化中后期的液相。目前,为得到水化中后期硬化浆体的液相溶液,一般采用以下几种方法:高压压榨法(Pore Water Expression, PWE)、原位溶出法(In-Site Leaching, ISL)、水浸取法(Water Extraction, WE)或称为取出溶出法(Ex-Site Leaching, ESL)。在整个提取硬化浆体溶液的操作过程中应尽量避免空气中 CO_2 的干扰,以免引起分析过程中不必要的干扰。

高压压榨法[108-111]是通过特制的高压设备,一般其压强可以达到 300~500 MPa,将水化到一定龄期的硬化水泥浆体或混凝土材料放在高压设备下,压出孔中的溶液进行分析测试。该方法能够比较真实地反映硬化浆体孔溶液中离子的真实浓度,其所测试的各离子浓度值常作为标准参考值。现在大多数孔溶液的提取都采用这种方法。其缺点是操作中需要高压设备,需要较多的试验样品,且得到的孔溶液量较少,不便于分析。测得孔溶液中的离子浓度为各种孔径孔中离子浓度的平均值。

Rothstein 等[110]利用高压压榨法首次全面测试了两种水泥在室温下水化至 28 天时孔溶液中 Ca^{2+}、SO_4^{2-}、SiO_4^{4-}、$Al(OH)_4^-$、Na^+ 和 K^+ 浓度随水化时间的变化规律。实验表明,液相中 Na^+ 和 K^+ 浓度在水化开始后显著快速增加,然后缓慢上升,反映了水化过程中自由水的减少;SiO_4^{4-} 和 $Al(OH)_4^-$ 浓度也随 Na^+ 和 K^+ 浓度变化而缓慢变化。Ca^{2+} 和 SO_4^{2-} 浓度在水化开始 6~12 h 后急剧降低,而 SiO_4^{4-}、$Al(OH)_4^-$ 和 OH^- 浓度则升高;前者对应 $CaSO_4$ 和 $CaSO_4 \cdot 2H_2O$ 在固相中的消失。据此可以将水化分为两阶段:第一阶段为 0~12 h,此阶段内液相浓度变化较大;第二阶段从水化 12 h 起,此阶段内液相浓度变化较小。利用热力学数据来计算两种水泥水化液相中相应物质的饱和指数随水化时间的变化规律,其变化趋势一致。随水化时间的延长,饱和指数先升高然后缓慢下降,直至稳定。$CaSO_4 \cdot 2H_2O$ 在水化开始的几小时内是过饱和的,随后变为不饱和。随水化的进行,$Ca(OH)_2$ 变为过饱和。通过消耗石膏来生成的 AFt 和 AFm 在整个试验期间都保持较高的过饱和状态,从饱和指数上来比较,AFt 的稳定性大于 AFm,AFm 是一种亚稳态。溶度积显示 C-S-H 的溶解度随水化时间的延长而降低,说明了凝胶产物的结构发生了改变,生成了长链型的低钙硅化的水化产物。

Thomas 等[110]利用高压压榨法测试了水化温度对不同水泥水化孔溶液中 Ca^{2+}、SO_4^{2-}、SiO_4^{4-}、$Al(OH)_4^-$、Na^+ 和 K^+ 浓度变化规律的影响。结果表明 Na^+ 和 K^+ 浓度在水化的早期随温度升高而升高,后期随温度升高而降低,可能是因为后期高温水化导致 C-S-H 结合的水降低了,稀释了孔溶液中的浓度。Ca^{2+} 和 SO_4^{2-} 浓度随水化温度升高而降低,随水化时间延长各温度下的浓度趋于一致。SiO_4^{4-} 和 $Al(OH)_4^-$ 的浓度变化较复杂,无一定的趋势。利用热力学常数计算的液相饱和指数表明,$Ca(OH)_2$ 和 $CaSO_4 \cdot 2H_2O$ 的饱和指数在水化 10 h 达到最大,提高水化温度将加速 $CaSO_4 \cdot 2H_2O$ 的反应。水化后期,$Ca(OH)_2$ 和 $CaSO_4 \cdot 2H_2O$ 的饱和指数随水化温度的升高而降低。AFt 和 AFm 的饱和指数随水化温度的升高而降低,表明其溶解度在高温下将降低。C-S-H 的活度积也随养护温度的升高而降低。

Coleman 等[113]利用高压压榨法分析了高岭土种类、掺量对水泥混合体系孔溶液的影响。表明掺加高岭土会使混合体系水化孔溶液中的 OH^- 浓度降低,同时也导致溶液中的 Cl^- 浓度减少,增加了 Cl^- 在固相中的固定率。这可能是因为高岭土发生火山灰反应生成了低钙硅比的 C-S-H,其可以更多地吸收溶液中的碱金属阳离子,从而降低孔溶液的 pH。另外,掺加高岭土的水泥混合体系孔溶液中的 Cl^-/OH^- 也降低,相反掺加硅灰的水泥混合体系中孔溶液的 Cl^-/OH^- 则增加,说明混合材的种类对孔溶液定组成和产物的结构有影响。

Puertas 等[114]利用高压压榨法研究利用 Na_2SiO_3 和 NaOH 来激发水泥矿渣

混合体系，测试其孔溶液的浓度与水化产物的组成和结构间的关系。结果表明：用 Na_2SiO_3 激发的体系，其孔溶液中的 Na^+ 和 SiO_4^{4-} 在 3~24 h 内急剧减少；用 NaOH 激发的体系，其孔溶液中 Na^+、SiO_4^{4-} 浓度随水化时间延长逐渐减少。同时，用 Na_2SiO_3 激发的体系，生成产物具有低的钙硅比，有序性较低；而 NaOH 激发的体系，产物具有高的钙硅比，有序性较高，结晶态高，同时产物中吸附了更多 $Al(OH)_4^-$。

原位溶出法[115,116]是对水化到一定龄期的硬化砂浆或混凝土用水饱和后，在其上打一个约 5 mm 的小孔，在孔里面加入少量的去离子水，经过一定时间的固液平衡后，用微电极测试溶液的 pH，从而得到孔溶液的 pH。当然，也可以将其抽取出来测试其他元素的浓度。原位溶出法具有方法简单、价廉、破坏性小的优点。还因为实验中用的水量较少，可以和混凝土周围的环境达到平衡，最大限度地反映固液平衡时孔溶液中离子的真实浓度，达到定量测试的目的。据报道，其测试结果与高压压榨法测试结果相符。但该方法需要的样品量较大，而且需要的平衡时间较长，一般适合于较长水化时间的浆体，对水化时间短的样品容易带来较大的误差；打孔过程中也会破坏样品的结构，可能会使没有水化的部分熟料暴露出来；实验过程中骨料与水接触会产生误差，故比较适合于净浆或细骨料样品的测试。另外，对于强度高的硬化浆体，打孔不便，特别是高强混凝土。再次，硬化浆体可能吸附加入的水，实验中需要时时补充水，也会产生误差。所以，实验过程中孔的大小、加入的水量和 CO_2 的干扰都需要尽量控制。

Cáseres 等[117]利用原位溶出法测试砂浆和使用除冰盐后的混凝土桥板中的 Cl^- 浓度和 pH。待固相和液相平衡后，取出 10~30 mL 水溶液来测量液相中的 Cl^- 浓度和 pH。测试结果与高压压榨法相比，具有很好的一致性。Sagüés 等[115]也利用原位溶出法，当水化体系达到固液平衡后，直接利用微电极测试添加了粉煤灰、硅灰的 12 种样品的 pH，测试结果表明，加入混合材后孔溶液的 pH 降低，掺量越多，pH 降低越大；水灰比越大，pH 越低，也有刚好相反的结论。

取出溶出法又称为水浸取法[119-121]。其试验过程一般为将水化到一定龄期的硬化样品取出、磨细，用一定量的去离子水溶出、过滤，然后测定滤液中的离子浓度。该方法的优点是操作简单，无须特别的仪器，处理的样品量可以根据需要确定。缺点是会产生稀释效应，不能真正代表水化孔溶液的组成，难于定量，只适用于作定性分析。另外，试验过程中的影响因素较多[121]，其中样品细度、液固比、滤纸的类型(快慢)、提取时间、搅拌时间、浸取温度等因素都对测定值有影响。目前，该方法尚无比较一致的操作方法。对于离子浓度的测定值与孔中原始值的关系，有人建立了一个公式[121]，可以初步推测出孔中离子浓度的原始值：

$$c_{DM} = \frac{c_{OM}}{1 + V_W/\varepsilon V_C} \quad (5.1)$$

式中，c_{DM}为溶出后总体积中的离子浓度，c_{OM}为孔中的原始离子浓度，V_W为溶出后的总体积，V_C为孔中水溶液的总体积，ε为水化样品的体积孔隙率。

Penttala等[121]利用水浸取法研究了各种提取因素对硬化混凝土和砂浆中pH的影响后发现，磨细混凝土粉末的细度越细、固液比越大、浸取的时间越长，则浸取液相中的pH越高，可能因为固体表面能够更多地和水接触，OH^-更容易溶解。浸取时的温度越高，pH微弱降低或基本上不变。但是磨细砂浆规律刚好相反，可能与砂浆中生成$CaCO_3$有关。在固液比为0.5时，与高压压榨法相比较，pH相差0.07，说明两种方法具有较好的一致性。Haque等[119]分别采用高压压榨法和水浸取法对各种混凝土中的Cl^-/OH^-浓度进行测定。实验表明，两种方法测试的Cl^-浓度均与外加Cl^-浓度、混凝土强度、粉煤灰和减水剂等的加入有关。外加Cl^-浓度越高，强度越高，溶液中的Cl^-浓度也越高；粉煤灰提高了混凝土对Cl^-的吸附，而减水剂则降低其吸附。同时Cl^-、OH^-浓度是相互影响的。Abdelrazig等利用过滤法研究了水灰比为0.5时早期3 h内向水泥中加入$CaCl_2$、$Ca(NO_3)_2$、$Ca(SCN)_2$和蔗糖对水化液相离子浓度的影响。研究表明，外加的可溶性钙盐对液相中的Ca^{2+}、OH^-、SO_4^{2-}浓度有显著的影响。这与X射线衍射和热分析表明加入可溶性钙盐会导致在水化前5 min有大量的$CaSO_4 \cdot 2H_2O$和$Ca(OH)_2$生成一致。蔗糖因为对Ca^{2+}的螯合作用则相反，溶液中Ca^{2+}浓度减小，SO_4^{2-}浓度增大。液相中的K^+、Na^+浓度则无明显的变化。外加剂对水化的影响与离子的溶剂化程度、存在形态以及生成的硫酸盐、氢氧化物的性质相关。

Asavapisit等利用过滤法在水灰比为3的条件下，研究了水化时间和外加剂对水泥水化的影响。研究显示，液相中的Ca^{2+}、SiO_4^{4-}浓度在水化开始后即开始下降，并维持在一定的值上。在24 h后SO_4^{2-}消失。溶液pH和K^+、Na^+浓度则随水化时间延长而上升。添加10%的氧化铅、氧化锌、氧化镉后，早期水化液相中离子的浓度将发生变化。Pb^{2+}在开始时浓度较大，然后随着水化的进行快速下降。Pb^{2+}可以抑制SO_4^{2-}浓度的下降。Zn^{2+}抑制水化热的释放，其浓度在溶液中很低，可以形成$CaZn_2(OH)_6 \cdot 6H_2O$沉淀，使$CaSO_4 \cdot 2H_2O$和水泥颗粒水化延迟。Cd^{2+}在溶液中基本不存在，而以氢氧化物形式存在于固相中。

Vladimír等[122-124]研究了水浸取法测试磨细硬化水泥浆体粉末中各种因素对提取液中K^+、OH^-、Ca^{2+}和Cl^-浓度的影响。实验表明，在用水浸取24 h后，滤液中OH^-、Cl^-浓度与样品细度无关。浸取时的固液比越大，则浸出液的离子浓度也越大。加入硅灰后的样品浸取溶液中相应离子浓度均显著降低。同时表明，用此方法得到的各种液相离子不只是来源于硬化体孔隙溶液中的离子，还包括固相溶解的一部分，测试的液相离子浓度可以反映硬化体的组成及水化的影响因素。

此外，Buckley 等[125]还介绍了另一种孔溶液获取方法——高压洗提法（hassler cell permeameter）。高压洗提是利用高压水冲洗试样，将内部孔溶液稀释并带出。由于在水化产物中，孔溶液与固相组成存在动态平衡，当孔溶液被稀释后，固相中吸附的离子就会继续脱附以使系统达到平衡状态。虽然高压洗提并不能给出水化某一阶段孔溶液中某种离子的含量，但它能给出可溶性离子的比例。

水泥水化浆体中的毛细孔所含液体并不是纯水，而是与水化浆体保持一种动态平衡的离子溶液。通过对其化学组成分析，可以得到一些关于水化浆体中固相组成及不同水化阶段溶液饱和度的信息[126]。而加深对孔溶液性质的认识，一方面可以从中得到一些关于水化浆体微观结构的信息，从而更好地研究其强度、渗透性等性质；另一方面孔溶液中离子本身就对水化浆体的性质产生影响，如其中碱度的高低直接影响到对可能包裹其中的钢筋防锈蚀及应用过程的耐久性能等。

Ghods 等[127]用阳极极化法（anodic polarization）和交流阻抗法（Electrochemical Impedance Spectroscopy，EIS）研究了孔溶液对混凝土中钢筋保护膜的影响，结果表明，孔溶液对钢筋惰性保护膜有一定的影响，特别是SO_4^{2-}对保护膜会产生负面影响。

同样在水泥水化过程中，外掺其他物质或环境因素都会对硬化水泥浆体中孔溶液的性质产生影响，从而又会影响硬化水泥浆体其他方面的性质。Rajabipour 等[128]研究发现，减缩剂（SRA）会影响水泥水化进程和强度发展，延长凝结时间，当减缩剂溶于孔溶液中时，发现会在气液表面富集，并明显降低表面张力。减缩剂加入模拟孔溶液后会在其中形成一种不平衡的形态，部分富集大量的 SRA 相。此外，对孔溶液进行化学分析发现，减缩剂会减少碱金属的分散性，这也可以用来解释为什么添加 SRA 后，水泥水化和强度发展都受到影响。

5.1.6 水

1. 水泥浆体中水的存在形态

对于硬化水泥浆体中水的状态的论述已见于诸多文献。硬化水泥浆体中的水主要分为不可蒸发水和可蒸发水两大类[129]。不可蒸发水即经过水化反应以原子形态参加晶格，成为水泥凝胶微晶的一部分，通过干燥蒸发的方法也不能去除的水。根据 Ishai 的总结，可蒸发水根据水与固相之间的结合力的强弱可分为四种[130]：一是毛细孔和凝胶孔中的水，距离固相表面 1~2 nm，超出了范德华力的作用范围；二是结晶表面吸附水，1~2 个分子层厚度；三是晶内吸附水，例如在相互邻近的晶体表面之间，那些被限制在 2 个分子宽（约 0.8 nm）的狭窄空间内的水，这类水受到两种方式的作用力，其强度比以上两种水要高；四是晶内沸石水，例如插入托勃莫来石晶体层间的 1 个分子厚度（约 0.4 nm）的水，部分这种类型的水被发现与固相强烈结合（化学吸附），因此也被定义为羟基水。

2. 含水试样的处理方法与表征手段

在对水泥浆体试样进行研究之前，往往根据不同的研究手段需要对试样做一些事前预处理。常用的方法有：

（1）不同相对湿度下的干燥。在一定温度下，在达到平衡状态时饱和盐溶液上方的饱和蒸气压为一定值，因此可以通过特定饱和盐溶液制得所需的相对湿度气氛。例如，分别配制 $LiCl \cdot H_2O$、$K_2CO_3 \cdot 2H_2O$、$NaBr \cdot 2H_2O$、KNO_3 四种盐的过饱和盐溶液，在 26 ℃时，它们的相对湿度依次为 11.7%、43.6%、57.0%、92.1%。将水泥石样品与饱和盐溶液一起放入真空干燥器中，抽真空 10 min，除去容器中的 CO_2 气体，然后于 26 ℃存放至平衡，即可将试样在不同相对湿度下进行干燥。

（2）D 干燥法。首先由 Feldman 使用。条件为温度保持 85 ℃，真空度小于 2 mm 汞柱，保持 3 h，该过程称为 D 干燥。该方法也相当于在 105 ℃真空条件下加热干燥 3 h，此时样品中不再含有除化学水以外的其他水分。

（3）550 ℃干燥。将试样放于 550 ℃并有氮气作保护气氛的环境中干燥至平衡。经失重实验分析，此时样品中不含任何水，从而认为样品处于绝干状态。

以上处理方法的目的在于保留特定状态的水，以进行定性和定量的研究。但值得注意的是，加热或强烈干燥的方法会破坏样品的微结构，如凝胶的层间距、微孔或比表面积的变化。但若用有机溶剂如甲醇或异丙醇进行预处理，则对结构的破坏要小一些。

3. 温湿交替作用下水的演变

由于水泥石处于复杂的环境下，水的形态演变与环境温湿度的变化密切相关[131,132]。处于水饱和状态的水泥石，其孔隙中全部充满水。若将该水泥石置于湿度为 100%的环境中，然后随着环境中湿度的降低，则该水泥石中首先是处于毛细孔中的水开始蒸发，即向干燥的空气中转移[133]。有实验表明，当湿度从 100%降至 30%时，水泥石中的毛细管水与湿度成正比例的减小并开始伴随凝胶水的转移。当湿度从 30%进一步降至 1%时，水泥石中的凝胶水大量向毛细孔中转移并向外蒸发，这时水泥石明显收缩。而水泥石中的结晶水和结构水，因为它们与固相的结合力强，故只有当温度显著提高时才能失去[134-136]。此外，由于水泥石中的水与固相的相互作用不同，因而它们从液相转变为固相的冰点也不相同。Setzer等用差热分析方法对水泥石中的水在不同负温下的相变做了比较系统的研究后认为，随着水泥石中的水与固相作用力的不同，相变温度相差很大，一般可分为四类：① 大孔径(大于100 nm)中的毛细水，一般为自由水，与普通水没有什么差别，相变温度为0 ℃左右。② 过渡孔(10 nm左右)中的水，水的化学位降低，其冰点移到0 ℃以下。③ 小孔(3~10 nm)中，当湿度为60%~90%时，其孔中水的相变温度约为-43 ℃。④ 对于厚层≤2.5单分子层厚度的强吸附水，其相变温度可降到-160 ℃以下。

吸附理论的研究也表明，随着液体分子与固体表面距离的减小，由于液体分子和固相分子之间的作用，液体分子的定向程度也发生改变，而当温度升高时这种定向才会被打断。

4. NMR研究水泥基浆体中的水的状态

质子NMR研究水泥基材料中的水是一项行之有效的技术[138]。Gorce等[138]将质子NMR与传统的压汞法和冻融干燥法以及热重法结合，研究了掺矿渣复合胶凝体系(矿渣重量取代率分别为75%和90%，龄期最长1年)的微观结构变化和水相的分布。研究表明：掺75%矿粉的复合浆体初始横向弛豫时间T_2为2.4 ms，对应于压汞法测得的150~400 nm孔径；1年后，T_2为0.2 ms左右，对应于3~4 nm孔径，且35%的水在凝胶孔，4%的水在毛细孔中。掺90%矿粉的复合浆体初始横向弛豫时间T_2为4 ms左右，对应于压汞法测得的600 nm孔径；1年后，T_2为0.9 ms左右，对应于7 nm孔径，且21%的水在凝胶孔中，22%的水在毛细孔中。Alesiani等[139]运用质子NMR横向弛豫时间研究了水泥浆体早期水化微观结构的变化。通过变动水灰比、养护温度、水泥细度，监测了水化水的弛豫时间在拌和后的最初几分钟至几小时内的变化。Korb等[140]从三个量级不同磁场强度的质子场循环核磁共振纵向弛豫时间测得的水泥浆体和砂浆中的水的扩散系数，与通过托勃莫来石表面水的分子动力学模拟得出的数值非常吻合。

Friedemann等[141]通过向硬化水泥浆体中添加一种含水98%的藻酸盐实施内部加速养护。用质子NMR研究了横向弛豫时间和自扩散。在水泥水化的静止期和加速期，研究了含水藻酸盐向浆体延迟释放水的过程。在水泥水化期间，通过分析弛豫时间特征峰，定量监测了水从藻酸盐向浆体扩散过程中孔结构的变化。Alesiani等[142]用质子NMR横向弛豫时间研究了不同水灰比和养护温度的水泥浆体的早期水化。其与过去采用的方法如活化能指数、适度含量、水化率、中子散射或其他衍射方法相比，具有快速、连续监测的特点。

Friedemann 等[101]最近研究了水饱和轻骨料对低水胶比水化的影响。低场核磁共振弛豫被用于研究水从矿物骨料向水泥迁移的过程，以及水化过程中水泥水化消耗水随时间变化的关系。

水是水泥基材料中极为重要的组分，不少学者通过实验观察对水存在的形态和发挥的作用已开展了深入的研究，建立了一些相关模型，并得到了一些重要的结论。但现代水泥混凝土材料的组成和性能已发生新的变化，尤其是针对低水胶比的复合水泥胶凝体系，原先的模型和结论能否继续适用，不同龄期、不同环境作用下水的状态及其演变规律，以及对宏观收缩、徐变等性能的影响等，都还有待进一步研究。

5.2 NMR 在水泥浆体结构研究中的应用

在现代的胶凝材料研究中，核磁共振技术已经被越来越多地应用，对于硅氧主骨架结构，当前国内外已经建立起原子的骨架构型，认清了 Q^1 至 Q^4 的基本结构特征，相对于 20 世纪文字叙述的硅酸盐理论而言，着实向更深的原子结构层面进步了。

在物质结构层面上对水泥水化的表征可以分为三大类：其一是定量确定每种结构的存在，表征水化过程中硅氧四面体结构链长的变化，包括铝氧四面体结构链长的变化[144-148]、结合状态的变化[149,150]；其二是表征水化过程中胶凝材料内气孔内水分子弛豫时间的变化，从而反映水化进程的过程[150-152]；其三是对硅、铝、钙、氢原子结合状态的细节研究[148,149]，探讨钙原子、氢原子结合的具体位置。硅氧链的基本结构及其中各部分的结构命名如图 5.4 和图 5.5 所示。

在水化过程 Si—O 和 Al—O 键长的表征中，首先是制备不同钙硅比的样品，进行不同龄期的养护，得到不同水化时间的样品，对样品进行 ^{29}Si 和 ^{27}Al 的 MAS 和 CP/MAS 实验，NMR 图谱中可以确定各种结构的存在[143-146]，如图 5.6 所示。例如，Al 是处于 C-S-H 中，处于 AFm 的主链中，还是处于 AFm 的链层间[145]。利用 2D MQMAS ^{29}Si NMR 实验更加可以得到 Q^1、Q^2 等在结构中的相关性和相关位置，可以看到有无桥接四面体的存在，链的端基、桥基、链中间 Q^2、Q^3 有无相互作用，根据作用绘制出链、链与链之间的自身和相互间的结构。对于不同钙硅比的样品，可以得到如 2D ^{29}Si-^{29}Si 图谱，得到具有桥键性质的 Q^{2v} 和 Q^3 的消失。

再者，得到从 $Q^0 \sim Q^n$ 的全体分布 NMR 图谱，应用解析软件对图谱进行分解，进行 SiO$_4$ 和 AlO$_4$ 含量的数学计算[146,153,154]，分别得到链中每一种结构的含量，同时得到孤立的链及其链长、桥接的链的链长、水化度、桥接链的桥

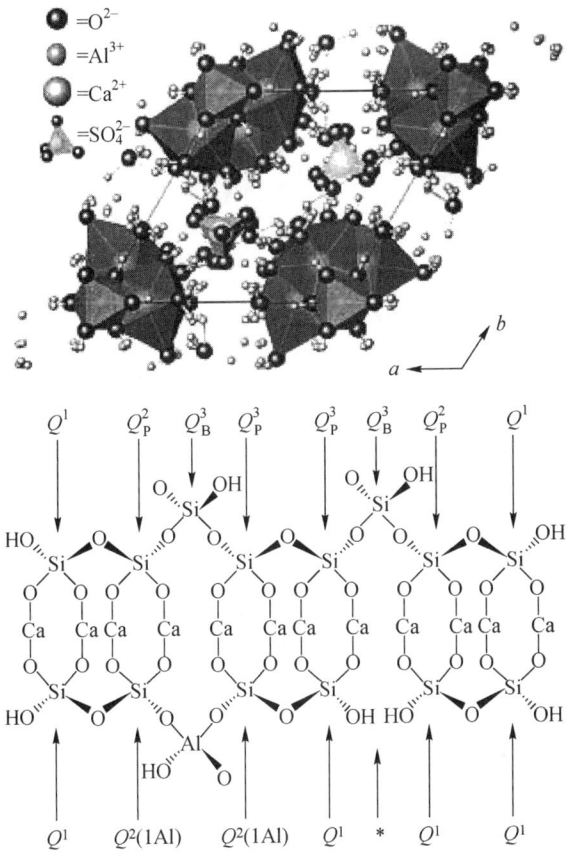

图 5.4 硅氧链的基本结构

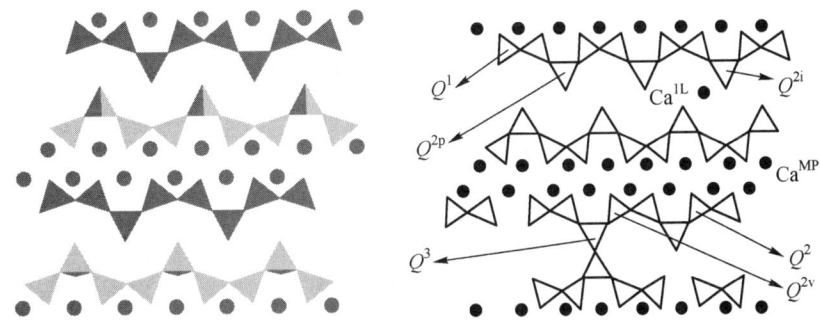

图 5.5 硅氧链的命名

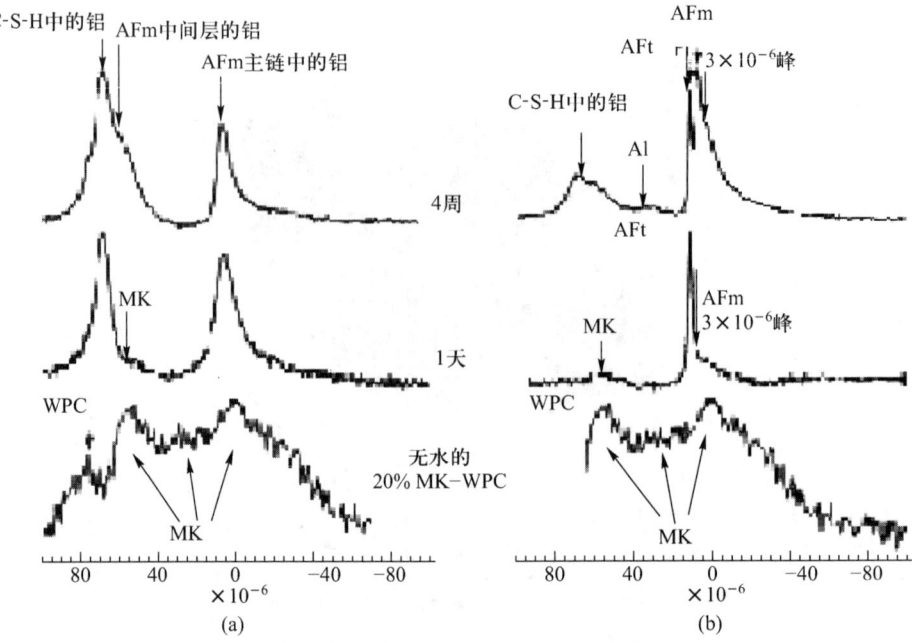

图 5.6 物质中 Al 的分布

接度数量。

$$X = (Q^1 + Q^2)/100 \tag{5.2}$$

$$\bar{n} = (Q^1 + 2Q^2)/(Q^1 + Q^2) \tag{5.3}$$

铝硅四面体结构和纯 SiO_4 单元的平均链长、四面体链中 Al 的取代程度 (Al_{IV}/Si) 能够从 Q^1、Q^2 和 $Q^2(1Al)$ 的共振态强度中获得,已经从定性的角度认识到:对于四面体的平均链长的估计显示出,随着溶液中铝酸盐水化时间和浓度的增长,AlO_4—SiO_4 链的长度增长,也更大程度上暗示 Al_{IV} 只是水化硅酸钙中的桥链段部分。

$$\overline{CL} = \frac{2\left[Q^1 + Q^2 + \frac{3}{2}Q^2(1Al)\right]}{\frac{1}{2}Q^1} \tag{5.4}$$

$$\overline{CL}_{Si} = \frac{Q^1 + Q^2 + \frac{3}{2}Q^2(1Al)}{\frac{1}{2}(Q^1 + Q^2(1Al))} \tag{5.5}$$

$$Al_{IV}/Si = \frac{\frac{1}{2}Q^2(1Al)}{(Q^1 + Q^2 + Q^2(1Al))} \tag{5.6}$$

Skibsted 和 Hall 在 2007 年指出，采用 NMR 技术将无定型相和晶相同时检测出来[155]，弥补用于探测长程技术的不足。他们提出了利用实验中的 ^{1}H 同位素的高灵敏度，弛豫率大大地改变邻近的固液界面，因此能够提供孔隙率、孔径分布和内部结构方面的信息。这为保持原始态测定孔的特性提供了一种全新的方法。

对于水化过程中胶凝材料内气孔的变化，采用含水气泡在结构内部与结构表面 H 原子弛豫时间不同的原理，测定在不同水化龄期白水泥和添加硅粉后的孔变化[152]。第一，纯白水泥在水化过程中形成的毛细管凝胶孔与添加了硅粉的白水泥不一样。第二，随着反应进程的进行，形成的交换孔的 T_1 时间逐渐延长，反映出水泥水化的反应过程在减慢。第三，反映随着水化过程的进行，气泡的尺寸在逐渐加大，从原先的小尺寸气泡变为大气泡放出。

NMR 只是表明什么性质的孔存在，但没有表征各类孔的定量行为，与其说是通过孔对水化过程进行间接表征，还不如直截了当地说是水化产物链长的变化描述更贴切。

除了采用 T_1-T_2 的二维相关图外，通过 2D ^{1}H – ^{29}Si 的 HETCOR 实验可以表征水化过程中硅氧链中各结构组分的变化[152]，如图 5.7 所示。NMR 实验得到 Ca/Si = 0.7 的长链中存在 Q^1、Q^{2p}、Q^2、Q^3、Q^{2v}，在 Ca/Si = 0.9 的长链中 Q^{2v} 消失，Q^{2i} 则出现，在 Ca/Si = 1.5 的长链中出现 Q^1、Q^{2p}、Q^2，因此可以绘制出此时的短链结构[6]。通过 2D ^{1}H—^{29}Si 的 HETCOR 实验还可以表征 Ca—OH 中 H 质子与所有硅原子的关系，处于层间的 Ca-OH 的 H 与所有的硅原子存在单一的关系，主链上的 Ca—OH 的 H 存在图谱中与层间 Ca—OH 不同的谱峰。

在水泥水化过程中，除了有钙离子的存在和影响，还有钠离子和钾离子的存在，特别是碱性外掺料的加入，它们对水泥水化和未来稳定性也产生重要的影响。但由于受到研究条件的限制，在直至当前的研究工作中，对水泥中这两种离子的结构表现和结构影响仍然处在空白的状态，只是从宏观性能的角度描述。对钠的 NMR 研究在其他领域也已经开始涉及[156,157]，开展水泥中该碱金属离子的研究，揭示这两种碱金属离子的影响具有新的意义。

在水泥结构的稳定性讨论中，氯离子的表现起到重要作用。目前，对于氯离子的作用、在不同状态下的结合状态还不明了，建议的可能产物是 $C_3A \cdot 3CaCl_2 \cdot 30H_2O$、$C_3A \cdot CaCl_2 \cdot 10H_2O$、$3CaO \cdot CaCl_2 \cdot 15H_2O$ 或 $CaO \cdot CaCl_2 \cdot 2H_2O$，它们的吸水肿胀力大，因此它们对水泥和混凝土未来的影响不可以忽视。测定氯离子含量的方法只能测定总体的氯离子量，现有的研究提出 C_3A 与氯离子结合快，中热硅酸盐水泥与氯离子结合较快，P.I 型水泥与氯离子结合最好。这些不同的水泥或复合水泥为什么产生这种结合，从电位的改变、C-S-H 与氯

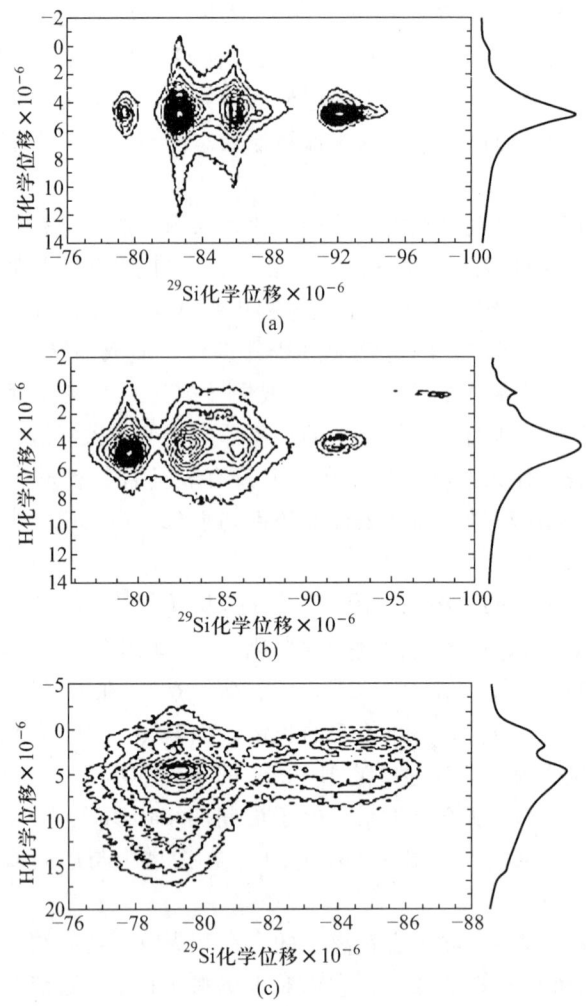

图 5.7 Si 化学位移与 H 化学位移的关系

离子的结合反映氯离子可以减轻对钢筋的腐蚀等，其中结构原因不明[158-163]。鉴于水泥中的氯离子是影响水泥浆体稳定性的主要因素之一，将进行氯离子表征的前期工作，这项工作也是对氯离子在硅酸盐水泥中的行为的全新研究工作。

5.3 复合水泥硬化浆体结构演化的计算机模拟

水泥基材料是一种多相非均质的多孔体系，浆体的微结构随时间不断变化，其组成单元从纳米级的 C-S-H 凝胶到微米级的未水化水泥颗粒和掺合料，涉及多个尺度，且不同尺度下材料的微结构都不相同，因此长期以来对浆体微结构的描述大部分仍是定性的，多数着重于物理模型。

随着计算机技术的不断发展，许多材料研究人员开始尝试在对大量实验数据分析整理的基础上，建立水泥水化过程的计算机模型，模拟浆体微结构的发展，以期达到对材料的整体性能进行预测的目的[164-169]。早在20世纪80年代，美国国家标准与技术研究院（National Institute of Standards and Technology，NIST）就启动了"增进水泥水化能力的研究项目"，以达到"使混凝土成为可预测的材料"的目的。1986年，美国NIST首先进行了用计算机描述水泥浆体的具有开拓性的工作，创立了连续描述法。1991年，荷兰代尔夫特理工大学（Delft University of Technology）开发了HYMOSTRUC（Hydration Morphology and Structure Formation）系统，其主要思想是将水泥水化过程看成一个多输入、多输出的非线性动态系统，充分利用物理化学的基本定律和数学模型，建立一个等价的计算机虚拟系统，然后对这个系统进行数值试验，以预测材料的化学反应过程及各种性能。1996年后，Xi等[170,171]又开发了以Mosaic方法为基础的新的连续体模型，用相对较少的参数描述复杂的水泥浆体微结构。随后，美国NIST又建立并发展了基于数字图像的水泥水化和微观结构演化模型CEMHYD3D系统。我国这方面的研究刚刚起步，研究人员针对CEMHYD3D系统和HYMOSTRUC软件进行了相关研究，但是总体上还处于学习、模仿和跟踪阶段。

5.3.1 CEMHYD3D研究进展

CEMHYD3D是一套模拟水泥微观结构的软件。该软件是在已有电子扫描图形的基础上，经过电子化处理、过滤、降噪，然后再提取图形数据进而转变成3D图形的一套软件。然而该软件目前是用C语言写的，并且没有一套可视化软件进行管理，操作也较复杂。

近年来，美国NIST的Bentz等建立的一种被称为基于数字图像的模型正逐步取代连续体模型[134]。该模型的建立过程如下：将硅酸盐水泥与低黏度的环氧树脂（黏度与水相近）混合制成较干的浆体，经养护、切割、打磨后，采用BSE和X射线分析相结合的方法，获得水泥颗粒的二维图像。在这些数字化的图像中，每个水泥颗粒都代表一个像素的集团。水泥水化过程的模拟正是在对二维图像中的水泥的主要相组成进行分析识别的基础上，结合水泥的粒径分布，按照测得的相体积分数、相表面积因子，根据体视学原理来实现三维重构。接着再运用一套元胞自动机规则（即一系列的化学反应、溶解、扩散规则）来操纵这些像素，使其经过溶解、扩散、反应等几个步骤来实现对水泥水化不同时期三维微观结构的模拟。运用该模型可以实现对水泥水化行为和力学性能的预测。该模型的主要优点在于，它直接对多相、多尺度、非球形的原始水泥颗粒中的信息进行定量分析、统计，这使得模型将能更好地再现真实水泥的水化硬化情况，同时，每个像素代表 1 m，这种分辨率基本上可以满足描述水泥颗粒的要求。其程序流程见图 5.8。

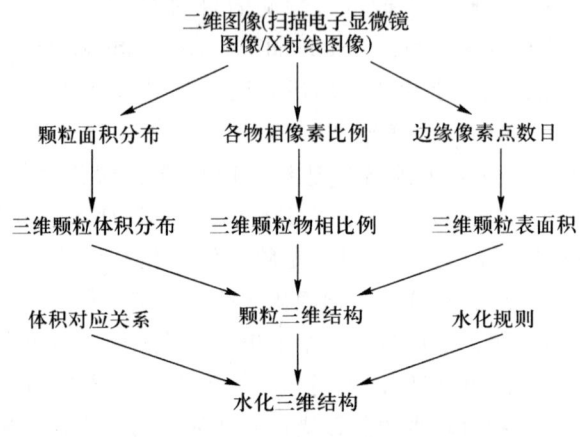

图 5.8　CEMHYD3D 流程图

在 CEMHYD3D 的官网上有一些标准水泥矿物含量及微观图库，这样能方便地进行三维转换。水泥颗粒二维和三维的物相体积分数是相同的，而物相间的空间连接关系在二维和三维中却有明显的不同，这些物相的空间和拓扑安排最终决定了水泥浆体的承压性和传输性能，因此在水泥性能的预测上需要得到水泥颗粒的三维结构。其三维结构是从二维结构中提取出像素信息，然后通过程序生成与其自身对应的三维图形。该三维图形不仅能保持有二维图形的信息，同时还能更加直观地显示其内部的三维结构。

5.3.2　HYMOSTRUC 研究进展

HYMOSTRUC 是由荷兰理工大学的 van Breugel 提出的一种连续体模型[165,169,172-174]。该模型也假设水泥颗粒为球形，随着水化过程的进行，位于大颗粒附近的小颗粒将逐渐被大颗粒水化后形成的产物壳层吞噬，产物层随时间延长而增厚。该模型考虑了由于颗粒吞并引起的额外的产物层增厚使得固液相之间扩散速率下降，以及被吞并颗粒若是尚未完全水化，则会从包围它们的壳层中回吸一部分水继续水化，进而将降低大颗粒水化速率等现象。由此可进一步计算反应产物层厚度、水化程度、反应速率控制机理不同对反应面的渗滤速率的影响等未知量。由于 HYMOSTRUC 模型较详细地模拟了微观结构的发展（即颗粒间接触点的形成）对水化速率的影响，故该模型可以将水化曲线作为粒径分布、水泥化学组成、水灰比、真实反应温度的函数加以预测，且模拟的结果与试验值一致性较好。

HYMOSTRUC 可以用来模拟基于水泥的各种材料在宏观和微观上的结构。相对于 CEMHYD3D，HYMOSTRUC 的最新版不仅针对以前的算法和对实际的预测有了很大的改进，而且 HYMOSTRUC 还有可视化操作图形界面，能生成三维图形，尤其难能可贵的是，HYMOSTRUC 不需要取已有的图形数据资料，而是根据输入的数据进行计算并按照自己的成型原理来进行处理。

Amirjanov 等[175]进一步将这种思路和模型应用到对混凝土集料的紧密堆积的计算机优化方面，可以实现混凝土结构的优化和对性能的预测。

5.3.3 水泥浆体微观结构三维模拟的新进展和软件操作

Chen 等[176]针对 CEMHYD3D 系统精度较低的问题进行了分析，指出产生该问题的原因是原模型中没有考虑扩散控制反应。因此，提出了"水化层"的新概念以消除模型预测系统精度的影响，并通过不同系统精度的模拟试验验证了考虑"水化层"改进型模型的合理性和优越性。Gallucci 等[177]通过同步加速 X 射线断层扫描技术获得了不同龄期水泥浆体的三维照片，其精度达到了背散射扫描电子显微镜图像的效果。不仅可以定量而且可以从形貌上获得大量特征参数，特别是水泥颗粒和孔隙率、毛细孔的连通性和弯曲性等，为构造精确合理的水泥浆体微观结构提供了大量有价值的三维图片。Bouvard 等[178]通过有限元方法利用经典的镶嵌模型模拟了 EPS 混凝土的微观结构，并对其热传导性能和力学性能进行了预测，结果显示，合理的模型为预测材料性能与组成的关系提供了强有力的支撑。Mertens 等[179]通过对薄片的计算机辅助图像分析，提出了重构砂浆中砂的筛分曲线的定量方法。比较立方体和球体两种体视学模型，发现其模拟结果与实际筛分曲线基本一致，尤其对于球体模型和形状因子较高的颗粒。计算机模拟的结果显示，建立在图像分析基础上的筛分曲线和颗粒粒径分布曲线均具有较高的精度。Stroeven 等[180]基于二维和三维体视学研究了水泥基中颗粒的形状评估，并指出了在二维平面上定量图像分析的精确性较高，并对如何从二维图像转换成精确的三维图像给出了合理的建议。Bernard 等[181]提出了一种三维多尺度水泥基材料力学性能模型。该模型提供了一种定量方法，用于评估和预测包含微观结构最终变化的水泥基材料的力学性能。模型中组合了两种数值计算工具，首先基于 NIST 的 3D 模型产生不同尺度实际水泥基材料的特征体积单元，然后通过有限元程序实施多尺度模拟计算获得材料的力学行为。该模型不仅可以用于预测水泥基材料的拉伸和压缩行为，而且可以评价弹性模量等参数，其理论计算结果与试验值具有良好的一致性。

同济大学近年来消化吸收了国际最新的水泥硬化浆体计算机三维理论和技术，在此基础上研究了其数学模型和软件应用方法，在水泥水化、浆体的组成和结构以及混凝土三维结构仿真等方面作了有益探索，将 Flex 和 Papervision3D 技术引入模拟中，实现水泥基材料微观结构的三维模拟。

Flex 可以用来做桌面应用程序开发，开发效率高，并且交互性强。Flex 采用 GUI 界面开发，使用基于 XML 的 MXML 语言。Flex 具有多种组件，可实现网络服务、远程对象、推送服务、列排序、图表等功能；Flex 内建动画效果和其他简单互动界面等。相对于基于 HTML 的应用（如 PHP、ASP、SP、ColdFusio 即 CFMX 等），在每个请求时都需要执行服务器端的模板，由于客户端只需要载入一次，因此 Flex 应用程序的工作流被大大改善。Flex Framework 包括 MXML、类库、组件、容器和效果（effect）等。它不需另外的服务器或 IDE 就可以生成和美化 Flex 应用程序。另外，Flex Charting 图表组件提供平滑的数据可视能力。

5.4 水泥浆体的组成、结构与性能的关系

5.4.1 微区力学性能

已经有许多电子束成像技术被应用到水泥基材料微观结构的观察上，但它们本身不能够提供力学方面的一些信息。原则上局域探针技术如 AFM 是可以从纳米尺度上给出水泥基材料的力学性能信息的[182]（该技术大多数只是用来观察水泥基材料纳米尺度的结构[81,183-188]），但只能是定性的。近来在研究水泥基材料的纳、微米尺度力学性质方面，纳米压痕技术得到了一定的应用[82,189-195]。纳米压痕技术是与 AFM 不同的一种定量探测局域应力技术，它的不足之处是不具备成像能力，而这恰恰对像水泥基这类多相材料来说是非常关键的。为了克服这一弊端，在最近的一些水泥基材料的纳米压痕实验研究中，通过测量大量的数据点后加以统计，可以计算出不同相的模量[191,192]。在另外一个研究中[194]，为使实验更加可靠，Hughes 等增加了冷场发射扫描电子显微镜（CFE-SEM）来获得电子图像，可以说实现了纳米压痕技术和电子成像技术的复合。Mondal 等[85]使用了一个相对较新的装置来测量纳米尺度上局域的力学性质，该装置联合了纳米压痕技术和高分辨率原位扫描探针显微成像技术，被称 Triboindenter，目前已经商业化。多周期的局部加载和卸载被用来消除每个缩进过程中的蠕变及尺寸效应。Oliver 和 Pharr 方法被用来确定力学性能，压痕弹性模量是通过最后卸载曲线计算得出的，硬度被定义为最大压痕荷载除以接触面积。图 5.9 表明弹性模量随与未水化颗粒距离的增加而减小。对

于未水化颗粒,计算弹性模量和硬度值分别为 125 GPa 和 7.66 GPa。图 5.10 显示了中心附近有未水化颗粒的一个水泥浆体亮区的 60 μm × 60 μm 图像。模量计算值是由压痕数据计算得出的,其值写在图上代表压头位置的地方。从最初的研究可以看出,许多区域都显示出这样一个趋势,弹性模量值随与未水化颗粒距离的增加而减小。在无未水化水泥颗粒附近的区域内,弹性模量值是在 25~15 GPa 范围内,这小于未水化水泥颗粒周围的弹性模量值。

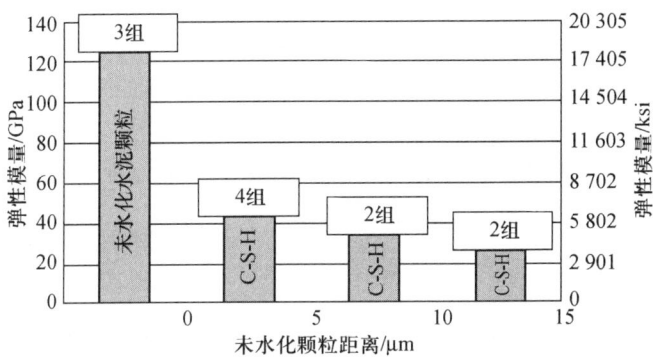

图 5.9　C-S-H 凝胶弹性模量随与未水化颗粒距离的变化

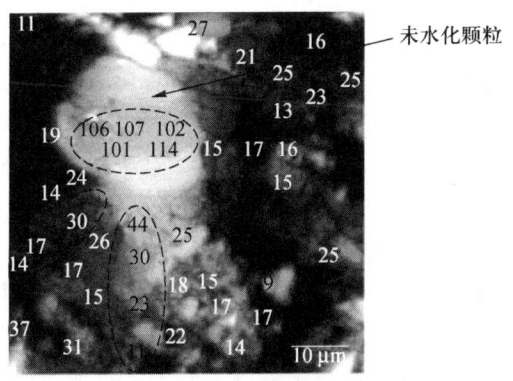

图 5.10　有未水化颗粒的 60 μm × 60 μm 凝胶图像
(显示了压头位置和弹性模量值)

在相同龄期条件下,水灰比越低,水泥的水化程度越低,且随龄期的增加水泥的水化程度不断增加。但不同水灰比其水化程度增加幅度不同,水灰比越低,水泥的水化程度后期增加越少。且通过对 XRD 衍射分析图谱分析得出,随水灰比的降低,C_3S 和 C_2S 的特征峰的峰高增加,即说明随水灰比降低,未水化水泥熟料颗粒越多[196]。Igarashi 等[197]的研究也得出这一结论。

纳米压痕实验是通过假设压痕发生在一个平面上来进行分析的。因此，纳米压痕的精度取决于表面粗糙度的可降低程度。Miller 等[198]研究了水灰比为 0.2 的富阿利特型水泥浆体，研究选择低水胶比的原因是，可以得到预计的硬化材料中除了 C-S-H 凝胶外，还有大量的未水化熟料，从而导致各材料相之间在力学性能上可能呈现出极大的差异。

Holzer 等[199]研究了水灰比为 0.5 的低温稳定水泥浆体的 SEM 图像，发现未水化试样只包含极少数直径在亚微米范围内的粒子，相比之下，水化试样则充满了许多分散在过渡区域的小颗粒。正如在高解析度低温扫描电子显微镜观察到的，大部分小的沉淀物呈现出六角形和短柱状晶体的形状，这是典型的钙矾石。

Sorelli 等[200]利用 SEM 和 XRD 研究了纤维与硬化水泥浆体界面过渡区水化产物的纳米级的形貌和结构特征。

5.4.2 变形性能

水泥基材料的变形通常表现为收缩。混凝土材料组成中能够发生收缩的主要是水泥浆体。当水泥加水拌和形成水泥浆体时，由于水泥的水化产物的体积小于初始反应物（包括水）的体积而产生收缩，这一收缩被称为化学减缩[201]。显然，收缩的大小主要与水泥的品种、用量及水化程度等有关。塑性收缩，也称为毛细管收缩，是在水泥浆体处于塑性阶段时发生的，它是引起塑性开裂的原因。水泥浆体在浇筑的过程中，由于泌水而在水泥浆体表面形成一定厚度的水膜。当这层水膜由于水分蒸发或自干燥（水化作用引起材料内部相对湿度降低）而内部水分又来不及供给，水膜会减薄，这样就在粒子之间形成了弯液面，从而产生毛细管力。水泥浆体产生的塑性收缩正是在毛细管力作用下的一个物理过程[202-205]。化学反应对这个阶段并没有直接的影响，类似的现象在惰性材料中也能观察到[203]。温度变形主要是由于水泥水化放热所致，在早期表现为热膨胀，在后期降温阶段表现为热收缩。收缩大小与混凝土的热膨胀系数、混凝土内部最高温度和降温速率等因素有关。热应力已成为混凝土特别是大体积混凝土早期开裂的一个重要因素。碳化收缩是由于水化产物 CH 与外界 CO_2 在一定湿度下反应导致的，其收缩机理到目前为止还不是很清楚。水泥浆体暴露于相对湿度小于 100% 的环境中时内部水分向外扩散所导致的收缩称为干燥收缩。干燥收缩机理目前主要有毛细管张力（capillay tension）理论、表面自由能变化（changes in surface free energy）理论、劈张力（disjoining pressure）理论、层间水移动（movement of interlayer water）理论等[135]。所谓的自收缩与干燥收缩机理类似，只是自收缩时试件处于密封、等温状态，浆体的内部相对湿度降低不是由于水分蒸发引起的，而是由水泥水化导致的。自干燥收缩则是指在水泥浆体初始结构形成以后，由于水泥进一步水化在体系内部形成空孔，毛细孔中的水由饱和状态变为不饱和状态，于是在毛细孔水中产生弯月面，造成硬化水泥石受负压的作用而产生收缩，是自收缩的一部分，也是最重要的一部分[204,206]。

按对水泥浆体的收缩性能产生的影响可把水泥浆体结构组成分为收缩相（主要是 C-S-H 凝胶）和约束相（主要是未水化胶凝材料粒子、结晶水化物，包括 Ca(OH)$_2$ 和 AFt(AFm)[207-209]）。早在 19 世纪 50 年代，Pietro 等[206]就曾撰文叙述了水泥浆体收缩性能与其比面积的关系。随后，Feldman 等[211]对掺有不同化学外加剂的水泥浆体的研究发现氮气吸附测出的比表面积增加，总收缩变大。Bentur 等[212]则发现干燥收缩后的样品比表面积降低。近些年研究干燥收缩（可逆收缩和不可逆干缩）与微观结构的关系最多的要数 Jennings 所在的课题组[213-217]，他们研究了水泥浆体的干缩（包括总干缩、可逆干缩部分与不可逆干缩部分）与不同范围孔体积之间的关系[214]。研究发现，直径小于 40 nm 的孔体积增加、孔径减小，水泥石的干缩增加；可逆干缩与其中较大的孔体积相关性较好，而不可逆干缩则与较小孔体积相关性较好。该课题组基于 C-S-H 胶体模型（CM-Ⅰ、CM-Ⅱ），系统地阐述了干燥收缩与 C-S-H 凝胶孔结构的关系，得出不可逆收缩与 LD C-S-H 粒子发生重新排列、其堆积密度产生永久改变等有关，聚合度增加可能只是产生不可逆收缩的一部分原因[216,218]。HD C-S-H 干燥不收缩，可看做约束相。从 C-S-H 凝胶的孔结构方面解释干燥收缩，特别是其不可逆部分，虽然取得了一定的成功，但是影响干燥收缩的因素远非只有 C-S-H 凝胶的孔结构。C-S-H 凝胶的其他参数如化学组成、含量以及收缩相/约束相两者比例等对干燥收缩的影响还很少报道，特别掺有辅助性胶凝材料的复合水泥浆体体系就更少。

相比于干燥收缩，尽管科研工作者已经进行了大量的工作，但自收缩研究报道的结果主要还是一些现象性的描述，缺乏因果关系的解释。这在一定程度上限制了这些研究结果的应用。对于掺入辅助性胶凝材料的复合水泥浆体的研究，不同的研究者报道的结果可能差别很大。这一方面是由于那些性质对实验条件和材料本身参数敏感，另一方面可能还是对水泥浆体的组成结构关注不够，或者说对引起那些现象的本质原因探索不够导致的。积极探索出水泥浆体的一些特征参数，建立起自收缩与这些参数之间的关联是水泥材料科学研究者的一项重要任务。基于实验结果的一些分析，研究者们已经提出了几个自收缩计算模型，主要有 Hua-Acker-Erlacher 宏观尺度和微观尺度模型[218,219]、Mabrouk 模型[220]及 Koenders 和 van Breugel 模型[221,222]。这几种模型虽然均有一定的合理性，但目前尚不能精确描述混凝土早期自收缩模型。因此，未来的研究必须运用物理、化学、热力学等知识对其机理进行解释，以便对那些现象有恰当的理解和进行预测。

各研究者研究水泥浆体的干缩所得的结论不一致甚至有互相矛盾之处，除了因为原料本身的物化性能不同外，还与测定干缩的方法不同有关。目前各个国家关于水泥胶砂干缩试验方法[222]的主要不同之处在于用水量方面，一是采用固定水胶比，另一是通过控制胶砂达到一定的流动度来确定加水量；另外就是初长测量时间及试件尺寸不同。我们国家的测试方式是 JC/T603—1995：成型时采用固定胶砂量（胶砂比为 1:2，水泥 400 g，标准砂 800 g），根据胶砂流动度达到 130~140 mm 来确定用水量；试件两端装有球形钉头，尺寸为 25 mm × 25 mm × 280 mm，每试样成型 3 条试件；成型后置于温度为 20 ℃ ± 3 ℃、相对湿度为 90% 的养护室中养护 24 h ± 2 h 后脱模，然后将试件放入温度 20 ℃ ± 2 ℃ 的水中养护 2 天；取出试件，测定初始读数后移入温度为 20 ℃ ± 3 ℃，相对湿度为 50% ± 4% 的干燥养护箱中养护；在各龄期测量试件的长度计算干缩率。由于在不同龄期反复测定时，很难保证试件端部测头与千分表测头之间相同的基准长度，因此存在较大的误差。同时，这样的测量方法周期也较长，给实际应用带来一定的不便。安明喆等[223]在试验过程中采取不搬动试件的方法进行测量，有效地避免了基准长度的变化，但仍然采用了千分表，其读数只能人工读取，不能实现自动控制和自动数据采集处理，并且容易因人为或环境因素产生较大测量误差。因此，需要重点发展一些在线检测干缩的技术。中国建筑材料科学研究总院的赵顺增[224]则利用压力状态下，水蒸气快速平衡原理，成功研制出真空快速干燥测量仪，大大缩短了测量周期，且能够实现在线自动检测。相信这将会有力地促进水泥基材料体积稳定性研究水平的提高。

自收缩的测试方法主要分为两种[225-227]：一种是测试试件的体积变化率；另一种是测试试件的长度变化率。两种方法各有优缺点。体积变化率测试法的优点是浇注后可立即进行测试，但也有其缺点，即由于水泥浆体表面泌水或混入空气会使水泥浆与有韧性的容器间接触不稳定。同时，在其水化过程中由于水被吸进水泥浆体，因而会产生化学收缩，内部体积的减少会被错误地看成是外部体积的减少，且化学收缩比自收缩大，因而所测数据偏大，也产生一个替代性的错误。此外，容器的渗透性也可能是影响测量结果因素之一[228]。长度变化率测试法的优点是浆体凝结后测量点能够锚固，缺点是不能测量水泥浆体凝结前的长度。综合两种方法的优点，Jensen 和 Hansen 建议采用一种褶皱形的模具[226]。在凝结之前，该模具事实上将体积变形转变成了线性变形，可在浇注前开始测量试件的线性长度。这一测试方法可以避免试件脱模。国内邓敏等也采用了类似的波纹管（两端可以用塞子密封）测试水泥净浆的自收缩，取得了一些有意义的结果[229]。近来，田倩等还详细研究了波纹管的材质、尺寸和内部空气对于测试结果的影响[230]。对于高性能水泥浆体的自收缩测试方法还有待近一步改进，使之能够快速、简便、真实地得出水泥浆体自收缩性能。

5.4.3 离子固结或持留作用

国内外对孔溶液的研究主要集中在碱集料反应和钢筋锈蚀方面，其次是孔溶液对水化产物的影响方面，在对复合水泥浆体孔溶液的具体表征方面还缺乏具体的阐述。

施惠生等[231]和Ghods等[232]研究了混凝土孔溶液的组成对钢筋钝化膜的影响，结果表明，孔溶液的化学组成对钢筋氧化膜的保护性能有着重要影响，特别地说明了SO_4^{2-}对保护膜的影响最大。封孝信和冯乃谦[233]、林玮等[234]、Nixon等[235]、Shehata等[236]分别研究了混凝土孔溶液碱含量与碱硅酸反应之间的关系。

在孔溶液对水泥水化产物的影响方面的研究相对还比较少，Johannesson[237]以Nernst-Planck方程为基础模型研究了混凝土中离子的渗透和扩散，并简单地提及了孔溶液中的离子与水泥水化之间的相互作用，但并未就孔溶液对水化产物的影响机理作出有效的解释。在国内，主要是在C-S-H凝胶的持碱机制方面的研究[238-240]，其他方面涉及不多。

通过国内外一些相关研究[241-253]也可以看出，孔溶液的各种离子在水泥水化的过程中会发生各种物理化学反应，其中必然地关系到反应的焓和离子扩散的驱动力等，以及在水泥的水化过程中离子之间的相互作用、离子与水化产物的相互作用、离子在传输过程中与孔壁的相互作用、离子与一些外加剂的相互作用等，这些都有待进一步的探讨。

5.4.4 有害介质在水泥浆体中的扩散、迁移与渗透

混凝土结构的破坏通常是由于外部有害物质如SO_4^{2-}、Cl^-、Na^+、CO_2等侵入混凝土材料内部或材料自身内部离子扩散/迁移等引起，如Na^+、K^+扩散至活性集料处发生碱集料反应，Cl^-迁移导致钢筋钝化膜破坏产生钢锈，SO_4^{2-}导致钙矾石膨胀，严寒条件下SO_4^{2-}和CO_2与C-S-H凝胶形成碳硫硅钙石引起破坏等。因此，世界各国科学家围绕提高水泥基材料的抗有害离子扩散、渗透能力，及准确、快速测试或表征水泥基材料的抗有害介质扩散与渗透能力等方面开展了大量的工作，并提出了一些提高水泥基材料抗渗性能、相应的评估方法及预测介质在水泥浆体中的扩散、迁移模型[254]。

水泥基材料是一种多孔材料，其内部孔结构，如孔径、孔隙率、孔的形状、孔的连通性等对材料的渗透性能有重要的影响。此外，材料中水饱和程度及孔溶液的组成与性质对离子的扩散、迁移有显著的影响。因此，为准确地评估有害介质在水泥基材料中的扩散、迁移与渗透性能，需要充分考虑以上两个

重要的影响因素。水泥基材料的抗渗性主要通过测试某一特定介质(如 Cl^-、CO_2、N_2、空气、水等)在水泥基材料中的扩散、迁移或渗透行为来评估[255-257]。如通过测试气体(CO_2、N_2、空气)与水在恒定压力作用下,在规定时间内通过材料的流量或速率,进而评价水泥基材料的渗透性能。这些方法能够直观地表现出材料的抗渗性能,但不能直观反应离子在材料中扩散、迁移的真实状况。

研究表明,离子的扩散性能与混凝土材料的导电性能密切相关,因此测试材料的电导率或电阻率在一定程度上可反映出离子在材料中的扩散与迁移性能。氯离子渗透性快速测定方法(Rapid Chloride Penetration Test,RCPT)是一种评估氯离子扩散性能的常用方法[258]。对此,美国测试与材料协会(American Society of Testing and Materials,ASTM)制定了标准,即 ASTM C1202[258]。目前 RCPT 法已得到广泛的应用,但该方法依然存在不足之处,很多研究人员则认为该方法并不能真实反应材料的抗渗性能。研究发现,试件的电通量不仅与材料的孔结构有密切关系,而且与材料中的孔溶液的导电性有重要关系[259,260]。孔溶液的导电性与溶液中三种主要离子,即 Na^+、K^+ 和 OH^- 密切相关[261]。因此,孔溶液中碱含量较高,则可能导电性能好,电通量更大,但材料的渗透性能未必大。一些研究发现,电通量与材料实际的渗透性能并不成正比,也即电通量大的材料其渗透性则反而更低[260]。一些对氯离子迁移、扩散影响不大的因素却可能对混凝土的电导率产生很大的影响。可见,电导率或电阻率不能真正地反映材料的渗透性能。但是,对于同一材料组成、同一配合比而言,电通量则可以作为渗透性能控制的一个参照指标。辅助性胶凝材料如硅灰、粉煤灰、高炉矿渣等对孔溶液的化学性质及其电导率有较大的影响,这一影响取决于辅助性胶凝材料中的碱含量、用量及水化龄期,但对氯离子的影响则较小。已有研究发现,水泥的水化产物 C-S-H 或 C-A-S-H 等对碱(Na^+、K^+)及 Cl^- 具有结合或持留作用[239,243,262],进而可能影响到孔溶液的导电性能,从而影响水泥浆体的电通量或电阻率。近年来,针对 RCPT 法存在的不足,很多研究人员尝试对该方法进行改进[263,264]。如在电通量测试过程中,由于试件的电阻较大,测试时间较长(6 h),则会在测试过程中产生热量,从而导致温度的升高,进而对电通量测试的结果产生影响,温度越高,混凝土材料的电阻率越低[263]。为避免温度产生的影响,Julio-Betancourt 等[261]将电通量测试时间由 6 h 改为 1 min,结果表明,同一试件在 1 min 内的电通量与 6 h 的电通量之间成线性,据此提出对已有的快速测试方法进行改进,即测试时间改为 1 min。Yang 等[262]在 RCPT 法的基础上提出了一种采用氯离子加速迁移法来测试水泥基材料的扩散系数,在该方法中可以测定一定时间内流经试件的总电通量,同时可获取材料的扩散系数。

利用超声波在水泥基材料中的传播速率来评估材料渗透性是一种新发展的方法。Lafhaj等[263]通过测试超声波在砂浆中的传播参数(脉冲速率、衰减)来评估砂浆的渗透性。研究发现,超声脉冲速率随孔隙率及渗透性的增大而减小,但随材料中水分含量的增加而增大;剪切波波速为纵波波速的一半左右,与纵波相比,其对水的敏感性更小;超声波的衰减随材料的孔隙率、渗透性、水分含量的增大而增大,剪切波的衰减比纵波的衰减高 2~4 倍。根据 Lafhaj 等建立的超声脉冲速率与材料孔隙率及空气渗透性的关系模型,超声速率与其空气渗透性呈线性关系。但该模型适用于孔隙率为 8%~13.5% 的范围,对于空隙率更高的材料可能不再适用,需进一步进行研究。

辅助性胶凝材料对水泥浆体中离子扩散、迁移及渗透性有较大的影响。研究发现粉煤灰、矿渣、硅灰等的掺入可以提高水泥基材料的抗氯离子渗透性能。这可能是由于辅助性胶凝材料对水泥浆体孔结构的大大改善,降低材料的渗透性。此外,辅助性胶凝材料对孔溶液组成与性质的改变及对水化产物相和结构的改变,可改变水泥水化产物对有害介质的结合或持留能力。

综上所述,介质在水泥浆体中的扩散、迁移及渗透性能与水泥浆体孔结构、孔溶液、水化产物相对离子的结合与持留能力有密切关系。目前,关于水泥浆体导电性能与离子在其内部扩散、迁移能力,以及材料渗透性能的关联性的研究较少,水泥浆体微观孔结构与宏观渗透性能及具体测试参数(如电通量、电阻率)之间相互关系的研究还不够。此外,水化产物相对有害离子的结合和持留对离子扩散、迁移能力的影响规律还需进一步研究。

5.4.5 性能调控

1. 辅助性胶凝材料对水化的影响

辅助性胶凝材料可分为火山灰反应活性辅助材料与惰性辅助材料两类,其在水泥基材料中的作用主要有化学作用与物理作用[72,266-269]。化学作用是具有火山灰反应活性的辅助性胶凝材料与水泥熟料水化产物 $Ca(OH)_2$ 发生火山灰反应形成新的具有胶凝性的反应产物,使浆体的结构和性能产生变化。同时,活性辅助材料还改变了孔溶液的组成与性质,破坏溶液中的离子平衡,从而影响水泥水化速度(特别是早期的水化速度)、水化过程甚至水化机理。化学作用大小取决于辅助材料的组成与火山灰反应活性。此外,辅助材料中含有的一些化学物质也可能使水泥水化加速(如 Cl^-)或者减缓(如 Zn^{2+})。辅助性胶凝材料的物理作用通常分为稀释水泥、促进 C-S-H 非均匀成核和改变复合水泥颗粒粒径分布三种。稀释水泥是指辅助材料的掺入使水泥的用量减少,实际水泥的水灰比增大。非均匀成核作用是指微细辅助材料为 C-S-H 提供非均匀成核与生长的位置,从而促进水泥的水化。该作用受辅助材料的细度、掺量、亲和力

(辅助材料颗粒对水泥水化产物的亲和力)三种因素的影响:辅助材料越细,越有助于 C-S-H 的非均匀成核;掺量越高,辅助材料颗粒越多,非均匀成核的几率越高;辅助材料颗粒亲和力越大,越容易促使 C-S-H 在颗粒表面成核,亲和力取决于辅助材料自身特性。颗粒粒径分布的改变是指不同粒径的辅助材料使水泥混合物颗粒初始堆积状态、密度和初始孔结构产生变化,从而影响水泥水化及硬化浆体结构,这一改变取决于辅助材料的掺量与粒径分布。目前,关于辅助材料与水泥熟料颗粒粒径分布及匹配、水泥浆体初始堆积结构对浆体结构与性能的研究很少。对于惰性辅助材料而言,其对水泥水化、浆体结构和性能的影响主要通过物理作用来产生,而对于活性辅助材料而言,其对水泥浆体性能的影响则同时通过物理作用和化学作用来产生。

辅助性胶凝材料影响水泥的水化速度、水化过程及机理。硅酸盐水泥水化反应速度开始主要受化学反应控制,C-S-H 在水泥颗粒表面成核并生长,在水泥颗粒表面形成较为完整的水化产物膜层,随着水化产物膜层的增厚,水化速度逐渐受离子在水化产物层的扩散速率所控制。辅助性胶凝材料的掺入将促进 C-S-H 的非均匀成核,加速水泥水化。Cyr 等[266-269]发现,惰性矿物掺合料会促进水泥 C-S-H 非均匀成核,加速水泥水化(特别是早期的水化),加速作用受矿物掺合料的比表面积影响。比表面积越大,非均匀成核作用越显著,对水泥水化的促进作用越明显。Korpa 等[72]研究发现,由于具有较高火山灰反应活性的硅灰、硅胶具有大量的活性硅表面,为 C-S-H 提供大量的成核与生长位置,促进水泥水化。硅胶比表面积越大,对水泥水化的加速作用越显著。此外,活性辅助材料还会改变孔溶液的离子组成及性质,从而破坏离子平衡,加速或减缓水泥的水化。硅灰与硅胶均会快速消耗水泥水化过程中释放的 Ca^{2+},破坏孔溶液中 Ca^{2+} 的平衡,加速水泥水化[72]。复合水泥中采用两种或多种辅助性胶凝材料,各种辅助材料的组成及活性不同,对孔溶液的组成、离子平衡将产生影响,从而影响水泥的水化。

由于颗粒细小的辅助性胶凝材料的填充以及火山灰反应产物的胶结与填充作用,水泥浆体毛细孔将被细化,浆体结构更致密,强度更高。Cyr 等[266-269]认为,惰性矿物掺合料对水泥砂浆强度的贡献不是来源于掺合料"微填料"的作用,而是由于矿物掺合料对 C-S-H 非均匀成核的促进所致。水泥和辅助性胶凝材料的颗粒粒径及分布对水泥水化、浆体结构与性能也有影响。细颗粒水泥水化速度快,早期强度发展快;粗颗粒水化速度较慢,对后期强度贡献较大[270]。水泥颗粒粒径分布影响颗粒紧密堆积程度,进而对硬化浆体结构、性能产生影响[271]。水泥颗粒粒径分布越宽,颗粒堆积密度越大,当水泥水化程度一致时,水泥浆体孔隙率越小[272]。目前,关于复合水泥中辅助材料和水泥熟料两者颗粒粒径级配的优化匹配及其对浆体性能的影响的研究相对较少。在混凝土中使用颗粒粒径级配连续的组分,可以提高各组分的紧密堆积程度,同时减少用水量,提高混凝土结构致密性,从而大大提高材料的力学性能。活性粉末混凝土(reactive powder concrete)便是多尺度颗粒最优化堆积的结果,这种混凝土采用纳、微米级的辅助性胶凝材料(如硅灰等),这些细微材料可填充水泥颗粒间隙,增大紧密堆积程度,使硬化混凝土强度极大提高,其抗压强度可高达 800 MPa,抗拉强度也可至 50 MPa[273]。采用高性能减水剂与不同尺寸颗粒组分优化紧密堆积而制备的高强、高性能混凝土及自密实混凝土被认为是过去十年里在水泥基材料领域所取得的巨大创新[273]。

2. 辅助性胶凝材料影响新拌水泥浆体的流变性能

这些影响与辅助性胶凝材料的物理性能如颗粒形状、表面结构、颗粒细度、粒径分布等,或物理化学性能如外加剂与辅助材料表面的物理化学作用等密切相关。一般而言,细颗粒粉末的掺入会引起浆体流变性能变化,这种变化有正面的也有负面的,其影响因素复杂[274]。球形、表面光滑的颗粒有助于浆体的流动。因此,对颗粒形状差的辅助材料,常通过粉磨来改善颗粒形状及表面结构,进而改善浆体流动性。但另一方面,颗粒的细化、比表面积增大,又导致需水量的增加。两者存在最佳优化范围。颗粒堆积状态对浆体流变性也有影响。研究发现达到相同流变性能、颗粒紧密堆积时,浆体需水量减少[275]。

3. 辅助性胶凝材料对水泥基材料体积变形性能的影响

研究发现,辅助性胶凝材料对水泥基材料收缩产生的影响与其颗粒尺寸和反应活性有关。颗粒细小的辅助材料填充于水泥颗粒间隙,细化毛细孔,增大自干燥收缩。火山灰反应自身会产生化学收缩,同时会消耗浆体内部水分,降低浆体内部相对湿度,增大自干燥收缩。硅灰发生火山灰反应产生的化学收缩较大,约为 $0.22\ \text{mL} \cdot \text{g}^{-1}$[276]。此外,由于其具有较高的活性,火山灰反应较快,导致内部相对湿度的降低,显著增大水泥基材料的塑性收缩和干燥收缩[277]。研究发现,粉煤灰的掺入减少水泥基材料的收缩[278],但也有研究发现粉煤灰发生火山灰反应时会增大浆体自收缩[279]。提高水泥浆体自身体积稳定性、减少收缩是水泥基材料研究领域的热点。而对于低水灰比、高掺量辅助性胶凝材料、颗粒紧密堆积的条复合水泥浆体,收缩问题将更为突出。在水泥基材料中添加各种组分如有机材料、化学减缩剂、膨胀材料等是提高浆体体积稳定性的重要措施[280]。但已有的措施仍然存在一些不足,如化学减缩剂、硫铝酸盐类膨胀材料对浆体后期收缩作用不明显,且在复合水泥体系适应性较差的问题。水泥浆体的收缩与纳、微米尺度水化产物结构相关,提高水泥浆体在纳、微米尺度结构的稳定性将可能从根本上提高材料宏观体积稳定性,有效解决收缩开裂问题。

4. 辅助性胶凝材料对有害介质的结合或持留能力和迁移的影响

研究发现，粉煤灰、矿渣等辅助性胶凝材料可以提高水泥基材料的抗氯离子渗透性能[264,265]。一方面可归因于辅助性胶凝材料的掺入细化并改善了水泥浆体孔结构，提高了浆体致密性，降低了浆体的渗透性。另一方面，粉煤灰、矿渣中含铝组分较多，水化产物将结合更多的 Cl^-，形成 Friedel 盐[260]。此外，辅助性胶凝材料的掺入将降低孔溶液中的 Na^+ 浓度，增强水泥水化产物对 Cl^- 的结合能力[281]。辅助性胶凝材料发生火山灰反应时，将生成大量可抑制碱的低 Ca/Si 的 C-S-H 凝胶产物，从而抑制碱硅酸反应膨胀[249,281,282]。若辅助性胶凝材料中 Al_2O_3 的含量较高（如粉煤灰、矿渣等），则其中的 Al^{3+} 可能被固溶至 C-S-H 结构中，形成 C-A-S-H 凝胶，增强凝胶产物对碱的吸附能力，抑制碱硅酸反应[249]。由于复合水泥中的水泥熟料较少，从而减少了 C_3A 的含量，提高了抗硫酸盐侵蚀的能力[283]。

5. 性能调控

复合掺入两种或多种辅助性胶凝材料可缓减或消除单掺辅助性胶凝材料对水泥基材料性能带来的负面影响[284]，使复合水泥性能最优化。20世纪末以来，许多国家制备并应用了各种体系的复合水泥，如熟料-粉煤灰-硅灰、熟料-粉煤灰-矿渣、熟料-矿渣-硅灰等。但是复合水泥仍然存在许多问题，如复合水泥可能增加成本，增大需水量，水化过程中产生更大的水化热，体积不稳定等[285]。复合水泥的水化性能、浆体流动性能、力学性能和耐久性取决于复合水泥浆体中各组分相互交接所形成的结构。水泥浆体微、纳米尺度层次的结构是决定水泥基材料宏观性能的关键因素。因此，要解决复合水泥存在的问题，优化复合水泥浆体性能，需对水泥浆体微、纳米尺度层次的结构进行调控与优化。在水泥中掺入微、纳米级的活性或惰性粉末材料是一种调控水泥浆体结构的有效途径，也是当前研究的热点之一。在水泥基材料中添加微、纳米级的颗粒材料将形成更加均匀细小的孔结构。这主要归功于材料的加入优化了初始堆积及水化产物在细颗粒表面的成核生长。Lindgreen 等[286]研究发现，在水泥中掺入超细黏土矿物（蒙脱石、坡缕石等）可对水泥浆体的结构（水泥水化产物结构、孔结构）进行调控。尽管这些掺入物为惰性材料，不具备火山灰反应活性，但由于其比表面积大，C-S-H 在黏土颗粒表面成核生长。黏土颗粒的形状、表面特性（表面电荷、比表面积）将影响 C-S-H 的纳米结构。通过粉磨、热处理等方法对辅助性胶凝材料表面进行改性是对复合水泥浆体结构调控与优化的又一重要措施。通过改性，可以使低活性辅助性胶凝材料的表面活化，改善辅助性胶凝材料与水泥水化产物的界面结构，使其力学性能、变形性能与耐久性均得到一定程度的优化。研究发现，对煤矸石、高岭土进行热处理，可使其表面结构产生变化，具备火山灰反应活性[287,288]。Felekoğlu 等[289]发现，可以通过粉磨来对粉煤灰进行物理改性(即改变颗粒形状及表面结构),最大限度地提高粉煤灰-水泥混合浆体的强度,但粉煤灰粉磨细度存在最优值,需综合考虑粉磨细后对浆体流动性的改善作用和比表面积增大所导致的需水量增加的负面作用。磨细粉煤灰还可增加其火山灰反应活性[290]。优化复合水泥各组分颗粒级配、增大复合水泥颗粒紧密堆积密度、改善浆体初始结构,可对复合水泥浆体结构进行调控与优化。但目前对复合水泥组分颗粒级配、浆体初始结构对后期硬化水泥浆体结构影响的研究很少。将活性粉末混凝土、自密实混凝土中的颗粒紧密堆积理论演绎至微、纳米级复合水泥颗粒级配优化与紧密堆积将是一个重要的创新[274]。

参 考 文 献

[1] 张中. 测试技术的新发展及其在水泥混凝土材料研究中的应用[J]. 中国建材科技, 1995, 6.

[2] 张中. 测试技术的新发展及其在水泥混凝土材料研究中的应用(二)[J]. 中国建材科技, 1996, 1.

[3] 张中. 测试技术的新发展及其在水泥混凝土材料研究中的应用(三)[J]. 中国建材科技, 1996, 2.

[4] Kirkpatrick R J, Brown G E, Xu N, et al. Ca X-ray Absorption Spectroscopy of C-S-H and Some Model Compounds[J]. Adv. Cem. Res., 1997, 9: 31-36.

[5] Taylor H F W. Proposed structure for calcium silicate hydrate gel [J]. J. Am. Ceram. Soc., 1986, 69: 464-467.

[6] Taylor H F W. The Chemistry of Cement[M]. London: Academic Press, 1992.

[7] Taylor H F W, Nanostructure of C-S-H: Current Status[J]. Adv. Cem. Based Mater., 1993, 1: 38-46.

[8] Cong X D, Kirkpatrick R J. ^{29}Si MAS NMR study of the structure of calcium silicate hydrate[J]. Adv. Cem. Based Mater., 1966, 3: 144-156.

[9] 方永浩. 固体核磁共振的基本原理及其在水泥化学中的应用[J]. 建筑材料学报, 2003, 6 (1).

[10] Cong X D, Kirkpatrick R J. ^{17}O and ^{29}Si MAS NMR study of β-C_2S hydration and the structure of calcium silicate hydrates[J]. Cem. Concr. Res., 1993, 23: 1065-1077.

[11] Cong X D, Kirkpatrick R J. ^{17}O MAS NMR investigation of the structure of calcium silicate hydrate gel[J]. J. Am. Ceram. Soc., 1996, 79: 1585-1592.

[12] Brough A R, Dobson C M, Richardson I G, et al. Application of selective ^{29}Si isotopic enrichment to studies of the structure of calcium silicate hydrate (C-S-H) gels[J]. J. Am. Ceram. Soc., 1944, 77: 593-596.

[13] Grutzeck M, Benesi A, Fanning B. ^{29}Si magic spinning nuclear magnetic resonance study of calcium silicate hydrates [J]. J. Am. Ceram. Soc., 1989, 72: 665-668.

[14] Okada Y, Ishida H, Mitsuda T. ^{29}Si NMR spectroscopy of silicate anions in hydrothermally formed C-S-H[J]. J. Am. Ceram. Soc., 1994, 77(3): 765-768.

[15] Macphee D E, Lachowski E E, Glaseer F P. Polymerization effects in C-S-H: implications for Portland cement hydration[J]. Adv. Cem. Res., 1989, 1(3): 131-137.

[16] Kirkpatrick R J, Yarger J L, McMillan P F, et al. Raman spectroscopy of C-S-H, tobermorite, and jennite[J]. Advance Cement Based Material, 1997, 5: 93-99.

[17] Conjeaud M, Boyer H. Some possibilities of Raman microprobe in cement chemistry[J]. Cem. Concr. Res., 1980, 10: 61-70.

[18] Viehland D, Li J F, Yuan L J, et al. Mesostructure of calcium silicate hydrate (C-S-H) gels in Portland cement paste: short-range ordering, nanocrystallinity, and local compositional order [J]. J. Am. Ceram. Soc., 1996, 79(7): 1731-1744.

[19] Viehland D, Yuan L J, Xu Z, et al. Structural studies of jennite and 1.4 nm tobermorite: disordered layering along [100] of jennite [J]. J. Am. Ceram. Soc., 1997, 80(12): 3012-3028.

[20] Henderson E, Bailey J E. The compositional and molecular character of the calcium silicate hydrates formed in the paste hydration of C_3S [J]. Mater. Sci., 1993, 28: 3681-3691.

[21] Jennings H M, Dalgleish B J, Pratt P L. Morphological development of hydrating tricalcium silicate as examined by electron microscopy techniques [J]. J. Am. Ceram. Soc., 1981, 64: 567-572.

[22] Hamid S A. The crystal structure of the natural tobermorite $Ca_{2.25}(Si_3O_{7.5}(OH)_{1.5}) \cdot H_2O$[J]. Z. Kristallogr., 1981, 154: 189-198.

[23] Megaw H D, Kelsey C H. Crystal structure of tobermorite[J]. Nature, 1956, 177: 390-391.

[24] Mamedov K S, Belov N V. On the crystal structure of Tobermorite [S]. Dokl. Akad. Nauk SSSR, 1958, 123: 163-165.

[25] 杨南如. C-S-H 凝胶结构模型研究新进展[J]. 南京化工大学学报, 1998, 20(2).

[26] 杨南如. C-S-H 凝胶及其研究方法[J]. 硅酸盐通报, 2003, 2.

[27] Labhasetwar N K, Shrivastava O P, Medikov Y Y. Mossbauer study on iron-exchanged calcium silicate hydrate: $Ca_5 \cdot xFe_xSi_6O_{18}H_2 \cdot nH_2O$[J]. J. Am. Ceram. Soc., 1991, 93: 82-87.

[28] Bell N S, Venigalla S, Gill P M, et al. Morphological forms of tobermorite in hydrothermally treated calcium silicate hydrate gels[J]. J. Am. Ceram. Soc., 1996, 79: 2175-2178.

[29] Taylor H F W. Tobermorite, jennite, and cement gel[J]. Kristallogr., 1992, 202: 41-50.

[30] Gard J A, Taylor H F W, Cliff G, et al. A reexamination of jennite [J]. Am. Mineral., 1977, 62: 365-368.

[31] Taylor H F W. Hydrated calcium silicates. Part I. Compound formation at ordinary temperatures[J]. Chem. Soc., 1950, 30: 3682-3690.

[32] Cong X D, Kirkpatrick R J. ^{29}Si and ^{17}O NMR investigation of the structure of some crystalline calcium silicate hydrates [J]. Adv. Cem. Based Mater., 1996, 3: 133-143.

[33] Taylor H F W. The Calcium Silicate Hydrate[C]//Proc. of the 5th International Symposium on the Chemistry of Cement, Vol. 2. 1968, Cement Association of Japan, Tokyo, Japan, c1968: 1-26.

[34] Goto S, Roy D M. The effect of w/c ratio and curing temperature on the permeability of hardened cement paste[J]. Cem. Concr. Res., 1981, 11: 575-579.

[35] Ito K, Kishi T, Uomoto T. Microstructure of hardened cement paste formed in various curing temperature[J]. Proc. Jpn. Concr. Inst., 2002, 24(1): 489-490.

[36] Asamoto S, Ishida T, Maekawa K. Time-dependent constitutive model of solidifying concrete based on thermodynamic state of moisture in fine pores [J]. Adv. Concr. Technol., 2006, 4 (2): 301-323.

[37] Daimon M, Abo-El-Enein S A, Hosaka G, et al. Pore structure of calcium silicate hydrate in hydrated tricalcium silicate[J]. J. Am. Ceram. Soc., 1977, 60(3-4): 110-114.

[38] Nakarai K, Ishida T, Kishi T, et al. Enhanced thermodynamic analysis coupled with temperature-dependent microstructures of cement hydrates[J]. Cem. Concr. Res., 2007, 37: 139-150.

[39] Richardson I G. Tobermorite/jennite-and tobermorite/calcium hydroxide-based models for the structure of C-S-H: applicability to hardened pastes of tricalcium silicate, β-dicalcium silicate, Portland cement, and blends of Portland cement with blast-furnace slag, metakaolin, or silica fume [J]. Cem. Concr. Res., 2004, 34: 1733-1777.

[40] Richardson I, Groves G W. Models for the composition and structure of calcium silicate hydrate (C-S-H) gel in hardened tricalcium silicate pastes[J]. Cem. Concr. Res., 1992, 22: 1001.

[41] Xu Z, Viehland D. Observation of a mesostructure in calcium silicate hydrate gels of Portland cement[J]. Phys. Rev. Lett. , 1996, 77: 952-955.

[42] Chatterji S. Comment on "Mesostructure of calcium silicate hydrate (C-S-H) gels in Portland cement paste: short-range ordering, nanocrystallinity, and local compositional order"[J]. J. Am. Ceram. Soc. , 1997, 80(11): 2959-2960.

[43] Zhang X Z, Chang W Y, Zhang T J, et al. Nanostructure of calcium silicate hydrates gels in cement paste[J]. J. Am. Ceram. Soc. , 2000, 83(10).

[44] Jennings H M. A Model for the microstructure of calcium silicate hydrate in cement paste[J]. Cem. Concr. Res. , 2000, 30: 101-116.

[45] Jennings H M, Thomas J J, Gevrenov J S, et al. A multitechnique investigation of the nanoporosity of cement paste[J]. Cem. Concr. Res. , 2007, 37(3): 329-336.

[46] Thomas J J, Jennings H M, Allen A J. Determination of the neutron scattering contrast of hydrated Portland cement pastes using H_2O/D_2O exchange[J]. Advanced Cement Based Materials, 1998, 7: 119-122.

[47] Allen A J, Thomas J J, Jennings H M. Composition and density of nanoscale calcium silicate hydrate in cement[J]. Nature Materials, 2007, 6: 311-316.

[48] Allen A J, Thomas J J. Analysis of C-S-H gel and cement pastes by small-angle neutron scattering[J]. Cem. Concr. Res. , 2007, 37: 319-324.

[49] Jeffrey J. Thomas, Jennings H M. A colloidal interpretation of chemical aging of the C-S-H gel and its effects on the properties of cement paste[J]. Cem. Concr. Res. , 2006, 36: 30-38.

[50] Jennings H M. Refinements to colloid model of C-S-H in cement: CM-II[J]. Cem. Concr. Res. , 2008, 38: 275-289.

[51] Jeffrey J T, Andrew J A, Jennings H M. Structural changes to the calcium silicate hydrate gel phase of hydrated cement with age, drying, and resaturation[J]. J. Am. Ceram. Soc. , 2008, 91(10): 3362-3369.

[52] Mondal P, Shah S P, Mark L D. Nanoscale characterization of cementitious materials[J]. ACI Mater. J. , 2008, 105(2).

[53] Alizadeh R, Beaudoin J J, Raki L. C-S-H(I): A nanostructural model for the removal of water from hydrated cement paste[J]. J. Am. Ceram. Soc. , 2007, 90(2): 670-672.

[54] Fernandez L, Alonso C, Andrade C, et al. The interaction of magnesium in hydration of C_3S and C-S-H formation using ^{29}Si MAS-NMR[J]. J. Mater. Sci. , 2008, 43: 5772-5783.

[55] Bullard J W. A Determination of hydration mechanisms for tricalcium silicate using a kinetic cellular automation model[J]. J. Am. Ceram. Soc. , 2008, 91

(7): 2088-2097.

[56] Beaudoin J J, Drame H, Raki L, et al. Formation and characterization of calcium silicate hydrate-hexadecyltrimethylammonium nanostructure [J]. J. Mater. Res., 2008, 23(10).

[57] Aono Y, Matsushita F, Shibata S, et al. Nano-structural changes of C-S-H in hardened cement paste during drying at 50 ℃ [J]. Journal of Advanced Concrete Technology, 2007, 5(3): 313-323.

[58] Gallucci E, Scrivener K. Crystallisation of calcium hydroxide in early age model and ordinary cementitious systems [J]. Cem. Concr. Res., 2007, 37(4): 492-501.

[59] 陆平. 水泥材料科学导论[M]. 上海: 同济大学出版社, 1991.

[60] Harutyunyan V S, Abovyan E S, Monteiro P J M, et al. Microstrain distribution in calcium hydroxide present in interfacial transition zone [J]. Cem. Concr. Res., 2000, 30(05): 709-713.

[61] Stutzman P E. SEM in concrete perography [J]. Materials Science of Concrete Special Volume: Calcium Hydroxide in Concrete (Workshop on the Role of Calcium Hydroxide in Concrete), 2001, 59-72.

[62] Barnes P. 水泥的结构和性能[M]. 北京: 中国建筑工业出版社, 1991.

[63] Sergio Speziale, Fuming Jiang, Zhǔ Mao, et al. Single-crystal elastic constants of nature ettringite [J]. Cem. Concr. Res., 2008, 38(07): 885-889.

[64] 吴宗道. 钙矾石的显微结构[J]. 中国建材科技, 1995, 4(4): 9-15.

[65] Hartman M R, Berliner R. Investigation of the structure of ettringite by time-of-flight neutron [J]. Cem. Concr. Res., 2006, 36(2): 364-370.

[66] Matschei T, Lothenbach B, Glasser F P. The AFm phase in Portland cement [J]. Cem. Concr. Res., 2007, 37(2): 118-130.

[67] Barbarulo R, Peycelon H, Leclercq S. Chemical equilibria between C-S-H and ettringite, at 20 ℃ and 85 ℃ [J]. Cem. Concr. Res., 2007, 37(8): 1176-1181.

[68] Lee H, Codyb R D, Codyb A M, et al. The formation and role of ettringite in Iowa highway concrete deterioration [J]. Cem. Concr. Res., 2005, 35(02): 332-343.

[69] Lachowski E E, Barnett S J, Macphee D E. Transmission electron optical study of ettringite and thaumasite [J]. Cem. Concr. Compos., 2003, 25(08): 819-822.

[70] Kehler S, Heinz D, Urbonas L. Effect of ettringite on thaumasite formation [J]. Cem. Concr. Res., 2006, 36(04): 697-706.

[71] Allen A J, Thomas J J, Jennings H M. Supplementary material: composition

and density of nanoscale calcium silicate hydrate in cement [M]. Nature Publishing Group, 2007.

[72] Korpa A, Kowald T, Trettin R. Hydration behaviour, structure and morphology of hydration phases in advanced cement-based systems containing micro and nanoscale pozzolanic additives[J]. Cem. Concr. Res., 2008, 38: 955-962.

[73] Knapen E, Gemert D V. Cement hydration and microstructure formation in the presence of water-soluble polymers[J]. Cem. Concr. Res. (in press).

[74] Rebler C. Influence of hydration on the fluidity of normal Portland cement pastes[J]. Cem. Concr. Res., 2008, 38: 897-906.

[75] Collier N C. The influence of water removal techniques on the composition and microstructure of hardened cement pastes[J]. Cem. Concr. Res., 2008, 38: 737-744.

[76] Diamond S, Kjellsen K O. Scanning electron microscopic investigations of fresh mortars: well-defined water-filled layers adjacent to sand grains [J]. Cem. Concr. Res., 2008, 38: 530-537.

[77] Renaudin G. A Raman study of the sulfated cement hydrates: ettringite and manosulfoaluminate[J]. Journal of Advanced Concrete Technology, 2007, 5(3): 299-312.

[78] Sato T. Thermal decomposition of nanoparticulate $Ca(OH)_2$-anomalous effects [J]. Adv. Cem. Res., 2007, 19(1): 1-7.

[79] Scrivener K. Cement and Concrete Research: Editorial [J]. Cem. Concr. Res., 2006, 36: 1-2.

[80] Mondal P, Shah S P, Marks L. A reliable technique to determine the local mechanical properties at the nanoscale for cementitious materials [J]. Cem. Concr. Res., 2007, 37: 1440-1444.

[81] Plassard C, Lesniewska E, Pochard I, et al. Investigation of the surface structure and elastic properties of calcium silicate hydrates at the nanoscale [J]. Ultramicroscopy, 2004, 100(3-4): 331-338.

[82] Velez K, Maximilien S, Damidot D, et al. Determination by nanoindentation of elastic modulus and hardness of pure constituents of Portland cement clinker [J]. Cem. Concr. Res., 2001, 31: 555-561.

[83] Jon Makar. High resolution cold field emission scanning electron microscopy of cement[C]// 29th International Cement Microscopy Association Conference, May 21-22, 2007, Quebec City, c2007: 472-489.

[84] Makar J, Chan G. The end of the induction period in ordinary Portland cement as examined by high resolution scanning electron microscopy [J]. J. Am. Ceram. Soc., 2009, 91(4): 1292-1299.

[85] Mondal P, Shah S P, Laurence D. Marks. Nanoscale characteriaztion of

cementitious materials[J]. ACI Mater. J. , 2008, 105(2): 174-179.

[86] Papadakis V G, Pedersen E J. An AFm SEM investigation of the effect of silica fume and fly ash on cement paste microstructure[J]. J. Mater. Sci. , 1999, 34: 683-690.

[87] Strange J H, Rahman M, Smith E G. Characterization of porous solids by NMR[J]. Phys. Rev. Lett. , 1993, 71(21): 3589-3591.

[88] Khokhlov A, Valiullin R, Karger J, et al. Freezing and melting transitions of liquids in mesopores with ink-bottle geometry[J]. New J. Phys. , 2007, 9.

[89] Tanner J E, Stejskal E O. Restricted self-diffusion of protons in colloidal systems by the pulsed-gradient, spin-echo method [J]. J. Chem. Phys. , 1968, 49 (4): 1768-1777.

[90] Filippov A V, Vartapetyan R S. The NMR study of pore connectivity [J]. Colloid, 1997, 59(2): 226-229.

[91] Monteilhet L, Korb J P, Mitchell J, et al. Observation of exchange of micropore water in cement pastes by two-dimensional T-2-T-2 nuclear magnetic resonance relaxometry[J]. Phys. Rev. , 2006, 74(6): 9.

[92] Leventis A, Verganelakis D A, Halse M R, et al. Capillary imbibition and pore characterisation in cement pastes[J]. Transport Porous Med, 2000, 39(2): 143-157.

[93] Milia F, Fardis M, Papavassiliou G, et al. NMR in porous materials [J]. Magn. Reson. Imaging, 1998, 16(5-6): 677-678.

[94] Bhattacharja S, Moukwa M, Dorazio F, et al. Microstructure determination of cement pastes by NMR and conventional techniques [J]. Adv. Cem. Based Mater. , 1993, 1(2): 67-76.

[95] Jehng J Y, Sprague D T, Halperin W P. Pore structure of hydrating cement paste by magnetic resonance relaxation analysis and freezing [J]. Magn. Reson. Imaging, 1996, 14(7-8): 785-791.

[96] Valckenborg R M E, Pel L, Kopinga K. Combined NMR cryoporometry and relaxometry[J]. J. Phys. D. Appl. Phys. , 2002, 35(3): 249-256.

[97] Prado P J, Balcom B J, Beyea S D, et al. Concrete freeze/thaw as studied by magnetic resonance imaging[J]. Cem. Concr. Res. , 1998, 28(2): 261-270.

[98] Holly R, Tritt-Goc J, Pislewski N, et al. Magnetic resonance microimaging of pore freezing in cement: effect of corrosion inhibitor [J]. J. Appl. Phys. , 2000, 88(12): 7339-7345.

[99] Boguszyńska J, Rachocki A, Tritt-Goc J. Melting behavior of water confined in nanopores of white cement studies by ^1H NMR cryoporometry: effect of antifreeze additive and temperature[J]. Appl. Magn. Reson. , 2005, 29(4): 639-653.

[100] Koudriavtsev A B, Danchev M D, Hunter G, et al. Application of ^{19}F NMR relaxometry to the determination of porosity and pore size distribution in hydrated cements and other porous materials[J]. Cem. Concr. Res., 2006, 36(5): 868-878.

[101] Friedemann K, Schenfelder W, Stallmach F, et al. NMR relaxometry during internal curing of Portland cements by lightweight aggregates[J]. Mater. Struct., 2008, 41(10): 1647-1655.

[102] Taylor H F W. Cement Chemistry[M]. London: Thomas Telford Publishing, 1997.

[103] Monosi S, Moriconi G, Pauri M, et al. Influence of lignosulphonate, glucose and gluconate on the C_3A hydration[J]. Cem. Concr. Res., 1983, 13(4): 568-574.

[104] Barbara Lothenbach, Frank Winnefeld. Thermodynamic modelling of the hydration of Portland cement[J]. Cem. Concr. Res., 2006, 36(2): 209-226.

[105] Daisuke Sugiyama, Tomonari Fujita. A thermodynamic model of dissolution and precipitation of calcium silicate hydrates[J]. Cem. Concr. Res., 2006, 36(2): 227-237.

[106] 赵学庄. 化学反应动力学原理[M]. 北京: 高等教育出版社, 1984.

[107] Duchesne J, Bérubé M A. The effectiveness of supplementary cementing materials in suppressing expansion due to ASR: another look at the reaction mechanisms: part 2. Pore solution chemistry[J]. Cem. Concr. Res., 1994, 24(2): 221-230.

[108] Lobo C, Cohen M D. Hydration of type K expansive cement paste and the effect of silica fume: II. Pore solution analysis and proposed hydration mechanism[J]. Cem. Concr. Res., 1993, 23(1): 104-114

[109] Way S J, Shayan A. Early hydration of a Portland cement in water and sodium hydroxide solutions: composition of solutions and nature of solid phases[J]. Cem. Concr. Res., 1989, 19(5): 759-769.

[110] Rothstein D, Thomas J J, Christensen B J, et al. Solubility behavior of Ca-, S-, Al-, and Si-bearing solid phases in Portland cement pore solutions as a function of hydration time[J]. Cem. Concr. Res., 2002, 32(10): 1663-1671.

[111] Barneyback R S J, Diamond S. Expression and analysis of pore fluids from hardened cement pastes and mortars[J]. Cem. Concr. Res., 1981, 11(2): 279-285.

[112] Diamond S. Effects of two Danish flyashes on alkali contents of pore solutions of cement-flyash pastes[J]. Cem. Concr. Res., 1981, 11(3): 383-394.

[113] Coleman N J, Page C L. Aspects of the pore solution chemistry of hydrated cement pastes containing metakaolin[J]. Cem. Concr. Res., 1997, 27(1): 147-154.

[114] Puertas F, Fernandez-Jimenez A, Blanco-Varela M T. Pore solution in alkali-activated slag cement pastes. Relation to the composition and structure of calcium silicate hydrate[J]. Cem. Concr. Res., 2004, 34(1): 139-148.

[115] Sagüés A A, Moreno E I, Andrade C. Evolution of pH during in-situ leaching in small concrete cavities[J]. Cem. Concr. Res., 1997, 27(11): 1747-1759.

[116] Li L, Sagüés A A, Poor N. In-situ leaching investigation of pH and nitrite concentrations in concrete pore solution[J]. Cem. Concr. Res., 1999, 29(3): 315-321.

[117] Cáseres L, Sagüés A A, Kranc S C, et al. In situ leaching method for determination of chloride in concrete pore water[J]. Cem. Concr. Res., 2006, 36(3): 492-503.

[118] Arya C, Buenfeld N R, Newman J B. Assessment of simple methods of determining the free chloride ion content of cement paste[J]. Cem. Concr. Res., 1987, 17(6): 907-918.

[119] Haque M N, Kayyali O A. Free and water soluble chloride in concrete[J]. Cem. Concr. Res., 1995, 25(3): 531-542.

[120] Dhir R K, Jones M R, Ahmed H E H. Determination of total and soluble chlorides in concrete[J]. Cem. Concr. Res., 1990, 20(4): 579-590.

[121] Rasanen V, Penttala V. The pH measurement of concrete and smoothing mortar using a concrete powder suspension[J]. Cem. Concr. Res., 2004, 34(5): 813-820.

[122] Vladimír P. Water extraction of chloride, hydroxide and other ions from hardened cement pastes[J]. Cem. Concr. Res., 2000, 30(6): 895-906.

[123] Kalouski G L, Jumper C H, Treganing J J. Composition and physical properties of aqueous extracts from OPC clinker paste containing added materials[S]. J. R. Nat. Bureau Standards, 1943, 30: 215-255.

[124] Lawence C D. Changes in composition of the aqueous phase during hydration of cement pastes and suspensions[R]. Special Report 90, US Highway Board, 1966, 378-391.

[125] Buckley L J, Carter M A, Wilson M A, et al. Methods of obtaining pore solution from cement pastes and mortars for chloride analysis[J]. Cem. Concr. Res., 2007, 37(11): 1544-1550.

[126] Bouniol P, Bjergbakke E. A comprehensive model to describe radiolytic processes in cement medium[J]. J. Nucl. Mater., 2008, 372(1): 1-15.

[127] Ghods P, Isgor O B, McRae G, et al. The Effect of concrete pore solution composition on the quality of passive Oxide films on black steel reinforcement [J]. Cem. Concr. Compos. , 2009, 31(1): 2-11.

[128] Rajabipour F, Sant G, Weiss J. Interactions between shrinkage reducing admixtures (SRA) and cement paste's pore solution [J]. Cem. Concr. Res. , 2008, 38(5): 606-615.

[129] Thomas J J, FitzGerald S A, Neumann D A, et al. State of water in hydrating tricalcium silicate and Portland cement pastes as measured by quasi-elastic neutron scattering [J]. J. Am. Ceram. Soc. , 2001, 84(8): 1811-1816.

[130] Tamtsia B T, Beaudoin J J. Basic creep of hardened cement paste: a re-examination of the role of water [J]. Cem. Concr. Res. , 2000, 30(9): 1465-1475.

[131] Hansen E W, Gran H C, Johannessen E. Diffusion of water in cement paste probed by isotopic exchange experiments and PFG NMR [J]. Microporous Mesoporous Mater. , 2005, 78(1): 43-52.

[132] Jensen O M, Hansen P F. Water-entrained cement-based materials I. Principles and theoretical background [J]. Cem. Concr. Res. , 2001, 31: 647-654.

[133] Johannesson B F. Prestudy on diffusion and transient condensation of water vapor in cement mortar [J]. Cem. Concr. Res. , 2002, 32: 955-962.

[134] Bentz D P, Halleck P M, Grader A S, et al. water movement during interal curing-direct observation using X-ray microtomography [J]. Concr. Int. , 2006, 10: 39-45.

[135] Kovler K, Zhutovsky S. Overview and future trends of shrinkage research [J]. Mater. Struct. , 2006, 39: 827-847.

[136] Escalante-Garcia J I. Nonevaporable water from neat OPC and replacement materials in composite cements hydrated at different temperatures [J]. Cem. Concr. Res. , 2003, 33: 1883-1888.

[137] Wang P S, Ferguson M M, Eng G, et al. ^{1}H nuclear magnetic resonance characterization of Portland cement: molecular diffusion of water studied by spin relaxation and relaxation time-weighted imaging [J]. J. Mater. Sci. , 1998, 33: 3065-3071.

[138] Gorce J P, Milestone N B. Probing the microstructure and water phases in composite cement blends [J]. Cem. Concr. Res. , 2007, 37: 310-318.

[139] Alesiani M, Pirazzoli I, Maraviglia B. Factors affecting early-age hydration of ordinary portland cement studied by NMR: fineness, water-to-cement ratio and curing temperature [J]. Appl. Magn. Reson. , 2007, 32(3): 385-394.

[140] Korb J P. Comparison of proton field-cycling relaxometry and molecular dynamics simulations for proton-water surface dynamics in cement-based materials[J]. Cem. Concr. Res. , 2007, 37: 348-350.

[141] Friedemann K, Stallmach F, Karger J. NMR diffusion and relaxation studies during cement hydration: A non-destructive approach for clarification of the mechanism of internal post curing of cementitious materials [J]. Cem. Concr. Res. , 2006, 36: 817-826.

[142] Alesiani M, Pirazzpli I, Maraviglia B. NMR measurements on hydration of OPC clinker powder[J]. Magnetic Resonance Imaging, 2007, 25: 544-591.

[143] Andersen M D, Jakobsen H J, Skibsted J. Incorporation of aluminum in the calcium silicate hydrate (C-S-H) phase of hydrated Portland cements: A high-field ^{27}Al and ^{29}Si MAS NMR study[J]. Inorg. Chem. , 2003, 42: 2280-2287.

[144] Andersen M D, Jakobsen H J, Skibsted J. Characterization of white Portland cement hydration and the C-S-H structure in the presence of sodium aluminate by ^{27}Al and ^{29}Si MAS NMR spectroscopy[J]. Cem. Concr. Res. , 2004, 34: 857-868.

[145] Love C A, Richardson I G, Brough A R. Composition and structure of C-S-H in white Portland cement: 20% metakaolin pastes hydrated at 25 ℃[J]. Cem. Concr. Res. , 2007, 37: 109-117.

[146] Dyson H M, Richardson I G, Brough A R. A combined ^{29}Si MAS NMR and selective dissolution technique for the quantitative evaluation of hydrated blast furnace slag cement blends[J]. J. Am. Ceram. Soc. , 2007, 90: 598-602.

[147] Le Saout G, Lécolier E, Rivereau A, et al. Chemical structure of cement aged at normal and elevated temperatures and pressures: part I. Class G oilwell cement[J]. Cem. Concr. Res. , 2006, 36: 71-78.

[148] Brunet F, Bertani P, Charpentier T, et al. Application of ^{29}Si homonuclear i heteronuclear NMR correlation to structural studies of calcium silicate hydrates [J]. J. Phys. Chem. B, 2004, 108: 15494-15502.

[149] Andersen M D, Jakobsen H J, Skibsted J. A new aluminium-hydrate species in hydrated Portland cements characterized by ^{27}Al and ^{29}Si MAS NMR spectroscopy[J]. Cem. Concr. Res. , 2006, 36: 3-17.

[150] Holly R, Reardon E J, Hansson C M, et al. Proton spinspin relaxation study of the effect of temperature on white cement hydration[J]. J. Am. Ceram. Soc. , 2007, 90: 570-577.

[151] Holly R, Peemoeller H, Zhang M, et al. Magnetic resonance in situ study of tricalcium aluminate hydration in the presence of gypsum [J]. J. Am.

[152] McDonald P J, Korb J P, Mitchell J, et al. Surface relaxation and chemical exchange in hydrating cement pastes: A two dimensional NMR relaxation study[J]. Phys. Rev. E, 2005, 72: 011409.

[153] 徐灿, 朱莉芳, 高晨阳, 等. 硅氧团簇(SiO_2)$_n$$O_2H_4$的密度泛函理论研究[J]. 物理化学学报, 2006, 22(2): 152-155.

[154] 曾昊, 尤静林, 陈辉, 等. 二元碱金属硅酸盐精细结构和拉曼光谱的从头计算研究[J]. 光谱学与光谱分析, 2007, 27(6): 1143-1147.

[155] Skibsted J. Incorporation of aluminium guest-ions in norminally alumina-free calcium silicate hydrates: effects on crystal structure and thermal stability [C]//Proc. of the 12th International Conference of Cement and Concrete. Montreal, Canada, 2007.

[156] Karkhaneei E, Zebarjadian M H, Shamsipur M. ^{23}Na NMR studies of stoichiometry and stability of sodium ion complexes with several crown ethers in binary acetonitrile-Dimethylformamide MixtuResearch [J]. Journal of Inclusion Phenomena and Macrocyclic Chemistry, 2006, 54: 309-313.

[157] Xianyu X, Jonathan F. Stebbins. ^{23}Na NMR chemical shifts and local Na coordination environments in silicate crystals, melts and glasses[J]. Phys. Chem. Miner., 1993, 20: 297-307.

[158] 马昆林, 谢友均, 刘灿, 等. 混凝土固化氯离子影响因素的研究[J]. 混凝土, 2007, 6: 2-23.

[159] 张金喜, 张江, 郭明洋, 等. 不同氯盐环境下水泥混凝土结构氯离子侵蚀研究[J]. 市政技术, 2007, 25(4): 315-318.

[160] 成立, 邓春林, 王新详, 等. 钢筋锈蚀状况的分析研究[J]. 铁道建筑, 2007, 5: 100-102.

[161] 朱岩, 朱雅仙, 方璟, 等. 氯离子在混凝土中渗透行为的研究[J]. 水运工程, 2004, 5: 8-11.

[162] 田冠飞, 冷发光, 丁威. 水泥用量对Cl^-在混凝土中扩散系数影响的试验研究[J]. 工业建筑, 2008, 38(2): 79-90.

[163] 孙盛佩, 陈林, 柳鸿波. 混凝土中Cl^-引起钢筋锈蚀有关问题的思考和探讨[J]. 工程质量, 2007, 7(A): 44-47.

[164] Jennings H M, Steven K Johnson. Simulation of Microstructure development during the hydration of a cement compound[J]. J. Am. Ceram. Soc., 1996, 69(11): 790-795.

[165] van Breugel K. Numerical simulation of hydration and microstructural development in hardening cement-based materials[J]. Cem. Concr. Res., 1995, 25(2): 319-331.

[166] Bentz D P. Three dimensional computer simulation of Portland cement

hydration and microstructure development[J]. J. Am. Ceram. Soc., 1997, 80(1): 3-21.

[167] Meakawa K, Chaube R, Kishi T. Modeling of Concrete Performance: Hydration, Microstructure Formation and Mass Transport [M]. London: E&FN SPON, 1999.

[168] Navi P, Pignat C. Simulation of effects of small inert grains on cement hydration and its contact surfaces[C]//The Modeling of Microstructure and Its Potential for Studying Transport Properties and Durability, NATO Adv. Stud. Inst. Ser. E, 1996, 304: 227-241.

[169] Helfen L T. Three dimensional imaging of cement microstructure evolution during hydration[J]. Advances in Cement Research, 2005, 17(3): 103-111.

[170] Xi Y P, Jennings H M. Mathematical modeling of cement paste microstructrue by mosaic pattern: Part I. Formulation [J]. J. Mater. Res., 1996, 11(8): 1943-1952.

[171] Xi Y P, Jennings H M. Mathematical modeling of cement paste microstructrue by mosaic pattern: Part II. Application [J]. J. Mater. Res., 1997, 12(7): 1741-1746.

[172] Ye G, van Breugel K, Fraaij A L A. Three dimensional microstructure analysis of numerically simulated cementitious materials [J]. Cem. Concr. Res., 2003, 33(2): 215-222.

[173] Ye G, Lura P, van Breugel K, et al. Study on the development of the microstructure in cement-based materials by means of numerical simulation and ultrasonic pulse velocity measurement [J]. Cem. Concr. Compos., 2004, 26: 491-497.

[174] van Breugel K. Numerical simulation of hydration and microstructural development in hardening cement based materials (II) Application [J]. Cem. Concr. Res., 1995, 25(3): 522-530.

[175] Amirjanov, Adil, Sobolev, et al. Optimization of a computer simulation model for packing of concrete aggregates[J]. Part. Sci. Technol., 2008, 26 (4): 380-395.

[176] Chen W, Brouwers H J H. Mitigating the effects of system resolution on computer simulation of Portland cement hydration [J]. Cem. Concr. Compos., 2008, 30: 779-787.

[177] Gallucci E, Scrivener K, Groso A, et al. 3D experimental investigation of the microstructure of cement pastes using synchrotron X-ray microtomography (μCT)[J]. Cem. Concr. Res., 2007, 37: 360-368.

[178] Bouvard D, Chaix J M, Dendievel R. Characterization and simulation of microstructure and properties of EPS lightweight concrete[J]. Cem. Concr.

Res., 2007, 37: 1666-1673.

[179] Mertens G, Elsen J. Use of computer assisted image analysis for the determination of the grain-size distribution of sands used in mortars [J]. Cem. Concr. Res., 2006, 36: 1453-1459.

[180] Stroeven P, Hu J, Guo Z. Shape assessment of particles in concrete technology: 2D image analysis and 3D stereological extrapolation [J]. Cem. Concr. Compos., 2008, in press.

[181] Bernard F, Kamali-Bernard S, Prince W. 3D multi-scale modelling of mechanical behaviour of sound and leached mortar[J]. Cem. Concr. Res., 2008, 38: 449-458.

[182] Binnig G, Quate C F, Gerber C. Atomic force microscope [J]. Phys. Rev. Lett., 1986, 56.

[183] Mitchell L D, Prica M, Birchall J D. Aspects of Portland cement hydration studied using atomic force microscopy[J]. J. Mater. Sci., 1996, 31: 4207-4212.

[184] Yang T, Keller B, Magyari E. AFM investigation of cement paste in humid air at different relative humidities[J]. J. Phys. D, Appl. Phys., 2002, 35: L25-L28.

[185] Yang Y, Keller B, Magyari E, et al. Direct observation of the carbonation process on the surface of calcium hydroxide crystal in hardened cement paste using Atomic Force Microscope[J]. J. Mater. Sci., 2003, 38: 1909-1916.

[186] Papadakis V G, Pedersen E J, Lindgreen H. An AFM-SEM investigation of the effect of silica fume and fly ash on cement paste microstructure [J]. J. Mater. Sci., 1999, 34: 683-690.

[187] Kauppi A, Andersson K M, Bergstrem L. Probing the effect of superplasticizer adsorption on the surface forces using the colloidal probe AFM technique[J]. Cem. Concr. Res., 2005, 35: 133-140.

[188] Nonat A. The structure and stoichiometry of C-S-H [J]. Cem. Concr. Res., 2004, 34: 1521-1528.

[189] Oliver W C, Pharr G M. An improved technique for determining hardness and elastic modulus using load and displacement sensing indentation, experiments[J]. J. Mater. Res., 1992, 7: 1564-1583.

[190] Fischer-Cripps, Anthony C. Nanoindentation[M]. Secaucus, NJ USA, New York: Springer-Verlag, 2004.

[191] Constantinides G, Ulm F J. The effect of two types of C-S-H on the elasticity of cement-based materials: Results from nanoindentation and micromechanical modeling[J]. Cem. Concr. Res., 2004, 34: 67-80.

[192] Constantinides G, Ulm F J, van Vliet K. On the use of nanoindentation for cementitious materials[J]. Mater. Struct./Materiaux et Constructions, 2003,

36: 191-196.

[193] Hughes J J, Trtik P. Micro-mechanical properties of cement paste measured by depth-sensing nanoindentation: a preliminary correlation of physical properties with phase type[J]. Mater. Charact., 2004, 53: 223-231.

[194] Zhu W, Sonebi M, Bartos P J M. Bond and interfacial properties of reinforcement in self-compacting concrete [J]. Mater. Struct./Materiaux et Constructions, 2004, 37: 442-448.

[195] Nemecek J, Kopecky L, Bittnar Z. Size effect in nanoindentation of cement paste, applications of nanotechnology in concrete design[C]//Proceedings of the International Conference at the University of Dundee, Scotland UK, Thomas Telford, July 2005, 47-53.

[196] 封孝信，孙晓华. 低水灰比对硅酸盐水泥水化程度的影响[J]. 河北理工大学学报, 2007, 29(4): 117-120.

[197] Igarashi S, Kawamura M, Watanabe A. Analysis of cement pastes and mortars by a combination of backscatter-based SEM image analysis and calculations based on the Powers model[J]. Cem. Concr. Compos., 2004, 26: 977-985.

[198] Miller M, Bobko C, Vandamme M, et al. Surface roughness criteria for cement paste nanoindentation[J]. Cem. Concr. Res., 2008, 38: 467-476.

[199] Holzer L, Gasser P, Kaech A, et al. Cryo-FIB-nanotomography for quantitative analysis of particle structures in cement suspensions[J]. Journal of Microscopy, 2007, 227: 216-228.

[200] Sorelli L, et al. The nanao-mechanical signature of ultre high performance concrete by statistical nanoindentation techniques [J]. Cem. Concr. Res., 2008, 38: 1447-1456.

[201] Geiker M R. Studies of Portland cement hydration: measurements of chemical shrinkage and a systematic evaluation of hydration curves by means of the dispersion model[D]. Lyngby, Denmark: Technical University of Denmark, 1983.

[202] Wittmann F H. On the action of capillary pressure in fresh concrete [J]. Cem. Concr. Res., 1976, 6: 49-56.

[203] Radocea A A. Study on the mechanism of plastic shrinkage of cement-based materials[D]. Geborg: Chalmers University of Technology Geborg, 1992.

[204] Benutr A. Temrinologys and definitions[C]//International RILEM Conference on Early Age Cracking in Cementitious Systems — EAC'01 Haifa: RILEM TC 181 — EAS, 2002 13-15.

[205] Slowik V, Schmidt M. Roberto FritzschCapillary pressure in fresh cement-based materials and identification of the air entry value [J]. Cem.

Concr. Compos. , 2008, 30: 557-565.

[206] Pietro L, Mejlhede J O, van Breugel K. Autogenous shrinkage in high-performance cement paste: An evaluation of basic mechanisms [J]. Cem. Concr. Res. , 2003, 33: 223-232.

[207] Jenger M, Jennings H M. Examining the relationship Bewteen the microsturcutre of calciumsilicate hydrate and dyring shrinkage of cement pastes[J]. Cem. Concr. Res. , 2002, 32: 289-296.

[208] Frank Colins, Sanjayan J G. Eeffct of pore siz edistribution on dyring shrinkage of alkali-activated slag concrete [J]. Cem. Concr. Res. , 2000, 30: 1401-1406.

[209] Thomas J, Jennings H M. Eeffct of heat treatment on the pore sturcutre and dyring shrinkage behvaior of hydrated cement paste [J]. J. Am. Ceram. Soc. , 2002, 8.

[210] Powers T C, Brownyard T L. Studies of the physical properties of hardened Portland cement paste[J]. Proc. Am. Concr. Inst. , 1946, 43: 101.

[211] Feldman R F, Swenson E G. Volume change on first drying of hydrated Portland cement with and without admixtures[J]. Cem. Concr. Res. , 1975, 5: 25-35.

[212] Bentur A, Milestone N B, Mindess S, et al. Creep and drying shringking of calcium silicate paste: II. Induced microstrture and chemical changes [J]. Cem. Concr. Res. , 1978, 8: 721-732.

[213] Jennings H M. A model for the microstructure of calcium silicate hydrate in cement paste [J]. Cem. Concr. Res. , 2000, 30: 101-116.

[214] Jennings H M. Examining the relationship between the microstructure of calcium silicate hydrate and drying shrinkage of cement pastes[J]. Cem. Concr. Res. , 2002, 32: 289-296.

[215] Thomas J J, Jennings H M. A colloidal interpretation of chemical aging of the C-S-H gel and its effects on the properties of cement paste [J]. Cem. Concr. Res. , 2006, 30-38.

[216] Thomas J J, Jennings H M. Effect of heat treatment on the pore structure and drying shrinkage behavior of hydrated cement paste [J]. J. Am. Ceram. Soc. , 2002, 85: 2293-2298.

[217] Jennings H M, Bullard J W, Thomas J T, et al. Characterization and modeling of pores and surfaces in cement paste: correlations to processing and properties[J]. J. Adv. Concr. Technol. , 2008, 6: 5-29.

[218] Hua C. Analyses and models of the autogenous shrinkage of harding cement paste: I[J]. Cem. Concr. Res. , 1995, 25: 1457-1468.

[219] Hua C. Analyses and models of the autogenous shrinkage of harding cement

paste: II [J]. Cem. Concr. Res. , 1997, 22: 245-248.

[220] Mabrouk R T. Solidification Model of Harding Concrete Composite for Predictiong Autogenous and Drying Shrinkage, Autogenous Shrinkage of Concrete[M]. [s. l.]: E &FN Spon, 1999.

[221] Koenders E A B. Numerical modeling of autogenous shrinkage of harding cement paste [J]. Cem. Concr. Res. , 1997, 27: 1489-1499.

[222] 蔡安兰. 高性能水泥干缩的测试方法及机理分析[D]. 南京工业大学, 2005.

[223] 安明喆, 覃维祖, 朱金铨. 高强混凝土的自收缩试验研究[J]. 山东建材学院学报, 1998, 12: 139-143.

[224] 赵顺增. 高精度混凝土干燥收缩快速测量仪[J]. 膨胀剂与膨胀混凝土. 2008, 1: 39-40.

[225] Barcelo L, Boivin S, Rigaud S, et al. Linear vs. volumetric autogenous shrinkage measurement: material behaviour or experimental artefact [J]. Ibid, 1999, 109-125.

[226] Jensen O M, Hansen P F. A dilatometer for measuring autogenous deformation in hardening Portland cement paste[J]. Mater. Struct. , 1995, 28: 406-409.

[227] Jensen O M, Hansen P F. Autogenous deformation and change of the relative humidity in silica fume-modified cement paste[J]. ACI Mater. J. , 1996, 93: 539-543.

[228] Lura P, Jensen O M. Volumetric measurement in water bath: an inappropriate method to measure autogenous strain of cement paste[J]. PCA R&D Serial No. 2925, Portland Cement Association, Skokie, IL, 2005.

[229] 朱建强, 邓敏, 马惠珠, 等. 水泥浆体早期的自收缩和干燥收缩[J]. 南京工业大学学报, 2007, 29: 30-33.

[230] 田倩, Jensen O M. 采用波纹管测试水泥基材料早期自收缩方法[J]. 硅酸盐学报, 2009, 1: 39-45.

[231] 施惠生, 邓恺. 用丝束电极模拟研究混凝土中钢筋的锈蚀[J]. 建筑材料学报, 2005, 8(6): 682-685.

[232] Ghods P, Isgor O B, McRae G, et al. The Effect of Concrete Pore Solution Composition on the Quality of Passive Oxide Films on Black Steel Reinforcement [J]. Cem. Concr. Compos. , 2008: 1-36.

[233] 封孝信, 冯乃谦. 矿物质粉体对碱硅酸反应抑制机理的研究[J]. 工业建筑, 2005, 35(11): 70-73.

[234] 林玮, 路新瀛. 基于混凝土孔溶液 pH 的最小水泥用量探讨[J]. 混凝土与水泥制品, 2002, 3: 10-12.

[235] Nixon P J, Page C L. Pore solution chemistry and alkali aggregate reaction, K and B Matyer int. conf. on concrete durability proceedings[J]. 1987, ACI

[236] Shehata M H, Thomas M K A. The effect of fly ash composition on the expansion of concrete due to alkali-silica reaction [J]. Cem. Concr. Res., 2000, 30 (7): 1063-1072.

[237] Johannesson B F. A theoretical model describing diffusion of a mixture of different types of ions in pore solution of concrete coupled to moisture transport[J]. Cem. Concr. Res., 2003, 33(9): 481-488.

[238] 魏风艳, 兰祥辉, 等. C-S-H 凝胶产物在抑制 ASR 中的作用[J]. 混凝土与水泥制品, 2004, 3: 5-8.

[239] 兰祥辉, 魏风艳, 等. C-S-H 凝胶的持碱机制研究[J]. 混凝土与水泥制品, 2005, 6: 4-6.

[240] 卢都友, 许仲梓, 吕忆农, 等. 碱硅酸盐反应(ASR)抑制措施研究评述[J]. 混凝土与水泥制品, 1999, 2(106): 14-18.

[241] Chatterij S. On the relevance of expressed liquid analysis tothe chemical processes occurring in a cement paste[J]. Cem. Concr. Res., 1991, 21: 269-272.

[242] Mammoliti L, Hansson C. Influence of Cation on Corrosion Behavior of Reinforcing Steel in High-pH Sulfate Solutions[J]. ACI Mater. J., 2005, 102 (4): 279-285.

[243] Hong S Y, Glasser F P. Alkali binding in cement pastes, part I. The C-S-H phase[J]. Cem. Concr. Res., 1999, 29(12): 1893-1903.

[244] Roncero J, Gettu R, Martin M A. Evaluation of the influence of ashrinkage reducing admixture on the microstructure and long-termbehavior of concrete [C]//Proc. of the 7th CANMET/ACI International Conference on Superplasticizers and Other Chemical Admixtures in Concrete (Supplementary Papers). Berlin, Germany, 2003: 207-226.

[245] Andersson K, Allard B, Bengtsson M, et al. Chemical Composition of Cement Pore Solutions[J]. Cem. Concr. Res., 1989, 19: 327-332.

[246] Josée Ducheson, Marc-AndréBérubéM A. Available alkalis from supplementary cementing materials[J]. ACI Mater. J., 1994, (90) 3: 289-299.

[247] Shehata M H, Thomas M D A. Use of ternary blends containing silica fume and fly ash to suppress expansion due to alkali-silica reaction in concrete [J]. Cem. Concr. Res., 2002, 32(3): 341-349.

[248] Shehata M H. The effects of fly ash and silica fume on alkali silica reaction in concrete[D]. Canada: University of Toronto, 2001.

[249] Hong S Y, Glasser F P. Alkali sorption by C-S-H and CASH gels, part II: Role of alumina[J]. Cem. Concr. Res., 2002, 32(7): 1101-1111.

[250] Nocun-Wczelik W. Effect of Na and Al on the phase composition and

morphology of autoclaved calcium silicate hydrates[J]. Cem. Concr. Res., 1999, 29(11): 1759-176.

[251] Page M M, Page C L, Ngala V T, et al. Ion chromatographic analysis of corrosion inhibitors in concrete[J]. Construction and Building Materials, 2002, 16: 73-81.

[252] Anstice D J, Page C L, Page M M. The pore solution phase of carbonated cement pastes[J]. Cem. Concr. Res., 2005, 35: 377-383.

[253] Hunkeler F. The resistivity of pore water solution: A decisive parameter of rebar corrosion and repair methods[J]. Construct. Build. Mater., 1996, 10(5): 381-389.

[254] Tsivilis S, Chaniotakis E, et al. The effect of clinker and limestone quality on the gas permeability, water absorption and pore structure of limestone cement concrete[J]. Cem. Concr. Compos., 1999, 21: 139-146.

[255] Monlouis-Bonnaire J P, Verdier J, Perrin B. Prediction of the relative permeabiligy to gas flow of cement-based materials[J]. Cem. Concr. Res., 2004, 34: 737-744.

[256] ASTM C1202. Standard test method of electrical indication of concrete's ability to resist chloride ion penetration[C]. 1997.

[257] Bentz D P. A virtual rapid chloride permeability test[J]. Cem. Concr. Compos., 2007, 29: 723-731.

[258] Shi Caijun. Effect of mixing proportions of concrete on its electrical conductivity and the rapid chloride permeability test (ASTM C1202 or ASSHTO T277) results[J]. Cem. Concr. Res., 2004, 34: 537-545.

[259] Snyder K A, Feng X, Keen B D, et al. Estimating the electrical conductivity of cement paste pore solutions from OH_2, K^+ and Na^+ concentrations[J]. Cem. Concr. Res., 2003, 33: 793-798.

[260] Yuan Q, Shi C, Schutter G D, et al. Chloride binding of cement-based materials subjected to external chloride environment: A review[J]. Constr. Build. Mater., 2009, 23: 1-13.

[261] Julio-Betancourt G A, Hooton R D. Study of the Joule effect on rapid chloride permeability values and evaluation of related electrical properties of concretes [J]. Cem. Concr. Res., 2004, 34: 1007-1015.

[262] Yang C C, Cho S W. An electrochemical method for accelerated chloride migration test of diffusion coefficient in cement-based materials[J]. Mater. Chem. Phys., 2003, 81: 116-125.

[263] Lafhaj Z, Goueygou M, Djerbi A, et al. Correlation between porosity, permeability and ultrasonic parameters of mortar with variable water/cement ratio and water content[J]. Cem. Concr. Res., 2006, 36: 625-633.

[264] Chindaprasirt P, Chotithanorm C, Cao H T, et al. Influence of fly ash fineness on the chloride penetration of concrete[J]. Const. Build. Mater., 2007, 21: 356-361.

[265] Sharfuddin Ahmed M, Kayali O, Anderson W. Chloride penetration in binary and ternary blended cement concretes as measured by two different rapid methods[J]. Cem. Concr. Compos., 2008, 30: 576-582.

[266] Lawrence P, Cyr M, Ringot E. Mineral admixtures in mortars: Effect of inert materials on short-term hydration[J]. Cem. Concr. Res., 2003, 33: 1939-1947.

[267] Cyr M, Lawrence P, Ringot E. Mineral admixtures in mortars Quantification of the physical effects of inert materials on short term hydration[J]. Cem. Concr. Res., 2005, 35: 719-730.

[268] Lawrence P, Cyr M, Ringot E. Mineral admixtures in mortars effect of type, amount and fineness of fine constituents on compressive strength[J]. Cem. Concr. Res., 2005, 35: 1092-1105.

[269] Cyr M, Lawrence P, Ringot E. Efficiency of mineral admixtures in mortars: quantification of the physical and chemical effects of fine admixtures in relation with compressive strength[J]. Cem. Concr. Res., 2006, 36: 264-277.

[270] Celik I B. The effects of particle size distribution and surface area upon cement strength development[J]. Powder Technol., 2009, 188: 272-276.

[271] Bentz D P, Garboczi E J, Jaecler C J, et al. Effects of cement particle size distribution on performance properties of Portland cement-based materials [J]. Cem. Concr. Res., 1999, 29: 1663-1671.

[272] Wang A Q, Zhang C Z, Zhang N S. The theoretic analysis of the influence of the particle size distribution of cement system on the property of cement [J]. Cem. Concr. Res., 1999, 29: 1721-1726.

[273] Scrivener K L, Kirkpatrick R J. Innovation in use and research on cementitious material[J]. Cem. Concr. Res., 2008, 38: 128-136.

[274] Felekoelu B, Tosun K, Baradan B, et al. The effect of fly ash and limestone fillers on the viscosity and compressive strength of self-compacting repair mortars[J]. Cem. Concr. Res., 2006, 36: 1719-1726.

[275] Nanthagopalan P, Haist M, Santhanam M, et al. Investigation on the influence of granular packing on the flow properties of cementitious suspensions[J]. Cem. Concr. Compos., 2008, 30: 763-768.

[276] Bentz D P. A review of early-age properties of cement-based materials [J]. Cem. Concr. Res., 2008, 38(2): 196-204.

[277] Al-Amoudi O S B, Maslehuddin M, Shameem M, et al. Shrinkage of plain

and silica fume cement concrete under hot weather [J]. Cem. Concr. Compos., 2007, 29: 690-699.

[278] Atis C D, Alaettin Kilie, Umur Korkut Sevim. Strength and shrinkage properties of mortar containing a nonstandard high-calcium fly ash [J]. Cem. Concr. Res., 2004, 34: 99-102.

[279] Termkhajornkita P, Nawaa T, Nakaib M, et al. Effect of fly ash on autogenous shrinkage[J]. Cem. Concr. Res., 2005, 35: 473-482.

[280] Bentz D P, Jensen O M. Mitigation strategies for autogenous shrinkage cracking[J]. Cem. Concr. Compos., 2004, 26: 677-685.

[281] Nielsen E P, Herfort D R, Geiker M R. Binding of chloride and alkalis in Portland cement systems[J]. Cem. Concr. Res., 2005, 35: 117-123.

[282] 魏风艳. 高性能水泥中低 Ca/Si 的 C-S-H 凝胶形成及其抑制 ASR 机理[D]. 南京: 南京工业大学, 2005.

[283] Pipilikaki P, Katsioti M. Study of the hydration process of quaternary blended cements and durability of the produced mortars and concretes [J]. Construct. Build. Mater., 2009.

[284] Gesoelu M, Güneyisi E, Ezbay E. Properties of self-compacting concretes made with binary, ternary, and quaternary cementitious blends of fly ash, blast furnace slag, and silica fume[J]. Construct. Build. Mater., 2008.

[285] Ashraf M, Naeem Khan A, Ali Qasair, et al. Physico-chemical, morphological and thermal analysis for the combined pozzolanic activities of minerals additives[J]. Construct. Build. Mater., 2009.

[286] Lindgreen H, Geiker M, Springer N, et al. Microstructure engineering of Portland cement pastes and mortars through addition of ultrafine layer silicates[J]. Cem. Concr. Compos., 2008, 30: 686-699.

[287] Li D, Song X, Gong C, et al. Research on cementitious behavior and mechanism of pozzolanic cement with coal gangue[J]. Cem. Concr. Res., 2006, 36: 1752-1759.

[288] Arikan M, Sobolev K, Ertün T, et al. Properties of blended cements with thermally activated kaolin. Construct. Build. Mater., 2009, 23: 62-70.

[289] Felekoğlu B, Türkel S, Kalyoncu H. Optimization of fineness to maximize the strength activity of high-calcium ground fly ash-Portland cement composites [J]. Construct. Build. Mater., 2008.

[290] Jaturapitakkul C, Kiattikomol K, Sata V, et al. Use of ground coarse fly ash as a replacement of condensed silica fume in producing high-strength concrete[J]. Cem. Concr. Res., 2004, 34: 549-555.

第六章
水泥基材料的产物与结构稳定性及服役行为

6.1 复合水泥基材料的水化产物和结构稳定性

6.1.1 概述

水泥混凝土是近现代最广泛使用的建筑材料,也是当前使用最大宗的人造材料[1]。据不完全统计,世界水泥年产量已近 30 亿 t,折合成混凝土,应不少于 90 亿 m^3。而在中国,水泥混凝土行业更是国民经济发展的支柱产业,目前我国已经成为世界第一大水泥生产国,而且由于国内的建筑业的稳定增长,中国的水泥产量在 2010 年前仍会保持一定的增长,根据其他专业研究机构的预测,今后几年,中国的混凝土产量仍然会保持 6%~8% 的增长。图 6.1 为 1996 年以来中国的水泥和混凝土产量[2]。

我国是 CO_2 排放大国,目前是仅次于美国的第二大排放国,并以比世界平均高 2.5% 的速度增长,预计 2035 年中国将成为第一大排放国[3]。图 6.2 为我国 CO_2 年排放量图。众所周知,水泥和混凝土行业是一个高能耗、高污染物排放的行业,水泥和混凝土的生产不可避免地会排放出大量的 CO_2,这给我国的环境保护和资源能源的合理利用带来了巨大的压力。统计分析表明,每生产 1 t 水

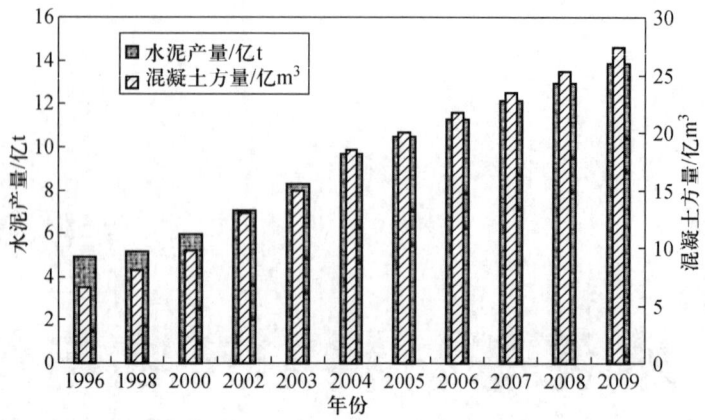

图 6.1　1996 年以来中国水泥与混凝土产量

泥会产生 0.815 t 的 CO_2，其中 0.390 t 是由于燃料燃烧产生的，而 0.425 t 是由于原料的分解产生的[1]。因此减少因水泥乃至混凝土行业而带来的 CO_2 排放量，是减少 CO_2 总排放量的重要途径之一。

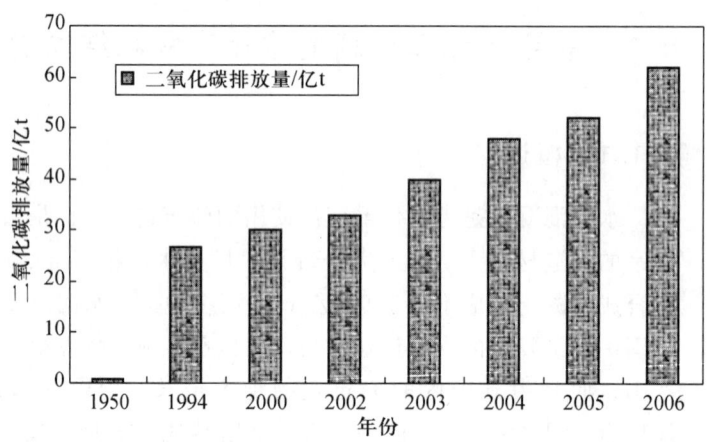

图 6.2　中国二氧化碳排放量

我国目前正处在大规模的基础建设时期，在可以预见的未来数十年，水泥的使用总量会一直相对稳定增长。因此要想减少水泥工业的 CO_2 排放，除了在生产、运输环节继续挖掘潜力外，还应大力关注和发展工业废弃物在水泥混凝土行业中的回收利用。目前国内水泥混凝土行业对于工业废弃物(一般指粉煤灰、高炉矿渣、硅灰、钢渣等)的处理主要体现在两个方面：一是在水泥生产过程中添加一部分作为混合材，二是在混凝土制备过程中添加一部分作为矿物掺合料。这种在水泥和混凝土中掺入工业废弃物的"变废为宝"的做法,不仅可以减少单方混凝土水泥用量,从而减少 CO_2 的排放量;还可以降低水化热,改善混凝土和易性,增进混凝土后期强度,同时还可以改善混凝土的内部结构,提高混凝土耐久性。

矿物掺合料在我国已有 50 年历史。在 20 世纪 50~60 年代,矿物掺合料常常是作为一种"废物"而加以利用,其主要目的是为了节约水泥;20 世纪 70~80 年代,大坝混凝土中大量掺用粉煤灰,其主要目的已不再是节约水泥,而是降低水化热;从 20 世纪 90 年代开始,随着高强高性能混凝土的研究与应用,粉煤灰被发现具有许多优良的性质,它可以改善混凝土的许多性质。到此为止,粉煤灰不再是作为一种"废物"而加以利用,而是作为一种资源用于改善材料的性质。现在,可以说大多数商品混凝土中都掺有各种不同的矿物掺合料,但是这并不等于人们已经充分地认识了矿物掺合料的作用。可以说,在一些问题的处理上,仍然有一些模糊的认识。例如,一些研究者[4,5]认为,在含有大量矿物掺合料的复合水泥中,由于硅酸盐水泥熟料的比例较低,而且矿物掺合料的水化反应还要消耗硅酸盐水泥熟料水化生成的 $Ca(OH)_2$,在硬化浆体中 $Ca(OH)_2$ 的含量较低,水化硅酸钙凝胶的钙硅比(Ca/Si)较低,人们很担心浆体内部的碱度过低;同时,在水泥混凝土体系中,随着矿物外加剂掺量的增加,所需的 $Ca(OH)_2$ 量增多,而由于水泥相对量的减少,所能放出的 $Ca(OH)_2$ 量减少,因而担心当矿物外加剂掺量太大时会出现"贫钙"现象,影响矿物掺合料活性的发挥,从而影响混凝土的性能。为此在有些重大工程中限制了矿物掺合料的掺加量,例如,三峡工程用混凝土就规定了最高粉煤灰的掺加量[5]。近年来越来越多的研究者致力于复合水泥以及大掺量矿物掺合料混凝土的研究与应用。上述问题如果不能得到满意的回答,将会阻碍含有大量矿物掺合料的复合水泥的发展和应用。

目前,对于硅酸盐水泥水化过程、产物、浆体结构、反应机理模型以及单一的水泥混凝土耐久性影响因素,国内外学者已经开展了较为广泛而深入的研究,但是存在几点缺陷:一是由于实验条件和测试手段的限制,对含有大掺量矿物掺合料的复合水泥基材料水化机理的认识多是建立在间接推断或者模拟实验的基础上,虽然已经有人开展了类似的工作,但是数据和结果还不成体系;二是研究混凝土耐久性时,仅仅考虑其单一的影响因素(冻融破坏、碱骨料反应、碳化、钢筋锈蚀、化学侵蚀等作用),未将复合水泥水化机理与混凝土结构耐久性内在地联系起来。

水泥混凝土用于工程建设已经有 160 多年的历史,它的材料和结构耐久性的研究一直受到科学界和工程界的广泛关注,因为这关系到国民经济的良好运行和发展,与人民的生活息息相关。因此,对含有大掺量矿物掺合料的低钙水泥体系中的水化产物和浆体结构进行研究,力求从定量的角度连续、准确、完整地描述复合水泥基材料体系的水化产物和水化过程,明确水化过程中各种反应所需要的极限条件,研究低钙复合水泥基材料与外界侵蚀性介质之间的化学反应,提出低钙复合水泥的组成设计中决定矿物掺合料最大掺量的基本判据等都是十分必要的。这些不仅是当今水泥混凝土材料科学面临的关键课题,更是水泥混凝土工业降低能源和资源消耗、保护生态环境、实现可持续发展的重大需求。

6.1.2 复合水泥基材料组成与混凝土耐久性之间的关系

近十几年,随着矿物掺合料特别是粉煤灰被大量应用于水泥混凝土工程中,大掺量粉煤灰混凝土(HVFA)应运而生。HVFA把粉煤灰视做独立组成部分,粉煤灰的掺入不仅仅是为了废物利用、保护环境、提高混凝土的经济性,而是在于提高混凝土的某种或某些性能,如减小水泥水化热,降低绝热温升,提高耐久性等[6,7]。由于HVFA符合人类可持续发展的大趋势,且在现代混凝土技术发展的支撑下表现出良好的技术性能与应用前景,因而备受学者们的关注[8,9]。但是,由于粉煤灰的二次水化会消耗复合水泥基材料水化体系中的氢氧化钙,而氢氧化钙的含量又是使混凝土碱度维持在一定水平的重要保证,因此粉煤灰掺量过大是否会造成混凝土浆体结构中氢氧化钙含量急速下降,甚至消耗殆尽,从而导致混凝土碱度降低(也即为人们常说的"贫钙"现象)、结构耐久性受到破坏,是目前人们关心的热点问题。

理论上讲,1 kg 纯硅酸盐水泥生成 0.24 kg $Ca(OH)_2$,如果粉煤灰中 SiO_2 和 Al_2O_3 的含量分别为50%和30%,则1 kg 水泥所能放出的 $Ca(OH)_2$ 完全反应需要0.29 kg 粉煤灰,即粉煤灰掺量应为22%;如考虑生成低钙水化产物,1 kg 水泥所放出的 $Ca(OH)_2$ 完全反应需要0.5 kg 粉煤灰,即粉煤灰掺量应为33%。从化学反应的角度讲,这样的考虑是有道理的,但从粉煤灰的活性效应来看,粉煤灰中的 SiO_2 和 Al_2O_3 等并非都是活性的,并非都能进行火山灰反应。如果粉煤灰中有75%活性组分,则粉煤灰掺量可达40%;如果有50%活性组分,则粉煤灰掺量可达50%,而不出现"贫钙"[10]。

陈胡星[11]的研究结果表明尽管粉煤灰的掺入起到了稀释 $Ca(OH)_2$ 的作用,但由于粉煤灰是在 $Ca(OH)_2$ 的激发下水化,$Ca(OH)_2$ 的存在与粉煤灰的水化是因与果的关系,因此高掺粉煤灰时,随着龄期的增长,即使体系中的 $Ca(OH)_2$ 可能很低,但也不会因为粉煤灰的水化而耗尽。因此不需要担心贫钙导致水泥及其混凝土的抗水溶蚀能力下降而降低稳定性与耐久性的问题。

阎培渝[12]认为在复合胶凝材料中,粉煤灰的反应程度很低,$Ca(OH)_2$ 不会大量消耗,复合胶凝材料浆体中 $Ca(OH)_2$ 量的降低主要是由于硅酸盐水泥比例减小所致。大掺量粉煤灰混凝土内部具有足够的 $Ca(OH)_2$ 量来维持毛细孔内液体的高 pH。

蔡跃波[13]认为现代混凝土中的 CaO 应该是太多了一些。过多的 $Ca(OH)_2$ 结晶在骨料界面富集，且呈定向排列，构成了混凝土的结构薄弱环节。此外可溶性的 $Ca(OH)_2$ 在侵蚀性介质环境中的溶蚀也是导致混凝土耐久性恶化的因素之一。粉煤灰、硅灰、矿渣、沸石岩粉等矿物掺合料之所以能达到显著改善混凝土耐久性的目的，除颗粒形态与微填充的物理效应外，其重要的化学效应即为大量消耗水泥水化所产生的 $Ca(OH)_2$ 而生成结构更为稳定和致密的低 Ca/Si 的 C-S-H 凝胶。

朱蓓蓉等[14]对粉煤灰 - $Ca(OH)_2$ · H_2O 系统之间的化学反应进行了研究，认为由于在粉煤灰 - $Ca(OH)_2$ · H_2O 系统中用水量充足，加上粉煤灰颗粒周围除存在大量 $Ca(OH)_2$ 外，没有像在粉煤灰水泥系统中存在的其他诸如水泥水化产物等的干扰，其粉煤灰的反应程度将比其在粉煤灰水泥系统中更大。实际在粉煤灰水泥系统中，粉煤灰的极限火山灰反应率远达不到20%，因此在高掺量粉煤灰混凝土中，粉煤灰火山灰反应所需的 $Ca(OH)_2$ 量完全可以满足，亦即对这类混凝土来说并不存在因 $Ca(OH)_2$ 量不足(或称"贫钙")而影响粉煤灰火山灰反应的问题。

但也有部分学者对"贫钙"表示担心。Feldman[15]发现，由于粉煤灰的火山灰反应，$Ca(OH)_2$ 随着时间延长逐渐降低，特别对于低钙粉煤灰，这种降低更为明显，由于 $Ca(OH)_2$ 的减少势必要在硬化水化产物中留下空隙，特别是邻近砂、石集料颗粒的附近，实际情况又是怎样的？这仍有待研究。总的来说，粉煤灰与水泥的反应将显著影响硬化水泥浆体和混凝土的最终性质，粉煤灰的 CaO 含量不同，粉煤灰与水泥反应差异也比较大。

吴超寰等[4]针对中热水泥 - 粉煤灰体系，研究了粉煤灰掺量对水泥净浆强度与 $Ca(OH)_2$ 浓度的影响，根据两者出现陡降点是相应的这一现象，认为这个陡降点就是贫钙与否的转折点，并根据陡降点位置认为中热水泥中粉煤灰的允许掺量应为50%。

陈益民等[5]研究了中热水泥 - 粉煤灰体系中粉煤灰的反应速率、水化产物与其掺加量的关系，认为粉煤灰掺量不高于30%时，混凝土中 $Ca(OH)_2$ 的数量能保持在 $8\ kg \cdot m^{-3}$ 以上；如果粉煤灰掺量大于50%(如60%或70%)，混凝土中 $Ca(OH)_2$ 的数量将低于 $4\ kg \cdot m^{-3}$，考虑到水中的 CO_3^{2-} 和大气中的 CO_2 在混凝土施工和使用过程中的碳化作用，混凝土内很可能将没有 $Ca(OH)_2$，有可能出现"贫钙"。

综上所述，矿物掺合料的二次水化反应确实会消耗体系中的 $Ca(OH)_2$，使得体系的碱度有所降低。但有些问题仍无定论，例如：$Ca(OH)_2$ 的减少是否会有极限，到何时停止；在这种低碱体系中，复合水泥基材料的水化产物和微观结构是否稳定；复合水泥中矿物掺合料掺到什么程度，碱度降低到什么程度，浆体结构会不稳定等。这些都需要进一步的实验验证。

6.1.3 复合水泥基材料水化反应研究

有关纯硅酸盐水泥的水化反应，国内外学者已经开展了众多深入而又广泛的研究，建立了诸多经典的模型和理论。对于含有大量矿物掺合料的复合水泥水化反应的研究，也已经有了长足的发展和进步，例如Taylor[16]的研究就表明粉煤灰水泥系统水化与纯水泥水化在四个方面有很大差异：① 熟料相水化速度；② $Ca(OH)_2$含量，由于粉煤灰的稀释与火山灰作用而降低；③ 水泥熟料水化产物；④ 粉煤灰的水化产物。诸如此类的相关报道也较多，主要的研究领域集中在水化产物组成、形貌与含量，硬化浆体孔结构，水化动力学等方面。

1. 复合水泥基材料水化产物形貌及组成

黄士元等[17]认为，粉煤灰水泥与水拌和后，熟料中的C_3S水化释放出$Ca(OH)_2$与粉煤灰中的活性SiO_2和Al_2O_3反应生成水化硅酸钙和水化铝酸钙，称为二次水化产物，或者还可能与已生成的Ca/Si高的C-S-H反应生成Ca/Si低的C-S-H。

$$xCa(OH)_2 + SiO_2 + (n-1)H_2O \rightarrow xCaO \cdot SiO_2 \cdot nH_2O \quad (6.1)$$

$$yCa(OH)_2 + Al_2O_3 + (n-1)H_2O \rightarrow yCaO \cdot Al_2O_3 \cdot nH_2O \quad (6.2)$$

$$(1.5 \sim 2.0)CaO \cdot SiO_2(aq) + SiO_2 \rightarrow (0.8 \sim 1.5)CaO \cdot SiO_2(aq) \quad (6.3)$$

Saraswathy等[18]认为在火山灰和粉煤灰水泥的水化反应中，由于二次水化反应导致了$Ca(OH)_2$的含量下降，这也就是使用粉煤灰水泥能提高混凝土的抗渗性和抗腐蚀能力的原因。

Ghose等[19]把粉煤灰水泥的水化过程分成了7个龄期(1 h、4 h、18 h、1天、3天、14天、150天)进行研究，然后对其每个阶段的水化产物作了比较详细的描述。他们认为1天时有一些粉煤灰颗粒已开始水化，粉煤灰表面出现絮凝状水化产物，CH解理清晰可见，无水化产物包裹的粉煤灰在孔隙液中被溶蚀，部分粉煤灰颗粒与晶形比较好的CH紧密结合；而到150天时，一些粉煤灰颗粒显著水化，有些已被完全分解，但同时也有一些粉煤灰颗粒基本没有发生水化。微观分析结果显示，已反应的粉煤灰颗粒相比于未反应的粉煤灰颗粒，属于高铝低硅颗粒。

阎培渝和韩建国等[20]利用环境扫描电子显微镜(ESEM)对复合胶凝材料的水化产物进行了观察，认为在水化开始6 h内处于潜伏期，之后水化反应开始明显进行，1 天后即有大量水化产物生成。水化初期有过渡产物钾石膏片状晶体生成，这需与叠层生长的水化产物 $Ca(OH)_2$ 片状晶体区别。水化初期 C-S-H 为约 1 μm 长的晶须，而钙矾石则以六方片状晶核形式存在。在粉煤灰颗粒表面有通过溶解-结晶机制生成的水化产物。随着水化龄期的延长，C-S-H 成为无特征形貌的致密浆体，其中分布有充分发育的针棒状钙矾石晶体。粉煤灰颗粒表面由于火山灰反应被侵蚀，留下条状莫来石晶体。粉煤灰颗粒由表面生成的水化产物与周围的浆体紧密结合成为一个整体。

王培铭等[21]发现粉煤灰改变了硅酸盐水泥水化浆体的显微结构特征，尤其在水化初期。没有粉煤灰的水泥浆体中，纤维状、棒状水化产物生长良好，外形完整，长而粗大，棒状物的长度一般为 1~2 μm，而同龄期掺粉煤灰的浆体中，纤维状和棒状水化产物的外形不完整，且短而纤细，棒状物的长度小于 1 μm。

Rodger 和 Groves[22]用 TEM 观察了粉煤灰和 C_3S、水泥熟料分别水化形成的浆体中，粉煤灰颗粒表面产物的显微特征。结果表明，粉煤灰颗粒表面沉积一层纤维状的 C-S-H 凝胶，部分颗粒的原始周界内包含有反应产物，并含有结晶良好、化学组成接近于 $Ca_{12}A_3FS_4H_{16}$ 的水化石榴石晶体。

Asaga 等[23]认为，水化 1 天后粉煤灰促进 C_3S 的水化。在粉煤灰促进 C_3S 水化的机理研究上，Taylor[16]认为水化开始阶段，粉煤灰颗粒表面是有助于 C-S-H 形成和 $Ca(OH)_2$ 结晶的"活化中心"，这是粉煤灰加速 C_3S 水化的主要原因。Takemoto 等[24]则将此归因于粉煤灰颗粒表面选择性吸收 Ca^{2+} 的结果。张文生等[25]认为，即使养护 1 天时粉煤灰没有发生火山灰反应，也不能将粉煤灰看做惰性物质，不能仅仅把粉煤灰对水泥水化的影响归因于其"微集料"作用。

2. C-S-H 凝胶中钙硅比(Ca/Si)的变化

掺入粉煤灰后，C-S-H 凝胶的化学组成，特别是 Ca/Si 发生了哪些变化是目前人们所关心的问题。目前已有的研究结论比较一致：粉煤灰降低 C-S-H 的 Ca/Si，增加其中的 Al/Ca、Fe/Ca 和 K/Ca。分析电子显微镜(AEM)的观察研究表明，Ca/Si 比较接近 1.55，并随水化龄期的增加而变小[26]。

钱觉时[27]认为，相比于普通混凝土，粉煤灰混凝土中含有更多的 C-S-H 凝胶和较少的 $Ca(OH)_2$，有些情况下因为碳化所致有比较多的 $CaCO_3$，特别当用水量以及水泥中 C_3S/C_2S 降低时，C-S-H 会明显增加，因为 C-S-H 也可以由 $Ca(OH)_2$ 与粉煤灰中的铝硅酸盐反应生成。因此，相比于普通混凝土，粉煤灰混凝土中 C-S-H 的 Ca/Si 将发生变化，随龄期和粉煤灰掺量的增加而降低。

魏风艳等[28]发现，粉煤灰与 $Ca(OH)_2$ 反应生成的 C-S-H 凝胶的 Ca/Si 较低,与空白试样相比,粉煤灰掺量达到 45% 时,水化产物中 C-S-H 凝胶的 Ca/Si 由 1.48 降为 0.67,同时低 Ca/Si 的 C-S-H 凝胶中含有更多的 Na^+ 和 K^+。与掺 30% 粉煤灰的试样相比,粉煤灰掺量达到 45% 时,凝胶中的碱含量由 0.15% 增至 1.24%。

Sakai 等[29]认为粉煤灰的掺入导致硬化浆体中 C-S-H 凝胶的 Ca/Si 降低,普通硅酸盐水泥水化 1 年后,体系中 Ca/Si 为 1.54;而粉煤灰水泥则为 1.39。

3. 硬化浆体孔结构和孔溶液的碱度

在第七届国际水泥化学会议上,Wittman 提出孔隙学的概念。孔隙学即研究孔特征或孔结构的理论。孔结构的主要内容包括:孔隙率、孔径分布(孔级配)、孔几何学(即孔的形貌和不同尺寸的孔在空间的排列)。目前国内外对水泥硬化浆体孔结构的研究较多,采用的测孔方法主要有压汞法(MIP)、等温吸附法和小角度 X 射线衍射法,但最为人们所接受和广泛使用的是压汞法,尽管它有诸多弊端[30]。

Cook 和 Hover[31]利用 MIP 对硬化水泥浆体的孔结构进行了研究,结果表明随着养护时间的延长和水胶比的降低,浆体结构中总孔隙率会降低,临界孔径也会减小。

陈益民等[32]研究表明:养护条件和龄期相同时,早期掺粉煤灰的水泥浆体的孔隙率要比不掺粉煤灰的高,且随着粉煤灰掺量增加,浆体的孔隙率也增加;在后期,由于粉煤灰的火山灰反应以及水泥矿物的充分水化,浆体总体积的孔隙率降低,填充效应使浆体 50 nm 以上的孔减少,小孔数量增多,浆体具有较好的孔径分布和孔结构。

郑克仁等[33]通过试验研究证明矿物掺合料的应用能够使水泥石孔径细化,即使在大掺量情况下也能够增加小孔的数量;大掺量情况下浆体孔隙率较高,存在较多的毛细孔,但矿物掺合料能够增加孔径小于 10 nm 的孔的数量,使微分孔径分布曲线出现了附加峰。

李永鑫等[34]采用压汞法研究了钢渣、矿渣、粉煤灰单掺或复掺对水泥硬化浆体孔结构的影响,认为 3 种掺合料降低水泥硬化浆体孔隙率能力的大小顺序为:矿渣 > 钢渣 > 粉煤灰,3 种掺合料降低水泥硬化浆体孔径并改善孔径分布能力的大小顺序为:矿渣 > 粉煤灰 > 钢渣。

施惠生等[35]对粉煤灰水泥浆体早期水化和孔结构进行了研究,认为粉煤灰能够有效地改善硬化水泥浆体的孔隙结构,并且随着粉煤灰掺量的增加,浆体中大孔减少,微孔增加。

吴建华[36]则认为大掺量粉煤灰并没有减小浆体的孔隙率、"细化"内部的孔结构,而是使有害的大孔减少,无害的小孔增多,最可几孔稍微增大。

硬化浆体孔溶液碱度不仅能影响复合水泥基材料的水化硬化过程,而且关系到水泥石硬化体中各水化产物的稳定性以及混凝土的耐久性,如抑制碱-集料反应性能、抗钢筋锈蚀性能等。正因为如此,不少学者对复合水泥基材料体系的碱度作了大量研究。

Diamond[37]研究了含30%粉煤灰的粉煤灰水泥中两种粉煤灰对孔溶液碱度的影响,结果表明两种粉煤灰对孔溶液的碱度都没有贡献。一种对孔溶液碱度的贡献呈惰性,而另一种则从孔溶液中吸取了小部分碱。

Nixon等[38]研究了高碱粉煤灰对孔溶液碱度的影响。粉煤灰对孔溶液的作用依赖于养护龄期及水泥的碱含量。28天时粉煤灰可以增加中碱或高碱水泥浆体的碱度,但在更长的龄期内碱度却降低了。然而对于低碱水泥浆体,在1年龄期内碱度都是增加的。

蒲心诚等[39]对大掺量粉煤灰水泥的碱度进行研究,结果表明粉煤灰掺量从0%增加到70%时,pH仅从12.56降为12.06,说明粉煤灰掺量即使达到70%,体系的pH仍在12以上,仍高于配筋结构允许的碱度(11.50)之值。若掺入矿渣等含量很高的掺合料时,其碱度更有保证。

Resheeduzaafar等[40]的研究表明矿渣的掺入会对孔溶液中的总碱量产生影响,熟料中掺加矿渣,能显著降低孔溶液中OH^-的浓度,但并不使pH变化很大。

Barlon等[41]的研究则发现对于部分熟料被火山灰材料所取代的复合体系,孔溶液组成将发生变化。火山灰材料可以结合$Ca(OH)_2$并可使总碱量增多或者减少,其中粉煤灰可以降低孔溶液中Ca^{2+}和OH^-的浓度。由粉煤灰引起孔溶液的碱度变化是不定的,并且取决于粉煤灰碱含量和含碱化合物的种类。

尽管上述研究的侧重点和结果各有不同,但不难看出,随着矿物掺合料的大量掺加,孔溶液的碱度确实会发生变化,但并不会使碱度下降太多,而仍然可以提供保持水化产物稳定存在的碱性环境。

4. 复合水泥基材料水化反应动力学

Langan等[42]通过对掺有20%粉煤灰的水泥与纯水泥在水胶比(w/b)分别为0.35、0.40和0.50时的研究表明:粉煤灰提高了水泥的早期水化速度,降低了诱导期和加速期的水化速度,且水胶比越大,这种降低作用越强,但能促进加速期后胶凝材料的水化。

王政、李家和等[43]分析活化粉煤灰-水泥-水系统反应动力学的方法是同时测定纯硅酸盐水泥(A)、未活化粉煤灰加入的粉煤灰水泥(B)、活化粉煤灰加入的活化粉煤灰水泥(E)中的C_3S及$Ca(OH)_2$含量,然后作出A种水泥的C_3S水化度与$Ca(OH)_2$含量关系曲线图,以某一龄期时测得的B、E种水泥的水化度值在图中查得到的$Ca(OH)_2$含量x_i(无火山灰二次反应时的值),则将x_i与实测B、E种水泥中$Ca(OH)_2$含量之差定义为粉煤灰反应度。

黄士元等[44]认为粉煤灰－$Ca(OH)_2 \cdot H_2O$ 系统的反应速率取决于粉煤灰的可溶性、表面积等因素；并且通过试验得出硫酸盐加速激发的机理可能是生成了易扩散的纤维状水化生成物层。

张魁洁[45]借鉴了固相反应理论的研究方法，推导了粉煤灰－$Ca(OH)_2$ 系统的反应动力学方程，从反应动力学的角度研究了在蒸养条件下该系统的反应过程，结果表明，粉煤灰－$Ca(OH)_2$ 系统的反应速度前期由粉煤灰颗粒表面的化学反应速度所控制，后期受钙离子的扩散速度控制。

Krstulovic 等[46]提出了水泥基材料的水化反应动力学模型，认为水泥基材料的水化反应有3个基本过程：结晶成核与晶体生长(NG)、相边界反应(I)和扩散(D)。按照 Krstulovic-Dabic 模型的描述，这三个过程的动力学方程(微分式)分别如下所示。

NG 过程：

$$d\alpha/dt = K'_1 n(1-\alpha)[-\ln(1-\alpha)]^{(n-1)/n} \tag{6.4}$$

I 过程：

$$d\alpha/dt = K'_2 \times 3(1-\alpha)^{2/3} \tag{6.5}$$

D 过程：

$$d\alpha/dt = K'_3 \times 3(1-\alpha)^{2/3}/[2-2(1-\alpha)^{1/3}] \tag{6.6}$$

式中：α 为水化度，K'_1、K'_2、K'_3 分别为3个水化反应过程的反应速率常数，n 为反应级数。

阎培渝和郑峰[47]认为水泥基材料的水化反应存在两种不同的历程，即 NG-I-D 或 NG-D，分别对应反应比较和缓、持续时间较长的水化过程以及反应剧烈、持续时间短的水化过程。在水化初期 NG 是控制因素，随着水化程度提高，逐渐转由 I 或 D 控制反应。

朱蓓蓉和杨全兵[48]通过酸溶法测定了粉煤灰－$Ca(OH)_2 \cdot H_2O$ 系统中粉煤灰的反应率，以此来评估不同品质低钙粉煤灰的火山灰反应性，并据此建立了低钙粉煤灰火山灰反应的动力学模型。他们认为低钙粉煤灰的火山灰反应符合一级反应动力学模型，动力学方程如下：

$$v = -d(w'_\beta - m)/dt = k(w'_\beta - m) \tag{6.7}$$

式中：v 为反应速率，w'_β 为各个龄期试样的化学未溶量，m 为粉煤灰灰样中不溶于酸的非活性成分的含量。

张云升、孙伟等[49]对水泥－粉煤灰浆体的水化反应进程进行了研究，基于粉煤灰反应程度，提出了有效水灰比 $w/(c+\alpha_f F)$ 的概念，并建立了水泥－粉煤灰浆体中水泥反应程度的定量计算公式：

$$\alpha_c = f_1(t) e^{-\frac{f_2(t)}{w/(c+\alpha_f F)}} \tag{6.8}$$

式中：α_c 和 α_f 分别为水泥和粉煤灰的反应程度，$f_1(t)$ 和 $f_2(t)$ 为与龄期相关的函数。

王爱勤、杨南如等[50]认为当粉煤灰水泥水化时，同时存在着水泥熟料的水化反应和粉煤灰的火山灰反应，它们之间相互影响，加速其中一个反应将影响另一个反应，粉煤灰－水泥体系中 $Ca(OH)_2$ 的浓度由下式表达：

$$C = \frac{K_c \alpha_c (1 - x) + K_f \alpha_f x}{w/cm} \quad (6.9)$$

式中：w/cm 为水胶比，K_c 为 1 g 熟料完全水化时所放出的 $Ca(OH)_2$ 量，K_f 为 1 g 粉煤灰完全反应时所吸收的 $Ca(OH)_2$ 量，x 为粉煤灰掺量，α_c 和 α_f 分别代表水泥和粉煤灰的反应程度。

6.1.4 复合水泥基材料水化研究测试和表征方法

经过多年来人们对测试方法和手段的探索，目前针对水泥基材料水化过程、产物、结构、性能、机理的研究测试方法主要有如下数种：力学测试法、溶液离子浓度分析法、X 射线衍射分析法（XRD）、电子显微分析法（SEM/TEM）、热重差热分析法（TG-DSC）、光谱分析法（UV、IR、RAM 等）、核磁共振法（NMR）、压汞法（MIP）等。这些测试方法已为广大科研工作者所熟知，下面主要介绍几种和本书研究相关的测试手段和表征方法。

1. 粉煤灰、水泥及体系反应程度的表征与测试方法

1）未水化粉煤灰百分率

可以采用未水化粉煤灰的百分率来表征粉煤灰的反应程度，这是最直接的表征方式，一般采用盐酸溶解法（选择性溶解法），我国的国家标准[51]也已将其列为粉煤灰组分含量的定量测量方法。其原理为：未水化水泥及水化产物在稀盐酸中几乎可以完全溶解，而粉煤灰几乎完全不能被稀盐酸所溶解，因此采用稀盐酸作为分解液，将水泥及水化产物和未水化的粉煤灰分离开来，对溶解后的残渣进行灼烧至恒重。扣除粉煤灰中溶解于盐酸的部分和水泥中不溶于盐酸的部分，求出未水化粉煤灰的百分率，得到粉煤灰的反应程度。具体公式如下：

$$\alpha_f = 1 - \frac{\frac{R_{HCl}}{(1 - w_n)} - f_c R_{c,HCl}}{f_f R_{f,HCl}} \quad (6.10)$$

式中：R_{HCl} 为浆体的盐酸溶解残余的质量分数，$R_{f,HCl}$ 为原料粉煤灰的盐酸溶解残余的质量分数，$R_{c,HCl}$ 为水泥净浆平形试样的盐酸溶解残余的质量分数，w_n 为浆体的非蒸发水含量，f_f 为粉煤灰的掺量，f_c 为水泥的掺量。

Poon[52]曾采用酸－甲醇溶解法研究粉煤灰的反应程度，其思路和我国的国家标准盐酸溶解法基本一致，只是选择的溶剂不同而已。

2) 水化产物中熟料相分析（C_3S、C_2S、C_3A、C_4AF 的含量）

通常可以测试水化产物中熟料相如 C_3S、C_2S 等的含量，就可以得到 C_3S、C_2S 的反应程度，以此来表征水泥的反应程度。人们大多采用 XRD 定量分析方法来测试水泥熟料中各相的含量，常用的可以有两种：K 值法和 Rietveld 法。

a) K 值法

K 值法测试原理如下[53]：物相的 X 射线衍射花样是该物相的晶体结构特征，某晶体与参比样 1:1 混合时，晶体与参比物的定量线强度之比，称为参比强度 K。K 值表示该晶体的衍射能力。利用 K 值可求出混合样中各晶体的含量。若要测定由 n 个物相组成的待测样中 i 相的含量 W_i，可在待测样中加入待测样本身不存在的已知 i 相含量的参考相 W_s，制成 $n+1$ 个物相的复合试样。若预先测定了 i 相与参考相 s 含量 1:1 时的强度，则待测样中 i 相含量可由下式求出：

$$W_i = \left(\frac{I_i}{I_s}\right)_{1:1} \frac{I_i}{I_s} \frac{W_s}{1-W_s} = K_s^i \frac{I_i}{I_s} \frac{W_s}{1-W_s} \tag{6.11}$$

式中：W_i 为待测样中 i 相的含量，I_i、I_s 分别为复合试样中 i 相与参考相 s 的强度，K_s^i 为参考相 s 与 i 相含量 1:1 时的强度，W_s 为参考相 s 的含量。

K 值法是一种快速简便的定量分析方法，即只需将待测试样加入参比物质后进行一次配样称重和摄谱测量，然后根据 K 值法公式求出待测试样中各相分的百分含量。但是这种方法也有不少缺点，如重叠峰、择优取向、微吸收及纯标样制备难等问题都没有得到有效的解决。

b) Rietveld 法

Rietveld 法最初是为利用粉末中子衍射数据进行晶体结构修正而开发出来的[54]。通过对数字化的粉末衍射谱图的每个 2θ 步长的实测强度和计算强度之间的加权平方差的总和进行最小化来实现，修正计算是以每个步长点为基础，而不是以每个衍射峰为基础。因此，每个物相的所有衍射峰都参与了计算，包括严重重叠的衍射峰。所以，它克服了常规的 XRD 定量分析方法中的重叠峰分解问题，而且最大限度地减少了单峰计算的不确定性及择优取向、微吸收等所带来的影响[55]。

用 Rietveld 法进行定量分析时，首先要了解样品中各物相的晶体结构，输入数据包括空间群、原子坐标、占位因子以及晶胞参数等。每个物相的比例因子及峰形参数根据背景和晶胞参数而变化，混合物中各相的质量分数 W_i 根据修正计算获得的比例因子计算而得到，即

$$W_i = \frac{S_i \rho_i V_i^2}{\sum_{i=1} S_i \rho_i V_i^2} \tag{6.12}$$

式中：S_i、ρ_i、V_i分别代表第i相的比例因子、密度及晶胞体积。

目前随着 Rietveld 多相全谱拟合方法在水泥熟料相定量分析中的应用，常规 XRD 定量分析所遇到的诸多问题基本都可以得到很好的解决，这当然受到众多国内外学者的关注。Guirado 等[56,57]对高铝水泥熟料相成分进行了定量分析，采用的分析方法也是 Rietveld 法，结果发现得到的化学组成数据与 XRF 采集得来的数据基本吻合。de Noirfontaine 等[58]认为采用 Rietveld 法对熟料中 C_3S 的含量进行定量分析是一次工业的挑战，并由此建立了 C_3S 晶体模型。Crumbie 等[59]采用多种测试手段（Rietveld 法、光学显微镜法、电子显微镜-能谱仪法、Bogue 计算法）对水泥熟料中的铁相进行了对比分析，结果发现 Rietveld 法与 Bogue 计算法得出的铁相结果有很大差异。通过光学显微镜法和电子显微镜-能谱仪法发现铁相与硅相和铝相结合在一起，这证明在熟料中没有独立的铁相是很有可能的。de la Torre Angeles 等[60]和 Scrivener 等[61]用 XRD-Rietveld 定量相分析分别对低镁 A 矿的晶体结构和水泥水化产物相进行了测试。上述这些研究都证明 Rietveld 多相全谱拟合方法完全可以用以分析水泥熟料相的含量，因此也可以用于表征水泥反应程度。

3）$Ca(OH)_2$ 的含量

由于水泥的主要水化产物是 C-S-H 凝胶和 $Ca(OH)_2$，C-S-H 是结构和化学计量式都很难确定的凝胶状水化产物，而 $Ca(OH)_2$ 为晶体结构，是可以定量测量的，所以也可以通过测量 $Ca(OH)_2$ 的含量来判断整个水化体系的反应程度。以前有人采用化学法分析 $Ca(OH)_2$ 的含量，但是往往会因同时检出游离氧化钙而使结果偏大。Taylor[16]曾利用 X 射线定量分析的方法测量了不同龄期时胶凝材料体系中的 $Ca(OH)_2$ 含量，认为随龄期的增长，体系中 $Ca(OH)_2$ 的含量逐渐稳定。但是 X 射线定量分析对仪器、样品、试验操作等方面要求极高，致使得到的结果离散性较大。

目前通常采用热重分析（TG）以及综合热分析技术定量测量水泥基材料中 $Ca(OH)_2$ 的含量。贾艳涛[62]认为绝大部分的 C-S-H 凝胶的结合水在 100~400 ℃分解蒸发；$Ca(OH)_2$ 分解失水的温度为 400~550 ℃；如果浆体发生碳化，600~750 ℃会有一部分 $CaCO_3$ 分解；由铝、铁、硫等相水化生成的 AFm 也含有少量结合水，分解温度为 100~400 ℃。因此，他把 DTA 曲线上 400~550 ℃之间的吸热峰的起始点和结束点（拐点两边作切线的交点）温度之间所对应的 TG 曲线上的重量损失记为 $Ca(OH)_2$ 分解后水的质量，然后再通过换算即可得到 $Ca(OH)_2$ 的含量（以百分数计）。但是根据廉慧珍和童良等[63]的观点，因在结果处理上未考虑碳化对 $Ca(OH)_2$ 消耗的影响，所以最后的结果是不准确的。

4) 化学结合水量

也有大量研究者采用测量体系中化学结合水(非蒸发水)的大小来侧面反映复合水泥基材料的水化反应程度。化学结合水量随水化产物增多而增多,即随水化程度的提高而增加。Cook 和 Hover[31]在定义水化程度时采用了以下公式:

$$\frac{w_n}{c} = \frac{w_1}{w_2}\left(1 - \frac{L}{100\%}\right) - 1 \qquad (6.13)$$

$$\alpha = \frac{w_n/c}{(w_n/c)^0} \qquad (6.14)$$

其中,w_n 为化学结合水,w_1 和 w_2 分别为干样灼烧前、后质量,L 为水泥烧失量,$(w_n/c)^0$ 为水泥完全水化对应的化学结合水量。

张庆欢[64]采用测量化学结合水量的方法对粉煤灰的活性进行了检测,得出结论是随着龄期的延长,不同水灰比的浆体中的化学结合水量基本稳定。换句话说,粉煤灰的反应趋于稳定。李北星、Fu、Lam、Poon、林灼杰等[65-69]也都采用测定化学结合水的方法来评定粉煤灰的水化反应程度。

2. 孔溶液碱度(pH)的测定

目前测定孔溶液碱度的方法大致可以分为以下三种:磨细溶出法、萃取法(高压压榨法)、原位溶出法。

吕林女和王晓等[70,71]采取磨细溶出法,对掺合料复掺的水泥基材料孔溶液的碱度进行分析。具体做法是取各水化龄期中间的破碎净浆试块,用玛瑙钵研磨至 0.08 mm(方孔筛)以下,每组试样称取 10 g,加入 100 mL 的蒸馏水充分搅拌后,静置 2 h,用成都仪器厂生产的 DXS-5 型数字式酸度计测定溶液的 pH。这种方法操作简单,但缺点就是在磨细过程中,首先不可避免地加速未水化颗粒的水化进程,提高了实际孔溶液的碱度;其二破坏了反应产物的原有结构,使吸附于反应产物中的大量的碱释放出来,因此结果是不可靠的,目前也只用于平行比较研究中。

萃取法,也称高压压榨法,它的关键技术就是对固定在一个空心圆筒内的试样施以足够的压力,以挤出混凝土内的孔溶液。具体做法是首先把混凝土试件放入加压室内,安装好活塞,使用液压逐渐加压到大约 300 MPa(也有人认为试件制成 72 mm × 45 mm 的圆柱体,加压至 1 600 kN[72]),大概可能收集 10 mL 孔溶液,在 3 h 以内孔溶液经离心过滤出来,一般用聚苯乙烯小瓶收集孔溶液,立刻密封起来。这种技术来源于 Strelkov,后来 Barneyback 和 Diamond[73]还设计了一种专为测定水泥砂浆和净浆试样孔溶液有效碱的装置,加压最大值为 550 MPa,其装置如图 6.3 所示。

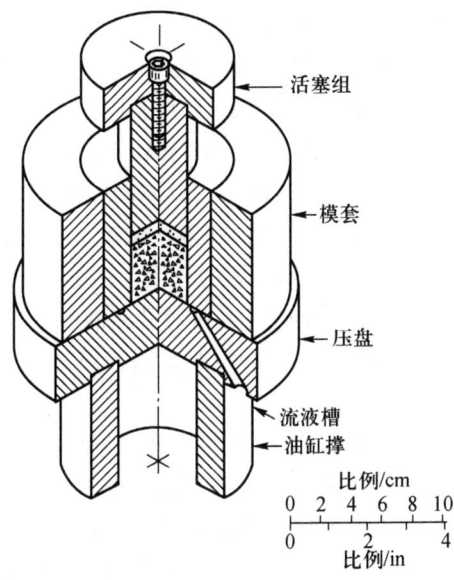

图 6.3　Barneyback 和 Diamond 设计的提取孔溶液装置

近十几年来，用萃取法分析水化浆体孔溶液碱度的报道屡见不鲜[74-79]，但是这种方法也有其局限性：试样要求特殊制作；挤出的孔溶液太少，不便于分析；在低水胶比或者极其干燥的情况下，挤出孔溶液更是困难；设备复杂，对操作的要求高。这些都是阻碍这种方法推广的难题。

原位溶出法(in-situ leaching)是在混凝土表面钻一个直径约为 5 mm、深约为 25 mm 的小洞，放入不足 1 mL 的中性水(一般为 0.4 mL)，混凝土的孔溶液已处于饱和状态，小洞中的水逐渐与周围孔隙溶液达到平衡，用微 pH 传感器监测，达到极限 pH 时，测出 pH。Sagues 等[80]利用原位溶出法对孔溶液的碱度进行分析，采取的装置如图 6.4 所示。

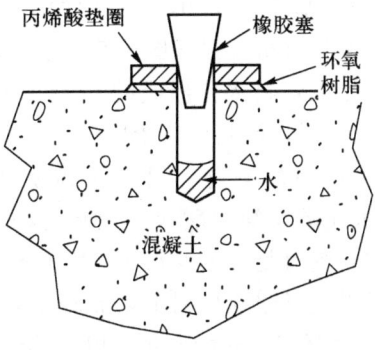

图 6.4　原位溶出法装置

由于放入孔洞的水量少，冲淡作用减少了，同时也没有试样磨细的副作用，因此，小洞中溶液的 pH 比萃取法和磨细溶出法更接近真实值。但是，对于长龄期、大掺量粉煤灰混凝土来说，由于其表层混凝土抗碳化性能较差，因此，有可能因碳化而降低原位溶出法测得的 pH，使得测量结果偏离真实值。

在用试验手段测定孔溶液碱度的同时，计算机模拟技术也在不停地发展。Taylor[81]就曾提出了一种预测水泥浆体中孔溶液碱度的方法，其主要思想是通过计算水化过程中释放的总离子数量和浆体中自由水的数量，并假定水泥浆体吸附碱离子的能力是一个固定常数，来直接定量推算孔溶液中的离子浓度。这种方法为预测水泥基材料孔溶液的碱度提供了原始的思路，但这种假设尚未得到试验的验证。

陈伟等[82]基于一个三维的水泥基材料水化过程和微观结构发展的计算机模型，结合 C-S-H 凝胶碱吸附理论，综合考虑环境温度、湿度、材料配合比等因素，建立了一个水泥基材料孔溶液碱度的计算机模拟方法，并且模拟孔溶液中碱金属离子浓度变化的规律，与实际试验结果对比后发现模型输出结果可以很好地预测孔溶液中碱离子的浓度。

3. C-S-H 凝胶含量及 Ca/Si 的测定

Olson 等[83]提出采用水吸附法估算混合水泥中的 C-S-H 含量，即假定 C-S-H 的分子式为 $C_{3.4}H_2S_3$，通过标定 C_3S 水化样中单位质量 D-干燥的 C-S-H 在特定相对湿度下吸附的水量以估算混合水泥水化产物中的 C-S-H 含量，并最终拟合了 C-S-H 含量随时间的变化公式，如下所示。

$$y = 0.025\,3\ln(t) + 0.093\,5 \tag{6.15}$$

这种方法简单方便，但实际上，C-S-H 的结构与水化产物的龄期、组成等因素有关，不是恒定的，对于含有大掺量矿物掺合料的混合水泥来说，C-S-H 结构更是有了较大的变化，因此假定 C-S-H 为固定的一种分子式与实际情况有较大的出入，其估算的结果是较粗略的。

胡曙光等[84]开发了一种基于 $Ca(OH)_2$ 解耦的 C-S-H 凝胶半定量计算方法，针对混合水泥体系，测量分析思路如图 6.5 所示。之所以为半定量，是因为在分析过程中近似地将水泥熟料水化形成的 $Ca(OH)_2$ 看成都是由 C_3S 水化形成；同时在计算时对 Ca/Si 和 H_2O/Si 值予以估计，而未通过实验测定。

针对 Olson 水吸附法存在的问题，胡曙光和耿健等[85]作了两点改进：① 根据电子探针对不同水化龄期纯硅酸盐水泥水化样 C-S-H 凝胶 Ca/Si 的测试，以及根据他人关于掺合料对复合水泥水化样中 C-S-H 凝胶化学组成影响的研究结果，将 C-S-H 凝胶的化学组成依据水化龄期及是否掺有掺合料进行了详细的划分；② 根据 C-S-H 凝胶 Ca/Si 的变化，以水热合成法制备的 Ca/Si 对应的 C-S-H 凝胶作为标准样。基于这两点改进，对 C-S-H 凝胶含量进行了半定量

6.1 复合水泥基材料的水化产物和结构稳定性　243

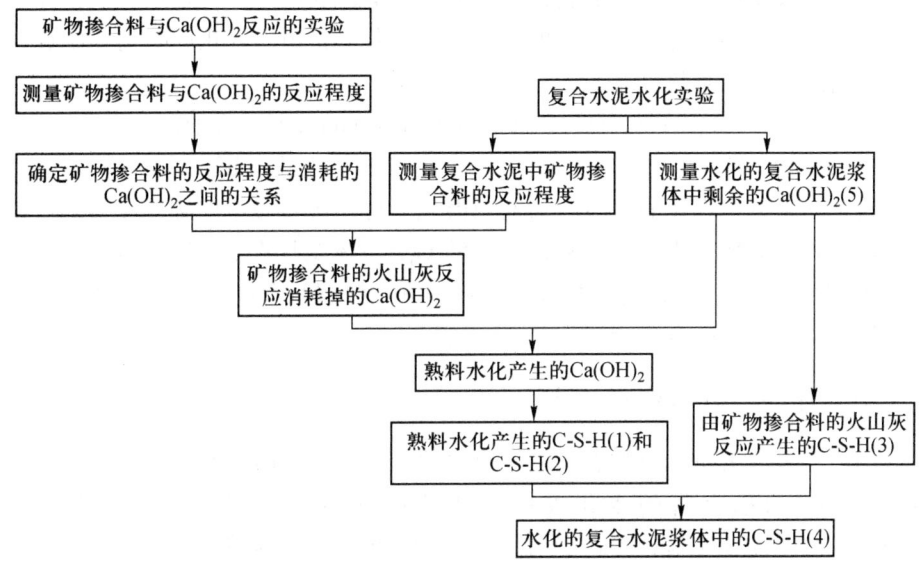

图 6.5　Ca(OH)$_2$ 解耦法对 C-S-H 凝胶半定量分析思路

计算，也得出了 C-S-H 含量随龄期的变化图，如图 6.6 所示。

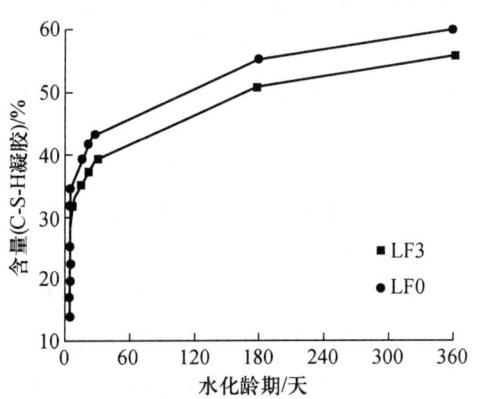

图 6.6　不同水化龄期下 C-S-H 凝胶含量的变化

袁润章等[86]合成不同结晶程度的水化硅酸钙，然后对其表面的特性进行了研究，并且利用 XPS 技术测试了水化硅酸钙的 Ca/Si 和电子结合能，随着水化硅酸钙结晶程度的提高，Ca/Si 降低，元素的结合能向低能方向移动。

封孝信等[87]通过能谱分析(EDS)测定了 C-S-H 凝胶中的碱含量与 Ca/Si 之间的关系。研究发现，掺入硅灰会使 C-S-H 凝胶的 Ca/Si 降低，碱含量增加。

Shehata 和 Thomas 等[88]利用能量散射 X 射线分析(EDXA)对北美 12 种粉

煤灰的水泥水化产物进行了分析，结果显示孔溶液的碱度随着粉煤灰中钙和碱含量的增加而增加，随着硅含量的增加而减少。但是内部水化硅酸钙的组成与粉煤灰的组成并无直接联系。

廉慧珍等[63]曾在文献中提到 Raymond 和 Majumda 用电子探针（波谱法）微区分析（EPMA）测定了 C_3S 水化 1 个月和 1 年的水化硅酸钙凝胶的 Ca/Si。具体做法是先将试样在树脂中浸渍后断面磨光，再用 0.25 μm 的金刚砂膏最后抛光；用硅灰石矿物做表样，再将抛光后的 C_3S 浆体试样在含 1% HNO_3 的酒精中浸 3 s 稍加腐蚀；最后将试样和表样都用真空镀碳膜 3 nm，同时将新鲜断口表面用真空溅射 20 nm 的金膜。

6.1.5 存在问题和研究方向

（1）在含有大量矿物掺合料的复合水泥中，由于硅酸盐水泥熟料的比例较低，而且矿物掺合料的水化反应还要消耗硅酸盐水泥熟料水化生成的 $Ca(OH)_2$，在硬化浆体中 $Ca(OH)_2$ 的含量较低，水化硅酸钙凝胶的 Ca/Si 也较低，在这种环境下，复合水泥基材料的水化产物和微观结构是否稳定；复合水泥中矿物掺合料掺到什么程度，碱度和 Ca/Si 降低到什么程度，浆体结构会不稳定。这些问题在目前的文献中尚未体现，但都是需要注意和解决的。

（2）水泥中掺入大量矿物掺合料后，使得水泥硬化浆体孔结构和孔溶液的碱度发生了变化。这种变化是否会影响复合水泥基材料水化产物与外界侵蚀性介质之间的化学反应，如何影响，作用机理又是什么，这都需要进一步的实验验证。

（3）有关水泥水化动力学的研究已经很多，但是针对复合水泥基材料的水化动力学特征研究，特别是关于复合水泥基材料水化动力学模型的建立和机理的研究，目前的报道还很少。

（4）有关孔溶液碱度的测量，至今为止还没有找到最为合适和精确的方法。不管是磨细溶出法、萃取法，还是原位溶出法都有其自身的缺点，因此开发一种测定复合水泥基材料硬化浆体孔隙溶液碱度的方法也是值得研究的。

6.2 水泥基材料孔结构表征与传输机制

6.2.1 水泥基材料的孔隙结构

水泥基材料的孔隙结构是在水泥（包括其他可水化的胶凝材料）水化反应中没有被固体生成物填充的空间。孔隙结构的分析与界定是水泥基材料在与外界物质交换过程中稳定性的基础[89]。材料孔隙在空间上呈随机分布的特点，互相连通的部分称为连通孔隙,相对独立的部分称为不连通孔隙,两部分之和称为材料的总体孔隙率。水泥基材料孔隙的一个重要特点是其在尺寸上分布范围很广,从 100 μm 尺度上的毛细孔隙到 1 nm 尺度上水化产物间的凝胶孔隙(图 6.7)。因此水泥基材料的孔隙结构首先包括两个方面的内容:总孔隙率(不连通孔隙 + 连通孔隙)以及孔隙的尺寸分布。总孔隙率与宏观材料的强度有直接关系,连通孔隙率与孔隙材料和外界的交换过程关系密切。其次,作为物质交换与传输的场所与通道,孔隙壁是各种进程的界面,其物理化学特性有重要的作用。因此完全的孔隙结构信息应包含总孔隙率、孔隙的尺寸分布和孔隙壁的物理化学性质。

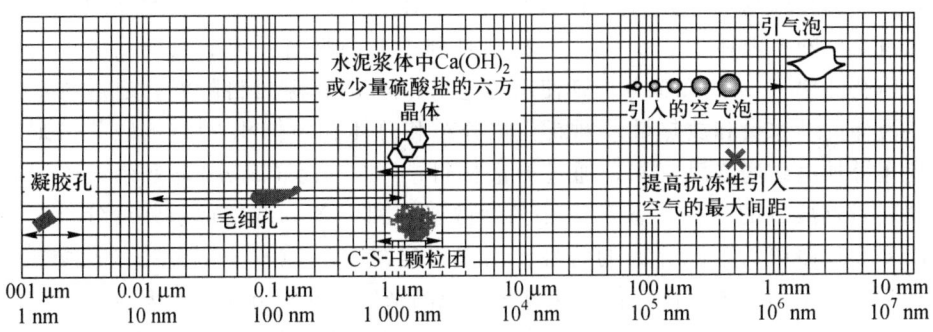

图 6.7　水泥基材料孔隙尺寸分布示意图[91]

目前人们对于水泥基材料的孔隙结构研究已经有了一定的积累,并且按照各种尺寸的孔隙及其在主要传输与相变过程中的作用区大致区分为凝胶孔(1～10 nm)、毛细孔(10 nm～10 μm)和引气孔(约 100 μm)[90,91]。表 6.1 给出较为详细的孔隙尺寸划分以及这些尺寸上的孔隙水的主要状态特征以及对水泥基材料宏观性能的影响。

表 6.1　水泥基材料孔隙分布[92]

孔隙分类	直径(尺寸)	孔隙水	影响的宏观性质
层间孔	约 0.5 nm	结构水	收缩、徐变
微孔隙	0.5～2.5 nm	表面吸附强	收缩、徐变
细小毛细孔	2.5～10.0 nm	表面张力较强	50%～80% 湿度收缩
中等毛细孔	10.0～50.0 nm	表面张力微弱	>80% 湿度收缩,强度,渗透性
大毛细孔	50～10 μm	常态水	强度,渗透性
(引)气孔	100 μm～1 mm		强度

通常用于建筑和结构工程的水泥基材料的孔隙率较小，结构混凝土的连通孔隙率在15%以内。目前测量水泥基材料的孔隙结构的方法包括压汞(mercury intrusion porosimetry)法、气体吸附(gas adsorption)法、吸水(water absorption)法、氦比重(Helium pycnometry)法、热孔隙分析(thermoporometry)、核磁共振(nuclear magnetic resonance)、小角度散射(small-angle scattering)、光学显微镜(optical microscopy)观测和电子显微镜(electron microscopy)观测。

各种方法依据的基本原理不同：压汞法利用与水泥基材料不浸润的金属汞导入材料内部所需的外部压力来反映孔隙分布[93]；气体吸附法是利用指定压力和气体吸附量的关系(adsorption isotherm)来判断孔隙材料的孔隙体积、特征表面积和孔隙的尺寸分布[94]；吸水法是利用孔隙材料的毛细吸水原理，由吸水量来推断孔隙体积[95]；氦比重法则是利用充满材料孔隙的氦气重量来测算总体孔隙率[96]；热孔隙分析则使用对饱水(苯)的孔隙材料降温，通过测量孔隙液体的结冰量和放热量来判断孔隙分布和总体孔隙体积[97]；核磁共振则是使用外加电磁场激励材料，通过测量材料中不同元素(成分)的残余电磁波来判断目标成分的存在状态[98]；小角度散射则利用X射线的散射强度分布来判断C-S-H凝胶与孔隙界面的特性，用来界定凝胶孔隙和一部分毛细孔隙[99]；光学显微镜和电子显微镜都是通过图像观测来确定孔隙分布，需要有相应的图像分析工具作为支撑[100, 101]。各种方法所能测量到的孔径分布范围有所不同，见表6.2。

表6.2 各种测量方法的可及孔径尺寸[102]

测量方法	约1 nm	约10 nm	约100 nm	约1 μm	10 μm	100 μm	1 mm
压汞法		■	■	■	■	■	
气体吸附法	■	■	■				
吸水法		■	■	■	■	■	
氦比重法	■	■					
热孔隙分析	■	■	■				
核磁共振	■	■	■	■	■		
小角度散射	■	■	■				
光学显微镜				■	■	■	■
电子显微镜		■	■	■	■	■	

6.2.2 裂隙结构

裂隙在水泥基材料中广泛存在，主要原因有两个方面：① 由于水泥硬化过程中的温度升高和体积减缩，在材料变形受限的情况下使材料脆性开裂；② 水泥基材料在服役过程中受到荷载作用，在拉应力作用下脆性开裂。由于服役水泥基材料很难避免以上两因素的作用，因此存在裂隙是水泥基材料在服役期间的常态。裂隙结构的形态观测和表征是进一步确定服役状态下水泥基材料的各种耐久性能的研究基础。

水泥基材料的裂隙属于孔隙材料裂隙问题的范畴[103]。裂隙的存在使材料从连续介质转化为非连续介质，相应的，材料的宏观力学性能和传输性能会因之而改变。裂隙对力学特性和传输性能的影响程度由裂隙本身的结构和形态决定，而且力学和传输性能分别对裂缝形态的不同方面敏感：力学性能受裂缝开裂面的相对摩擦和裂缝尖端开展规律影响较大，传输性能与裂隙本身的网络连通性以及基体材料的自有孔隙结构的连通性有较大联系。

这里的重点在于物质交换相关的传输性能，因此裂隙本身的网络连通性以及和基体材料本身孔隙结构的连通性是裂隙结构表征的中心问题。广义来讲，水泥石中的裂隙可以被作为材料中不同于基体孔隙结构的第二套孔隙结构，这种研究方法被称为双孔隙体系（dual porosity system）[104]，主要用于预测裂隙材料的宏观传输性能。但需要注意，裂隙结构在诸多方面并不与基体孔隙结构相同：裂隙结构的形成和连通与其开裂过程密切相关。裂隙形态的界定分为单条裂隙形态的描述和裂隙群组形态的描述。单条裂隙的形态包括裂隙张开宽度、裂隙表面的粗糙程度以及裂隙表面的物理化学特性；裂隙群组的形态包括裂隙分布的密度（distribution density）、裂隙分布的方向性（orientation）和裂隙之间的连通性（connectivity）[105]。对裂隙结构描述的详尽程度和所期望得到的宏观特性有密切关系：力学性能主要与裂隙的密度有关而传输性能（水分和气体）则和裂隙的分布密度、连通程度以及裂隙表面的物理化学性质均有关系。

由于人们对地质层中水体和污染物的迁移问题的关注，岩石材料的裂隙研究相对开展较早，已有的研究基本上覆盖了单条裂隙的形态与作用[106]、裂缝群组的关联度[107]以及相应的数值模拟[108]和现场试验[103,第5章]；但是真正实现裂隙形态的真实模拟还有一定距离。对于水泥基材料，相关的定量研究主要使用了显微观测（光学显微镜或电子显微镜）抛光裂隙材料表面，对生成的影像进行数字化分析，识别其中的裂隙分布，进行二维的裂隙形态的分析[109]。图6.8 示意了二维裂隙形态研究的基本研究过程[110]。最新的定量研究定义了二维裂隙群组之间连通性的数学描述方法：利用裂隙的长开比来界定其伸长度（elongation），利用 Ferret 直径外界圆面积和实际面积比界定其几何形状，并对高性能混凝土在拉应力作用下的裂纹进行了形态分析[111]。真实的三维裂隙结构的模拟由于其数据需求量大，而且多数为根据二维裂隙信息和指定裂纹密度生成的三维裂隙，其代表性尚需进一步验证[110]。

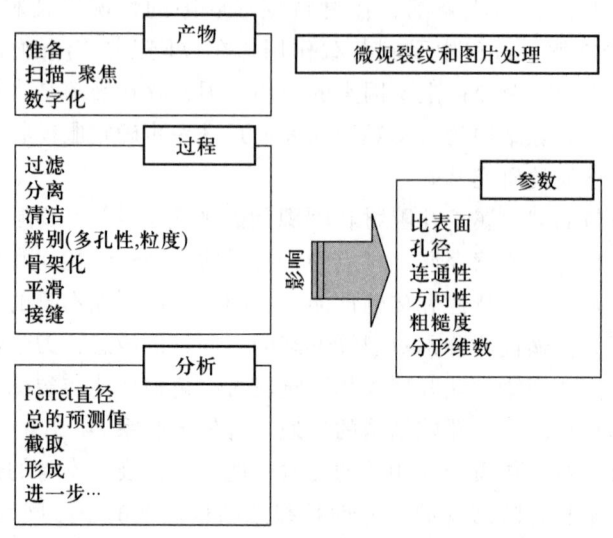

图 6.8　水泥基材料二维裂隙形态研究的基本内容[110]

6.2.3　传输性能和孔隙结构的关系

水泥基材料长期性能的演变与孔隙材料和外界的物质与能量交换有密切关系。外界物质通过孔隙结构进入材料内部实现与材料的物质交换[112]。通常意义上，与其相关的物质传输(mass transfer)过程包括气体和液体(流体)的渗透及孔隙水(溶液)介质的离子传输过程。

上述的传输过程与材料的孔隙结构有密切关系。气体的渗透过程与孔隙结构中的连通孔隙率(相对于气体不能穿过的更小孔隙而言)、孔隙的含水率以及孔隙壁对气体的吸附作用相关[113]。液体的渗透中最常被作为研究对象的是水，水泥基材料对液态水的渗透系数一直是界定材料密实程度的主要参数之一。水的传输在水泥基孔隙材料内较为复杂：在有一定含水量的孔隙结构中，水可以在压力梯度作用下以液态流动方式进行，可以以毛细吸水方式进入孔隙内部，同时与孔隙液相平衡的水蒸气可以在蒸气压力差的驱动下进行扩散，同时这些传输过程都和孔隙含水量有密切关系[113]，因此完备的水分传输应该包括上述的物理过程。也有研究使用统一的传输方程来表达上述过程的综合作用[114]，并利用毛细孔压力和含水量的关系以及相对湿度的定义将上述传输过程的基本变量－孔隙含水量转化为相对湿度[115]。水分传输过程包括一些与孔隙结构密切相关的基本物理量：孔隙材料对水蒸气的等温吸附曲线（即含水量与其平衡相对湿度的关系）、气体在材料中的扩散系数、液态水在材料中的渗透系数[116,117]。外界离子可以通过孔隙溶液以浓度差为动力向孔隙材料内部扩散，也可以由溶液本身携带通过渗流传输到材料内部。同时，离子在迁移中可能还和孔隙壁的组成物质进行物理或化学反应，因此离子传输的完备描述需要包括以上过程。以氯离子为例，其传输流量就需要包括扩散流量、渗透流量和孔隙壁吸附过程[118]。对于离子传输而言，孔隙结构的影响反映在孔隙溶液的渗透系数、氯离子扩散系数和孔隙对氯离子的结合方面。表6.3汇总了孔隙结构对应上述主要传输过程的表征物理量。

表6.3 孔隙结构对传输过程的影响

传输物质	传输（迁移）机理	孔隙结构表征
气体	渗透	气体渗透系数
	扩散	气体扩散系数
液体（水）	渗透	液体（水）渗透系数
离子	扩散	离子扩散系数

6.2.4 宏观传输性能的测试方法

水泥基材料的宏观传输性能已经有相对标准的测试方法。对于气体的渗透系数，标准的实验方法有CemBureau方法[119]，即对试样施加恒定气压，通过测定气体通过量来推算气体的渗透系数，也有实验方法通过施加变压力过程来推算渗透系数[120]。通常水泥基材料（$w/c = 0.4$）在干燥状态下的渗透系数为$10^{-15} \sim 10^{-18}$ m^{2}[121]。不过随着材料密实程度的不断提高，达到稳态流动需要的外界气压越来越高（高于CemBureau标准压力，约700 kPa），在高压力下如何避免试件的力学损伤是测试的难点之一。

对于液体的渗透性的测试方法有直接渗透和间接测量两类方法：直接渗透是利用压力差驱动液体穿过水泥基材料试件，通过测量稳态流量来推算液体的渗透系数[122]；对于密实性较高的水泥基材料，实现稳态流动需要的压力过高而无法进行直接渗透测量，可以使用电测饱和试件方法利用孔隙材料的导电性能来推定其渗透性[123]。

对于离子的传输性能的测试方法与渗透性相同，也分为直接测试和间接测试两类方法：直接测试是在实验室造成材料内外的离子浓度差，使离子进入（穿过）试件（通常厚度较小），在上游和下游浓度达到稳态后推算扩散系数[124]；同样对于较为致密的水泥基材料需要借助外加电场加速离子迁移[125,126]，或者直接测量电学参数来推断其离子扩散性[127,128]。需要注意，对于掺有金属纤维的水泥基材料，金属纤维的存在会在很大程度上改变材料的导电特性，因此基于电测的间接测试方法的应用受到限制。

6.3 侵蚀性介质在水泥基材料中的传输机制及其影响

6.3.1 水泥基材料浆体对有害离子的固化作用及其稳定性研究

1. 概述

钢筋混凝土是目前应用最广泛的建筑结构材料。但是，由于对混凝土耐久性认识不足，使得国内外大量的混凝土结构过早破坏，造成了巨大的经济损失[129]。氯盐是导致混凝土中钢筋锈蚀的主要因素之一[130,131]。氯盐中的氯离子到达钢筋表面，吸附于局部钝化膜时，氯离子的局部酸化作用使得钢筋钝化膜破坏，形成"腐蚀电池"。氯离子的阳极去极化作用、导电作用加速了钢筋的电化学腐蚀作用[132]。在混凝土中的氯离子有两种存在形式：一是混凝土孔溶液中游离（自由）的氯离子；二是被水泥组分或水化产物结合（固化）的氯离子，它在混凝土孔溶液中无法自由移动。只有溶解在混凝土孔溶液中的氯离子（自由氯离子）对钢筋的腐蚀起作用，被混凝土结合的氯离子（固化氯离子）不会引起钢筋的锈蚀。混凝土固化氯离子的性能对港工混凝土和除冰盐环境下的钢筋混凝土寿命预测具有重要的意义，它首先降低了钢筋表面的自由氯离子浓度，减小了钢筋腐蚀的风险；其次降低了自由氯离子流量，减弱了氯离子的渗透速率；最后由于Friedel盐（简称F盐）的形成堵塞了混凝土中的孔隙，降低了氯离子的传输速率[133]。因此，研究混凝土中氯离子的传输与混凝土的寿命预测必须考虑混凝土对氯离子的固化作用。

水泥基材料对氯离子的固化十分复杂，影响因素众多，本节主要从固化能力测试方法、固化影响因素和固化机理方面对国内外文献进行综述。

2. 固化能力测试方法

目前，测试水泥基材料固化氯离子能力的方法主要有压滤法、平衡法和滤取法。Haque和Kayyali等[134]对比了测试氯离子的压滤法和滤取法，他们认为压滤法能代表混凝土孔溶液氯离子和氢氧根离子的浓度。Glass等[135]也比较了测试氯离子含量的压滤法和滤取法，他们认为在压力作用下由于松散结合的氯离子释放引起压滤法获得的自由氯离子含量偏高，而滤取法得到的总氯离子含量偏低，同时超声波处理也能引起松散结合的氯离子释放，所以限制了它的使用。管学茂等[136]比较了测试固化氯离子的三种方法——压滤法、滤取法和平衡法，认为滤取法是最适合作为测定氯离子含量的方法。Luo 等[137]采用平衡法和滤取法测定了磨细矿渣净浆和砂浆结合外渗氯离子的性能，认为磨细矿渣能增强净浆和砂浆结合氯离子的能力，硫酸根离子能降低其结合氯离子的能力，同时外加剂会减弱净浆和砂浆对氯离子的物理吸附能力。Yu 等[138]用核磁共振方法研究了水泥的水化物对氯离子的吸附。Castellote 等[139]用蒸发水量法测定了混凝土试样中的自由氯离子含量，并与孔溶液压滤法进行了比较，认为蒸发水量法可以快速测定自由氯离子含量且误差较小。

3. 水泥基材料固化有害离子的影响因素

1）水泥类型的影响

Suryavanshi 等[140]研究了含 C_3A 1.41% 的抗硫酸盐水泥和含 C_3A 11.2% 的普通硅酸盐水泥对氯离子固化的影响。研究发现，抗硫酸盐水泥具有一定的固化能力，作者认为这是由于氯盐与 C_4AF 生成了类 F 盐的化合物，并用 XRD 和 DSC 证实了他们的结论。Delagrave 等[141]用 C_3A 含量分别为 7.4% 和 1.8% 的 ASTM Ⅰ 和 Ⅴ 型水泥研究了对氯离子的固化，发现水泥水化程度为 67%~68% 时，结合氯离子与自由氯离子的关系符合 Langmuir 等温吸附曲线，同时氯离子的固化量是由浆体中的 C-S-H gel 量所决定。Zibara[142]研究了 C_3A、C_4AF、C_3S、C_2S 单矿各自对氯离子的固化。作者发现 C_3A 对氯离子的固化起着至关重要的作用，特别在氯离子浓度高时起着决定性的作用，但在低浓度时它的作用不明显。C_4AF 的固化能力是 C_3A 的 1/3，C_3S 对氯离子的固化贡献在 25%~50% 的范围以内。Mohammed 等[143]用普通硅酸盐水泥、高早强水泥、中热水泥、铝酸盐水泥、A 类矿渣水泥、B 类矿渣水泥和 B 类粉煤灰水泥研究了混凝土对氯离子的固化作用，研究发现铝酸盐水泥具有较高的氯离子固化能力，随着矿渣取代水泥的量增加，混凝土固化氯离子的能力下降。Nielsen 等[144]运用 C_3A 含量为 4% 和 12% 的白水泥和 C_3A 含量为 7% 的普通硅酸盐水泥，从相平衡角度研究了不同水泥对氯离子的固化，同时建立了固化的热力学模型。

2）矿物掺合料的影响

Arya 等[145]研究了用 65% 的 GGBS、35% 的 FA、10% 的 SF 等量取代水泥的固化氯离子能力的试验。结果发现掺 65% GGBS 的浆体固化量最大，掺 10% SF 的浆体固化量最小而且小于纯水泥浆体。Haque 等[134]用内掺法研究了不同氯离子浓度下掺粉煤灰浆体的氯离子固化能力，发现粉煤灰的加入提高了氯离子的固化量，同时指出高效减水剂的加入降低了氯离子的固化量。Dhir 等[146]研究了在 GGBS 的不同掺量下水泥浆对氯离子固化的影响，结果表明随着 GGBS 掺量的增加氯离子的固化量加大。余红发等[147]研究了矿渣掺量对混凝土氯离子固化能力的影响，结果发现掺加矿渣并没有改变混凝土对氯离子的等温吸附规律，且随着矿渣掺量的增加，混凝土对氯离子的结合能力先增大后减小。

3) 氯离子浓度的影响

侵蚀溶液中氯离子浓度可能是混凝土对氯离子固化的主要因素之一。Dhir等[148]研究了不同氯离子浓度下的固化性能，结果发现随着侵蚀溶液中氯离子浓度的增加，混凝土孔隙溶液中的氯离子浓度增加，固化氯离子的量也随之增加。但同一水泥浆体固化氯离子的量存在一个最大值，作者认为这是由于高浓度的氯离子增大了结合的机会。Dhir等[148]研究了在侵蚀溶液不同氯离子浓度下混凝土对氯离子固化的影响，结果表明，随着氯离子浓度的增加，混凝土固化氯离子的量加大。

4) 氢氧根浓度的影响

Hussain等[149]研究了混凝土孔溶液 pH 对固化氯离子性能的影响。当 pH 从 13.72 上升到 13.88 时，孔溶液中的自由氯离子浓度几乎增加一倍。Delagrave等[141]研究了浸泡液的 pH 从 12.55 上升到 13 时固化氯离子的量，固化量随着 OH^- 浓度的增加而减小。Sandberg[150]通过现场试验研究了氯离子固化与孔隙中 OH^- 浓度变化的关系，结果发现氯离子渗入混凝土的速率与 OH^- 溶出的速率一致，随着孔隙中 OH^- 浓度的下降，固化氯离子的量上升，固化氯离子的速率与传输速率取决于孔隙中能自由移动的 OH^- 浓度。Reddy等[151]通过普通硅酸盐水泥、铝酸盐水泥和抗硫酸盐水泥研究了 pH 对固化氯离子的影响，结果表明随着 pH 下降，结合的氯离子会释放出来。Saikia等[152]研究了不同氯离子掺量的情况下，偏高岭土即石灰浆体形成 F 盐的机理。

5) 硫酸根离子的影响

Wowra等[153]测定了硫酸根离子浓度对固化氯离子性能的影响，发现随着硫酸根离子浓度的增加，水泥浆体固化氯离子的量减小。Xu[79]研究了水泥浸泡液中硫酸根离子浓度为 2% 和 9% 的 Na_2SO_4、$CaSO_4$ 时对氯离子的固化，结果表明随着硫酸根浓度的增加，固化氯离子的能力快速下降，同时与 Na_2SO_4 相比，同一浓度下 $CaSO_4$ 能固化更多的氯离子，作者认为这主要由于 Na_2SO_4 能引起孔溶液中的 OH^- 值上升。Brown等[154]研究了混凝土受 NaCl、$MgSO_4$ 和 Na_2SO_4 侵蚀时对氯离子和硫酸根离子的固化情况，研究发现在混凝土试样的顶部和底部形成了钙矾石，在中间部位形成了钙矾石和 F 盐，作者认为中间部位 F 盐的形成是由于氯离子的渗透速率比硫酸根离子高的缘故。Dehwah等[155]用不同的硫酸盐溶液研究了硫酸根离子对氯离子固化的影响，结果表明 Na_2SO_4 加 NaCl 能使混凝土孔隙溶液中的 pH 上升，从而使得氯离子的固化量减小，而 $MgSO_4$ 加 NaCl 对孔隙液中的 pH 没有影响。

6)氯盐阳离子类型的影响

Delagrave 等[141]指出与 NaCl 相比,浸泡液为 $CaCl_2$ 时混凝土能固化更多的氯离子,作者认为强碱性的金属阳离子能显著影响氯铝酸盐的溶解度,使氯离子从吸附状态解吸。同时,硬化水泥浆体的 Na^+ 比 Ca^{2+} 和 Mg^{2+} 更能引起混凝土孔隙液中的 pH 上升,OH^- 取代氯离子被混凝土固化。Wowra 等[153]认为 C-S-H gel 对钙离子吸附,为了补偿电荷平衡,双电子层上固化的氯离子浓度增加。Pruckner 等[156]从混凝土电阻的角度研究 NaCl 和 $CaCl_2$ 对混凝土固化氯离子性能的影响,结果发现 $CaCl_2$ 能引起混凝土中 F 盐的生成量增加。

7)温度的影响

Larsson[157]发现随着温度的上升氯离子的固化量减小,作者认为随着温度的上升,物质的分子运动加速,使得氯离子的物理吸附解吸,同时随着温度的上升 F 盐的溶解度增加,两者的共同作用导致固化氯离子的量减小。Zibara[142]发现在氯离子侵蚀溶液的浓度为 1 mol/L 以下,随着温度的上升固化氯离子的量减小,但在高浓度时随着温度的上升固化氯离子的量增加。

8)碳化的影响

Suryavanshi 等[158]研究了碳化对氯离子固化的影响。在碳化作用下,水泥水化产物表面覆盖一层 $CaCO_3$、硅胶和铝胶,同时系统的 pH 下降。由于 C-S-H gel 的分解和孔隙率降低,能减少氯离子的物理吸附,pH 下降能增加 F 盐的溶解度,使得氯离子的化学固化量降低。金祖权等[159]研究碳化对混凝土中氯离子扩散的影响,混凝土与净浆试样快速碳化 0 天、14 天、28 天后浸泡到 3.5% 的 NaCl 溶液中 650 天,结果发现混凝土中的氯离子扩散系数增大,混凝土对氯离子的结合能力下降,且随着碳化时间的增加,变化幅度变大。

4. 固化机理的研究

化学固化的反应机理目前仍不太清楚,人们只知道水泥中的 C_3A 相可与氯离子反应生成氯铝酸钙盐水化物($C_3A \cdot CaCl_2 \cdot 10H_2O$),通常又将这种物质称为 Friedel 盐。另有学者认为[160],C_4AF 与氯离子之间也有类似的反应,生成氯铁酸钙盐($C_3F \cdot CaCl_2 \cdot 10H_2O$),与 Friedel 盐的结构类似。但以上两种反应在氯离子固化中的重要性仍不清楚,某些文献报道了在内掺(指在拌合时即加入氯离子)与外部渗入(指水泥基材料硬化后氯离子从外界渗透扩散浸入)氯离子的实验中,最终均发现了 Friedel 盐。罗睿等[161]认为反应物应是硅酸盐水泥中的 C_3A 相,但是如果有硫酸盐存在,硫酸根会与氯离子争夺 C_3A 相,并与之发生反应,在这一竞争中,硫酸根更具有优势,也就是说,在有氯离子存在的水化反应中,先是 C_3A 与硫酸盐生成钙矾石(AFt),硫酸盐消耗完毕后,才有 Friedel 盐的生成,而在氯离子消耗尽后,钙矾石又继续与 C_3A 或 C_4AF 反应生成单硫铝酸盐类水化物(AFm)。

但在无内掺氯离子的条件下,外部氯离子首先要渗透进入硬化浆体,此时 C_3A 已经水化完毕了。Manera[162]发现在这种条件下,AFt 与 AFm 相仍保持稳定,仅有未水化的 C_3A 相与渗透进入的氯离子反应。但是 Glasser[163]报道了水化了的 C_3A 相也可与氯离子反应生成 Friedel 盐。Brown 等[164]从相平衡角度讨论了 F 盐与其他氯的化合物之间的共溶问题,从而提出混凝土中 F 盐的稳定机理。

Jones 等[165]提出了 Friedel 盐的形成机理。机理一——离子交换机理,AFm-OH 通过离子交换转化成 Friedel 盐,对于氯化钠,由于氯离子进入 AFm 结构,在混凝土的液相中 Na^+ 的浓度增大,为了补偿电荷平衡,OH^- 从 AFm-OH 释放出来,即 $[Cl^-]_{固化}=[OH^-]_{释放}$。机理二——吸附机理,Friedel 盐由两个 $[Ca_2Al(OH)_6 2H_2O]^+$ 结构层组成,氯离子被吸附进入结构层,平衡其电荷,Na^+ 则离开孔溶液被吸附到固相中,它可能被 C-S-H 凝胶吸附。

Suryavanshi 等[166]则研究了内掺氯离子条件下氯离子的固化,据他们分析,离子交换作用下固化的氯离子仅是总固化量中的一小部分,Friedel 盐主要是在有内掺氯离子条件下的水化过程中生成的,仅有很少一部分是在水化之后通过氯离子与 AFm-OH 结构发生离子交换而生成的。

氯离子的物理固化主要是指水泥基材料对氯离子的物理吸附作用,如 C-S-H 凝胶表面吸附氯离子,由于水泥基材料中 C-S-H 凝胶的量远大于 C-A-H,所以物理固化占很大的比重,有研究报道 C-S-H 中的 Ca/Si 的在 1.5 时,它吸附氯离子的能力最大[167],也有报道,随 Ca/Si 的增大吸附氯离子的能力增大[168]。不过遗憾的是,至今有关氯离子的物理固化或吸附的相关机理研究同样是不很完整的。近来的研究多集中在利用双电层理论来解释氯离子在 C-S-H 凝胶表面被固化的现象。Larsen[169]解释道,水化物因吸附了溶液中的阳离子(如 Ca^{2+}、Na^+ 等)而带正电,并使带负电的氯离子被吸附在其上。双电层的电位与所吸附阳离子的价数、温度和孔溶液中的氯离子浓度均有关系,特别是氯离子浓度,具有决定性的影响。

此外,Diamond[170]报道了其他形式的氯离子与 C-S-H 凝胶的固化情况,通过观察背散射电子的 SEM 图像,发现有氯离子存在于 C-S-H 结构内部。他解释道,内掺氯离子条件下,某些氯离子可以进入 C-S-H 结构的内部。Ramachandran 则通过研究 $CaCl_2$ 与 C_3S 水化物的作用机理,成功区分了三种不同反应类型,根据作者的论述,氯离子可以存在于 C-S-H 的化学吸附层上,渗透进入 C-S-H 层间孔隙,还可被紧紧固化在 C-S-H 微晶点阵中。

6.3.2 水泥基材料混沌分形特征与耐久性

本小节从水泥基材料科学的角度,对水泥基组成材料的复杂性、应用环境的广泛性、宏观微观结构的特殊性进行分析，阐述水泥基材料混沌分形特征的测试评价的重要性，介绍国内外研究现状及目前获得的一些重要结论，对目前亟待解决的问题及今后的发展方向进行探讨，尤其是对混沌分形特征与耐久性进行重点描述，认为将混沌分形理论与水泥基材料科学与工程技术有效结合，描述微观、细观尺度下的精细结构与宏观层次下的力学行为和耐久性以及自相似特征是有效的。提出混沌分形特征研究重点在于科学合理的测试与评价，如粉体材料的自相似特征、新拌混凝土凝结硬化过程的混沌特征、结构形成与结构破坏时间序列混沌特征的表征、重整化群分析分形多孔材料的渗流理论、多重因素作用下损伤过程及损伤前后混沌分形参数的测试评价等。前期的部分研究结果表明，水泥基材料混沌分形理论可以作为继材料科学、细观力学、断裂力学、水泥化学、流变学等之后，构成混凝土材料科学研究的一个新的分支，有利于科学、合理地评价混凝土材料的复杂性，在水泥基材料混沌动力学特征和孔结构与渗流特征方面有较大的研究空间。

1. 概述

混凝土材料是当今世界用途最广、用量最大的材料之一[171]。随着21世纪混凝土工程的大型化、巨型化、工程环境的超复杂化以及应用领域的不断扩大，人们对混凝土材料提出了更高的要求[172]。

材料科学与工程研究的核心内容是材料组成、结构、生产过程、材料性能与使用效能以及它们之间的关系[173]。近年来，随着水泥基材料科学与工程研究的不断深入，人们赋予该材料以更高的期望，与此同时，水泥基材料的复杂性引起人们的更高的关注。其主要表现在：

（1）组成材料更为复杂。各种混凝土外加剂、复合掺合料、聚合物、可分散胶粉、纤维增强材料的加入可以使它们重新组合排列，构成其组分的高度复杂。

（2）使用部位更加广泛。海底隧道、磁悬浮铁路、北极和南极严寒地区、防辐射工程、军事工程、超低温工程、跨海大桥、智能混凝土结构等，对水泥基材料除提出高性能外，还附加了高功能的技术要求。

（3）宏观及微观结构的特殊性。纳米级材料、高性能和高功能改性材料的加入，特殊环境下，在多重因素和效应的共同作用下，使其微观结构和宏观性能之间的关系更为复杂。

因此，水泥基材料科学与工程的研究必须借助于各学科最新研究成果的交叉来不断完善自身。水泥基材料混沌分形理论可以作为继材料科学、细观力学、断裂力学、水泥化学、流变学等之后，构成水泥基材料科学研究的一个新的分支。

不同的胶凝材料构成了品种繁多的混凝土，胶凝材料可以是有机的，也可以是无机的；可以是气硬性的胶凝材料，也可以是水硬性的胶凝材料，组成材料有惰性的，也有活性的，几何尺寸、颗粒级配、分布均匀程度也使硬化后的混凝土结构更为复杂。

硬化后的混凝土材料是具有复杂结构的非均质、多相（气相、液相、固相）和多层次（微观、细观、宏观）的复合材料体系，其宏观物理力学行为所表现的不规则性、不确定性、模糊性、非线性等特征，正是其微观结构复杂性的反映，其宏观堆聚、微观多孔等结构特征与其力学行为和耐久性有着密切的联系。

Mehta 在第八届国际水泥化学会议上提出改变研究方法的倡议。迄今为止，胶凝材料科学都是采用先进的分析仪器对材料微观结构进行分析，从局部的结构特征来推测作用机理与解释整体性质，这种方法是以"无数个局部的简单加和就是整体"的假设为前提的。实际上，理论上过多的简化与特定试验条件的影响，使所研究的局部很难代表整体中的局部，而众多的小局部可能以复杂的组合方式影响整体的性质，这样，通过局部的研究来外推整体就难免出现谬误[174]。因而，用混沌分形科学分析评价混凝土材料一系列特征，研究材料的组成、结构与破坏机制，描述微观尺度下的精细结构、细观层次下的力学行为及宏观领域表现的自相似特征是十分有效的。

2. 混沌分形理论的产生与发展

当代自然科学的重大问题包括五个方面：① 揭示物质结构之谜；② 宇宙的起源和演化；③ 地球起源、演化与地球系统科学；④ 生命与智力起源；⑤ 非线性科学和复杂性研究。前四个方面都涉及由大量粒子组成的复杂系统的演变规律。这表明无论是宇宙还是生命，物质世界都经历着从无组织的混乱状态向不同程度有组织状态的演变，实现着从"无序"到"有序"、从"简单"到"复杂"的各种过程。如何从总体上认识自然界发生的这些复杂现象并找出其基本规律，构成了正在兴起的跨学科的第五方面的研究领域即非线性科学和复杂性研究的基本内容[175]。

20世纪70年代以来，当代自然科学前沿出现了一大批像"混沌理论"（Chaotic Theory）、"分形理论"、"耗散结构理论"（Dissipative Structure Theory）、"突变理论"（Morphogensis）、"协同论"（Synergetics）、"超循环论"（Hypercycle Theory）等，在这些新兴学科中，混沌动力学与分形几何学是非线性科学的重要组成部分，也是非线性科学中最富有生命力的研究领域之一[176]。

混沌是非线性系统所独有且广泛存在于自然界的一种非周期运动形式，它比有序更为普遍。混沌理论几乎涉及自然科学和社会科学的每一个分支。混沌理论可以追溯到20世纪初 Poincare 的工作。但一般认为混沌研究的起点是

1963年美国气象学家Lorenz[177]的研究论文"决定性的非周期流"。Ruelle和Takens[178]创造了"奇怪吸引子"一词。1975年，美籍华人学者李天岩和美国数学家Yorke提出了著名的Li-Yorke定理，首次应用"混沌"(chaos)这个名词。Feigenbaum发现了倍周期分叉过程中分叉间距的几何收敛率是个常数，即著名的Feigenbaum常数，除此之外，Feigenbaum还将相变理论中的普适性、标度性和重整化群方法引入混沌理论研究，建立了描述一维映射混沌现象的普适理论，给出了标度变换的方法，从而描述了一条走向混沌的道路，把混沌学的研究从定性分析推进到定量计算阶段[179,180]。20世纪80年代，Takens[181]、Packard和Farmer等[182]根据Whitney拓扑嵌入定理提出重构动力学轨道相空间的延迟法。Grassberger等[183]首次运用相空间重构法，从实验数据时间序列计算分维数、Lyapunov指数和Kolmogorov熵等混沌特征量，使得混沌理论进入实际应用阶段。

在经典的欧氏几何中，可以用直线、圆锥、球等这类规则的形状去描述车轮、墙体、建筑物等人造物体。然而，在自然界中存在着许许多多极其复杂的形状，变幻莫测的云彩、雄浑壮阔的地貌、回转曲折的海岸线、动物的神经网络、不断分叉的树枝、烧结过程中形成的各种尺寸的聚积团等，在自然界这些真实事物面前，传统几何学显得束手无策。分形几何学可称为精细描述这些规律的有效工具。

分形几何学起源于20世纪60年代对"大不列颠海岸线有多长"问题的质疑。创始人美籍法国数学家Mandelbrot将研究的注意力集中到Richardson的关于"大不列颠海岸线有多长"的早期工作中。Richardson指出，当用无穷小的码尺去测量海岸线的长度时，会得出海岸线无穷长的令人困惑的结论。而Mandelbrot把这一结论与周长为无限的结构联系起来。他经过细致的研究和科学的抽象，发现了局部形态与整体形态相似这一重要性质，即自相似性(Self-similarity)。1967年在《科学》杂志发表了研究论文"英国海岸线有多长"，该论文在学术界引起震惊[184]。1973年Mandelbrot在法兰西学院讲学期间，首次提出分形几何学思想。1975年在撰写专著过程中创造了"分形"(fractal)一词。1977年他出版了分形学的奠基性著作《分形：形、机遇和维数》(Fractals：Form，Chance and Dimension)[185]。1982年他因出版了开创性著作《自然界的分形几何》(The Fractal Geometry of Nature)[186]而获得Branard奖章，成为美国科学院院士。他在计算机上构造的M集被认为是"至今看到的最为复杂的科学研究对象之一"，引起了世界科学界的震惊和广泛的讨论。从此，分形几何学迅速发展成为一门新兴的数学分支。近年来，分形学已跳出了数学的范围，而深入到物理、化学、生物、医学、材料科学、地质、工程技术、气象预报、石油勘探、流体力学以及断裂等各个领域，已经成为科学界研究的热点课题。

3. 水泥基材料分形理论的研究概况

1) 分形特征与材料的力学行为

自 1984 年 Mandelbrot 等[187]首次应用分形定量分析金属材料断裂表面特征以来,国内外学者进行了大量的研究和探索。谢和平(1987—1997)[188]、Pande(1987)、Mecholsky 和 Machin(1988)、Cahn(1989)、Chen 和 Runt(1989)、Peng 和 Tian(1990)、Saouma(1990)等[189]、Molosov 和 Borodich(1992)[190]、Borodich(1992)[191]、Lange(1993)等[192]、Saouma 和 Barton(1994)[193]分别研究了不同材料断裂表面的分形特征以及表面分维与能量耗散和断裂韧性之间的关系。其中,Lange 研究水泥净浆和砂浆断裂面,Saouma 等研究的是混凝土断裂面。同济大学的吴科如教授、严安博士用激光法测试计算了混凝土断裂面的分形维数[194,195]。Feodor 研究了断裂力学中的分形和分形标度[196];Carpinteri 和 Brunetto 等用分形理论研究了混凝土和岩石断裂中的尺寸效应(1994,1999)[197-199];Czarnecki 研究了聚合物混凝土断裂表面的分形特征,证明了聚合物混凝土断裂表面的分形几何学特征依赖于能观测的标度(2001)[200]。

董毓利、谢和平研究了混凝土受压损伤过程中的微裂缝演化的分形描述,建立了损伤因子与分形维数的关系;研究了循环受压混凝土全过程声发射 b 值与分形维数的关系。康光宗(1999)研究了混凝土结构裂缝宽度尺寸效应的分形行为,证实了混凝土结构的裂缝宽度有明显的尺寸依赖性,提出了裂缝分布呈分形分布;周克容(1996)研究了立方体和轴心抗压强度尺寸效应中的分形特征,发现对受压破坏立方体试件和轴心抗压试件,其表面裂缝图形用盒计数方法测得的分维对其定量描述比较适宜。此外,周瑞忠(1995,1997)研究了混凝土结构裂缝尖端应力场奇异性的分形力学意义;倪玉山(1997)分析了混凝土细观结构断裂的分形,模拟了混凝土材料的内部结构分布,并将分形分析与有限元网格结合,分析了混凝土的细观断裂行为;王铁成(1997)研究了混凝土结构状态及其扩展的分形行为,并进行了解析。作者(2003)采用高强石膏快速复型的方法,短时间内提取三维形貌的断裂表面,便于高精度分割和无破损测试,避免了小岛法加工难度大、破损式测试失误无法弥补的缺点,也避免了激光法盲区对重构断面精度的影响[201]。周克荣等研究了立方体和轴心抗压强度尺寸效应中的分形特征(1996)。

2) 集料的分形特征

著名混凝土学家 Diamond(1999)分析了混凝土断面集料的分形特征,同时,提出水泥基材料的放射状结晶具有分形特征[202];Chang、Kwan(2006)等研究了不同骨料尺寸与荷载状态下的混凝土分形断裂模型与应用。研究表明分形维数 D 随着骨料最大粒径的增大单调增加。混凝土断裂表面表现出分形特征，考虑骨料尺寸和形状，在相界面断裂路径的一种新分形断裂模型被应用[203]。李国强和邓学军(1995)研究了级配骨料的分形效应。作者(1996)在"关于混凝土骨料的分形问题"论文中对该模型提出了采用填充方式构建模型的改进建议。在探讨混凝土材料拓扑学特征与分形特征论文中，讨论了集料粒形问题。王谦源等也进行了砂的粒级(1994)、碎石集料(1997)的分形特征的研究，但提出了分形维数大于3的与分形集合理论相悖的结论。

3) 混凝土显微结构与孔隙分形特征

孔结构是混凝土材料科学中细观层次研究的重要课题，众多研究表明，混凝土的孔结构特征强烈地影响着混凝土材料的抗渗性、气密性、抗冻性、抗腐蚀性等物理特性和强度、刚度、韧性等力学性质。1980年在第七届国际水泥化学会议上，Wittman 提出了孔隙学的概念。从此，水泥混凝土材料科学研究中，孔特征或孔结构的理论研究成为热点。孔结构研究主要包括孔隙率(porosity)、孔径分布(poresizedistribution)和孔几何学(poregeometry)。目前孔隙率、孔型、孔径分布、孔的状态及其测试与评价已成为混凝土材料科学研究的重要内容。在国际上许多混凝土专家甚至把孔作为水泥石中的一个重要的组分。

20世纪90年代，国际上将混凝土的孔隙模型由过去的等大、平直、圆柱的假设修正为带有 koch 曲线特征的模型，并进行了测试评价；Diamond 在重温混凝土多孔形貌论文中指出，在扫描电子显微镜下观测混凝土的孔形貌与孔分布，从水化机理分析大孔由空心壳体(哈德雷壳体)形成，从分形描述来看，混凝土中大孔的边界曲线是自然的分形曲线，在自相似的界限范围内，一定分形维数描述的孔特征几乎是恒定的，不再受龄期、水灰比或其他变量的影响。Livingston[204]建立了硅酸三钙水化的分形晶核生长模型。

谢和平等(1993)研究了岩土介质的分形孔隙和分形粒子；方峻(1994)介绍了分形学在无机非金属材料显微结构研究中的应用；南策文(1999)研究了分相玻璃的分形几何，并指出，小角散射是研究水泥石结构分形的有效方法。

李永鑫等(2004)研究了粉煤灰-水泥浆体的孔体积分形维数及其与孔结构和强度的关系，但得到的孔体积分形维数在3.300~3.455之间，大于空间维数3，显然与混沌分形理论是相悖的；韦江雄等(2007)进行了混凝土中孔结构的分形维数研究，但基于的海绵体模型，经3次迭代后，该模型的孔隙率将大于90%，不适用于混凝土孔隙特征。

作者用压汞测孔方法测试评价了混凝土孔隙的分形特征，用扫描电子显微镜分析计算了孔隙网断面的分形维数，分析了显微结构状态下的混凝土分形特征。用测度关系法评价水泥基材料孔隙 SEM 分形特征。

4) 粉体材料分形特征

在水泥基复合材料的原材料中,活性材料如水泥、硅灰、矿渣、粉煤灰、钢渣、沸石等都是粉体材料,粉体材料的工程性质与粉体的成分、结构密切相关。对于活性的胶凝材料来说,颗粒群的粒度分布在粉体的许多物性中是最重要的特性值,它常常决定着粉体的物理、力学和化学性质。

作者用激光粒度分布仪测试评价了超细粉煤灰、超细矿渣粉颗粒群的粒度分布分形维数,证明了颗粒群分形特征可以用于精细地评价超细粉体的细度和描述粉体颗粒群的复杂程度。测试评价了透射电子显微镜下纳米级 SiO_x 颗粒群的粒度分布、硅灰的分形维数、超细 SiO_x 颗粒群凝集体的分形维数。探索了超细粉煤灰分形维数与在硅酸盐水泥、硫铝酸盐水泥、铝酸盐水泥的活性之间的关系;评价了超细矿渣粉颗粒群的粒度分布分形维数与活性的关系。

5) 混凝土裂缝的分形特征

阿部忠行(1992)等[205]研究了铺装混凝土裂缝的分形解析。包腾飞等研究了混凝土裂缝开度混合预测模型(2005)。

作者(2006,2007)在新拌混凝土早期塑性裂缝研究中,研究了泵送混凝土早期随机塑性开裂特征及分形评价、组成材料对大流动性混凝土早期塑性开裂分形特征的影响;在混凝土材料宏观结构形貌的分形解析中(2004),进行了碱集料反应裂缝的分形解析和道路路面盐冻裂缝的分形解析。

6) 混凝土混沌特征的研究

Li、Wiggins(1997)[206]以混凝土为例应用常规理论描述 NLS 系统,认为在离散的 NLS 系统某一个数值试验向"混沌中心——飞跃"。

Idorn(2005)[207]提出,近年来,资深科学家开始警告在混凝土领域普通实验室试验不解答混凝土行为的可靠性模拟,此外,在国际研究杂志出现混凝土领域中微观和宏观分形的论文,其间,自然科学的进展随着混沌理论的传入,使复杂问题的研究成为可能,即自然界的非线性过程以及它们的视觉分形模式。

李国强和邓学钧(1996)进行了水泥混凝土微裂纹演化的混沌分析;于广明等(2004)评价了混凝土分形性及其单轴应力下裂纹演化的混沌效应;黄靓等(2006)进行了结构混凝土超声波层析成像的反演算法研究;黄政宇等(2008)研究了基于混沌模拟退火回火算法的结构混凝土超声层析成像。宋军伟等(2008)进行了应用 Lyapunov 指数研究混凝土阶段特征的稳定判据。

7) 综合分析评价

通过大量检索和分析国内外文献发现,虽然在混凝土材料混沌分形研究方面取得了一些进展,但还有明显的不足,有以下几个方面问题亟待解决:

(1) 许多研究仍停留在分形维数的一般求解,未在更深层面上与混凝土材料的结构形成和结构破坏全过程的规律、特点,乃至宏观上的物理力学性能、断裂行为建立起更密切的定量联系,尤其是没有与混凝土的耐久性建立起密切联系。

(2)从混沌动力学特征角度研究的内容不多,在水泥基材料混沌动力学特征和孔结构与渗流特征方面有较大的研究空间。

(3)在混凝土混沌分形特征的测试评价方面仍显薄弱,尤其是混凝土显微结构、界面分形特征、孔隙分形特征的测试,一直是影响分形理论在混凝土工程中普及的重要方面。

(4)在有效描述混凝土孔隙分形维数与混凝土渗透性关系方面的研究还很欠缺,尤其是混凝土分形孔隙中氯离子渗透特征与规律的探索比较薄弱,侵蚀性介质的传输、固化、离子扩散特征的描述更少。

(5)用分形生长理论研究水泥水化硬化过程中微结构的形成特征方面的研究也很少;在材料机理分析方面仍很薄弱,尤其是在恶劣环境中混凝土损伤特征的分形描述,如严寒地区中混凝土冻害特征、显微结构特征与宏观物理力学性能的联系、高腐蚀环境中混凝土材料的损伤特征的描述等;应结合严寒地区特征在更深层面上与混凝土材料的结构形成及结构破坏全过程的规律和特点,与混凝土的耐久性建立起密切联系。

4. 混沌分形理论与耐久性

1)水泥基材料孔隙特征的复杂性与耐久性影响因子的复杂性

水泥基材料内部的孔隙通常是不规则的,是无序分布、千奇百怪的,不像传统假设那样光滑、平直、等大、规则,其材料的孔形、面积、体积等在各个尺度上均表现出分形特征。图6.9为砂浆孔隙的扫描电子显微镜照片和断面孔隙轮廓的曲线,从照片中完全可以看出混凝土中孔隙的复杂性。

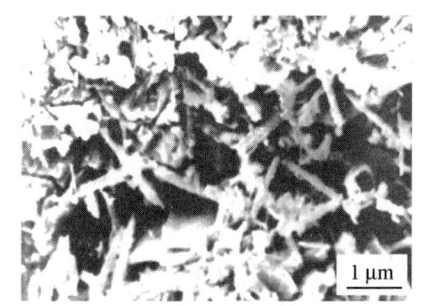 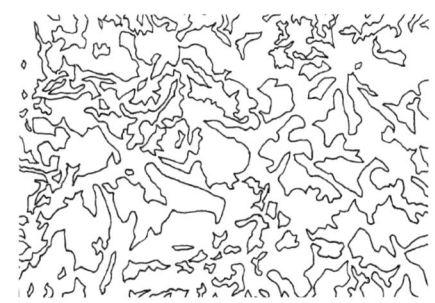

图 6.9　砂浆断面孔隙的 SEM 形貌及轮廓线

显微镜观测水泥基复合材料孔隙网络特征时,呈现出分叉特征、表面粗糙度、孔隙曲折度、孔径的分布等。压汞测孔过程中,加压梯度不合理,容易造成高压破坏孔壁,使测试结果偏离的问题,如测试软岩、黏土、煤炭空隙过程中,压力过高破坏结构,致使结果差异很大。用吸附过程中测试孔隙分形特征,如何确认封闭孔的含量,以及小分子覆盖模型和氮气吸附结合测试过程中的误差传递,复杂多孔材料内部孔隙的表面分形维数的最终确认等都有一定的难度。

影响混凝土耐久性的因素是复杂的。混凝土制备和混凝土结构建造过程中,不同的水泥品种、各种性能差异较大的外加剂、多种复合掺合料、各种配合比,混凝土的搅拌、成型、养护工艺,工程的管理,混凝土服役过程中的冻融循环、碳化、氯离子渗透、多种腐蚀介质环境下的侵害等,使得研究混凝土材料的耐久性行为比力学行为更为复杂。

2) 耐久性与分形特征的基础研究

普通混凝土和高性能混凝土冻前的孔隙特征如图 6.10 和图 6.11 所示,高性能混凝土由于掺入引气型的高效减水剂,同等强度等级的混凝土总孔隙率下降,有害孔含量明显降低,其分形维数增大,D40 的分形维数为 2.872 9,H40 的分形维数为 2.928 6,而 D60 的分形维数仅为 2.923 6,低于 H40,H60 达到了 2.960 4。250 次冻融循环后,D40 和 H40 的孔隙分形维数都出现了降低趋势,D40 的分形维数远低于 H40,是由于受冻后有害孔的比率明显增大的缘故。

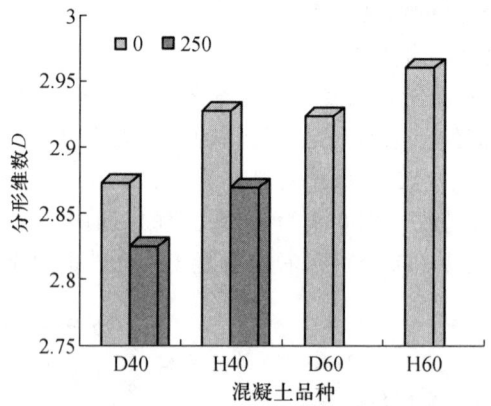

图 6.10 不同的混凝土的分形维数

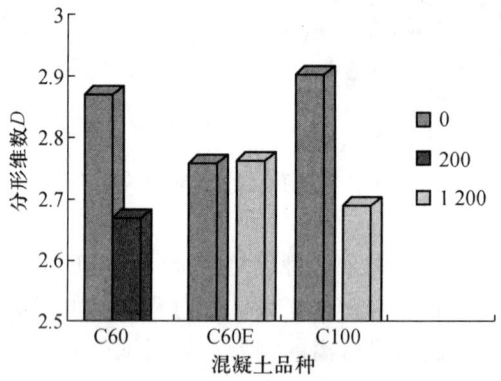

图 6.11 高强混凝土冻融前后的分形特征

高强混凝土多次冻融循环后 10 nm 以上孔隙分布数据、计算的高强混凝土冻融循环前后的分形维数，它们的变化规律如图 6.11 所示。非引气的 C60 高强混凝土在 200 次冻融循环后，分形维数发生了较大幅度的变化，由原来的 2.869 4 降到 2.670 2；非引气的 C100 超高强混凝土虽然经过 1 200 次冻融循环后抗压强度仍保持 87.3%，但孔隙的分形维数发生了很大的变化，由原来的 2.901 8 降低到 2.693 3，其主要原因是超高强非引气混凝土经高次冻融循环后，产生数量较多的微裂缝所致。而引气的 C60 高强混凝土在 1 200 次冻融循环后分形维数变化却很小，主要原因是引气 C60 高强混凝土由于引入的微气泡在冻害压力下具有弹性复原特性，减少了微裂缝的出现，同时也缓解了毛细孔受冻损伤的影响。

上述研究表明：

(1) 混凝土材料的孔隙结构是极为复杂的体系，它的不规则性、不确定性、模糊性和自相似等特征正是其复杂性的综合反映。采用分形理论分析评价硬化后混凝土材料孔隙的结构特征是十分有效的，它可以对孔隙的显微结构的复杂程度进行量化的精细描述。

(2) 与压汞测孔相结合的混凝土材料孔隙结构体积分形特征参数的测试评价方法是有效的，分形维数越高，材料的凝胶孔越多，有害孔越少。

(3) 高性能混凝土由于掺入引气型的高效减水剂，同等强度等级的混凝土总孔隙率下降，有害孔含量明显降低，其分形维数增大，普通混凝土受冻后有害孔的比率明显增大，其分形维数明显降低。

(4) 非引气的 C60 高强混凝土在 200 次冻融循环后，分形维数发生了较大幅度的变化，非引气的 C100 超高强混凝土虽然经过 1 200 次冻融循环后抗压强度仍保持 87.3%，但孔隙的分形维数发生了很大的变化，而引气的 C60 高强混凝土在 1 200 次冻融循环后分形维数变化却很小，表明其受冻损伤很小。

3) 基于混沌分形理论的混凝土材料耐久性行为的研究

在基于混沌分形理论的混凝土材料耐久性行为方面应积极开展以下工作：

(1) 混凝土材料氯离子传输特征的表征。建立分形孔隙介质传输理论，通过大量孔隙特征的有效测试和评价，建立适用于混凝土分形孔隙特征的氯离子扩散模型。

(2) 其他有害介质的传输特征的表征。通过扫描电子显微镜下测试混凝土断面的孔隙结构，用压汞测孔法测试多种混凝土的孔隙参数，描述二维、三维孔隙分形特征；研究孔介质的液体行为和饱和状态孔介质的电导率。

(3) 混凝土材料冻害过程中的分形特征。例如：龄期水泥基材料离子扩散模型及其受冻损伤特征测试评价；除冰盐环境条件下盐析结晶物化特征、受冻损伤及多种改性效应评价，除冰盐环境条件下的抗冻机理；自然环境同条件下该类混凝土冻害损伤长期跟踪测试。建立严寒地区混凝土冻害损伤的分形模型，研究过冷水在变径孔中的迁移特征；冻害损伤前后混凝土微结构的混沌分形参数的测试，如李亚普诺夫指数、分形维数等。

（4）多重因素下混凝土材料损伤过程。多重因素作用下（冻害、腐蚀、荷载）损伤过程及损伤前后的混沌分形参数的测试评价（李亚普诺夫指数、分形维数）；深入研究引气、憎水双重改性效应下水泥基材料中侵蚀性介质的传输机制及耐久性，引气、憎水综合效应下混凝土抗冻机理，严寒地区混凝土耐久性的测试评价与寿命预测，内掺与外浸阻锈材料对混凝土氯离子渗透的影响特征。

（5）混凝土材料耐久性相关的混沌特征。制备不同水泥品种、多种掺合料、不同外加剂的多种配合比，测试评价恶劣环境条件下体积特征、服役过程及冻融循环条件下的断裂特征，找出混沌现象及规律的评价及表征，以及北方区域景观混凝土大气环境中水分逸散特征、盐析变色机理及耐久性机制。

6.3.3 混凝土渗透性研究现状及发展

混凝土的耐久性直接关系到结构的安全和服役行为。混凝土的耐久性包括许多内容，这些内容又受许多因素影响，且作用机理复杂，但共同点是都与混凝土的传质能力有关。例如：混凝土的冻融破坏是由于渗入混凝土的水在负温下结冰冻胀及水分迁移，导致混凝土结构劣化；混凝土碳化是由于CO_2气体渗入混凝土并与其中的$Ca(OH)_2$或水化硅酸钙等水泥水化产物反应所致；钢筋锈蚀主要由于氯离子渗透到混凝土内部，在混凝土与钢筋界面富集而导致的；等等。这些破坏有着不同的破坏机理以及破坏条件，在不同环境下它们有不同的表现形式，也会造成混凝土的不同形式的破坏。虽然机理及表现形式有所不同，但是这些破坏都是混凝土渗透性所决定的，如果混凝土能够有效地阻止外界环境的水、气体及离子的侵入，上述破坏现象就不会发生，因此，混凝土的耐久性与渗透性有着密切的联系。混凝土渗透性是指气体、液体或者离子受压力、化学势或电场作用，在混凝土中渗透、扩散或迁移的难易程度。混凝土的渗透性反映的是混凝土内部孔隙的大小、数量、状态以及连通等情况。对混凝土耐久性的研究离不开对混凝土渗透性的研究，混凝土获得高耐久性与较长寿命的关键是提高混凝土的抗渗透性（抗渗性）。混凝土耐久性的研究在许多国家引起了普遍的重视，然而混凝土耐久性的研究和设计长期以来都是建立在对混凝土渗透性评价的基础上[208,209]，对耐久性的若干研究表明，渗透性可能是同耐久性相关的最重要的因素[210]。在研究混凝土的耐久性的过程中，对抗渗性的研究是首要的问题，解决耐久性问题的关键归根结底是解决好混凝土的渗透性。本小节对国内外混凝土渗透性与耐久性关系的研究现状及渗透性的研究方法进行了综述，提出了混凝土渗透性研究的主要内容，目的在于明确今后混凝土渗透性的研究方向。

1. 混凝土的渗透性与耐久性的关系

1) 渗透性与抗冻性

混凝土建筑物所处环境凡是有正负温交替、混凝土内部含有较多水的情况，混凝土都会发生冻融循环，以致疲劳破坏。在寒冷地区，混凝土受冻融循环作用往往是导致混凝土劣化的主要因素。冻融循环还常和除冰盐共同作用，加剧混凝土的劣化。抗冻性可直接地反映混凝土抵抗环境水浸入的能力，干燥的混凝土不会遭受冰冻破坏。由于混凝土的含水率存在一个临界饱和度，混凝土经充分养护后含水率可能低于临界饱和度，但如果其渗透性较高，当暴露于潮湿环境时，可以再次达到或超过临界饱和度。因此，对处于冻融环境中的混凝土，其渗透性非常重要[211]。渗透性不仅控制着冻结时与内部水的移动有关的渗透压力，而且控制着冰冻前的临界饱和度，混凝土的吸水能力越低，混凝土的抗冻融循环能力越好[212,213]。Shilstone研究了渗透性与抗冻性的关系。因此，混凝土渗透性可以用来反映混凝土的抗冻融循环能力。

2) 渗透性与碱-集料反应

混凝土中发生碱-集料反应必须具备三个条件：碱性离子（K_2O、Na_2O）、活性骨料和水。如果在混凝土使用时始终处于干燥环境，或环境相对湿度低于混凝土内部相对湿度，而混凝土内部湿度低于75%时，碱-集料反应就无法进行。因为碱-集料反应是碱通过溶液和集料的活性组分反应的，所以水是碱-集料反应的必要条件[214-216]。当环境湿度低于75%时，一般不会产生碱骨料反应。所以碱骨料反应与混凝土的渗透性关系密切。

3) 渗透性与碳化

混凝土的碳化是伴随着CO_2气体向混凝土内部扩散，溶解于混凝土孔隙内的水再与各水化产物发生碳化反应这样一个复杂的物理化学过程。混凝土的碳化速度取决于CO_2气体的扩散速度及CO_2与混凝土成分的反应性。而CO_2气体的扩散速度又受混凝土自身的密实性、CO_2气体的浓度、环境湿度、试件的含水率等因素的影响[217,218]。所以碳化反应受混凝土内孔溶液的组成、水化产物的形态等因素的影响。只有在CO_2气体到达混凝土内部，并且其他条件具备的情况下才能发生碳化反应，因此，影响混凝土碳化的最主要因素是混凝土自身的渗透性能。有的文献研究了混凝土吸水量与碳化深度间的关系，得出混凝土的碳化深度和4 h混凝土吸水量成正比的关系[214]，说明可以从混凝土渗透性来评价混凝土的抗碳化性能。结构的受力状态也可能影响碳化的速度，钢筋混凝土构件长达13年的试验发现，承受正常使用荷载（为弯矩）的梁，其受拉部分的碳化深度要比不承受荷载的大[219]，说明受拉区产生的裂缝使CO_2

气体更容易进入到混凝土内部。

4）渗透性与钢筋锈蚀

当有 CO_2 从混凝土表面通过孔隙进入混凝土内部时与混凝土材料中的碱性物质中和，从而导致了混凝土的 pH 降低，出现 pH 小于 9 的情况时，混凝土中钢筋表面的钝化膜被逐渐破坏，在其他条件具备的情况下，钢筋就会发生锈蚀，并且随着锈蚀的加剧，会导致混凝土保护层开裂、钢筋与混凝土之间的黏结力破坏、钢筋受力截面减小、结构强度降低等，从而导致结构耐久性的降低。同时，水分和氯离子等有害物质也是通过混凝土中的孔隙进入混凝土内部，由此可见，混凝土的渗透性和钢筋锈蚀必然存在密切的关系。混凝土的渗透性越强，水分、氯离子和氧在混凝土中侵入的速度越快，侵入深度越深，必然加快钢筋的锈蚀，所以用混凝土的渗透性来评估混凝土中钢筋的锈蚀能力也是可行的[220,221]。

2. 国内外混凝土渗透性研究的现状

1）几种渗透性评价方法的优缺点

由于混凝土的渗透性包括透水性、透气性和透离子性等性能，因此，出现了采用不同介质的渗透性测试方法，主要包括：抗水渗透试验(包括渗水高度法和逐级加压法)、抗氯离子渗透试验(包括快速氯离子迁移系数法和电通量法)和气体渗透法。凡是以水为介质的方法，多数方法都比较直观、简便，试验容易控制。Khatri 等对比了逐级加压法和渗水高度法这两种测试混凝土渗透性能的方法，认为对于渗透性较高的混凝土，逐级加压法较合适，而对于渗透性较低的混凝土，采用渗水高度法较合适；但由于以水为渗透介质时，水泥的继续水化、物质的迁移、毛细管结构的改变等使渗透过程难以达到稳态，因此水的渗透系数较难测得准确[222]，并且对于高性能混凝土，抗渗标号法、渗透系数法、渗水高度法这三种方法均不适用，因为基本上高性能混凝土不透水[223]。对于高性能混凝土，国际上采用 ASTMC1202-94 的直流电量法以及氯离子扩散系数法来检测混凝土的渗透性，并用以评价混凝土的耐久性和使用寿命。氯离子扩散系数法的优点是与实际情况相似，缺点是所需时间太长，一般至少要几十天至几个月。对于低渗透性混凝土，所需时间更长。而且，当离子渗入深度很小时，由于利用的切片数目太少，试验结果误差增大，同时，该法的实验过程比较复杂。直流电量法的优点是快速和可大致反映一般混凝土的渗透性。但存在着使用 60 V 高电压，发生极化反应，使溶液温度升高影响试验结果，测量结果是在非稳定下获得的，不能说明混凝土的渗透性等问题。因此，研究者的兴趣转向了以气体作为渗透介质的测试方法。其中由 Kollek 在 1999 年提出的以 O_2 为渗透介质测定混凝土渗透系数的 Cembureau 法在国际上得到广泛接受，并于同年由 RIEM 组织作为推荐标准推出。气体渗透法具有测试速度快、精度较高、能准确反映微细孔结构及不受混凝土孔液化学成分影响等优点[224-228]，但该方法的试验步骤严格，测试程序复杂，并且对试件密封的状况以及流量计对微量气体的捕捉精度提出了很高的要求。

从对以上各种方法优缺点的比较可以发现，采用何种方法应根据混凝土的性质来确定，并逐步完善各种方法。

2）研究现状

由于国内外学者研究混凝土渗透性所依据的理论不同，采用的测试方法也就各不相同，因此，观点也很难统一，另外混凝土材料和技术进展迅速，混凝土的微观结构和化学成分已经有了很大变化，过去的一些试验方法已变得越来越不适用。为此，一些学者致力于寻求快速并且更能反映实际情况的渗透性试验方法。目前，大量文献报道了有关混凝土渗透性的研究[229-235]，这里仅就一些广泛关注的研究报道进行综述。

在以往的研究中，研究者多采用两种方法或几种方法对混凝土的渗透性进行测试，通过对测试结果的对比，阐述所用方法的适应性。

曹芳等[236]比较了抗水渗透试验和快速氯离子迁移系数法的区别，认为抗水渗透试验较真实反映了混凝土抗渗性能，而快速氯离子迁移系数法特别适用于不掺混合材的混凝土，对掺有高含量 SiO_2 掺合料的混凝土则夸大其抗渗性能。

苏安双等[237]用抗水渗透试验、改进的快速氯离子迁移系数法测定了不同强度等级、不同配合比混凝土试件的渗透性，认为抗水渗透试验未考虑实际工程中混凝土所受的约束作用，其适用性对强度等级的依赖性很强，而改进快速氯离子渗透法及 CH_2Cl_2 浸泡法避免了抗水渗透试验的缺点，且两者得到的混凝土渗透性结果具有较好的相关性。易成等[238]对 NEL 法与 ASTMC1202 法的氯离子渗透性进行了对比试验研究，得出两种试验方法得到的同一混凝土渗透性评价在一定范围内类似的结论。

有学者采用气体渗透法研究了高性能混凝土的渗透性[235,239]，通过对气体渗透系数与碳化关系的分析，建立了高性能混凝土的碳化模型。一些研究者研究了水胶比、矿物掺合料、纤维等对混凝土渗透性的影响等。

上述所有的研究有助于揭示混凝土渗透性的实质，但也存在着一定的问题。事实上，混凝土是在服役过程中发生渗透，目前国内外学者最关心的是工程实际混凝土的渗透性，即非受力状态下混凝土的渗透性与实际混凝土结构不符。在研究中应对处于荷载作用及荷载与其他因素耦合作用的混凝土进行渗透性试验，同时研究裂缝状态及演变过程中的混凝土渗透性，这就需要模拟工程实际情况进行渗透性的测试及评定，可喜的是目前国内有学者已经注意到这一问题并已开展研究。王中平等[240]研究了单轴压缩作用对混凝土气体渗透性的影响，结果表明，普通混凝土在单轴压缩荷载作用下，其气体渗透系数存在一个单轴应力的阈值。吴森、钱春香等[241]研究了贯穿裂缝对水泥基复合材料渗透性能的影响，得出当试件带贯穿裂缝时，裂缝对渗透系数的影响远远大于水灰比等材料本身性能对渗透系数的影响的结论。Kermani[242]对三种配合比的圆柱体试件在不同应力水平的情况下进行了压缩试验，施压时保持荷载 5 min，然后对试件进行压力水渗透试验。结果发现，在应力水平为 0.4 时，混凝土的渗透性最小，应力水平超过 0.4，混凝土渗透性急剧增加，当应力水平从 0.4 变化到 0.7 时，渗透系数从小于 4×10^{-13} m·s^{-1} 变化到大于 5×10^{-13} m·s^{-1}。混凝土的气体渗透、水渗透、氯离子渗透等与裂缝的产生及状态有一定的关系[243-245]。在荷载状态下及在有裂缝时的渗透研究更接近工程实际，对于建立渗透性与实际工程耐久性之间更有实际意义。

通过对文献的综述，结合存在的问题，将在以下渗透性研究方面开展工作：

(1) 施工部门和研究单位在渗透方法的选择上应根据实际需要选用合适的试验方法对试件进行渗透性测试和评价，特别是有条件的研究单位要在同一项目中同时采用几种方法对混凝土的渗透性进行测试，找出各方法的联系及区别，为揭示混凝土的渗透性的本质提供理论基础。

(2) 对气体渗透法进行深入广泛的研究，开发出具有可靠、简便、省时省力、数据采集可靠、准确、稳定等优点的气体渗透性试验装置，研究试验试件的尺寸、处理方式及原材料、混凝土配合比等对气体渗透系数的影响，研究裂缝状态、数量与气体渗透系数的关系等，为制定气体渗透法的标准提供基础数据。

(3) 进一步研究荷载及荷载与侵蚀介质耦合作用等对混凝土的渗透性的影响，揭示实际工程混凝土渗透性的本质及规律。

(4) 深入广泛研究渗透性对混凝土性能的影响，特别是对耐久性的影响。在大量数据及结果分析的基础上，建立渗透性与混凝土性能的定量关系。

6.3.4　侵蚀性介质在水泥基材料中的传输机制及其影响的研究

1. 渗流理论在水泥基材料研究中的应用

流体在多孔介质和裂隙介质中的运动称为渗流。

渗流理论最初在 20 世纪 50 年代由 Hammersley 提出，主要是以随机的方式来描述和量化连通性，在某种程度上是拓扑学的一个分支[246]。随着研究的深入，渗流理论逐渐成为处理强无序和具有随机几何结构系统最好的理论方法之一，它为描述空间随机过程提供了一个系统、直观的模型，可应用于广泛的物理现象。在材料研究领域，渗流理论已应用于导电复合材料导电路径、多孔

6.3 侵蚀性介质在水泥基材料中的传输机制及其影响

介质传输模拟等方面。

对于特定相的材料来说，连通就意味着介质能从相中的任意一个方向运移到另一个方向。从最初颗粒无序堆积的水泥粉末，到最终形成的由水泥浆体、集料、界面过渡区组成的多相、非均质、多孔的混凝土复杂体系，各相的性能及体积分数对混凝土的连通性至关重要。结合混凝土结构中各相的空间联结度，利用渗流理论可对混凝土内部随机几何结构的系统性能进行预测和描述。在连续区渗流问题中，用相的分数体积来表示其空间联结度，因而对于描述混凝土这种连续随机几何结构的中心质效应来说，可用渗流理论中量度结构联结性的量，如各相的分数体积等进行量化表示。因此，用渗流理论阐述混凝土微结构有利于对水泥基材料性能的理解与控制[247]。

Scheidegger 认为：在本质上，渗流结构是一个特殊的界面相，它反映的是多孔介质内连通的毛细结构的特征；在微观上，它则是一个动态的、处在变化中的统计力学体系[248]。渗流结构的特征可以用水力半径 rh 和迂曲度 T 这两个宏观流体力学参数来表征。水力半径 rh 的定义是孔总体积与孔总面积之比，其量纲为长度；迂曲度 T 的定义是连通的毛细管总长度与试件总长度之比，是一个量纲一的量。表征渗流结构特征的参数可通过各种宏观的流体力学实验进行测试。同样也可用交流阻抗谱方法表征这些流体力学参数，因为孔的总体积与 Randles 等效电路中的串联电阻 Rs 成反比，孔的总表面积与常相角指数 p 成正比；试件中的毛细管总长度与扩散阻抗系数 σ 成正比。由于试件总长度在使用过程中变化极小，可认为是常数，因此，可用扩散阻抗系数 σ 来表征迂曲度 T[249]。

在混凝土中除了惰性的粗、细集料介质外，还有未水化水泥颗粒和水泥水化产物（C-S-H 凝胶）等。因此，必须同时考虑其孔结构、毛细结构和电性质，将这些性质综合在一起进行描述，统称为混凝土的渗流结构。水泥基材料作为渗流结构，与一般只具有流体力学性质的多孔体系的最大区别在于它是动态的、活性的，在它的内部进行着水化过程，对这种特殊、活性的渗流结构的描述必须包含描述其水化特性和水化产物结构的参数。

渗流是一种随机过程，体系性能发生急剧变化的临界值可用渗流阈值来进行表征[250]。对于微米尺度的水泥石来说，凝结、毛细孔渗流及 C-S-H 凝胶渗流等三个渗流阈值主宰着水泥石的传输性能，利用渗流理论可描述水泥石的微结构发展过程；对于毫米尺度的混凝土来说，荷载作用会增加孔隙率和增大孔径，界面过渡区的渗流就会发生，因此，界面过渡区的渗流阈值对于混凝土微结构的构建也是非常重要的[251]。对于大多数的劣化机理来讲，破坏速率主要决定于有害离子或水分在混凝土中的传输速率，而水泥石和混凝土的渗流阈值决定着离子在其中的传输性能，因此，渗流阈值直接影响着混凝土的耐久性能和服役寿命。

随着研究的逐步深入，渗流理论在水泥基材料研究中的应用越来越广泛，并且取得了较好的效果。如 Bentz 的研究表明，由于碱性物质改变了凝胶中孔的形态，从而影响了水泥石的毛细孔的渗流[252]。Yamaguchi 利用改进的基于渗流理论的方法，进行混凝土表面裂缝的探测，结果表明，该方法实用性强，且具有较高的精度[253]。Wen 通过研究首次发现了碳纤维增强水泥基材料中的双渗流现象，并且得到碳纤维渗流阈值随砂灰比的增大而增长，水泥石的渗流阈值出现在碳纤维水泥石占 70%～76% 砂浆体积分数时[254]。贺鸿珠等研究了矿物掺合料及长期荷载对混凝土渗流结构的影响，认为矿物掺合料使混凝土的渗流结构改变与矿物掺合料和水泥的水化过程不同有关，认为长期荷载作用下混凝土内部产生的微裂缝可通过渗流结构参数的变化进行表征[249,255]。

杨正宏等通过交流阻抗测量研究了碱集料反应对混凝土渗流结构的影响，结果表明碱集料反应明显改变了混凝土渗流结构，并且通过渗流结构参数了解到集料的碱活性强度及其对混凝土力学性能的影响[256]。

张云莲等研究了钢渣对水泥基材料渗流结构的影响，结果表明，钢渣的掺入降低了水泥浆体的水力半径，且这种降低作用随钢渣掺量的增加而增大。他们认为 28 天前钢渣对水泥浆体各项渗流结构参数的改变作用不大，而在后期较为明显[257]。

近年来，渗流结构理论被应用于混凝土微结构的研究，取得了良好的效果。对于混凝土微结构的描述具有统计性质：在干燥状态下，可以用孔结构进行描述，一般用孔隙率和孔径分布进行表征，孔结构与多孔介质的力学性能密切相关。当多孔介质与水或其他液体相接触时，由于产生了毛细管的张力作用，水或其他液体会在介质中输送，在此情况下可用毛细结构描述其细观性质。对于混凝土来说，其孔结构与毛细结构是密切相关的，在荷载作用下时，混凝土的相关性能就会发生改变。

2. 基于 LNAPL 运移的孔隙网络模型在水泥基材料中的应用分析

1) 网络模型的研究进展

网络模型的研究始于 20 世纪 50 年代，Fatt 首先提出了网络模型的概念，用半径随机分布的二维毛细管道网络模拟孔隙空间，研究了多孔介质中流体的动、静态性质。

网络模型是用大量毛细管及毛细管群组成的网络来模拟多孔介质中的孔隙结构，并由毛细管构成的线（喉道）和毛细管相连结构成的结点（孔隙体）来组成网络，可以使污染物在网络的各个连通方向上运移，克服了毛细管束模型在反映真实结构方面存在的局限性。网络模型可以是一维、二维或三维的。一维网络模型以彼此不相连接的管束来表示空间结构，管束的直径和长度可以不相等,管道也不需要是圆柱形或等截面;二维网络模型由平面上相互连接的一组结点构成,呈格子状,连通程度根据配位数而变化;三维网络模型中则有更高的连通性,理论上最接近实际多孔介质,可进行介质空间运移的研究。

最早设计出的微观网络模型是用玻璃珠简单充填,或者由相互连通的孔道构成的网络。图像刻蚀技术出现后,微观模型在模拟实际多孔介质上获得了实质性的提高,促进了网络模型在环境、石油、化工等研究领域的应用。根据预先设计的孔隙结构图形,在两块镜像玻璃上刻蚀出相应的孔隙网络,并在模型的两个端口分别设置注入口和流出口,然后高温烧结或键合制作出模型,这种方法可以精确刻蚀出孔隙和喉道尺寸小到微米级的比较复杂且详细的形式。McKellar 和 Wardlaw(1982)[258]、Dawe 等(1987)[259]、Buckley(1992)[260]、Wilson(1991)等[261]和 Theodoropoulou 等(2003)[262]给出了模型制作的详细步骤。目前微观模型主要采用刻蚀网络模型法,而简单的玻璃珠充填模型由于其较好的理想化条件,仍在研究中被一些研究人员所采用[263,264]。

前期研究中,采用的试验方法有很大的差异,不同试验方法对试验结果有比较大的影响。为了获得真实、客观且方便分析比较的数据,试验中采用了一些新的方法:利用有效的检测手段(例如,数字化孔隙结构)测得多孔介质孔隙结构参数,制作出更真实的孔隙空间模型[265];在显微镜或者高分辨率摄像机等测量工具的帮助下,用可视化方法直接观察微观模型中流体的运移,研究孔隙尺度下的各种运移机理[262];用注射泵稳定恒速地注入溶液,很好地对整个试验进程进行控制,有利于确定数学模拟中的相关参数[262,266,267]。另外,对微观模型中流体运移的检测,采用了许多检测手段来更直接、有效地进行量化观测。Dawe 通过全息干涉量度法测量微观模型的流体浓度,进行局部质量运移的量化[259];Wan 等(1996)通过悬浮荧光微球体的运移轨迹,直接测量了孔隙尺度上的流动速度分布[268];Kennedy 和 Lennox(1997)研究了玻璃珠微观模型中个体碳氢化合物流体的溶解,用图像分析技术来量化溶解过程[263]。与其他检测手段相比较,图像分析技术具有方法简单快捷、费用低廉等优点,而且测量精度高,在有良好标准曲线条件下,能准确得到试验结果。

网络模型是在毛细管束模型的基础上发展起来的。毛细管束模型是由一簇不同直径的等高圆柱形毛细管组成,并假定沿着长度方向,毛细管的管径恒定。在该领域中,Washburn(1921)研究了流体动态侵入毛细孔[269,270],Carmen(1941)用水力半径的概念定义了不同截面的管道内流体-流体界面的平衡位置,Haines(1930)检测了不稳定界面的运移[271]。具有代表性的模型有 Childs 和 Collis-George(1950)的模型[272]。虽然用管束能得到相对渗透率等性质的简单分析公式,但这样的模型不能得到多孔固体重要的拓扑特征,即孔隙空间的内部连通性,主要是因为这一模型中多孔介质的孔隙是由等截面积的圆柱状毛细管组成的，表现为极端的各向异性，只有沿毛细管方向才能够运移，这是一种高度理想化的模型，它忽略了孔隙连通性和曲折性的影响。

通过上述的分析可知，网络模型在"溶液在多孔结构中运移"的研究中得到了广泛的应用。虽然水泥石的孔结构与建立网络模型所需的毛细管束具有相似的结构，但未见网络模型在水泥基材料中的应用报道。

2）LNAPL 运移及其在水泥基材料中应用的可能分析

a）LNAPL 概述

土壤和地下水是关系国民经济和社会可持续发展的战略基础。土壤位于地球陆地表面，是各种陆地地形条件下的岩石风化物经过生物、气候等自然要素的综合作用以及人类生产活动的影响而发生发展起来的，也是人类从事农业生产的物质基础。地下水是指埋藏在地面以下，存在于岩石和土壤孔隙中可以流动的水体，我国地下水多年平均补给量约为 8 000 亿 m^3，在数量上具有举足轻重的地位，而且具有水质好、分布广泛、便于就地开采利用等优点。但是，近年来由于人口急剧增长，工业迅猛发展，有害废液不断向地下渗透，导致含水层被严重污染。这些污染中主要为非水相（NAPL）污染，其中又以轻质非水相流体（Light Non-aqueous Phase Liquid，LNAPL）污染为甚[273]。

轻质非水相流体（LNAPL）在环境工程中主要是指石油碳氢流体，如汽油、柴油、煤油和二甲苯等。由于轻质非水相流体（LNAPL）的黏滞性低、水溶性强、污染较普遍且难以治理，比原油有更大的污染潜力。LNAPL 在多孔结构中的运移如图 6.12 所示。

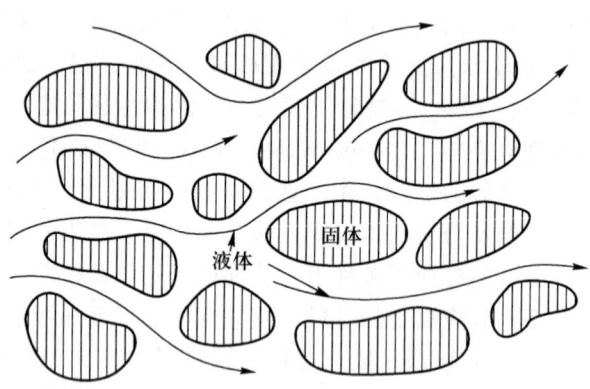

图 6.12　LNAPL 的运移及地下污染示意图[274]

b）多孔介质的特点

多孔介质（porousmedium）在渗透特性上表现为单一的连续介质渗流体系，包括固相部分和孔隙部分，且具有以下特征[275]：

① 多相物质占据一部分空间。在多相物质中至少有一相不是固体,可以是气相和/或液相。在多孔介质范围内没有固体骨架的那一部分空间称为空隙空间或孔隙空间。

② 在多孔介质占据的范围内,固体相应遍及整个多孔介质。在每一个表征体元内必须存在固体颗粒。多孔介质的一个基本特点是固体骨架的比面积较大,这个特点在很多方面决定着流体在多孔介质中的形状。多孔介质的另一个主要特点是构成空隙空间的空隙比较狭窄。

③ 构成空隙空间的某些空洞应当相互连通。有时,将相互连通的孔隙空间称为有效孔隙空间。就流体通过多孔介质的流动来说,不连通的孔隙可以视为固体骨架部分。实际上,相互连通的空隙空间的某些部分对流体在多孔介质中的流动也可以是无效的。

c) LNAPL 应用可行性分析

从环境工程的角度,他们认为多孔介质孔隙是介质颗粒与颗粒之间未被固体物质所充填的那部分空间,其大小、形状各异,其中相对较大的称为孔隙体,而孔隙体之间相互连通的较窄的部分称为喉道,孔隙体和喉道构成了多孔介质中污染物流动、存储的空间[276-280]。水泥基材料的孔结构是指未被水泥水化产物所占据的空间,大小可从纳米级覆盖到毫米级,形状大相径庭;各种孔的连通性与水泥的水化程度和外界的受力状态有关(随水泥水化程度的推进,水化产物逐渐充满并占据了孔隙;荷载作用会使孔的连通性增大);各种有害离子在连通的孔隙中运移、扩散。因此,将 LNAPL 应用于水泥基材料的研究具有一定的可行性。

从水污染处理的角度上分析,认为 LNAPL 在多孔介质中运移的特性与多孔介质的微观结构、占据孔隙空间的固体和流体的物理特征密切相关,包括渗透率、电导率、毛细压力和相对渗透率等。在研究过程中需要研究的参数主要有:多孔介质的孔隙结构,溶有 LNAPL 溶液的表面张力、接触度及黏度,在溶液中的溶解度等[281,282]。与 LNAPL 研究对比,在许多领域中,侵蚀生介质在水泥基材料孔结构的传输也同样需要类似的指标,例如,水泥石孔结构特征(孔隙率、孔径分布及孔的连通性)、溶液特征(黏度、表面张力以及与孔壁的接触性质)等。因此,从研究过程所需的指标分析,将 LNAPL 应用于水泥基材料的研究中具有一定的可行性。

3. 约束条件下水泥基材料的开裂评价方法

虽然水泥混凝土材料是目前及至以后很长一段时间最为常用的大宗建筑材料,但其耐久性能已经受到挑战。尤其是现代混凝土技术的发展使耐久性问题更加凸现出来。而其中最突出的就是混凝土结构的裂缝问题,已经引起了世界各国的高度重视,混凝土开裂性能也成为目前国外土木工程界的一个研究热点。

混凝土是一种由集料、水泥石、气体、水分等组成的非均质的复杂多相复合材料,其各相组成之间的主要结合力是范德华力,因此抗拉强度远低于抗压强度。约束条件下,当混凝土内部的拉应力超过其抗拉强度时,就会产生裂缝。而裂缝的出现不仅影响到结构的美观,更重要的是,为各种有害离子的侵入提供了广阔的通道,会使混凝土结构由于耐久性破坏而导致服役性能的丧失。

正确地检测与评价混凝土的开裂及裂缝发展趋势是采取措施有效地减少或避免开裂的前提。评价混凝土开裂性能的相关试验方法分为间接评价方法(如水化热试验、绝热温升试验等)和直接评价方法(圆环约束试验和平板约束试验等)。间接评价方法是通过检测影响混凝土开裂的单一因素来评价抗裂性能,由于其只单独考虑其中一个因素而不考虑其他因素的影响,而混凝土的开裂敏感性受很多因素共同影响,因此,间接评价方法得不到有实用价值的结果。直接评价方法是通过直接检测混凝土的开裂行为(开裂时间、开裂应力及裂缝宽度等)来评价的,因为它可以同时考虑多个关键因素,从而得到有参考价值的结果。

1)平板约束试验开裂评价装置

该试验所需试件为平板状,约束条件主要由底部和/或两端的钢模板或者钢架提供。但随着研究的不断深入,该实验装置虽然大体上都保持平板形状,但研究人员根据各自的需要对一些细节进行了较多的改动。如 Emmons 等开发的测量试件翘曲位移的装置[283]、Soroushian 等采用的弯起钢筋约束的平板试验装置[284]、Karri 提出的周边 L 形钢筋网而内部通过塑料薄膜减少约束的平板试验装置等[285]。Weiss 等综合利用底部、端部约束,将研究装置进行了全新的更改以模拟路面板的受力状态[286],如图 6.13 所示。

平板约束试验方法具有简单、易操作的特点,能迅速、有效地研究混凝土和砂浆的塑性干缩性能,在混凝土开裂评价中得到了广泛的应用。但是该试验方法存在只能提供部分、不均匀约束的缺点。

2)圆环约束试验开裂评价装置

基于平板约束试验所存在的缺陷,美国麻省理工学院的 Carlson 等于 1942 年提出了圆环约束试验开裂评价装置[287],当时主要用来研究水泥净浆和砂浆的抗裂性,最初的试验装置如图 6.14 所示。后来为了评价混凝土的抗裂性能,Weiss 和 Carlson 对装置进行了改动[288,289],并且随后美国工程师协会(AASHTO)对装置制订了临时标准(图 6.15)。钢环尺寸为:厚度 12.7 mm ± 0.4 mm,外直径 305 mm,高度 152 mm。混凝土环尺寸为:外直径 457 mm,内直径 305 mm[290]。

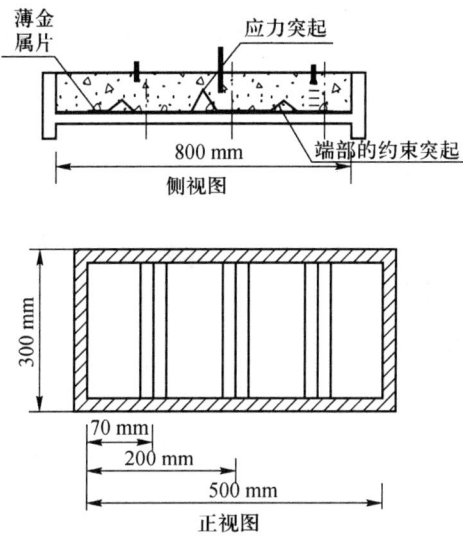

图 6.13 Weiss 等设计的平板约束试验装置

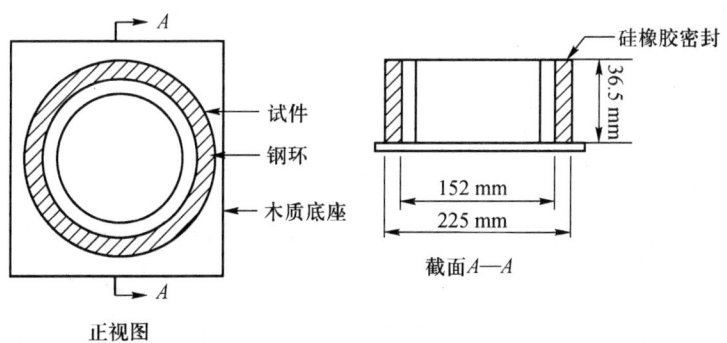

图 6.14 Carlson 等提出的圆环约束试验开裂评价装置

但圆环约束试验方法存在以下的缺点：

（1）圆环周围出现裂缝的机会均等，很难预测初始裂缝出现的位置。

（2）当混凝土的刚度超过钢环时，混凝土环上就不会出现可见裂缝，而是产生更多的微裂缝[291-293]。

（3）水泥浆、砂浆和混凝土存在收缩摇散性的差异，收缩摇散慢的混凝土可不使环开裂，而是出现不可见裂缝，这些微裂缝的出现给混凝土耐久性带来潜在的危害。

基于这样的缺陷，Dahl 提出了一种改进的圆环约束试验方法[294]，他将钢肋焊在外钢环上以提供额外的约束，同时圆环试样上带有一个热膨胀系数很高的珀思配克斯有机玻璃芯。随着温度的提高，混凝土收缩增大，珀思配克斯有机玻璃材料会膨胀，应力也会增大，因此，这种改进的圆环约束试验方法能在短时间内评价混凝土的开裂性能。

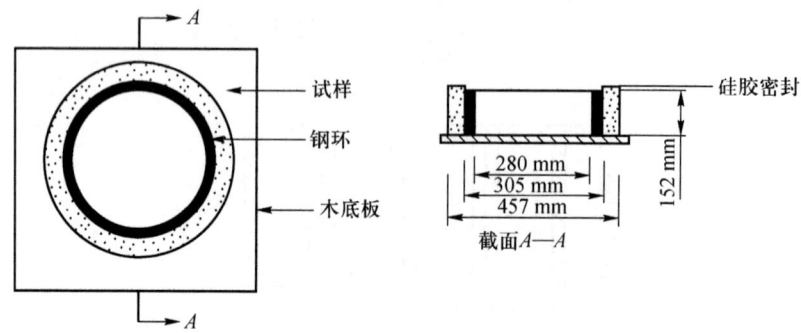

图 6.15　AASHTO 临时标准中规定的圆环装置

3) 单轴约束试验装置(开裂架)

20 世纪 60 年代，德国慕尼黑技术大学的 Springenschmid、Breitenbücher 和 Nischer 根据道路和水工工程建设的需要，开发了单轴约束试验装置，即开裂试验架，使得热应力的测量成为现实，并由 RILEM-TC119 制定了开裂试验架的推荐性标准[295,296]。开裂试验架能够测定早期约束混凝土的应力发展，可以将其称为第一代单轴约束试验装置(图 6.16)。

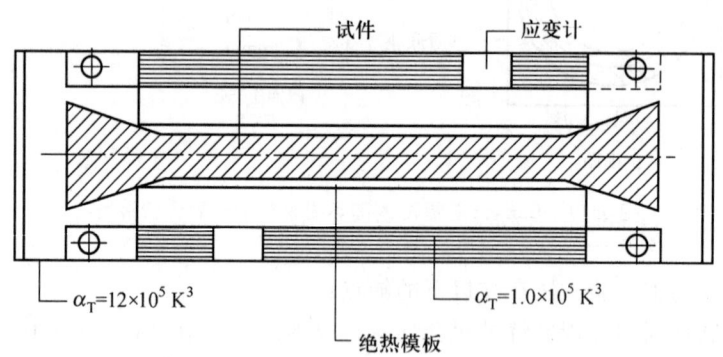

图 6.16　开裂试验架的原理

由于开裂试验架为混凝土试件提供了绝热、半绝热环境和 0% ~ 100% 的可调约束条件，可最大限度地模拟实际工程中混凝土构件所处环境下应力状态的发展，也可根据不同的试验目的，设定不同的温度历程、约束条件，进行材料性质试验，考查混凝土的温升、温度-应力、收缩变形、徐变松弛以及模量发展对混凝土开裂敏感性的影响。该方法在德国、挪威、日本等一些国家得到了广泛的应用。

Springenschmid 则开发了称为温度-应力试验机的试验装置来研究 100% 约束条件下水化热引起的约束应力[297]，可以将其称为第二代单轴约束试验装置。温度-应力试验通常室温控制在 20 ℃ ±1 ℃，同一种配合比成型 3 个相同尺寸的试件，试件截面尺寸为 100 mm × 100 mm，长度为 1 000 mm。其中 1 个试件受到接近 100% 的约束，并采用近似绝热条件；另外 2 个为无约束自由变形试件，分别采用几种不同温度历程，如图 6.17 所示。由于早龄期混凝土硬化期时，温度变形和自生变形是产生内应力的两种主要变形，因此在研究混凝土早期变形行为对开裂敏感性的影响时未考虑干缩变形。为尽量减小混凝土与外界环境之间产生的水分交换，试件由塑料膜包裹密封。因此，试验所测得的试件变形主要是温度变形和自生变形，且 3 个试件均有一端固定。对于自由变形的 2 个试件，另一端是自由端，用 LVDT(线性差动变压器位移传感器)测定自由端的位移就是试件的变形；对于约束试件，则另外一端连接在可调夹头上，串联力传感器及步进电机，试件的变形会带动可调夹头移动，监测可调夹头的位置变化，计算机程序自动控制步进电机调节可调夹头的位置，使之恢复到初始位置，从而达到接近 100% 的约束。根据需要，程序也可以任意控制可调夹头的位置，实现 0% ~ 100% 不同的约束条件。串联在可调夹头上的荷载传感器则可以实时记录试件的应力发展，由监测的可调夹头的位置变化可以得到约束试件的累计变形[298,299]。

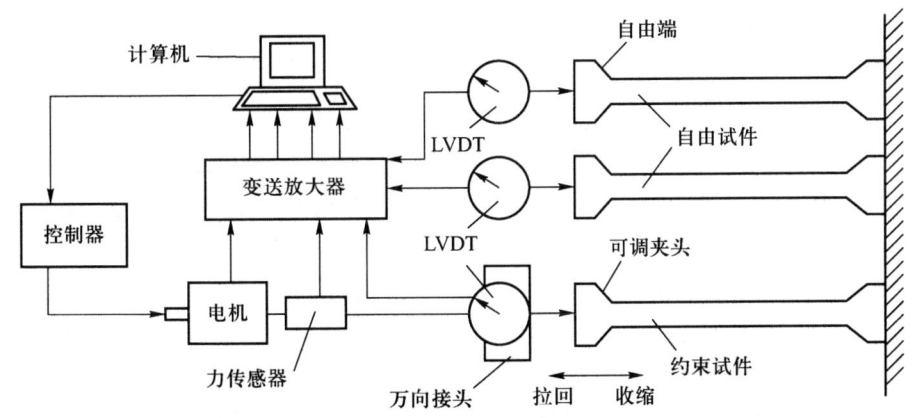

图 6.17　温度-应力试验机的试验原理

4) 椭圆环约束开裂装置

为有效地研究水泥基材料的约束收缩开裂，提高混凝土结构的约束程度，加快胶砂或混凝土裂缝的形成速度，在更短的时间内准确地判断材料开裂敏感性，He 等开发了一种新型椭圆约束开裂装置[300,301]。在椭圆环中，由收缩引起的应力在长轴方向的发展比在短轴方向的发展更快，这就能够更好地预测出裂缝出现的位置，不仅能在短时间内区分出胶砂或混凝土裂缝的扩张，而且能产生早龄期收缩裂缝。与圆环约束试验方法相比较，由于椭圆环试样受到约束后应力发展快且裂缝出现的位置可预测，因此，它能有效且准确地评价胶砂或混凝土早龄期裂缝的敏感性。该开裂环结构如图 6.18 所示。新的试验方法采用了一套自动记录系统，能自动且准确地测出试样早龄期裂缝出现的初始时间。脱模后（如拆除外部 PVC 模）在椭圆环试样的外表面画上一条用于导电的细线。该线的材料几乎没有强度，且对试样也不会有任何的约束影响。注意线的两个端点应该相互错开，同时在线的开始处有两个用特殊导电聚合物做成的电极。

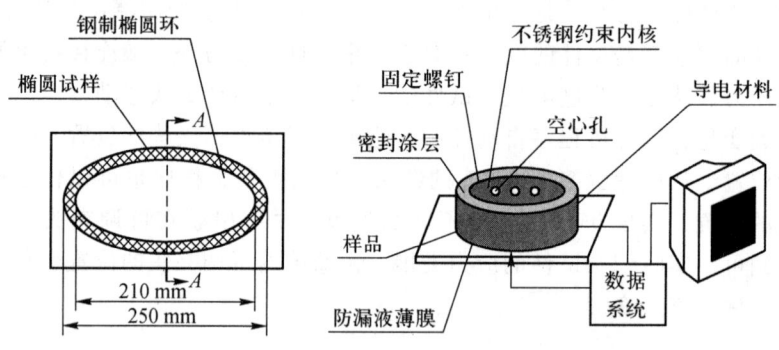

图 6.18　新型椭圆约束开裂装置

该试验系统的基本原理是由椭圆形环对待测试样产生约束，通过待测试件的表面附着导电体、并联电阻、信号发生器和数据采集器构成回路，数据采集器采集回路中电阻值随时间变化的数据，利用专用软件实现自动记录数据变化，当试件开裂的一瞬间，电路中只有原来并联的电阻与信号发生器构成的回路，此时电阻值发生突变，根据电阻突变点出现的时间可准确判断待测试样的初始开裂时间（ICT），并以 ICT 为评价指标来研究水泥基材料的开裂敏感性。

近年来数字图像处理技术在水泥基材料的研究中应用越来越广泛。如 Qi 等在纤维增强混凝土塑性收缩裂缝的观察及分析过程中采用了数字图像处理技术，其具体过程包括图像捕捉、图像处理、裂缝特征限定、裂缝特征计算等，结果表明该方法观察塑性收缩裂缝非常有效，能比较客观地提出对开裂进行统计分析所必需的相关特征[302]。de Schuttert[303]和吴浩在对裂缝特征的监测中采用 CCD 相机与图像处理软件相结合的方法，结果表明该方法具有很强的可行性，而且能精确监测裂缝特征。

随着材料学、力学、热学、电学、数学及至仿生学等交叉学科在混凝土研究中的应用逐渐深入，诸多新型的开裂特征评价方法不断涌现，使研究更加接近工程实际状况。各种试验装置优缺点兼具，这就要求研究人员在试验过程中根据需要和实际情况选择合适的评价方法，使混凝土收缩开裂的评价具有直接化、定性化的特点。

6.4 环境条件作用下混凝土的服役性能及寿命预测

6.4.1 多因素耦合作用下混凝土性能劣化的评价

1. 概述

众所周知，混凝土材料具有原料来源广泛易得、抗压强度较高、体积稳定性较好、易于施工和现场造型、成本较低等基本特点。如果设计合理、施工规范，混凝土结构具有较长的使用寿命。可以预见，未来混凝土材料仍将是最主要的结构材料之一[304]。

目前我国进入大规模的基础设施建设期，从高速公路、高速铁路、海港码头、大跨度桥梁等基础设施到民用建筑的建设，这些重大工程大都是混凝土工程。作为目前使用最为广泛的结构形式，由于混凝土材料自身和服役环境的原因，混凝土结构不可避免地存在耐久性问题。我国近年来因混凝土结构耐久性造成的工程事故不胜枚举。据调查，我国1998年铁路隧道结构受腐蚀裂损的共有734座；1990—1997年隧道修补费用达到了3.56亿元左右；2001年调查显示全路有3000多孔钢筋混凝土梁发生了钢筋锈蚀，有2300多孔预应力混凝土梁发生碱集料反应，加固和修补投资约4亿元。我国20世纪80年代的一项调查表明，国内大多数工业建筑物在使用25~30年后即需大修，处于严酷环境下的建筑物使用寿命仅为15~20年。民用建筑和公共建筑的使用环境相对较好，一般可维持50年以上，但室外的阳台、雨罩等露天构件的使用寿命通常仅有30~40年[305]。对于这些因耐久性而导致破坏的建筑物和一些在设计之初就对耐久性提出要求的工程来说，迫切需要一种方法对混凝土进行寿命预测及评估，以保证工程的正常使用性能。

2. 多因素耦合作用下混凝土性能劣化的评价方法

如何对混凝土进行寿命预测及评估是一个至今尚未解决的国际重大科技问题，实现混凝土的寿命预测、评估以及耐久性设计必将有力地推动混凝土科技的发展[306]。混凝土的耐久失效过程实质上是多因素耦合作用导致内部损伤的逐步劣化过程，针对这一事实，国内外学者在混凝土寿命预测领域进行了广泛深入的研究。

1) 单因素条件下的混凝土性能劣化研究

a) 应力荷载对混凝土的损伤

混凝土材料是一种非均质材料,在受到应力作用后,它的损伤破坏机理不如均质材料那样明确,且有关材料本征性能的理论尚存在争议,现有的力学理论不太可能用来分析所有的混凝土材料的破坏失效过程。在单轴应力状态下各向同性的损伤理论模型目前主要有罗兰德(Loland)模型[306]、玛扎斯(Mazarz)模型[307]、分段线性模型和分段曲线模型[308]等;多轴应力状态下各向同性弹性损伤模型有玛扎斯(Mazarz)模型等。

Miroslaw等[309]在经验的基础上提出了几种损伤模型,Miroslaw等提出的损伤因子 D 定义为给定应力或应变水平 i 下材料已经吸收的能量 E 与材料吸收耗散能量的总容量 E_{tot} 之比,即 $D = (E/E_{tot})_i$。单位体积耗散能量的吸收能力 E_{tot} 是材料的特性。当应力达到或超过其单轴抗压或抗拉强度的一半时,反复荷载作用下混凝土的劣化包括两方面:强度与韧性。他们认为,均匀分布的纤维吸收了少量的大而宽的裂缝能量,变成大量的小而窄的细小裂缝,因而能够起到阻止混凝土中裂缝扩展的作用。

Shi等[310]认为混凝土在疲劳作用下的残存概率符合Weibull分布,并推导出混凝土疲劳方程:

$$S = A(EN)^{-B} \quad (6.16)$$

式中:EN 为等效疲劳寿命,按公式 $EN = N^{1-R}$ 计算,N 为混凝土失效所经历的疲劳次数,R 为应力比($\sigma_{min}/\sigma_{max}$);$A$ 和 B 为回归系数,此方程考虑了应力比、应力荷载水平,使用了概率方法,边界条件也比较简单,与试验结果吻合较好。

姜芳等[311]研究了钢筋混凝土在冲击荷载作用下的动态力学性能,并引入了钢筋混凝土动态本构方程:

$$\sigma = (1 - D)GE_L^0 \theta_0 \dot{\varepsilon}\left[1 - \exp\left(-\frac{\varepsilon}{\dot{\varepsilon}\theta_0}\right)\right] \quad (6.17)$$

其中,损伤演化函数 D 的表示形式如下:

$$D = D_0 \varepsilon^a (\dot{\varepsilon}/\dot{\varepsilon}_0)^b \quad (6.18)$$

钢筋的强化系数 G 的表示式为

$$G = \frac{1}{(1-f_2) + \eta_2 f_2\left[(1-f_1) + \eta_1 f_1 \dfrac{E_f}{E_L^R}\right]} \quad (6.19)$$

姜芳等提出的损伤型黏弹性本构方程能较好地描述钢筋混凝土在强冲击荷载作用下的应力-应变行为,理论预测曲线与试验结果吻合良好,但假设参数较多,多达 11 个。

Mohamed 等用有限元法研究了混凝土在静载拉应力、压应力与剪力作用下混凝土的破坏失效过程[312,313]。他将混凝土看做由浆体、骨料及两者界面组成的三相材料,考虑骨料大小、形状与分布、裂缝开展的影响,分析了混凝土的应变软化和尺寸效应,并考虑了同类研究中很少考虑的应变软化对混凝土力学行为的影响。

目前国内外已形成了一定的共识,即混凝土结构的腐蚀问题应充分考虑荷载的影响,因此混凝土结构劣化试验设计必须考虑到荷载的影响[305]。

b) 钢筋锈蚀对混凝土材料劣化的影响

混凝土材料作为无机非金属材料家族中的一员,与玻璃、陶瓷等其他非金属制品相类似,存在脆性大、韧性低的问题。钢筋比重大,既能承受压力,又能承受张力;混凝土比重较小,能承受压力,但是不能承受较大张力。钢筋混凝土的出现极大地推动了混凝土技术的发展,在混凝土中加入钢筋,充分利用了两者的优点。当发生钢筋锈蚀后,锈蚀产物膨胀将导致保护层开裂,同时钢筋截面积变小,承载力急剧下降,因此钢筋的锈蚀破坏,极大地削弱了钢筋混凝土的服役性能。在导致钢筋混凝土劣化的众多因素中,钢筋锈蚀导致破坏占的比例是最大的。国内学者进行的锈蚀构件轴压和大小偏心受压实验表明[314-316]:轴心受压锈蚀构件的破坏过程与完好构件相比没有明显差别,但锈蚀构件的承载力与正常构件相比降低较多,构件的裂缝出现与扩展、侧向挠度的变化、混凝土应变和破坏特征、破坏荷载等与正常构件相比有一定差异,且承载能力随钢筋锈蚀程度的增大而大幅降低;此外,锈蚀钢筋混凝土柱破坏前没有明显的预兆,具有很明显的脆性性质,特别是大偏心腐蚀柱受压时的延性下降大于小偏心柱,其主要原因是大气中的 CO_2 渗透进入混凝土后,使混凝土逐步碳化,碳化后的混凝土和锈蚀后的钢筋自身塑性变形能力下降;另外一个原因是,箍筋锈蚀后不能有效约束混凝土和延缓裂缝开展,也在一定程度上降低了构件的延性;由于锈蚀产物的出现,钢筋与混凝土之间黏结强度退化,使钢筋得不到有效的锚固,其塑性性能得不到充分发挥,从而降低了构件的延性。

c) 冻融对混凝土材料劣化的影响

我国从北方到南方,冬季大部分地区的最低温度处于零度以下,即使是华中地区也存在负温天气,由于这些地区在工程设计之初很少考虑建筑物的抗冻性问题,所以一旦这些地区的混凝土建筑物遇水就有可能遭受冻融循环破坏作用,甚至出现比北方有抗冻性防护的建筑物更大的破坏。2008 年初南方出现的极端天气对混凝土构件就是一个极大的考验。近 50 年我国典型地区气温统计结果显示我国大部分地区年温差幅度较大,那么由温度变化引起的温度疲劳应力也较大，因此冻融循环对混凝土的损伤破坏是一个必须重视且迫切需要解决的问题[317]。

对混凝土材料的冻融破坏机理的研究目前取得一定成就，形成了五大假说，它们分别是 Powers 提出的混凝土冻融破坏的静水压假说[318]、Powers 与 Helmuth 一起提出的渗透压假说[319]、水的离析成层理论、充水系数理论、临界饱水值理论和孔结构理论[320]。其中，静水压假说和渗透压假说的影响力最大。

静水压假说认为，由于孔隙表面张力和混凝土孔径结构的不同，导致不同孔径的孔内水的饱和蒸气压的冰点不同，孔径越小，孔内水的饱和蒸气压越小、冰点越低。当环境温度降低到 -1.9 ~ -1 ℃ 时，混凝土孔隙中的水由大孔开始结冰，逐渐扩展到较细的孔。一般认为温度在 -12 ℃ 时，毛细孔都能结冰。而凝胶孔中的水分子物理吸附于水化水泥浆固体表面，估计在 -78 ℃ 以上不会结冰。因此，凝胶孔水实际上是几乎不可能结冰的，对混凝土抗冻性有害的是毛细孔。由于水转变为冰时有 9% 的体积变化，迫使未结冰的孔溶液从结冰区向未结冰区迁移，从而导致静水压力。

静水压假说成功解释了混凝土冻融过程中的很多现象，如引气剂的作用、结冰速度对抗冻性的影响等，但却不能解释另外一些重要现象：如混凝土不仅会被水的冻结所破坏，还会被一些冻结过程中体积并不膨胀的有机液体如苯、三氯甲烷的冻结所破坏，非引气浆体当温度保持不变时出现连续的膨胀，引气浆体在冻结过程中的收缩等。为了解释以上静水压假说无法解释的现象，Powers 提出了渗透压假说[319]。

渗透压假说认为，由于混凝土孔溶液含有 Na^+、K^+、Ca^{2+} 等盐类，大孔中的部分溶液先结冰后，未冻溶液中盐的浓度上升，与周围较小孔隙中的溶液之间形成浓度差。这个浓度差的存在使小孔中的溶液向已部分冻结的大孔迁移。即使是浓度为 0 的孔溶液，由于冰的饱和蒸气压低于同温下水的饱和蒸气压，小孔中的溶液也要向已部分冻结的大孔溶液迁移。可见渗透压是孔溶液的盐溶液浓度差和冰水饱和蒸气压差共同导致的。

根据物理化学原理，水和冰（液和固）两相间的渗透压可按下式计算：

$$P_{osm} = RT\left(\frac{1}{V_w} - \frac{1}{V_i}\right)\ln\frac{P_w}{P_i} \tag{6.20}$$

式中，P_{osm} 为渗透压，R 为气体常数，T 为绝对温度，P_w、P_i 分别为水和冰在温度 T 时的蒸气压，V_w、V_i 分别为水和冰的分子体积。

实际渗透压比式(6.20)复杂，因为不仅冰水饱和蒸气压差可导致渗透压，而且孔溶液的盐浓度差也会形成渗透压；毛细孔的弧形界面抵消了一部分渗透压，毛细孔水就近迁入未吸水饱和的空气泡，失水的毛细孔壁受到的压力也会抵消一部分渗透压,这种毛细孔压力将导致水泥石收缩。这就是当混凝土的水饱和度小于某个临界值时,冻结反而引起混凝土收缩的原因。

d) 盐溶液侵蚀对混凝土材料劣化的影响

i) NaCl 溶液对混凝土材料抗冻性能的影响

氯离子由于其离子半径小,容易进入混凝土内部,穿过钢筋的钝化膜,首先破坏混凝土材料的碱性环境,进而引起钢筋脱钝,导致钢筋锈蚀。在实际情况下,氯盐的侵蚀很少是单一因素的,氯盐侵蚀结合冻融破坏是很常见的形式,黄士元和杨全兵[321]认为盐冻破坏有以下特点:

(1) 盐冻破坏发展非常快,如混凝土不掺引气剂,往往经过一两个冬季就会出现严重的剥蚀破坏,快于水中冻融循环破坏。

(2) 破坏从表面逐步向内部发展。表面砂浆剥落、骨料暴露,导致表面凹凸不平,但剥蚀层下的混凝土基层保持坚硬完好。在遭受破坏的截面上,经常可清楚地看到分层剥蚀的痕迹。

(3) 在剥蚀的表面往往能看到白色的 NaCl 结晶体,现场检验有咸味。

Verbeck 等[322]认为浓度为 2.5% ~3.0% 时 NaCl 溶液对混凝土的损伤能力最强。有研究表明[323-326],当有氯离子存在时,混凝土中孔隙水的冰点降低,在 -38 ℃ 时混凝土中发生明显的相变,由冰点和孔径理论可知,半径为 2.3 nm 的孔内水在此温度下将结冰。Janssen 等[327]研究了混凝土按照 ASTMC666 方法进行冻融试验时 3% NaCl 溶液对混凝土重量损失的影响。研究发现,除冰盐使混凝土在冻融过程中的重量损失显著加剧,而对混凝土的耐久性系数影响不大,甚至有所增加,这表明耐久性系数与混凝土的剥落关系不大,当在混凝土中掺入火山灰质掺合料后,可以改善在 3% NaCl 溶液中冻融时的抗剥落能力,但是对耐久性系数不利。

Castellote 等[328]的研究表明,采用外加电场去除氯离子后,将会导致混凝土的孔隙率增大,但是这一结果对混凝土力学性能的影响很小。

Beaupre 等[329]按照 ASTMC672 方法研究了喷射混凝土在质量分数为 2.0% 和 3.5% 的 NaCl 溶液中的抗除冰盐剥落性能。结果表明,水泥品种和气泡间距对喷射混凝土抗除冰盐剥落性能影响较大,与普通混凝土一样,气泡间距系数减小时剥落量也减小,他们给出的适宜气泡间距系数为 200 ~ 500 μm,此时混凝土抗除冰盐剥落性能最好。

前期试验证明,在混凝土冻融试验中氯盐很难引起钢筋锈蚀,这可能是由于在结冰状态下,冰中的含氧量极低,钢筋锈蚀的电化学条件较难得到满足。当采用3% 质量分数的 NaCl 溶液进行混凝土冻融试验一定周期后,钢筋表面未见锈迹,但在空气中放置一天后就会有明显的锈迹,这表明冻融试验中钢筋的腐蚀条件没有满足。

ii）硫酸盐侵蚀的影响

梁咏宁等[330]研究了硫酸盐侵蚀环境因素对混凝土性能退化的影响，他们考虑了硫酸盐侵蚀的阳离子类型、侵蚀溶液的浓度和pH等环境因素影响，研究了环境因素对受硫酸盐腐蚀的混凝土性能退化的影响。对在不同侵蚀环境下受腐蚀混凝土试件的抗压强度、抗折强度进行了测试，结果表明在腐蚀后期硫酸钠溶液中混凝土强度的降低幅度比在硫酸镁溶液中混凝土强度的降低幅度大。随腐蚀溶液浓度的增大和pH的降低，混凝土强度衰减率增大。他们对各种环境条件下不同腐蚀阶段的混凝土进行了超声声速测试，发现随混凝土强度的降低，超声波在混凝土中的传播速度降低，两者的变化规律具有一致性，超声声速的变化可以反映不同腐蚀程度混凝土强度的变化情况。Young等[331]研究了普通混凝土、高强混凝土、硅灰高强混凝土在浓度为10%的硫酸钠、硫酸镁及两者混合浓度为10%的溶液中抗压强度、线性膨胀、重量变化的规律，分析了硅灰掺量、水胶比、混凝土强度、侵蚀时间对混凝土硫酸盐侵蚀的影响。结果表明，硫酸钠、硫酸镁溶液都对混凝土有腐蚀劣化作用，其中硫酸镁的侵蚀作用更强，使混凝土抗压强度下降得更多，如经过270天侵蚀后有的混凝土强度只是水中养护混凝土强度的20%左右。普通混凝土由于其高渗透性，在硫酸钠和硫酸镁溶液中都受到较强的侵蚀。高强混凝土在硫酸钠溶液和硫酸镁溶液中表现出不同的抗侵蚀性能。在硫酸镁溶液中，硅灰高强混凝土表现出很差的抗侵蚀能力，硅灰掺量越高，经过270天侵蚀后的混凝土抗压强度越低，线性膨胀越大（如掺15%硅灰的高强混凝土的膨胀率达1.5%以上，不掺硅灰时膨胀为0.6%左右），重量损失率越多（掺15%硅灰的高强混凝土重量损失达20.7%，不掺硅灰时重量损失为5.8%）。在硫酸钠溶液中，硅灰掺量越高，混凝土抗硫酸盐侵蚀的能力越强，重量损失、线性膨胀及强度损失都随之减小，重量损失几乎可以忽略不计。

Hime等对混凝土的硫酸盐侵蚀机理提出新的解释[332]，一般认为硫酸盐与水泥水化产物发生化学反应，生成钙矾石膨胀引起，而William对反应物与生成物的体积进行了研究，得到以下结果：

化合物
$$3(CaSO_4 \cdot 2H_2O) + 3CaO \cdot Al_2O_3 + 26H_2O \Longrightarrow 3CaO \cdot Al_2O_3 \cdot 3CaSO_4 \cdot 32H_2O \tag{6.21}$$

体积　　88.8　　　　　222.3　　　　468.5　　　　　　725.1

式(6.21)左边的总体积大于右边的体积，所以如果反应物都来自混凝土内部，普通的硫酸盐侵蚀机理并不能证明生成钙矾石对混凝土产生不利的作用。他们认为，生成钙矾石所需要的反应物可以有多种来源，所以用离子反应式表达更为合适：

$$6Ca^{+2} + 3SO_4^{-2} + Al_2O_6^{-6} + 32H_2O = 3CaO \cdot Al_2O_3 \cdot 3Ca \cdot 32H_2O \qquad (6.22)$$

他们还认为发生硫酸盐侵蚀不一定要有钙矾石生成,如离子进入混凝土内部以后如果混凝土失水,孔溶液盐浓度增大析出晶体,尤其在孔溶液高度饱和时,会产生相当大的析晶渗透压。下面的可逆反应

$$Na_2SO_4 + 10H_2O \longleftrightarrow Na_2SO_4 \cdot 10H_2O \qquad (6.23)$$

从左边的无水芒硝到右边的芒硝,体积增大很多,在一定环境下,这个反应可以在两个方向反复进行,有些类似于冻融循环。这个反应中既没有钙矾石生成,也没有发生盐结晶。硫酸盐与硬化混凝土中的 $Ca(OH)_2$ 反应生成石膏,也可以产生硫酸盐的膨胀侵蚀。另外,硫酸镁可以使硬化混凝土中的 OH^- 浓度降低,为了重新达到化学平衡,C-H-S 体系分解释放 OH^-,造成混凝土强度下降。Akoz 等研究了高温对混凝土在高浓度硫酸盐侵蚀下的影响[333]。他们对普通砂浆、硅灰砂浆试件在浓度为 18 000 mg·L^{-1}(Na_2SO_4)、13 000 mg·L^{-1}($MgSO_4$)溶液,温度为 20 ℃和 40 ℃时侵蚀过程中的抗折强度、抗压强度、毛细吸水率、体积吸水率及重量的变化进行了试验研究。试验结果显示,高温减小了砂浆的毛细吸水率与体积吸水率,这一点对混凝土抗硫酸盐侵蚀有利,但是高温也加速了硫酸盐侵蚀产物石膏与钙矾石的生成。Akoz 认为,不能简单地认为混凝土在高温硫酸钠溶液侵蚀后的性能低于常温侵蚀后混凝土的性能,因为试验表明除抗折强度以外,40 ℃硫酸钠侵蚀下砂浆的其他性能都略好于 20 ℃相应的性能。此外,硫酸镁的高温侵蚀结果与硫酸钠侵蚀类似。硅灰存在时砂浆抗高温硫酸盐溶液侵蚀的性能一般优于常温时的情况,但是试件吸水率增大,这一点与普通砂浆完全不同;硅灰的存在使混凝土中 $Ca(OH)_2$ 含量下降的同时,也形成了更多的 C-S-H 凝胶,混凝土抗渗透性提高。类似的情况是,高温加速了水泥水化反应和火山灰反应的同时,也导致水泥石结构中 C-S-H 凝胶的增加。抗渗透性能提高与 $Ca(OH)_2$ 含量下降对混凝土抗硫酸盐侵蚀有利,但是 C-S-H 凝胶含量的增加使得硫酸盐侵蚀反应场所更多,对混凝土抗硫酸盐侵蚀不利。40 ℃下这两个相反的作用哪个起主导作用尚不清楚,尚不能认为硅灰对混凝土在高温下的硫酸钠溶液侵蚀不利。硅灰砂浆在硫酸镁溶液中的腐蚀表现为 C-S-H 脱钙形成多孔非结构材料 M-S-H。另外,火山灰反应形成的 C-S-H 可能对硫酸镁侵蚀更为敏感。高温加速火山灰反应形成更多的 C-S-H,硫酸钠侵蚀下更多的 C-S-H 被分解。

2)多因素复合破坏的研究

Chun 等发现服役状态下的钢筋混凝土受自然界中的盐雾侵蚀将会引起混凝土中的钢筋锈蚀。东南大学的孙伟等[334]结合可靠度与损伤理论,提出了一种适用于不同边界条件以及包括单因素和多因素复合作用的普适多元 Weibull 分布模型,用于混凝土寿命预测,并采用网格剖分的手段,提出相应算法和计

算程序。他们介绍了这种混凝土寿命预测普适模型在冻融作用下的具体应用。赖远明等[335]根据热传导理论和渗流理论,导出了带相变的温度场和渗流场耦合问题的控制微分方程,然后应用伽辽金法导出了这一问题的有限元公式,从理论上系统地研究了混凝土在冻融循环作用下的温度场以及外部渗流对混凝土结构温度场的影响,为遭受冻融循环破坏的混凝土结构设计提供理论依据。Mehta[336]也强调指出将混凝土结构服役环境模型化的重要性,认为:微观模型一般不考虑外界荷载作用、湿度迁移等外部环境因素的影响,使其实用性大受限制;而宏观模型只是通过简单的经验公式把温度、湿度等参数与估计或现场实测的参数联系起来,缺乏足够的理论支持,建议研究能同时体现宏观性能和微观性能的模型[334,337]。

钢筋混凝土结构在长期使用过程中,将发生材料老化、结构损伤,这种累积损伤必然造成结构性能逐渐退化、构件承载力下降、耐久性能降低,因此,受多因素协同作用而发生耐久性损伤的钢筋混凝土构件的承载力计算是钢筋混凝土结构耐久性评估及寿命预测的关键问题。钢筋混凝土多因素损伤是一个复杂的物理化学过程,由于钢筋混凝土结构本身质量和服役环境具有很大随机性,因此多因素损伤的随机性也很大。钢筋混凝土在盐冻、钢锈与弯曲荷载协同作用下的寿命预测模型相当于钢筋混凝土同时承受周期性温度疲劳荷载和外界静荷载的耦合作用,因此必须得到温度应力与外界荷载协同作用下的耦合方程。通过耦合方程预测钢筋混凝土在盐冻、钢锈与弯曲荷载协同作用下的寿命,其实就是预测这种多因素协同作用条件下,经过多长时间后钢筋混凝土逐渐衰减的抗力小于外部荷载。这也是目前混凝土领域研究的热点与难点。

由于环境作用以及混凝土材料劣化机理的复杂性,目前,单一因素作用下的材料损伤机理与劣化规律尚未完全阐明,多因素耦合作用下的材料劣化机制还缺乏系统研究。寿命预测模型多采用氯离子扩散到钢筋表面而引起的钢筋锈蚀模型,尚未建立硫酸盐侵蚀、碱集料反应和冰冻破坏寿命预测模型。另外,现有模型忽略了电化学势及离子间的电偶、辅助性胶凝材料继续水化和施工期养护过程对离子传递性能的影响,缺乏实际结构混凝土耐久性能的现场控制和评价方法,试验室试验结果也并不能完全反映实际结构情况[338]。

在2001年批准设立的"973"计划("高性能水泥制备和应用的基础研究")中,中国建筑材料科学研究总院包亦望、姚燕、黄鹏飞等已经提出了钢筋混凝土在盐冻、钢锈与弯曲荷载协同作用下的寿命预测模型,建立了多因素协同作用下混凝土性能衰退的评价方法。

这种评价方法综合采用了混凝土自动快冻快融仪、动弹性模量仪、数字应变仪、恒电位仪和一套自制的加载装置来衡量混凝土在多因素耦合作用下的耐久性能,利用一系列的数据自动采集手段,获得试样的温度、荷载、应变、电阻、钢筋锈蚀速率等信息来评价混凝土的性能。该方法加载量程大、荷载精确、装置耐久性好、采集的数据丰富，但同时存在设备笨重、应力松弛、效率不高的缺点。

本章将借助现代检测新技术和计算机技术的发展，对原有的多因素评价方法进行改进和完善，使之能更准确地揭示水泥基材料性能衰退的规律，将从基本的材料参数和环境参数出发，注重水泥基材料组成变化对寿命预测的影响，积累大量试验数据后建立水泥基材料寿命预测模型。在研究中，避免与国内外重复的研究，避免宏观模型输入参数较多的假设和微观模型缺乏实用性的弊端，达到基本模拟实际工程的耐久性破坏的目的，为钢筋混凝土结构设计和材料设计提供理论依据和基础数据参考。

6.4.2 多因素耦合作用下水泥基材料耐久性劣化过程研究

近几年，由于混凝土的长期耐久性问题带来的损失已经达到触目惊心的程度，因此它的长期服役行为已经引起广泛关注。美国许多城市的混凝土基础设施工程和港口工程建成后不到二三十年甚至在更短的时间内就出现劣化。据1998年美国土木工程学会的一份材料表明：他们估计需要1.3万亿美元来处理美国国内基础设施工程存在的问题，仅修理与更换公路桥梁的混凝土桥面板一项就需800亿美元，而现在联邦政府每年为此的拨款只有50亿~60亿美元。另有资料指出，美国因除冰盐引起钢筋锈蚀需限载通过的公路桥梁已占这一环境下桥梁的1/4。

随着经济的不断发展，我国基础建设的规模越来越大，混凝土作为基础建设的重要材料用量亦越来越大。据统计，2008年我国水泥产量14亿t，约占世界水泥产量的50%。2007年全国商品混凝土累计产量5.84亿 m^3，2008年这一数据达到了6.3亿 m^3 左右。2009年我国投资了6 000亿元进行铁路建设，将拉动近1亿t水泥的消费，如此庞大的混凝土用量，在世界范围内亦是罕见的。水泥行业属于高能耗产业，水泥生产排放的二氧化碳已占人类活动排放总量的1/6~1/5。混凝土所用的砂石属于天然资源，仅从北京砂石状况看，每年北京的工程建设所消耗的砂石达到8 000万t，主要来源是周边地区，周边地区的供应量在4 000万t，北京的供应量在2 000万t，目前缺口2 000万t左右。由于盗采盗挖现象十分严重，严重破坏了周围的生态环境。为保证经济的可持续发展，必须关注混凝土的长期耐久性，正因为如此，人们对混凝土的长期服役行为已经越来越重视了。

面对混凝土的耐久性危机，国内对混凝土的耐久性劣化机理以及预防措施进行了大量的研究，然而在我国施行可持续发展的同时，混凝土可持续发展的研究热潮也被掀起，而混凝土要可持续发展最先要改善的就是耐久性，耐久性好才能保持混凝土长期、安全地服役,与此同时冯乃谦教授、吴中伟院士等提出了高性能混凝土的概念,并明确表示高性能混凝土要优先设计耐久性,其次才是强度问题,并且指出高性能混凝土不一定是高强度混凝土。

在实际工作中,混凝土受到诸多因素的影响,而这在实验室研究中是没有考虑的。于是人们开始转向对混凝土在多因素下的各项研究,由于在多因素条件下研究混凝土的各项性能指标相当复杂和困难,这方面的研究仍处于起步阶段[339-341],要在这方面得到一个系统的研究有相当多的工作要做。中国建筑材料科学研究总院的姚燕教授等对各种因素下混凝土的耐久性的劣化机理进行了广泛的研究[317],同时对钢筋混凝土在环境腐蚀与弯曲荷载协同作用下的损伤失效也进行了大量攻关,提出了混凝土长期服役行为的寿命预测模型。东南大学的孙伟院士对多因素耦合条件下混凝土的耐久性进行了长期的研究,主要研究了荷载与冻融共同作用下混凝土的损伤和抑制过程及其损伤模型[342],并提出冻融+荷载共同作用下累计损伤模型[343]。南京航空航天大学余红发教授做了多重因素作用下碳化混凝土的抗冻性研究,主要研究了冻融与荷载、盐溶液(单一溶液及复合溶液)与荷载、冻融+复合侵蚀溶液+荷载条件下碳化混凝土的性能劣化,讨论了在各个因素(包括组合)条件下混凝土耐久性的寿命预测。大连理工大学的崔云飞对荷载和干湿交替耦合作用下 CFRP 加固预裂 RC 梁的耐久性进行了试验研究。在这些研究的过程中大部分没有对混凝土进行配比优化,将影响混凝土耐久性的材料因素作为变量进行研究。要使寿命预测尽可能的准确,前提是混凝土已知,但目前混凝土的配比千变万化、很难统一,这就为混凝土耐久性的寿命预测带来了挑战。

这里所介绍的研究是在材料层次研究的基础上,简化影响混凝土耐久性的影响因素,研究环境因素及耦合条件下混凝土耐久性的劣化过程。探索一条采取积极因素放小、消极因素放大的原则,建立耐久性混凝土服役预测模型的途径。这方面的研究,国内外都很欠缺。该研究成果对于以后的混凝土耐久性研究思路及混凝土耐久性预测具有重要的现实意义。

目前国内外对混凝土耐久性的研究主要有三个层次:材料层次、构件层次以及结构层次[344-347]。材料层次的研究重点是劣化机理、防劣化技术措施、评定标准和劣化状态识别等,结构构件层次的研究更注重劣化对结构构件层次承载力和安全的影响评价、健康诊断、极限状态判断、使用寿命预测、修复补救措施等[214,348-350]。

研究的内容主要涉及以下四个方面:

(1) 混凝土的长期抗冻性。其中包括淡水冻融、盐冻以及应力作用下的冻融试验。

(2) 钢筋锈蚀。氯盐腐蚀(海洋及近海环境、除冰盐环境、盐湖环境、海砂及外加剂),保护层中性化(碳化、酸雨等因素引起),水泥碱度降低,杂散电流腐蚀。

(3) 碱骨料反应。碱硅酸盐反应和碱碳酸盐反应。

(4) 盐类侵蚀。硫酸盐镁盐侵蚀,溶出性侵蚀、渗透溶蚀、碳酸盐侵蚀,土壤腐蚀中碱性土、酸性土、内陆盐土、海滨盐土,盐卤腐蚀海洋及近海、盐湖泛酸性侵蚀的环境水、污水。

1. 混凝土耐久性材料层次的研究

材料层次的研究已经非常多,例如掺合料对混凝土耐久性影响的研究、水胶比对混凝土耐久性的影响的研究、含气量及气泡孔径对混凝土耐久性的影响的研究、水泥品种对混凝土耐久性的影响的研究等。构件层次的研究近几年也在广泛地进行,例如氯离子、硫酸盐、酸碱、应力、碳化以及不同因素的耦合对混凝土构件耐久性的影响等。但在以上的研究过程中,大都没有将两个层次的研究任务及目标分清楚。在构件层次的研究中,往往还是将材料层次涉及的参数作为变量进行研究,使得该层次的研究复杂化,甚至混乱。

1) 材料层次的劣化机理研究

a) 抗冻性劣化机理研究

i) 静水压假说

从20世纪30~70年代,混凝土冻融破坏机理相继提出,如Powers提出的静水压假说[351]:混凝土孔溶液中溶有钾、钠、钙离子等,溶液的饱和蒸气压比普通水的低,在不掺盐类的水泥浆体中,自由水的冰点为 $-1 \sim -1.5$ ℃。由于孔隙表面张力的作用,不同孔径的孔内水的饱和蒸气压和冰点不同,孔径越小,孔内水的饱和蒸气压越小,冰点越低。当环境温度降低到 $-1 \sim -1.9$ ℃时,混凝土孔隙中的水由大孔开始先结冰,逐渐扩展到较细的孔。一般认为温度在 -12 ℃时,毛细孔都能结冰,而凝胶孔中的水分子物理吸附于水化水泥浆固体表面,估计在 -78 ℃以上不会结冰。因此认为凝胶孔水实际上是几乎不可能结冰的,对混凝土抗冻性有害的是毛细孔。众所周知,水转变为冰时体积膨胀,迫使未结冰的孔溶液从结冰区向外迁移,因而产生静水压力。显然,静水压力随孔隙水流程长度的增加而增加,因此存在一个极限流程长度,如果孔隙水的流程长度大于该极限流程长度,则静水压力将超过混凝土的抗拉强度,从而造成破坏。在混凝土拌和时掺入引气剂,硬化后混凝土浆体内分布有不与毛细孔连通的、相互独立且封闭的空气泡,空气泡直径达 $25 \sim 500$ μm 且不易吸水饱和。空气泡的存在使受压迫的孔隙水可就近排入其中,提供了孔隙水的"卸压空间",缩短了孔隙水的流程长度,减少了静水压力,从而使混凝土的抗冻性大大提高,这就是引气混凝土的抗冻性好于未引气混凝土抗冻性的原理。

ii) 渗透压假说

Powers、Helmuth 等在实验的基础上提出的渗透压假说认为,由于混凝土孔溶液中含有 Na^+、K^+、Ca^{2+} 等盐类,大孔中的部分溶液先结冰后,未冻溶液中盐的浓度上升,与周围较小孔隙中的溶液之间形成浓度差。这个浓度差的存在使小孔中的溶液向已部分冻结的大孔迁移。即使是浓度为 0 的孔溶液,由于冰的饱和蒸气压低于同温下水的饱和蒸气压,小孔中的溶液也要向已部分冻结的大孔溶液迁移。可见渗透压是孔溶液的盐溶液浓度差和冰水饱和蒸气压差共同导致的。

这些假说在很大程度上指导了混凝土材料的研究,对提高混凝土抗冻性起到了重要作用。

b) 硫酸盐侵蚀机理研究

硫酸盐侵蚀是一个复杂的物理化学过程,它是典型的膨胀性腐蚀。以硫酸钠为例,当硫酸根离子的浓度较低时,主要膨胀性产物为钙矾石($3CaO \cdot Al_2O_3 \cdot 3CaSO_4 \cdot 32H_2O$),它主要由硫酸盐与铝酸三钙($C_3A$)的水化产物水化铝酸钙($4CaO \cdot Al_2O_3 \cdot 13H_2O$)及水化单硫铝酸钙($3CaO \cdot Al_2O_3 \cdot CaSO_4 \cdot 12H_2O$)反应生成,反应的离子式为

$$AlO_2^- + 2OH^- + 2H_2O \longrightarrow [Al(OH)_6]^{3-} \tag{6.24}$$

$$2[Al(OH)_6]^{3-} + 6Ca^{2+} + 24H_2O \longrightarrow \{Ca_6[Al(OH)_6]_2 \cdot 24H_2O\}^{6+} \tag{6.25}$$

$$\{Ca_6[Al(OH)_6]_2 \cdot 24H_2O\}^{6+} + 3SO_4^{2-} + 2H_2O \longrightarrow$$
$$\{Ca_6[Al(OH)_6]_2 \cdot 24H_2O\}(SO_4)_3 \cdot 2H_2O \tag{6.26}$$

当硫酸根的浓度很高(金德等认为大于 1 000 mg/L)时,还会生成另一种膨胀产物——石膏($CaSO_4 \cdot 2H_2O$),其反应如下:

$$Na_2SO_4 + Ca(OH)_2 \longrightarrow Ca^{2+} + SO_4^{2-} + Na^+ + OH^- \tag{6.27}$$

$$Ca^{2+} + SO_4^{2-} + 2H_2O \longrightarrow CaSO_4 \cdot 2H_2O \tag{6.28}$$

当溶液中存在 Mg^{2+} 时,硫酸盐与 $Ca(OH)_2$ 反应生成石膏,并且将 C-S-H 置换成 M-S-H,使得混凝土产生微小膨胀,同时强度下降。

低温潮湿或者有碳酸盐存在的条件下生成碳硫硅钙石,也能引起膨胀。

干湿循环下进入到混凝土中的硫酸盐吸水结晶,对混凝土产生结晶压力,同样也会使混凝土开裂破坏。

c) 氯盐侵蚀的作用机理

i) 钢筋锈蚀机理研究

钢筋混凝土结构中使用的钢材处于高能量的不稳定状态。它在常温环境介质(如 H_2O、O_2、CO_2 等)的作用下,很容易恢复到本来较稳定的铁的氧化物状态,这就是钢的腐蚀,也称为铁锈,它的作用可用电化学方程式表示如下:

$$2Fe + O_2 + 2H_2O \longrightarrow 2Fe^{2+} + 4(OH)^- \longrightarrow 2Fe(OH)_2 \tag{6.29}$$

$$4Fe(OH)_2 + O_2 + 2H_2O \longrightarrow 4Fe(OH)_3(铁锈) \tag{6.30}$$

文献认为氯离子(Cl^-)和氢氧根离子(OH^-)争夺腐蚀产生的 Fe^{2+}，形成 $FeCl_2 \cdot 4H_2O$(绿锈)，绿锈从钢筋阳极向含氧量较高的混凝土孔隙迁徙，分解为 $Fe(OH)_3$(褐锈)。褐锈沉积于阳极周围，同时放出 H^+ 和 Cl^-，H^+ 和 Cl^- 又回到阳极区，使阳极区附近的孔隙液局部酸化，Cl^- 再带出更多的 Fe^{2+}。这一过程中，氯离子不是腐蚀产物，也不消耗，只是起到了促进腐蚀的催化作用。反应方程式表示如下：

$$Fe^{2+} + 2Cl^- + 4H_2O \longrightarrow FeCl_2 \cdot 4H_2O \tag{6.31}$$

$$FeCl_2 \cdot 4H_2O \longrightarrow Fe(OH)_2 + 2Cl^- + 2H^+ + 2H_2O \tag{6.32}$$

ii）盐冻机理研究

虽然氯盐溶液降低了水的饱和蒸气压，进而降低了冰点，成为减轻冻融破坏的一个有利因素，但是，冻融与氯盐的耦合作用产生的不利影响远远大于其降低冰点的有利影响，使得盐冻破坏比冻融破坏严重得多。由于含盐混凝土的初始饱水程度明显比不含盐混凝土的高，盐溶液的作用可能使混凝土的极限饱水程度增大，混凝土的吸水率增大，吸水时达到平衡的时间变短，而失水时达到平衡的时间延长，使得混凝土中可冻水增多，从而导致冻融破坏加剧。

如果混凝土中氯盐的浓度过高，当混凝土在水分蒸发失水干燥时，孔中盐还会因过饱和而结晶，产生一个额外的结晶压力，当这个结晶压大到一定程度时将导致混凝土膨胀开裂，这个破坏力是纯水冻融所不具有的。

d）侵蚀溶液中 SO_4^{2-} 和 Cl^- 共存

当侵蚀溶液中 SO_4^{2-} 和 Cl^- 共存时，由于 Cl^- 的渗透速度大于 SO_4^{2-} 的渗透速度，Cl^- 的存在显著缓解硫酸盐侵蚀破坏的程度和速度。在混凝土的表面，水泥石中的水化铝酸钙先与 SO_4^{2-} 反应生成钙矾石，当 SO_4^{2-} 耗尽后才与 Cl^- 反应。而对于内部的混凝土，由于 Cl^- 的渗透速度大于 SO_4^{2-} 的渗透速度，因此 Cl^- 先行渗入并与 OH^- 置换，由于水化铝酸钙的减少，使钙矾石结晶数量减少，从而减轻硫酸盐侵蚀破坏的程度。

2）防劣化措施研究

世界范围内的大量文献资料表明，混凝土的抗冻性在材料层次上对各种破坏形式的劣化机理和对策、耐久性测试和评定标准、劣化状态识别等取得了丰富而成熟的定性分析成果[352]。人们对影响混凝土耐久性的因素做了大量研究，例如砂石级配及质量、水胶比、含气量及气泡孔径和间距、水泥品种、掺合料以及各种盐类等，并得出了较为一致的结论。

大量文献表明，影响混凝土抗冻性能的因素主要是混凝土的含气量、气泡孔径、气泡间距、水灰比、掺合料品种及掺量、砂石的含泥量及泥块含量等。

研究还表明，抗冻性混凝土的含气量宜在 3.5%～6.0% 之间，以气泡尺寸控制在 0.05～1.27 mm、气泡间距控制在 0.33～0.5 mm 为宜，砂石的含泥量控制在 3.0% 以下。此外，采用粉煤灰和矿渣粉双掺技术（1:1），掺量为总胶凝材料的 40% 左右，可以明显地降低混凝土的水化热，防止裂缝的产生，增加混凝土的密实性。但矿粉掺量不宜过高，否则会使收缩过大，导致裂缝的产生。对于粉煤灰已有的研究表明，粉煤灰掺量在不超过 50% 时都能起到积极的效果。

对于硫酸盐侵蚀，研究表明主要从以下几个方面进行防治[353-361]：① 选择合适的水泥品种，如低 C_3A、C_3S 的水泥；② 掺合料的应用；③ 增加混凝土本身的密实性；④ 采取表面保护措施。其中目前应用最广的是掺入掺合料和增加混凝土的密实性。

当矿粉和粉煤灰的掺加比例为 1:1 时，无论是抗压强度，还是混凝土的抗氯离子渗透性能，效果都要优于单掺矿粉和粉煤灰的情况。而矿粉加上硅灰的组合在提高混凝土抗氯离子渗透性能方面，起到了最为显著的效果。

2. 混凝土耐久性构件层次研究

近几年，基于材料层次的研究，对混凝土构件层次的耐久性研究越来越多。提出了很多劣化预测模型[218,362-366]。

1) 基于抗冻性研究提出的劣化预测模型

华中科技大学土木学院、清华大学土木系利用损伤力学和疲劳损伤理论，建立了描述冻融循环全过程混凝土内部损伤累积的模型。1988 年，Bazant 等提出一个预测混凝土抗冻性的理论数学模型，模拟混凝土的吸水过程、孔隙水在毛细孔和空气泡中的迁移过程，计算孔溶液结冰释放热量时混凝土内的温度分布及混凝土固相中的应力分布。该模型针对混凝土冻融循环中的多个物理过程建立了数学模型，但必须借助于计算机和有限元法求解数学方程，且其中有大量参数需要通过各种新型试验来测定，远没有达到实用的目的。

蔡昊以 Powers 静水压假设为基础，推导得到毛细孔壁静水压力计算公式，并以混凝土单向受拉破坏过程近似模拟静水压作用下混凝土内部的损伤发展，对 Loland 的混凝土单向受拉损伤演化方程进行修正，得到预测混凝土抗冻性的疲劳损伤模型。

蔡昊认为，虽然静水压是各向均匀的内压力，而单向拉伸是单向外部拉力，两者的作用方式以及对材料造成的破坏都不同，但是对于混凝土材料而言，这两种作用又是相似的。混凝土是一种非均质的脆性材料，在三向均匀拉应力作用下，最终破坏总是发生在最薄弱截面，与单轴拉伸破坏相似，因此可用单向拉伸近似模拟混凝土在内部静水压作用下的情况。蔡昊对 Loland 的混凝土单向受拉损伤演化模型进行修正的原因是：混凝土的冻害受损一般在内部均匀产生,不产生单向受拉一样的损伤局部化和主裂缝,因此要将 Loland 模型中损伤局部化的部分去除。

$$D = 1 - \left[(1 - D_0)^{\phi+1} - \frac{C(\beta+1)\sigma_{\max}^{\beta}}{E_0^{\beta}} N \right]^{\frac{1}{\beta+1}} \quad (6.33)$$

在计算最大静水压力时,需测定平均气泡半径、平均气泡间隔系数 L、水泥浆体的渗透系数 k(可通过测定毛细孔孔隙率来计算)和冻结过程中的结冰速度等参数,因此该模型只是一个理论模型,离实际应用尚有一定距离。

许丽萍模型:许丽萍等以耐久性指数作为混凝土抗冻性的衡量指标,认为耐久性指数的主要影响因素是平均气泡间距与水灰比,而平均气泡间距的主要影响因素是含气量和水灰比,以国内外有关试验数据为依据,建立了耐久性指数与含气量和水灰比之间的经验关系式。由于混凝土拌和物的含气量测试比硬化混凝土的含气量测试容易得多,因此许丽萍等通过对国内外有关资料的试验数据回归,分析认为:硬化混凝土的含气量与混凝土拌和物的含气量基本相等;其次,将硬化混凝土含气量与平均气泡间距系数的关系作回归分析,如果不考虑水灰比影响,其结果比较离散,而区分水灰比影响后,硬化混凝土含气量与平均气泡间隔系数的相关性较好。

李金玉模型:李金玉等根据试验结果,采用多元回归方法,建立了混凝土能承受的冻融循环次数与水胶比、含气量及粉煤灰掺量之间的关系,作为表征混凝土抗冻性的一个经验数学模型:

$$N = (A+1)^{1.5} \exp\left[-11.188 \left(\frac{w}{c+F} - 0.794 \right) - 0.01307F \right] \quad (6.34)$$

式中:N 为混凝土能经受的最大冻融(快冻)次数,A 为混凝土的含气量(%),$w/(c+F)$ 为水胶比,F 为粉煤灰掺量(%)。

东南大学的刘志勇动弹性模量衰减模型:该模型的建立基础是基于牛顿冷却定律和动弹模量。

$$y = \frac{E_i}{E_0} = a\mathrm{e}^{bN} \quad (6.35)$$

刘崇熙坝工混凝土耐久寿命的衰变规律累积损伤的寿命数学模型:

$$D = 1 - E_i E_0^{-1} \quad (6.36)$$

$$D = aN^b \quad (6.37)$$

按室内外的对比关系在 1:15~1:10 之间,平均为 1:12,即室内一次快速冻融循环相当于自然条件下 12 次冻融循环,如果每年冻融循环按 138 次计算,使用寿命 $t = 12N/138$(年):

$$N = 422.8 \text{次}, \quad t = 36.8 \text{年(动弹性模量衰减模型)}$$
$$N = 320.4 \text{次}, \quad t = 27.9 \text{年(累积损伤模型)}$$

Lawrence[367]根据美国气候区划(ASTMC33-82 或 CRD-C133-83),统计分析得出,平均实验室标准快速冻融 4 次(即 $N=4$),当量于 1 年的($t=1$ 年)自然冻融风化作用。

2) 硫酸盐侵蚀劣化模型

河海大学的杜应吉针对混凝土抗硫酸盐侵蚀的寿命建立了模型。其模型建立基础是牛顿冷却定律,选择抗折强度系数建立模型,涉及参数包括水胶比、硫酸根浓度、掺合料的掺量等。模型建立如下所示:

$$\frac{\mathrm{d}E_t}{\mathrm{d}t} = -\lambda(E_t - E_0) \tag{6.38}$$

$$E_t = E_0 \mathrm{e}^{-\lambda t} \tag{6.39}$$

取水胶比为 0.38,硫酸根离子浓度 $n = 2.0 \text{ g} \cdot \text{L}^{-1}$,当抗蚀系数 $k = E_t/E_0 = 0.80$ 时,认为混凝土结构服役寿命结束。他通过计算得到在该工程现场环境下使用 C30 混凝土的耐久寿命约为 134 年。

Maage 等基于 Fick 第二扩散定律、现有工程结构和实验结果,提出了一个预测现有混凝土结构使用寿命的实际模型。东南大学的孙伟等基于 Fick 第二扩散定律推导出综合考虑混凝土的氯离子结合能力、氯离子扩散系数的时间依赖性和混凝土结构缺陷影响的新扩散方程。基于混凝土表面氯离子浓度是否变化、吸附、化学结合、扩散系数对时间、空间、温度等的依赖等均有模型提出。

3) 多因素耦合条件下混凝土寿命预测

多因素耦合条件下混凝土寿命预测的研究是近年来耐久性研究的一个热点和难点[368-373]。孙伟基于累计损伤模型建立的荷载与冻融协同作用下的数学模型[374]:

$$D = [a(1+f_p)^c \cdot N]^b \tag{6.40}$$

式中,D 为损伤度,a、b、c 为材料常数,f_p 为应力比,N 为冻融次数。

3. 存在问题及今后开展的工作

综上所述,在耐久性研究方面还存在以下问题。

(1) 在混凝土耐久性的研究过程中,材料层次和构件层次的研究界限模糊,在研究过程中互相重叠,重复性研究多;参数众多掩盖了很多本已定论的成果;对材料层次及构件层次的研究目标不明确,或已经明确但没有明确实施。材料层次的研究目标为:明确劣化机理,量化防劣化措施,研究更加合理的试验方法,减少结构寿命预测的变量参数,明确在特定环境下最佳的耐久性混凝土配比。在材料层次的研究中将影响混凝土耐久性的参数变量变为构件层次研究中的常量,例如掺合料的掺量、含气量及孔径、水胶比等。结构层次的研究目标为:研究劣化对结构构件层次承载力和安全的影响评价、健康诊断、极限状态判断、使用寿命预测、修复补救措施等。

（2）目前的混凝土长期服役寿命预测模型的发展方向在由简单化向复杂化转变，目的是更加准确地预测结果。但是难度却越来越大，因为混凝土本身是抽象的集合，将来发展的方向应该是由复杂化向简单化。在混凝土耐久性材料层次的研究中，应力与各个影响因素的协同作用模型的建立是必要的，但是建立多种环境因素与多种材料因素的协同作用模型在大多数条件下是不适宜的。应对混凝土环境进行分析，简化模型，采取积极因素放小、消极因素放大的原则，达到保守但准确预测的目的。

还有以下问题尚未解决。

（1）目前绝大部分的研究是在原材料、环境因素作为变量的条件下研究混凝土耐久性的状况。很少研究在现有材料层次研究的基础上，对耐久性混凝土的劣化进行研究。

（2）环境因素与应力的耦合实际上是环境因素与混凝土内部裂缝的耦合。目前的研究没有解决在各种应力水平下对应的裂缝扩展状况，没有实现环境因素与量化裂缝宽度的耦合研究。在实际的工程结构中实际的应力很难测定，但是内部裂缝宽度是可以测得的。这一点对于预测结构工程的服役寿命具有实际意义。

这里拟基于混凝土耐久性材料层次开展研究，确定耐久性混凝土的含气量、气泡直径、掺合料掺量、砂石品质等因素，将其从以往的变量变为常量，将对混凝土长期服役性能的研究直接化、简化。深入地从构件层次研究混凝土长期服役行为，简化模型，采取积极因素放小、消极因素放大的原则，达到保守但准确预测的目的，提出混凝土长期服役行为预测模型。拟解决以下问题：

（1）简化模型。应对混凝土服役环境进行分析，简化模型采取积极因素放小、消极因素放大的原则，达到保守但准确预测的目的。分析影响混凝土耐久性的积极因素和消极因素。

（2）明确基于材料层次研究提出的耐久性混凝土构件在各个劣化环境下的劣化规律，并基于此研究构件在多种劣化因素耦合作用下的劣化规律，建立耐久性混凝土长期服役性能的预测模型。

（3）环境因素与应力的耦合实际上是环境因素与混凝土内部裂缝的耦合。要实现环境因素与量化裂缝宽度的耦合研究，并通过测定内部的裂缝扩展情况，实现混凝土结构的寿命预测，这一点对于预测结构工程的服役寿命具有实际意义。

6.4.3　水泥基材料 TSA 破坏机理及预防措施研究

水泥基材料是当今世界用量最大、应用最广的建筑材料。我国石灰石资源储量丰富、价格低廉、运输方便，石灰石粉被广泛用做水泥混合材及混凝土掺合料。一方面，降低成本、提高资源利用效率；另一方面，利用石灰石粉的微集料效应、对水泥水化的种种物理化学作用，可以显著提高混凝土的早期强度，同时改善混凝土的耐久性。此外，由于卵石和天然河砂资源难以满足混凝土工业发展的需要，人们开始越来越多地使用破碎石灰石生产粗集料及机制砂。

研究表明[375-379]，当有充足的硫酸盐、碳酸盐及水，且温度较低（<15 ℃）时，水泥基材料就有可能遭受碳硫硅钙石型硫酸侵蚀（Thaumasite form of Sulfate Attack，TSA）破坏。石灰石粉掺量仅5%的水泥构件中同样发现有碳硫硅钙石形成。与传统硫酸盐侵蚀不同，碳硫硅钙石的形成直接破坏水泥石的主要胶凝物质（C-S-H 凝胶），并使其转变为无黏结力的烂泥状物质，使混凝土由表及里逐渐脱落，从而导致水泥基材料性能的严重劣化[375,376]。近40年来，国外许多国家相继报道了上百个因碳硫硅钙石的形成而导致工程劣化的实例[375,377-379]，我国的甘肃兰州八盘峡水电站和新疆喀什地区永安坝水库也发生了同样的破坏[397,398]。因此，在实际工程中如果不采取有效预防措施，则会严重影响混凝土的耐久性，有可能造成更大的经济损失。

我国有着漫长的海岸线，随着经济的发展，海洋资源日益得到人类的开发，与海洋环境相关的跨海大桥、港口码头、海底隧道、海上石油钻井平台等混凝土建筑物越来越多。海水中含有大量的 Cl^-、Mg^{2+}、SO_4^{2-}，对混凝土结构有很强的腐蚀破坏作用，再加上海浪冲刷、磨蚀、干湿循环、碳化及寒冷地区冻融循环，导致海工混凝土性能劣化极其严重。英国威尔士的一些混凝土建筑物就因发生 TSA 破坏而不得不重新修建[424]。此外，随着我国西部大开发战略的实施，许多重大工程已经开始在我国西部地区如火如荼地开展。我国西部地区分布着1 000多个盐湖[418]，其面积约占其国土面积的一半。盐湖中主要腐蚀离子（Cl^-、Mg^{2+}、SO_4^{2-}）的浓度大约是海水的5~10倍，其中新疆盐湖高达269.4 g·L^{-1}，西藏盐湖则为195.5 g·L^{-1}，并且这些地区气候条件十分恶劣。由上可见，我国西部地区及沿海地区硫酸盐腐蚀环境恶劣，极其符合 TSA 发生的条件，若不加以重视极有可能造成更大规模的工程破坏，给国家财产和人民的生命安全造成巨大损失。

目前，国外对碳硫硅钙石的组成与结构、表征手段、形成反应机理与影响因素、破坏机理、对水泥基材料性能的影响及预防措施等方面的系统研究相继展开，而我国在这方面的研究及关注则相对欠缺[378,379,381-388,419-424]。因此，以我国西部地区及沿海地区的实际腐蚀环境为例,研究掺石灰石粉水泥基材料在硫酸盐腐蚀环境中发生 TSA 破坏的可能性、破坏机理及性能退化规律,有针对性地研发 TSA 抑制剂,具有特别重大的意义。

碳硫硅钙石形成(TF)和碳硫硅钙石型硫酸盐侵蚀(TSA)已成为水泥基材料研究的热点之一,国内外学者就碳硫硅钙石的组成结构、鉴定表征、形成机理、影响因素、破坏机理及预防措施做了大量研究工作。

1. 碳硫硅钙石的形成机理

研究表明,碳硫硅钙石的形成机理主要有两种:直接反应机理和钙矾石转变机理。

1) 直接反应机理[387]

认为由存在于水泥浆体液相中的硫酸盐和碳酸盐与 C-S-H 凝胶相互反应生成碳硫硅钙石,其反应式如下:

$$Ca_3Si_2O_7 \cdot 3H_2O + 2CaSO_4 \cdot 2H_2O + 2CaCO_3 + 24H_2O \longrightarrow$$
$$Ca_6[Si(OH)_6]_2 \cdot [(SO_4)_2 \cdot (CO_3)_2] \cdot 24H_2O + Ca(OH)_2 \quad (6.41)$$

该反应进行得很慢(通常需要几个月),反应中生成的 $Ca(OH)_2$ 又可以与空气中的 CO_2 反应,生成的 $CaCO_3$ 再参与式(6.41)反应,循环往复,不断消耗水泥水化产物中的 C-S-H 凝胶,并不断生成碳硫硅钙石。

在硫酸镁存在的条件下,碳硫硅钙石按式(6.42)形成,即

$$Ca_3Si_2O_7 \cdot 3H_2O + 2MgSO_4 + 2CaCO_3 + Ca(OH)_2 + 28H_2O \longrightarrow$$
$$Ca_6[Si(OH)_6]_2 \cdot [(SO_4)_2 \cdot (CO_3)_2] \cdot 24H_2O + 2Mg(OH)_2 \quad (6.42)$$

Santhanam 等[404]研究石膏对水泥砂浆抗硫酸盐侵蚀作用时,发现纯 C_3S 水泥砂浆中也有碳硫硅钙石生成。此外,Barnett 等[405]采用 Na_2SiO_3、Na_2SO_4 及 Na_2CO_3 的混合水溶液与 $Ca(OH)_2$ 的水溶液混合后,在低温下成功合成了纯碳硫硅钙石晶体。这些都有力地支持了直接反应机理。

2) 钙矾石转变机理[388]

认为钙矾石是碳硫硅钙石的形成基质。

碳硫硅钙石的结构式为 $Ca_6[Si(OH)_6]_2 \cdot [(SO_4)_2 \cdot (CO_3)_2] \cdot 24H_2O$,与钙矾石的结构式 $Ca_6[Al(OH)_6]_2 \cdot [(SO_4)_3 \cdot (H_2O)_2] \cdot 24H_2O$ 极为相似。

钙矾石与 C-S-H 凝胶、碳酸盐、Ca^{2+} 和过量的水反应,在 CO_3^{2-} 的作用下,Si^{4+}(八面体配位)取代 Al^{3+} 进入钙矾石的结构中,通过钙矾石与碳硫硅钙石固溶体这一中间产物的形成,再转化为碳硫硅钙石,反应式如下:

$$Ca[Al(OH)_6]_2 \cdot [(SO_4)_3 \cdot (H_2O)_2] \cdot 24H_2O + CaCO_3 + Ca(OH)_2 + CO_2 +$$
$$CaSi_2O_7 \cdot 3H_2O + xH_2O \longrightarrow Ca_6[Si(OH)_6]_2 \cdot [(SO_4)_2 \cdot (CO_3)_2] \cdot 24H_2O +$$
$$Al_2O_3 \cdot xH_2O + CaSO_4 \cdot 2H_2O + Ca(OH)_2 \quad (6.43)$$

该反应开始时很慢,但一旦碳硫硅钙石开始形成,反应速率就会加快,因

为中间产物钙矾石与碳硫硅钙石固溶体是一个不连续固溶体,在一定的组成范围内很不稳定,有较大的表面能变化。

2. TSA 化学过程模型

Irassar、Pajares、Gollop 等[406-409]认为,TSA 化学过程基本可分为 4 个阶段,如图 6.19 所示。

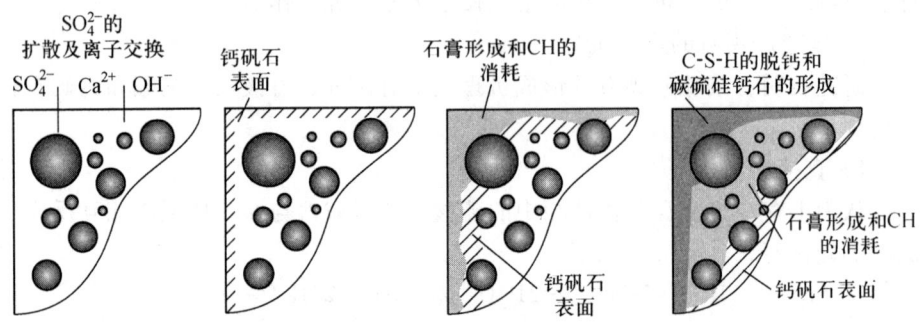

图 6.19 基于微观产物变化的 TSA 化学过程模型

第一个阶段是离子迁移期,在混凝土构件内外浓度差的作用下,外界 SO_4^{2-} 及其他有害介质通过孔隙向混凝土内部渗透,而水泥石中的 OH^- 及 Ca^{2+} 等向外界扩散、溶出。在此阶段中,水泥石处于暂时的稳定期。

第二阶段是 AFt 生成期,SO_4^{2-} 首先与水化产物 $Ca(OH)_2$ 作用生成硫酸钙,硫酸钙再与水泥石中的水化铝酸钙或单硫型硫铝酸钙反应生成 AFt,如式(6.44)~式(6.46)所示:

$$Ca(OH)_2 + SO_4^{2-} \longrightarrow CaSO_4 + 2OH^- \tag{6.44}$$

$$4CaO \cdot Al_2O_3 \cdot 19H_2O + 2CaSO_4 + SO_4^{2-} + 14H_2O \longrightarrow$$
$$3CaO \cdot Al_2O_3 \cdot 3CaSO_4 \cdot 32H_2O + 2OH^- \tag{6.45}$$

$$3CaO \cdot Al_2O_3 \cdot CaSO_4 \cdot 18H_2O + 2CaSO_4 + 14H_2O \longrightarrow$$
$$3CaO \cdot Al_2O_3 \cdot 3CaSO_4 \cdot 32H_2O + 4OH^- \tag{6.46}$$

第三阶段是石膏生成期,此阶段水泥石中氢氧化钙和水化硅酸钙直接跟 SO_4^{2-} 反应生成石膏,如式(6.47)、式(6.48)所示:

$$Ca(OH)_2 + SO_4^{2-} + 2H_2O \longrightarrow CaSO_4 \cdot 2H_2O + 2OH^- \tag{6.47}$$

$$3CaO \cdot 2SiO_2 \cdot 3H_2O + 3SO_4^{2-} + 8H_2O \longrightarrow 3(CaSO_4 \cdot 2H_2O) + 6OH^- + 2SiO_2 \cdot H_2O \tag{6.48}$$

第四阶段是碳硫硅钙石生成期,在 TSA 浸泡环境下,石膏等产物会与水泥水化产物 C-S-H 凝胶发生反应,导致 C-S-H 凝胶解体,生成无任何黏结性的碳硫硅钙石。

3. 碳硫硅钙石的形成条件

由以上形成机理可知,只要有充足的硫酸盐、碳酸盐及水,在温度适当的情况下,水泥基材料就有可能发生 TSA 破坏。

1) 硫酸盐(SO_4^{2-})

SO_4^{2-} 的来源分为内部和外部两种。内部主要是由水泥、矿物掺合料、化学外加剂及拌合用水引入。外部的主要来源是:① 含有 K^+、Mg^{2+}、Na^+ 的可溶性硫酸盐地下水;② 含硫化物的黏土土壤,未风化的含硫化物的黏土开挖后又重新回填,因硫化物的氧化而提高了土壤和地下水中的硫酸盐含量;③ 腐烂的地质、煤和油页岩的开采、工业废料和海水;④ 除冰盐、含硫酸盐的砖块、石膏浆体和污染的骨料;⑤ 空气中的 SO_3。

2) 碳酸盐(CO_3^{2-})

CO_3^{2-} 的来源主要是以混合材或掺合料引入混凝土中的石灰石粉及石灰石质骨料。在已证实 TSA 劣化的建筑物中绝大部分都采用了石灰石质骨料,而掺入石灰石粉的混凝土破坏情况就更严重。如含有 35% 石灰石粉的水泥砂浆在 5 ℃ 的 $MgSO_4$ 溶液中浸泡不到 1 年,就出现了大面积的破坏和劣化,并且以 $CaMg(CO_3)_2$ 组成为主的白云石比以 $CaCO_3$ 组成为主的石灰石更有利于引发 TSA 破坏[395]。

此外,溶解在含硫酸盐水源中的碳酸盐或重碳酸盐及空气中的 CO_2 也可以成为混凝土出现 TSA 的 CO_3^{2-} 的来源。在英国就出现了 6 个不含或仅含很少碳酸盐成分的混凝土表面劣化的案例,其中 1 座桥梁基础混凝土表面出现 20 mm 深的软化层,并且在孔缝中和骨料界面上形成了大量的碳硫硅钙石。不掺石灰石粉或石灰石骨料的混凝土也可因为空气中的 CO_2 而发生 TSA[389],TSA 发生的区域与空气碳化深度一致,如图 6.20 所示[411]。但也有试验表明,早期空气中养护的混凝土有利于抵抗 TSA。因此,空气中的 CO_2 能否作为 TSA 发生的 CO_3^{2-} 的来源,关键是渗入混凝土中 CO_2 的量及其与混凝土中 $Ca(OH)_2$ 的比例,比例较大时,空气中的 CO_2 就以碳酸氢根离子的形式成为 TSA 发生的 CO_3^{2-} 的来源。

3) 温度

一般认为只有低温(<15 ℃)才有碳硫硅钙石形成[375-379],其原因在于:① Kleber 规则,温度降低将导致原子配位数增加,因为碳硫硅钙石中 $Si(IV)$ 离子是八面体配位,低温对形成八面体配位离子 $[Si(OH)_6]^{2-}$ 很有利;② 低温有利于难溶钙盐(如 $CaCO_3$)的溶解,如温度从 25 ℃ 降低到 0 ℃,水中 CO_2 的溶解度增加一倍,这也是欧洲北部地区国家出现 TSA 破坏工程实例最多、加拿大北极地区 TSA 破坏最严重的原因。高礼雄等[412]研究了温度对碳硫硅钙

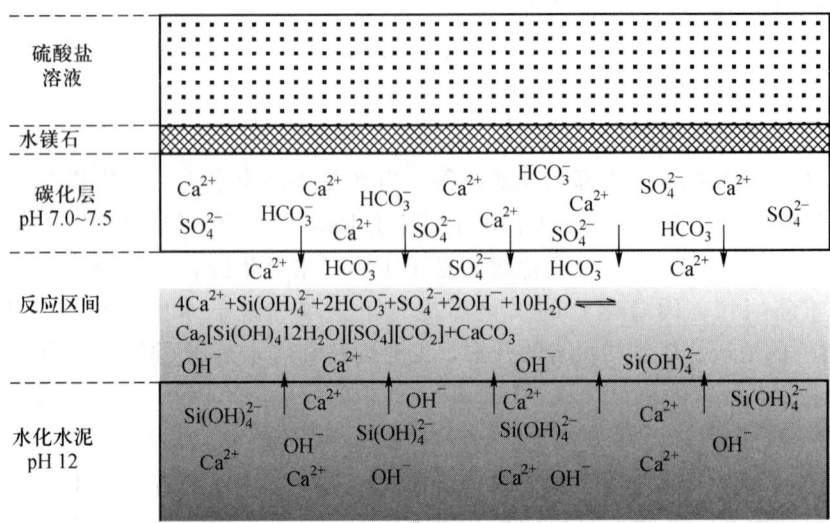

图 6.20 碳化砂浆的表面各种离子向反应区迁移

石形成的影响，认为掺石灰石粉的水泥石在 0~10 ℃时会发生 TSA 破坏，并且温度越低，碳硫硅钙石形成越快。此外，Schmidt 等[421]通过热力学计算，认为低温时碳硫硅钙石的形成速度更快并且稳定性更好。但是，实验证明碳硫硅钙石也可在室温下形成，只是形成速率较慢，这说明低温并不一定是碳硫硅钙石形成的必要条件。如气候温暖的美国加利福尼亚州橘县[389]，大部分时间其气温在 20 ℃以上，但是暴露在含硫酸盐地下水中 10 年的渗透性混凝土中发现了 TSA 破坏。Gao 等[414]在实验室研究发现，掺 30% 石灰石粉的水泥砂浆在 20 ℃下浸泡 1 年后生成了碳硫硅钙石。

因此，低温条件有可能并不是混凝土发生 TSA 的必要条件。在合适条件下，TSA 可在温暖气候条件下发生，只是低温条件加快了 TSA 的发生和发展。而且现场混凝土一旦有碳硫硅钙石形成，就会稳定存在在混凝土中，与后期温度变化无关。

4) 水

所有的硫酸盐侵蚀都需要水或潮湿的环境条件，水泥基材料 TSA 破坏发生也是如此，干燥条件可以有效阻止或减缓 TSA 的发生。然而，很多水泥混凝土构件都处在潮湿的环境中，这无疑加剧了 TSA 破坏的可能性。

5) 水泥基材料

水泥品种对碳硫硅钙石的形成有很大影响。马保国等[425]研究了不同品种水泥的抗 TSA 破坏性能，掺加 30% 石灰石粉的砂浆试件在 5 ℃ ±1 ℃，浸泡于 5% 的 $MgSO_4$ 溶液中。结果表明：抗硫酸盐水泥不能有效防止 TSA 破坏，而普通硅酸盐水泥与快硬硫铝酸盐水泥复合则能够取得较好的抗 TSA 破坏效果。Crammond[393]指出，掺有 6%~35%石灰石粉的石灰石水泥抗 TSA 破坏效果最差，C_3A 含量 7%~10%的硅酸盐水泥抗 TSA 破坏效果较差，而抗硫酸盐水泥并不能避免水泥混凝土发生 TSA 破坏，尤其是采用石灰石骨料的混凝土。Nobst 和 Stark[426]认为碳硫硅钙石形成与水泥中的 C_3A、Al_2O_3 含量成正比，甚至少量的 Al_2O_3 都会加速碳硫硅钙石形成。而 Schmidt 等[421]则认为，掺石灰石粉的水泥基材料中，碳硫硅钙石的形成与水泥中 C_3A 含量高低并无直接关系。从以上这些相互矛盾的研究结果可以看出，要想真正搞清碳硫硅钙石与水泥品种及化学组成的关系仍有很多工作要做。

  水泥基材料引入矿物掺合料后，水泥水化生成的 $Ca(OH)_2$ 与掺合料中活性的 SiO_2 发生二次火山灰反应，使得高 Ca/Si 的 C-S-H 凝胶向低 Ca/Si 的 C-S-H 凝胶转化，同时体系中的 $Ca(OH)_2$ 也大大减少，显著提高水泥基材料体系的抗侵蚀性。Bellmann 和 Stark[419,423]通过热力学计算及试验研究证明，$Ca(OH)_2$ 对碳硫硅钙石的形成起着关键作用。当体系中存在大量 $Ca(OH)_2$ 时，C-S-H 凝胶呈高 Ca/Si 形式，易于遭受硫酸盐侵蚀并形成碳硫硅钙石。而当体系中缺乏 $Ca(OH)_2$ 时，C-S-H 凝胶则呈低 Ca/Si 形式，能较好地抑制碳硫硅钙石形成，并建议引入矿物掺合料来提高水泥基材料的抗 TSA 破坏能力。Skaropoulous 等[427]研究了矿物掺合料抑制石灰石水泥砂浆 TSA 的破坏效果，10%偏高岭土、50%矿渣、30%粉煤灰及 20%火山灰分别等量取代石灰石水泥（石灰石掺量 15%），砂浆试件在 5 ℃、25 ℃下浸泡于 1.8%的 $MgSO_4$ 溶液 5 年。结果表明：偏高岭土及矿渣取代石灰石水泥后能显著改善水泥的抗 TSA 破坏性，粉煤灰的引入能延缓硫酸盐侵蚀，而火山灰并不能有效地抑制水泥 TSA 破坏。此外，所有 25 ℃下浸泡的试件都没有发生 TSA 破坏。

  马保国等[415]研究了硅灰、粉煤灰、矿渣对水泥砂浆（掺 30%石灰石粉）TSA 侵蚀的影响，测试各砂浆在 5 ℃±1 ℃ 2%的 $MgSO_4$ 溶液中浸泡 1 年后的外观、强度及矿物成分变化。结果表明：矿物掺合料的加入降低了水泥石中 $Ca(OH)_2$ 的含量，从而在一定程度上提高了水泥砂浆的抗 TSA 侵蚀能力。矿物掺合料对水泥石中 $Ca(OH)_2$ 的减少与对抗 TSA 侵蚀性的改善效果具有相同的规律，其优劣次序为：60%矿渣粉>5%硅灰+25%矿渣粉>8%硅灰>30%矿渣粉>20%粉煤灰>无掺合料。有关粉煤灰取代水泥后对 TSA 影响的研究结果不太一致，部分研究认为含有粉煤灰的混凝土或砂浆在低温下更易发生 TSA[416]，甚至用 50%的粉煤灰取代水泥也会发生 TSA，而且试件强度损失很大。然而，也有试验表明，粉煤灰的加入能延缓 TSA 的破坏作用[417]。高礼雄[428]研究了掺煤矸石水泥基材料的抗硫酸盐侵蚀破坏性能，结果表明，煤矸石并不能有效地抑制硫酸盐侵蚀。

由此可以看到，混凝土构筑物中发生 TSA 及其发展的程度受多种因素的影响，其中有环境条件的因素，也有材料组成的因素，有些因素的确切机理还不是很清楚，会出现相互矛盾的结果。此外，混凝土材料本身的质量也是一个重要的因素。

4. TSA 劣化行为

TSA 所侵害的目标是硬化水泥基体的 C-S-H 凝胶，众所周知 C-S-H 是硅酸盐水泥（包括抗硫酸盐水泥）的主要胶凝物质，而碳硫硅钙石已被证明是一种无黏结力的物质。因此，TSA 的主要劣化形式是使坚硬的水泥硬化体或其他硅酸盐凝胶体转变成柔软、无黏结力甚至用手指都可剥离的白色物质，从而导致水泥基材料的结构破坏和强度损失。

水泥基材料 TSA 过程有以下 4 个明显的劣化区段[375]：

第 1 区段，没有明显的侵蚀迹象，只是在混凝土骨料颗粒周围偶尔可见伴有碳硫硅钙石和钙矾石的孔隙和裂缝。

第 2 区段，伴有白色碳硫硅钙石的细小裂缝开始在平行于混凝土表面出现，$CaCO_3$ 有时会在这些裂缝中沉淀，在水泥石基体中观察到少量 $Ca(OH)_2$，没有其他含硫矿物。

第 3 区段，由碳硫硅钙石填充的缝隙开始变宽，未被侵蚀的水泥硬化体大量减少，在粗细骨料周围可以看到白色碳硫硅钙石，$CaCO_3$ 有时会在这些裂缝中沉淀，在水泥石基体中观察到少量 $Ca(OH)_2$，没有其他含硫矿物。

第 4 区段，水泥硬化体完全转化为白色或淡黄色无黏结力的烂泥状物质——碳硫硅钙石，其侵蚀深度有时可达钢筋混凝土建筑物中的钢筋表面。

根据 TSA 的上述特征，如发现混凝土建筑物上有白色或淡黄色烂泥状可用手指头刮下的物质存在，就有可能是碳硫硅钙石，可取样对其检测确认。

5. TSA 的预防措施

从碳硫硅钙石的形成机理与条件来看，要发生 TSA 破坏，必须有充足的硫酸盐、碳酸盐和水存在。目前，预防 TSA 破坏的措施如下：

（1）采用高效减水剂，减少单位用水量，从而降低孔隙率，改善孔结构，提高混凝土的抗渗透性，减少硫酸盐、碳酸盐等有害离子的进入。研究表明，水灰比从 0.6 降到 0.4，混凝土的抗 TSA 破坏性能得到极大提高，试体表面的脱落情况与强度损失都减少了很多。

（2）引入矿渣、偏高岭土等掺合料，一方面利用其微集料效应，填充混凝土内的孔隙，提高其密实性。另一方面可以利用其火山灰效应，与水泥水化生成的 $Ca(OH)_2$ 反应生成低 Ca/Si 的 C-S-H 凝胶，即可以提高致密性又可以减少 $Ca(OH)_2$ 量，从而降低 TSA 发生的可能性[419,421,423,425]。

（3）严格控制矿物掺合料、减水剂及拌合用水中的 SO_4^{2-} 含量，少用石灰石粉作混凝土掺合料，破坏 TSA 形成的条件。

（4）建筑物所处环境易于诱发 TSA 时，混凝土浇注养护后，外面刷涂一层有机或无机的防水层，从而阻断外来硫酸盐、碳酸盐的进入。

（5）混凝土搅拌过程中[422]，引入适量氢氧化钡和柠檬酸钠。一方面通过生成 $BaSO_4$ 降低了 SO_4^{2-} 的浓度，另一方面降低 $Ca(OH)_2$ 从水泥石中析出的速度而减缓碳硫硅钙石形成。

总之，要预防 TSA 发生，很重要的一点是提高水泥基材料的抗渗透性，从而减少外部硫酸盐、碳酸盐及水的渗入。

参 考 文 献

[1] 吴中伟，廉慧珍. 高性能混凝土[M]. 北京：中国铁道出版社，1999.
[2] 李春波，吴健. 区别看待周期性行业[N/OL]. 中信证券，2000-06-05. http://download.btnd.cn/download/2005/6/20056520915115.pdf.
[3] 国际能源署. 世界能源展望[M]. 北京：中国石化出版社，2002.
[4] 吴超寰，王仲华，董维佳，等. 熟料、矿渣、粉煤灰三元体系胶材和混凝土的性能研究[M]//三峡水利枢纽工程应用基础研究. 北京：地质出版社，1997.
[5] 陈益民，张洪涛，林震. 三峡大坝粉煤灰的水化反应速率与大坝混凝土贫钙问题[J]. 水利学报，2002，(8)：8-11.
[6] Cengiz Duran Atis. Heat evolution of high-volume fly ash concrete [J]. Cem. Concr. Res., 2002, 32: 751-756.
[7] Yoon Young-Soo, Won Jong-Pil, Woo Sang-Kyun, et al. Enhanced durability performance of fly ash concrete for concrete-faced rockfill dam application [J]. Cem. Concr. Res., 2002, 32: 23-30.
[8] McCarthy M J, Dhir R K. Development of high volume fly ash cements for use in concrete construction [J]. Cem. Concr. Res., 2005, 84: 1423-1432.
[9] 覃维祖. 大掺量粉煤灰混凝土与高性能混凝土[J]. 混凝土与水泥制品，1995，(2)：22-26.
[10] 张承志. 商品混凝土[M]. 北京：化学工业出版社，2006.
[11] 陈胡星. 中热水泥-粉煤灰体系的贫钙问题[J]. 浙江大学学报(工学版)，2006，40(9)：1583-1586.
[12] 阎培渝. 粉煤灰在复合胶凝材料水化过程中的作用机理[J]. 硅酸盐学报，2007，35(S1)：167-171.
[13] 蔡跃波. 掺活性掺合料混凝土研究与应用中的几个疑难问题[J]. 硅酸盐学报，2000，28(S1)：52-56.
[14] 朱蓓蓉，杨全兵. 高掺量粉煤灰混凝土强度发展潜力[J]. 粉煤灰综合利用，2005，(5)：12-14.

[15] Feldman R F. The effect of sand/cement ratio and silica fume on the microstructure of mortars [J]. Cem. Concr. Res., 1986, 16: 31-39.

[16] Taylor H F M. Cement Chemistry [M]. 2nd ed. London: Telford Thomas, 1997.

[17] 黄士元,等. 近代混凝土技术[M]. 西安: 陕西科学技术出版社, 1998.

[18] Saraswathy V, Song H W. Evaluation of corrosion resistance of Portland pozzolana cement and fly ash blended cements in pre-cracked reinforced concrete slabs under acceleratedtesting conditions [J]. Mater. Chem. Phys., 2007, 104: 356-361.

[19] Ghose A, Pratt P L. Studies of hydration reactions and microstructure of cement-fly ash pastes. Effect of fly ash incorporation in cement and concrete [C]// Proceedings of Symposium N Annual Meeting, 1981: 82-91.

[20] 阎培渝,韩建国,杨文言. 复合胶凝材料水化过程的 ESEM 观察[J]. 电子显微学报, 2004, 23(2): 183-187.

[21] 王培铭,陈志源, Schola H. 粉煤灰与水泥浆体间界面的形貌特征[J]. 硅酸盐学报, 1997, 25(4): 475-479.

[22] Rodger S A, Groves G W. Electron microscopy study of ordinary Portland cement and ordinary Portland cement-pulverized fuel ash blended pastes [J]. J. Am. Ceram. Soc., 1989, 72(6): 1037-1039.

[23] Asaga K, Kuga H, Takahashi S, et al. Effect of pozzolanic additives in the Portland cement on the hydration rate of alite [C]// Proc. of the 10th International Congress on the Chemistry of Cement. Gothenbug, 1997.

[24] Takemoto K, Uchikawa H. 火山灰质水泥水化[C]// 第七届国际水泥化学会议论文选集. 北京: 中国建筑工业出版社, 1985: 160-164.

[25] 张文生,陈益民,欧阳世翕. 粉煤灰与水泥熟料共同水化硬化的基础研究进展及评述[J]. 硅酸盐学报, 2000, 28(2): 475-479.

[26] Lachowski E E, Glasser F P, Kindness A, et al. Compositional development (solid and aqueous phase) in aged slag and fly ash blended cement pastes [C]//Proc. of the 10th International Congress on the Chemistry of Cement. Gothenbug, 1997.

[27] 钱觉时. 粉煤灰特性与粉煤灰混凝土[M]. 北京: 科学出版社, 2004.

[28] 魏风艳,吕忆农,兰祥辉,等. 粉煤灰水泥基材料的水化产物[J]. 硅酸盐学报, 2005, 33(1): 52-56.

[29] Sakai E, Miyahara S. Hydration of fly ash cement [J]. Cem. Concr. Res., 2005, 35: 1135-1140.

[30] Diamond S. Mercury porosimetry: An inappropriate method for the measurement of pore size distributions in cement-based materials [J]. Cem. Concr. Res., 2000, 30: 1517-1525.

[31] Cook R A, Hover K C. Mercury porosimetry of hardened cement pastes [J]. Cem. Concr. Res., 1999, 29: 933-943.

[32] 林震, 陈益民, 苏娇华. 外掺磨细矿渣与粉煤灰的水泥基材料的亚微观结构研究[J]. 硅酸盐学报, 2000, 28(S): 6-10.

[33] 郑克仁, 邹庆焱, 何富强. 矿物掺合料掺量对孔结构的影响[J]. 山西建筑, 2007, 33(22): 181-182.

[34] 李永鑫, 陈益民. 磨细矿物掺合料对水泥硬化浆体孔结构及砂浆结构的影响[J]. 硅酸盐学报, 2006, 34(5): 575-579.

[35] 施惠生, 方泽锋. 粉煤灰对水泥浆体早期水化和孔结构的影响[J]. 硅酸盐学报, 2004, 32(1): 95-98.

[36] 吴建华. 高强高性能大掺量粉煤灰混凝土研究[D]. 重庆: 重庆大学, 2004.

[37] Diamond S. Effects of two Danish fly ashes on alkali contents of pore solutions of cement-fly ash pastes [J]. Cem. Concr. Res., 1981, 11: 383-394.

[38] Nixon P J, Page C L, Bollinghaus R, et al. The effect of Pfa with a high total alkali content on pore solution composition and alkali silica reaction [J]. Magazine of Concrete Research, 1986, 38: 30-35.

[39] 蒲心诚, 等. 大掺量粉煤灰水泥研究[J]. 房产与应用, 1996, (3): 4-12.

[40] Resheeduzaafar, Ehteshan Hussain S. Effect of microsilica and blast furnace slag on pore solution composition and alkali-silica reaction [J]. Cem. Concr. Res., 1991, 21: 219-235.

[41] Barlon D F, Jackson P G. The release of alkalis from pulverised-fuel ashes and granulated blast furnace slags in presence of Portland cement [J]. Cem. Concr. Res., 1998, 28: 235-240.

[42] Langan B W, Weng K, Ward M A. Effect of silica fume and fly ash on heat of hydration of Portland cement [J]. Cem. Concr. Res., 2002, 32: 1045-1051.

[43] 李家和, 王政, 张玉珍. 活化粉煤灰－水泥－水系统反应动力学研究[J]. 哈尔滨师范大学自然科学学报, 2000, 16(1): 69-73.

[44] 黄士元, 李志华, 程吉平. 粉煤灰－$Ca(OH)_2 \cdot H_2O$ 系统中的反应动力学[J]. 硅酸盐学报, 1986, 14(1): 191-197.

[45] 张魁洁. 蒸养条件下粉煤灰－$Ca(OH)_2$ 系统反应动力学的研究[J]. 哈尔滨建筑大学学报, 2001, 34(2): 90-93.

[46] Krstulovic R, Dabic P A conceptual model of the cement hydration process [J]. Cem. Concr. Res., 2000, 30: 693-698.

[47] 阎培渝, 郑峰. 水泥基材料的水化动力学模型[J]. 硅酸盐学报, 2006, 34(5): 555-559.

[48] 朱蓓蓉, 杨全兵. 粉煤灰火山灰反应性及其反应动力学[J]. 硅酸盐学报, 2004, 32(7): 892-896.

[49] 张云升, 孙伟, 郑克仁, 等. 水泥－粉煤灰浆体水化反应进程[J]. 东南大学学

报(自然科学版), 2006, 36(1): 118-123.

[50] 王爱勤, 杨南如, 钟白茜, 等. 粉煤灰水泥的水化动力学[J]. 硅酸盐学报, 1997, 25(2): 123-129.

[51] 全国水泥标准化技术委员会. GB/T 12960—2007 水泥组分的定量测定[S]. 北京: 中国标准出版社, 2007.

[52] Poon C S, Qiao X C, Lin Z S. Pozzolanic properties of reject fly ash in blended cement pastes [J]. Cem. Concr. Res., 2003, 33: 1857-1865.

[53] 廖绍锋, 陈阳显, 李化建. X 射线衍射定量分析在水泥熟料分析中的应用[J]. 建材技术与应用, 2004, (6): 11-13.

[54] Rietveld H M. A profile refinement method for nuclear and magnetic structures [J]. J. Appl. Crystallogr., 1969, 2(1): 65-70.

[55] 洪汉烈, 陈建军, 杨淑珍, 等. 水泥熟料定量分析的全谱拟合法[J]. 分析测试学报, 2001, 20(2): 5-8.

[56] Guirado F, Gali S, Chinchon S. Quantitative Rietveld analysis of aluminous cement clinker phases [J]. Cem. Concr. Res., 2000, 30: 1023-1029.

[57] Guirado F, Gali S. Quantitative Rietveld analysis of CAC clinker phases using synchrotron radiation [J]. Cem. Concr. Res., 2006, 36: 2021-2032.

[58] de Noirfontaine M N, Dunstetter F, Courtial M, et al. Polymorphism of tricalcium silicate, the major compound of Portland cement clinker 2. Modelling alite for Rietveld analysis, an industrial challenge [J]. Cem. Concr. Res., 2006, 36(1): 54-64.

[59] Crumbie A, Walenta G, Füllmann T. Where is the iron? Clinker microanalysis with XRD Rietveld, optical microscopy/point counting, Bogue and SEM-EDS techniques [J]. Cem. Concr. Res., 2006, 36(8): 1542-1547.

[60] de la Torre Angeles G, de Vera Ruth N, Cuberos Antonio J M, et al. Crystal structure of low magnesium-content alite: application to Rietveld quantitative phase analysis [J]. Cem. Concr. Res., 2008, 38(11): 1261-1269.

[61] Scrivener K L, Füllmann T, Gallucci E, et al. Quantitative study of Portland cement hydration by X-ray diffraction/Rietveld analysis and independent methods [J]. Cem. Concr. Res., 2004, 34(9): 1541-1547.

[62] 贾艳涛. 矿渣和粉煤灰水泥基材料的水化机理研究[D]. 南京: 东南大学, 2005.

[63] 廉慧珍, 童良, 陈恩义. 建筑材料物相研究基础[M]. 北京: 清华大学出版社, 1996.

[64] 张庆欢. 粉煤灰在复合胶凝材料水化过程中的作用机理[D]. 北京: 清华大学, 2006.

[65] 李北星, 胡晓曼, 陈娟, 等. 高掺量混合材复合水泥的水化性能[J]. 硅酸盐学报, 2004, 32(10): 1304-1309.

[66] Fu X H, Wang Z, Tao W H, et al. Studies on blended cement with a large amount of fly ash [J]. Cem. Concr. Res., 2002, 32(7): 1153-1159.

[67] Lam L, Wong Y L, Poon C S. Degree of hydration and gel/space ratio of high-volume fly ash/cement systems [J]. Cem. Concr. Res., 2000, 30(5): 747-756.

[68] Poon C S, Lam L, Wong Y L. A study on high strength concrete prepared with large volumes of low calcium fly ash [J]. Cem. Concr. Res., 2000, 30(3): 447-455.

[69] 林灼杰, 尹健, 李益进. 水泥-粉煤灰复合胶凝材料水化特性研究[J]. 铁道科学与工程学报, 2005, 2(6): 76-82.

[70] 吕林女, 何永佳, 王晓, 等. 掺合料复掺对水泥基材料孔溶液碱度的影响[J]. 河南建材, 2004, (3): 3-5.

[71] 王晓. 不同水灰比粉煤灰-水泥混合体系水化特性研究[J]. 河南建材, 2005, (1): 3-5.

[72] Zhang Y M, Sun W, Yan H D. Hydration of high-volume fly ash cement pastes [J]. Cem. Concr. Compos., 2000, 22(6): 445-452.

[73] Barneyback R S, Diamond S. Expression and analysis of pore fluids of hardened cement pastes and mortars [J]. Cem. Concr. Res., 1981, 11(2): 279-285.

[74] Longuet P, Burglen L, Zelwer A. Liquid phase of hydrated cement [J]. Rev. Mater. Construct., 1973, 676: 35-41.

[75] Dehwah H A F, Maslehuddin M, Austin S A. Effect of sulfate ions and associated cation type on the pore solution chemistry in chloride-contaminated plain and blended cements [J]. Cem. Concr. Res., 2003, 25(4-5): 513-525.

[76] 孟志良, 周卫, 冯香勉. 论萃取孔溶液法测定混凝土有效碱[J]. 混凝土, 2001, (2): 39-41.

[77] 孟志良, 蒋登辉, 朱峰, 等. 溶出法测定有效碱[J]. 混凝土, 2001, (6): 9-11.

[78] Tishmack J K, Olek J, Diamond S, et al. Characterization of pore solutions expressed from high-calcium fly-ash-water pastes [J]. Fuel, 2001, 80(6): 815-819.

[79] Xu Y. The influence of sulphates on chloride binding and pore solution chemistry [J]. Cem. Concr. Res., 1997, 27(12): 1841-1850.

[80] Sagues A A, Moreno E I, Andrade C. Evolution of pH during in-situ leaching in small concrete cavities [J]. Cem. Concr. Res., 1997, 27(11): 1747-1759.

[81] Taylor H F W. A method for predicting alkali ion concentrations in cement pore

[82] 陈伟，Brouwers H J H，王桂明，等．水泥基材料孔溶液碱度计算机模拟技术[J]．混凝土，2008，(6)：16-20.

[83] Olson R A, Jennings H M. Estimation of C-S-H content in a blended cement paste using water adsorption [J]. Cem. Concr. Res., 2001, 31(3): 351-356.

[84] 胡曙光，何永佳，吕林女．Ca(OH)$_2$解耦法对混合水泥中C-S-H凝胶的半定量研究[J]．材料科学与工程学报，2006，24(5)：666-669.

[85] 胡曙光，耿健，吕林女，等．改进水吸附法用于C-S-H凝胶的半定量分析[J]．建筑材料学报，2006，9(6)：633-637.

[86] 袁润章，谭大璐．水化硅酸钙表面特性的研究[J]．硅酸盐学报，1988，16(6)：489-493.

[87] 封孝信，冯乃谦．碱在C-S-H凝胶中的存在形式[J]．建筑材料学报，2006，7(1)：1-7.

[88] Shehata M H, Thomas M D A, Bleszynski R F. The effects of fly ash composition on the chemistry of pore solution in hydrated cement pastes [J]. Cem. Concr. Res., 1999, 29(12): 1915-1920.

[89] Aligizaki, K. K. Pore structure of cement-based materials-Testing. interpretation and requirements[M]. London: Taylor & Francis, 2006.

[90] Everret D H, Koopal L K. Manual of symbols and terminology for physicochemical quantities and units-Appendix II Definitions [C]// Terminology and Symbols in Colloid and Surface Chemistry, Part I, International Union of Pure and Applied Chemistry. Washington D. C.: Division of Physical Chemistry, 1971.

[91] Mehta P K, Monteiro J M. Concrete, Microstructure, Properties and Materials [M]. New Jersey: McGraw-Hill, 2006.

[92] Mindess S, Young J F, Darwin D. Concrete [M]. 2nd ed. New Jersey: Prentice Hall, Eaglewood Cliffs., 2002.

[93] Ritter H L, Drake L C. Pore-size distribution in porous materials-pressure porosimeter and determination of complete macropore-size distributions [J]. Industrial and Engineering Chemistry Analytical Edition, 1945, 17(12): 782-786.

[94] Powers T C, Brownyard T L. Studies of physical properties of hardened Portland cement paste [J]. Journal of American Concrete Institute, 1946-1947, 43: 101, 249, 469, 549, 669, 845, 933.

[95] RILEM Code Practice for Concrete, CPC11-3, Water absorption of concrete specimens[R]. Cachan France: RILEM Publication.

[96] Loweil S, Shields J E. Power surface area and porosity[M]. 3rd ed. New

Jersey: Chapman and Hall, 1991.

[97] Brun M, Lallemand A, Quinson J F, et al. A new method for the simultaneous determination of the size and the shape pf pores-the thermoporometry [J]. Thermochim. Acta, 1977, 21(1): 59-88.

[98] Seligmann P. Nuclear magnetic resonance studies of the water in hardened cement paste [J]. Journal of the PCA research and development Laboratories, 1968, 10(1): 52-65.

[99] Ritter H L, Erich L C. Pore size distributions in porous materials. Interpretation of small-angle X-ray scattering patterns [J]. Anal. Chem., 1948, 20(7): 665-670.

[100] Richardson J H. Optical microscopy for the materials sciences [M]. New York: Marcel Dekker, 1971.

[101] Stutzman P E. Applications of scanning electron microscopy in cement and concrete petrography, in "Petrography of Cementitious Materials", ASTM STP 1215 [C]// American Society for Testing and Materials, West Conshocken. PA, 1994: 74-90.

[102] Aligizaki K K. Determination of pore structure parameters in hardened cementitious materials [D]. [s. l.]: The Pennsylvania State University, 1995: 265.

[103] Dietrich P, Helmig R, Sauter M, et al. Flow and Transport in Fractured Porous Media[M]. [s. l.]: Springer, 2005.

[104] Barenblatt G I, Zheltov, et al. Basic concepts in the theory of seepage of homogeneous liquids in fissured rocks[J]. J. Appl. Math. Mech., 24, 1286-1303.

[105] Breysse D, Gerard B. Transport of fluids in cracked media, in: Reinhardt H. W. (ed), Penetration and Permeability of Concrete. Barriers to organic and contaminating liquids[R]. London: E&FN Spon, 1995: 123-153.

[106] Wallach R, Parlange J Y. Modeling transport in a single crack by the dual-porosity concept with a boundary layer at the interface [J]. J. Contam. Hydrol., 1998, 34: 121-138.

[107] Priest S, Hudson J. Discontinuity spacings in rock[J]. Int. J. Rock Mechanics and Mining Sciences, 1976, 19: 135-148.

[108] Bear J. Modeling flow and containment in fractured rocks[M]// Bear J. Flow and Containment Transport in Fractured Rocks San Diego: Academic Press, 1993: 1-10.

[109] Darwin D, Abou-Zeid M N, Ketcham K W. Automated crack identification for cement paste [J]. Cem. Concr. Res., 1999, 25: 605-616.

[110] Ringot E, Bascoul A. About the analysis of microcracking in concrete[J].

Cem. Concr. Compos. , 2001, 23: 261-266.

[111] Ammouche A, Breysse D, Hornain H, et al. A new image analysis technique for the quantitative assessment of microcracks in cement-based materials [J]. Cem. Concr. Res. , 2000, 30: 25-35.

[112] Coussy O. Poromechanics[M]. New York: Wiley & Sons, 2005.

[113] Cerny R, Povnanikova P. Transport processes in concrete [M]. London: Taylor & Francis, 2002.

[114] Cerny R. Application of Stefan problem to the moisture transport in porous materials[D]. [s. l.]: Czech Technical University, 1987.

[115] Mainguy M. Modeling of moisture transport in porous media. Application to drying of cement-based materials[D]. Paris: Ecole Nationale des Ponts et Chaussees, 1999.

[116] Baroghel-Bouny V. Water vapour sorption experiments on hardened cementitious materials Part I: Essential tool for analysis of hygral behaviour and its relation to pore structure [J]. Cem. Concr. Res. , 2007, 37: 414-437.

[117] Baroghel-Bouny V. Water vapour sorption experiments on hardened cementitious materials. Part II: Essential tool for assessment of transport properties and for durability prediction [J]. Cem. Concr. Res. , 2007, 37: 438-454.

[118] DuraCrete. Modeling of Degradation [C]// Project BE95-1347, DuraCrete-Probabilistic Performance based Durability Design of Concrete Structures, The Netherlands, 1998(9).

[119] Kollek J J. The determination of permeability of concrete by CEMBUREAU method [J]. Mater. Struct. , 1989(22): 225-230.

[120] Figg J W. Methods of measuring air and water permeability of concrete [J]. Magazine of Concrete Research, 1973(25): 213-219.

[121] Abbas A, Carcasses M, Ollivier J P. The importance of gas permeability in addition to the compressive strength of concrete[J]. Magazine of Concrete Research, 2000(52): 1-6.

[122] Sosoro M, Hoff W D, Wilson M A. Testing methods [M]// Reinhardt H W. Penetration and Permeability of Concrete. Barriers to organic and contaminating liquids. London: E&FN Spon, 1995: 187-211.

[123] Pande A. Handbook of moisture determination and control. New York: Marcel Bekker, 1974.

[124] Arsenault J., Bigas J P, Ollivier J P. Determination of chloride diffusion coefficient using two different steady-state methods: influence of concentration gradient [C]// Proc. RILEM International Workshop Chloride Penetration into Concrete. France: St-Remy-les-Chevreuse, 150-160.

[125] ASTM Standard. Standard test method for electrical indication of concrete's ability to resist chloride ion penetration (C1202-97)[S]. ASTM International. West Conshohocken, Pa., 1997, 6.

[126] Tang L P, Nilsson, L O. Rapid determination of the chloride diffusivity of concrete by applying an electric field [J]. ACI Mater. J., 1992, 89(1): 49-53.

[127] Andrade C, Castellote M, Cervigon D, et al. Fundamentals of migration experiments[C]// Proc. RILEM International Workshop Chloride Penetration into Concrete. France: St-Remy-les-Chevreuse, 95-114.

[128] Lu X Y. Application of Nernst-Einstein equation to concrete [J]. Cem. Concr. Res., 1997, 27(2): 293-302.

[129] 金伟良,吕清芳,赵羽习,等. 混凝土结构耐久性设计方法与寿命预测研究进展[J]. 建筑结构学报, 2007, 28(1): 7-13.

[130] 高小建,赵志曼,孙文博. 钢筋混凝土电化学除氯原理与研究进展[J]. 材料导报, 2007, 21(5): 98-101.

[131] Koleva D A, Hu J, Fraaij A L A, et al. Quantitative characterisation of steel/cement paste interface microstructure and corrosion phenomena in mortars suffering from chloride attack [J]. Corrosion Science, 2006 (48): 4001-4019.

[132] 葛燕,朱锡昶,朱雅,等. 混凝土中钢筋的腐蚀与阴极保护[M]. 北京: 化学工业出版社, 2007.

[133] Yuan Q, Shi C J, De Schutter G, et al. Chloride binding of cement-based materials subjected to external chloride environment: A review [J]. Construct. Build. Mater., 2009(23): 1-13.

[134] Haque M N, Kayyali O A, et al. Free and water soluble chloride in concrete [J]. Cem. Concr. Res., 1995, 25(3): 532-542.

[135] Glass G K, Wang Y, et al. An investigation of experimental methods used to determine free and total chloride contents [J]. Cem. Concr. Res., 1996, 26(9): 1443-1449.

[136] 管学茂,孙国文. 高性能水泥基材料结合外渗氯离子能力的测试方法对比[J]. 混凝土, 2005(11): 39-45.

[137] Luo R, Cai Y B. Study of chloride binding and diffusion in GGBS concrete. Cem. Concr. Res., 33 (2003): 1-7.

[138] Yu P, Kirkpatrick R J. ^{35}Cl NMR relaxation study of cement hydrate suspensions[J]. Cem. Concr. Res., 2001, 31(10): 1479-1485.

[139] Castellote M, et al. Alkaline leaching method for the determination of the chloride content in the aqueous phase of hardened cementitious materials [J]. Cem. Concr. Res., 2001, 31(2): 233-238.

[140] Suryavanshi A K, Scantlebury K D, et al. The binding of chloride ions by sulphate resistant Portland cement[J]. Cem. Concr. Res., 1995, 25(3): 581-592.

[141] Delagrave A, et al. Chloride binding capacity of various hydrated cement paste systems [J]. Advanced Cement Based Materials, 1997, 6(1): 28-35.

[142] Zibara H. Binding of external chloride by cement pastes [D]. [s.l.]: University of Toronto, 2001.

[143] Mohammed T U, Hamada H. Relationship between free chloride and total chloride contents in concrete [J]. Cem. Concr. Res., 2003, 33(9): 1487-1490.

[144] Nielsen E P, Herfort D, et al. Binding of chloride and alkalis in Portland cement systems [J]. Cem. Concr. Res., 2005, 35(1): 117-123.

[145] Arya C, Xu Y. Effect of cement type on chloride binding and corrosion of steel in concrete [J]. Cem. Concr. Res., 1995, 25(4): 893-902.

[146] Dhir R K, El-Mohr M A K, et al. Chloride binding in GGBS concrete [J]. Cem. Concr. Res., 1996, 26(12): 1767-1773.

[147] 余红发, 翁智财, 孙伟, 等. 矿渣掺量对混凝土氯离子结合能力的影响[J]. 硅酸盐学报, 2007, 35(6): 801-806.

[148] Dhir R K, El-Mohr M A K, et al. Developing chloride resisting concrete using PFA [J]. Cem. Concr. Res., 1997, 27(11): 1633-1639.

[149] Hussain E, Rasheeduzzafar S, et al. Factors affecting threshold chloride for reinforcement corrosion in concrete [J]. Cem. Concr. Res., 1995, 25(7): 1543-1555.

[150] Sandberg P. Studies of chloride binding in concrete exposed in a marine environment [J]. Cem. Concr. Res., 1999, 29(4): 473-477.

[151] Reddy B, et al. On the corrosion risk presented by chloride bound in concrete [J]. Cem. Concr. Compos., 2002, 24(1): 1-5.

[152] Saikia N, Kato S, et al. Thermogravimetric investigation on the chloride binding behaviour of MK-lime paste [J]. Thermochim. Acta, 2006, 444(1): 16-25.

[153] Wowra O, Setzer M J. Sorption of chlorides on hydrated cements and C_3S pastes, frost resistance of concrete[R]. London: E&FN Spon, 1997: 147-153.

[154] Brown P W, Badger S. The distributions of bound sulfates and chlorides in concrete subjected to mixed NaCl, $MgSO_4$, $NaSO_4$ attack[J]. Cem. Concr. Res., 2000, 30: 1535-1542.

[155] Dehwah H A F, Maslehuddin M, et al. Effect of sulfate ions and associated

[156] Pruckner F, Gjorv O E. Effect of $CaCl_2$ and NaCl additions on concrete corrosivity [J]. Cem. Concr. Res. , 2004, 34(7): 1209-1217.

[157] Larsson J. The enrichment of chlorides in expressed concrete pore solution submerged in saline solution. In: Proceedings of the Nordic seminar on field studies of chloride initiated reinforcement corrosion in concrete [R]. Lund University of Technology, 1995: 171-176.

[158] Suryavanshi A K, Narayan S R. Stability of Friedel's salt in carbonated concrete structural elements [J]. Cem. Concr. Res. , 1996, 26(5): 729-741.

[159] 金祖权, 孙伟, 李秋义. 碳化对混凝土中氯离子扩散的影响[J]. 北京科技大学学报, 2008, 30(8): 921-925.

[160] Csizmadia, Balazs J G, Tamas F D. Chloride ion binding capacity of aluminoferrites [J]. Cem. Concr. Res. , 2001, 31(4): 577-588.

[161] 罗睿, 蔡路波, 王昌义, 等. 磨细矿渣抗氯离子侵蚀性能的机理研究[J]. 土木工程学报, 2002, 35(6): 100-104.

[162] Manera M. Chloride threshold for rebar corrosion in concrete with addition of silica fume [J]. Corrosion Science, 2008 (50): 554-560.

[163] Glasser F P. Role of Chemical Binding in Diffusion and Mass Transport. International Conference on Ion and Mass Transport in Cement-Based Materials [C]. Toronto, 1999.

[164] Brown P, Bothe J. The system $CaO-Al_2O_3-CaCl_2-H_2O$ at 23℃ and the mechanisms of chloride binding in concrete [J]. Cem. Concr. Res. , 2004, 34(9): 1549-1553.

[165] Jones M R, Macphee D E, Chudek J A. Studies using ^{27}Al MAS NMR of AFm and AFt phases and the formation of Friedel's salt [J]. Cem. Concr. Res. , 2003 (33): 177-182.

[166] Suryavanshi A K, Scantlebury J D, et al. Mechanism of Friedel's salt formation in cements rich in tri-calcium aluminate [J]. Cem. Concr. Res. , 1996, 26(5): 717-727.

[167] Zibara a H, Hooton b R D. Influence of the C/S and C/A ratios of hydration products on the chloride ionbinding capacity of lime-SF and lime-MK mixtures [J]. Cem. Concr. Res. , 2008(38): 422-426.

[168] Guan X, Yao Y. The effect of cement-based materials composition on chloride binding[C]//Proc. of the 6th International Symposium on Cement & Concrete. Xi'an, 2006, 9(19-22): 511-517.

[169] Larsen C K. Chloride binding in concrete-effect of surrounding environment

[170] Diamond S. Chloride concentration in concrete pore solutions resulting from calcium and sodium chloride admixtures [J]. Cement Concrete and Aggregates, 1996, 8(2): 97-102.

[171] Ramachandran V S, Feldman R F, Beaudoin F F. Concrete Science[M]// A Treatise on Current Research. [s. l.]: Heyden & Son Ltd., 1981: 1-5.

[172] Mehta P K, Burrows R W. Building durable structures in the 21st century [J]. Concrete International, 2001(3): 57-63.

[173] 冯瑞, 师昌绪, 刘治国. 材料科学导论[M]. 北京: 化学工业出版社, 2002.

[174] Mehta P K, Aitcin P C. Principles underlying, production of high performance concretes building durable structures in the 21st century [J]. Concrete International, 2001(3): 7-63.

[175] 唐明. 混凝土材料分形特征及应用研究[D]. 哈尔滨: 哈尔滨工业大学材料科学与工程学院, 2003.

[176] 陈宁, 朱伟勇. M-J 混沌分形图谱[M]. 沈阳: 东北大学出版社, 1998: 1-14.

[177] Lorenz E N. Deterministic nonperriodic flow [J]. J. Atoms Sci., 1963, 20.

[178] Ruelle D, Takens K. On the nature of turbulence [J]. Math. Phys., 1971, 20: 167-192.

[179] Feigenbaum M J. Quantitative universality for a class of nonlinear transtormations [J]. J. Stat. Phys., 1978, 19(1).

[180] Feigenbaum M J. The universal metric properties of nonlinear transtormations [J]. J. Stat. Phys., 1979, 21(6).

[181] Takens F. Detecting strange attractors in fluid turbulence [J]. Lecture Notes in Mathematics, 1981: 366-381.

[182] Packard N H, Crutchfield J P, Farmer J D, et al. Geometry from a time series [J]. Phys. Rev. Lett., 1980, 45(9): 712-716.

[183] Grassberger P, Procaccia I. Measuring the strangeness of strange attractors [J]. Physica D, 1983, 9: 189-208.

[184] Mandelbrot B B. How Long is the Coast of Britain, Statistical Self Similarity and Fractional Dimension [J]. Science, 1967(155): 636-638.

[185] Mandelbrot B B. Fractals: Form, Chance and Dimension [M]. San Francisco: [s. n.], 1977.

[186] Mandelbrot B B. The Fractal Geometry of Nature [M]. New York: W. H. Freeman, 1982: 1-25.

[187] Mandelbrot B B, et al. Fractal character of fracture surfaces of metals of metals [J]. Nature, 1984, (308): 721-723.

[188] 谢和平. 分形-岩石力学导论[M]. 北京: 科学出版社, 1997: 2-15, 168-257.

[189] Saouma V C, et al. Fractal characterization of concrete crack surfaces [J]. Engng, Fracture Mech. , 1990, 35(1): 25-28.

[190] Molosov A B, Borodich F M. Fractal fracture of brittle bodies under compression[J](in Rassian). Dokl. Akad. Nauk, 1992, 324(3): 546-549.

[191] Borodich F M. fracture energy of fractal crack, propagation in concrete and rock[J] (in Rassian). Dokl. Akad. Nauk, 1992, 325(6): 1138-1141.

[192] Lange D A, et al. Relationship between fracture surface roughness and fracture behavior of cement paste and mortar [J]. J. Am. Ceram. Soc., 1993, 76(3): 589-597.

[193] Saouma V C, Barton C C. Fractals, fracture and size effect in concrete [J]. J. Engng Mechanics ASCE, 1994, 120(4): 835-854.

[194] Wu K R. Effect of metallic aggregate on strength and fracture properties of HPC [J]. Cem. Concr. Res. , 2001, (31): 113-118.

[195] Yan A, Wu K R. Effect of fracture path on the fracture energy of high-strength concrete [J]. Cem. Concr. Res. , 2001, (31): 1601-1606.

[196] Feodor M B. Fractals and fractal scaling in fracture mechanics [J]. International Journal of Fracture, 1999, (95): 239-259.

[197] Carpinteri A. Fractal nature of material microstructure and size effects on apparent mechanical properties [J]. Mechanics of Materials, 1994, (18): 89-101.

[198] Carpinteri A, Chiaia B. Crack-resistance behavior as a consequence of self-similar fracture topologies [J]. Intenational Journal of Fracture, 1996, (76): 327-340.

[199] Brunetto M B. Scaling phenomena due to fractal contact in concrete and rock fractures [J]. International Journal of Fracture, 1999, (95): 221-238.

[200] Czarnecki L, Garbacz A, Kurach J. On the characterization of polymer concrete fracture surface [J]. Cem. Concr. Compos. , 2001, 23(4-5): 399-409.

[201] 唐明, 宁作君. 混凝土断裂面复型重构及其分形特征的评价[J]. 沈阳建筑工程学院学报, 2003(2): 1-4.

[202] Diamond S. Aspects of concrete porosity revisited [J]. Cem. Concr. Res. , 1999, 29(1): 1181-1188.

[203] Chang, Kug Kwan, et al. A fractal fracture model and application to concrete with different aggregate sizes and loading rates [J]. Structural Engineering and Mechanics, 2006, 23(2): 147-161.

[204] Livingston R A. Fractal nucleation and growth model for the hydration of tricalcium silicate [J]. Cem. Concr. Res. , 2000, 30(12): 1853-1860.

[205] 阿部忠行, 小川进. 铺装コンクリートのフラクタル解析[C]// 日本土木学

会. 日本土木学会论文集, 1992, 16(422): 119-126.

[206] Li Y, Wiggins S. Homoclinic Orbits and Chaos in Discretized Perturbed NLS Systems: Part II. Symbolic Dynamics [J]. Journal of Nonlinear Science, 1997, 7(4): 315-370.

[207] Idorn G M. Innovation in concrete research-review and perspective [J]. Cem. Concr. Res., 2005, 35(1): 3-10.

[208] Kropp J, Hilsdrof H K. Performance Criteria for Concrete Durability. EFNSPON, 2003.

[209] 杨钱荣, 朱蓓蓉. 混凝土渗透性的测试方法及影响因素[J]. 低温建筑技术, 2003, (1): 7-10.

[210] Feldman R F. Pore structure. Permeability and diffusion as related to durability [C]//Proc. of the 8th International Conference of Cement and Concrete. Rio de Janeiro: [s. n.], 1987.

[211] 中国土木工程学会标准. 混凝土结构耐久性设计与施工指南[M]. 北京: 中国建筑工业出版社, 2004.

[212] 练波. 从混凝土的渗透性预测混凝土耐久性[J]. 广东建材, 2002, (1): 43-44.

[213] 金伟良, 赵羽习. 混凝土结构耐久性[M]. 北京: 科学出版社, 2002.

[214] 卢木. 混凝土耐久性研究现状和研究方向[J]. 工业建筑, 1997, 27(5): 1-6.

[215] 周宏伟, 等. 描述孔隙介质孔隙空间分布的数学方法[J]. 西安矿业学院学报, 1997, (4): 299-305.

[216] 赵铁军, 等. 高性能混凝土的强度和渗透性的关系[J]. 工业建筑, 1997, (5): 14-17.

[217] Castel A, Francois R, Arliguie G. Effect of loading on carbonation penetration in reinforced concrete elements [J]. Cem. Concr. Res., 1999, (29): 561-565.

[218] 张武满. 混凝土结构中氯离子加速渗透试验与寿命预测[D]. 哈尔滨: 哈尔滨工业大学, 2006.

[219] Atis C D. Accelerated carbonation and testing of concrete made with fly ash [J]. Construct. Build. Mater., 2003, (17): 147-152.

[220] 李淑进, 吴科如, 赵铁军. 混凝土渗透性与碳化作用下钢筋锈蚀量的关系[J]. 建筑材料学报, 2004, (1): 89-93.

[221] Sugiyama T, Bremner T W. Determination of chloride diffusion coefficient and gas permeability of concrete and their relationship [J]. Cem. Concr. Res., 1996, 26(5): 781-790.

[222] 杨钱荣, 杨全兵. 掺有粉煤灰和引气剂的混凝土的气体渗透性能[J]. 粉煤灰综合利用, 2004, (2): 8-11.

[223] 冷发光, 冯乃谦. 高性能混凝土渗透性和耐久性及评价方法研究[J]. 低温建筑技术, 2000, (4): 14-16.

[224] Kollek J J. The determination of the permeability of concrete to oxygen by the Cembureau method a recommendation [J]. Mater. Struct., 1989, (22): 225-230.

[225] Dhir R K. Near surface characteristics of concrete: intrinsic permeability [J]. Magzine of Concrete Research, 1989, 41(147): 87-89.

[226] Dhir R K, Hewlett P C, Chan Y N. Near-surface character: istics of concrete: prediction of carbonate resistance [J]. Magzine of Concrete Research, 1989, 41(148): 122-128.

[227] Dena L. Guth. Evaluation of New Air Permeability Test Device for Concrete [J]. ACI Mater. J., 2001: 44-51.

[228] Ngala V T, Page C L. Diffusion in cementitious materials: II. Further investigations of chloride and oxygen diffusion in well-cured OPC and OPC/30% PFA pastes [J]. Cem. Concr. Res., 1995, 25(4): 819-826.

[229] 易成, 谢和平, 等. 混凝土抗渗性能研究的现状与进展[J]. 混凝土, 2003, (2): 7-11.

[230] 陈立军, 孔令炜, 等. 混凝土渗透性概念的细化及其测试方法[J]. 混凝土, 2009, (1): 40-42.

[231] Zeiml M, Lackner R. Identification of residual gas-transport properties of concrete subjected to high temperatures [J]. Cem. Concr. Res., 2008, (38): 699-716.

[232] Gardner D R, Jefferson A D. An experimental, numerical and analytical investigation of gas flow characteristics in concrete [J]. Cem. Concr. Res., 2008, (38): 360-367.

[233] Christopher A. Jones, Zachary C. Grasley. Correlation of hollow and solid cylinder dynamic pressurization tests for measuring permeability [J]. Cem. Concr. Res., 2009, (39): 345-352.

[234] Charron J P, Denarié E, Brühwiler E. Transport properties of water and glycol in an ultra high performance fiber reinforced concrete (UHPFRC) under high tensile deformation [J]. Cem. Concr. Res., 2008, (39): 689-698.

[235] 施惠生, 许碧莞. 粉煤灰高性能混凝土气体渗透性能研究[J]. 同济大学学报(自然科学版), 2007, (9): 1230-1234.

[236] 曹芳, 马保国, 等. 混凝土的渗透性能及测试方法的对比分析[J]. 混凝土, 2002, (10): 15-17.

[237] 苏安双, 巴恒静, 等. 混凝土渗透性测定方法比较与选择[J]. 工业建筑, 2006, (9): 57-61.

[238] 易成, 郭婷婷, 程涛, 等. NEL法与ASTMC1202法氯离子渗透性对比试验研究[J]. 混凝土, 2007, (3): 4-6.

[239] 周啸尘, 施惠生. 利用气体渗透性评价高性能混凝土的碳化性能[J]. 建筑材

料学报,2004,(6): 150-155.

[240] 王中平,吴科如,阮世光. 单轴压缩作用对混凝土气体渗透性的影响[J]. 建筑材料学报,2001,4(2): 127-131.

[241] 吴淼,钱春香,王育江. 贯穿裂缝对水泥基复合材料渗透性能的影响[J]. 21世纪建筑材料,2009,(1): 55-59.

[242] Kermani A. Permeability of stressed concrete [J]. Building Research and Information, 1991, (6): 360-366.

[243] Shah S P, Lawler J S, Rapoport J. Reinforcing fibers and the permeability of cracked concrete with implications for durability [M]. 3rd International Conference on Concreteunder Sever Conditions: Environment and loading, Keynote paper. Canada: Vancouver, 2001(1): 38-47.

[244] Djerbi A, Bonnet S, Khelidj A, et al. Influence of traversing crack on chloride diffusion into concrete [J]. Cem. Concr. Res., 2008, (38): 877-883.

[245] Davy C A, Skoczylas F, Barnichon J D, et al. Permeability of macro-cracked argillite under confinement: gas and water testing [J]. Physics and Chemistry of the Earth, 2007, (32): 667-680.

[246] Bentz D P, Garboczi E J. Percolation of phases in a three dimensional cement paste microstructural model[J]. Cem. Concr. Res., 1991, 21(2-3): 325-344.

[247] 贺行洋,陈益民,功英,等. 基于渗流理论的水泥石微结构模型构建[J]. 国外建材科技,2008,29: 22-23.

[248] Scheidegger A E. 多孔介质中的渗流物理[M]. 北京: 石油工业出版社,1982.

[249] 贺鸿珠,范立础,史美伦. 长期荷载作用下混凝土的渗流结构[J]. 建筑材料学报,2005,8: 572-576.

[250] Staufferd Aharony A. Introduction to Percolation Theory [M]. London: Taylor & Francis, 1992: 5-7.

[251] 周欣竹,郑建军. 混凝土界面渗流的集料体积率阈值及其影响因素评价[J]. 硅酸盐学报,2007,35: 1342-1343.

[252] Bentz D P. Influence of alkalis on porosity percolation in hydrating cement pastes [J]. Cem. Concr. Compos., 2006, 28: 427-428.

[253] Yamaguchi T, Hashimoto S. Improved percolation-based method for crack detection in concrete surface images[C]//Proc. International Conference on Pattern Recognition, 2008.

[254] Wen S H, Chung D D L. Double percolation in the electrical conduction in carbon fiber reinforced cement-ba sed materials [J]. Carbon, 2007, 45: 263-267.

[255] 贺鸿珠,史美伦,陈志源. 矿物掺合料对混凝土渗流结构的影响[J]. 建筑材料学报,2001,4: 138-139.

[256] 杨正宏,史美伦. 碱集料反应对混凝土渗流结构的影响[J]. 建筑材料学报, 2001, 4: 255-258.

[257] 张云莲,史美伦,陈志源. 钢渣掺合料对水泥基材料渗流结构的影响[J]. 建筑材料报, 2005, 8: 316-320.

[258] McKellar M, Wardlaw N C. A method of making two dimensional glass micromodels of pore systems [J]. Journal of Canadian Petroleum Technology, 1982, 21: 1-3.

[259] Dawe R A, Mahers E G, Willianms J K. Pore scale physical modeling of transport phenomena in porous media [C]//Advances in Transport Phenomena in Porous Media. [s. l.]: Martinus Nijhoff, Dordrecht, 1987, 47-76.

[260] Buckley J S. Multiphase displacements in micromodels [C]//Interfacial Phenomena in Petroleum Recovery. New York: Marcel Dekker, 1992, 17-189.

[261] Wilson D J, Clarke, A N. Soil clean up by in-situ surfactant flushing, VI. A two-component mathematical model [J]. Separat. Sci. Technol, 1991, 26: 1177-1194.

[262] Theodoropoulou M A, Karoutsos V, Kaspiris C, et al. A new visualization technique for the study of solute dispersion in model porous media [J]. Journal of Hydrology, 2003, 274: 176-197.

[263] Kennedy C A, Lennox W C. A pore-scale investigation of mass transport from dissolving DNAPL ganglia [J]. Journal of Contaminant Hydrology, 1997, 24: 221-246.

[264] Suliman F, Futsaether C, Oxaal U, et al. Effect of the inlet-outlet positions on the hydraulic performance of horizontal subsurface-flow wetlands constructed with heterogeneous porous media [J]. Journal of Contaminant Hydrology, 2006, 87: 22-36.

[265] Yanuka M, Dullien F A L, Elrick D E. Serial sectioning and digitization of porous media for two-and three-dimensional analysis and reconstruction [J]. Journal of Microscopy, 1984, 135: 159-168.

[266] Corapcioglu M Y, Chowdhury S, Roosevelt S E. Micromodel visualization and quantification of solute transport in porous media [J]. Water Resour. Res., 1997, 33(11): 2547-2558.

[267] Jia C, Shing K, Yortsos Y C. Visualization and simulation of non-aqueous phase liquids solubilization in pore networks [J]. Journal of Contaminant Hydrology, 1999, 35: 363-387.

[268] Wan J, Tokunaga T K, Tsang C F, et al. Improved glass micromodel methods for studies of flow and transport in fractured porous media [J].

Water Resour. Res. , 1996, 32: 1955-1964.

[269] Washburn E W. The dynamics of capillary flow [J]. Phys. Rev. , 1921, 17: 273-283.

[270] Carmen P C. Capillary rise and capillary movement of moisture in fine sands [J]. Soil Science, 1941, 52(1): 1-15.

[271] Haines W B. Studies in the physical properties of soil 5. The hysteresis effect in capillary properties and the modes of moisture distribution [J]. Journal of Agriculture Science, 1930, 20: 97-116.

[272] Childs E C, Collis-George N. The permeability of porous materials [J]. Proceedings Royal Society (London) A, 1950, 201: 392-405.

[273] 杨建. 表面活性剂治理土壤轻质油污染运移和传质机理研究[D]. 北京: 北京师范大学环境学院, 2008.

[274] Kim J, Corapcioglu M Y. Modeling dissolution and volatilization of LNAPL sources migrating on the groundwater table [J]. Journal of Contaminant Hydrology, 2003, 65: 137-158.

[275] Bear J. Dynamics of Fluids in Porous Media [M]. New York: Dover Publications, 1972.

[276] Bear J. Dynamics of Fluids in Porous Media [M]. Li J S, Chen C X, 译. Beijing: Chinese Architecture Press, 1983.

[277] Chatzis I, Morrow N, Lim H T. Magnitude and detailed structure of residual oil saturation [J]. Society of Petroleum Enginneers Journal, 1983, 23(2): 311-326.

[278] Chen S C, Lee E K C, Chang Y I. Effect of the coordination number of the pore-network on the transport and deposition of particles in porous media [J]. Separation and Purification Technology, 2003, 30: 11-26.

[279] Coutelieris F A, Kainourgiakis M E, Stubos A K, et al. . Multiphase mass transport with partitioning and inter-phase transport in porous media [J]. Chemical Engineering Science, 2006, 61: 4650-4661.

[280] Khachikian C, Harmon T C. Nonaqueous phase liquid dissolution in porous media: current state of knowledge and research needs [J]. Transport in Porous media, 2000, 38: 3-28.

[281] Langmuir L. The adsorption of gases on plane surfaces of glass, mica and platinum [J]. J. Am. Chem. Sco. , 1918, 40: 1361-1403.

[282] Mualem Y. A new model for predicting the hydraulic conductivity of unsaturated porous media [J]. Water Resour. Res. , 1976, 12(3): 513-522.

[283] Emmons P H, et al. Selecting Durable Repair Materials: Performance Criteria [C]. Concrete International, March, 2000: 38-45.

[284] Soroushian P, Ravanbakhsh S. Control of Plastic Shrinkage Cracking with Specialty Cellulose Fibers [J]. ACI Mater. J., 1998, 4(7-8): 429-435.

[285] Karri P A. Proposed Test to Determine the Cracking Potential due to Drying Shrinkage of Concrete [J]. Concrete Construction, 1985, 30(9): 775-778.

[286] Weiss W J, Shah S P. Shrinkage Cracking of Restrained Concrete Slab [J]. Engineering Mechanics. ASCE, 1998, 124(7): 765-774.

[287] Carlson R W, Reading T J. Model of studying shrinkage cracking in concrete building walls [J]. ACI Struct. J., 1988, 85(4): 395-404.

[288] Weiss W J, Shah S P. Shrinkage cracking of restrained concrete slab [J]. Eng. Mech., 1998, 124(7): 765-774.

[289] Carlson R W, Reading T T. Model of stading shrinkage cracking in concrete building walls [J]. ACI Struct. J., 1998, 85(4): 395-403.

[290] Standard Practice for Estimating the Cracking Tendency of concrete [J]. AASHTO Designation: 34-99.

[291] Burrows R W. The Visible and Invisible Cracking of Concrete [J]. Monogaph of ACI, 1998.

[292] Jamal A, Almudaiheem. Prediction of drying shrinkage of Portland cement paste: Influence of shrinkage mechanisms [J]. Journal of King Saud University, Eng. Sci., 1988 3(1): 69-87.

[293] Richard W Burrows. The visible and invisible cracking of concrete [C]. Farmington Hills: ACI monograph American Concrete Institute, 1999, 11.

[294] Dahl P A. Influence of fiber reinforcement on plastic shrinkage and cracking, in Brittle Matrix Composites, Proceedings of European Mechanical Colloquium 204, edited by A. M. Brandt and I. H. Marshall [C]. London: Elsevier Applied Science, 1986: 435-441.

[295] Springenschmid R, et al. Thermal Cracking in Concrete at Early Ages. London: E & FN Spon, 1994.

[296] RILEM TC119-TCE. Avoidance of Thermal Cracking in Concrete at Early Ages, 1993.

[297] Springenschmid R. Avoidance of Thermal Cracking in Concrete at Early Ages [M]//Thermal Cracking in Concrete at Early Ages. London: E & FN Spon, 1998.

[298] 张涛, 覃维祖. 混凝土早期变形与开裂敏感性评价[J]. 建筑技术, 2005, 36: 296-300.

[299] 李相国, 梁文泉, 马保国, 等. 水泥基材料开裂敏感性评价方法分析[J]. 混凝土, 2004, 7: 27-30.

[300] He Z, Li Z J, Li W L. The automatic monitor device testing strained shrinkage of concrete using ellip se ring[P]. China Patent ZL 02 8404511.

[301] He Z, Zhou X M, Li Z J. New experimental method for studying early-age cracking of cement-based materials [J]. ACI Mater. J., 2004, 101(1): 50-56.

[302] Qi C, Weiss J, Olek J. Characterization of plastic shrinkage cracking in fiber reinforced concrete using image analysis and a modified weibull function [J]. Mater. Struct., 2003, 36: 386-395.

[303] de Schuttert G. Advanced monitoring of cracked structures using video microscope and automated image analysis [J]. NDT&E international, 2002, 35: 209-212.

[304] 吴中伟. 高性能混凝土与科技创新[J]. 建筑材料学报, 1998, 1(1): 1-7.

[305] 金祖权. 西部地区严酷环境下混凝土的耐久性与寿命预测[D]. 南京: 东南大学, 2006.

[306] Loland K E. Continuous damage model for load response esti-mation of concrete [J]. Cem. Concr. Res., 1980, (10): 392-492.

[307] Mazarz J. Application de la mecanique de la mecanique de l'endommagement aucomportement non linearie et a la rupturedu beton de structure[D]. Paris: Thesede Doctorat d'EtatU-niv, 1984.

[308] 钱济成, 周建方. 混凝土分段曲线损伤模型及其应用[J]. 河海大学学报, 1989(3): 40-47.

[309] Miroslaw G, Christian M. Damage accumulation in concrete with and without fiber reinforcement [J]. ACI Mater. J., 1993, 90(6): 594-604.

[310] Shi X P, Fwa T F, Tan S A, Flexural fatigue strength of plain concrete[J]. ACI Mater. J., 1993, 90(5): 435-440.

[311] 姜芳, 陈涛, 宁建国. 钢筋混凝土在冲击荷载下的动态力学性能[J]. 材料工程, 2009, 3: 45-53.

[312] Mohamed A R, Hansen W. Micromechanical modeling of concrete response under static loading: Part I: Model development and validation [J]. ACI Mater. J., 1999, 96(2): 196-203.

[313] Mohamed A R, Hansen W. Micromechanical modeling of concrete response under static loading: Part II: Model prediction for shear and compressive loading [J]. ACI Mater. J., 1999, 96(3): 354-358.

[314] 金伟良, 赵羽习. 锈蚀钢筋混凝土梁抗弯强度的试验研究[J]. 工业建筑, 2001, 1(5): 9-11.

[315] 邱小坛, 周燕, 陶里, 等. 钢筋锈蚀对受弯性能影响的试验论证[C]//第五届全国混凝土耐久性学术交流会. 2002: 96-104.

[316] 吴瑾, 吴胜兴. 锈蚀钢筋混凝土受弯构件承载力计算模型[J]. 建筑技术开发, 2002, 29(5): 20-22.

[317] 黄鹏飞. 钢筋混凝土在环境腐蚀与弯曲荷载协同作用下的损伤失效研究[D].

北京：中国建筑材料科学研究总院，2004.

[318] Powers T C. Void spacing as a basis for producing air-entrained concrete [J]. ACI Journal Proceedings, 1954, 50(9): 741-760.

[319] Powers T C. A working hypothesis for further studies of frost resistance of concrete [J]. ACI Journal Proceedings, 1945, 41: 245-272.

[320] 李金玉，曹建国，徐文雨，等. 混凝土冻融破坏机理的研究[M]//曹永康，张树凯. 混凝土与水泥制品1997年学术年会论文集. 北京：混凝土与水泥制品编辑部，1997: 58-69.

[321] 黄士元，杨全兵. 我国寒冷地区混凝土路桥结构的耐久性问题[J]. 土建结构工程的安全性与耐久性，2001.

[322] Verbeck C J, Kiieger P. Studies of salt scaling of concrete [J]. Highway Research Board Bulletin, 1957, 150: 1-13.

[323] Jochen Stark, Horst-Michael Ludwig. Freeze-thaw and freeze-deicing salt resistance of concrete containing cement rich in granulated blast furnace slag [J]. ACI Mater. J., 1997, 94(1): 47-55.

[324] Robler M, Odler I. Investigation on the relationship between porosity, structure and strength of hydrated Portland cement pastes I. Effect of porosity [J]. Cem. Concr. Res., 1985, 15(2): 320-330.

[325] Hazrati K, Abesque C, Pigeon M, et al. Efficiency of sealers on the scaling resistance of concrete in presence of deicing salts [C]// FTDOC, Proceedings of the International Workshop in the Resistance of Concrete to Scaling Due to Freezing in the Presence of De-icing Salt, 1997, Quebec, Canada, 165-196.

[326] Setzer M J. Action of frost and deicing chemicals-basic phenomena and testing [C]// FTDOC, Proceedings of the International Workshop in the Resistance of Concrete to Scaling Due to Freezing in the Presence of De-icing Salt, 1997, Quebec, Canada, 3-22.

[327] Janssen D J, Snyder M B. Mass loss experience with ASTM C666: with and without deicing salt [C]//FTDOC, Proceedings of the International Workshop in the Resistance of Concrete to Scaling Due to Freezing in the Presence of De-icing Salt, Quebec, Canda, 1997: 247-258.

[328] Castellote M, Andrade C, Alonso M C. Changes in concrete pore size distribution due to electrochemical chloride migration trials [J]. ACI Mater. J., 1999, 96(3): 314-319.

[329] Beaupre D, Talbot C, Gendreau M, et al. Dicer salt scaling resistance of dry and wet-process shotcrete [J]. ACI Mater. J., 1994, 91(5): 487-494.

[330] 梁咏宁，袁迎曙. 硫酸盐侵蚀环境因素对混凝土性能退化的影响[J]. 中国矿业大学学报，2005，34(4): 354-754.

[331] Young S P, Jin K S, Jae H L, et al. Strength deterioration of high strength concrete in sulfate environment [J]. Cem. Concr. Res., 1999, 29(9): 1397-1402.

[332] Hime W G, Mather B. "Sulfate attack", or is it? [J]. Cem. Concr. Res., 1999, 29(5): 789-791.

[333] Akoz F, Turker F, Koral S, et al. Effect of raised temperature of sulfate solution on the sulfate resistance of mortars with and without silica fume [J]. Cem. Concr. Res., 1999, 29(4): 537-544.

[334] 关宇刚,孙伟,缪昌文. 基于可靠度与损伤理论的混凝土寿命预测模型[J]. 硅酸盐学报, 2001, 29(6): 535-540.

[335] 赖远明,刘松玉,Konrad J M. 寒区大坝温度场和渗流场耦合问题的非线性数值模拟[J]. 水利学报, 2001, 8(4): 20-25.

[336] Mehta P K. Concrete durability: fifty year's progress [A]. Proceeding of 2nd international conference on concrete durability [C]. ACIsp, 1991, 126(1): 1-33.

[337] Young J F. Looking ahead from the past: The heritage of cement chemistry [C]//Proc. of the 12th International Conference of Cement and Concrete. Montreal, Canada, 2007.

[338] Christian Bucher etc. State-of-the-Art Report on Assessment and Life Extension of Existing Structures and Industrial Plants [M]. Germany: saferelnet, 2006: 9-10.

[339] 李金玉,曹建国. 混凝土冻融破坏机理的研究[C]//第四届全国混凝土耐久性交流会论文集,苏州,1996.

[340] 杨全兵,吴学礼,黄士元. 去冰盐对混凝土剥蚀的物理机理[J]. 上海建材学院学报, 1993, 2.

[341] Lawrence C D. Durability of concrete and methods of experiments, cement and concrete association technical report 544 [J]. ACI Mater. J., 1991, 88(7).

[342] 慕儒,孙伟. 荷载作用下混凝土的抗冻性[J]. 东南大学学报, 1998, 28(4).

[343] 孙伟,严捍东,等. 冻融和荷载共同作用下混凝土损伤和抑制过程及其损伤统计模型的建立[C]//第五届混凝土耐久性学术交流会论文集, 2000.

[344] Colak. Adhesion and durability characteristics of conerete prisms repaired by methyl methacrylate resin injection [J]. ACI Mater. J., 2003, 100(5): 413-418.

[345] Goueygou N S, Piwakowski M B, Buyle-Bodin F. Detection of chemical damage in concrete using ultrasound [J]. Ultrasonics, 2002, 40(8): 247-251.

[346] Shannand M J, Shaia Sulfate H A. resistance of high-Performance concrete [J]. Cem. Concr. Compos., 2003, 25(3): 363-370.

[347] Metha P K, Burrows R W. Building durable structures in the 21st century

[J]. Concrete International, 2001, 23(3): 57-61.

[348] 肖从真. 混凝土中钢筋腐蚀的机理研究及数论模拟方法[D]. 北京：清华大学, 1995.

[349] How to make today's concrete durable for tomorrow [R]. London: The Institution of Civil Engineers, 1985.

[350] ACI Committee 437. Strength Evaluation of Existing Concrete Buildings [C], 1991.

[351] Powers T C. The air requirement of frost-resitance concrete [J]. Proceedings of Highway Research Board, 1949, 29: 184-202.

[352] 王凤池, 王声平, 等. 混凝土耐久性研究现状分析[J]. 水利与建筑工程学报, 2009, 7(1).

[353] 洪乃丰. 腐蚀与混凝土耐久性预测的发展和难点讨论[J]. 混凝土, 2006, (10).

[354] 杨晓明. 亚高温水淬循环与硫酸盐侵蚀共同作用下混凝土耐久性试验研究[D]. 郑州：华北水利水电学院, 2006.

[355] 刘波. 模拟荷载作用下混凝土耐久性研究[D]. 南昌：南昌大学, 2007.

[356] 陈改新. 混凝土耐久性的研究、应用和发展趋势[C]//第十四届混凝土及预应力混凝土学术会议论文, 2007.

[357] 周美茹, 李彦昌. 矿渣粉对混凝土耐久性的影响[J]. 混凝土, 2007, 3.

[358] 田俊峰, 潘德强, 赵尚传. 海工高性能混凝土抗氯离子侵蚀耐久寿命预测[J]. 中国港湾建设, 2002, 2.

[359] 黄战, 邢锋, 邢媛媛, 等. 硫酸盐侵蚀对混凝土结构耐久性的损伤研究[J]. 混凝土, 2008, (8).

[360] 王雨齐, 管昌生. 氯离子环境下混凝土耐久性可靠度评估的 Monte-Carlo 模拟[J]. 河南建材, 2008, (1).

[361] 易全新. 不同胶凝材料体系混凝土的耐久性试验研究[D]. 北京：北京交通大学, 2007.

[362] 牛荻涛. 混凝土结构耐久性与寿命预测[M]. 北京：科学出版社, 2003.

[363] 刘凯, 路新瀛. 混凝土结构耐久性设计与耐久性寿命预测[J]. 四川建筑科学研究, 2006, 32(4).

[364] 陈妤, 刘荣桂, 蔡东升, 等. 冻融与氯盐作用下预应力结构耐久性试验及数值模拟[J]. 建筑结构学报, 2010, 31(02): 104-110.

[365] Liang M T, Wang K L. Service life prediction of reinforced concrete structures [J]. Cem. Concr. Res., 1999, 29: 1411-1418.

[366] 邓德华. 水泥基复合材料受冻融破坏其性能衰减耐久函数的探讨[J]. 武汉工业大学学报, 1986, (3).

[367] Lawrence C D. 混凝土耐久性与试验方法[J]. 低温建筑技术, 1996, 4.

[368] 张亦涛, 方浩, 郑波. 荷载与其他因素共同作用下混凝土耐久性研究进展

[J]. 材料导报, 2003, 17(9).

[369] 李云峰, 吴胜兴. 混凝土加速耐久性研究主要内容与试验设计[J]. 新型墙体材料与施工, 2005.

[370] 陈立军, 等. 混凝土耐久性检验评定方法的若干问题和建议[J]. 混凝土, 2008, (1).

[371] 尹芪, 文梓芸. 混凝土耐久性设计及寿命预测新思维[J]. 混凝土与水泥制品, 2000, (2).

[372] 刘志勇. 基于环境的海工混凝土耐久性试验与寿命预测方法研究[D]. 南京: 东南大学, 2006.

[373] 张玉敏, 马静, 矫强. 盐溶液侵蚀环境下混凝土耐久性的研究[J]. 应用科技, 30(10).

[374] 慕儒. 冻融循环与外部弯曲应力、盐溶液合作用下混凝土的耐久性与寿命预测[D]. 南京: 东南大学, 2000.

[375] Crammond N. The occurrence of thaumasite in modern construction-a review [J]. Cem. Concr. Compos., 2002, 24(4): 393-402.

[376] Freyburg E, Berninger A M. Field experiences in concrete deterioration by thaumasite formation: possibilities and problems in thaumasite analysis [J]. Cem. Concr. Compos., 2003, 25(8): 1105-1110.

[377] Erlin B, Stark D C. Identification and occurrence of thaumasite in concrete [J]. Highway Res. Record, 1965, 113(2): 108-113.

[378] Gouda G R, Roy D M, Sarkar A. Thaumasite in deteriorated soil cements [J]. Cem. Concr. Compos., 1975, 5(5): 519-533.

[379] Lachaud R. Thaumasite and ettringite in building materials [J]. Ann ITBTP, 1979, 370: 3.

[380] Edge R A, Taylor H F W. Crystal structure of thaumasite, $[Ca_3Si(OH)_6 \cdot 12H_2O](SO_4)(CO_3)$ [J]. Acta Crystallogr. B27, 1971, 2(6): 594-601.

[381] Srruble L J. Synthesis and characterisation of ettringite and related phases [C]// Proc. of the 8th International Conference of Cement and Concrete (vol. 5). Rio de Janeiro: [s. n.], 1987: 582-588.

[382] Barnett S J, Macphee D E, Lachowshi E, et al. XRD, EDX and IR analysis of solid solutions between thaumasite and ettringite [J]. Cem. Concr. Compos., 2002, 32(5): 719-730.

[383] Sahu S, Exline D L, Nelson M P. Identification of thaumasite in concrete by Raman chemical imaging [J]. Cem. Concr. Compos., 2002, 24(3-4): 347-350.

[384] Skibsted J, Rasmussen S, Herfort D, et al. ^{29}Si cross-polarization magic-angle spinning NMR spectroscopy-an efficient tool for quantification of thaumasite in cement-based materials [J]. Cem. Concr. Compos., 2003, 25(8): 823-829.

[385] Alksine F, Alksne V. Silicate phase effect on cement stone destruction in sulfate-containing media [J]. Tsement, 1984, 9(1): 13-15.

[386] Ludwig U, Mehr S. Destruction of historical buildings by formation of ettringite or thaumasite [C]//Proc. of the 8th International Conference of Cement and Concrete (vol. 5). Rio de Janeiro: [s. n.], 1986. 181.

[387] Bensted J. Thaumasite-direct, woodfordite and other possible formation routes [J]. Cem. Concr. Compos. , 2003, 25(8): 873-877.

[388] Aguilers J, Martine-ramirez S, Pajares-colomo I, et al. Formation of thaumasite in carbonated mortars [J]. Cem. Concr. Compos. , 2003, 25(8): 991-996.

[389] Sadanand S, Steve B, Niels T. Mechanism of thaumasite formation in concrete slabs on grade in Southern California [J]. Cem. Concr. Compos. , 2003, 25(8): 889-897.

[390] Lachaud R. Thaumasite and ettringite in building materials[R]. Paris: Ann ITBTP (Annales Institut Technique du Batiment et des Travaux Publics), 1979.

[391] Pagano M, Daligand D, Bernhard J D, et al. Study of the adhesion of faience tiles on projection plaster [J]. L'Industrie Ceram. , 1976, 699(10): 685-690.

[392] Deloye F X, Louarn N, Loos G. Examples of masonry analysis: The case of the Puberg Tunnel [J]. Bull de Liaison Lab des Ponts et Chaussees, 1988, 163(1): 17-24.

[393] Crammond N J. The thaumasite form of sulfate attack in the UK [K]. Cem. Concr. Compos. , 2003, 25(8): 809-818.

[394] Hagelia P, Sibbick R G, Crammond N J, et al. Thaumasite and secondary calcite in some Norwegian concretes [J]. Cem. Concr. Compos. , 2003, 25(8): 1131-1140.

[395] Bickley J A, Hermmings R T, Hooton R D, et al. Thaumasite related deterioration of concrete structures [C]// Proceedings of the Concrete Technology: Past, Present and Future. USA: ACI, SP144-8. 1995, 159-175.

[396] 余红发, 李颖, 丁向群. 砖内硫酸盐对混凝土结构破坏的机理剖析[J]. 混凝土, 2000, (8): 50-54.

[397] 胡明玉, 唐明述, 龙伏梅. 新疆永安坝混凝土的碳硫硅酸钙型硫酸盐腐蚀[J]. 混凝土, 2004, 11(181): 5-7.

[398] 马保国, 高小建, 何忠茂, 等. 混凝土在SO_4^{2-}和CO_3^{2-}共同存在下的腐蚀破坏[J]. 硅酸盐学报, 2004, 32(10): 1219-1224.

[399] 胶凝材料编写组. 胶凝材料学[M]. 北京: 中国建筑工业出版社, 1980: 105.

[400] van Hees R P J, Wljffels T J, van der Klugt L J A R. Thaumasite swelling in

[401] Sibbick R G, Crammond N J, Metcalf D. The microscopical characterisation of Thaumasite [J]. Cem. Concr. Compos. , 2003, 25: 831-837.

[402] Barnett S J, Adam C D, Jackson A R W, et al. Identification and characterisation of thaumasite by XRPD techniques [J]. Cem. Concr. Compos. , 1999, 21(2): 123-128.

[403] Yang R, Buenfeld N R. Microstructural identification of thaumasite in concreteby backscattered electron imaging at low vacuum [J]. Cem. Concr. Res. , 2000, 30(5): 775-779.

[404] Santhanam M, Menashi D. Cohen, Jan Olek. Effects of gypsum formation on the performance of cement mortars during external sulfate attack [J]. Cem. Concr. Res. , 2003, 33: 325-332.

[405] Barnett S J, Macphee D E. Solid solution between thaumasite and ettringite [C]// Extended Abstracts: Cement and Concrete Science. London: University of Sheffield, 2000: 9-16.

[406] Irassar E F, Bonavetti V L, Gonza'lez M. Microstructural study of sulfate attack on ordinary and limestone Portland cements at ambient temperature [J]. Cem. Concr. Res. , 2003, (33): 31-41.

[407] Pajares I, Martínez-Ramírez S, Blanco-Varela M T. Evolution of ettringite in presence of carbonate, and silicate ions [J]. Cem. Concr. Compos. , 2003, (25): 861-865.

[408] Gollop R S, Taylor H F W, Microstructural and microanalytical studies of sulfate attack: I. Ordinary Portland cement paste [J]. Cem. Concr. Res. , 1992, 22(6): 1027-1038.

[409] 罗忠涛. 水泥混凝土 TSA 破坏机理及其预防措施研究[D]. 武汉：武汉理工大学, 2007.

[410] Longworth T I. Contribution of construction activity to aggressive ground conditions causing the thaumasite form of sulfate attack to concrete in pyritic ground [J]. Cem. Concr. Compos. , 2003, 25(8): 1005-1013.

[411] Colletta G, Crammond N J, Swamy R N, et al. The role of carbon dioxide in the formation of Thaumasite [J]. Cem. Concr. Res. , 2004, 34(9): 1599-1612.

[412] 高礼雄，姚燕，王玲. 温度对碳硫硅钙石形成的影响[J]. 硅酸盐学报. 2005. 4: 525-527.

[413] Sidney D. Thaumasite in Orange County, Southern California: an inquiry into the effect of low temperature [J]. Cem. Concr. Res. , 2003, 25(8): 1161-1164.

[414] Gao X J, Ma B G, Yang Y Z. Sulfate attack of cement-based material with limestone filler exposed to different environments [J]. JMEPEG 2008, (17): 543-549.

[415] 马保国, 高小建, 罗忠涛. 矿物掺合料对水泥砂浆 TSA 侵蚀的影响[J]. 材料科学与工程学报, 2006, 24(2): 230-234.

[416] Mulenga D M, Stark J, Nobst P. Thaumasite formation in concrete and mortars containing fly ash [J]. Cem. Concr. Res., 2003, 25(8): 907-912.

[417] Tsivilis S, Kakal G, Skaropoulou A, et al. Use of mineral admixtures to prevent thaumasite formation in limestone cement mortar [J]. Cem. Concr. Res., 2003, 25(8): 969-976.

[418] 张彭熹, 张保珍, 唐渊, 等. 中国盐湖自然资源及其开发利用[M]. 北京: 科学出版社, 1999.

[419] Bellmann F, Stark J. The role of calcium hydroxide in the formation of Thaumasite [J]. Cem. Concr. Res., 2008, (38): 1154-1161.

[420] Zhou Q, Hill J, Byars E A. The role of pH in thaumasite sulfate attack [J]. Cem. Concr. Res., 2006, (36): 160-170.

[421] Schmidt T, Lothenbach B. A thermodynamic and experimental study of the conditions of thaumasite formation [J]. Cem. Concr. Res., 2008, (38): 337-349.

[422] Ciliberto E, Loppolo S, Manuell F. Ettringite and thaumasite: A chemical route for their removal from cementious artifacts [J]. Journal of Cultural Heritage, 2008, (9): 30-37.

[423] Bellmann F, Stark J. Prevention of thaumasite formation in concrete exposed to sulphate attack [J]. Cem. Concr. Res., 2007, (37): 1215-1222.

[424] Sibbick T, Fenn D, Crammond N. The occurrence of thaumasite as a product of seawater attack [J]. Cem. Concr. Compos., 2003, (25): 1059-1066.

[425] 马保国, 罗忠涛, 高小建, 等. 不同品种水泥的抗碳硫硅酸钙型硫酸盐侵蚀性能[J]. 硅酸盐学报, 2006, 34(5): 622-625.

[426] Nobst P, Stark J. Investigations on the influence of cement type on thaumasite formation [J]. Cem. Concr. Compos., 2003, (25): 899-906.

[427] Skaropoulous A, Tsivilis S, Kakali G, Sharp J H, Swamyc R N. Thaumasite form of sulfate attack in limestone cement mortars: A study on long term efficiency of mineral admixtures [J]. Construction and Building Materials, 2008.

[428] 高礼雄. 掺矿物掺合料水泥基材料的抗硫酸盐侵蚀性研究[D]. 北京: 中国建筑材料科学研究总院, 2005.

第七章
第十二届国际水泥化学大会（ICCC 2007）主题报告

7.1 水泥矿物、水泥及其反应产物在原子和纳米尺度的表征

Jorgen Skibsted[1], Christopher Hall[2]

[1] 固态核磁共振光谱 NMR 仪器中心，奥胡斯大学化学系，DK-8000 奥胡斯 C，丹麦

[2] 电子工程学校

一、引言

值得注意的是，当今在原子/纳米尺度上的表征研究中，X 射线衍射和固态核磁共振方法仍尤为重要。对于测试技术而言，和 15 年前报道一样，目前没有其他能长久使用的技术出现。

当然，众所周知水泥科学的发展，特别是水泥化学的发展，和这两种技术紧密相关。在 NMR 最初研究的十年间，1948 年 Pake[1] 发表了关于石膏的固态质子（^1H）NMR 谱的论文。该论文表明根据 ^1H NMR 精细谱结构估计质子－质子之间的距离，可作为 X 射线晶体结构的补充。目前将衍射和核磁共振结合运用仍然有价值：这

里可以举一个例子(几个中的一个例子),Hartman 等在近期的关于研究钙矾石的热分解的研究中实现了快速中子衍射数据和 ^{1}H NMR 的完美结合。

还存在几个问题:表征是什么?表征和分析是同样的吗?如果不是,它是什么?准确的定义难以得到。在水泥化学的参考资料中,本论文的研究方法选择用核磁方法来鉴定,描述和区分水泥(个别的或整体的)矿物组分和反应产物,用这种方法使人们对水泥基材料的化学性能有更好的了解。

本论文着重于衍射和核磁共振技术(在近四年的研究工作中),在其他的方法中,本论文的作者对 Raman 光谱学有极大的兴趣,因此,本论文也将讨论这种技术的进展。最后,在结论中给出了一些展望和思考。

二、X 射线衍射表征

1. 水泥 Rietveld 分析

在熟料、水泥及其反应产物集合体的定量相分析中,Rietveld 方法一直在不断发展。在 Taylor 等的先驱性工作后,现在世界上很多实验室都在报道重要的研究成果,不时地有系列的研究报道。正在建立基于由实验室衍射仪得到的高质量的粉末衍射图的 Rietveld 定量分析,将其作为选择熟料和水泥、矿渣和粉煤灰材料的方法。Peterson 等[4-6]、Pritula 等[7-9]、Scarlett 等[10]、Stutzman[11]、de la Torre 等[12-15]、Walenta 和 Füllmann[16-18]最近在这方面做了相当多的工作,他们将原位的 X 射线、同步加速器和中子衍射等测试方法得到的数据应用于 Rietveld 定量分析。

成功的 Rietveld 分析需要对存在的矿物进行完整的晶体学描述,而对于水泥来说,这正是难题所在,因为每种熟料矿物都很复杂。它们都在某种程度上发生了原子的取代,而且存在许多的晶型。因此,对工业熟料相进行好的表征要不断地努力:de Noirfontaine 和 Peterson[19-21]在阿利特晶型上的研究、Stephan 和 Wistuba[22]对 C_3S 和 MgO 及 Al_2O_3 和 Fe_2O_3 固溶体的研究,以及 Mori 等[23]对贝利特晶型的研究,这些都是对此非常有益的工作。

关于熟料和水泥的 Rietveld 定量相分析(QPA)主要可以用于生产质量控制,而关于反应产物的 Rietveld 分析由于研究的需要也在进一步的发展中。目前 Rietveld 分析软件很多,Scrivener 等[24]首先报道了使用它来表征水化产物。Rivas Mercury 等[25]研究了掺二氧化硅的铝酸钙水泥,Meller 等[26]报道了在水热处理的 CASH 系统中有大量的产物形成,而 Christensen 等[27]研究了铝酸钙在 170 ℃下的水化。

1)化学约束

建立仅基于 QPA/QXRD 法的精确测定水泥熟料和水泥这样的复杂的材料仍然是个难题。和其他的定量方法相比,Rietveld 定量分析和经典方法(如显微计数法)之间不太一致。传统的生产过程中,主要依靠元素(氧化物)分析提供信息,这些信息有较好的精确度。用 Taylor[28] 提供的程序的结果和 Rietveld 分析得到的结果非常一致。在任何情况下,QPA 必须和已知化学组分一致,而 Rietveld 分析和水泥的主要元素组成可能不一致。表征 Dyckrhoff 油井水泥[26]是一个可以说明 XRD 和化学信息结合的例子。对于主要熟料相,Rietveld 法和改进的 Bogue 法的计算能很好地一致起来。改进的 Bogue 法能提供关于微量元素分布的大量补充信息和关于硫酸盐亚系统的可能矿物学的一些细节。特别是,不论 $Ca_3Al_2O_6(C_3A)$ 是否存在(它不存在,两种方法一致);也不论铁酸盐相中 Mg 的含量,这对于了解铁酸盐相(在 0.7 的情况下)中的 Al/Fe 比率是有用的。单独使用 Rietveld 分析是否能分清这些信息将是一个问题。

应用化学约束或者对产物相的 QPA 检验的重要性与水化产物聚集体的应用是同样的。因此,对于给定的一组起始物料,生成产物将或多或少受化学计量的限制。例如,Meller 等[26]报道了掺硅石的低 Al/Fe 水泥在水热反应下生成硬硅钙石和白钙沸石以及一些未反应的石英,产物的 Rietveld 分析和化学计量约束结果尤为一致。

2) 颗粒的尺寸效应

对待颗粒的尺寸效应也应该非常谨慎。水泥生产有非常广泛的不对称颗粒尺寸分布,矿物组分随颗粒尺寸而变化很大[30]。因此,中间相代表了较细颗粒组分,而硅酸盐相则代表较粗颗粒组分,硫酸盐矿物不会在最细颗粒的组分中出现,因为较粗颗粒组分一般具有较弱的粉末统计。可以预期,不同样品间得到的水泥粉末衍射数据会有明显变化,对阿利特和贝利特含量的估计的再现性最差。在 ICCC 2007 会议上,Mitchell 等[31]介绍了颗粒尺寸对 Rietveld 分析影响的一些最新结果。

2. 新结构

一直以来,在 X 射线和中子衍射分析水泥矿物及其反应产物的晶体结构的研究中都得到了大量信息。有几个例子清楚地显示了数据质量的稳步改进和必须处理越来越复杂结构的理论工具的有效性。

例如,Redhammer 等[32]对一个复杂的关于棕色针硫镍矿结构($C_4A_xF_{2-x}$)的单晶和粉末 X 射线衍射与 Al/Fe 和温度的关系进行了全面的研究。这些针硫镍矿显示了纯 Fe 矿中 730 ℃时以及在较低温度下当 Al 含量增加时,都存在一个结构相转变。Zötzl 和 Pöllmann[33]关于 Mn 取代针硫镍矿(与提高含 Mn 的铝酸钙水泥活性有关)的研究,以及 Jupe 等[34]借助同步 X 射线衍射和中子衍射研究熟料铁相(对油井水泥重要)会显著发生的针硫镍矿里 Mg/Si 取代电荷平衡对结构的影响,都某种程度上补充了 Redhammer 等的研究。关于铁酸盐相化学和显微结构复杂性的证据越来越多,短程范围内[35]组分无序变化显著,其结构也随之变化[36]。所有论文都关注了外来离子对结构的影响和提高矿物的反应活性。而在形态学上，这些关系还没有被完全确认。

对于水化和其他反应产物的矿物研究，Bonaccorsi[37,38]关于雪硅钙石和14 Å托勃莫来石的最近的结构研究必然对C-S-H结构问题有特别的价值。雪硅钙石(图7.1)和托勃莫来石的结构非常复杂，因为沿[001]方向上，存在着很多无序，而且解决它们需要靠有序无序理论。这些方法延续了早期Hejny和Armbruster[40]关于11 Å托勃莫来石[39]和硬钙硅石的晶型的研究。由于在实验室中很难得到好的单晶样品，这增加了获得内在结构的难度，在这两种情况下，可在同步衍射仪上使用微小的晶体来解决。de la Torre等[41]的石膏精修结构(图7.2)是一个趋于优先使用高质量的同步X射线衍射粉末数据而不是经典的由单晶确定结构的方法的例子。Garbev在还未公开发表的论文[42]中描述了用Rietveld方法分析一系列水热硅酸盐水化物的结构。在非硅酸盐水化物中，对钙矾石的微细及脆弱的结构越来越感兴趣，钙矾石在水泥化学中的重要性是显然的，但是它的出现也依赖于其容易合成以及在120 ℃时其剧烈的热分解性。Hartman和Berliner[43]最新的完美的结构研究中，含氘的钙矾石用快速中子衍射数据，已在Goetz-Neunhoeffer和Neubauer[44](见图7.3)关于实验室X射线粉末衍射数据的直接Rietveld精修中被作为基准。这个结构中包含了所有水分子的位置，追溯至1973年Moore和Taylor[45]得到的结构是一个重大的进步。从表征的前景来看，在了解复杂的水化物性能方面是一个很大的进步(在水泥化学中这些水化物很多，再去说好像是多余的)。开辟了一个偏水化物新领域，其中当水分子失去后引起或多或少的一些晶格扭曲会先于整个结构转变的

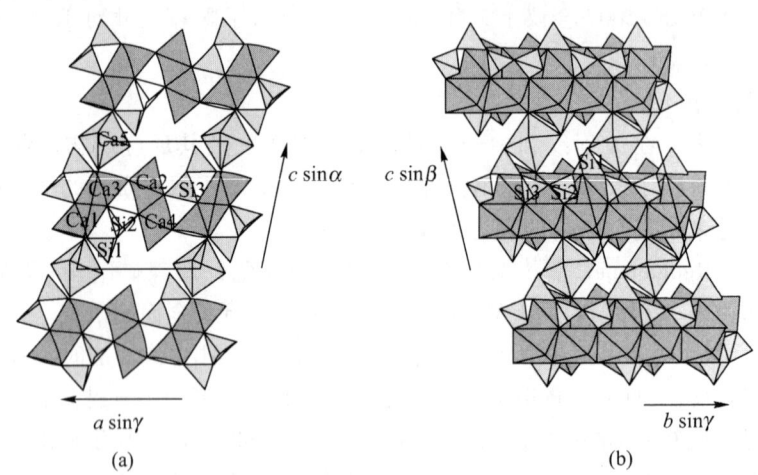

图7.1 雪硅钙石沿(a)[010]和(b)[100]方向的晶体结构[37]

结晶学层次上结构的损坏。这不仅在偏钙矾石的研究上而且也被偏雪硅钙石很好地说明,偏雪钙矾石发生收缩的原因现在可以说明配位水分子从 Ca^{5+} 开始一个接一个失去。烧石膏($CaSO_4 \cdot 1/2H_2O$)是另一种一直被关注的偏水化合物。

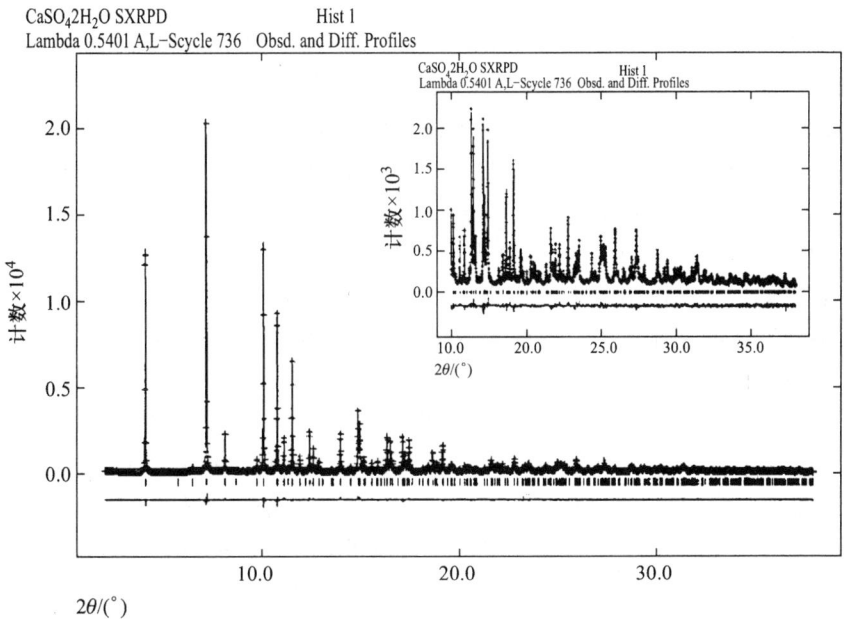

图 7.2　对 $CaSO_4 \cdot 2H_2O$ 同步 X 射线衍射粉末数据($\lambda = 0.54$ Å)的 Rietveld 精修插图显示了这个图的高角度范围[41]

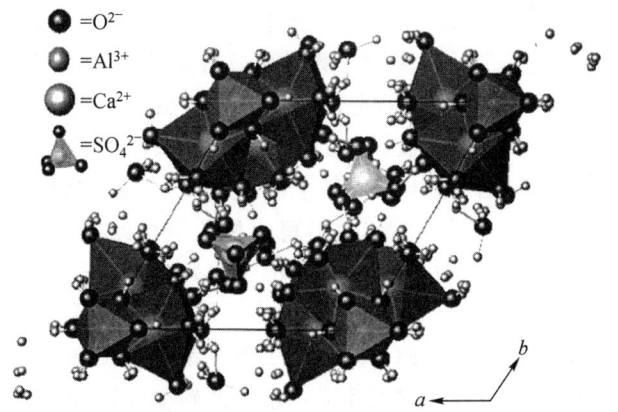

图 7.3　钙矾石沿着 c 轴投影修改后晶体结构的六边形晶胞[44]

3. 同步加速器的进展

一些年来，如果不是完全被同步科学驱使，X射线方法已经得到了蓬勃的发展[47]。在结构研究中已经频繁地使用同步加速X射线数据。这里，同步方法的好处主要在于高亮度源和垂直X射线镜片，这样可以从小样品中提供高分辨粉末数据或单晶数据。然而，同步加速器带来了其他的机会，不仅开展了衍射实验而且开拓了表征的另一领域。同步加速器使人们可以得到很宽范围内的光量子能量，从具有强大穿透力的硬X射线到用于显微镜的软X射线（可见光和红外光）。这些光源特征和检测技术发展的结合极大地扩展了其应用范围，尤其是现在可以在时间分辨衍射中实现精细的时间切片。可以对复杂的块状试样作衍射图，提供立体分辨衍射（甚至原则上可以在同一时间做）。此外可以使用各种形式的X射线吸收光谱对样品中元素的化学状态为人们提供新的信息。最后，可以结合大角度X散射、小角度散射、一次实验中的光谱提供材料和工艺的立体视图，近期水泥化学已经提供了许多这些方面的例子。

1）时间分辨衍射

十多年来的重负荷技术已经和硬同步辐射X射线（至少50 keV）发生能量分散衍射，允许X射线束穿过10～20 mm厚的水泥浆体，探测时间缩短至30 s。这些仪器工具设置很适合（但不是理想情况下）用定角衍射识别和跟踪单矿物与水泥水化时发生的转变[48]。这种硬性X射线可以穿透样品罐、压力容器、适当厚度的墙，因此可在高达300 ℃的水热条件下进行研究。作为一种替代的选择（当对这种设置选择），现在同步辐射角度分散数据可以用面积探测器快速得到。低能光子需使用毛细管样品，但即使如此，Christensen和Jensen等[27,49]（见图7.4）用它跟踪铝酸钙、铝酸三钙和硅酸盐水泥体系至170 ℃的水化转变。

在这些测量中用玻璃或石英毛细管，而湿样品在4 MPa的典型的氮气压力下，维持与固态接触的液态水。这种类型的最新实验装置在UK同步加速RAPID系统中被使用，最新的多股探测器在最恰当的毫秒数据采集时间（通常在几秒钟内）以非常高分辨率提供完整的粉末图。虽然在大多数的水泥系统中不需要这个，但它确实允许在极微细的时间切片内发生快速转变，这有时只能在水热系统中才能被看到。给出一个石膏-烧石膏-硬石膏体系的例子（见图7.5），烧石膏在约140 ℃时，偶尔会出现明显的结构改变[50]，在那里极易失水，稳定形成γ-硬石膏，这是偏水化物转变的另一个例子，图示了烧石膏和γ-硬石膏之间的结构连续性。最近Meller（见图7.6）记录到第二个关于钙矾石-单硫酸盐-水榴石序列的例子。这两个例子都说明了细微结构的表征可以从原位时间分辨试验中得到。它们还显示了快速转变无疑和溶液中的成核以及晶体的快速生长有关。

7.1 水泥矿物、水泥及其反应产物在原子和纳米尺度的表征

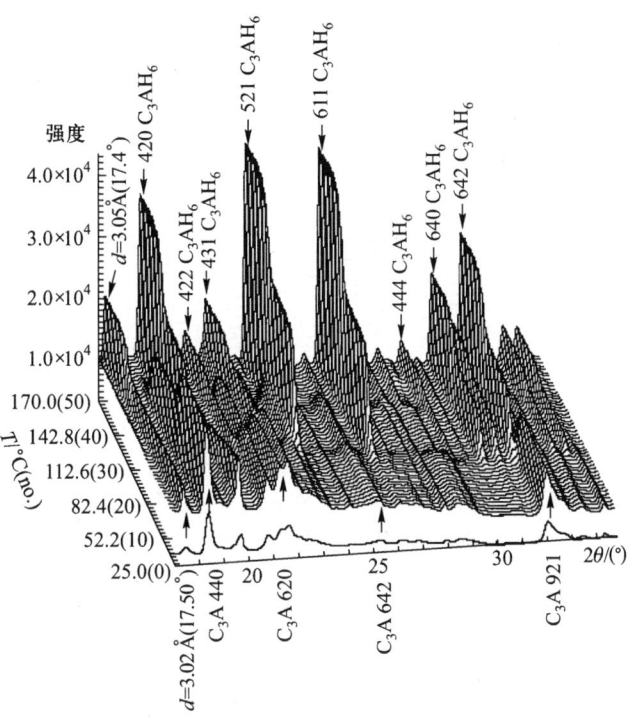

图 7.4 C_2AH_x/C_4AH_x 混合物 2θ 在 17.2°~35°之间的粉末堆积图。第一次记录的图中，C_3A 衍射峰位置标注密勒指数，最后的产物 C_3AH_6 标注密勒指数[49]

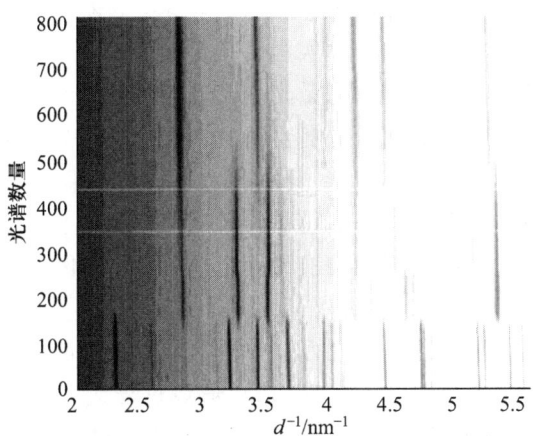

图 7.5 石膏向烧石膏、γ-硬石膏和硬石膏的热转变。由 900 衍射面构造的等高线图，间隔 4 s，收集 1 s，持续 1 h

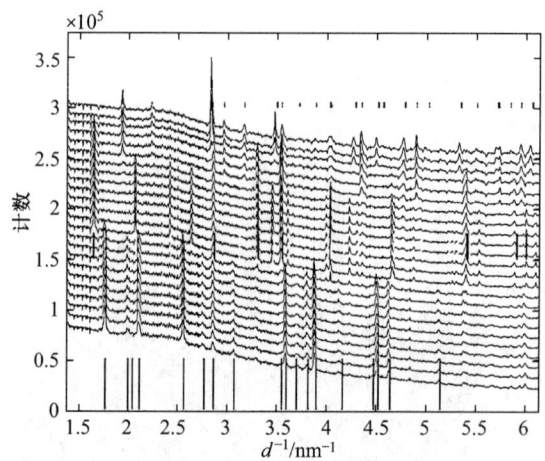

图7.6 钙矾石热分解成一系列的 AFm-14 + 烧石膏、水榴石和硬石膏
(Meller & Hall, 2007, 未公开发表)

2) 空间分辨衍射

空间分辨 X 射线衍射现在也可以使用高准则的同步 X 射线流探测批量样品。原来的 TEDDI 概念使用硬性 X 射线,是从样品中的单位体积收集粉末衍射数据,一般只有几个 mm^3 的体积。首次从一个扩展的多相材料内部区收集衍射数据,早期应用至今还没有被完全开发,但可以在大量的平均组分上使用,而不需要制备样品。首先应用于沉积岩的真实立体图像已经在水泥的碳化研究中报道,然而,衍射成像的真实潜力正期待一个更有效的采集数据过程。最近,Tunna 等[51]描述了一种新型激光加工的二维准直器系列,可从 256 个体元同时收集数据,该准直器制造精度要求非常高,与一个新的能量色散探测器系列相匹配。

在原则上无理由说明为什么空间和时间分辨的研究不能结合,这在水泥基的系统上还没有做过,但是相关的领域有这方面的一些例子。

3) 应变测量

从大量样品的衍射图获得的应力分布是一个令人兴奋的应用,能把化学和力学结合起来。应力不是存在于应变(来自煅烧过程或水化期间的晶体生长或反应破坏)中,就是来自于外力。为检查和表征工程材料(甚至部件)便利,将增加同步实验的可用性,因为工程和材料越来越成为他们工作的焦点。Steuwer 等[52]显示了在现有的技术条件下对金属合金能研究什么。Biernacki 等[53]将这些方法直接应用于水泥浆体,实际上,是用氢氧化钙晶体在硬化材料内部作为显微应力评估,1×10^{-5} 应力也能被分辨出来。在这种情况下,应力分布无法图示,但是随着 TEDDI 方法的改进,很快成为可能。Benedikt 等[54]说明,为相似目的像铝这样的小颗粒可能被故意分散在材料中,但尚未在水泥材料中使用该方案。

4)极限条件

熟料在高温下形成,而许多水泥和混凝土的水化需要在恶劣的使用环境中进行。因此在原位观察测试材料的技术有很大的潜力,还可以添加高温、高压或化学腐蚀的环境(或者三者都有)。在高温下用同步衍射(晶格的小角度散射)去观察玻璃态的铝酸一钙(CA)的短程结构就是一个很好的例子。通过实验安排把样品经激光加热熔融和悬浮在气流中实现:一个没有载体的样品普遍应用于煅烧反应的勘探,在另一个末端下,用同步加速炉子允许毛细管样品加热至 800 ℃ 研究,水热系统至少加热至 250 ℃ 研究[55]。

三、X 射线吸收谱

同步辐射 X 射线源也可借助电子激发 X 射线的吸收光谱来探测和按元素分类。每种元素在其本征能量值吸收,吸收角和在吸收角附近精细结构的分析可以为吸收元素和其氧化态,换句话说其特殊性,提供关于短程环境的信息。在一些实施中,XAS 和缩写 EXAFS/XANES/NEXAFS 一致。对于大部分元素,XAS 的灵敏度很高(探测极限为百万分之几),所以,对水泥系统中少量元素或微量元素的探测和分类特别有用。因此,当水泥表征中 XAS 应用不是十分大时,重金属周围固定成族。Scheidegger 等[56]提供了一篇不错的综述是关于掺入 Sn 和 Co 的 C-S-H 的研究(图 7.7),更进一步是关于 Ni 掺入水泥体系的研究[57]。XAS 也可能为水泥的微量元素提供信息,例如,水泥水化中掺入的 Fe 的去向(见图 7.8)[58]。Jupe 等用 EXAFS 结合 X 射线衍射[34]确定钙铁石中这种元素的所在位置。

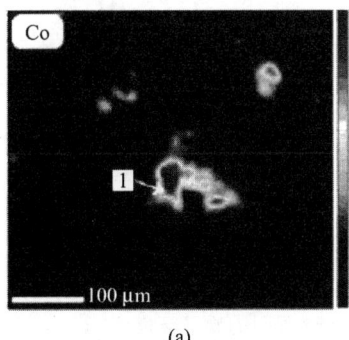
(a)

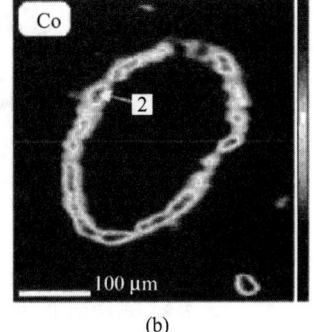
(b)

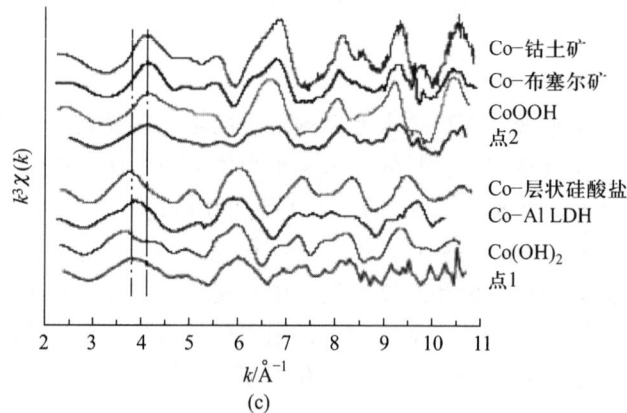

图 7.7 掺杂 Co 的水泥样品水化三天后 Co 元素的分布图[56]：
(a) 点 1 富 Co 区；(b) 点 2 富 Co 区；(c) k^3 - 加权值，规范的，在 1 区和 2 区扣除本地 Co k 角 XAS 图谱与 Co 参照物谱对比

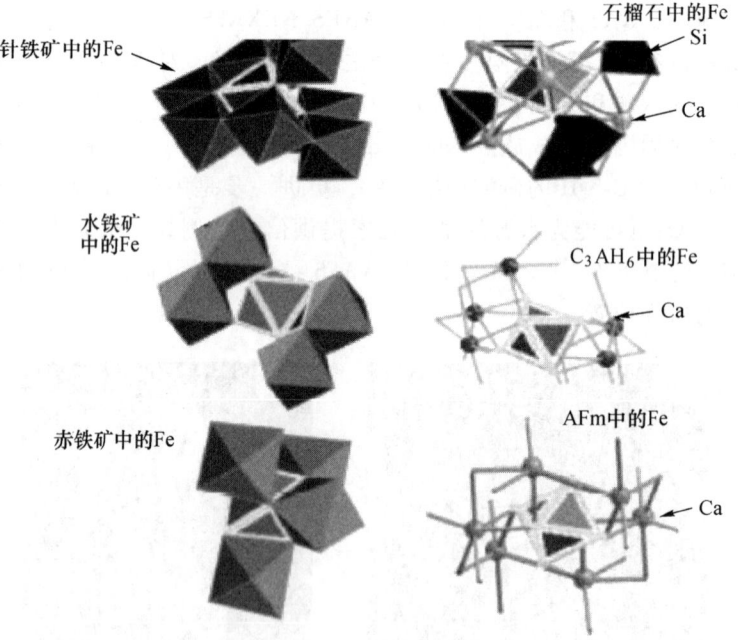

图 7.8 不同的 Fe 矿物中，Fe 周围的原子环境[58]

四、综合技术

将这一系列技术综合地运用到实验中的唯一限制是实际情况是否可行。例如，在沸石的合成领域，Beale 等[59]指出如何综合使用 X 射线衍射光谱、SAXS 光谱和 X 射线吸收光谱来探测 10 nm 大小的沸石的纳米晶体成核，以及其随后的聚集生长和结构发展。在这种情况下，含 Zn 的固体微孔可通过 EXAFS 探测到。毫无疑问，这种方法可以给水泥科学带来多种选择，可作为几种尺度的表征方法，包含无定型和晶体组分的表征方法。

五、核磁共振谱

在过去的三十年中，核磁共振技术越来越多地应用于胶凝材料的研究中[60-62]。这种基本方法的最大优势在于核自旋的选择性，在一个时间核磁共振周期表(例如^{1}H、^{19}F、^{27}Al、^{29}Si、^{35}Cl)中只有一个核自旋同位素可以被探测到，而事实上，这些自旋共振反映了局部结构和/或动态效应，因此，非晶相和晶相均能被探测到，从而是对长距离探测衍射技术的补充。NMR 在水泥科学中的应用可以粗略地分为三种完全不同的方法，划分的根据是水泥自旋中特有的核自旋性能。干燥、粉状样品的高分辨魔角核磁共振谱(MAS)一般按局部电子结构反射用各向同性的化学位移(δ)来提供硅酸盐水泥无水相和水化相中^{29}Si 和^{27}Al 自旋的环境定量信息和结构信息。另外一种方法是依据实验中^{1}H 同位素的高敏感度的特点，利用固液界面附近弛豫速率($1/T_1$ 和 $1/T_2$)发生显著变化，从而提供关于孔隙率、孔径分布和相互关联度方面的信息。最后，空间分辨核磁共振(磁共振成像，MRI)已经被应用在叠加磁场的静电场梯度上提供核磁共振信号的频率编码，它能提供样品空间位置方面的信息。MRI 主要应用于 μm、mm 层次上的研究，因此在表征这个尺度上的空隙、裂隙和水扩散方面很有用。然而，MRI 技术不会在这里讨论，下面两部分将着重介绍高分辨核磁共振和^{1}H 弛豫时间分析。

1. 高分辨魔角自旋核磁共振

尽管^{29}Si 低自然丰度(4.7%)较低以及较长的弛豫时间使得实验时间很长，但是^{29}Si MAS 核磁共振仍然是硅酸盐水泥研究中最常用的核磁共振方法之一。关于无水组分、阿利特、贝利特和一些外加剂(例如石英、硅灰、偏高岭土)以及 C-S-H 相的基本结构^{29}Si MAS 核磁共振谱的特点已被确定[60-62]。这些知识已经在含各种添加剂或辅助胶凝材料的硅酸盐水泥及阿利特和贝利特的水化动力学的研究中被应用。例如，对于白色硅酸盐水泥和高岭石黏土矿物($Al_2Si_2O_5(OH)_4$，见图 7.9)以及膨润土($M_{x+y}((Al,Fe)_{2-x}Mg_x)(Si_{4-y}Al_y)O_{10}(OH)_2$，$M = Na^+$，$K^+$，$Ca^{2+}$)^{29}Si MAS 核磁共振的研究已经表明，这两种黏土都会促进阿利特和贝利特的水化，这主要是因为细分散的黏土颗粒在 C-S-H 相的形成中作为了成核因子[63]。此外，单独观察水化样品的高岭土（-91.5×10^{-6}①，Q^3）^{29}Si 共振显示了高岭土的基本结构不受水泥水化中碱性介质的影响，因此，任何高岭石火山灰反应都不存在。

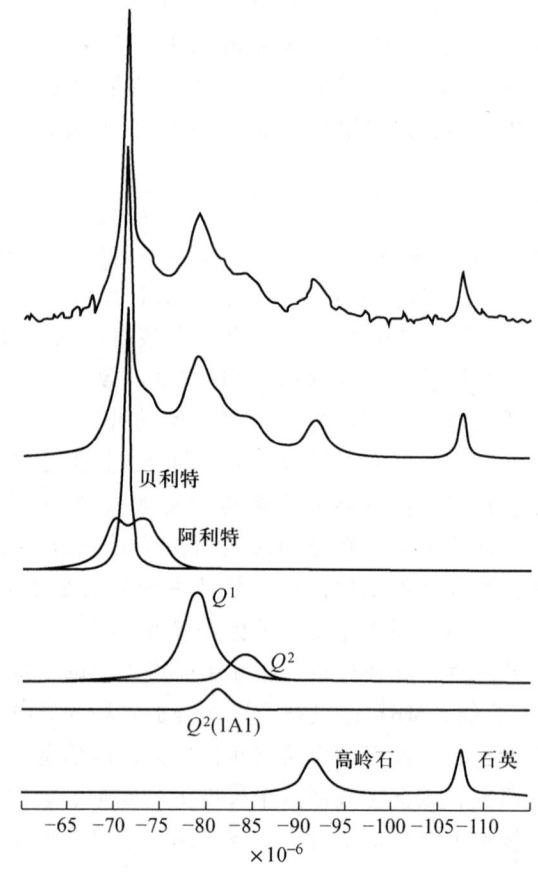

图 7.9　白色硅酸盐水泥和高岭土混合物（4:1 w/c）水化两天后的 ^{29}Si MAS 核磁共振谱（7.1 T，$vR = 7.0$ kHz）。实验谱下面显示了因掺入高岭石而引入石英杂质的个别硅酸盐组分子光谱的最优化叠加[63]

最近，从 ^{29}Si MAS 核磁共振得到了在硅酸盐水泥水化中形成掺 Al 的 C-S-H 相有价值的信息。一般情况下，从这些谱中可以观察到 C-S-H 结构的硅酸盐链中 Q^1、Q^2 和 Q^2(1Al) 的位置，见图 7.10[64,65]。因此，不同类型 Q^2 的位置，

---

① 用溶质质量占全部溶液质量的百万分比来表示的浓度，也称百万分比浓度。

即硅酸盐水泥水化形成的 C-S-H 中成对的 SiO_4 链（Q_P^2）和桥链 Si（Q_B^2）是不能被 ^{29}Si MAS 核磁共振区分的。但是，铝酸盐硅四面体（CL）和纯 SiO_4 单元（CL_{Si}）链的平均长度以及四面体链（Al_{IV}/Si）中 Al 的取代程度可以由 Q^1、Q^2 和 $Q^2(1Al)$ 共振强度从下面公式[66,67]得到：

$$\overline{CL} = \frac{2\left[Q^1 + Q^2 + \frac{3}{2}Q^2(1Al)\right]}{\frac{1}{2}Q^1} \quad \overline{CL}_{Si} = \frac{Q^1 + Q^2 + Q^2(1Al)}{\frac{1}{2}(Q^1 + Q^2(1Al))} \quad (7.1)$$

$$Al_{IV}/Si = \frac{\frac{1}{2}Q^2(1Al)}{Q^1 + Q^2 + Q^2(1Al)} \quad (7.2)$$

这些方法曾被用于研究白色硅酸盐水泥水化生成的含铝 C-S-H 相，溶液中 Al^{3+} 的量随着在 0.3 mol/L 和 0.5 mol/L 的 $NaAlO_2$ 溶液[67]中水泥水化的进行而增加。用 ^{29}Si MAS 核磁共振探测 C-S-H 的四配位铝（Al_{IV}）可以间接测定。C-S-H 中的 Al_{IV}/Si 在水化过程中几乎是不变的，但是随着溶液中有效的 Al^{3+} 的增加而增加。例如，白色硅酸盐水泥在水中及 0.3 mol/L 和 0.5 mol/L 的 $NaAlO_2$ 溶液中水化时平均 Al_{IV}/Si 分别为 0.042、0.064、0.083[67]。此外，对平均四面体链长的估计显示，AlO_4-SiO_4 链长随着水化时间的延长以及溶液中铝酸盐浓度的增加而增加。相反，纯硅酸盐四面体的链长与溶液中 Al^{3+} 的浓度无关。这些资料说明，主要以 $Al(OH)_4^-$ 形式存在的 Al^{3+} 和已有的硅酸盐聚合链结合，形成了平均链长较长的铝硅酸盐链[67]。铝进入 C-S-H 的原因是 Al^{3+} 作为已形成的硅酸盐链的链接物，而且这种机理与 Richardson 和 Groves[66] 的研究结果完全一致，有力地说明了 Al_{IV} 只占据 C-S-H 结构中的桥链区。

Love 等[68]用 ^{27}Al、^{29}Si MAS 核磁共振以及 TEM 对白色硅酸盐水泥－偏高岭土（4.1 w/c）混合物在水溶液、5.0 mol/L 的 KOH 溶液中的水化分别进行了研究。结果表明，在水泥混合物中，由于偏高岭土（$Al_2Si_2O_7$）的掺入而导致的 Al 含量的增加可能会引起 C-S-H 中 Al_{IV}/Si 的明显增加。从 ^{29}Si MAS 核磁共振谱发现，水化 1 天和 28 天的样品中，Al_{IV}/Si 从 0.06 增加到 0.24，CL 从 2.8 增加到 11.0。对于 KOH 激活的样品，在相同的水化时间内这两个参数值更高，反映了由于碱活化，偏高岭石混合物的反应程度增加，混合物在水中水化 28 天后得到的值与含 11 个四面体 C-S-H 的链平均值相同，而且三分之二的桥区被 Al 占据（即 Q_B^2，见图 7.10）。因此，由高岭土的火山灰反应而释放的大量 Al 被结合到 C-S-H 中，同时，碱激活导致了 C-S-H 中 SiO_4 区的共振线宽度明显缩小[68]，显示了用这种方法制备的 C-S-H 局部结构有序度更高。

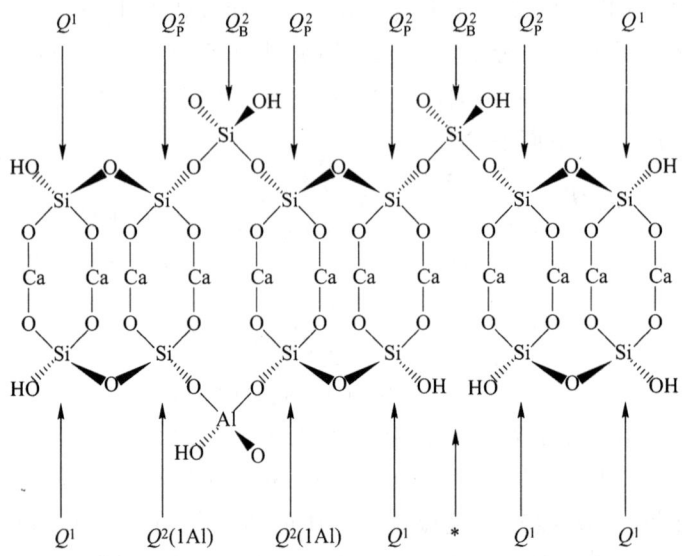

图 7.10 C-S-H 相基本结构单元的示意图。7 配位的钙层被夹在 SiO_4 四面体链之间。上面一部分显示了八聚体硅酸盐链,下面一部分显示了在桥区 Al 掺入硅酸盐链结构的缺陷区域(*)

Dyson 等[69]用 ^{29}Si MAS 核磁共振与选择性技术相结合的方法解决了掺矿渣的硅酸盐水泥二元系统共振的重叠图。一般来说,矿渣的 ^{29}Si 峰非常宽,可能延展到 SiO_4 晶格的全部化学位移范围内,也就是从 $-120 \times 10^{-6} \sim -60 \times 10^{-6}$。作为一级近似,除了分析阿利特、贝利特以及 C-S-H 水化产物的 ^{29}Si MAS 谱外,同时分析无水矿渣的 ^{29}Si MAS 谱。但是,这些过程假定矿渣的峰型在水化过程中不会发生变化,矿渣中 SiO_4 晶格活性是一样的。Dyson 等对水泥中硅酸盐和 C-S-H 水化产物用选择性溶解法,得到的残渣主要是未反应的矿渣,其 ^{29}Si MAS 核磁共振谱与无水相的谱有很大的区别,在分析硅酸盐水泥和矿渣的混合物(3∶1 w/c)水化谱图时,被模拟作为辅助谱。结果表明,通过这种方法得到的矿渣水化程度和 C-S-H 水化物的量更为可靠。

Le Saout 等[70]也用选择性溶解法对 Fe_2O_3 含量较高的 G 油井水泥中铁酸盐相的 ^{27}Al MAS 核磁共振谱的特征进行表征。根据 Bogue 法计算在含 14.4% C_4AF 的未水化水泥中,铁酸盐相能溶于水杨酸 - 甲醇溶液,硅酸盐相能溶于糖 - 水溶液。游离铁酸盐 ^{27}Al MAS 核磁共振谱(11.7 T,$\nu_R = 25$ kHz)显示,四面体和八面体配位 Al 共振重心在 60×10^{-6} 和 6×10^{-6}[70],这与早期报道的人工合成组成为 $Ca_2Al_{0.93}Fe_{0.17}O_5$[71]铁酸盐的 ^{27}Al MAS 核磁共振谱非常一致。此外,Le Saout 等还发现了分离的铁酸盐相 ^{27}Al MAS 核磁共振强度由于未成对的

Fe^{3+} 强电极耦合而有些降低，证明了铁酸盐相中 Al 对油井水泥中的 ^{27}Al MAS 核磁共振谱中 ^{27}Al 强度的贡献很小或者几乎没有，这与前面提到的关于合成铁铝酸钙的研究结果一致[71]。然而，未水化和水化的油井水泥试样得到合理的易于分辨的 ^{29}Si MAS 核磁共振谱能确定硅酸盐的水化程度和 C-S-H 相的平均硅酸盐链长[70]。

高分辨的 ^{1}H、^{17}O 和 ^{29}Si MAS 核磁共振已经被广泛应用于 C-S-H 相基本结构的表征。最近因 C-S-H 样中 Ca/Si 变化（Ca/Si = 0.7~1.5）而引起的调整改进信息从 ^{29}Si-^{29}Si 的二维双量子同核关系和 ^{1}H-^{29}Si 异核富 ^{29}Si MAS 核磁共振化学位移关系中已经获得[72]。图 7.11 显示出 Ca/Si = 0.9 的 C-S-H 双量子 ^{29}Si-^{29}Si 相关的 MAS 核磁共振谱。在高频区域观察到 Q^1-Q^1 和 Q^1-Q^2 关系峰，分别表明了二聚体和链端 Q^1 的存在。单脉冲 ^{29}Si MAS 核磁共振谱中 $Q^3(\delta(^{29}Si) = -92 \times 10^{-6})$ 共振的存在说明了 C-S-H 内层中两条硅酸盐链的连接关系，就像 11 Å 水化硅酸钙一样。通过观察 Q^3-Q^3 和 Q^3-Q^{2V} 的峰，^{29}Si-^{29}Si 的相关实验完全支持这个结构排布，其中 Q^{2V} 表明了 SiO$_4$ 四面体和 Q^3 链连接的四面体相毗邻。此外，Ca/Si 在 0.7~1.5 范围内的四个 C-S-H 样品的分析证明了随着 Ca/Si 的增加硅酸盐链长度连续减少[72]。这和先前的研究以及近期 Chen 等的 ^{29}Si MAS 核磁共振研究非常一致，他们对从 Ca$_3$SiO$_5$ 水化得到的和硝酸钙与硅酸盐钠反应再用硝酸铵脱钙来制备的随着 Ca/Si 变化的两个 C-S-H 系列进行研究，^{29}Si MAS 核磁共振说明这两种制备方法都会导致硅酸盐链长度和 Ca/Si 有关，但是，由 Ca$_3$SiO$_5$ 制备得到的链长比合成方法得到的链长长很多。这个现象有力地证实了在 C-S-H 中随 Ca/Si 的变化平均硅链长跟随它发生变

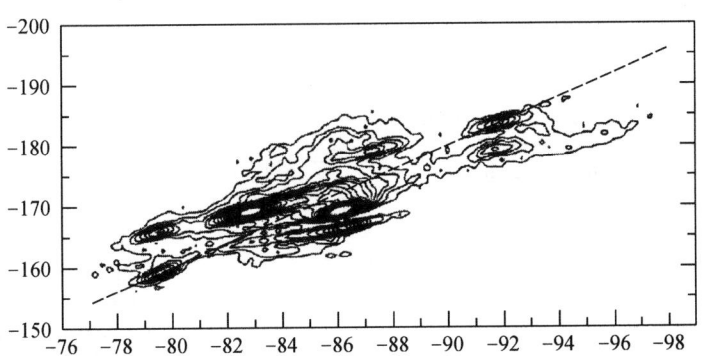

图 7.11 含丰富的 ^{29}Si 元素的，Ca/Si = 0.9 的 C-S-H 凝胶样品的 ^{29}Si-^{29}Si 双量子关联 MAS NMR 图谱（11.7 T，v_R = 10 kHz）。实验数据是在背靠背脉冲顺序条件下通过 ^{29}Si{^{1}H} CP/MAS 获得的[73]。纵坐标和双量子尺寸相符合[72]

化[74]。此外，这些研究人员还观察到随着 Ca/Si 的增加，Q^1 和 Q^2 的 ^{29}Si 共振化学位移会略微向低频方向移动，虽然这不能立即解释清楚，但反映出 C-S-H 结构的微小变化。^{1}H-^{29}Si 异核化学位移关系的 CP/MAS 实验已显示了所有的 Si 晶格和水分子的相关峰由含低 Ca(Ca/Si = 0.7)的 C-S-H 正交极化导致[72]。对于含高 Ca(Ca/Si = 1.5)的 C-S-H，能分辨出 H$_2$O、Ca-OH 和 Si-OH 质子三个 ^{1}H 共振峰。这两种类型的羟基和 C-S-H 中的所有硅相连，而 Q^1、Q^{2P} 以及 Q^2 位置是水分子的位置。

目前，从 ^{27}Al MAS 核磁共振谱在胶凝材料中的地位来看，不同种类的铝酸盐的共振器的分辨率最高，在高磁场区(B_0 为 14.1~21.1 T 或更高)，应用高能区耦合高速旋转的 ^{1}H($v_R \geqslant 10$)单脉冲 MAS 实验来完成。这主要是由于这些旋转核的高敏感度使 ^{27}Al 的浓度在很低时也能研究，随磁场强度增加化学位移的偏移而使二阶四极扩大降低。因此，在研究合成的 C-S-H 相[75]和水化硅酸盐水泥[65,76]中分别被采用。现以图 7.12 为例，图 7.12 显示了水化白色硅酸盐水泥和 Ca/Si 为 1.00 及 Al/Si 为 0.05 合成 C-S-H 样品的 ^{27}Al MAS 核磁共振谱。水化硅酸盐水泥的 ^{27}Al MAS 核磁共振谱显示了由 4-、5- 和 6- 配位的 Al 和氧原子(Al$^{[4]}$、Al$^{[5]}$ 和 Al$^{[6]}$)的共振，Al$^{[4]}$ 和 Al$^{[6]}$ 混合磁场区的共振研究显示 ^{27}Al 的 $\delta_{iso} = 74.6 \times 10^{-6}$，$P_Q = C_Q(1 + \eta^2/3)^{1/2} = 4.5$ MHz，$\delta_{iso} = 39.9 \times 10^{-6}$，$P_Q = 5.1$ MHz[65]。

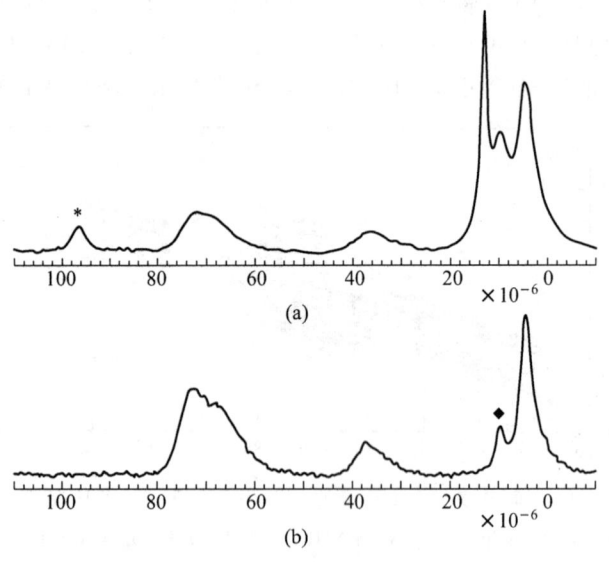

图 7.12 ^{27}Al MAS NMR 谱(14.1T，$\nu_R = 13.0$ kHz)，
(a) 水化 30 星期的白硅酸盐水泥，(b) 用 Ca/Si 为 1.0 合成的 C-S-H。∗表示钙矾石(AFt)的旋转边带，◆表示 CaO·Al$_2$O$_3$·10H$_2$O 或 AFm 相的旋转边带

$Al^{[4]}$ 峰归属于 Al 掺入 C-S-H 聚合硅酸盐链的桥连四面体(见图 7.10),而有重要证据证明五配位的 Al 位于 C-S-H 结构的内层[75],这可能是由于 Al^{3+} 取代了内层的 Ca^{2+} [76,77]。源于八配位 Al 的三个共振,在 δ_{iso} 为 13.1×10^{-6} 和 10.5×10^{-6} 的高频峰分别为钙矾石和单硫硫铝酸盐,或者更确切地说是 AFt 和 AFm 相,因为这些结构中柱状阴离子对这些相的 ^{27}Al MAS 核磁共振参数影响很小。

对应参数 $\delta_{iso} = 5.0 \times 10^{-6}$ 和 $P_Q = 1.2$ MHz 第三个 $Al^{[6]}$ 共振已被 Andersen 等用不同的 NMR 方法[76]研究过。用 $^{27}Al\{^1H\}$ CP/MAS NMR 观察到的共振及这些共振 CP 特征有力证明,这个 Al 是源于 $Al(OH)_6^{3-}$ 单元,然而对加热样品的研究则表明当样品加热到 70~90 ℃ 时这种共振便消失了。在合成的 C-S-H 的 ^{27}Al NMR 谱中(图 7.12)可以发现,该相的形成明显和 C-S-H 有关,第三个共振最后认定为无定形/扭曲的氢氧化铝或铝酸钙水化物,它们在 C-S-H 相上作为独立相形成或者作为纳米结构的表面沉积物[76]。C-S-H 颗粒边界上富铝表面沉积物的形成和 Taylor 观察到的结果相符,即 C-S-H 和 AFm 相带正电,然后产生强的相互吸引力从物理上破坏 AFm 晶体[78]。因此,AFm 层可能分散在 C-S-H 中,导致不能用 XRD 和热方法检测到弱结晶相。在对用氢氧化钠、硅酸钠或氢氧化钙激活的粒化高炉矿渣(GBFs)净浆水化产物的 ^{23}Na、^{27}Al 和 ^{29}Si MAS NMR 研究中发现,第三个 $Al^{[6]}$ 共振只在硅酸钠激活的粒化高炉矿渣样品中出现[79]。采用与 Taylor[78]相似的理论,该共振源自 C-S-H 层和类 AFm 排列的密切混合物可能有共生形成。还有假设认为,纯 AFm 相的 $\delta(^{27}Al)$ 有关的 5×10^{-6} 振动的低频偏移和硅酸盐激活粒化高炉矿渣 ^{29}Si MAS NMR 谱 Q^1 峰的宽化反映在 C-S-H 的 Si 位置处 $Al^{[6]}$-O-Si 键形成了[79]。

Sun 等[75]对 Al 掺杂在 $Ca/(Si+Al) = 0.86~1.4$ 和 $Al/(Al+Si) = 0.0~0.3$ 系列沉淀 C-S-H 的结构进行详细研究。在高 ^{27}Al MAS NMR 谱区域(17.5 T)中,他们观察到 $Al^{[4]}$ 峰或最大值在 58×10^{-6}、56×10^{-6} 和 74×10^{-6} 处的肩峰,对于不同成分的 C-S-H,相对峰强上有明显的变化,但是峰的位置上没有变化,表明有三种不同形式的 $Al^{[4]}$ 存在。该结果也被 C-S-H 的 ^{27}Al MAS NMR 谱(见图 7.12)说明,图中清楚地表明有两种不同的 $Al^{[4]}$ 位置存在。Sun 等把三种 $Al^{[4]}$ 振动归因于 Al 处于三种不同的桥接位置,一个为穿过间层($\delta \approx 58 \times 10^{-6}$)的 Q^3 桥接位置,另一个为由层面 Ca^{2+}、Na^+ 和 H^+ 离子电荷平衡的 $Q^2(\delta \approx 66 \times 10^{-6})$ 位置,还有一个为被层间或表面的 $Al^{[5]}$ 和 $Al^{[6]}$ 通过 $Al^{[4]}$—O—$Al^{[5,6]}$ 连接而呈现电中性的 Q^2 位置($\delta \approx 74 \times 10^{-6}$)[75]。后者根据 XRD 的事实,托勃莫来石(C-S-H)样品的基础空间随着 $Al/(Al+Si)$ 比例的增加而显著增大[75]。此外,从其他的铝硅酸盐研究中很容易得知,Al—O—Al 键有向高频区偏移的趋势,而 Al—O—Si 键则有向低频区偏移的趋势。Sun 等的观察还

表明，Al不会进入Ca—O层的中间或托勃莫来石型层的配对四面体中，因此，这些观察和先前提到的C-S-H和托勃莫来石中Al取代结构机制的结果相一致[64-67,76]。

用不同温度的^{27}Al MAS NMR来表征Friedels盐（$Ca_2Al(OH)_6Cl \cdot 2H_2O$）从低温单斜α型到菱形体β型的结构相变[80]。^{27}Al四极耦合常数（C_Q）的突变与不对称参数（η_Q）有关，温度从-121 ℃到109 ℃中的29个温度模拟得到^{27}Al MAS NMR谱图（见图7.13），它清晰地揭示了34 ℃左右的相变。并且，用简单的模型计算相应的^{27}Al得到的电场梯度表明，氢键在相变发生过程中起着重要的作用。然而，不同于C_Q和η_Q，各向同性的^{27}Al化学位移几乎和温度无关，在室温时其值为$9.2 \times 10^{-6} \pm 0.3 \times 10^{-6}$。这个值和$C_Q$与$\eta_Q$的实际数值表明对于Friedels盐，中心带共振不可能用单硫型硫酸盐（或其他的AFm相，$\delta(^{27}Al) \approx 10.2 \times 10^{-6}$，$C_Q \approx 1.3 \sim 1.8$ MHz）实验的方法来求解，如同先前引用过的，和文献中提到的一样[81]，尽管最近一个铝酸盐硅酸盐水泥在氯化物溶液中养护硬化的铝酸盐水化产物的^{27}Al MAS NMR研究中声称得到了这样的结果[82]。然而，假定Al_2O_3只存在于钙矾石和单硫型硫酸盐中，基于^{27}Al NMR强度计算得到的Al_2O_3和SO_3的质量平衡，可以估计水化水泥浆体中Friedels盐质量的下限值[81]，或者Friedels盐可以用^{35}Cl NMR检测，如较早的静态粉末NMR谱用微量碳酸盐替代Friedels盐（如$Ca_{1.96}Al_{1.04}(OH)_6Cl_{0.76}(CO_3)_{0.14} \cdot 2.10 \cdot H_2O$，相变温度为6 ℃）的相变研究（11.7 T）所证实的那样。不同无机盐外加剂对硅酸盐水泥的水化的影响已经由Rottstegge等用不同的固态NMR方法在纳米层次上研究过了[84,85]。对于由硅酸盐水泥、石英、甲基纤维素和不同的乳液外加剂组成的砖和砂浆体系，$^{13}C\{^1H\}$ CP/MAS NMR表明，聚乳胶聚合物（聚乙烯酸液醛共烯）在水化硅酸盐水泥的碱介质中的水解相对稳定[84]，这可以清楚地根据水泥基体中由于乳胶聚合物的分解而生成的乙酸钙和多聚物

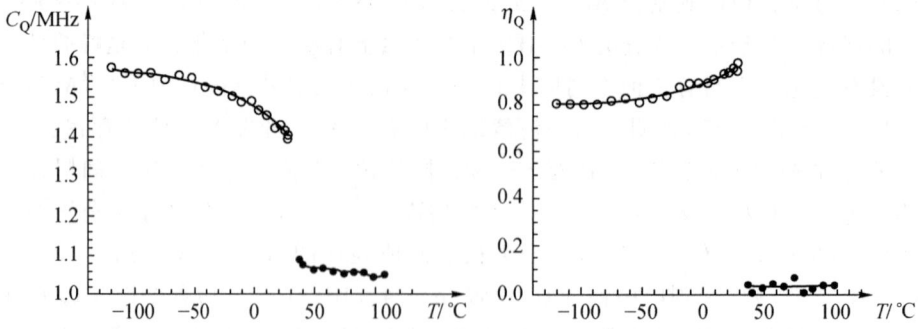

图7.13 对低温α型（○）和高温β型（●），^{27}Al四极偶合参数（C_Q和η_Q）[80]

(乙烯醇)的^{13}C 共振的消失看出,此外,^{29}Si MAS NMR 表明,有机外加剂只对硬化水泥的硅酸盐结构有微小的影响,然而^{27}Al MAS NMR 却发现哪怕是很少量的外加剂也会影响到铝酸钙水化产物,影响 AFm 和 AFt 相的相对含量。对于含 0.4%(质量分数)甲基纤维素或聚合(乙烯醇和乙酸钙)高分子的硅酸盐水泥(质量分数为 43.7%)、二氧化硅(质量分数为 56.2%)混合物,二维双量子(BAck 到 BAck 系列[73])和交换(NOESY — 型)MAS NMR 实验(很高的自旋速度,$\nu_R = 30$ kHz)可用于探测有机外加剂和硬化水泥材料中无机组分之间的联系[85]。通过^{1}H 双量子 MAS NMR 检测到与水泥基体中的水分子强键合的甲基纤维素弱双量子信号,然而,^{1}H 交换实验却发现聚合(乙烯醇和乙酸钙)高分子和水泥基体中的 OH 和 H_2O 有弱的交换信号。对于两种添加剂,这说明有机混合物紧靠着(约 10 nm)水化水泥基体,表明外加剂被吸附到水泥基体而固定下来,或者是被结合到了水化水泥浆体中[85]。

2. ^{1}H 弛豫 NMR

在硅酸盐水泥的研究中,良好的 NMR 性质及在胶凝材料中的高含量的^{1}H 自旋原子核显示出最大的 NMR 灵敏度。但是,窄的^{1}H 化学位移范围(约 20 × 10^{-6})~ 5^{1}H – ^{1}H 同核耦极作用产生的强的谱线宽化,使得从实验中得到高分辨率的^{1}H MAS NMR 谱非常困难。好在分辨率随着磁场强度、自旋速度的增加而增加,最近已有高自旋 MAS 探测器($\nu_R > 30$ kHz)生产出来。另一方面,可以通过较低技术要求的在低磁场获得 NMR 试验补充信息,集中在自旋晶格弛豫时间(T_1)和自旋 – 自旋弛豫时间(T_2),这可以用不同的脉冲设计快速地测定,在某些情况下还允许随时间接近连续的监测。对于这样的原位研究,自旋 – 自旋弛豫时间显得格外有用,对易动的和束缚在水分子中和羟基团中的^{1}H,因为它被样品自旋存在的运动所调整,变化可达到几个数量级,这种变化允许提取不同 T_2 组合,分别从无感应衰减(FIDs)观察到的强度和由单脉冲或 Carr-Purcell Meiboom-Gill(CPMG)脉冲设计得到的自旋回波包络线的多组分分析中区分出不同 T_2 组分。最近该方法已用于白色硅酸盐水泥的水化产物^{1}H T_2 的研究[86,87]。通过时域 FIDs 和 CPMG 衰减曲线的最小二乘拟合,采用指数和高斯函数的加和,通过 T_2 值确定一系列的不同磁化组合,如图 7.14 所示。通常短的 T_2 值(10 ~ 20 μs)和固体中的羟基与水分子中的刚性^{1}H 位置有关,然而,长的 T_2 值反映在纳米或微米孔中移动的水分子。跟随着 C_3A[88] 硅酸盐水化和 C_3S 体系水化的^{1}H 自旋自旋弛豫的研究,Holly 等从不同 T_2 值确定水化白色硅酸盐水泥的五种组分,分别是:① 毛细管水,② 类固态结晶水和 OH^- 基(即氢氧化钙、石膏和钙矾石),③ C-S-H 相中结合的移动水分子,④ 处于 C-S-H 中间层的移动受限水分子,⑤ 钙矾石分解释放的二次水化水,发现只占总^{1}H 强度的 3% 的后者是很独特的。对于室温下水化($w/c = 0.42$[87])

的白硅酸盐水泥而言,二次水化水只存在于水化的较早期的 9~18 h,此后它被化学反应消耗掉。在 $CaO - Al_2O_3 - SO_3 - H_2O$ 体系的相似研究中[88],观察到二次水化的水与消耗钙矾石形成单硫型硫酸盐时释放的水有关。而且,Holly 等发现二次水化水在高温养护(60 ℃和 100 ℃)的样品中存在的时间相当长[87]。相似的 T_2 自旋弛豫实验结合 MRI(核磁成像技术),被用于研究在有少量溶于甲醇中的有机废料(2 - 氯苯胺)存在时白硅酸盐水泥的水化行为[89]。三种水分子的特征为各向异性("类固态"水)、近各向同性(孔隙水)和各向同性("自由"水)。并且,这些水分子的 T_2 数据揭示出在有机外加剂存在的情况下,表现出很强的延迟水化现象,导致潜伏期大幅度延长[89]。

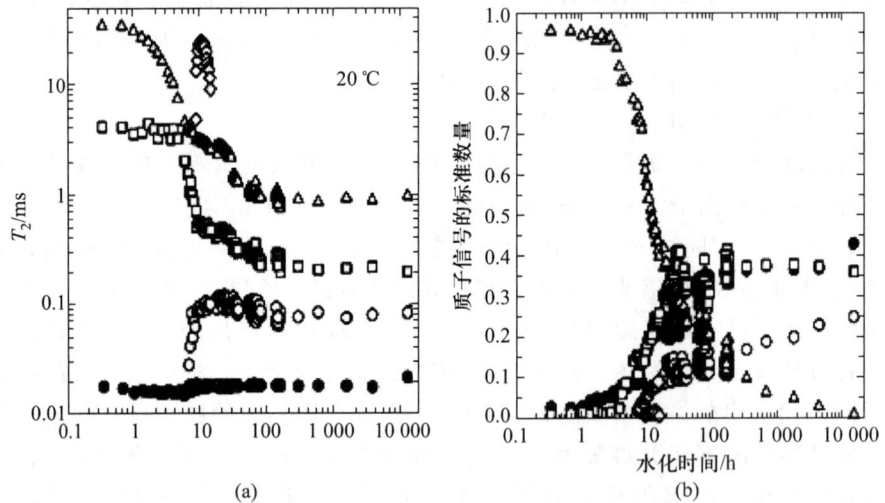

图 7.14 白硅酸盐水泥 20 ℃水化时,(a) ^1H T_2 值和(b) 标准的磁化与水化时间的关系[87],△是毛细孔水,□是 C-S-H 中的移动水,○是层间水,●是类固水和 OH^-,◇是二次水化水

从自旋晶格弛豫时间 T_1 得到的结构信息近来也被详细地研究过,特别是其对顺磁离子和容纳孔隙水的孔隙尺寸的依赖程度方面的研究。最近用于描述充满水的水泥孔的弛豫模型[90-92]是一个两相快速交换模型[93],在该模型中观察到的比容积与体积比高(S/V)的孔中,水分子自旋晶格弛豫速率($1/T_{1,观察}$)由两个因素控制:

$$\frac{1}{T_{1,观察}} = \frac{1}{T_{1,重水}} + \frac{\sum S}{V} + \frac{1}{T_{1,表面}} \quad (7.3)$$

其中,大量液体($T_{1,重水}$)和在孔表面位置的水分子($T_{1,表面}$),ε 表示表面层的厚度。对于高 S/V 的孔来说,弛豫速率的主要贡献取决于表面水分子中的氢原

子,这些水分子表面只是降低了对 $T_{1,表面}$ 测定的分析。Korb 和其同事已经完成[94,95]对该项($T_{1,表面}$)表达式的推导,假定临时吸附的水分子在孔表面经历二维的随机迁移,并且 ^1H 弛豫主要是由于固定在表面 ^1H 自旋顺磁杂质(如 Fe^{3+})的电子和自旋偶极 – 偶极相互作用的变换。在恒定固液孔表面上的顺磁离子附近水分子的扩散行为用表面停留时间 τ_s 和传统的相关时间 τ_m 表征,还与表面的个别吸附分子的跃迁有关。该模型可用于自旋 – 自旋($1/T_{2,表面}$)和自旋晶格($1/T_{1,表面}$)弛豫速率中,Korb 等已经证明 $T_{2,表面}/T_{1,表面}$ 只依赖于 NMR Larmor 频率和相关时间 τ_m、τ_s。从该比例和两个相关时间的测定表达式可以预测,高 S/V 的孔中的水分子的 T_1 和 T_2 值落在 $T_1 = 2T_2 - 4T_2$ 范围内[91]。该关系被应用于二维 $T_1 - T_2$ 相关 NMR 实验中,通过引入反转 – 恢复脉冲指令来监测 T_1,紧接着用 CPMG 序列探测相关 T_2 弛豫[91]。例如,图 7.15 描述了白色水泥水化 4 天后用时域信号二维拉普拉斯变换实验得到的等高线图。图中 T_1 和 T_2 弛豫时间的相互关系表明,沿着 $T_1 = 4T_2$ 线被约一个数量级地区分为五个明显的峰。这些峰显示了随着弛豫时间的增加,分散孔的孔尺寸(即 S/V 值)也在增加。因此,最低峰,$T_1 \approx 0.2$ ms,是归属于只有几个纳米的凝胶孔,而其余的四个峰可能反映在尺寸不断增加毛细孔中的水的弛豫[91]。最小弛豫时间($T_1 \approx 0.2$ ms 和 2 ms)和最高强度的两个峰在对角线下表现出交叉峰,该峰可能归属

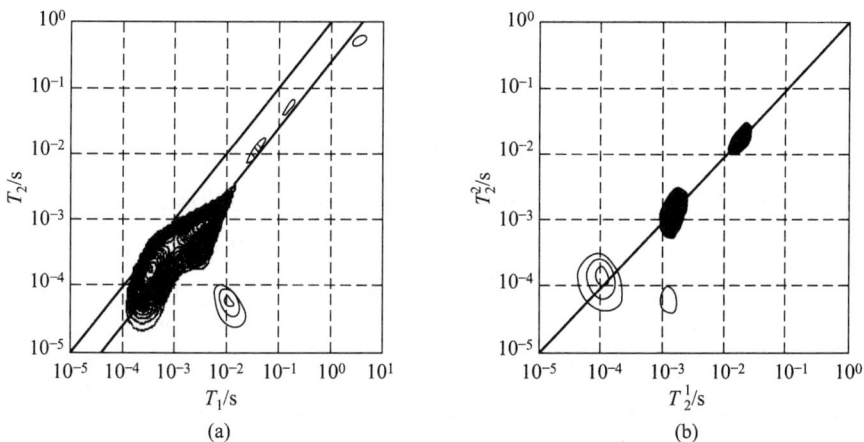

图 7.15 ^1H $T_1 - T_2$(a) 和 $T_1 - T_2$ 关系到白色硅酸盐水泥在 $w/c = 0.4$,高相对湿度和 20 ℃水化 4 天后的 ^1H $T_1 - T_2$(a) 和 $T_2^1 - T_2^2$ NMR 关系图谱。较低的 $T_1 - T_2$ 实心点对应于 $T_1 = 4T_2$ 线,实验是在低端 Carmor 频率(20 MHz)应用随 CPMA 脉冲顺序可逆 – 旋转的 $T_1 - T_2$ 谱和两个 CPMA 顺序分别滞后 10 ms 的 $T_1 - T_2$ 实验,该谱再现实验数据的二维可逆拉普拉斯转换[91]

于两种不同孔中水的化学交换作用,即随着实验时间推进,水分子在不同的孔间移动,表明水从毛细孔转移到凝胶孔。该解释得到了相同样品的 T_2-T_2 相关 NMR 谱的验证(见图 7.15),对应于两个最小 T_2 值峰间也有一个小的交叉峰[91]。在实际情况下 T_2-T_2 相关谱可由 10 ms 的固定延迟分离的两个 CPMG 系列得到。这个相对较长的迟滞抑制 T_1 值小的水,说明与 T_1-T_2 相关谱强度相比较,$T_2 \approx 0.050$ ms 的峰强减弱,$T_2 \approx 20$ ms 的峰强增强(见图 7.15(a))。T_1-T_2 相关谱的实用性已经被加和不加硅灰(质量分数为 10%)的白硅酸盐水泥的水化(1~14 天)验证[91]。谱图显示出在硅灰样品中沿着对角线峰较为连续的峰强分布,表明硅灰扰乱了正在长大的孔的尺寸分布。而且,硅灰浆体谱图中无对角线峰强的降低,说明凝胶孔和毛细孔网络之间水的化学交换作用被硅灰削弱了[91]。McDonald 等[92]通过比较两个不同厂家生产的两种白硅酸盐水泥的早期水化(1~7 天)的 T_1-T_2 相关谱。在这些谱图中显著的变化,如连续与不连续孔尺寸分布以及某一种水泥非对角线上衍射峰的消失,都是源自于这两种材料的微观结构上的差异。这些变化被暂时归结于两种水泥的颗粒尺寸的不同和可能一种水泥样品的预水化程度的不同。

与表面水和限制于水化水泥内的大量有关的 T_1 弛豫的明显分离可以从核磁弛豫分离(NMRD)实验获得,其中测得弛豫速率($1/T_{1,\mathrm{obs}}$)是 Larmor 频率的函数,主要是用场-循环谱仪,其磁场可以在 kHz 和 MHz 范围内快速变化。从这些实验中,表面弛豫速率的具体特征可能和不同的分子表面动力过程有关。Barberon 等提出了一个理论论述,基于固/液交互弛豫、质子表面扩散和核顺磁弛豫,该论述建立了弛豫速率与 ν_L 函数的模型,基于这些数据能估计材料的比表面积[96]。他们通过分析一个水化砂浆(水泥、砂、硅灰、水、超塑化剂,$w/c=0.38$)在频率范围为 0.01~10 MHz 内测得的弛豫速率对这个模型进行了证实。在该频率范围内,场循环用时约 20 min 和渐进实验水化 12 h。NMRD 分析得到的比表面积是水化时间的函数(见图 7.16),揭示出在诱导期,S_p 值几乎为一常数,而在凝结后急剧增加。此外,观察到 S_p 和热分析测定水化率 α 之间的线性关系,证明 S_p 和水化时的纳米/微米结构变化密切相关[96]。还报道了合成硅酸三钙水化一年试样场循环实验中 T_1 弛豫速率的相似分析[97]。对于该典型样品,$^1\mathrm{H}$ 弛豫显示每个 ν_L 值表现出多指数磁衰减,因此,可以由这些数据得到四个弛豫速率离散图,每个图与提出的模型相吻合。从 ESR 谱预先知道顺磁离子(Fe^{3+})的量[97],该模型还可以估计这四种弛豫率离散图的平均孔尺寸,$<R_\mathrm{i}>=1.8$ nm、7.0 nm、50 nm、600 nm。这些平均孔尺寸和 T_1-T_2 相关 NMR 实验计算得到的结果数量级相同。

$^1\mathrm{H}$ 横向弛豫理论也被用于水化水泥中湿气扩散和水迁移的动力学研究。通常情况下,该方法用 NMR 扩散仪实现,通过引入 RF 脉冲设计的磁场梯度

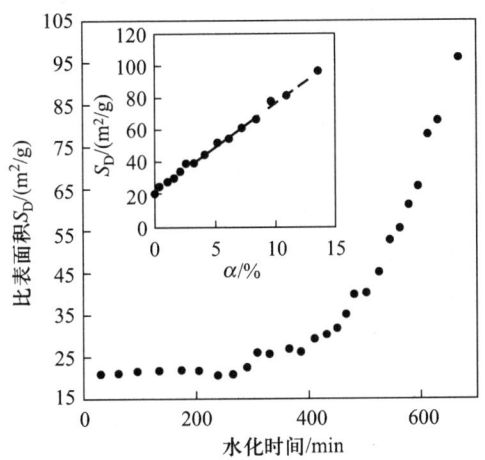

图7.16 水化砂浆的比表面积 S_D 与水化时间由立方循环数据的弛豫速度 $^1H\ T_1$ 观测得到。图示表明 S_D 与由水化材料的热分析得到的反应程度 α 的关系[96]

(常量或脉冲),实现了对于自旋-回波或者受激自旋-回波实验对磁场衰减的修正,脉冲场梯度(PFGs)引入附加的回波衰减,导致回波衰减成为非单指数型。从理论上讲,横向磁场的衰减可以用因弛豫和扩散引起衰减的两个项来描述,后面一项的分析提供了材料中液相的平均自扩散系数。PFG NMR 实验对在微米尺度上的分子移位敏感,胶凝材料的后期快速养护[98]和水在水泥浆中的扩散,两者在研究中显得很有用。最近,Nestle 等[100]综述了场-梯度 NMR 在水化水泥中扩散的不同理论。

六、拉曼光谱

红外(IR)和拉曼光谱在表征固体原子尺度上的局部结构特征常常是有效的工具,因为这些技术能测定非晶态和晶态相的原子质量和局部对称性敏感的振动频率。关于这两个理论,IR 谱在水泥化学中是最完善的现成技术,对未水化水泥相的半定量已经有很多记载[101]。近来,虽然拉曼光谱没有 IR 那样灵敏,人们对在胶凝体系中使用该技术的潜力的兴趣依然在不断提高,但是,拉曼光谱可能会从一系列仪器设置的可能性中受益,这些仪器设置中包括了大量不同的激光体系用于光谱的净化[102]。此外,拉曼显微探针仪能对样品的特定区域在微米尺度上进行研究,这类仪器似乎对吸收性和荧光性的人工制品不太灵敏[103]。

自从最早 Bensted 用拉曼光谱研究水泥矿物以来[104],一些研究报道了合成的或硅酸盐水泥中的无水硅酸钙、铝酸钙和铁相的不同晶型的拉曼位移,可以在最近的文献中找到这些数据[102,105]。Newman 等[106]最近用傅里叶转换

(FT)拉曼光谱通过三种不同的激发频率(激发波长分别为1 064 nm,632.8 nm和514.2 nm)对纯水泥矿物和几个商品硅酸盐水泥进行了仔细的检测。对于纯C_2S和C_3S以及硅酸盐水泥中的C_2S和C_3S,他们发现,近红外拉曼谱的Stokes区域的谱带主要是由于荧光效应产生的,因为在反Stokes区的相应谱带消失了。荧光现象决定于激发波长,因此,通过不同激发波长测定拉曼位移可以区分谱带是真的拉曼谱带还是荧光效应。用这种方法,Newman等在两个不同的可见光波长记录的拉曼谱中确定了C_3S和C_3A的真实拉曼位移,并发现该结果和较早报道的数据相一致[107]。而且,Newman等[106]发现,近红外拉曼谱中的荧光效应与过渡金属杂质的微小含量密切相关,同时,荧光效应对于不同的硅酸盐水泥变化很大,但是,用原位近红外拉曼光谱仪对不同的硅酸盐水泥浆进行检测,发现不同荧光峰的强度随着水化时间慢慢地降低,如图7.17所示。谱中最明显的变化发生在3~48 h,说明荧光衰减的原位测试提供了监测水泥水化的一种新的方法。Newman等暂时把硅酸钙矿物和硅酸盐水泥的强荧光归因于这些样品中主要组分是正硅酸盐,因为对于偏硅酸盐(硅灰石)样品,观察到明显的低的荧光[106],因此,他们假定荧光和孤立SiO_4四面体的存在有关,这样也可以解释原位实验中强度随着水化进行及链状的SiO_4四面体形成而降低的现象。

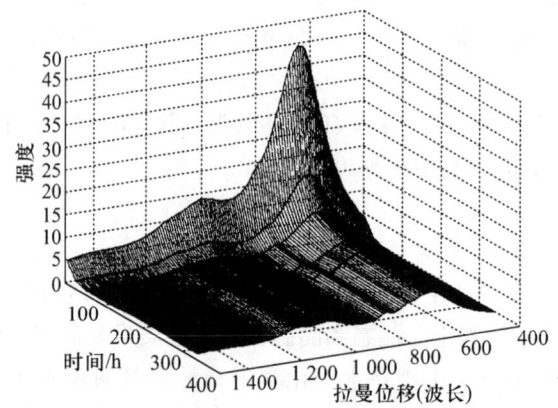

图7.17 水化硅酸盐水泥浆体原位近红外FT拉曼光谱。
相对于激光(1 064 nm)的拉曼位移[106]

拉曼光谱在胶凝材料的碳化反应研究中被日益广泛地应用,采用高散射横截面1 085 cm^{-1}谱带$v_1[CO_3^{2-}]$。可通过拉曼光谱区分$CaCO_3$的三个多晶型,如方解石、霰石和球霰石,最近用显微拉曼光谱研究因CO_2扩散导致石灰砂浆碳化不同深度形成的碳酸钙多晶型[108]。对于热稳定性较差的晶型,如球霰石，拉曼光谱被用来确定在该晶型中的碳酸盐离子特定的对称性[109]，结果是它仅与设想的球霰石三种不同晶体结构中的一种相适合，是 $P63/mmc$ 空间群的 Cs 位上碳酸根离子的六角形的结构。此外，拉曼光谱得以表征[110]三种不同的 $CaCO_3$ 水化产物（$CaCO_3 \cdot H_2O$、$CaCO_3 \cdot 6H_2O$ 和无定形态 $CaCO_3$）。这些水化产物被视为无水 $CaCO_3$ 的多晶型的先驱物（初级粒子），并且通过这些水化产物在不同温度下脱水的原位拉曼光谱研究洞察了有价值的转变机制。

用拉曼光谱来研究[111,112] Ca/Si 从 0.2～1.5 合成的 C-S-H 相在空气中放置 6 个月称为 C-S-H(I)碳化的产物。尽管样品在机械 - 化学制备时和在拉曼测试前被放置在氮气中，新鲜样品的拉曼谱在 1 080 cm^{-1} 处显示出弱的 $v_1[CO_3^{2-}]$ 谱带，表明刚被暴露在空气时表面碳化便立即开始了[111]。在图 7.18 显示出了 Ca/Si = 1.50 的 C-S-H(I)的早期碳化样中拉曼光谱探测到碳酸根离子，尽管在这些样品中碳化程度低，但可以明显发现，碳酸钙量随着样品暴露在空气中的时间的增加而增加，被 $v_1[CO_3^{2-}]$ 谱带在 1 080 cm^{-1} 处强度的增加和 40 h 后出现 725 cm^{-1} $v_4[CO_3^{2-}]$ 谱带所证明。从 $v_1[CO_3^{2-}]$ 谱带相对大的线宽，Black 等[112]推断，该谱带源于无定形态碳酸钙水化产物，因为晶态 $CaCO_3$ 多晶型的相应谱带要窄得多。此外，他们还发现，$CaCO_3$ 水化产物是通过消耗样品中附加氢氧化钙相，或者是 C-S-H(I)相在增加硅酸盐聚合时的脱钙作用形成的。氢氧化钙的存在导致碳化的显著加快，而且通过在 359 cm^{-1} 的 Ca—O 晶格振动(LV)强度降低可以证明氢氧化钙的显著消耗（见图 7.18）。通过对 C-S-H(I)样品的较长时间的研究，Black 等观察到初始碳化产物通常是无定形态碳酸钙水化物，随时间变化，该相结晶为显著的球霰石（Ca/Si ≥ 0.67）或霰石（Ca/Si ≤ 0.5），但在任何样品中都没有检测到方解石。

Garbev 等[111]将新制 C-S-H(I)样品在碳化前放在一个密闭的微管中，对其进行了细致的拉曼光谱研究，并且按 Ca/Si 合成物的变化估计频率、线宽以及硅酸盐阴离子的固有振动、Ca-O 晶格振动和 OH 伸缩振动的强度。对于硅酸盐网络结构，在低 Ca/Si 的样品中观察到了尖锐的 Q^2 和 Q^1 谱带，这分别表明有一样分布的长链和 SiO_4 四面体的末端基团存在，而且随着 Ca/Si 增加，硅酸盐链产生的解聚使得谱带宽化和 Q^2 对称伸缩，从 1 010 cm^{-1} 移向 1 022 cm^{-1}。此外，对于 Ca/Si 从 0.5～1.5 制得的 C-S-H(I)样，Si—O—Si 对称弯曲谱带从 668 cm^{-1} 移到 672 cm^{-1}，该谱带被认为是两个成对的 SiO_4 四面体（即 Si_p—O—Si_p）的弯曲振动，并且将它与一些晶态硅酸钙的 Si_p—O—Si_p 弯曲振动和 Si_p—O—Si_p 平均键角之间的线性关系进行比较，图 7.19 有力地表明 C-S-H(I)中的平均 Si_p—O—Si_p 键角是在 139.7°～140.7°之间。因此，C-S-H(I)的硅酸盐网络有一个很接近 140°的平均成对键角，这也是硅酸盐矿物中的能量合适键角[111]。

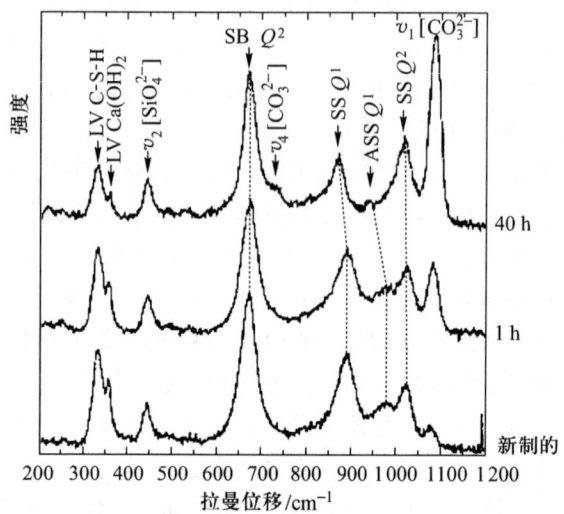

图 7.18 Ca/Si = 1.50,维持在氮气中合成 C-S-H(I)的拉曼光谱,谱带对应的样品是试样刚暴露于空气中("新制的")和暴露于空气中 1 h 和 40 h[112]

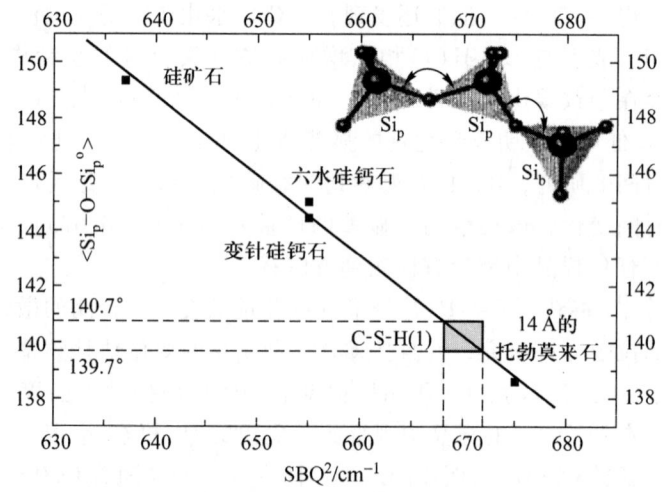

图 7.19 由 X 射线结构数据得到 Si_p—O—Si_p 平均键角与由抗拉曼光谱得到 Si_p—O—Si_p 对称弯曲(SB)波数之间的关系。试样为硅酸钙、硅灰石、六水硅钙石、斜方硅钙石和 14 Å 的托勃莫来石[111]

拉曼光谱也被用于跟踪有二氧化碳存在下的油井水泥的水蒸气水化作用(从 1 周到 6 个月)[113]。一周后,氢氧化钙和钙矾石的拉曼谱带出现,而硅酸盐谱带表明这些早期的水化产物是在阿利特颗粒上形成的,此外,还发现二氧化碳参与氢氧化钙反应生成碳酸钙的表面反应中。最后,显微拉曼光谱在混凝土样品的硅灰石膏表征方面很有用[114,115]，通过八面体配位的 Si、硫酸根和碳酸根各自在 688 cm^{-1}、990 cm^{-1} 和 1 072 cm^{-1} 处的特征拉曼谱带，综合区分出钙矾石、石膏、碳酸钙和硅灰石膏。

七、结论和评语

什么是终极表征方法？也许水泥化学的最终目标是描述每个原子从哪儿开始，到哪儿结束，它们是怎样到那儿的，又是为什么到那儿的。因此，这是一个复杂而多变的过程。从这个角度而言，表征方法需在所有可能的尺度且在整个变化过程中提供化学的和结构的信息。

也许，两方面都是不明朗的。其一，溶解相仍不确定，当今人们甚至没有方法来判断这些溶液组分是整体的还是微区的，因为很多转化（可能是所有的）涉及离子通过溶液相，这是最为严重的缺陷。

其二，需要更多的方法来区分表面和整个材料，水泥是多相组成和多种尺度的非均相，未水化物质由于不对称颗粒尺寸分布和水化材料复杂的孔隙率使得问题更为复杂。目前，化学表征方法几乎完全忽略了这些问题。在将来的学术会议中，人们会听到一些更新的描述。

八、参考文献

[1] Pake G E. Nuclear resonance absorption in hydrated crystals: fine structure of the proton line[J]. J. Chem. Phys., 1948, 16: 327-336.

[2] Hartman M R, Brady S K, Berliner R, et al. The evolution of structural changes in ettringite during thermal decomposition[J]. J. Solid State Chem., 2006, 179: 1259-1272.

[3] Taylor J C, Hinczak I, Matulis C E. Rietveld full-profile quantification of Portland cement clinker: The importance of including a full crystallography of the major phase polymorphs[J]. Powder Diffr., 2000, 15: 7-18.

[4] Peterson V K, Hunter B A, Ray A S, et al. Rietveld refinement of neutron, synchrotron and combined powder diffraction data of cement clinker[J]. Appl. Phys. A, 2002, 74 (Suppl.): S1409-S1411.

[5] Peterson V K. Diffraction investigations of cement clinker and tricalcium silicate using Rietveld analysis[D]. Sydney: University of Technology, 2003.

[6] Peterson V K, Hunter B A, Ray A S. A comparative study of Rietveld phase analysis of cement clinker using neutron, laboratory X-ray, and synchrotron data[J]. Powder Diffr., 2006, 21: 12-18.

[7] Pritula O, Smrcok L, Baumgartner B. On reproducibility of Rietveld analysis of reference Portland cement clinkers[J]. Powder Diffr., 2003, 18: 16-22.

[8] Pritula O, Smrcok L, Ivan J, et al. X-ray quantitative phase analysis of residues of the Reference Portland clinkers[J]. Ceramics-Silikaty, 2004, 48: 34-39.

[9] Pritula O, Smrcok L, Többens D M, et al. X-ray and neutron Rietveld quantitative phase analysis of industrial Portland cement clinkers[J]. Powder Diffr. , 2004, 19: 232-239.

[10] Scarlett N V Y, Madsen I C, Manias C, et al. On-line X-ray diffraction for quantitative phase analysis: Application in the Portland cement industry[J]. Powder Diffr. , 2001, 16: 71-80.

[11] Stutzman P. Powder diffraction analysis of hydraulic cements: ASTM Rietveld round-robin results on precision[J]. Powder Diffr. , 2005, 20: 97-100.

[12] de la Torre Á G, Cabeza A, Calvente A, et al. Full phase analysis of Portland clinker by penetrating synchrotron powder diffraction[J]. Anal. Chem. , 2001, 73: 151-156.

[13] de la Torre Á G, Aranda M A G. Accuracy in Rietveld quantitative phase analysis of Portland cements[J]. J. Appl. Crystallogr. , 2003, 36: 1169-1176.

[14] de la Torre Á G, Losilla E R, Cabeza A, et al. Highresolution synchrotron powder diffraction analysis of ordinary Portland cements: Phase coexistence of alite[J]. Nucl. Instrum. Methods Phys. Res. Sect. B, 2005, 238: 87-91.

[15] de la Torre Á G, Cabeza A, Losill E R, et al. Quantitative phase analysis of ordinary Portland cements using synchrotron radiation powder diffraction[J]. Zeitschrift für Kristallographie, 2006, 23(Suppl.): 587-592.

[16] Walenta G, Füllmann T. Advances in quantitative XRD analysis for clinker, cements, and cementitious additions[J]. Powder Diffr. , 2004, 19: 40-44.

[17] Walenta G, Füllmann T. Advances in quantitative XRD analysis for clinker, cements, and cementitious additions[J]. Adv. X-ray Anal. , 2004, 47: 287-296.

[18] Crumbie A, Walenta G, Füllmann T. Where is the iron? Clinker microanalysis with XRD Rietveld, optical microscopy/point cunting, Bogue and SEM-EDS techniques[J]. Cem. Concr. Res. , 2006, 36: 1542-1547.

[19] de Noirfontaine M N, Dunstetter F, Courtial M, et al. Polymorphism of tricalcium silicate, the major compound of cement clinker. 2. Modelling alite for Rietveld analysis, an industrial challenge[J]. Cem. Concr. Res. , 2006, 36: 54-64.

[20] Peterson V K. A Rietveld refinement investigation of a Mg-stabilized triclinic tricalcium silicate using synchrotron X-ray powder diffraction data[J]. Powder

Diffr., 2004, 19: 356-358.

[21] Peterson V K, Hunter B A, Ray A S. Tricalcium silicate T_1 and T_2 polymorphic investigations: Rietveld refinement at various temperatures using synchrotron powder diffraction[J]. J. Am. Ceram. Soc., 2004, 87: 1625-1634.

[22] Stephan D, Wistuba S. Crystal structure refinement and hydration behaviour of 3CaO · SiO_2 solid solutions with MgO, Al_2O_3 and Fe_2O_3 [J]. J. Eur. Ceram. Soc., 2006, 26: 141-148.

[23] Mori K, Kiyanagi R, Yonemura M, et al. Charge state of Ca atoms in β-dicalcium silicate[J]. J. Solid State Chem., 2006, 179: 3286-3294.

[24] Scrivener K L, Füllmann T, Gallucci E, et al. Quantitative study of Portland cement hydration by X-ray diffraction/Rietveld analysis and independent methods[J]. Cem. Concr. Res., 2004, 34: 1541-1547.

[25] Rivas Mercury J M, Turrillas X, de Aza A H, et al. Calcium aluminates hydration in presence of amorphous SiO_2 [J]. J. Solid State Chem., 2006, 179: 2988-2997.

[26] Meller N, Hall C, Kyritsis K, et al. Synthesis of cement based CaO · Al_2O_3 · SiO_2 · H_2O (CASH) hydroceramics at 200 ℃ and 250 ℃: Ex-situ and in-situ diffraction[J]. Cem. Concr. Res., 2007, 37.

[27] Christensen A N, Jensen T R, Scarlett N V Y, et al. Hydrolysis of pure and sodium substituted calcium aluminates and cement clinker components investigated by in situ synchrotron X-ray powder diffraction [J]. J. Am. Ceram. Soc., 2004, 87: 1488-1493.

[28] Taylor H F W. Modification of the Bogue calculation[J]. Advances in Cement Research, 1989, 2: 73-77.

[29] Hall C, Scrivener K L. Oilwell cement clinkers: X-ray microanalysis and phase composition[J]. Advanced Cement Based Materials, 1998, 7: 28-38.

[30] Hughes T L. Schlumberger Cambridge Research[D]. Cambridge: University of Cambridge, (unpublished data).

[31] Mitchell L D, Whitfield P S, Beaudoin J J. The effects of particle statistics on quantitative Rietveld analysis of cement[C]. Montreal: International Congress on the Chemistry of Cement, 2007.

[32] Redhammer G J, Tippelt G, Roth G, et al. Structural variations in the brownmillerite series $Ca_2(Fe_{2-x}Al_x)O_5$: Single-crystal X-ray diffraction at 25 ℃ and high temperature X-ray powder diffraction (25 ℃ ≤ T ≤ 1 000 ℃)[J]. Am. Mineral., 2004, 89: 405-420.

[33] Zötzl M, Pöllmann H. Stability and properties of brownmillerites Ca_2(Al, Mn, Fe$)_2O_5$ and perovskites Ca(Mn, Fe)O_{3-x} in the system $Ca_2Fe_2O_5$ · "$Ca_2Mn_2O_5$"

- "$Ca_2Al_2O_5$[J]. J. Am. Ceram. Soc. , 2006, 89: 3491-3497.
[34] Jupe A C, Cockcroft J K, Barnes P, et al. The site occupation of Mg in the brownmillerite structure and its effect on hydration properties[J]. J. Appl. Crystallogr. , 2001, 34: 55-61.
[35] Richardson I G, Hall C, Groves G W. The composition and structure of the interstitial phase in an oilwell cement clinker [J]. Advances in Cement Research, 1993, 5: 15-21.
[36] Gloter A, Ingrin J, Bouchet D, et al. TEM evidence of perovskite-brownmillerite coexistence in the $Ca(Al_xFe_{1-x})O_{2.5}$ system with minor amounts of titanium and silicon[J]. Phys. Chem. Miner. , 2000, 27: 504-513.
[37] Bonaccorsi E, Merlino S, Kampf A R. The crystal structure of tobermorite 14 Å (plombierite), a C-S-H phase[J]. J. Am. Ceram. Soc. , 2005, 88: 505-512.
[38] Bonaccorsi E, Merlino S, Taylor H F W. The crystal structure of jennite, $Ca_9Si_6O_{18}(OH)_6 \cdot 8H_2O$[J]. Cem. Concr. Res. , 2004, 34: 1481-1488.
[39] Merlino S, Bonaccorsi E, Armbruster T. The real structure of tobermorite 11 angstrom: normal and anomalous forms, OD character and polytypic modifications[J]. Eur. J. Mineral. , 2001, 13: 577-590.
[40] Hejny C, Armbruster T. Polytypism in xonotlite $Ca_6Si_6O_{17}(OH)_2$[J]. Zeitschrift für Kristallographie, 2001, 16: 396-408.
[41] de la Torre Á G, López-Olmo M G, Álvarez-Rua C et al. Structure and microstructure of gypsum and its relevance to Rietveld quantitative phase analyses[J]. Powder Diffr. , 2004, 19: 240-246.
[42] Garbev K. Structure, properties and quantitative Rietveld analysis of calcium silicate hydrates (C-S-H phases) [D]. Heidelberg: Ruprecht-Karls University, 2004.
[43] Hartman M R, Berliner R. Investigation of the structure of ettringite by time-of-flight neutron powder diffraction techniques[J]. Cem. Concr. Res. , 2006, 36: 364-370.
[44] Goetz-Neunhoeffer F, Neubauer J. Refined ettringite ($Ca_6Al_2(SO_4)_3^{-} \cdot (OH)_{12} \cdot 26H_2O$) structure for quantitative X-ray diffraction analysis[J]. Powder Diffr. , 2006, 21: 4-11.
[45] Moore A E, Taylor H F W. Crystal structure of ettringite[J]. Acta Crystallogr. B: Struct. Crystallogr. , 1970, 26: 386-393.
[46] Zhou Q, Lachowski E E, Glasser F P, et al. Metaettringite, a decomposition product of ettringite[J]. Cem. Concr. Res. , 2004, 34: 703-710.
[47] Greaves N, Kvick Á. Synchrotron radiation in materials science[J]. Nucl. Instrum. Methods Phys. Res. Sect. B, 2005, 238: 1-4.

[48] Barnes P, Colston S L, Jupe A C, et al, The use of synchrotron sources in the study of cement materials[M]//Structure and Performance of Cement. 2nd ed. London & New York: Spon Press, 2002.

[49] Jensen T R, Christensen A N, Hansen J C. Hydrothermal transformation of the calcium aluminum oxide hydrates $CaAl_2O_4 \cdot 10H_2O$ and $Ca_2Al_2O_5 \cdot 8H_2O$ to $Ca_3Al_2(OH)_{12}$ investigated by in situ synchrotron X-ray powder diffraction [J]. Cem. Concr. Res., 2005, 35: 2300-2309.

[50] Cernik R J, Barnes P, Bushnell-Wye G, et al. The new materials processing beamline at the SRS Daresbury, MPW 6.2[J]. Journal of Synchrotron Radiation, 2004, 11: 163-170.

[51] Tunna L, Barclay P, Cernik R J, et al. The manufacture of a very rapid high precision X-ray collimator array for rapid tomographic energy-dispersive diffraction imaging[J]. Meas. Sci. Technol., 2006, 17: 1767-1775.

[52] Steuwer R A, Santisteban J R, Turski M, et al. High-resolution strain mapping in bulk samples using full-profile analysis of energy-dispersive synchrotron X-ray diffraction data[J]. J. Appl. Crystallogr., 2004, 37: 883-889.

[53] Biernacki J J, Parnham C J, Watkins T R, et al. Phase-resolved strain measurements in hydrated ordinary Portland cement using synchrotron X-rays [J]. J. Am. Ceram. Soc., 2006, 89: 2853-2859.

[54] Benedíkt B, Lewis M, Rangaswamy P. Measurement and modeling of internal stresses at microscopic and mesoscopic levels using micro-Raman spectroscopy and X-ray diffraction[J]. Powder Diffr., 2006, 21: 118-121.

[55] Meller N. Edinburgh: University of Edinburgh (unpublished data).

[56] Scheidegger A M, Vespa M, Grolimund D, et al. The use of (micro)-X-ray absorption spectroscopy in cement research[J]. Waste Manage., 2006, 26: 699-705.

[57] Vespa M, Daehn R, Gallucci E, et al. Microscale investigations of Ni uptake in cement using a combination of scanning electron microscopy and synchrotron-based techniques[J]. Environ. Sci. Technol., 2006, 40: 7702-7709.

[58] Rose J, Bénard A, El Mrabet S, et al. Evolution of iron speciation during hydration of C4AF[J]. Waste Manage., 2006, 26: 720-724.

[59] Beale A M, van der Eerden A M J, Jacques S D M, et al. A combined SAXS/WAXS/XAFS setup capable of observing concurrent changes across the nano-to-micrometer size range in inorganic solid crystallization processes[J]. J. Am. Chem. Soc., 2006, 128: 12386-12387.

[60] Colombet P, Grimmer A-R. Application of NMR spectroscopy to cement

science, Gordon & Breach Science[C], Amsterdam: [s. n.], 1994.

[61] Colombet P, Grimmer A R, Zanni H, et al. Nuclear magnetic resonance spectroscopy of cement-based materials[C]. Berlin: Springer-Verlag, 1998.

[62] Skibsted J, Hall C, Jakobsen H J. Nuclear magnetic resonance spectroscopy and magnetic resonance imaging of cements and cement-based materials[M]//Structure and Performance of Cements. 2nd ed. London & New York: Spon Press, 2002, 457-476.

[63] Krøyer H, Lindgreen H, Jakobsen H J, et al. Hydration of Portland cement in the presence of clay minerals studied by ^{29}Si and ^{27}Al MAS NMR spectroscopy [J]. Advances in Cement Research, 2003, 15: 103-112.

[64] Richardson I G, Brough A R, Brydson R, et al. Location of aluminium in substituted calcium silicate hydrate (C-S-H) gels as determined by ^{29}Si and ^{27}Al NMR and EELS[J]. J. Am. Ceram. Soc., 1993, 76: 2285-2288.

[65] Andersen M D, Jakobsen H J, Skibsted J. Incorporation of aluminum in the calcium silicate hydrate (C-S-H) phase of hydrated Portland cements: A high-field ^{27}Al and ^{29}Si MAS NMR study[J]. Inorganic Chemistry, 2003, 42: 2280-2287.

[66] Richardson I G, Groves G W. The structure of the calcium silicate hydrate phases present in hardened paste of white Portland cement/blastfurnace slag blends[J]. J. Mater. Sci., 1997, 32: 4793-4802.

[67] Andersen M D, Jakobsen H J, Skibsted J. Characterization of white Portland cement hydration and the C-S-H structure in the presence of sodium aluminate by ^{27}Al and ^{29}Si MAS NMR spectroscopy[J]. Cem. Concr. Res., 2004, 34: 857-868.

[68] Love C A, Richardson I G, Brough A R. Composition and structure of C-S-H in white Portland cement: 20% metakaolin pastes hydrated at 25 ℃[J]. Cem. Concr. Res., 2007, 37: 109-117.

[69] Dyson H M, Richardson I G, Brough A R. A combined ^{29}Si MAS NMR and selective dissolution technique for the quantitative evaluation of hydrated blast furnace slag cement blends[J]. J. Am. Ceram. Soc., 2007, 90: 598-602.

[70] Le Saout G, Lécolier E, Rivereau A, et al. Chemical structure of cement aged at normal and elevated temperatures and pressures: Part I. Class G oilwell cement[J]. Cem. Concr. Res., 2006, 36: 71-78.

[71] Skibsted J, Jakobsen H J, Hall C. Quantitative aspects of ^{27}Al MAS NMR of calcium aluminoferrites[J]. Advanced Cement Based Materials, 1998, 7: 57-59.

[72] Brunet F, Bertani P, Charpentier T, et al, Application of ^{29}Si homonuclear i heteronuclear NMR correlation to structural studies of calcium silicate hydrates

[J]. J. Phys. Chem. B, 2004, 108: 15494-15502.

[73] Feike M, Demco D E, Graf R, et al. Broadband multiple-quantum NMR spectroscopy[J]. J. Magn. Reson. Ser. A, 1996, 122: 214-221.

[74] Chen J J, Thomas J J, Taylor H F W, et al. Solubility and structure of calcium silicate hydrate[J]. Cem. Concr. Res., 2004, 34: 1499-1519.

[75] Sun G K, Young J F, Kirkpatrick R J. The role of Al in C-S-H: NMR, XRD, and compositional results for precipitated samples[J]. Cem. Concr. Res., 2006, 36: 18-29.

[76] Andersen M D, Jakobsen H J, Skibsted J. A new aluminium-hydrate species in hydrated Portland cements characterized by ^{27}Al and ^{29}Si MAS NMR spectroscopy[J]. Cem. Concr. Res., 2006, 36: 3-17.

[77] Faucon P, Delagrave A, Petit J C, et al. Aluminum incorporation in calcium silicate hydrates (C-S-H) depending on the Ca/Si ratio[J]. J. Phys. Chem. B, 1999, 103: 7796-7802.

[78] Taylor H F W. Sulphate reactions in concrete-microstructural and chemical aspects, cement technology [C]//Ceram. Trans. Vol. 40, American Ceramic Society, Weterville, OH, USA, 1994, 61-78.

[79] Bank F, Schneider J, Cincotto M A, et al. Characterization by multinuclear high-resolution NMR of hydration products in activated blast-furnace slag pastes[J]. J. Am. Ceram. Soc., 2003, 86: 1712-1719.

[80] Andersen M D, Jakobsen H J, Skibsted J. Characterization of the α-β phase transition in Friedels salt ($Ca_2Al(OH)_6Cl \cdot 2H_2O$) by variable-temperature ^{27}Al MAS NMR spectroscopy[J]. J. Phys. Chem. A, 2002, 106: 6676-6682.

[81] Jensen O M, Korzen M S H, Jakobsen H J, et al. Influence of cement constitution and temperature on chloride binding in cement paste [J]. Advances in Cement Research, 2000, 12: 57-64.

[82] Jones M R, Macphee D E, Chudek J A, et al. Studies using ^{27}Al MAS NMR of AFm and AFt phases and the formation of Friedels salt[J]. Cem. Concr. Res., 2003, 33: 177-182.

[83] Kirkpatrick R J, Yu P, Hou X, et al. Interlayer structure, anion dynamics, and phase transitions in mixed-metal layered hydroxides: variable temperature ^{35}Cl NMR spectroscopy of hydrotalcite and Ca-aluminate hydrate (hydroalumite)[J]. Am. Mineral., 1999, 84: 1186-1190.

[84] Rottstegge J, Arnold M, Herschke L, et al. Solid state NMR and LVSEM studies on the hardening of latex modified tile mortar systems[J]. Cem. Concr. Res., 2005, 35: 2233-2243.

[85] Rottstegge J, Wilhelm M, Spiess H W. Solid state NMR investigations on the role of organic admixtures on the hydration of cement paste[J]. Cem. Concr.

Compos. , 2006, 28: 417-426.

[86] Greener J, Peemoeller H, Choi C, et al. Monitoring of hydration of white cement paste with proton NMR spin-spin relaxation[J]. J. Am. Ceram. Soc. , 2000, 83: 623-627.

[87] Holly R, Reardon E J, Hansson C M, et al. Proton spinspin relaxation study of the effect of temperature on white cement hydration[J]. J. Am. Ceram. Soc. , 2007, 90: 570-577.

[88] Holly R, Peemoeller H, Zhang M, et al. Magnetic resonance in situ study of tricalcium aluminate hydration in the presence of gypsum[J]. J. Am. Ceram. Soc. , 2006, 89: 1022-1027.

[89] Gussoni M, Greco F, Bonazzi F, et al. ^{1}H NMR spin-spin relaxation and imaging in porous systems: an application to the morphological study of white Portland cement during hydration in the presence of organics[J]. Magnetic Resonance Imaging, 2004, 22: 877-889.

[90] Plassais A, Pomies M P, Lequeux N, et al. Microstructure evolution of hydrated cement pastes[J]. Phys. Rev. E, 2005, 72: 041401.

[91] McDonald P J, Korb J P, Mitchell J, et al. Surface relaxation and chemical exchange in hydrating cement pastes: A two dimensional NMR relaxation study[J]. Phys. Rev. E, 2005, 72: 011409.

[92] McDonald P J, Mitchell J, Mulheron M, et al. Two dimensional correlation relaxometry studies of cement pastes performed using a new one-sided NMR magnet[J]. Cem. Concr. Res. , 2007, 37: 303-309.

[93] Brownstein K R, Tarr C E. Importance of classical diffusion in NMR studies of water in biological cells[J]. Phys. Rev. A, 1979, 19: 2446-2453.

[94] Korb J P, Whaley-Hodges M, Bryant R G. Translational diffusion of liquids at surfaces of microporous materials: Theoretical analysis of fieldcycling magnetic relaxation measurements[J]. Phys. Rev. E, 1997, 56: 1934-1945.

[95] Godefroy S, Korb J P, Fleury M, et al. Surface nuclear magnetic relaxation and dynamics of water and oil in macroporous media[J]. Phys. rev. E, 2001, 64: 021605.

[96] Barberon F, Korb J P, Petit D, et al. Probing the surface area of a cement-based material by Nuclear Magnetic Relaxation dispersion[J]. Phys. Rev. Lett. , 2003, 90: 116103.

[97] Korb J P, Monteilhet L, McDonald P J, et al. Microstructure and texture of hydrated cement-based materials: A proton field cycling relaxometry approach[J]. Cem. Concr. Res. , 2007, 37: 295-302.

[98] Friedemann K, Stallmach F, Kärger J. NMR diffusion and relaxation studies

during cement hydration: a nondestructuve approach for clarification of the mechanism of internal post curing of cementitious materials[J]. Cem. Concr. Res., 2006, 36: 817-826.

[99] Hansen E W, Gran H C, Johannessen E. Diffusion of water in cement paste probed by isotopic exchange experiments and PFG NMR[J]. Microporous Mesoporous Mater., 2005, 78: 43-52.

[100] Nestle N, Galvosas P, Kärger J. Liquid-phase self-diffusion in hydrating cement pastes: results from NMR studies and perspectives of further research[J]. Cem. Concr. Res., 2007, 37: 398-413.

[101] Ghosh S N, Handoo S K. Infrared and Raman spectra studies in cement and concrete (review)[J]. Cem. Concr. Res., 1980, 10: 771-782.

[102] Potgieter-Vermaak S S, Potgieter J H, van Grieken R. The application of Raman spectrometry to investigate and characterize cement, Part I: A review[J]. Cem. Concr. Res., 2006, 36: 656-662.

[103] Dyer C, Smith B J E. Application of continuous extended scanning techniques to the simultaneous detection of Raman scattering and photoluminescence from calcium disilicates using visible and near IR excitation[J]. Journal of Raman Spectroscopy, 1995, 26: 777-785.

[104] Bensted J. Uses of Raman spectroscopy in cement chemistry[J]. J. Am. Ceram. Soc., 1976, 59: 140-143.

[105] Martinez-Ramirez S, Frias M, Domingo C. Micro-Raman spectroscopy in white Portland cement hydration: long-term study at room temperature[J]. Journal of Raman Spectroscopy, 2006, 37: 555-561.

[106] Newman S P, Clifford S J, Coveney P V, et al. Anomalous fluorescence in near-infrared Raman spectroscopy of cementitious materials[J]. Cem. Concr. Res., 2005, 35: 1620-1628.

[107] Conjeaud M, Boyer H. Some possibilities of Raman microprobe in cement chemistry[J]. Cem. Concr. Res., 1980, 10: 61-70.

[108] Martnez-Ramirez S, Sanchez-Cortes S, Garcia-Ramos J V, et al. Micro-Raman spectroscopy applied to depth profiles of carbonates formed in lime mortar[J]. Cem. Concr. Res., 2003, 33: 2063-2068.

[109] Gabrielli C, Jaouhari R, Joiret S, et al. In situ Raman spectroscopy applied to electrochemical scaling. Determination of the structure of vaterite[J]. Journal of Raman Spectroscopy, 2000, 31: 497-501.

[110] Tlili M M, Ben Amor M, Gabrielli C, et al. Characterization of $CaCO_3$ hydrates by micro-Raman spectroscopy [J]. Journal of Raman Spectroscopy, 2001, 33: 10-16.

[111] Garbev K, Stemmermann P, Black L, et al. Structural features of C-S-H(I)

and its carbonation in air: A Raman spectroscopic study. Part I: Fresh Phases[J]. J. Am. Ceram. Soc., 2007, 90: 900-907.

[112] Black L, Breen C, Yarwood J, et al. Structural features of C-S-H(I) and its carbonation in air: A Raman spectroscopic study. Part II: Carbonated Phases[J]. J. Am. Ceram. Soc., 2007, 90: 900-907.

[113] Deng C-S, Breen C, Yarwood J, et al. Ageing of oilfield cement at high humidity: a combined FEG-ESEM and Raman microscopic investigation[J]. J. Mater. Chem., 2002, 12: 3105-3112.

[114] Brough A R, Atkinson A. Micro-Raman spectroscopy of thaumasite[J]. Cem. Concr. Res., 2001, 31: 421-424.

[115] Sahu S, Exline D L, Nelson M P. Identification of thaumasite in concrete by Raman chemical imaging [J]. Cem. Concr. Compos., 2002, 24: 347-350.

7.2 可持续发展和气候变化计划

J. Lulkasik[2], J. S. Damtoft[1], D. Herfort[1], D. Sorrentino[2], E. M. Gartner[2]

[1] 奥尔堡波特兰，丹麦
[2] 拉法基，法国

一、引言

世界可持续发展工商理事会（WBCSD）把可持续发展定义为：既满足当代人的需要，又不损害后代人满足自身需求的一种发展模式。

WBCSD 补充道：考虑到当今世界贫困的比例，满足当代需求的挑战是非常紧迫的。但是，我们的眼光必须放长远一点，尽最大的努力保证今天为已经过度增长的人口所做的一切不会以环境、社会和人类后代的需求为代价。

在全世界范围内，由水硬性胶凝材料（几乎全部基于波特兰水泥）制备的混凝土是目前体积用量最大的建筑材料，其能够对环境和可持续发展产生重大影响。由于制备的原材料随处可得，易于使用并且拥有好的强度性能和耐久性能，混凝土成为满足当代社会对基础建设、工业和住房需求的必不可少的材料。只有在获得价格便宜且对环境影响小的建筑材料的条件下，中国和印度等发展中国家经济的快速增长才能够可持续。混凝土完全能够满足这些要求。

在本节中，认为水泥和混凝土工业对气候变化计划的影响是正面的，这主要是因为：

(1) 通过增加生物燃料和可替代原料的用量,以及引入改良的低能耗类型熟料和低熟料用量的水泥等方式,可以持续减少水泥生产过程中 CO_2 的排放。

(2) 通过选择水泥种类、辅助性胶凝材料的种类和用量以及人们正在谈论的最能匹配人类需求的混凝土性能等方法开发对环境影响尽可能小的混凝土组分来满足不同的需求。

(3) 挖掘混凝土循环利用的潜力,提高 CO_2 吸收率。

(4) 根据混凝土的热容特性,建立用于住宅和办公室取暖和制冷所需的能量最佳利用方案。

很多科学迹象都将气候变化和温室气体的排放联系起来,其中 CO_2 是温室气体中最主要的成分,占总量的82%。据估计,水泥工业产生的 CO_2 大约占到全球人为排放 CO_2 的5%,但是几乎不排放其他温室气体。当考虑到所有人类活动产生的温室气体时,水泥生产工业温室气体的排放量只占排放总量的3%。

除了熟料煅烧、粉磨和其他生产环节消耗的能量所产生的 CO_2 外,石灰石分解并形成熟料中硅酸钙和铝酸钙的过程会自然释放 CO_2。这里的原料 CO_2 排放约为 0.53 kg/kg 熟料。此外,水泥生产过程排放的 CO_2 总量还包括燃料产生的 CO_2,同时还要考虑由于混合材料的使用而减少熟料的用量所减排的 CO_2。据 Humphreys 和 Mahasenan[1] 报道,2000 年水泥工业每生产 1 kg 水泥排放 0.87 kg 的 CO_2(2000 年世界水泥产量为 15.7 亿 t,2004 年超过 20 亿 t)。

Battelle 的研究表明,水泥行业 CO_2 的排放量在未来几十年中会显著增加。工业化国家对水泥的需求量增长缓慢,但是发展中国家 20 世纪 90 年代增长了55%。据估计,到 2020 年,世界水泥需求量将会在 1990 年的水平上增加115%~180%,到 2050 年将增长四倍。将由水泥产量增加导致的 CO_2 排放与国际上为减少温室气体效应而作出的努力相协调至关重要。过去的十年,水泥工业充分认识到可持续发展的重要性,并且积极探索降低能源和自然资源的消耗,减少单位水泥 CO_2 排放的方法。最近的创新技术如自密实混凝土、高性能混凝土和表面活性材料通过减少建设和维护费用,提高了健康和安全性以及改善了室内外环境,进一步促进了可持续发展。

二、全球变暖

在当今社会,气候变化已经成为全球性的突出问题,常常引起关于其根源的激烈讨论。然而,大多数的科学证据将地球平均气温的升高和温室气体排放量的增加联系到一起。

温室气体的排放是怎样影响气候的呢?太阳辐射加热地球表面,地球表面又将能量辐射回太空。这些反射回太空的射线(几乎都处于红外区内)的一部分被大气中在红外区域具有很强吸收带的温室气体所捕获。这些被捕获的辐射能够加热较低的大气（对流层）。然后这些热量又回到地球表面，使得地表比没有温室气体存在时更热。这与在温室里发生的现象相似。

有力的证据表明，在过去的一个世纪中所观察到的气候变暖很大程度上是由于人类活动引起的。以下是关于趋势和预测的几个关键事实[2]。

(1) 温室气体浓度：CO_2 的浓度已经由前工业化时期的 280×10^{-6} 增加到了 2003 年的 375×10^{-6}（+34%）。其间，增长速度从 1950 年开始加快。前工业化时期所有温室气体的增长量相当于 170×10^{-6} CO_2 当量。其中，61% 来自 CO_2，19% 来自 CH_4，13% 来自 CFCs（氟氯烃）和 HCFCs（氢氟氯烃），6% 来自 N_2O。如果不实施相应的气候变化应对政策、措施，预计到 2100 年温室气体将进一步增长到 $650 \times 10^{-6} \sim 1\,215 \times 10^{-6}$ CO_2 当量。

(2) 全球和欧洲气温：过去的 100 年间，地球平均表面温度增加了 0.7 ℃ ± 0.2 ℃。与世界平均水平相比，欧洲气温增长更快，自 1900 年来增长了 0.95 ℃。20 世纪 90 年代是观察记录中最暖的十年；1998 年是最暖的一年，其次分别是 2002 年和 2003 年。如果没有相应政策措施，从 1990 年到 2100 年，全球平均气温预计会升高 1.4~5.8 ℃，而欧洲将会升高 2.0~6.3 ℃。

(3) 冰川、雪和冰：从 1850 到 1980 年，欧洲阿尔卑斯山约三分之一面积、一半质量的冰川已经消失，并且这个趋势还将继续。到 2050 年，瑞士阿尔卑斯山上约 75% 的冰川很可能会消失。自 1966 年来，北半球每年的雪覆盖程度减少了约 10%。据预测，雪覆盖程度在 21 世纪还将进一步降低。从 1978 年到 2003 年，北冰洋上冰的面积缩减超过了 7%。预测显示，到 2100 年北冰洋的夏天将几乎没有冰的存在。

(4) 海平面上升：据估计，当前海平面每年 0.8~3.0 mm 的上升速度将会持续到 21 世纪，并且还会在当前速率上增加 2.2~4.4 倍。

然而，气候变化问题还只是可持续发展这个更大挑战的一部分。因此，当气候政策始终如一地贯彻于更广泛的战略制定中，以使得不同的发展方式更加具有可持续性时，这些气候政策将更加有效。

世界主要的水泥生产商充分认识到了他们在实施所有必要措施中所应承担的责任，并且在 2002 年，十个国际化水泥公司开始着手帮助水泥工业在支持可持续发展中扮演更为重要的角色。2005 年 6 月，在 WBCSD 的资助下，出版了一个由 16 个公司签署的进度报告。这个报告列出了水泥可持续发展计划的关键性能指标：

- 气候变化管理
  - 工厂的数量以及实行 WBCSD CO_2 议定书的比例。
  - 企业 CO_2 总排放量（t/a）。

- ■ 企业每生产1 t水泥 CO_2 的总排放量和净排放量。
- 燃料和材料的消耗
  - ■ 能量消耗。
    - ◆ 熟料生产的具体热耗（$MJ \cdot t^{-1}$）。
    - ◆ 替代化石燃料的比例：替代化石燃料消耗在整个热耗中的百分比(%)。
    - ◆ 生物燃料的比例：生物燃料消耗在总热耗中的百分比(%)。
  - ■ 原料消耗。
    - ◆ 替代原料的比例：替代原料在水泥和熟料生产中所耗总原料中占有的百分比(%)。
    - ◆ 熟料/水泥因子。
- 健康和安全
  - ■ 死亡事故。
    - ◆ 死亡事故数量和工人的死亡率。
    - ◆ 在间接雇佣人员（如承包商）中的死亡事故数量。
    - ◆ 第三方死亡事故的数量（非雇佣方）。
  - ■ 失时伤害（LTI）。
    - ◆ 失时伤害和伤害频率（每百万直接雇佣人工时）。
    - ◆ 间接雇佣人员的失时伤害数量（如承包商）。
- 排放监测和报告
  - ■ 主要污染物和其他污染物连续或者非连续监测系统覆盖的窑生产的熟料百分比(%)。
  - ■ 装备主要污染物连续监测系统的窑生产的熟料百分比(%)。
  - ■ 企业具体的排放量（g/t 熟料）和总的排放量（t/a）：
    - ◆ NO_x。
    - ◆ SO_x。
    - ◆ 粉尘。
- 当地影响
  - ■ 在当地参与社区计划网点的百分数。
  - ■ 正在开采的具有复垦计划的矿点百分数。
  - ■ 正在开采的已经解决了生态多样性问题的矿点数量。

水泥工业的责任是作为商业领袖来促进工业生产向可持续发展转变，并起到提升其在生态效率、改革和企业社会责任的作用。这就要求其对上述指标的深刻理解以及认真贯彻。

三、水泥生产的 CO_2 减排

1. 替代燃料和原料

一个典型的单位熟料热耗为 $3.1\ GJ\cdot t^{-1}$ 的水泥回转窑，燃烧煤炭、油或石油焦等碳基燃料，每生产 1 kg 熟料燃料燃烧大约产生 0.31 kg 的 CO_2。如果按照世界实际平均单位熟料热耗 $3.8\ GJ\cdot t^{-1}$ 计算，燃料燃烧产生的 CO_2 将会达到约 0.37 kg/kg 熟料。对于效率最低的、煅烧湿原料的长回转窑，它一般的热耗大约为 $6\ GJ\cdot t^{-1}$ 熟料，燃料燃烧产生的 CO_2 大约为 0.6 kg/kg 熟料。

与燃料燃烧产生的 CO_2 相比，原料产生的 CO_2 相对要高，大约为 0.53 kg/kg 熟料。由于无论采用何种工艺，作为主要 CO_2 产生源的原料的石灰石用量在 1.2~1.3 kg/kg 熟料的很小范围内，因此原料产生的 CO_2 比燃料燃烧产生的 CO_2 量相对稳定[①]。因此，窑燃烧传统燃料和原料产生的 CO_2 总量为 0.84~1.15 kg/kg 熟料，这主要取决于窑的热耗大小。目前，除了通过提高窑和冷却系统的热效率使得在最佳条件下将热耗降为 $2.9\ GJ\cdot t^{-1}$ 熟料以下，最大限度地降低 CO_2 排放的途径是，通过以低化石碳基燃料替代传统碳基燃料，如果可能，以非碳酸盐的钙质原料代替石灰石。

替代燃料已经被越来越多地应用以降低生产成本及减少 CO_2 的排放。图 7.20 所示的是欧洲使用的替代燃料的分类，它们占所有燃料热值的 14%。但是，如图 7.20 所示，大部分的替代能源并不是碳中和燃料。按照欧洲委员会和美国气候变化技术项目的定义，CO_2 零排放的碳中和燃料本质上是来自可持续管理体系的生物质，该体系中燃烧产生的 CO_2 量和通过光合作用吸收的 CO_2 量处于平衡状态。这些燃料包括农业和林业的生物质以及可降解的城市垃圾、动物粪便、纸质废物等废弃物。实际上，许多情况下，碳中和废弃物的燃烧被认为是一个温室气体发生槽，在这里，这些废弃物可能会降解而生成一种比 CO_2 温室效应更强的甲烷。来自化石燃料的废弃物如溶剂、塑料和报废轮胎中的合成橡胶组分等都不是碳中和的。然而，需要强调的是，在水泥窑中使用从焚烧厂运来的非碳中和废弃物燃料能够大幅度降低 CO_2 的净排放量。在没有能量回收的焚烧厂，以碳中和的燃料一对一代替化石燃料的效果是一样的。如果废弃物燃料来自于装备有发电机组的焚烧厂，仍然能达到实质性的 CO_2 减排，因为水泥窑总是能比焚烧厂更有效地回收能量。在水泥窑中焚烧废弃物燃料的另一个优点是无残留，因为灰分完全混合在熟料中。

2. 水泥生料中石灰石的替代原料

在波特兰水泥熟料生产过程中，越来越多的其他工业产生的废弃物被用来

[①] 由于波特兰水泥熟料中钙的含量范围比较窄，无论石灰石的纯度如何，原料中碳酸钙的总含量是非常一致的。

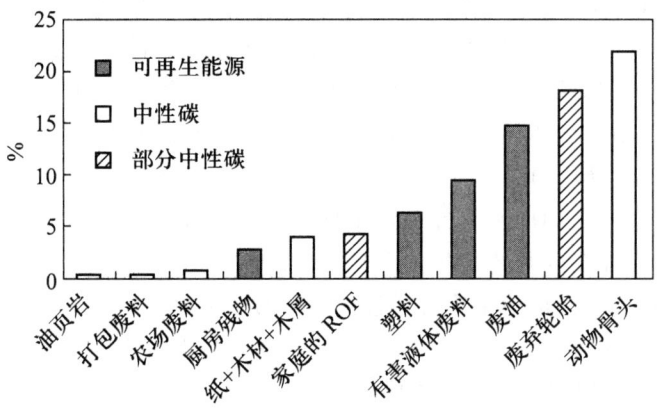

图 7.20 欧洲生产熟料所用可替代燃料的相对量[3]

替代传统的原材料。这些废弃物包括铸造型砂、来自燃煤电厂的粉煤灰和炉底灰、废催化剂、过滤用白土和铁、磷等。尽管水泥窑为这些废弃物的处理提供了一种便捷的、环境友好的途径，但对于 CO_2 的减排作用是有限的，因为这些材料中钙的含量一般较低而不足以大量替代石灰石。高炉矿渣（BFS）是个例外，其 CaO 的含量很高。然而，尽管高炉矿渣中 CaO 的含量在 40% 左右，但是高 Al_2O_3 和/或 MgO 含量使得其可以替代石灰石的最高比例在 20%～30%。据报道，实际上普遍采用的是 10% 左右的替代比例。如果考虑通过少用燃料而减排 CO_2（因为分解石灰石所需的热量更少），理论上 CO_2 总减排量可高达 25%。除了化学组成以外，制约高炉矿渣大范围使用的主要因素是可得性。2005 年世界范围内非粒状高炉矿渣产量大约是 1.5 亿 t，而全球水泥熟料生产所消耗的石灰石为 25.0 亿 t。由于现有的钢铁厂逐渐被更有效的电弧炉（这些电弧炉不会产生高炉矿渣）取代，并且波特兰水泥的产量还在增加，这一差距有可能增大。钢渣中含有过高的铁而不能直接大量取代石灰石，但是有其他间接的应用。高钙粉煤灰（C 类）也能用来替代高达 10% 的石灰石。但是，高钙粉煤灰在水泥熟料生产中的广泛使用也仍然受到其可得性的限制，其全球的产量只有熟料生产所消耗石灰石量的 5%。总之，对世界上现有高炉矿渣和高钙粉煤灰进行 100% 的利用最多可以减少 10% 的 CO_2 排放。实际上，由于高的运输费用和能源需求，抵消了一些环境效益，高炉矿渣和高钙粉煤灰的用量仍将保持在很低的水平。

四、熟料生产过程中 CO_2 减排和能耗

熟料生产中直接的 CO_2 排放主要有两类：一类来自于原材料分解产生的

CO_2，称为 RM-CO_2；另一类来自于水泥窑中燃料燃烧生成的 CO_2，称为 FD-CO_2[4]。水泥厂中用于机械运转所需电力(大部分用于粉磨工艺)的生产产生的 CO_2 量变化幅度很大，但取决于当地电力工业的特点，平均每生产 1 t 水泥产生 0.08 t 的 CO_2[5]。但是，按照京都议定书，这些都是电力工业的责任，除非水泥生产厂家自行发电。

将熟料生产中 CO_2 排放分成以下两类，这对于了解水泥制造商在试图减少 CO_2 排放时面临的制约是非常重要的[4]：

(1) RM-CO_2 仅依赖于原材料包括燃料的化学组成。

(2) FD-CO_2 取决于一些互相独立的因素，其中最重要的是水泥窑系统的热效率和燃料及原材料的化学组成。

(3) 现代水泥厂通常具有最高的热效率。

热效率的问题是比较容易处理的，因为减少燃料消耗通常能够直接减少生产成本，对于新工厂而言，处理热效率问题的唯一障碍就是投资费用。可是，大部分现代工厂的设计非常接近于通常使用的化学燃料过程中的热障。3 $GJ \cdot t^{-1}$ 的水泥窑能量效率并不比以干原料为反应物，煤炭或焦炭为燃料，空气作为氧化剂，且尾气温度大于 120 ℃ 以防止气体在管道中冷凝的窑系统的实际热动力学极限高很多[4]。第一理论效率如传统干原料在熟料形成过程中的焓变只有 1.8 $GJ \cdot t^{-1}$，但这并没有考虑化石燃料在空气中燃烧以及需将尾气保持在露点以上等实际情况。为了在 3 $GJ \cdot t^{-1}$ 的基础上有很大提高，必须使用特种燃料或者富氧燃烧气氛，或者经过脱碳的石灰资源，或者是上述方法的综合使用。

理论上使用纯氧替代空气可以使得尾气排放体积(以及相应的热量损失)减少 1/3，从而使得热能效率有极大提高。这样也能使得尾气主要为 CO_2 和水蒸气组成的简单混合物，这些气体可以很容易地通过冷凝进行分离。得到的纯 CO_2 容易运输，或者直接注入地下蓄水层或其他潜在的处理槽中。当前，电力生产行业新建燃煤电厂正在考虑采用这种处理方式，水泥工业理论上也可以采取同样的方法。可是，目前从空气中生产纯氧的技术所需的电力大约是 420 $kWh \cdot t^{-1} - O_2$[6]，基于此，认为在水泥生产过程中，富氧技术并不能真正地节约大量能量或减少 CO_2 的排放量。电力生产企业或者空气分离企业一次能源效率的提高将会明显改善这种状况，但这将是一个缓慢的过程。

上述的设想忽略了能够在纯氧或富氧空气中运行的水泥窑系统设计中非常实际的工程问题，并且窑排放的尾气需进行冷凝并以液体的形式分开。这种工厂的设计概念方法还处于研究中，但是，目前这在一定程度上对于环保主义者是个梦想，而对于化学工程师则是噩梦！这样的解决方案需要大量的资金投入。

如果不考虑解决方法，理解 RM-CO_2 减排的问题是很简单的。几乎所有现代的波特兰水泥熟料含有质量分数为 65% 或更多的氧化钙，而且这些钙几乎都来源于天然石灰石中的碳酸钙。因此平均每生产 1 t 现代的波特兰水泥熟料将会排放 0.53 t 的 RM-CO_2。降低这一数值的唯一方法是通过降低熟料中氧化钙的含量或使用含有相当部分的钙是以非碳酸盐形式存在的替代原材料。但如前面提到的,很少有替代的钙资源可以在现有水泥生产窑系统中使用。因此如果想要较大程度上降低这一数据,必须考虑不同的熟料化学组成。

一个最简单的解决方案是生产含较多贝利特和较少阿利特矿物的熟料[7]。由于在现代的波特兰熟料中阿利特(C_3S)至少占熟料的 60%(质量分数)以上,以碳酸钙为原料生产时能够放出 57.8%(质量分数)的 CO_2,如果完全以贝利特(C_2S)取代阿利特,其生产时只释放 51.1%(质量分数)的 CO_2。这样,每生产 1 kg 的熟料 RM-CO_2 排放能够减少 8%,达到 0.49 kg/kg 熟料。正如文献中所示,由于贝利特含量较高的熟料与传统熟料相比,煅烧温度降低所减少的燃料需求是不显著的,节省能源的主要原因是减少了必须进行脱碳过程(一个吸热过程)的石灰石的量[4]。因此,FD-CO_2 也应该和 RM-CO_2 具有相同的减排量(8%)。但是,贝利特的活性没有阿利特的高,因此富贝利特波特兰水泥凝结和硬化速率很小,从而难以在大部分现代混凝土中应用。尽管研究了数十年,还没有人能够成功发明一种可行的和低成本的活化传统水泥窑生产纯贝利特的方法,再加上其 CO_2 减排量相对较少,因此,现在很少有人对该方案感兴趣。

一个几十年前已经知道但到现在才被考虑作为 CO_2 减排的替代方案是硫铝酸钙(C$\bar{S}$A)熟料的制备[4]。由于具有较低的 CaO 含量,铝酸钙水泥相比于波特兰水泥 RM-CO_2 排放量很低。但是,自然界中纯度较高的铝矿资源并不是很丰富,制备纯铝酸钙水泥成本相当高。一个折中的方案是制备硅酸钙/硫铝酸钙混合的水泥,如中国开发的第三系列水泥[8]。这种水泥最多含有 75% 的硫铝酸钙(ye'elimite,$C_4A_3\bar{S}$),与现代波特兰熟料生产排放的 CO_2 中 53% 为 RM-CO_2 相比,其 RM-CO_2 含量只有 22%。这已作为"低能耗水泥"得到研究[9],并已在预制混凝土、自应力混凝土和低温环境下使用的混凝土中获得较好应用[10]。

但是,这种水泥的制备需要铝土矿作为主要原材料,生产成本很高。因此对水泥组分进行了调整,使其含有较少的 CSA、较多的贝利特相和铁相组分,从而在原材料成本和 RM-CO_2 排放量之间有较好的折中。通过选择合适的原材料和微组分,这些熟料制备的水泥与典型的 OPCs 相比,在混凝土流变性和强度的发展等性能上区别不大[11]。这种熟料的另一个优点是它基本上能用现有的高效(预热器)水泥窑制备,相比纯 OPCs,它在制备过程总 CO_2 的减排可达到 25%。这与由 OPCs 和高质量的粉煤灰或天然火山灰等相应活性火山灰类材料混合制备的水泥的 CO_2 减排量相当。在高品质辅助性胶凝材料难以获得的情况下,这是一个替代方案。当然,在富硫铝酸钙熟料中掺入各种辅助性胶凝材料制备复合水泥能够进一步减少 CO_2 排放。

五、减少水泥中熟料含量

由于通过替代原料、燃料和提升窑效率来实现 CO_2 减排具有局限性,用其他合适的材料代替波特兰水泥熟料可能是最有效的 CO_2 减排方法。这些替代材料可以单独加到混凝土中,在达到相同混凝土性能的情况下减少熟料的用量,或者在复合水泥中取代熟料。正如欧洲协调水泥标准 EN 197-1 所反映的,第二种方法在欧洲很常见。而在美国,混凝土中掺加替代材料更常见。尽管各种方法各有优点,通过降低每立方米混凝土中波特兰水泥熟料的用量达到的 CO_2 减排效果是一样的。这是因为给定性能的混凝土对熟料的需求量取决于替代材料的相对活性、所需的水泥总量、混凝土达到最佳流动性和最小水含量的水泥组分的粒度分布等。

1. 辅助性胶凝材料 SCMs

可与氢氧化钙反应的替代材料一般被称为辅助性胶凝材料,包括粉煤灰、粒化高炉矿渣(GBFS)、天然火山灰,包括数量较少的硅灰和偏高岭土等。

2003年全球水泥产量是18.80亿t,其水泥/熟料的比率是1.17[12](现在的产量已经超过20.00亿t/a)。波特兰水泥熟料的混合材因此达到了2.75亿t,包括1.10亿t的石膏。在混凝土中使用的硬粉煤灰和粒化高炉矿渣达到了2.80亿t,但是一半是直接加入到混凝土中,并没有作为水泥的一部分出售。根据相同的资料来源,2003年全球单位水泥平均 CO_2 排放量为0.81(81%)。如果全球现今没有利用的硬粉煤灰和粒化高炉矿渣按照1:1的比例替代熟料,那么熟料生产过程 CO_2 排放总量将减少17%。假如将它们全部掺进波特兰水泥,那么水泥/熟料的比率将会提高到1.41。欧洲和南美洲的水泥/熟料比率分别为1.30和1.32,这两个比率最接近1.41。而北美洲的比率则是1.09,并且粉煤灰和粒化高炉矿渣的利用率只有25%,其替代熟料的潜力很大。实际上,传统的辅助性胶凝材料如粉煤灰、粒化高炉矿渣及天然火山灰等在世界范围内的进一步使用受到一些因素的制约,但主要是运输成本以及受到炉渣和粉煤灰作为原材料用于熟料生产等其他利用方式的竞争。因此,全球合理的水泥/熟料比率为1.3左右。

实际上,既然粉煤灰和矿渣自身与高 CO_2 排放相关,从长远来看,这些材料在燃煤电厂和炼铁厂被低 CO_2 排放的工艺替代后,其供应量必然减少。因此,熟料中 CO_2 的减排必须依靠其他的材料。

2. 火山灰

天然火山灰在一些地方非常丰富,它们的利用方式必将会得到拓宽。但是,它们在应用中也存在一些技术上的难题,如需水量高、保水性、可操作性差、早期强度低等。但是,最近对多元复合水泥如三元、四元混合材的研究已显示出克服这些难题的潜力。

在很多地方，煅烧黏土和页岩也可能制备出火山灰。可是，这种制备火山灰的煅烧过程是以很高的费用和 CO_2 排放为代价的。

3. 硅灰

硅灰是工业副产物，但在高性能混凝土的使用中作用很大，所以它在这种混凝土的混合设计中经常被作为一个重要的组分。因为它的来源非常有限，很难获得，其替代品已经得到使用，并且新的替代品（纳米硅粉）也在积极研究中。硅灰最初在靠近主要资源地（电弧炉制造硅金属）的斯堪纳维亚国家得到使用，并使得在颗粒最佳堆积方面有重要研究，导致从最初的"Densit"和"CRC"到最终的"BPR"和"Ductal"[13]。

在 CEM Ⅱ/A-D 标准中，水泥中硅灰的含量被限制在10%。但是，现在认为其在掺有水化更慢的 SCMs（粒化高炉矿渣、粉煤灰、火山灰）制备的水泥中有额外的作用。这种高活性的硅灰（因为它有很大的比表面积）能够在早期形成大量额外的 C-S-H 凝胶，从而至少能部分补偿其他 SCMs 慢的反应速率的缺点。这能增加 SCMs 的掺量，从而减少熟料的含量。这种类型的水泥通常被称为三元混合物，并且在减缓碱-硅反应中体现出协同效应[14]。尽管具有许多有用的性能，但由于硅灰作为副产物产量有限，在水泥生产过程中，它并不能真正有效地降低能耗和 CO_2 的排放。如果需要，具有等效性能的硅灰能够被专门制备出来。但与熟料相比，硅灰的生产能耗非常高，这可能会掩盖其他所有的优点。

4. 石灰石混合材

石灰石是水泥生产中最易获得的矿物添加剂。欧洲波特兰水泥中，特别是欧洲 CEM Ⅱ 的 L 类水泥中（据 CEMBUREAU 报道，2003年其产量占欧洲水泥总产量的24.6%），石灰石的用量比其他所有的矿物混合材总和都要多，在 M 类水泥中石灰石使用相对较少。在其他几乎所有的波特兰水泥中石灰石的掺量都高达5%。据研究，熟料中许多铝能和石灰石反应生成水化碳铝酸钙，从而导致孔隙率的大幅度下降[15]。然而，即使在使用催化剂的情况下，典型 OPC 熟料中的铝最多只够和5%的石灰石反应[16]。欧洲水泥标准 EN 197-1 和 ASTM C 150 中石灰石的掺量都不高于5%[17]。如果石灰石的添加超过这个量，虽然实质上是以"填料"存在的，但也能加速阿利特的水化。因此，通过选用合适的粉磨技术，当石灰石掺量达到20%时，水泥的28天强度一般不会有大的下降。此外，石灰石掺合料可以通过减少水泥需水量，改善混凝土的流动性。如果采用低水灰比混凝土的混合设计，即使石灰石大量替代波特兰水泥，其混凝土性能几乎不变[18]。

长期使用石灰石水泥的经验表明，其具有好的长期性能和耐久性。法国在引进这种水泥前做了大量的研究工作，现在已经有超过40年的良好使用记录[19]。石灰石水泥最大的缺点是不能抵抗硫酸盐的侵蚀,这在标准中已经有所涉及。这种水泥不能用于在具有潜在硫酸盐侵蚀环境下使用的混凝土中[20]。

考虑到石灰石与铝酸钙能够发生反应,如果 SCMs 中含有大量的活性铝,那么能够反应的石灰石的量将会增加。这个现象最近在矿渣波特兰水泥中得到证实[21]。复合水泥的快速发展是值得期待的,也是应该鼓励的。

5. 发展的主要路线

(1)增加其他材料到已被认证的 SCMs 目录(依据现有标准)。

(2)修订现有的水泥标准,允许更多的复杂的复合水泥。显然,在二元、三元甚至四元混合物领域能够提供更多发展路线。这应该受到重视。

(3)从化学和物理的观点出发,发展科学的方法论,促进复合水泥的设计以达到最佳的性能。

混凝土的性能应该在一个更大的范围进行定义,包括全部重要的性能指标,如凝结时间、可操作性、耐久性和强度等。重要的因子应该根据使用水泥的建筑类型和环境条件归结于每个因子的使用价值。

六、混凝土工业对可持续发展的贡献

1. 绿色混凝土

"绿色混凝土"概念的实质是设计和使用混凝土配方,使其能在混凝土结构的整个生存周期阶段优化各相对环境可能造成的最低影响,这包括:

(1)原材料的提取。

(2)组成材料(水泥、添加剂和增强剂等)的制备。

(3)混凝土的制备。

(4)结构的运输和安装。

(5)维护。

(6)拆卸和回收。

减小混凝土对环境的影响可能用到以下一些原则:

(1)根据应用使用合适的混凝土。例如,没有必要在低要求用途如室内隔断使用含有大量水泥和高等级集料的高强度和长耐久性的混凝土。

(2)大量使用可回收材料。混凝土独特的大量使用废弃物和剩余产品的能力能够用来解决社会性的废弃物问题,降低不可再生自然资源的消耗。

(3)混凝土中水泥的最佳用量。通过优化颗粒级配应用辅助性胶凝材料,波特兰水泥组分的用量可以在达到所需性能的条件下变为最优。

(4)使用低环境影响的水泥。应该使用最低熟料含量的水泥,并优先使用高比例生物燃料制备的熟料。

最近丹麦的一份研究报告指出,通过慎重选择环保的混凝土组分将会使

CO_2 的排放量减少30%[22]。丹麦绿色混凝土中心研制了一系列环境友好的混凝土组分。该项目的亮点是一座公路桥的建造,全面展示了最具前途的混凝土组分。该桥于2002年完工。

混凝土的测试是基于高粉煤灰含量的掺合料,波特兰水泥的测试则是基于低能量矿物熟料(见表7.1)。参比混凝土是由丹麦公路总局指定的用于路桥的基准混凝土。混凝土使用低碱抗硫酸盐水泥。

表7.1 示范道路桥梁使用的绿色混凝土类型简化的混凝土配方/$(kg \cdot m^{-3})$

	参考值	A0	A1	A3
抗硫酸盐水泥	317			
普通硅酸盐水泥		317	238	320
粉煤灰	32	32	135	
污泥焚化灰				32
微米二氧化硅	18	18	18	18
高效减水剂	3.6	3.6	9.3	6.13

除了A3型,所有类型的混凝土都可使用在桥面和桥墩上。A3型混凝土中,污泥焚烧得到的灰替代了粉煤灰。这种混凝土只能用于桥面两端的连接板。

混凝土的耐久性可由氯离子侵蚀、碳化、抗冻融性和碱-集料反应来进行测量。在参比样和绿色混凝土之间并没有太大的区别。

根据这些混凝土进行了环境筛选[23]。对由参比样混凝土和三种绿色混凝土构造的示范桥梁的 CO_2 排放量及其他环境参数分别进行了计算。绿色示范桥梁是由不锈钢进行增强的,而参比桥梁中则使用了传统增强材料。不锈钢材料的选择能够减少维护,例如更换混凝土。最后,参比桥梁都是传统的沥青路面,而绿色桥梁则是混凝土路面。这能进一步减少将来的维护,因为相比于混凝土路面超过40年的使用寿命,沥青路面寿命预计只有25年。

筛选的结果是用最少熟料制备的普通波特兰水泥替代低碱抗硫酸盐水泥能够产生最大的环境效益。抗硫酸盐熟料在烧成过程中需要比普通熟料多30%的能量,因此导致了更多的 CO_2 排放量。由于混凝土中含有粉煤灰和硅灰,因此不需要考虑有害的碱-集料所带来的安全问题。此外,因为丹麦土中只有很少的硫化物,所以不需要抗硫酸盐侵蚀剂。

使用不锈钢增强材料能减少维护,从而减少 CO_2 排放量,这与使用沥青路面减少 CO_2 排放量是一样的。高粉煤灰掺量的混凝土能够产生最少的 CO_2 排放量。但是,这种混凝土很难大规模生产和使用。

估算的桥梁上由交通所排放的 CO_2 列入表7.2。它要显著地高于桥梁施工

过程中 CO_2 的排放量。这里没有把混凝土路面比沥青路面具有更小的摩擦优势考虑在内。

表 7.2 过去 74 年中示范桥梁的 CO_2 排放量/t

	参考值	A0	A1	A3
混凝土的 CO_2 排放量	120	80	60	80
增强材料的 CO_2 排放量	40	40	40	40
沥青的 CO_2 排放量	5			
建筑施工的 CO_2 排放量	20	20	20	20
各类维修的 CO_2 排放量	5			
替代混凝土的 CO_2 排放量	25	20	20	20
替代沥青的 CO_2 排放量	10			
桥梁施工中总的 CO_2 排放量	225	160	140	160
72 年中交通总的 CO_2 排放量	390	390	390	390

2. 使用自密实混凝土改善可持续性

一般来说，人们总是关注于可持续性对环境的"支撑"上，但是混凝土的改进也在其他两个支柱中起着重要作用：社会因素和经济因素。

在过去的 50 年中自密实混凝土(SCC)很可能是最重要的一项混凝土创新。SCC 可以定义为：不需任何机械力作用就能填充于给定的形状而不分离。日本在 1980 年左右提出了 SCC 的概念，这得益于当时日本化学工业发明的新一代高效减水剂。从此以后，尽管在一些国家还认为这是一种特别的材料，SCC 在全世界范围内得到推广使用(图 7.21)。据 ERMCO 报道，2004 年欧洲生产的预拌混凝土只有 1% 是 SCC。但是，丹麦 2005 年所生产的预拌混凝土有 25% 是 SCC，其中大部分是预制混凝土。

图 7.21 (a) 白色 SCC 坍落度测试；(b) 白色 SCC 显示的无裂痕的表面

优化后的 SCC 组分对环境的影响与传统混凝土相当，但 SCC 显示了对可持续性其他支柱的影响。

1）经济性

（1）相比于传统混凝土，SCC 的浇注只需较少的人力，因此可以降低成本和提高生产效率。

（2）混凝土的质量提高了，避免了大孔洞和颗粒的不均匀性。这减少了维修和更换的可能性，同时也提高了生产效率。

2）社会性

（1）通过减少混凝土振荡以及由此带来的噪声来改善工作环境。

（2）SCC 为现场浇注混凝土提供了新的美学可能性。与传统混凝土所有的模板必须经过振荡相比，自密实混凝土可以具有更复杂的几何结构。

SCC 的大范围使用仍然存在一些障碍。与混凝土制备过程中的波动相比，其对材料的要求很高，同时工程承包商经常在操作现场遇到问题。在丹麦，生产商、承包商和研究机构在 2008 年之前就已经承诺要使 SCC 成为最常用的混凝土类型。SCC 材料的设计、生产和施工所必需的技术将会被开发出来，其经济和社会的效益将被量化。最后，将会在道路桥梁中对新技术进行全面测试。

工程施工中将会记录使用 SCC 对工作环境和效率的有利影响。对工作环境的初步调查结果如下：

（1）振动可能是造成听力损失的主要因素。混凝土施工者中最普遍的健康投诉就是由振动导致的听力损失。

（2）假如能把工作分配给全体工人，振动带来的影响将会低于极限危险值。但事实上经常是工人中的一两个专业人士来进行振动工作。

（3）举起沉重的振动装置能对背部造成巨大的伤害。

3. 超高性能的水泥基材料

毫无疑问创新是可持续发展的巨大推动力。可是，一些因素阻碍了水泥基材料行业的创新，如工业碎片，固有的保守主义（除去对一些新产品的责任风险有一定合理的担忧），国内和国际标准和规章的修改非常缓慢，当然还有在全球金融市场的压力下存在的短期盈利需求。

然而，还是存在许多能够把握住的令人兴奋的机会。在建筑物和民用工程中，设计者追求更细长的结构和复杂的形态、更美观的表面，具有更长使用寿命和更低维修费用的轻质和高耐久性的材料。

尽管存在上述阻碍，现在已经遇到这样的挑战并且在混凝土中已经取得突破性的进展。现在已经开发出了一系列新的具有独特结构和美学潜力的高性能材料。

在这些材料中，1986 年开发的 CRC（紧凑增强复合材料）是一种特殊的纤维增强混凝土，它具有很高的强度（150～400 MPa），并且经过密集的钢筋进行强化[24]，www.crc-tech.com。在最近的 10 年内，CRC 已经在结构和传统的水泥预制部件如阳台板及楼梯中使用（图 7.22）。在过去几年内，由于丹麦成立了许多专业生产商，其 CRC 的使用发展迅速。在法国教育和工业部的资助下，由三个法国公司拉法基、布依格和罗地亚牵头，联合十个公共研究实验室经过充分的研发努力开发出了一种具有更好流变特性的相似材料——Ductal。

图 7.22　CRC 制造的具有悬臂式台阶的螺旋形楼梯

在 www.Ductal-lafarge.com 网站上可以找到 Ductal 详细的介绍。这种产品集合了众多优良特性，是一个技术上的重大突破。

(1) 抗压强度：传统混凝土的 6~8 倍。
(2) 抗折强度：传统混凝土的 10 倍。
(3) 延展性：过大的荷载下能变形，但不至于破裂。
(4) 美观性：优异的表面特性。
(5) 耐久性：标准参考值的 10~100 倍。

此外，Ductal 优异的流变特性也能够使其采用任何可能的施工方式：重力铸造、泵送和注塑。

Ductal 在法国、韩国、日本、加拿大以及美国大量、广泛、成功的应用，证明其有非常优异的性能。

为了研究这种材料的环境特性，普华永道会计事务所的一个子公司——ECOBILAN，参照 ISO14040-14043 标准对其进行了独立的生存周期评价（LCA）。研究内容包括 Ductal 组分的制备和 Ductal 本身的制备。考虑的因素包括：

(1) 不可再生能源的消耗（石油、天然气、煤炭等）。
(2) 可再生组分（石灰、黏土等）。
(3) 水资源的消耗。
(4) 温室气体的排放。

(5) 酸性气体的排放。
(6) 富营养化。
(7) 固体废弃物的产生。

相比于假定性桥梁设计,拉法基的内部研究使用了一种传统方法(钢梁和 30 MPa 的标准混凝土桥面)。另一方面,另外一座桥梁只用了 Ductal。虽然没有进行具体细致的研究,在力学性能和负载能力指标相当的条件下,相比于传统方法,使用 Ductal 只需要 65% 的原材料、51% 的一次能源和 47% 的 CO_2 排放总量。使用 Ductal 建造的桥梁预计使用寿命也显著高于传统的桥梁结构(图 7.23 和图 7.24)。

图 7.23　Ductal 制造的仙游步行桥(韩国首尔,2003 年)。建筑: Rudy Ricciotti;摄影:Philippe Ruault

图 7.24　LRT 火车站(加拿大,卡尔加里):24 层薄片组成的 Ductal 檐蓬。建筑:越共集团建筑工程有限公司;摄影:拉法基媒体资料库

七、闭合 CO_2 的循环：混凝土对 CO_2 的吸收

当考虑材料的环保性能时，也应当考虑材料整个生存周期中所产生的影响。如果做不到这一点，在根据环境友好性选择材料时将会产生错误的结论，其中的一些影响可能是相当含糊的。

人们很少考虑水泥基材料能从大气中永久吸收（"隔离"）CO_2。这个过程被称为碳化，在混凝土结构服务期内和拆卸后过程都会发生。在地质时间框架中，硬化混凝土中的水泥存储的 CO_2 量将与水泥熟料中原材料（主要是石灰石）在煅烧过程产生的 CO_2 量相当。

但是，由于很难估算碳化速率，混凝土碳化在整个水泥制备过程中对 CO_2 排放总量的影响一般会被忽略。依据混凝土的组成、结构类型以及使用环境，混凝土的完全碳化将会发生在几年到几千年不等。因此，有必要分析影响碳化速率的因素。要做到准确分析还很困难。这种影响对环境带来的好处也仍有争论。但是，北欧最近的一项研究指出，通过混凝土粉碎进行的混凝土回收将会意想不到地发生 CO_2 的大量吸收[25-28]。这些结论的意义仍然是有争议的，并且在讨论之中。

北欧的研究指出，在不对混凝土耐久性产生负面影响的情况下，通过促进混凝土生存周期内的碳化以提高它的环保性能是可行的。更有效的是，促进混凝土的回收并采取最佳 CO_2 吸收的回收方案将对环境有正面的影响。

八、使用混凝土以节约能源

1. 混凝土建筑的热性能

从生存周期来看，建筑使用过程中的能耗和 CO_2 排放量要远高于建材制备过程中消耗的能量和由此产生的 CO_2 排放量。据计算[29]，建设传统的钢筋混凝土办公楼或住宅楼所需要的能耗是 500 $MJ \cdot m^{-3}$。但是，在 50 年的生存周期内，所需要的热耗和电耗是 15 000 $MJ \cdot m^{-3}$。换句话说，在建筑物生存周期中只有 3% 的总能量消耗来自建筑所用的混凝土和其他建筑材料。

与一般的常识相反，不同建筑材料的能源消耗没有显著的区别。例如，Adalberth[30] 比较了瑞典多用户住宅所用的钢材、木材和混凝土替代材料发现，其生产所需要的能耗大约是 1 000 $kWh \cdot m^{-2}$。其中，一半能耗与结构框架有关，但是与框架材料类型无关。

混凝土具有高的热导率，为 1.8 $W \cdot m \cdot K^{-1}$，而其他建筑材料的热导率，如砖为 0.6 $W \cdot m \cdot K^{-1}$，木材为 0.14 $W \cdot m \cdot K^{-1}$。这导致混凝土本身的绝热性很差。因此，必须注意避免通往建筑物外的热桥。但是混凝土高的热容量使其能缓冲并利用大部分的自由热量，如太阳辐射和居民及办公设备散发的热

量，前提是建筑设计时考虑到这一方面。正确设计日常热循环能大大降低取暖和制冷所需要的能量以及改善热舒适度。混凝土建筑的另一个优点是其气密性很好，从整体能量的角度考虑，这也是有吸引力的。

利用具有简单几何结构的建筑物，从理论上通过计算比较，阐明了重质和轻质建筑物在能量特性上的区别[31]。运用了五种不同的计算机模型，其中三个是基于简单的增益利用系数的方法，一个基于一般的动态程序，另一个基于两者并行的计算方法。所有的五种程序都得到了相似的结果。对于在住宅标准的窗户朝向情况下，轻质建筑要比重质建筑多消耗2%~9%的能量（$1.5 \sim 6 \mathrm{kW} \cdot \mathrm{h} \cdot \mathrm{m}^{-2} \cdot \mathrm{a}^{-1}$）更多。对于办公楼，这一差别为7%~15%，重质建筑一般要优于轻质建筑物。当更多的窗户朝向南方时，这一差距将会增大。制冷所需能量的差别和取暖所需的能量之间的差别有明显的不同，对于住宅楼这一差距高达20%，而办公楼则是25%。

为了确认这些理论计算的相关性，研究了不同气候以及特定使用条件下的真实建筑，结果和计算机模型非常相近。在间歇性的取暖情况下（如英国和爱尔兰），轻质建筑和重质建筑之间的能量消耗差别不是很明显。但在恒定加热情况下，重质建筑显示出较好的性能。间歇性取暖的好处取决于室内温度的下降。由于绝热性能、气密性和建筑蓄热介质性能的提高，室内温度的下降将会减小。此外，需要高能源来较快提升温度。

2. 使用混凝土的热性能来节约能源

可以使用混凝土的能量优势达到显著的节能效果。为了说明这一点，收集了欧洲和美国不同区域的混凝土建筑热性能研究[32]。这些实例研究了应用混凝土热质来降低建筑物的能耗。下面是一些如何利用混凝土热质的例子：

（1）将混凝土部位暴露，如楼板上方，晚上通风，如底层通风，以使得在白天可以自发地降温。

（2）通过采用蓄有空气的中空混凝土板使得空调系统产生自由制冷[33]。

（3）外墙采用预制混凝土以降低热损失和达到高气密性。

（4）使用含有与取暖和制冷系统相连管网的水冷却板。

一个展示能量有效利用技术的目标工程已经实施。这项技术统一到了三个新的低能耗欧洲文化建筑上，现在正在设计阶段。以下是这项研究的一些目标：

（1）制冷能耗和相应 CO_2 排放量降低75%~80%。

（2）取暖能耗和相应 CO_2 排放量减少35%~50%。

（3）通风时能耗和相应 CO_2 排放量减少35%~50%。

（4）使用可再生资源，如海水、地下水、空气和太阳能。

这三幢建筑物中一幢是哥本哈根的丹麦皇家剧场。该设计分别利用观众席和海水的剩余热量通过连接在取暖、冷却系统上含有塑料管网的混凝土板来分别进行取暖和制冷。循环水可以由自由冷却或将热量泵送到海水里。冬天，来自礼堂的剩余热量能转移到热活性板上存储。

3. 可以达到的能源节约

Öberg 和 Damtoft[31]就现存混凝土结构的热性能的优势以及如果应用基于混凝土的新节能方案的进一步节能潜力进行了讨论。图 7.25 显示了传统混凝土建筑生存周期内的能耗和相应的 CO_2 减排能力与建筑物建造所需的能耗相近。如果在现代节能建筑系统中使用混凝土，CO_2 减排能力将会更高。

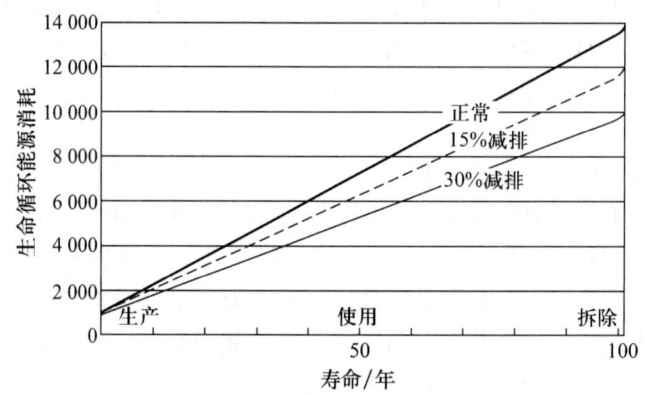

图 7.25　多户住宅楼中使用混凝土热性能的 CO_2 减排量(Öberg，2005[34])

九、结束语

现有自密实混凝土、超高性能水泥基材料和表面活性材料的示例显示了有效的研发可以为传统保守的混凝土建筑技术带来革新。但是进一步重要的研发对于开发具有一系列更宽泛特性的混凝土，如自清洁、自修复、更好的绝热性、抗环境老化以及抗极端温度等特性的混凝土是很必要的。

最近对混凝土进行了相当多的科学研究。混凝土是一种产品，人们对它的理解还不够。水泥和混凝土科学在很大程度上是跨学科的，经常涉及纳米和微观尺度现象。直到引入现代测试技术之前，在阐明控制材料特性和性能所需的相关化学和物理方面的研究很少有基础性的进展。

2004 年，欧洲的 12 个工业合作伙伴和 19 个学术机构认为增强对水泥基材料的基础性理解是必要的，并创立了 NANOCEM 研究联盟。这个包含了来自 9 个国家的 120 位固定的专业研究者的网络已经建立了三年，并且由工业合作伙伴专门资助。他们相信，新近产生的具有超前竞争意识的知识会带来新的技术突破，这将会对整个水泥基建筑产业带来好处。这种技术的工业化应用将会影响水泥基材料的整体性能和可持续性。鉴于水泥基材料在世界范围内的广泛利用，这种技术的工业化将会对环境、社会和经济这三大支柱的可持续发展带来重要的影响。

十、参考文献

[1] Humphreys K, Mahasenan M. Toward a Sustainable Cement industry[C]// Sub-study 8: Climate Change, An independent study commissioned to Battelle by World Business Council for sustainable Development, 2002.

[2] Impacts of Europe's changing climate[R]//European Environment Agency Report 2, 2004.

[3] Cembureau Internal Document[R]//Consumption of alternative fuels used In kiln, 2003.

[4] Gartner E. Industrially interesting approaches to low-CO_2 cements[J]. Cem. Concr. Res., 2004, 34 (9): 1489.

[5] Price L, Worrell E, Phylipsen D. Energy use and carbon dioxide emissions in energy: intensive industries in key developing countries[A]. Proceedings of the 1999 Earth Technologies Forum, Washington, D.C., 1999.

[6] Bolland O, Saether S. New concepts for natural gas fired power plants which simplify the recovery of carbon dioxide[J]. Energy Convers. Manage., 1992, 33 (5-8): 467-475.

[7] Popescu C, Muntean M, Sharp J. Industrial trial production of low energy belite cement[J]. Cem. Concr. Compos., 2003, 25 (7): 689-693.

[8] Zhang L, Su M, Wang Y. Development and use of sulfo-and ferro-aluminate cements in China[J]. Adv. Cem. Res., 1999, (11): 15.

[9] Quillin K. Performance of belite-sulfoaluminate cements[J]. Cem. Concr. Res., 2001, 31 (9): 1341-1349.

[10] Glasser F, Zhang L. High-performance cement matrices based on calcium sulfoaluminate-belite compositions[J]. Cem. Concr. Res., 2001, 31 (12): 1881-1886.

[11] Li G, Gartner E. French patent application 04-51586: publication 2873366, 2006.

[12] Cement Substitutes Focus, Market Report by OneStone Intelligence GmbH, 2004.

[13] Hjorth L. Development and application of high density cement based material [J]. Philos. Trans. R. Soc. London, 1983, A310: 167-173.

[14] Bleszynski R, Hooton R D, Thomas M D A, et al. Durability of ternary blend concrete with silica fume and blast-furnace slag, laboratory and outdoor

[15] Matschei T, Lothenbach B, Glasser F P. The role of calcium carbonate in cement hydration[M]. (submitted for publication in CCR).

[16] Ichikawa M, Kanaya M, Sano S. Effect of triisopropanolamine on hydration and strength development of cements with different character [C]// Proceedings of the 10th ICCC. Gothenburg, Sweden: [s. n.], 1997.

[17] ASTM C 150-06, Standard Specification for Portland cement[R], 2006.

[18] Bentz D P. Modelling the influence of limestone filler on cement hydration using CEMHYD3D[J]. Cem. Concr. Compos. , 2006, 28 (2): 124-129.

[19] Baron J, Douvre C. Technical and economic aspects of the use of limestone addition in cements[J]. World Cement, 1987, 18 (3).

[20] XP P 15-319, French standard for sulphate resisting cement[R], 1995.

[21] Yamada K, Hoshino S, Hirao H, et al. Hydration analysis of blast furnace slag blended cement by a XRD-Rietveld method. presented at the 10th ECI conference on advances in Cement and Concrete[C]. Davos, Switzerland: [s. n.], 2006.

[22] Damtoft J S, Glavind M, Munch-Petersen C. Danish Centre for Green Concrete [C]//Supplementary Papers, Third CANMET/ACI International Symposium, Sustainable Development of Cement and Concrete. [s. l.]: [s. n.], 2001, 401-418.

[23] Tølløse K. Environmental Screening of Concrete Bridge (in Danish) [C]// Center for Ressourcebesparende Betonkonstruktioner. [s. l.]: [s. n.], 2002, 32.

[24] Aarup B. CRC-A special fibre reinforced high performance concrete[C]// the International Symposium, Advances in Concrete though Science and Engineering. Northwestern University, LIlnois: the Center for Advanced Cement Based Materials and Rilem, 2004, 21-24.

[25] Lagerblad B. Carbon dioxide uptake during concrete life cycle [M]. Stockholm: state of the art, Swedish Cement and Concrete Research Institute-CBI, 2005.

[26] Jonsson G, Wallevik O H. Information on the use of concrete in denmark[M]. Reykjavik, Sweden, Norway and iceland: Icelandic Building Research Institute, 2005.

[27] Engelsen C J, Mehus J, Pade C. Carbon dioxide uptake in demolished and crushed concrete[M]. Oslo: Norwegian Building Research Institute, 2005.

[28] Kjellsen K, Guimaraes M, Nilsson A. The CO_2 balance of concrete In life cycle perspective [M]. Copenhagen: Danish Technological Institute-DTI, 2005.

[29] Kuhlmann K, Paschmann H. Beitrag zur Ökologischen Posidential Buildings, Ph. D. Thesis [D]. Lund, Sweden: Lund University, 2000.

[30] Adalberth K. Energe Use and Environmental Impact of New Residential Buildings, Ph. D. Thesis[D]. Lund, Sweden: Lund University, 2000.

[31] Öberg M, Damtoft J S. Concrete buildings in view of the EC energy performance of buildings directive[C]//To be presented at the conferece Concrete: Construction's Sustainable Option. Dundee: [s. n.], 2007.

[32] Cembureau TF 5.4, Collected case studies for low energy buildings, 2006.

[33] Bunn R. Termodeck the thermal flywheel[J]. Building Services Journal, 1991, 5.

[34] Öberg M. Integrated life cycle design: Applicatioin to swedish concrete multi-dwelling buildings[R]. Lund, Sweden: Lund University, 2005.

7.3 混凝土的耐久性——由有害化学反应引起的劣化现象

摘要：混凝土与服役环境相互作用时，经常发生一些对其工程性能具有严重不利后果的重大变化。因此，水化水泥体系及其组成相的耐久性受到了科学家和工程师的充分关注。他们讨论了由有害化学反应引起的水泥浆体的劣化。本论文首先将讨论控制离子、水分、气体运输的机制，其次将综述不同化学劣化现象。最后将讨论暴露在氯化物和二氧化碳中微观结构的变化，描述外部硫酸盐的侵蚀，包括钙矾石和硅灰石膏的形成过程。硅酸盐水泥的矿物对温度和热循环敏感，尤其是在早期水化阶段。

关键词：耐久性

一、引言

长期以来，硅酸盐水泥组分在正常环境下良好的耐久性已经得到确认。然而，由胶凝材料制备的水泥和混凝土可以被侵蚀，结果导致服役寿命缩短。大多数不利环境是从经验中认识到的，并且一直是现场和实验室混凝土研究的主题，毫不奇怪，研究和测试一直聚焦在性能欠佳的领域。

"服役寿命"不是一个新概念。古代世界使用石头、砖、瓦，而从罗马时代起使用混凝土，是由于它们的持久性。今天水泥和硅酸盐水泥混凝土已经得到广泛应用，并且成为世界上主要的建筑材料。尽管现今混凝土在性能上得到了显著提高，但是由于不断上涨的建筑经济成本，主要基础设施的拆除包括替换、更新引起的高成本，给保证耐久性带来了新的压力。再者，这些压力并不新鲜，但是考虑到在水泥生产和使用过程中的高碳排放处罚，使这些压力变得更大。

这些由于性能局限引起的问题长期以来一直是研究的主题,尽管采用复杂的统计处理方法,但是大多数研究本质上都是经验式研究,同时,模型的出现可作为一种预测耐久性和缩短没有受到潜在机制侵蚀时的时间因素的一种方法。

因此,耐久性的艺术和科学在伴随着一系列方法形成时处于一种非常活跃的状态,这是正常的,虽然有很多可以报告,但是这篇论文只能抓住当前研究的某些方面。

二、迁移机制

1. 离子迁移

离子迁移模型的发展始于对暴露在氯环境中混凝土结构的早期退化的考虑。早期模型仅限于描述饱和混凝土中单一离子扩散的简单方程,这些简单的模型逐渐被改善应用到不饱和系统中复杂的离子迁移,既考虑到扩散又考虑到其他迁移机制(例如,适度梯度效应下的水的运动)的多离子模型被推荐和测试。

迁移现象的描述通常是用孔级别的质量守恒方程来表达,然后建立材料特征单元均化方程,通过求解均化的质量迁移方程,能够实现对大型混凝土构件的模拟。

在孔尺度上,通常认为离子运输是两种现象的结合[1,2]:一种电化学势梯度和水溶液流引起的水平流动。

$$j_i = -\frac{D_i^0}{RT} c_i \text{grad}(\mu_i) + c_i v \tag{7.4}$$

式中,c_i 是 i 离子的浓度,D_i^0 是自由水中扩散系数,μ_i 是电化学势,R 是理想气体常数,T 是温度,v 是液相的速率。

电化学势 μ_i 被定义为

$$\mu_i = \mu_i^0 + RT \ln(\gamma_i c_i) + z_i F \psi \tag{7.5}$$

式中,μ_i^0 是参考基准,γ_i 是化学活性系数,z_i 是离子的价数,ψ 是电化学容。把式(7.5)代入式(7.4)得到式(7.6)[3]:

$$j_i = -D_i^0 \text{grad}(c_i) - \frac{D_i^0 z_i F}{RT} c_i \text{grad}(\psi) - D_i^0 c_i \text{grad}(\ln \gamma_i) - \frac{D_i^0 c_i \text{grad}(\ln \gamma_i)}{T} \text{grad}(T) + c_i v \tag{7.6}$$

式(7.6)中等号右边的每一项对应着一种不同的机制。第一项通常称为扩散项(Fick 定律),描述了浓度梯度作用下离子的运动。涉及电化学势的第二项负责通过稍微改变个别离子的速率来保持孔溶液的电中性,电化学势伴随着每一个通量方程[4]。

化学活性项本质上是当孔溶液离子强度过高时对通量的校正,方程式(7.5)和式(7.6)中的化学活性项可以通过把化学活性系数和溶液浓度联系起来的方程来估计。经典的电化学模型,例如,Debye-Hückel 和扩展的 Debye-Hückel 方程对离子浓度是 100 mmol/L 的弱电解质有效。然而 Davies 修正的可以用于描述更高浓度的溶液,例如离子浓度可达 300 mmol/L[5]。从水化水泥系统萃取的孔溶液浓度可在 300 mmol/L[6] 到 900 mmol/L[7] 的范围。

Pitzer 的模型被 Reardon[8] 用来建立浆体/溶液化学平衡的模型,Samson 等[9]提议将 Davies 模型进行修改用于计算离子浓度为 1 mol/L 的溶液的电化学系数。

$$\ln\gamma_i = \frac{-Az_i^2\sqrt{I}}{1+a_iB\sqrt{I}} + \frac{(0.2-4.17\times10^{-5}I)Az_i^2I}{\sqrt{1000}} \tag{7.7}$$

式中,A 和 B 是温度相关参数,a_i 是离子相关参数。Li 和 Page[10] 提议用另一种模型来评价平均自然对数活度系数:

$$\frac{1}{N}\sum_{i=1}^{N}\ln\gamma_i = \alpha\left(\frac{2}{3}\sqrt{\frac{I}{I_{cr}}}-1\right)I \tag{7.8}$$

式中,I_{cr} 称为临界离子强度,当 $I>I_{cr}$ 时,平均自然对数活度系数随着溶液中的离子强度增加而增加,否则就降低。参数 α 的值取决于 I/I_{cr}。

方程式(7.6)中的下一项,涉及温度,被称为 Soret 效应,它描述温度梯度对离子通量的影响。

在某些特定情况下,方程式(7.6)可以被简化。例如,在等温情况下,与温度梯度相关的项可以被忽略。

为了获得完整的迁移方程,把本构方程式(7.6)代入质量守恒方程:

$$\frac{\partial c_i}{\partial t} + \mathrm{div}(j_i) + r_i = 0 \tag{7.9}$$

式中,r_i 是溶液中络合的反应速率项,络合反应只在液相中反应,$CaOH^+$ 的形成就是络合物反应的一个例子:$Ca^{2+} + OH^- \rightleftharpoons CaOH^+$。在孔尺度,其他形式的化学反应,例如溶解/沉淀、表面吸附,可以通过交换水固界面项来建模。

把方程式(7.6)和式(7.9)结合起来就可以得到孔尺度下液相中完整的离子迁移方程:

$$\frac{\partial c_i}{\partial t} - \mathrm{div}\Big(D_i^0\mathrm{grad}(c_i) + \frac{D_i^0 z_i F}{RT}c_i\mathrm{grad}(\psi) + D_i^0 c_i\mathrm{grad}(\ln\gamma_i) +$$
$$\frac{D_i^0 c_i\mathrm{grad}(\ln\gamma_i)}{T}\mathrm{grad}(T) - c_i v\Big) + r_i = 0 \tag{7.10}$$

然而，当前在孔尺度建立离子迁移模型是一项不可能的工作，因为必须知道整个网络结构的准确几何构型。另外，目前也没有进行这些计算所需要的计算资源。为了克服这个困难，孔尺度方程需均化到材料的尺度，这通过一个称为均化的数学程序可以实现，这种方法的常规应用可以在文献中找到。在有的文献中，这项技术专门用于水泥基材料[13]。需要注意的是，Johannesson[14]建立了一种基于混合物理论的离子迁移模型，并且达到相似的效果。在均质化技术中，方程通过在表征单元体之间的整合导出材料规模上的方程。方程式(7.10)的均化形式是[3]：

$$\frac{\partial(\theta_s C_i^s)}{\partial t} + \frac{\partial(wC_i)}{\partial t} - \text{div}\left(D_i w \text{grad}(C_i) + \frac{D_i^0 z_i F}{RT} wC_i \text{grad}(\psi) + D_i wC_i \text{grad}(\ln\gamma_i) + \frac{D_i C_i \text{grad}(\ln\gamma_i)}{T} w\text{grad}(T) - C_i V\right) + wR_i = 0 \quad (7.11)$$

式中，大写参数代表着方程式(7.10)中相应的平均数量。均化过程在质量迁移方程中引进了体积含水量 w，包含固相分数 θ_s 和 i 离子含量的项结合到固体基质中，C_i^s 是关系式中的一部分，这一项通常是用于建立孔溶液和水化水泥浆体之间化学反应的模型。关于这个问题的更多细节将在下面给出。相反，代表均相化学反应的 R_i 总是被忽略了。

方程式(7.11)中参数 D_i 是宏观扩散系数，通过下面的表达式与 D_i^0 联系起来：

$$D_i = \tau D_i^0 \quad (7.12)$$

式中，τ 是液相的曲率，是解释复杂多孔网络结构的纯几何参数，许多作者使用这一定义[3,11,16]。

其他作者[17,18]倾向于下面这一种定义：

$$D_i = \frac{D_i^0}{\tau} \quad (7.13)$$

一些因素能够影响扩散系数，例如材料的饱和度、环境温度、材料孔结构的任何变化(连续水化或是化学反应引起的)，正如 Saetta 等[19]提出的，不同的因素可以表述成不同的作用：

$$D_i = \tau D_i^0 \times S(w) \times G(T) \times H(t) \times M(\phi) \quad (7.14)$$

函数 $S(w)$ 建立了饱和度影响扩散过程的模型。极少有专门为水泥基材料建立的模型。Samson 和 Marchand[3]采用了来自 Quirk 和 Millington 的应用于地下水迁移的关系式：

$$S(w) = \frac{w^{7/3}}{\phi_0^{7/3}} \quad (7.15)$$

式中，ϕ_0 是材料的初始孔隙率，在 Saetta 等[19]提出的方法中，函数 S 是基于材料内部的相对湿度：

$$S(h) = \left(1 + \frac{(1-h)^4}{(1-h_{cr})^4}\right)^{-1} \quad (7.16)$$

式中，h_{cr} 是临界湿度值，此湿度下扩散系数减小一半。温度的作用传统上都被看做与活化能呈指数关系[19]：

$$G(T) = \exp\left[\frac{U}{R}\left(\frac{1}{T_0} - \frac{1}{T}\right)\right] \quad (7.17)$$

式中，U 是扩散过程中的活化能，T_0 是参比温度，通常是在 25 ℃左右。最近 Samson 等[3]导出了能够正确描述不同材料中温度对离子迁移作用的表达式：

$$G(T) = e^{0.028(T-T_0)} \quad (7.18)$$

相似的，关于水化对扩散影响的不同表达式模型被建立了起来。其中一些被列在下面：

$$H(t) = \begin{cases} a + (1-a)\left(\dfrac{t_{\text{ref}}}{t}\right)^{1/2} & \text{文献[19]} \\ \left(\dfrac{t_{\text{ref}}}{t}\right)^m & \text{文献[20]} \\ \dfrac{a}{1+(a-1)e^{-\alpha(t-t_{\text{ref}})}} & \text{文献[3]} \end{cases} \quad (7.19)$$

所有这些关系式的值在水化早期都有一个最大值，随着水化的进行逐渐减小。大多数情况下 t_{ref} 记录的是 28 天的值，在一些文献中当时间趋于无穷时它的值趋于 a[3,19]，然而在其他文献中它的值总是随时间减小[20]。连续水化对混凝土运输性质的影响对于辅助性胶凝材料(粉煤灰和粒状高炉矿渣)制备的混合物尤其重要。

正如早先提到的，化学反应能够改变混凝土的孔结构和运输性能，例如，新相的生成能够导致材料孔隙率的减小，并且导致运输能力的下降，相反，固有相的溶解能够打开孔，增加扩散系数。修改后的 Kozeny-Karman 关系式通常在地下水中迁移时用于计算解释化学变化对扩散机制影响的校正因子 $M(\phi)$：

$$M(\phi) = \left(\frac{\phi}{\phi_0}\right)^3 \left(\frac{1-\phi_0}{1-\phi}\right)^2 \quad (7.20)$$

专门应用到水泥基材料的关系式并没有成为研究的主题，下面的关系式最近才被提出[21]：

$$M(\phi) = \left(\frac{e^{4.3\phi/V_p}}{e^{4.3\phi_0/V_p}}\right) \quad (7.21)$$

式中，V_p 是材料浆体的体积，为了解决方程式(7.11)中的离子迁移问题，估算温度、水含量、电化学势还需要其他一些关系式。这几点将在下面介绍。

2. 水汽输送

两种方法已经用到水化水泥浆体的水分变化模型中，第一种方法基于描述这个过程中的所有相——液相、水蒸气和干燥的空气，多个质量守恒方程用来描述总体湿场变化。第二种方法是来源于第一种方法的简化形式，通常能够导出一个单独的方程来估算水含量。两种方法在下面都将提到。

Mainguy 等[22]依靠多相方法描述等温条件下的湿气变化，部分饱和混凝土中的三相(水、干燥的空气和水蒸气)守恒方程被给出：

$$\frac{\partial}{\partial t}(\phi \rho_L S_L) = -\text{div}(\phi \rho_L S_L v_L) - \mu_{L \to v} \quad (水) \tag{7.22}$$

$$\frac{\partial}{\partial t}(\phi \rho_v (1 - S_L)) = -\text{div}(\phi (1 - S_L) \rho_v v_v) + \mu_{L \to v} \quad (水蒸气) \tag{7.23}$$

$$\frac{\partial}{\partial t}(\phi \rho_a (1 - S_L)) = -\text{div}(\phi (1 - S_L) \rho_a v_a) \quad (干燥的空气) \tag{7.24}$$

式中，ϕ 是空隙率，ρ_i 是 i 相的密度，S_L 是液相水的饱和度，v_i 是 i 相的形成速率，$\mu_{L \to v}$ 是液相水转化成气相的速率，液相生成速率根据达西定律给出：

$$\phi v_i = -\frac{K}{\eta_i} k_{ri}(S_L) \text{grad}(p_i) \tag{7.25}$$

式中，K 是多孔材料的固有渗透性，η_i 是 i 相的动态黏滞度，$k_{ri}(S_L)$ 是相对渗透率，p_i 是压力。干燥的空气和气相法则根据 Fick 定律给出：

$$\phi_g \rho_j v_j = \phi_g \rho_j v_g - \rho_j \frac{D}{C_j} f(S_L, \phi) \text{grad}(C_j) \tag{7.26}$$

式中，v_g 是满足达西定律的气体摩尔平均速率，D 是湿空气中的水蒸气或干燥空气的扩散系数，f 是扭曲效应的阻滞因子，C_j 是当 j 为 a 或 v 时[23]的 p_j/p_g 值。Selih 等[24]建立了一个类似的模型，Mainguy 等[22]建立的模型能够正确地重现恒温干燥测试结果，然而，这种方法对于耐久性的分析作用不大，主要是因为有相当一部分数量的参数需要确定。

通常用简化方法描述水泥基材料中水含量的变化，这两种方法的主要区别之一是，假定在整体材料中气压均一并且等于大气压力，基于这种假设，水含量可以根据 Richard 方程估计：

$$\frac{\partial w}{\partial t} - \text{div}(D_w \text{grad}(w)) = 0 \tag{7.27}$$

式中，w 是单位体积水含量，D_w 是非线性水分扩散系数，用这种方法，方程式(7.11)中出现的液相生成速率为

$$V = -D_w \text{grad}(w) \tag{7.28}$$

通常可以认为 D_w 遵循如下一个指数关系式[25]：$D_w = A \exp(Bw)$，这里 B 是正数。不是使用水含量衡量状态变化，许多作者已经倾向于建立相对湿度 h 的模型，假设驱动力可以表示为 $V = -D_h \text{grad}(h)$。在这种情况下，方程式 (7.27) 可以被写成[26,27]：

$$\frac{\partial w}{\partial h} \frac{\partial h}{\partial t} - \text{div}(D_h \text{grad}(h)) = 0 \quad (7.29)$$

另外，水分扩散系数可以被表述成如下非线性函数[27]：

$$D_h = \alpha + \beta(1 - 2^{-10\gamma(h-1)}) \quad (7.30)$$

式中，α、β 和 γ 是需要实验确定的参数。

3. 电化学势

许多离子迁移模型忽略了离子间的电化学势和耦合效应，这是在地下水中的情形，与水化水泥体系的孔溶液相比，地下水的离子浓度相对较低，直到最近，它才被人们接受并应用于混凝土的离子扩散。然而，最近提出的一些模型考虑了耦合作用，假设高的离子浓度能够引起大的离子浓度梯度，这种情况下质量守恒方程中的电化学势不再被忽略，一些模型在论及特定的劣化机理时将会提到。

两种方法已经用于解决电化学势问题，第一种方法依赖于零电流密度假设 $\sum_i z_i j_i$ 来消除迁移方程中的电化学势，这种方法被 Truc 等[28]和 Masi 等[29]提出。电化学势也能够与直接联系溶液中的化学势和浓度的 Poisson 方程结合起来，它的均化形式在下面给出：

$$\text{div}(w\tau\text{grad}(\psi)) + w\frac{F}{\varepsilon}\left(\sum_{i=1}^{N} z_i C_i\right) = 0 \quad (7.31)$$

式中，ε 是溶液的渗透性，N 是水中离子总数。有的文献中在建立离子迁移模型时采用了 Poisson 方程和离子迁移关系的耦合[3,4]。

4. 温度场模型

不同的模型已经被应用到预测多孔材料的温度分布，最全面的包括解决多孔介质中每一相的能量平衡方程。这种方法被 Schrefler[30]用来建立暴露在火中混凝土的温度和湿度场，这个关系与各相相界面平衡方程耦合，然而，这些项通常是很难估计而经常被忽略的。

对于大多数长期耐久性分析，能量守恒方程能够被简化成众所周知的热传导关系：

$$\rho C_p \frac{\partial T}{\partial t} - \text{div}(k\text{grad}T) = 0 \quad (7.32)$$

式中，ρ 是材料的密度，C_p 是热容，k 是热导率。正如有的文献中强调的，这种关系式假设在一些天之后水化热被忽略，材料中的液体气体运动引起的对流热流可以被忽略，热容和电导率参数可以表述成组成材料的所有相的独立组分的平均值。方程式(7.31)已经被一些作者[18,31]用来估计混凝土结构中的温度场。

三、氯化物的侵蚀

正如前面引言部分提到的，氯离子的进入及其诱发的腐蚀促进了早期分析混凝土结构长期耐久性模型的发展，下面总结了文献中不同的氯离子侵入机制和建立模型的方法。

1. 氯离子与水化水泥浆体的相互作用

通常认为水泥基材料中氯离子的侵入不会引起膨胀和断裂的退化固相。相反，溶液中的氯离子和浆体的相互作用，由于它固结渗透离子，通常被认为对增强混凝土的耐久性是有益的，因为它降低了对增强钢筋的侵入速率。对暴露在氯中的水泥体系的分析证明，它们与浆体中的铝酸盐相反应形成 Friedel 盐——$3CaO \cdot Al_2O_3 \cdot CaCl_2 \cdot 10H_2O$[32-36]，这种含氯的 AFm 相在很宽的氯离子浓度范围内（几 $mmol \cdot L^{-1}$ 到 3 $mol \cdot L^{-1}$）[34,37]均是稳定的。

合成水泥浆体中其他的一些相也被确定，例如，氯硫酸盐 AFm 相称为 Kuzel 盐($3CaO \cdot Al_2O_3 \cdot 1/2CaCl_2 \cdot 1/2CaSO_4 \cdot 10H_2O$)[38]，尽管没有数据说明 Kuzel 盐在碱中稳定存在，但是文献中的可溶性数据证明它仅仅在低浓度下生成(< 10 mmol/L)。

各种形式的氯氧化钙已经被 Brown 和 Bothe[34]报道过，通常氯氧化合物的组成是 $xCa(OH)_2 \cdot yCaCl_2 \cdot zH_2O$，组成范围从简单的 1:1:1 到更加复杂的 4:1:10 或 3:1:12，这些含氯的相大多数都可在合成的水化材料中观察到。但是最重要的是，实验室条件下观察的氯氧化物仅仅是在高浓度条件下形成的，例如，3:1:12 相的形成需要接近 9 mmol/L 的氯离子浓度[34]。在大多数实际情况下，暴露在海水中的海洋建筑或暴露在除冰盐中的大桥或停车场建筑达不到这么高的浓度，因此，它们在实际结构中的形成值得怀疑，除非通过蒸发浓缩。

当许多研究都集中在水化 C_3A 系统中 Friedel 盐的形成时，对 Fe 相的作用的关注很少，也就是最近由于水化 C_4AF 中含氯矿物的形成才逐渐得到关注。Suryavanshi 等[36]研究了混合水中不同 NaCl 浓度下水化 C_4AF 中氯化物的胶结性质，用 X 射线衍射和不同的差示扫描量热方法检测到含氯相，结果显示，形成了类似于 Friedel 盐的含铁氧化物——$C_3F \cdot CaCl_2 \cdot 10H_2O$。这种固相在文献中被观察到[40]，这里浆体是由水化 C_4AF 和石膏组成的，把浆体暴露在 10% 的 NaCl 溶液中，在 28 天到 56 天之间每天进行干湿循环。

前面关注了氯化物和水化水泥浆体之间的化学作用。由于孔溶液和浆体界面的交互作用,氯化物与材料也有物理作用,在这种情况下,没有新固相形成。早先的结合实验,例如 Luping 和 Nilsson[41]提出的经典方法,给出了与材料反应的氯离子的总量,而不去区分物理和化学作用。但是水化 C_3S 浆体实验[42-44]或合成 C-S-H 凝胶的实验[45]证实了这一现象,因为 C_3A 或 C_4AF 的存在阻止了 Friedel 盐的形成。

2. 结合机理

许多近来的研究显示了 Friedel 盐形成时氯离子与单硫型硫酸盐(SO_4-AFm)这样的水化相之间的反应。NMR 结果使 Jones 等[46]提出两种关于 Friedel 盐的形成机理:溶解/沉淀和离子交换。本论文的作者认为两种机理同时发生,至于哪一种作用更大,取决于孔溶液中氯离子的浓度。

许多研究显示主要的机理是离子交换。基于孔溶液分析,Suryavanshi 等[39]赞成第一种假说,他们推断羟基 AFm C_4AH_{13} ($[Ca_2Al(OH^-)_6 \cdot nH_2O]^+$)正面逐层释放出 OH^-,取而代之的是氯离子。Birnin-Yauri 和 Glasser[38]对羟基 AFm 和 Friedel 盐之间的关系做了进一步研究,结果显示两相之间形成固溶体。Munshi 等[47]把他们的约束模型建立在孔溶液的 C_4AH_{13} 和氯离子完整的交换机理上:

$$[X-OH] + Cl^- \longleftrightarrow [X-Cl] + OH^- \tag{7.33}$$

这里 X 代表离子交换位置。

离子交换也被认为发生在硫酸盐 AFm 和 Friedel 盐之间。这种情况下,反应是向孔溶液中释放出硫酸根离子:

$$[X-SO_4] + 2Cl^- \longleftrightarrow [X-Cl_2] + SO_4^{2-} + 2H_2O \tag{7.34}$$

这里 X 代表离子交换位置。

正如前面提到的,关于氯离子的约束机理是物理作用。最近的一篇文章,Henocq 等[43]利用双电层理论建立了孔溶液中的离子和 C-S-H 表面的交互作用模型。分析指出,如果相当数目的离子存在于扩散层,那么只有很少一部分可以通过特性吸附被约束。模型预测的结果与实验数据具有很好的相关性。总之,本论文的作者发现物理吸附只占水泥浆体胶结的离子的一小部分。

Hosokawa 提出了将前面提到的单硫型硫酸盐基离子交换机理和物理交换模型结合起来的一种模型[48]。正如 Henocq 等[43]提出的模型,物理作用归因于表面络合,也考虑了离子与 C-S-H 表面的静电作用。结果也证实,化学作用比物理作用在水化水泥浆体结合氯离子时起的作用更大(见图 7.26)。

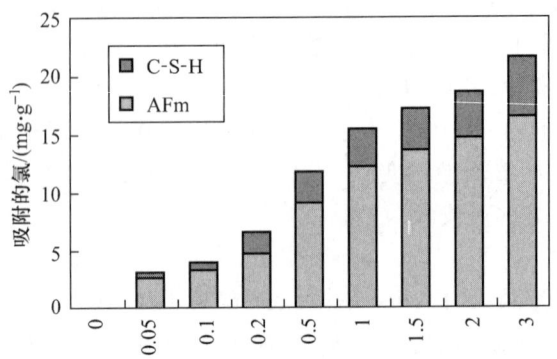

图 7.26 水泥系统中与 AFm 进行化学吸附和与 C-S-H 进行物理吸附的氯离子作用

3. 氯离子侵入模型

先前强调,大约 30 年前建立的早期模型是建立在限于单一氯离子的独立质量迁移方程。基于下面的假设:点耦合作用和化学活性的作用可以忽略不计,恒温、饱和材料、孔溶液中没有络合反应,受约束和自由氯离子之间呈线性关系,那么式(7.11)可以被简化成:

$$\frac{\partial C}{\partial t} - D_{app} \frac{\partial^2 C}{\partial x^2} = 0 \quad (7.35)$$

式中,C 是孔溶液中氯离子的浓度,D_{app} 是表面扩散系数,这一系数涵盖材料的扩散特性和氯离子渗透的化学效应。注意,参数 C 代表了孔溶液中氯离子的浓度,其数值由式(7.36)给出:

$$C = C_0 erfc\left(\frac{x}{\sqrt{4D_{app}t}}\right) \quad (7.36)$$

式中,C_0 是 $X=0$ 时氯离子的浓度。需要强调的是式(7.36)的有效性依赖于一系列的简化假设,如半无限域、恒定的 D_{app} 和持续的接触,这些条件在现实中是经常不能被满足的。

式(7.36)在过去几十年中一直被任意应用。例如,有人指出,由式(7.35)预测的氯离子分布与实测氯离子的分布相近。随后,测得的实验值也满足式(7.36)和测定的 C_0 与 D_{app}[49,50]。除了对式(7.35)的有效性持有怀疑外,这种方法在考虑到被解析的孔溶液离子中变化的 C 时是有缺陷的,C_0 的值包括浆体和溶液中的氯离子。

虽然这种方法没有牢固的科学基础,但仍然被用来估计那些暴露在氯负载环境中的部分饱和的建筑物的使用寿命。为了完善分析,有些作者依靠等温线来描述化学反应[51]。根据这一方法,氯的量与孔溶液中氯离子的浓度相关,与实验所测曲线(图7.26)相似。这种方法并不区分氯离子是化学结合还是物理结合,通过忽略如电耦合、化学活性效应和索雷特耦合,式(7.11)变为

$$\rho \frac{\partial C^b}{\partial C} \frac{\partial C}{\partial t} + \frac{\partial (wC)}{\partial t} - \mathrm{div}(wD\mathrm{grad}(C) - VC) = 0 \qquad (7.37)$$

式中,C^b 是结合氯离子的含量,ρ 是材料的密度,$\partial C^b/\partial C$ 对应等温线曲线的斜率。这种建模方法在一些参考文献中有使用[18,31,52-54]。式(7.37)能和热传导式(7.32)结合来考虑温度的影响[52]。它也可以和水汽输送式(7.27)或式(7.29)结合来评估水分通量 V 和含水量[53,54]。一些作者提议式(7.37)是湿气扩散方程和温度扩散方程的耦合[18,31]。

虽然以前的方法可以看做是对 Fick 第二扩散定律的改进,但仍然忽略溶液中不同种类离子的相互作用,目前对于离子运输模型的研究主要集中在多离子方法,如由 Masi 等和 Truc 等提出的模型,他们使用方程式(7.11)时考虑氯离子与其他离子的耦合作用。在这些文献中,离子结合的电化学势用零状态来解决:$\sum_i z_i j_i = 0$。氯与浆体的反应基于不考虑其他离子种类存在的交互等温线。

在由参孙和马钱德提出的模型[3]中,氯运输是根据式(7.10)、式(7.27)、式(7.31)和式(7.32)的质能量转换方程。水泥浆体与氯的化学作用是基于单硫型硫酸盐和 Friedel 盐离子交换机理,如式(7.34)。典型的模拟结果如图7.26所示,预测氯离子的总量包括孔溶液和 Friedel 盐中的氯离子。

4. 初始腐蚀预测

钢筋腐蚀主要是因暴露于海洋环境或除冰盐[55]氯化物引起的,由于混凝土孔溶液高的 pH,钢表面会自然钝化,然而,钢筋的保护层会因为氯化物的存在而遭到破坏。当钢表面附近氯离子浓度达到临界值时,腐蚀开始,此时称为氯阈值,氯阈值通常表示为氯离子与氢氧根离子浓度的比率,或在材料中的质量分数[56-58]。临界值在有的文献中有全面的综述[56],此值会因为所测试的混合物的性能和测试条件而呈现一个宽的范围。在大多数的工程分析中,美国联邦高速公路管理局采用水泥氯化物的质量分数 0.3%(1 kg 混凝土中大约有 0.5 g 氯化物)作为临界值[59]。

达到腐蚀临界氯含量所需的时间相当于初始期[60],它由一系列的因素如混凝土覆盖层的厚度和暴露条件决定。用先进的方法构建水泥基材料的氯离子渗透模型,这能够提供一条合适的方法预测腐蚀的开始,假如阈值能可靠估计。图7.28 列出了基于图7.27 所示氯离子侵入模型的腐蚀分析,它展示了混凝土部件不同部位氯离子总量随时间的演变,因此可以决定腐蚀开始时间。

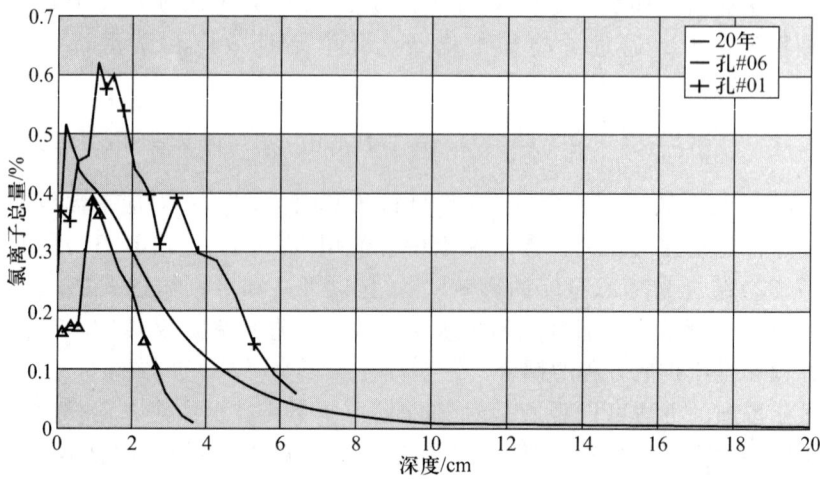

图 7.27 用文献中的模型预测 20 年龄期的停车场建筑物的氯离子分布曲线与两混凝土岩芯实测结果的比较，插入的图表显示一年中边界条件的时效性

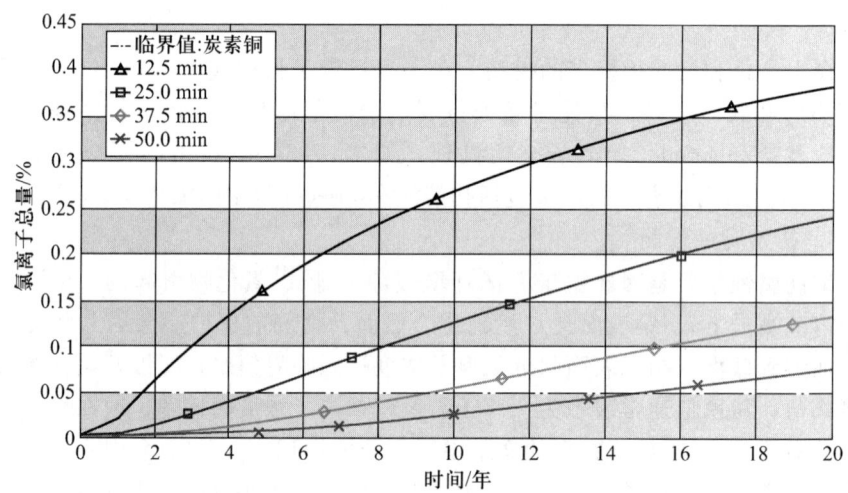

图 7.28 在不同钢筋位置的氯离子含量（由图 7.27 所示的模型计算）

四、碳化

在部分饱和的混凝土中，二氧化碳的渗透通常会诱发孔溶液离子之间及与水泥浆体的一系列反应。整个过程可以归纳为一系列不同的步骤：二氧化碳气体首先侵入材料，随后主要以 HCO_3^- 和 CO_3^{2-} 的形式溶解于孔溶液中，与溶解的钙形成沉淀方解石、$CaCO_3$，和其他 CO_2 基固相一样。这些反应使 pH 降低，

导致 $Ca(OH)_2$ 的溶解，早期碳化及二氧化碳的临界分压 P_{CO_2} 在会议论文其他文章中给出，见 Matschei 和 Glasser 等的文章[88]。

本质上，碳化过程本身对浆体性能没有副作用，在一些情况下，可起到降低材料的孔隙率和在混凝土表面形成好的保护层。但是，随着反应进程的进行，pH 下降，通过破坏钢筋的钝化层会潜在地对钢筋混凝土建筑产生决定性的影响。下面概括碳化过程的不同方面。

1. 碳化过程的描述

当二氧化碳气体与胶性材料的孔溶液接触时，它开始以如下方式溶解：

$$CO_{2(g)} \longrightarrow CO_{2(aq)} \tag{7.38}$$

在平衡条件下，溶解遵守 Henry 定律，在低压环境下可写成[61,62]

$$(CO_{2(aq)}) = K_h P_{CO_2} \tag{7.39}$$

式中，$(CO_{2(aq)})$ 是溶解 $CO_{2(aq)}$ 的活性，K_h 是 Henry 常数，P_{CO_2} 是气相中 $CO_{2(g)}$ 的分压，温度取决于 K_h 值，可以表达为[61]

$$\log K_h = 108.3865 + 0.0198576T - 6919.53/T - 40.45154\log T + 669365T^2 \tag{7.40}$$

式中，T 是温度。

一旦溶解，$CO_{2(aq)}$ 会根据下面的反应分解为不同种类的离子：

$$CO_{2(aq)} + H_2O \longrightarrow H^+ + HCO_3^- \tag{7.41}$$

$$HCO_3^- \longrightarrow H^+ + CO_3^{2-} \tag{7.42}$$

这些反应式分别遵守下面的平衡关系：

$$K_1 = (H^+)(HCO_3^-)/(CO_{2(aq)}) \tag{7.43}$$

$$K_2 = (H^+)(CO_3^{2-})/(HCO_3^-) \tag{7.44}$$

括号内代表化学活性，在有的文献中给出了不同时间的 K_1 和 K_2 值[61]。

运用式(7.40)和式(7.41)以及水的电离关系：

$$(H^+)(OH^-) = 10^{-14} \tag{7.45}$$

可以估计溶液中每种离子随 pH 变化的分数，结果示例于图 7.29 中。胶性材料中孔溶液的 pH 通常比较高，溶液中的主导离子是 CO_3^{2-}。Barret 等指出式 (7.41)、式(7.42)和式(7.45)可概括为

$$CO_{2(aq)} + OH^- \longrightarrow CO_3^{2-} + H_2O \tag{7.46}$$

这种关系表明碳化通过结合氢氧根离子和生成水来降低 pH。一旦 CO_3^{2-} 进入孔溶液，便会畅通无阻地和其他离子形成碳酸盐相沉淀，虽然文石和其他碳酸钙晶型的变体有过报道，但是通常方解石被认为是主要的碳化产物[19,64]。方解石由下面的反应生成：

$$Ca^{2+}_{(aq)} + CO_3^{2-}_{(aq)} \longrightarrow CaCO_{3(s)} \tag{7.47}$$

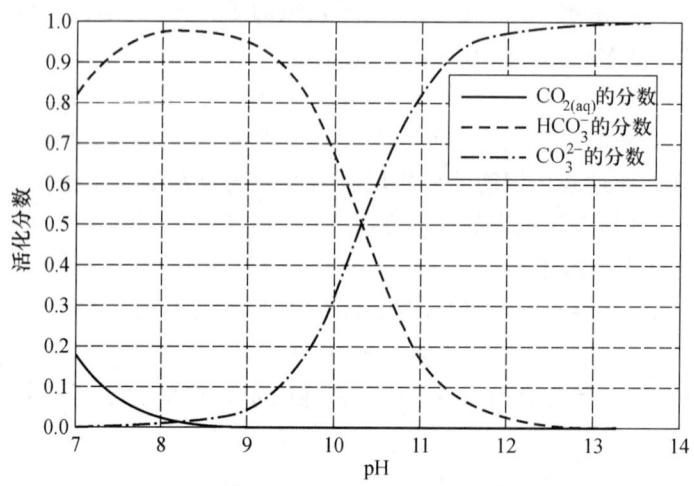

图 7.29 $CO_{2(aq)}$、HCO_3^-、CO_3^{2-} 在 25 ℃ 时随 pH 变化的相对浓度分布

在 25 ℃时，溶解度值为 $\log(K) = -8.48$，溶液中碳酸盐的存在也能导致其他固相的形成。Barret 等[63]通过考虑水化碳铝酸钙（$3CaO \cdot Al_2O_3 \cdot CaCO_3 \cdot 11H_2O$）的形成来研究碳化反应。类似固相的热力学平衡在文献中有介绍[64,65]。根据式(7.46)和式(7.47)可知，不同的方解石形成机理会降低孔溶液钙和氢氧根的量，反过来促使氢氧化钙溶解，方解石取代氢氧化钙会降低材料的孔隙率，因为方解石的摩尔体积比较大（Ca：36.9 $cm^3 \cdot mol^{-1}$；OH：33.1 $cm^3 \cdot mol^{-1}$），目前，方解石形成而致使氢氧化钙减少的实验证据已有相关报道[67,68]。

2. 碳化机理

使用酚酞指示剂是传统估计碳化深度的方法，这是一种间接的方法，利用酚酞在 pH 低于 9 时粉红色褪去。图 7.30(a)给出的是在暴露于相对湿度 50%、CO_2 环境浓度 5% 的环境中 14 天和 28 天后不同水灰比的砂浆上涂上酚酞，图 7.30(b)显示用酚酞测试碳化的深度与时间的平方根呈线性关系，这是碳化过程的一个显著共同特性[64]。

然而，目前的测试方法显示这种技术仅仅能给出一个近似的碳化深度估计。Houst 和 Wittmann[69]用类似于酸溶测氯剖面的测试技术，测量暴露在室外 40 个月的砂浆的碳化剖面，结果显示碳化剖面的扩展明显超出了酚酞指示的深度。

Baroghel-Bouny 和 Chaussadent[136]报道了相似的测试结果，方解石分布的测试是在加速碳化室养护的浆体样品，同样测定了氢氧化钙分布，结果显示接近暴露表面的氢氧化钙减少，而方解石的量达到最大。根据这些测试，尽管材

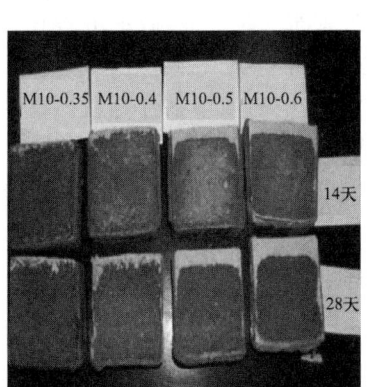
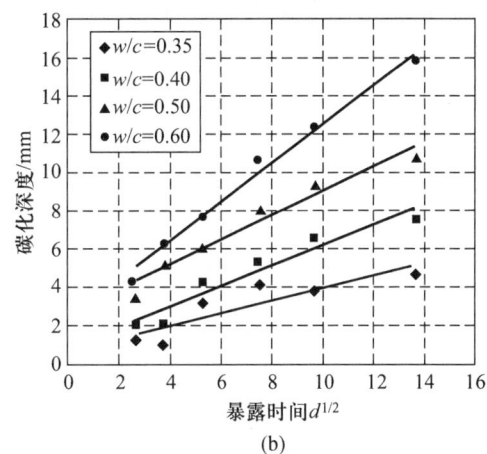

图7.30 （a）酚酞测定不同砂浆的碳化浓度（相对湿度50%，CO_2 环境浓度5%），
（b）碳化深度随时间的变化图

料已碳化，在固体和环境的界面仍有残余的氢氧化钙。

3. 碳化模型

许多预测碳化深度的模型可以在文献中找到[19,70-73]。在所有的情况，$CO_{2(g)}$ 进入材料都用以扩散为基础的方程来模拟：

$$\frac{\partial(\phi - w)[CO_{2(g)}]}{\partial t} - \text{div}((\phi - w)D_c \text{grad}[CO_{2(g)}]) - f_c = 0 \quad (7.48)$$

式中，ϕ 是材料孔隙率，w 是含水量，$[CO_{2(g)}]$ 是气态二氧化碳浓度，D_c 是气体扩散系数，f_c 是缩量。在一些文献中提到的模型，系数 D_c 是材料局部含水量的函数[19,70,72,73]。在一些文献提到的方法中，考虑了温度对气体传输的影响[19,72,73]。在方程式(7.48)中 f_c 缩量说明二氧化碳从气相转化为材料孔溶液（见式(7.38)）。

因为气态二氧化碳必须进入材料才能开始碳化过程，有必要模拟干燥过程的情形。这个模拟的先前引进都是以 Richards 方程（式(7.26)）或它对应的相对湿度为基础的（式(7.29)）。在有的文献中，源/汇期加入到式(7.29)中来模拟水泥浆体的水化[72,73]。这个源/汇期能解释碳酸过程水的形成（式(7.45)）。

以式(7.48)和式(7.27)为基础，可以评价孔溶液中二氧化碳的量和相应碳化过程的范围。在大多数模型中，4.1节中的反应式可概括为[71,72]

$$Ca(OH)_{2(s)} + CO_{2(aq)} \longrightarrow CaCO_{3(s)} + H_2O \quad (7.49)$$

用简单的速率方程来计算方解石的形成或氢氧化钙的损失，例如[19]

$$\frac{d[CaCO_{3(s)}]}{dt} = f(w, T, [Ca(OH)_{2(s)}], [CO_{2(aq)}]) \quad (7.50)$$

溶液中 Ca^{2+} 的浓度也需要用类似式(7.48)的公式来考虑[70]。假定溶解在孔溶液中的 $CO_{2(g)}$ 以 CO_3^{2-} 的形式存在，当氢氧化钙和 C-S-H 溶解时，源项代表溶液中溶解的钙。溶液中 CO_3^{2-} 的量可以用式(7.47)中的源项来计算，但是忽略了这种离子在溶液中的迁移。方解石的形成符合下面的平衡关系：

$$[Ca^{2+}][CO_3^{2-}] = 10^{-8.35} \quad (7.51)$$

方括号表示浓度，计算时并不考虑碱的存在，因为 Ca^{2+} 范围在 22 mmol·L^{-1}（氢氧化钙仍存在）和 1 mmol·L^{-1}（C-S-H 完全脱钙）之间。在有的文献中，方解石的形成按下式模型模拟[73]：

$$\frac{d[CaCO_{3(s)}]}{dt} = k_r [Ca^{2+}][CO_3^{2-}] \quad (7.52)$$

式中 k_r 是反应速率，CO_3^{2-} 的浓度符合 Henry 定律。孔溶液中 Ca^{2+} 的浓度通过一系列的化学平衡关系来计算。有的模型中未考虑这些不同种类的离子的迁移和碱的存在[70]。

这个简短评论强调的是大多数碳化模型的主要缺点，在大多数情况，预测 pH 的降低不是模型的一部分，因为 OH^- 浓度已被忽略，这是相当不利的，特别是需要评价腐蚀风险时。还有，对于胶性材料的主要特征，孔溶液的高碱性也被忽略，从化学的观点来看，高 Na^+ 和 K^+ 浓度的存在很可能对碳酸化过程有显著的影响。

4. 与氯化物的关系

目前研究表明：固结氯和碳化是密切联系的[74]。在 $CO_{2(g)}$ 存在时，氯化物和水化浆体反应的主要固相 Friedel 盐有向孔溶液中释放氯离子的反应趋势。根据材料的浓度梯度，释放的氯离子可到达钢筋的表面，进而诱发腐蚀。

五、脱钙

脱钙过程通常被描述为暴露在纯净水环境中水泥的氢氧化钙和 C-S-H 的溶解，尽管在其他环境如海水中也可以发生。从孔溶液向外界环境析出的离子（主要是钙离子和氢氧根离子）是这些水合物溶解的原因，这种现象特别对那些与纯净水和酸性水有长期接触的建筑物有影响，如水坝、水管、放射性废品清除器等。在过去的二十年中，这被认为是与核废物储库十分相关的问题。Dow 和 Glasser[75]描述了这种化学侵蚀过程，说明了如何区分钝化和侵蚀。离子浸出会使材料孔隙率和渗透性增加，机械强度下降。

1. 实验方法

不同的测试方法应用于混凝土的脱钙实验，水中沉浸测试(除离子或矿化)是表征离子浸出过程的主要方法[76,87,93,95]。在一些研究中，在粉磨材料中测试钙的浸出量[77,78]。

因为钙的浸出过程是一个相对缓慢的过程,因此增速的测试技术已经在大的范围内使用。这些过程大部分进行了强酸溶解(如硝酸铵)而不是去离子水[79-81]。在一些情况下,本论文的作者也用有机酸来加速浸出过程[82],也有用电势梯度来加速钙的浸出[83,84]。

2. 过程的描述

钙的浸出是一种溶解/扩散的耦合过程,用去离子水的浸出使得钙与氢氧根的浓度梯度从完好区到材料暴露表面不断降低,这造成了钙与氢氧根离子从孔溶液扩散到侵蚀溶液中,从而降低了孔溶液中钙的浓度。钙的损失导致氢氧化钙和二次沉淀物钙矾石、方解石的溶解[83,85],这些矿物质的沉淀发生在退化区的最深处,尽管它们在变化区的外面溶解[83,85],总体来说,这个过程主要导致氢氧化钙溶解和C-S-H凝胶脱钙[85-87]。溶蚀后的材料可以视为多层组成系统[86]:

(1)没有蚀变的核,以氢氧化钙的完全溶解为界。
(2)由溶解面或沉淀面分隔成不同的区域。
(3)C-S-H凝胶的持续脱钙。

水接触的退化区的特点是C-S-H凝胶的脱钙产生的硅酸盐聚合,C-S-H凝胶的Ca/Si从完好区到浸出区逐渐降低。并且,从AFm中和钙矾石溶解的三价铁离子和铝离子与C-S-H凝胶结合[76,78,83,85]。

水泥水化物在水中的溶解取决于它的溶解特性,根据它们不同的溶解度,水化物不断地溶解来构建孔溶液和结晶水化物的化学平衡。Berner[88]和Reardon[7]表征了水泥水化物溶解的特性,Matschei、Lothenbach和Glasser[89]给出了一些新的数据,包括水榴石、硅质水榴石和C_2ASH_8。主要水化相的溶解度分类如下:$S_{Ca(OH)_2} > S_{Afm} > S_{friedel盐} > S_{Aft}$[90,91]。溶解动力学会受到侵蚀溶液的组成($CO_2$、矿化等)[81,90,92,93]或样品的饱和度的影响。

如先前提到的,氢氧化钙是受水影响的主要相,随着时间的增加,它的损耗增大[77,84,87,94,95]。图7.31说明水灰比对溶解动力学的影响,随着水灰比的增加,相应的钙的浸出量也在增加[84,87]。高的w/c相当于高的孔隙率(高渗透性和高孔体积)和高的初始氢氧化钙量[81,87]。

图7.31(b)显示溶液中钙浓度的增加与$Ca(OH)_2$的溶解面的缓慢渗透有关,渗透深度随水灰比的增加而增加[87],与图7.31(a)显示的结果一致。

脱钙改变了水泥浆体的体密度和孔隙结构。Haga等指出孔体积因为$Ca(OH)_2$高的初始量而增加更多[87],当C-S-H凝胶脱钙产生的空隙被忽略时,孔体积的增加可以归因于$Ca(OH)_2$的溶解[79,87,95](见图7.32)。

使用辅助性胶凝材料并伴以充分的养护,可以降低混凝土的渗透性和改变钙析动力学。图7.33表明矿渣和硅粉对钙浸出的影响,辅助性胶凝材料的有利影响是基于减少早期氢氧化钙的含量(火山灰反应)和显著降低混合物的传输性能[81,84]。

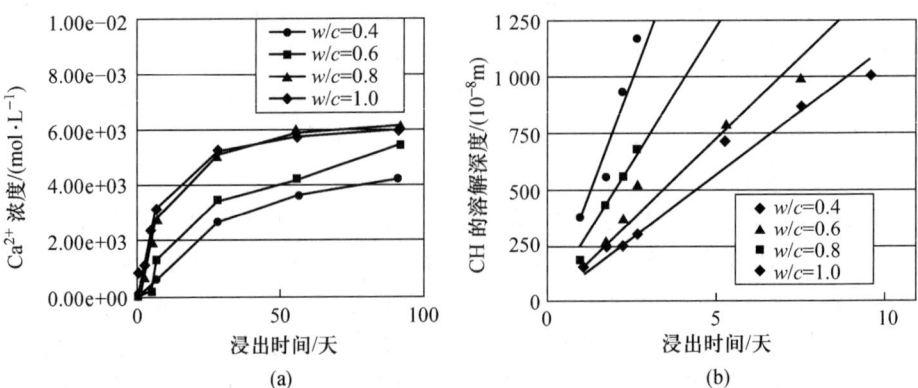

图 7.31　(a) Ca^{2+} 的浓度变化和浸出时间,(b) $Ca(OH)_2$ 溶解深度作为浸出时间平方根的函数[87]

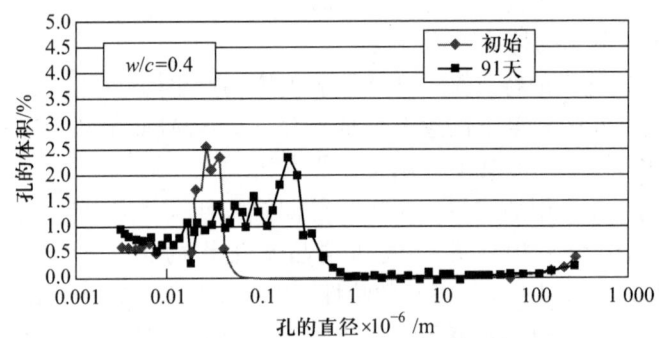

图 7.32　初始样品和浸出 91 天后的样品孔尺寸分布[87]

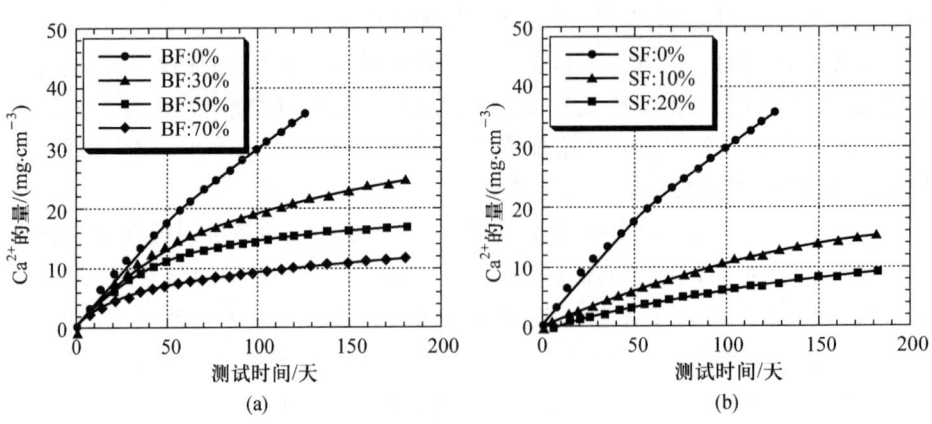

图 7.33　(a) 填入矿渣的混合材 Ca^{2+} 累计溶解量;(b) 填入硅粉的混合材 Ca^{2+} 累计溶解量[84]

钙析引起的孔体积的增加对水泥基材料的力学性能有不利的影响，Saito 和 Deguchi 清晰地给出了在未变和改变的砂浆中孔体积和强度之间的关系[84]（见图 7.34（a））。Carde 等进行了浸出材料的单轴抗压测试[79]，总的氢氧化钙的析出和 C-S-H 凝胶的持续脱钙导致一个在退化（A_d）和未变（A_t）之间的横截面，以 A_d/A_t 为比例的强度线性关系见图 7.34（b）[79,80]。图 7.34 的结果证实抗溶蚀能力的增加与使用辅助性胶凝材料有关。

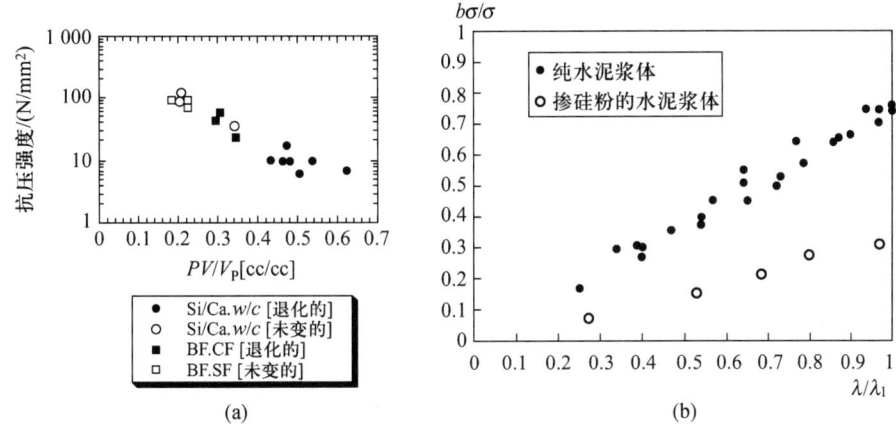

图 7.34 （a）未变和退化材料的孔与抗压强度之间的关系，（b）强度损失的变化与退化比率 A_d/A_t 之间的关系[79]

3. 脱钙过程的模拟

水泥基材料的钙析出是一化学平衡/扩散相耦合的现象，离子输运过程的动力学和机理如式（7.11）所描述。在文献中的大多数模型都是以式（7.11）为基础的简化形式[77,87,95,96]：

$$\phi(x,t)\frac{\partial C(x,t)}{\partial t} = D(x,t)\frac{\partial^2 C(x,t)}{\partial x^2} - \frac{\partial C_s(x,t)}{\partial t} \quad (7.53)$$

式中，$C(x,t)$ 是液相中 Ca^{2+} 的浓度，$C_s(x,t)$ 是固相中 Ca 的含量，$\phi(x,t)$ 是孔隙率，$D(x,t)$ 是 Ca^{2+} 的有效扩散系数。在式（7.53）中，忽略了多种影响因素，如化学活性、对流和电的耦合。固相 $C_s(x,t)$ 的钙量可以从溶液中钙浓度的平衡来计算[77,87,95]（见图 7.35）。

另一种方法是通过矿物和孔溶液之间的化学平衡来确定固体中钙的含量，Maltais 等给出了去离子水中水泥浆体的钙浸出模型，这个模型结合了方程式（7.11）和 $Ca(OH)_2$、C-S-H 凝胶的溶解/沉淀平衡[93]。氢氧化钙的溶解和 C-S-H 凝胶的脱钙能够通过各自的溶解度 $K_{Ca(OH)_2}$ 和 K_{CSH} 来确定（见表 7.3）。

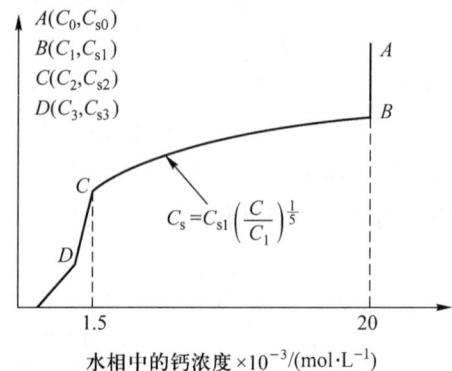

图 7.35 溶液和固相中 Ca 的浓度之间的关系(Daimon 等)[87,97]

表 7.3 氢氧化钙和 C-S-H 的溶解常数[88,93]

名称	化学组成	化学平衡的表达(K_{sp})	$-\log K_{sp}$
氢氧化钙	$Ca(OH)_2$	$\{Ca^{2+}\}\{OH^-\}_2$	5.2
C-S-H	$0.65Ca(OH)_2 + CaH_2SiO_4$	$\{Ca^{2+}\}\{OH^-\}_2$	6.2
C-S-H	CaH_2Si 或 $5CaO \cdot 5SiO_2 \cdot 10.5H_2O$	$\{Ca^{2+}\}\{H_2SiO_4^{2-}\}$ 或 $\{Ca^{2+}\}^5 \cdot \{H_3SiO_4^-\}^6 \cdot \{OH\}^4/\{H_2O\}^{0.5}$	$f(C/S)^a$

a 为 $\log K_{sp}$ 是 Ca/Si 关于经验函数 f 的函数

不同的渗透模型考虑了随固相溶解材料孔隙率的变化,钙的析出与孔隙率的增加关系由下式确定[77,87,93,96]:

$$\phi_{\text{leaching}} = \frac{M_{Ca(OH)_2}}{d_{Ca(OH)_2}}(C_{S,Ca(OH)_2}^0 - C_{S,Ca(OH)_2}) \quad (7.54)$$

孔隙率的增加改变了钙的溶解系数,大多数关于孔的溶解系数和孔隙率的经验关系式与方程式(7.21)和式(7.22)类似。其他关系式见表 7.4。

表 7.4 文献中的 $D = M(\phi)$ 关系

$D = M(\phi)$ 关系	参考引用
$D = e^{(9.59\phi - 29.08)}$	文献[95]
$D = (\phi(x,t)/\phi_0)^n D_0$	文献[87]
$D = (0.001 + 0.07\phi^2 + H(\phi - \phi_c) \times 1.8(\phi - \phi_c)^2)D_0$	文献[91]
$D = \dfrac{1 - cG_{vol}}{1 - dS_{vol}} p_{vol} f(\phi - \phi_{gel}) D_0$	文献[77]

Marchand 等[98]提出了归一化后的扩散系数 D_N 和析出的 $Ca(OH)_2(CH)$ 之间的直接关系式：

$$D_N = 1 + \frac{1.1 CH^2}{0.28 + 0.79 CH} \tag{7.55}$$

其中，D_N 定义为

$$D_N = 1 + \frac{D(CH) - D(CH=0)}{D(CH=100) - D(CH=0)}$$

图 7.36 展示了模拟结果与实验数据的对比。图 7.36(a) 所示的结果是求解方程式(7.12)并与化学平衡耦合而得到的，而图 7.36(b) 所示的结果是求解方程式(7.53)并结合图 7.35 中 Ca 与固相的关系得到的。

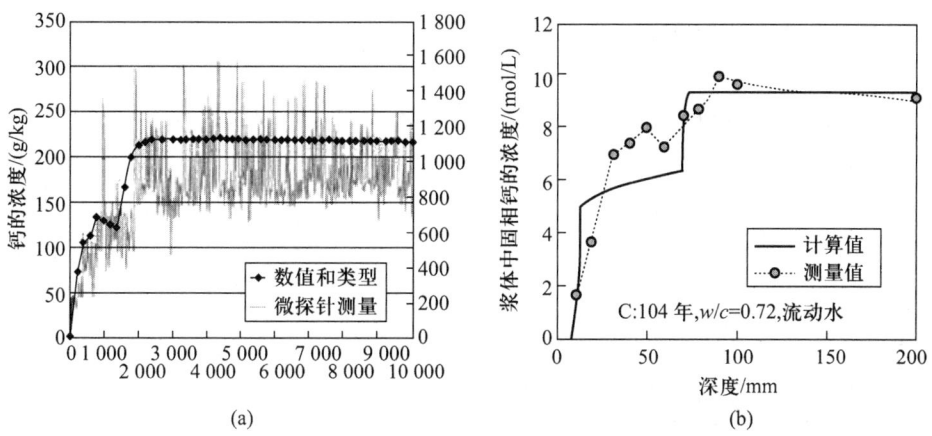

图 7.36　钙析出的模拟：(a) 水泥浆体，(b) 砂浆

六、硫酸盐侵蚀

水泥基材料暴露于硫酸盐溶液中，一些自然的或受污染的地下水中产生的侵蚀称为外部硫酸盐侵蚀，在最初混合时[90,99]带入的硫酸盐导致的侵蚀为内部硫酸盐侵蚀，这两种侵蚀都能导致材料性能劣化。硫酸根离子与孔溶液离子反应生成石膏($CaSO_4 \cdot 2H_2O$)、钙矾石($[Ca_3Al(OH)_6 \cdot 12H_2O]_2 \cdot (SO_4)_3 \cdot 2H_2O$)、碳硫硅钙石($Ca_3[Si(OH)_6 \cdot 12H_2O] \cdot (CO_3) \cdot SO_4$)[90]或这些相的混合物。这些固相析出可能导致在材料内部产生应变，引起膨胀、强度损失、剥落和严重退化。下面介绍的重点是胶凝材料受到外部硫酸盐侵蚀的情况。

1. 硫酸盐侵蚀过程描述

因为地下水通常接近中性状态(pH≈7)，所以从硫酸钠或硫酸钾等硫酸盐溶液进入水泥基材料的硫酸根离子一般与钙浸出相耦合。根据不同的条件，有可能导致在接近暴露表面层形成石膏,这是氢氧化钙析出或反应层,也是 C-S-H 凝胶脱钙层。另外,在氢氧化钙减少区,可从单硫型硫酸盐形成钙矾石[33,93,99,100,101]。在镁存在的情况下,硫酸盐侵入机制不同,在这种情况下,硫酸根和镁离子的侵入主要是形成了水镁石($Mg(OH)_2$)以及类似滑石 M-A-H 相和 M-S-H 凝胶。除了石膏和钙矾石的形成,这些取代 C-S-H 凝胶,特别是从 C-S-H 凝胶中形成的 M-S-H 凝胶可以导致更多的膨胀以及劣化[99,101,102]。

石膏和钙矾石的形成可能导致膨胀并最终开裂,钙矾石的形成往往被视为水泥的水化体系硫酸盐侵蚀时体积不稳定的主导因素[99,103]。然而,石膏的形成导致 C_3S 水化浆体膨胀,或许加重了混凝土在硫酸盐负载环境下的性能劣化[104]。

许多因素可以影响硫酸盐侵蚀造成的混凝土老化[105]。例如,水灰比被认为对硫酸盐离子的渗透和最终的膨胀都具有主要的影响(图 7.37)[99,103,105,106]。这就是为什么很多标准限制了暴露在硫酸盐中混凝土结构的水灰比。

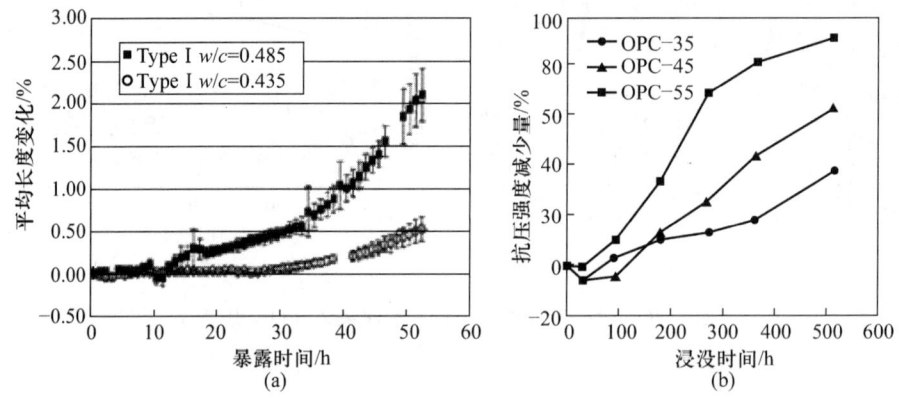

图 7.37　砂浆试体在硫酸钠溶液中的膨胀与 w/c 的关系:(a) 文献[103],(b) 文献[106]

水泥的矿物,特别是 C_3A 和总的铝酸盐含量同样影响混凝土劣化机理。图 7.38 表明膨胀随着 C_3A 含量的增加而增加,因铝酸盐的含量直接影响水化产物中与硫酸根反应形成钙矾石(AFt)的量。

在许多实际情况中,溶蚀同样发生,这种物质流失往往可抵消由于钙矾石形成而导致的体积增加。例如,在海水中的硫酸盐侵蚀受限于 $Ca(OH)_2$ 溶解的增加,$Ca(OH)_2$ 通常由氯化物溶解。

和预期的一样,掺加辅助性胶凝材料的混凝土因抗渗性好而具有更好的抗硫酸盐性能[102,105,106,108]。偏高岭土[109]、硅粉[106]、矿粉[102,108]和煤灰[105]可减少硫酸盐侵蚀条件下样品的膨胀,然而,如果有 $MgSO_4$ 存在,辅助性胶凝材料限制破坏的能力大大降低(图 7.39)[102]。

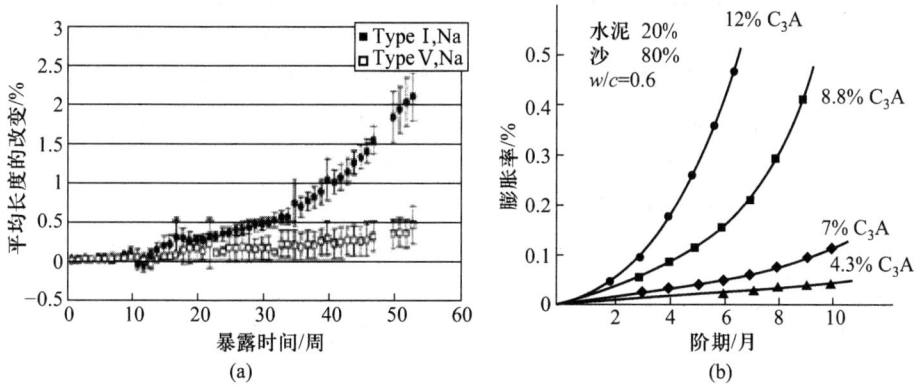

图 7.38 砂浆试体在硫酸钠溶液中的膨胀与 C_3A 含量的关系：
(a) % C_3A_{TypeI} > % C_3A_{TypeV}，文献[103]；(b) 文献[105]

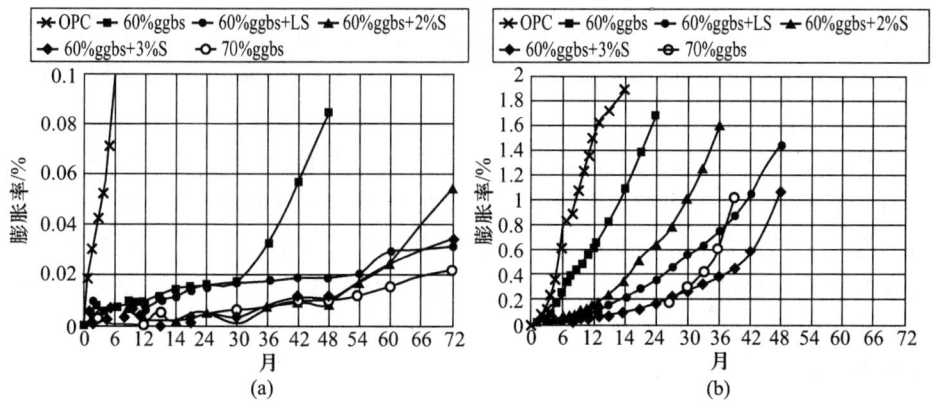

图 7.39 不同砂含量的砂石边棱膨胀率：(a) Na_2SO_4 溶液中(1.5% SO_3)；
(b) $MgSO_4$ 溶液中(1.5% SO_3)

硫酸根离子的存在也能导致碳硫硅钙石的形成，当下列条件存在时，即会有碳硫硅钙石形成：SO_4^{2-}、C-S-H、CO_3^{2-} 和水[90,110]。众多相对低温下的结构混凝土劣化与碳硫硅钙石形成的案例相继报道，使得一些学者认为碳硫硅钙石只能在温度低于 10 ℃下保持其稳定态，然而，即便从动力学考虑，其形成速度随温度上升而减慢，但在温度达到 30 ℃时该相也可能形成。本论文的作者之一的未发表数据表明，碳硫硅钙石稳定存在的温度可高达 45 ℃。20 ℃左右较高温度下的情况也有报道，令人意外的是，在加利福尼亚[126]、瑞士[111]和意大利[112]等温暖环境下发现了碳硫硅钙石，显然，碳硫硅钙石在低温下容易形成，但是低温度并不是判别其存在与否的必要判据[113]。

温度对二氧化碳溶解度的影响是在 5 ℃下碳硫硅钙石更容易形成的一个可能的原因[113]。此外，Collet 等假设了为碳硫硅钙石形成提供碳酸根离子源的是碳酸氢钙，而不是碳酸钙[113]。C-S-H 凝胶为反应生成碳硫硅钙石提供了硅酸盐离子源，碳硫硅钙石显然没有能力充当胶结材料，它逐步取代 C-S-H 凝胶，从而解释了为什么水泥材料可被严重降解[90,99,114]。

两种已经被提出来的碳硫硅钙石形成机制如下：

（1）碳硫硅钙石由在 CO_3^{2-} 存在的情况下钙矾石中 Al^{3+} 被 Si^{4+} 替代而形成[110,115-117]。

（2）碳硫硅钙石是 C-S-H 凝胶、硫酸盐和碳酸盐直接相互反应的结果[114,115,117]。

碳硫硅钙石，当由钙矾石和 C-S-H 凝胶的混合物生产出来时，不是一个纯天然矿物质，它固溶了其他阳离子和阴离子[110]。更有可能的是，碳硫硅钙石的形成是一个溶解-沉淀过程，Crammond 等指出，钙矾石可以作为碳硫硅钙石成核中的模板。但是，多余的沉淀来自液相，这就可以解释为什么一些氧化铝的存在是有益的。总的来说，水泥中形成碳硫硅钙石的能力与它们中 C_3A 或 Al_2O_3 的含量成比例。

碳硫硅钙石在掺入辅助性胶凝材料的混凝土混合物中的形成被延缓，对提高石灰石水泥性能的影响与高岭土、矿粉的类型和来源有关[118]。然而，掺煤灰的混凝土仍然易受到碳硫硅钙石的硫酸盐腐蚀[119]（见图 7.40）。粉煤灰似乎仅延缓了硫酸盐侵蚀。此外，如果辅助性胶凝材料能够充分快速的反应，就能够有效地阻止腐蚀。这一点解释了为什么抗硫酸盐腐蚀硅酸盐水泥并没有提高抗碳硫硅钙石的形成量。

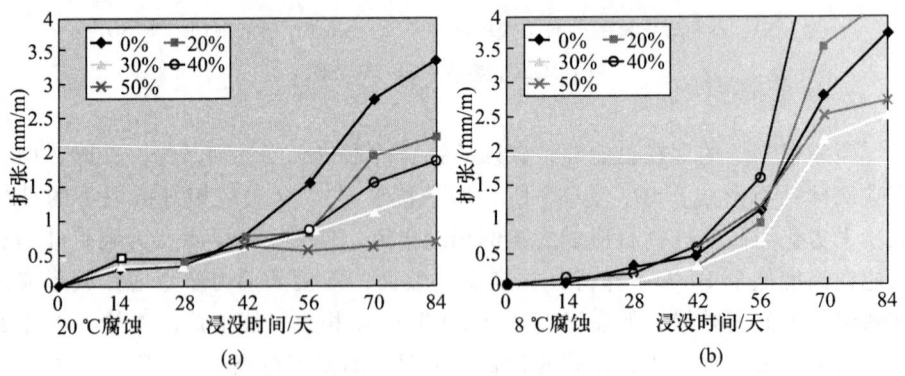

图 7.40 掺有粉煤灰的 PLC 浸于浓度为 4.4% 的硫酸钠溶液中边缘棱角的膨胀

2. 实验方法

各种各样的实验方法被用来研究水化硅酸盐水泥暴露在硫酸盐溶液中的性能，Santhanam 等综述评价了文献中各种不同的测试方法，他们的分析明确强调了在测试样品性能时，试验条件是主要的影响因素。例如，对 pH 的控制、硫的浓度以及盐的类型（Na_2SO_4、$MgSO_4$、H_2SO_4）。大体积溶液中浸泡或更新溶液是维持实验条件的常用方法[93,104,120]。

硫酸盐腐蚀液中微观结构的变化可以通过不同的技术来表征，例如，可以利用探针分析、SEM、EDS 和 XRD 等微观分析来确定晶相[33,104]，Naik 等[103]使用 X 射线显微形貌法和空间分辨的能量色散 X 射线衍射来表征受硫酸盐腐蚀的样品。在一些情况下，硫酸盐腐蚀所造成的破坏也可以随着抗压强度和/或体积变化来表征[102,103,105,108]。

大多数用于研究水泥系统中碳硫硅钙石形成过程的测试方法都在 5 ℃ 左右[113,119,121-123]。但是，一些学者指出[118,119,122,124]，在 20 ℃ 下也可以进行碳硫硅钙石形成研究。其他的碳硫硅钙石的研究主要基于不同暴露条件下的现场混凝土样品[111,125-129]。由于碳硫硅钙石沉淀可以发生在各种各样的环境下，Macphee 等[130,131]分别研究了固溶体中碳硫硅钙石的溶解性和稳定性，有关更进一步的数据，本论文的作者仍在整理中。

3. 外部硫酸盐侵蚀模型

文献中用来表征硫酸盐腐蚀条件下水泥系统性能的方法有实验经验法、机理法和数值模拟法。经验模型估计抗硫酸盐系数[114]、硫酸盐腐蚀下的膨胀[99,132]或者可见的劣化区的位置[99]。机理模型尝试考虑导致材料劣化的机制，这些模型通常预测硫酸盐的腐蚀速率、体积膨胀率。离子传输模型模拟发生在硫酸盐侵蚀过程中的化学反应，在某些情况下，它也估计膨胀所造成的损害[93,99,133]。

利用经验模型和机理模型预测混凝土在硫酸盐侵蚀条件下的结构行为的能力依然有限。离子传输模型更详细地描述通过溶解-沉淀反应，与水泥基材料中离子传输相耦合的过程，见式(7.11)，重要的是，要注意这些模型本身比那些用来描述氯离子渗透的模型要复杂。由于氯离子与水泥基材料的作用较弱，一些情况下氯离子的扩散模型可以用 Fick 定律描述，然而，硫酸盐与水泥的反应更强烈，所以模型中应该考虑到矿物的转变。在混凝土结构与硫酸接触的部位不仅受到硫酸盐侵蚀，而且还受到脱钙的影响，进一步增加了该问题的复杂性。在硫酸盐侵蚀下发生的化学反应可以总结为钙矾石、单硫酸型硫酸盐和石膏的溶解常数，见表 7.5[93]。

表 7.5　水泥水化系统中硫酸盐固相溶解常数[93]

名称	化学式	平衡表示	$-\log K_{sp}$
钙矾石	$3CaO \cdot Al_2O_3 \cdot 3CaSO_4 \cdot 32H_2O$	$\{Ca^{2+}\}^6\{OH^-\}^4\{SO_4^{2-}\}^3$ $\{Al(OH)_4^-\}^2$	44.0
单硫矿物	$3CaO \cdot Al_2O_3 \cdot CaSO_4 \cdot 12H_2O$	$\{Ca^{2+}\}^4\{OH^-\}^4\{SO_4^{2-}\}$ $\{Al(OH)_4^-\}^2$	29.4
石膏	$CaSO_4 \cdot 2H_2O$	$\{Ca^{2+}\}\{SO_4^{2-}\}$	4.6

图 7.41(b)示出了硫酸钠溶液引起化学劣化的模拟。如前所述，在水泥基材料中硫酸根离子的渗透会在暴露面附近(见图 7.41(a))形成石膏层。由图 7.40 可以看出，多离子模型不仅可以再现整个硫酸盐在样品中的分布，而且还能够可靠地预测材料内所有其他固相的分布，这些结果为研究暴露在化学侵蚀环境下的水泥基材料行为提供了一个很好的潜在数值模型。

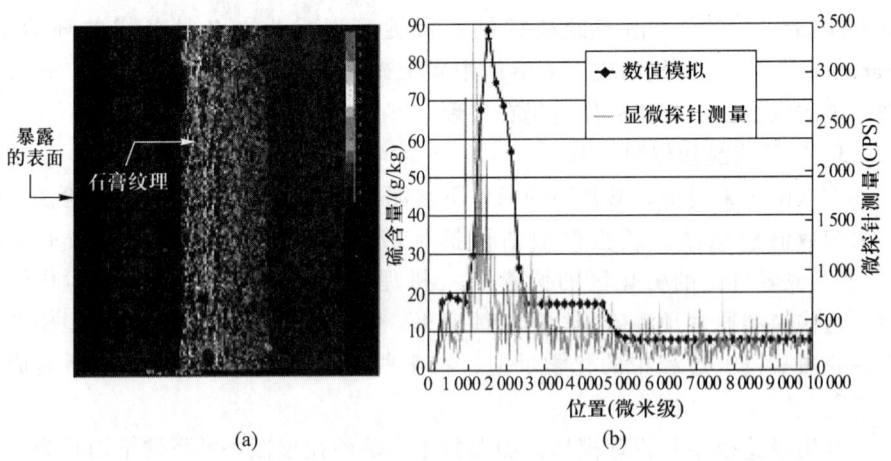

图 7.41　硫含量图：(a) 硫的剖面图；(b) $w/c = 0.6$ 的 CSA 置于 50 mmol/L 的 Na_2SO_4 溶液中 3 个月

七、结论和展望

自上次会议以来，已经成为广泛共识：一是混凝土工程的实际价值在一定程度上依赖于其使用寿命，二是水泥生产所导致的二氧化碳的排放量需要降低。在应对这些挑战发展一系列对策的同时，延长服役寿命是抵消水泥生产和应用的废弃物排放以及提高混凝土工程的竞争力的重要因素。

当然，并不是所有的结构都需要长期服役，但世界各地的趋势是逐步增加

7.3 混凝土的耐久性——由有害化学反应引起的劣化现象

对受到定期检查和维护混凝土性能的期望。

但是并不容易证明目标使用寿命可以达到设计值，人们有长寿命混凝土的历史案例，但这些可能只有微小的相关性：如水泥成分、粒度分布和结构设计等许多因素已经改变。但是，如果混凝土要成为可控制其性能的工程材料，就有必要预测并保证其长期性能，但是，这谈何容易。

性能历来按实验方法测量，按照模拟某些实际环境的测试方法来进行。一个例子是抗硫酸盐测试中硫酸钠溶液已被用做一种标准的腐蚀剂，但实验测试方法的物理和化学基础并不严谨。此外，该实验条件不灵活，实验结果不能适用于该特殊条件以外的情况，除少数例外，实验测试得不到一个实际的预测能力。

许多加快测试的建议被提了出来，例如，使用铵盐溶液加速浸析，但是这些加速测试的结果是否可以合理地推断出在不同的自然环境下混凝土的浸析令人怀疑。

一种可供选择的解决方法就是建立并应用模型，前面已经描述过这些解决方法。最受工程师们青睐的模型包括有关水泥性能的各项动态数据。这些模型允许对固体基体的质量进行输入与输出并且可以计算出相应的效果。这些模型都是基于物理化学的，因为物理化学会迫使开发者们遵守严格的规律，一旦模型确立，基于不同的输入参数，它们将拥有强大的机动性与灵活性，如时间、温度、水泥的比例、水的比例等。

描述了当前模型的发展状况，模型包括三个基本方面：① 一个变量，用以表示对一个过程或被模拟的过程的动态描述；② 一个描述函数，包括各种因素的影响，如矿物、固相体积、pH 的增长与降低等；③ 一个力学性能模块，包括各项需要计算的工程性质的变化，如抗压强度、体积和尺度、孔隙率等。

建模的进展并不顺利，尽管某些方面进展顺利，但另一些方面仍然困难重重。然而模型与生俱来包括设定的组成和温度以及压缩时间因素的能力，表明这种方法在未来很长一段时间里将带来最高限度的回报，本论文的作者坚信这种方法将提供最佳的前进途径，因此强调它。

建模并非意味着实验科学的终结，远非如此。本论文提出了许多需要更多数据的领域，最理想的结果通常是由目标实验与建立模型相结合而获得的，通过这种方法，各种猜想才能得到证实并给实施者以信心，同时获得建模所必需的数据。

最后，在这里提到一个需要引起关注并量化发展的领域，即统一整合水泥混凝土的传统的工程性质与化学、矿物学、微观结构特性，这些相互关系的研究正日趋活跃。

本论文的作者期待着耐久性相关的研究由目前的经验主义层面向定量性层面的转变，期盼着到下届大会时有一个飞跃性的进展，使水泥混凝土材料将更加环保与可持续且更加经济，同时伴随着更多的社会效益。

八、参考文献

[1] Bockris, J O'M, Reddy A K N. Modern Electrochemistry: An Introduction to an interdisciplinary area[M]. [s. l.]: Plenum Press, 1970.

[2] Helfferich F. Ion exchange[M]. [s. l.]: McGraw-Hill, 1961.

[3] Samson E, Marchand J. Modeling the effect of temperature on ionic transport in cementitious materials[J]. Cem. Concr. Res., 2007, 37: 455-468.

[4] Sten-Knudsen O. Biological Membranes: Theory of transport, potentials and electric impulses[M]. [s. l.]: Cambridge University Press, 2002.

[5] Pankow J F. Aquatic Chemistry Concepts[M]. [s. l.]: Lewis Publishers, 1994.

[6] Hidalgo A, de Vera G, Climent M A, et al. Measurements of chloride activity coefficients in real Portland cement paste pore solutions[J]. J. Am. Ceram. Soc., 2001, 84: 3008-3012.

[7] Reardon E J. Problems and approaches to the prediction of the prediction of the chemical composition in cement/water systems[J]. Waste Manage., 1992, 12: 221-239.

[8] Reardon E J. An ion interaction model for the determination of chemical equilibria in cement/water systems[J]. Cem. Concr. Res., 1990, 20: 175-192.

[9] Samson E, Lemaire G, Marchand J, et al. Modeling chemical activity effects in strong ionic solutions[J]. Computational Materials Science, 1999, 15: 285-294.

[10] Li L Y, Page C L. Modelling of electrochemical chloride extraction from concrete: influence of ionic activity coefficients[J]. Computational Materials Science, 1998, 9: 303-308.

[11] Bear J, Bachmat Y. Introduction to modeling of transport phenomena in porous media[M]. [s. l.]: Kluwer Academic Publishers, 1991.

[12] Hassanizadeh M, Gray W G. General conservation equations for multiphase systems: 1. Averaging procedure[J]. Advances in Water Resources, 1979, 2: 131-144.

[13] Samson E, Marchand J, Snyder K A, et al. Modeling ion and fluid transport in unsaturated cement systems in isothermal conditions[J]. Cem. Concr. Res., 2005, 35: 141-153.

[14] Johannesson B F. A theoretical model describing diffusion of a mixture of different types of ions in pore solution of concrete coupled to moisture transport [J]. Cem. Concr. Res., 2003, 33: 481-488.

[15] Simunek J, Suarez D L. Two dimensional transport model for variably saturated porous media with major ion chemistry[J]. Water Resour. Res., 1994, 30: 1115-1133.

[16] Emmanuel S, Berkowitz B. Mixing-induced precipitation and porosity evolution in porous media[J]. Adv. Water Res., 2005, 28: 337-344.

[17] Zalc J M, Reyes S C, Iglesia E. The effects of diffusion mechanism and void structure on transport rates and tortuosity factors in complex porous structures [J]. Chem. Eng. Sci., 2004, 59: 2947-2960.

[18] Saetta A V, Scotta R, Vitaliani R V. Analysis of chloride diffusion into partially saturated concrete[J]. ACI Mater. J., 1993, 90: 441-451.

[19] Saetta A V, Schrefler B A, Vitaliani R. The carbonation of concrete and the mechanism of moisture, heat and carbon dioxide flow through porous materials[J]. Cem. Concr. Res., 1993b, 23: 761-772.

[20] Thomas M D A. Modeling chloride diffusion in concrete: Effect of fly ash and slag[J]. Cem. Concr. Res., 1999, 29: 487-495.

[21] Samson E, Marchand J. Multiionic approaches to model chloride binding in cementitious materials. 2nd Int. Symp. On Advances in Concrete through Science and Engineering, RILEM Proceedings PRO [M]. Quebec City, Canada: RILEM Publications, 2006.

[22] Mainguy M, Coussy O, Baroghel-Bouny V. Role of Air Pressure in Drying of Weakly Permeable Materials[J]. Journal of Engineering Mechanics, 2001, 127: 582-592.

[23] Degiovanni A, Moyne C. Conductivité thermique de matériaux poreux humides: évaluation théorique et possibilité de mesure[J]. Int. J. Heat Mass Transfer, 1987, 30: 2225-2245 (in French).

[24] Selih J, Sousa A C M, Bremner T W. Moisture transport in initially fully saturated concrete during drying[J]. Transport in porous media, 1996, 24: 81-106.

[25] Hall C. Barrier performance on concrete: a review of fluid transport theory [J]. Mater. Struct., 1994, 27: 291-306.

[26] Bazant Z P, Najjar L J. Drying of concrete as a nonlinear diffusion problem [J]. Cem. Concr. Res., 1972, 1: 461-473.

[27] Xi Y, Bazant Z P, Molina L, et al. Moisture diffusion in cementitious materials: Moisture capacity and diffusivity[J]. Advanced Cement Based Materials, 1994, 1: 258-266.

[28] Truc O, Ollivier J P, Nilsson L O. Numerical simulation of multi-species diffusion[J]. Mater. Struct., 2000, 33: 566-573.

[29] Masi M, Colella D, Radaelli G, et al. Simulation of chloride penetration in cement-based materials[J]. Cem. Concr. Res., 1997, 27: 1591-1601.

[30] Schrefler B A. Multiphase flow in deforming porous material[J]. International Journal for Numerical Methods in Engineering, 2004, 60: 27-50.

[31] Martín-Pérez B, Pantazopoulou S J, Thomas M D A. Numerical solution of mass transport equations in concrete structures [J]. Computers and Structures, 2001, 79: 1251-1264.

[32] Barberon F, Baroghel-Bouny V, Zanni H, et al. Interactions between chloride and cement-paste materials [J]. Magnetic resonance Imaging, 2005, 23: 267-272.

[33] Brown P W, Badger S. The distribution of bound sulfates and chlorides in concrete subjected to mixed NaCl, $MgSO_4$, Na_2SO_4 attack [J]. Cem. Concr. Res., 2000, 30: 1535-1542.

[34] Brown P, Bothe J. The system $CaO \cdot Al_2O_3 \cdot CaCl_2 \cdot H_2O$ at 23 ℃ ±2 ℃ and the mechanisms of chloride binding in concrete[J]. Cem. Concr. Res., 2004, 34: 1549-1553.

[35] Mohammed T U, Hamada H, Yamaji T. Concrete after 30 years of exposure-Part I: Mineralogy, microstructure and interfaces[J]. ACI Mater. J., 2004, 101: 3-12.

[36] Suryavanshi A K, Scantlebury J D, Lyon S B. Mechanism of Friedel's salt formation in cement rich in tri-calcium aluminate[J]. Cem. Concr. Res., 1996, 26: 717-772.

[37] Birnin-Yauri U A, Glasser F P. Friedel's salt, $Ca_2Al(OH)_6(Cl, OH) \cdot H_2O$: its solid solutions and their role in chloride binding[J]. Cem. Concr. Res., 1998, 28: 1713-1723.

[38] Glasser F P, Kindness A, Stronach S A. Stability and solubility relationships in AFm phases-Part I. Chloride, sulfate and hydroxide[J]. Cem. Concr. Res., 1999, 29: 861-866.

[39] Suryavanshi A K, Scantlebury J D, Lyon S B. The binding of chloride ions by sulphate resistant Portland cement[J]. Cem. Concr. Res., 1995, 25: 581-592.

[40] Csizmadia J, Balázs G, Tamás F D. Chloride ion binding capacity of aluminoferrites[J]. Cem. Concr. Res., 2001, 31: 577-588.

[41] Luping T, Nilsson L O. Chloride binding capacity and binding isotherms of OPC pastes and mortars[J]. Cem. Concr. Res., 1993, 23: 247-253.

[42] Beaudoin J J, Ramachandran V S, Feldman R F. Interaction of chloride and

C-S-H[J]. Cem. Concr. Res. , 1990, 20: 875-833.

[43] Henocq P, Marchand J, Samson E, et al. Modeling of ionic interactions at the C-S-H surface: Application to CsCl and LiCl solutions in comparison with NaCl solutions. 2nd Int. Symp. On Advances in Concrete through Science and Engineering, RILEM Proceedings PRO[M]. Quebec City, Canada: RILEM Publications, 2006.

[44] Maltais Y, Marchand J, Henocq P, et al. Ionic interactions in cement-based materials: importance of physical and chemical interactions in presence of chloride or sulfate ions. Materials Science of Concrete VII[J]. American Ceramic Society (USA), 2004b.

[45] Hong S Y, Glasser F P. Alkali binding in cement pastes-Part I. The C-S-H phase[J]. Cem. Concr. Res. , 1999, 29: 1893-1903.

[46] Jones M R, Macphee D E, Chudek J A, et al. Studies using ^{27}Al MAS NMR of AFm and AFt phases and the Freidel's salt[J]. Cem. Concr. Res. , 2003, 33: 177-182.

[47] Munshi S, Boulfiza M. Chlorides ingress and carbonation: effect on partitioning between free and bound chlorides [C]//Proceedings of the CONMAT Conference. Vancouver, Canada: [s. n.], 2005.

[48] Hosokawa Y, Yamada K, Johannesson B F, et al. Models for chloride ion bindings in hardened cement paste using thermodynamic equilibrium calculations. 2nd Int. Symp. On Advances in Concrete through Science and Engineering, RILEM Proceedings PRO. Quebec City, Canada: RILEM Publications, 2006.

[49] West R E, Hime W G. Chloride profiles in salty concrete [J]. Mater. Performance, 1985, 24: 29-36.

[50] Ghods P, Chini M, Alizadeh R, et al. The effect of different exposure conditions on the chloride diffusion into concrete in the Persian Gulf region, in Proceedings of the ConMAT Conference[C]. Vancouver, Canada: [s. n.], 2005.

[51] Tang L, Nilsson L O. Chloride binding capacity and binding isotherms of OPC pastes and mortars[J]. Cem. Concr. Res. , 1993, 23: 247-253.

[52] Hansen E J, Saouma V E. Numerical simulation of reinforced concrete deterioration-part 1: chloride diffusion[J]. ACI Materials Journal, 1999, 96: 173-180.

[53] Nagesh M, Bhattacharjee B. Modeling of chloride diffusion in concrete and determination of diffusion coefficients[J]. ACI Mater. J. , 1998, 95: 113-120.

[54] Swaddiwudhipong S, Wong S F, Wee T H, et al. Chloride ingress in partially

and fully saturated concrete structures [J]. Concrete Science and Engineering, 2000, 2: 17-31.
[55] Hope B B, Ip A K, Manning D G. Corrosion and electrical impedance in Concrete[J]. Cem. Concr. Res., 1985, 15: 525-534.
[56] Alonso C, Andrade C, Castellote C, et al. Chloride threshold values to depassivate reinforcing bars embedded in a standardized OPC mortar[J]. Cem. Concr. Res., 2000, 30: 1047-1055.
[57] Glass G K, Buenfeld N R. Presentation of the chloride threshold level for corrosion of steel in concrete[J]. Corros. Sci., 1997, 39: 1001-1013.
[58] Hausmann D A. Steel corrosion in concrete: How does it occur[J]. Materials Protection, 1967, 6: 19-23.
[59] Federal Highway Administration (FHWA), Corrosion Evaluation of Epoxycoated, Metallic-clad and Solid Metallic Reinforcing Bars in Concrete [R]. Report No. FHWA RD, 1998, 98: 153.
[60] Tuutti K. Corrosion of steel in concrete. Swedish Cement and Concrete Research Institute[R]. Report Fo 4: 82. CBI. Stockholm, 1982.
[61] Plummer L N, Busenberg E. The solubilities of calcite, aragonite and vaterite in $CO_2 \cdot H_2O$ solutions between 0 ℃ and 90 ℃, and an evaluation of the aqueous model for the system $CaCO_3 \cdot CO_2$ [J]. Geochim. Cosmochim. Acta, 1982, 46: 1011-1040.
[62] Xu T, Apps J A, Pruess K. Numerical simulation of CO_2 disposal by mineral trapping in deep aquifers[J]. Appl. Geochem., 2004, 19: 917-936.
[63] Barret P, Bertrandie D, Beau D. Calcium hydrocarboaluminate, carbonate alumina gel and hydrated aluminates solubility diagram calculated in equilibrium with $CO_{2(g)}$ and with $Na^+_{(aq)}$ ions[J]. Cem. Concr. Res., 1983, 13: 789-800.
[64] Papadakis V G, Vayenas C G, Fardis M N. Fundamental modeling and experimental investigation of concrete carbonation[J]. ACI Mater. J., 1991, 88: 363-373.
[65] Damidot D, Stronach S, Kindness A, et al. Thermodynamic investigation of the $CaO \cdot Al_2O_3 \cdot CaCO_3 \cdot H_2O$ closed system at 25 ℃ and the influence of Na_2O[J]. Cem. Concr. Res., 1994, 24: 563-572.
[66] Damidot D, Glasser F. Thermodynamic investigation of the $CaO \cdot Al_2O_3 \cdot CaSO_4 \cdot CaCO_3 \cdot H_2O$ closed system at 25 ℃ and the influence of Na_2O[J]. Advance in Cement Research, 1995, 7: 129-134.
[67] Cultrone G, Sebastian E, Huertas M O. Forced and natural carbonation of lime-based mortars with and without additives: Mineralogical and textural changes[J]. Cem. Concr. Res., 2005, 35: 2278-2289.

[68] Rigo da Silva C A, Reis R J P, Lameiras F S, et al. Carbonation-related microstructural changes in long-term durability concrete[J]. Materials Research, 2002, 5: 287-293.

[69] Houst Y F, Wittmann F H. Depth profiles of carbonates formed during natural carbonation[J]. Cem. Concr. Res., 2002, 32: 1923-1930.

[70] Bary B, Sellier A. Coupled moisture-carbon dioxide-calcium transfer model for carbonation of concrete[J]. Cem. Concr. Res., 2004, 34: 1859-1872.

[71] Cahyadi J H, Uomoto T. Infuence of environmental relative humidity on carbonation on concrete (mathematical modeling)[J]. In Durability of Building Materials and Components, 1993, 6: 1142-1151.

[72] Saetta A V, Vitaliani R V. Experimental investigation and numerical modeling of carbonation process in reinforced concrete structures. Part I: Theoretical formulation[J]. Cem. Concr. Res., 2004, 34: 571-579.

[73] Song H W, Kwon S J, Byun K J, et al. Predicting carbonation in early-aged cracked concrete[J]. Cem. Concr. Res., 2006, 36: 979-989.

[74] Ishida T, Kawai K, Sato R. Experimental study on decomposition processes of Friedel's salt due to carbonation, Proc. Int. RILEM-JCI Seminar on Concrete Durability (ConcreteLife'06)[C]. Ein-Bokek, Israel: [s.n.], 2006, 51-58.

[75] Dow C, Glasser F P. Calcium carbonate efflorescence on Portland cement and building materials[J]. Cem. Concr. Res., 2003, 33: 147-154.

[76] Faucon P, Le Bescop P, Adenot F, et al. Leaching of cement: study of the surface layer[J]. Cem. Concr. Res., 1996, 26(11): 1707-1715.

[77] Yokozeki K, Watanabe K, Sakata N, et al. Modeling of leaching from cementitious materials used in underground environment[J]. Applied Clay Science, 2004, 26: 293-308.

[78] Hidalgo A, Petit S, Domingo C, et al. Microstructural characterization of leaching effects in cement pastes due to neutralisation of their alkaline nature-Part I: Portland cement pastes[J]. Cem. Concr. Res., 2007, 37: 63-70.

[79] Carde C, François R, Torrenti J M. Leaching of both calcium hydroxide and C-S-H from cement paste: modeling the mechanical behavior[J]. Cem. Concr. Res., 1996, 26(8): 1257-1268.

[80] Carde C, François R. Aging damage model of concrete behavior during the leaching process[J]. Mater. Struct., 1997, 30: 465-472.

[81] Moranville M, Kamali S, Guillon E. Physicochemical equilibria of cement-based materials in aggressive environments: experiment and modeling[J]. Cem. Concr. Res., 2004, 34: 1569-1578.

[82] Bertron A, Duchesne J, Escadeillas G. Accelerated tests of hardened

cement pastes alteration by organic acids: analysis of the pH effect[J]. Cem. Concr. Res. , 2005, 35: 155-166.

[83] Faucon P, Adenot F, Jacquinot J F, et al. Long-term behaviour of cement pastes used for nuclear waste disposal: review of physico-chemical mechanisms of water degradation[J]. Cem. Concr. Res. , 1998, 28(6): 847-857.

[84] Saito H, Deguchi A. Leaching tests on different mortars using accelerated electrochemical method[J]. Cem. Concr. Res. , 2000, 30: 1815-1825.

[85] Faucon P, Adenot F, Jorda M, et al. Behaviour of crystallized phases of Portland cement upon water attack[J]. Mater. Struct. , 1997, 30: 480-485.

[86] Adenot F, Buil M. Modelling of the corrosion of the cement paste by deionized water[J]. Cem. Concr. Res. , 1992, 22: 489-496.

[87] Haga K, Sutou S, Hironaga M, et al. Effects of porosity on leaching of Ca from hardened ordinary Portland cement paste[J]. Cem. Concr. Res. , 2005, 35: 1764-1775.

[88] Berner U R. Evolution of pore water chemistry during degradation of ceemnt in a radioactive waste repository environment[J]. Waste Manage. , 1992, 12: 201-219.

[89] Matschei T, Lothenbach B, Glasser F P. The AFm phase in Portland cement [J]. Cem. Concr. Res. , 2007, 37: 118-130.

[90] Taylor H F W. Cement Chemistry[M]. London: Thomas Telford, 1997.

[91] Rémond S, Bentz D P, Pimienta P. Effects of the incorporation of municipal solid waste incineration fly ash in cement pastes and mortars-II: Modeling[J]. Cem. Concr. Res. , 2002, 32: 565-576.

[92] Andac M, Glasser F P. Long-term leaching mechanisms of portland cement-stabilized municipal solid waste fly ash in carbonated water[J]. Cem. Concr. Res. , 1999, 29: 179-186.

[93] Maltais Y, Samson E, Marchand J. Predicting the durability of Portland cement systems in aggressive environments: laboratory validation[J]. Cem. Concr. Res. , 2004, 34: 1579-1589.

[94] Catinaud S, Beaudoin J J, Marchand J. Influence of limestone addition on calcium leaching mechanisms in cement-based materials[J]. Cem. Concr. Res. , 2000, 30: 1961-1968.

[95] Mainguy M, Tognazzi C, Torrenti J M, et al. Modelling of leaching in pure cement paste and mortar[J]. Cem. Concr. Res. , 2000, 30: 83-90.

[96] Kuhl D, Bangert F, Meschke G. Coupled chemo-mechanical deterioration of cementitious materials-Part I: Modeling[J]. International Journal of Solids and Structures, 2004, 41: 15-40.

[97] Daimon M, Abo-El-Enein S A, Hosaka G, et al. Pore structure of calcium silicate hydrate in hydrated tricalcium silicate[J]. J. Am. Ceram. Soc. , 1997, 60 (3-4): 110-114.

[98] Marchand J, Bentz D, Samson E, et al, Influence of calcium hydroxide dissolution on the transport properties of hydrated cement systems [J]. Materials Science of Concrete-Special Volume: Calcium Hydroxide in Concrete, American Ceramic Society (USA), 2001, 113-129.

[99] Skalny J, Marchand J, Odler I. Sulfate Attack on Concrete[M]. New York: Spon Press, 2002.

[100] Planel D, Sercombe J, Le Bescop P, et al. Longterm performance of cement paste during combined calcium leachingsulfate attack: kinetics and size effect[J]. Cem. Concr. Res. , 2006, 36: 137-143.

[101] Dehwah H A F. Effect of sulfate concentration and associated cation type on concrete deterioration and morphological changes in cement hydrates[J]. Construction and Building Materials, 2007, 21: 29-39.

[102] Higgins D D. Increased sulfate resistance of ggbs concrete in the presence of carbonate[J]. Cem. Concr. Compos. , 2003, 25: 913-919.

[103] Naik N N, Jupe A C, Stock S R, et al. Sulfate attack monitored by microCT and EDXRD: Influence of cement type, water-to-cement ratio, and aggregate[J]. Cem. Concr. Res. , 2006, 36: 144-159.

[104] Tian B, Cohen M D. Does gypsum formation during sulfate attack on concrete lead to expansion[J]. Cem. Concr. Res. , 2000, 30: 117-123.

[105] Ouyang C, Nanni A, Chang W F. Internal and external sources of sulfate ions in Portland cement mortar: two types of chemical attack[J]. Cem. Concr. Res. , 1988, 18: 699-709.

[106] Lee S T, Moon H Y, Swamy R N. Sulfate attack and role of silica fume in resisting strength loss[J]. Cem. Concr. Compos. , 2005, 27: 65-76.

[107] Odler I, Colàn-Subauste J. Investigations on cement expansion associated with ettringite formation[J]. Cem. Concr. Res. , 1999, 29: 731-735.

[108] Bakharev T, Sanjayan J G. Cheng Y B. Sulfate attack on alkaliactivated slag concrete[J]. Cem. Concr. Res. , 2002, 32: 211-216.

[109] Al-Akhras N M. Durability of metakaolin concrete to sulfate attack[J]. Cem. Concr. Res. , 2006, 36: 1727-1734.

[110] Bensted J. Thaumasite: background and nature in deterioration of cements, mortars and concretes[J]. Cem. Concr. Compos. , 1999, 21: 117-121.

[111] Romer M, Holzer L, Pfiffner M. Swiss tunnel structures: concrete damage by formation of thaumasite [J]. Cem. Concr. Compos. , 2003, 25: 1111-1117.

[112] Collepardi M. Thaumasite formation and deterioration in historic buildings [J]. Cem. Concr. Compos. , 1999, 21: 147-154.

[113] Collet G, Crammond N J, Swamy R N, et al. The role of carbon dioxide in the formation of thaumasite [J]. Cem. Concr. Res. , 2004, 34: 1599-1612.

[114] Santhanam M, Cohen M D, Olek J. Sulfate attack research [J]. Cem. Concr. Res. , 2001, 31: 845-851.

[115] Nobst P, Stark J. Investigations on the influence of cement type on thaumasite formation [J]. Cem. Concr. Compos. , 2003, 25: 899-906.

[116] Pajares I, Martinez-Ramirez S, Blanco-Varela M T. Evolution of ettringite in presence of carbonate, and silicate ions [J]. Cem. Concr. Compos. , 2003, 25: 861-865.

[117] Aguilera J, Martinez-Ramirez S, Pajarez-Colomo I, et al. Formation of thaumasite in carbonated mortars [J]. Cem. Concr. Compos. , 2003, 25: 991-996.

[118] Mulenga D M, Stark J, Nobst P. Thaumasite formation in concrete and mortars containing fly ash [J]. Cem. Concr. Compos. , 2003, 24: 907-912.

[119] Tsivilis S, Kakali G, Skaropoulou A, et al. Use of mineral admixtures to prevent thaumasite formation in limestone cement mortar [J]. Cem. Concr. Compos. , 2003, 25: 969-976.

[120] Bellmann F, Möser B, Stark J. Influence of sulfate solution concentration on the formation of gypsum in sulfate resistance test specimen [J]. Cem. Concr. Res. , 2006, 36: 358-363.

[121] Zhou Q, Hill J, Byars E A, et al. The role of pH in thaumasite sulfate attack [J]. Cem. Concr. Res. , 2006, 36: 160-170.

[122] Heinz D, Urbonas L. About thaumasite formation in Portland-limestone cement pastes and mortars: effect of heat treatment at 95 °C and storage at 5 °C [J]. Cem. Concr. Compos. , 2003, 25: 961-967.

[123] Hill J, Byars E A, Sharp J H, et al. An experimental study of combined acid and sulfate attack of concrete [J]. Cem. Concr. Compos. , 2003, 25: 997-1003.

[124] Brown P, Hooton R D. Ettringite and thaumasite formation in laboratory concretes prepared using sulfate-resisting cements [J]. Cem. Concr. Compos. , 2002, 24: 361-370.

[125] Sibbick T, Fenn D, Crammond N. The occurrence of thaumasite as a product of seawater attack [J]. Cem. Concr. Compos. , 2003, 25: 1059-1066.

[126] Diamond S. Thaumasite in Orange County, Southern California: an inquiry into the effect of low temperature[J]. Cem. Concr. Compos., 2003, 25: 1161-1164.

[127] Hobbs D W, Taylor M G. Nature of the Thaumasite sulafte attack mechanism in field concrete[J]. Cem. Concr. Res., 2000, 30: 529-533.

[128] Hobbs D W. Thaumasite sulfate attack in field and laboratory concretes: implications for specifications[J]. Cem. Concr. Compos., 2003, 25: 1195-1202.

[129] Loudon N. A review of the experience of thaumasite sulfate attack by the UK Highways Agency[J]. Cem. Concr. Compos., 2003, 25: 1051-1058.

[130] Macphee D E, Barnett S J. Solution properties of solids in the ettringite-thaumasite solid solution series[J]. Cem. Concr. Res., 2004, 34: 1591-1598.

[131] Juel I, Herfort D, Gollop R, et al. A thermodynamic model for predicting the stability of thaumasite[J]. Cem. Concr. Compos., 2003, 25: 867-872.

[132] Kurtis K E, Monteiro P J M, Madanat S. Empirical models to predict concrete expansion caused by sulfate attack[J]. J. ACI Materials, March-April 2000, 97: 156-161. Errata published November-December 2000, V97713.

[133] Marchand J, Samson E, Maltais Y, et al. Theoretical analysis of the effect of weak sodium sulfate solutions on the durability of concrete[J]. Cem. Concr. Compos., 2002, 24: 317-329.

[134] MacQuarrie K T B, Mayer K U. Reactive transport modeling in fractured rock: a state-of-the-science review[J]. Earth-Science Reviews, 2005, 72: 189-227.

[135] Xu T, Sonnenthal E, Spycher N, et al. TOUGHREACT: a simulation program for non-isothermal multiphase reactive geochemical transport in variably saturated geologic media: applications to geothermal injectivity and CO_2 geological sequestration[J]. Computers & Geosciences, 2006, 32: 145-165.

[136] Baroghel-Bouny V, Chaussadent T. Transferts dans les bétons et durabilité des ouvrages[C]. Bull. Lab. Ponts et Chaussées, 2004, 248: 93-111 (in French).

7.4 水泥基材料研究和应用中的创新

Karen L. Scrivener[1], R. James Kirkpatrick[2]

[1]EPFL, Lausanne, Switzerland
[2]University of Illinois at Urbana-Champaign, USA

摘要：本论文将讨论目前在高性能、超高性能(高强)混凝土和自密实混凝土领域的创新。将讨论此领域促成这些创新和持续需求的因素。将简单讨论可持续发展的重要性是持续创新和发展低环境负荷新型水泥基材料的主要驱动力。最后，将分析研究中创新的重要性。最近几十年，实验手段和计算技术的巨大进步为从微米和纳米尺度的化学和物理过程认识宏观性能提供了广泛可能性。本论文将详细介绍原子和分子尺度的计算方法。为挖掘这些新技术提供的机遇和可能，需要进一步有效组织跨学科、多机构的合作研究。

一、引言

水泥基材料(主要形式是混凝土)就用量来说是世界上最成功的材料。世界人均年产量超过 1 m^3。这种成功主要源于在室温下将灰粉和水拌和就可形成各种所需形状和功能的固体。此外，它是一种低成本、低能耗的材料，且形成这种材料的元素在地壳中来源广泛。相对于其他绝大多数建筑材料，水泥混凝土对环境影响较小，但是巨量生产水泥排放的 CO_2 占到人工总排放量的 5%~8%。因此，在水泥混凝土领域创新以促进可持续发展的压力日益增大。

总体而言，创新就是通过引进新的东西达到提高的过程。对水泥基材料来说，无论是针对提高性能还是提高可持续性方面的创新都十分不易。障碍主要来自三个方面：

(1) 结构安全性。建筑结构的使用寿命是 50~100 年或者更多。人们期待在几乎没有监测和维护的情况下使用这么长时间而不发生灾难性破坏，灾难性破坏的可怕结果就是生命的损失。这就需要采用保守的规范和标准，且需要证实结构长龄期的性能。

(2) 经验性知识基础。对决定水泥基材料宏观性能的物理、化学过程知识的缺乏，意味着经常需要近全尺寸地反复测试新材料，这就导致量增式发展。通过基础研究支撑新发展可以改变这种现状。

(3) 市场环境和临界产量。广泛使用水泥基材料的根本原因就是它们非常便宜。至少从力学角度来看，水泥基材料的性能并不是最好的，然而，性能的创新会导致成本大幅增加，接近竞争材料（如钢铁）的价格范围，而性能又无法与竞争材料抗衡，这就是为什么无宏观缺陷水泥（MDF）难以投入商业应用的一个主要原因。关于 MDF 讨论最多的是湿度敏感性问题，其解决方法可以找到，但昂贵的材料费和加工成本意味着与金属、塑料和陶瓷等材料相比将不具有竞争性。

创新中的障碍因创新需要达到临界规模而变得更为复杂。水泥基材料生产效率随规模扩大显著增加。现代化工厂的生产效率和能效是小规模立窑和小回转窑的 2~3 倍。此外，现代化工厂的效率与稳定生产固定组成的熟料密切相关。这意味着生产特种水泥的成本与浪费很大。即使对应用很成功的特种水泥，其年需求量相当于普通水泥一周左右的产量。转换生产条件对任何一方来说都要好几天，并且过渡产品也得弃置。单单这种生产限制就可能使成本增加数倍。

水泥厂家大规模生产和成本优化的商业模式使得临界规模的问题更加恶化。在这种商业理念下，很难开发和孕育出创新性产品。

虽然已经列出了创新的重重障碍，但是也不应对创新的前景和已有的创新感到悲观。当前对创新的两个原动力（可持续性和生产力）的需求比以往任何时期更强烈，且会在世界范围持续增强。同样重要的，现在拥有的实验和理论工具能够认识水泥基材料的宏观性能和发生在微观及纳米尺度的物理化学过程之间的关系。

本论文将会在如下几方面进行讨论：

（1）目前在高性能、超高性能（高强混凝土）和自密实混凝土领域内的创新及促进此领域进步和进一步需求的因素。

（2）可持续发展是未来创新和发展低环境负荷新型水泥基材料的主要驱动力。

（3）从微米及纳米尺度的物理、化学过程去更好地认识水泥基材料的宏观性能以及对支撑日益复杂的水泥基材料未来发展的基础研究能力的需求日益增加。

迅速发展的表征技术和计算模型为满足这种需要提供了可能性。但是，实现这些现代方法的潜能取决于有效组织的研究，以便更好地将实验研究和模型方法的新信息与应用、新材料及接受新材料联系起来。

二、近年来水泥基材料中的创新

1. 增加强度——高强和超高强混凝土

建筑物和结构对混凝土最高强度的需求由 1980 年之前的 40 MPa 持续增长到现在部分结构的 130 MPa。混凝土的强度首要的决定因素是水泥颗粒被水化产物填充间距的函数。水泥颗粒间距又由混合时的加水量(即水灰比)决定。拌和水的减少程度以能够满足混凝土的可浇注性和工作性为限，用于改善混凝土流动性的增塑剂和超塑化剂等外加剂对制备高强混凝土至关重要。

早期水泥分散剂是基于木质磺酸盐、磺化三聚氰胺或萘系甲醛浓缩物等天然产物制成的，对它的基本化学结构控制很少，其性能可以通过分子量、纯度、混合均匀性和引入次生化学产物来改变。近年来，最重要的创新就是基于聚羧酸脂乙醚(PCE)的增塑剂和超塑化剂。PCE高分子的分子结构是梳子状，由一条主链和许多支链组成。通过处理主链和侧链的相对长度和如图7.42所示的侧链密度[1]可以改善混凝土的工作性、保水性、黏聚性和强度发展速度。通过调整添加剂量以满足特定的性能可望成为本领域最重要的创新点。

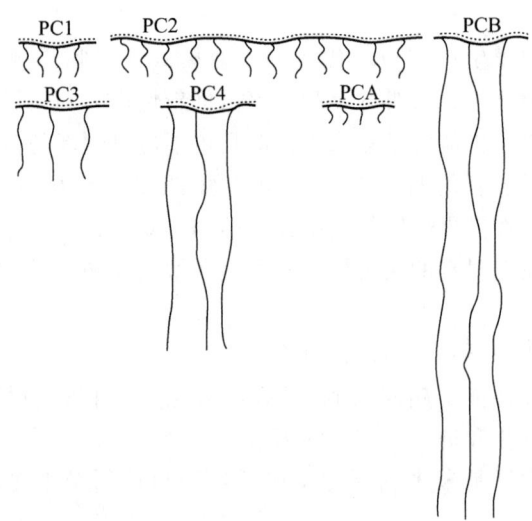

图7.42 梳状共聚物分子结构带有负电荷的聚羧酸盐主链和不同长度的聚乙烯氧化物侧链[1]

高强混凝土通常会加入硅灰，硅灰的应用主要是因为它的小尺寸，它通常比水泥颗粒小10~100倍，因此可以填充水泥颗粒间的空隙，增加混凝土的密实性。增加颗粒间距以提高空隙填充率的原理已有很长历史，实际上在修建罗马大道时就已经应用了这一原理，100年前这个想法就被费日特工人们用于混凝土集料。但是直到近年来才有相似理念应用在黏结相。关于粒子填充的传统思想是基于阿波罗概念(Apollonian Concept)[2]，如图7.43(a)所示，即小的颗粒填充大颗粒留下的空隙。然而，严格按此方式堆积的混凝土的颗粒无法移动，也将无法浇注。如图7.43(b)所示，综合考虑堆积性能和工作性能，必须增加细颗粒含量,更好的是分离大颗粒并允许颗粒间相互移动。

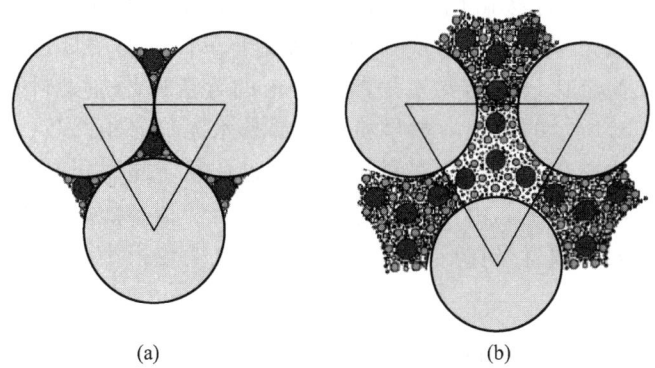

图 7.43　(a)阿波罗填充原理图,小颗粒正好填到大颗粒所产生的空隙里;(b)粒子填充具有相同的填充密度,但是相同类型的粒子被更小的颗粒分开了[2]

粒子填充优化在活性粉末混凝土中达到了极致。这种超高强混凝土的抗压强度高达 800 MPa(热养护条件),抗拉强度达到 50 MPa[3]。掺入 2%(体积分数)的纤维也可以明显增加抗拉强度。要达到最大抗拉强度必须使用钢纤维,但是在某些情况下也使用其他聚合物纤维,如聚丙烯、聚乙烯醇纤维等。事实上,混合使用两种或多种不同长度、纵横比和模数的纤维被广泛采用。一些研究小组开发和发展了各种各样的高性能纤维增强水泥基复合材料[4,5]。对这种材料的广泛使用不仅仅只依靠其本身抗压强度的发展,更重要的是,要有合理的规范加以说明。有趣的是,一些超高强混凝土的应用,如 Sherbrooke 市的置地广场的步行天桥[6],采用了钢管填充超高强混凝土。

虽然开发这种混凝土的初始动机是改善力学性能,但现在通常称为高性能材料。提高耐久性和使用寿命的另一个途径是通过降低水灰比(w/c)改善其性能,这两方面受控于水分、气体、离子在孔结构中的渗透性。很多这种材料不含有毛细孔,但是,低水灰比的混凝土很容易产生自干燥裂缝,且裂缝的存在明显促进了腐蚀介质的渗入,因此在一些应用中引入最大强度限值。一些实践者指出通过较好的水养护可以避免早期裂缝,使用聚合纤维也比较有效。

2. 自密实混凝土

就混凝土技术的历史来说,自密实混凝土或自强化混凝土的发展应用在本领域中是极快的。在一些工业化国家自密实混凝土供应已占到 10% 左右。自密实混凝土的吸引力主要在于:

(1)这种混凝土可以直接泵送到模具里,不用振动捣实和分批进入模具,节约人工和建设时间。

(2)不用振动棒等,可减少施工现场的噪声。

(3) 易于密实、固化,最大限度地减少表面缺陷。

1988 年在日本首次由岗村和他的学生小泽辉智和前川展示了这种材料[7],具有讽刺意义的是,目前自密实混凝土在日本的用量远比欧洲要少。自密实混凝土配合比设计的要素是增加粉末的含量以增加集料颗粒的分散,遵循图 7.43(b)所示的原理。如果粉末全部是水泥势必很昂贵,所以通常也使用石灰石粉或粉煤灰。自密实混凝土通常也依赖于超塑化剂和黏性改良剂的使用以防止离析产生。由于配合比设计的复杂性,掺加多种外加剂的自密实混凝土的主要挑战就是在原材料、温度和湿度变化很小情况下可获得均匀的混凝土。

三、可持续发展是创新的驱动力

降低水泥基材料环境负荷是现在和将来创新的驱动力。在欧洲,辅助性胶凝材料在水泥中已广泛使用,水泥中熟料的含量少于 80%。最常用的辅助性胶凝材料(SCMs),如炉渣、粉煤灰、石灰岩和硅灰等都是工业副产品,总的来说,可以获得稳定的组成和供应量。许多其他含有活性硅、铝的材料具有类似效果,但这些材料组分变化较大且供应量小。当前,混凝土经验式创新方法必须对各种材料做广泛检测。因此,尽管一些材料从化学角度看是适宜的,但实际上却很难开发。通过更好地认识反应机理、开发适宜的表征技术,可以在减少必要测试前提下更好地预测其对混合体系的影响,将促进替代辅助性胶凝材料的使用。

将来比较有前途的研究领域就是利用天然矿物。几种天然火山灰资源已经使用,但只产于局部地区。其他矿物,尤其是高岭土,通过热处理可以激发其活性,但是这个过程的成本使得它与已有的辅助性胶凝材料相比失去了竞争优势。将来若是需要 CO_2 排放减量的增加(如征收排放 CO_2 税)或者传统的辅助性胶凝材料枯竭将会改变这种情况。

实际上,很多优质的传统辅助性胶凝材料已经在混凝土中得到充分应用,钢铁业和电厂未来的发展有可能导致高炉矿渣和粉煤灰产量减少。钢铁业将会不遗余力寻求新方法以降低 CO_2 排放,同样的,电力生产的燃煤过程也产生了最大量的温室气体。这就使在混凝土中掺入大量的辅助性胶凝材料,特别是粉煤灰值得商榷。而且,大掺量下辅助性胶凝材料的反应程度也值得怀疑(如粉煤灰掺量大于 50% 时)。化学计量计算表明,100 g C_3S 含量大于 70% 的硅酸盐水泥水化产生的氢氧化钙仅能消耗 12 g 二氧化硅,这与实践中的最大掺量 10% 硅灰和 30% 粉煤灰一致(粉煤灰的反应程度是相当低的)。

就创新来说，一些研究者从传统的复合水泥转向碱激发水泥体系和新品种熟料，但是以下几点还是值得注意的：

（1）尽管碱激发材料的可行性在实验室中频频试验成功，然而它们的商业开发始终未得到推广，主要有以下几方面问题：性能不稳定，特别是温度变化时；激发效果最好的碱激发剂，如水玻璃的高成本和廉价激发剂的缺乏。碱激发体系通常是速凝的，且使用超塑剂也没有效果。

（2）大部分新型熟料含 Al_2O_3 和硫酸盐比硅酸盐水泥要高。很难找到廉价的富 Al_2O_3 资源，因生产 Al_2O_3 需要诸如矾土的矿物。高硫酸盐含量的原材料的使用可能导致酸雨问题。

四、创新中需要研究的问题

首先要牢记的最重要的事情是水泥和混凝土的日益复杂性。外加剂和掺和料种类的增加为最终混凝土的选择提供更多的可能性。为了探究这些可能，需要一些手段来预测：

（1）粒状混合物的流动性和早期性能。

（2）由不同熟料矿物和辅助性胶凝材料反应导致的相组合和匹配。

（3）产生的孔结构。

（4）相与相之间的黏聚力和产生的力学性能。

（5）水分、气体和离子进入材料与材料发生反应对耐久性的影响。

近几十年来，大量的实验和计算工具不断地产生并被应用在水泥基材料研究中。以下是几个重要的应用例子：

（1）Rietveld X 射线衍射定量分析复杂相混合物[8-11]。

（2）扫描电子显微镜和透射电子显微镜结合化学微观分析，确定胶凝材料微观结构的演变[12,13]。

（3）核磁共振 NMR 技术，它可以提供 C-S-H 凝胶重要的结构[14-16]和水泥基材料的孔结构信息[17,18]。

（4）小角度中子衍射和 X 射线散射研究 C-S-H 凝胶的介孔和凝胶孔[19-22]。

（5）原子力显微镜 AFM[23,24]。

（6）纳米压痕技术[25]。

对这些日益广泛的表征技术的数据和分析，跨越了数十年之久，将这些从原子到宏观的数据整合在一个可理解和预测的框架里是水泥和混凝土科学与技术面临的一个巨大挑战。发展这些方法需要一个可靠的理论和计算模型。现在先讨论当前混凝土科学中的原子和分子尺度的计算模型。这些方法对整合从微观到宏观的方法来预测混凝土的性能和行为十分必要。

1. 原子和分子尺度的计算方法

原子和分子尺度的计算方法产生已经超过 60 年并已发展得相当成熟。基于量子化学和分子势的方法是化学、生物学和物理学研究中的日常方法，但很少应用在水泥和混凝土的科学研究之中。然而，当前的这些方法对阐明水泥基材料的结构、动力学和能量等核心问题极为重要。通过这一系列方法，可阐明尺度在数百纳米层次的结构，可以研究分子动力学性能、谱学性能、扩散和其他传输性能，以及机械变形、能量平衡和原子尺度控制化学反应的活性与活化机制。作为水泥基材料研究潜在创新的一个实例，简短地回顾一下下面两种方法并讨论其近期在水泥及其相关材料中的应用。

计算方法可按以下理论分类，一类是基于量子化学理论的，一类是基于原子或分子之间的经验和半经验的势能，也有介于两者之间的其他方法，如量子分子动力学。量子理论（首要原则）方法是求解描述电子与原子核之间的相互作用的薛定谔方程。电子通过波函数描述，主要挑战就是用易于计算的波函数描述电子。薛定谔方程只在十分苛刻的限定条件下才有确定解，Hartree-Fock 方法对精确薛定谔方程有一个近似解，而密度函数理论（DFT）对近似薛定谔方程有一个精确解。Sherman[26]对量子方法论进行了简易的介绍并列举了其在水溶液中的应用。

基于势能理论的方法，包括分子动力学（MD）和蒙特卡洛（MC）法，可以用经典实体模型而非量子论处理原子或分子，并计算在电势函数影响下它们相互作用时的位置、运动和能量。例如，可以用这些函数来描述近程原子排斥、范德华力、电荷相互作用的吸引与排斥及键能弯曲等术语。分子动力学方法是计算体系结构和能量的经时变化，因此可以计算振动波谱之类的动力学性能。蒙特卡洛法是通过多种不同构型的能量计算描述计算体系的结构与能量的关系。Cygan[27]和 Gale[28]提供了这些方法的有意义的介绍。Kalinichev 等[29]对水泥体系的电势理论和分子动力学的利用进行了详细的讨论。量子分子动力学（CPMD）是一个很具潜力的杂化方法，其采用量子方法（即普通的密度函数理论）计算原子间的相互作用，利用分子动力学（MD）处理它们相互作用的经时变化[30-32]。

每种方法都有优点与不足，方法应用的选取应根据问题性质而区别对待。它们的实际应用都必须计算。如果处理得好，在描述原子位置、相互作用能和光谱性能方面，量子论要比势能理论更加精确，但是，即使最新一代超级计算机也只能处理几百个原子。相反，分子动力学和蒙特卡洛法能够精确计算较多原子和较长反应时间的体系，现在它们可用于在几纳秒内达到 10^6 个原子的体系。量子分子动力学要求苛刻，最多可有效用于每皮秒不超过几百个原子的体系。

2. 计算方法在水泥基材料方面的应用：已有结果和未来目标
1）水化硅酸钙凝胶结构和水泥浆体性能

水泥科学[33]一个最重要的且长期存在的任务就是定量认识水化硅酸钙凝胶原子尺度到 100 nm 尺度范围的结构数量以及这种结构是如何控制水化水泥浆体的力学性能、物质传输和化学性能。没有这种认识，就不可能理解或者有意识操控水泥的行为和一些如徐变和干缩等重要性能。在过去的二十年内，主要是核磁共振波谱方法已经提供水化硅酸钙凝胶亚纳米尺度结构的合理清晰图景。这些结果显示，水化硅酸钙凝胶具有和托贝莫来石和雪硅钙石等层状硅酸钙相似的亚晶胞结构，这些结果还为具有不同聚合度和不同数量处于最近邻状态硅和铝的硅四面体的比率提供了直接证据[14-16]。然而，这些方法还无法揭示远程结构。不过透射电子显微镜(TEM)[12,15,16]、小角度中子和 X 射线散射(SAXS 和 SANS[19-22])及 ^{1}H 核磁共振弛豫[17]的研究正在提供有关颗粒形貌、表面积、孔径分布和 1~100 nm 尺度的分形维数等直接数据。Jennings[34]最近提出了一个扩展胶体模型，模型涉及半径在 5 nm 尺度的基本水化硅酸钙凝胶颗粒和半径在 10 nm 尺度的团聚体，他已将这一模型应用于如干缩、徐变和龄期影响方面，小角度中子散射、X 射线散射和核磁共振的表面积和孔径分布结果与这一模型总体一致。透射电子显微镜观察的水化 OPC 和混合水泥浆体也与这一模型得出的结果总体一致，但是在内部水化硅酸钙凝胶产物和外部水化硅酸钙凝胶产物的纳米结构上以及粒化高炉矿渣和粉煤灰的重要影响方面差异显著[16]。对于 OPC 浆体，内部水化硅酸钙凝胶产物是由特征尺寸小于 10 nm 的等大颗粒组成且颗粒之间孔隙率很高，相比，外部水化硅酸钙凝胶产物则是尺度在 100 nm 的定向纤维状形貌，纤维之间具有三维毛细孔系统，每一纤维由几纳米到十几纳米长和小于 5 nm 厚的颗粒组成，内部颗粒之间孔隙率很高。

最近，Gmira 等[35]基于莫来石式结构模型已经用原子尺度、电位能量最小和量子化学计算来研究水化水泥浆体的凝聚机理[36]。这一研究是建立在较早的 Monte Carlo 的研究基础上的，Monte Carlo 的研究使用较简单的无原子位能[37,38]。他们最关心的关键点是，尽管硬化水泥浆体的强度与砂岩、砖等颗粒间具有连续原子键合的多孔材料相当，但是纳米结构观察结果显示，水泥浆体中颗粒之间的键合是受水分子调制。能量最小化结果显示的纳米尺度上的结合力是由于水化生成的 Ca^{2+} 导致计算的体积和杨氏模量与实验结果相一致引起的。量子化学计算支持这一结论，并显示 Ca^{2+} 夹层和莫来石式硅层之间的结合力本质上具有共价键特征。本论文的作者认为，由于离子的相互作用，短程(1~2 nm)化学键和远程(几纳米)离子关联效应的结合赋予了水泥浆体强度。还提出了对水泥徐变快速起作用的成分是在更开放的空间扩散的结果，而慢速起作用的成分是由于邻近水化硅酸钙凝胶片晶的滑移，这种滑移很可能是以错位的形式进行的。他们应用的能量最小化技术与蒙特卡洛模拟相当，只是动力学特性不随时间变化。

关于水化硅酸钙凝胶，现在已有的计算方法可以有效地阐明一系列相关的问题，包括传输和沉淀的化学机理、不同纳米尺寸水化硅酸钙凝胶结构的成因和随时间引起的结构重组或缺失。

2）水溶液对无水水泥相的侵蚀

水溶液对硅酸盐水泥和矿物外加剂颗粒表面的侵蚀是水化过程关键的引发阶段，但是对分子层次的机制却了解甚少。然而，大量文献的实验研究论及溶解速率随聚合的减慢而增加，并且平衡电荷的阳离子有重要的次生作用[39,40]。计算方法的研究主要运用传统量子化学方法，并且主要集中在 H_2O、H_3O^+ 和 OH^- 侵蚀小分子，这用于模拟二氧化硅和铝硅酸盐表面的 Si—O 键和 Al—O 键的位置（大约有 30 个原子）。这些研究可以追溯到 20 世纪 80 年代[41]，并且对这一主题的研究仍然很活跃[40,42,43]。如预期的一样，这些研究已经表明，和 H_2O 相比，酸性的 H_3O^+ 和碱性 OH^- 的催化作用都可有效加速溶解，更进一步引发多步反应路径和活化能，且与实验值吻合。在与水泥水化最为相关的碱性 pH 条件下，OH^- 的侵蚀似乎包括以下步骤：表面位置去质子化，侵蚀 OH^- 离子成为被吸附的水分子，形成带负电的五配位的硅原子团，最后 Si—O—Si 键断裂。

已经发表的有关硅酸盐溶解的研究清楚地表明了计算方法的潜力且为开展针对水泥系统的类似研究铺平了道路。存在的问题，不仅仅是无水相的溶解机理，而且包括溶液中分子类型（不仅是硅酸盐聚合，还有离子对和组群的形成）、水化硅酸钙凝胶、氢氧化钙和铝相的沉淀机理以及与一系列混凝土恶化过程相关的化学侵蚀机理。

3）表面自由水和纳米受限状态水

固体表面自由水和纳米受限状态水的物理和化学性质是水泥科学中关键而目前又没被认识清楚的问题。在 AFm 和 AFt 相中的水就是典型的纳米尺度受限制的结构水。大多数情况下，认识形成 C-S-H 凝胶的 5~10 nm 尺寸的粒子间的水分子行为，是解释水泥和混凝土性能的核心问题。上述 Gmira 等[35]对水泥黏聚力的研究以及对水泥中结合的氯离子[44,45]和 ASR 凝胶膨胀[46]的研究，是计算法对这些重要问题进行深入研究的例子。也有大量文献阐述了与表面和受压水有关的一般问题，而这些超出了本书的范围[47-49]。Kalinichev[50]和 Wang 等[51,52]对这些方面做了有益的综述和介绍。

五、纳米技术

关于创新的论文如没有考虑纳米技术，那么将是不完整的。世界范围内源源不断的研究基金投入到这个领域里,声称对将来有巨大影响和作用。纳米技术对胶凝材料的重要性是什么呢?

通过前述讨论,毫无疑问,胶凝材料的性能是由纳米尺度的物理和化学过程决定的。至少 C-S-H 凝胶由纳米粒子组成[53,54]这个观点已被广泛接受,这些材料的本征性能也开始被认识[55,56]。但是称这些进步为"纳米科学"更合理,因为"纳米技术"意味着是在纳米尺度上调控结构。在外加剂领域,前面所述的新型超塑化剂领域的进展无疑是在此水平上进行的。但是,从严格术语的意义上,而非纯化学的角度看,"纳米技术"在水泥混凝土领域的潜能尚不清晰。在其他领域,尤其是电子领域,可以看到在微型化和多功能化方面有很多创新,这些创新增加了成本,而这些产品为日益富裕的社会所接受。通过足够的努力实现调控 C-S-H 纳米结构来改变其性能是可能达到的,问题在于付出多高的成本和产生的性能与其他的材料相比是否有足够的吸引力。

例如,图 7.41 所述,可以想象使用纳米粒子进一步拓展颗粒堆积的概念,调控颗粒分布。实际上,含有小至 100 nm 粒子的硅灰已经可被认为是纳米材料。但是,当粒子变得更小时比表面积就会增加,且掺有硅灰时必须增加超塑化剂用量来确保好的流动性。此外,水泥水化的实质是固相体积增加以填充空隙,且目前在超高性能混凝土上已经得到实际应用。

另外一条创新路线是,通过增加纳米级或微米级粒子增加混凝土的新功能。外加细颗粒的锐钛矿,即二氧化钛粒子[57,58]已经得到很好的应用。锐钛矿二氧化钛有光催化作用,通过吸收日光具有强氧化能力。它可以阻止赃物和有机质生长,从而使混凝土表面长期保持清洁。这种氧化能力也可以分解氮氧化物且有助于减少污染。

前面讨论过在混凝土中使用纤维,一些研究人员在混凝土中加入碳纳米管也就不足为奇。碳纳米管具有极高的固有刚度和强度[59],但是其表面摩擦力极低,因此很难使它们黏结在一起或者与基体材料黏结,从而在宏观尺度上实现其超常性能。这个领域正在积极地发展,高成本与低黏结的障碍有望在将来克服。然而,目前这种材料掺到混凝土中是不切实际的,并且如前面提到的,推广现有纤维混凝土尚需要大量工作来建立相关规范。

六、结束语

尽管有阻碍,过去几十年在胶凝材料领域也取得了显著进步。其中,最有意义的是通过不同粒径的粒子优化填充制备了高强和自密实混凝土,这得益于有机外加剂的使用。通过依据不同性能设计外加剂,这些材料可能会变得更稳定且易于应用。

在不久的将来,可持续发展将是创新的主要驱动力。因而,大量的新型辅助性胶凝材料和新型熟料可望在不久的将来出现。

当前和将来的创新意味着胶凝材料将变得更为复杂。为了克服经验式发展的局限,迫切需要提高对决定水泥基材料宏观尺度性能的微米和纳米尺度过程的认识。借助近年来快速发展的材料表征技术和跨越原子与宏观尺度及时间尺度的先进计算方法,这是可能实现的。

为了最大限度地从这些技术获益,需要更好地在基础研究层面组织研究,以避免个体、支离破碎的努力。在这方面,欧洲的水泥基建筑材料科学研究合作模式(NANOCEM)是将学术研究团队与工业界联合起来展开必要基础理论研究的榜样。

七、参考文献

[1] Kjeldsen A M, Flatt R J, Bergström L. Relating the molecular structure of comb-type superplasticizers to the compression rheology of MgO suspensions [J]. Cem. Concr. Res., 2006, (36): 1231-1239.

[2] Vernet C P. Ultra-Durable Concretes: Structure at the Micro- and Nanoscale [J]. MRS Bull., 2004, 29(5): 324-327.

[3] Richard P, Cheyrezy M. Annales de l'ITBTP[R], 1995, 532: 83.

[4] RILEM committee 208 – HFC, www.RILEM.net[OL].

[5] Mindess S. High Performance Concrete Where do we go from here, Proc. Int. Symp. "Brittle Matrix Composites 8", Warsaw: ZTUREK RSI and Woodhead Publ., 2006.

[6] Aïtcin P C, Lachemi M, Adeline R, et al. The Sherbrooke Reactive Powder Concrete Footbridge[J]. Structural Engineering International (IABSE) Zürich, 1998, 8(2): 140-144.

[7] Ozawa K, Maekawa K, Kunishima M, et al. Development of High Performance Concrete Based on the Durability Design of Concrete Structures [C]//Proceedings of the second East-Asia and Pacific Conference on Structural Engineering and Construction (EASEC -2). 1989, (1): 445-450.

[8] Füllmann T, Pöllmann H, Walenta G, et al. Analytical methods[J]. Int. Cem. Rev., 2001, 1: 41-43.

[9] Walenta G, Füllmann T, Gimenez M. Quantitative Rietveld analysis of cement and clinker[J]. Int. Cem. Rev., 2001, 6: 51-54.

[10] Westphal T, Walenta G, Füllmann T, et al. Characterisation of cementitious materials— Part III[J]. Int. Cem. Rev. 2002, 7: 47-51.

[11] Scrivener K L, Gallucci E, Füllmann T, et al. Quantitative study of Portland cement hydration by X-ray Diffraction/Rietveld analysis and independent

methods[J]. Cem. Concr. Res., 2004, 34(9): 1541-1547.

[12] Richardson I G. Electron microscopy of cements. Structure and Performance of Cements[M]. London: Spon Press, 2002.

[13] Scrivener K L. Backscattered Electron Imaging of Cementitious Microstructures: Understanding And Quantification[J]. Cem. Concr. Compos., 2004, (26): 935-945.

[14] Cong X, Kirkpatrick R J. ^{29}Si MAS NMR study of the structure of calcium silicate hydrate [J]. Adv. Cem. Based Mater., 1996, (3): 144-156.

[15] Richardson I G. The nature of C-S-H in hardened cements[J]. Cem. Concr. Res., 1999, (29): 1131-1147.

[16] Richardson I G. Tobermorite/jennite- and tobermorite/calcium hydroxide-based models for the structure of C-S-H: applicability to hardened pastes of tricalcium silicate, -dicalcium silicate, Portland cement, and blends of Portland cement with blast-furnace slag, metakaolin, or silica fume [J]. Cem. Concr. Res., 2004, (34): 1733-1777.

[17] Plassais A, Pomiès M P, Lequeux N, et al. Microstructure evolution of hydrated cement pastes[J]. Phys. Rev. E, 2005, (72): 041401.

[18] McDonald P J, Korb J P, Mitchell J. Surface relaxation and chemical exchange in hydrating cement pastes: A two dimensional NMR relaxation study[J]. Phys. Rev. E, 2005, (72): 011409.

[19] Thomas J J, Neumann D A, FitzGerald S A, et al. State of water in hydrating tricalcium silicate and Portland cement pastes as measured by quasi-elastic neutron scattering[J]. J. Am. Ceram. Soc., 2001, (84): 1811-1816.

[20] Allen A J, McLaughlin J C, Neumann D A, et al. In situ quasi-elastic scattering characterization of particle size effects on the hydration of tricalcium silicate[J]. J. Mater. Res., 2004, (19): 3242-3254.

[21] Faraone A, Fratini E, Baglioni P. Quasieleas tic and inelastic neutron scattering on hydrated calcium silicate pastes[J]. J. Chem. Phys., 2004, (121): 3212-3220.

[22] Fratini E, Ridi F, Chen S H, et al. Hydration water and microstructure in calcium silicate and aluminium hydrates[J]. J. Phys.: Condens. Matter, 2006, (18): S2467-S2483.

[23] Lesko S, Lesniewska E, Nonat A, et al. J. P. Goudonnet Investigation by atomic force microscopy of forces at the origin of cement cohesion [J]. Ultramicroscopy, 2001, (86): 11-21.

[24] Plassard C, Lesniewska E, Pochard I, et al. Investigation of the surface structure and elastic properties of calcium silicate hydrates at the nanoscale [J]. Ultramicroscopy, 2004, 100 (3-4): 331-338.

[25] Constantinides G, Ulm F, van Vliet K. On the use of nanoindentation for cementitious materials[J]. Mater. Struct., 2003, 36(257): 191-196.

[26] Sherman D M. Quantum chemistry and classical simulations pf metal complexes in aqueous solutions. Molecular modeling theory: applications in the geosciences[C]. Washington D. C.: Mineralogical Society of America, 2001, 531.

[27] Cygan R T. Molecular modeling in mineralogy and geochemistry. Molecular modeling theory: applications in the geosciences[C]. Washington D. C.: Mineralogical Society of America, 2001, 531.

[28] Gale J D. Simulating the crystal structures and properties of ionic materials from interatomic potentials. Molecular modeling theory: applications in the geosciences[C]. Washington D. C.: Mineralogical Society of America, 2001, 531.

[29] Kalinichev A G, Wang J, Kirkpatrick R J. Molecular dynamics modeling of the structure, dynamics and energetics of mineral-water interfaces: Application to cement materials[J]. Cem. Concr. Res., 2007, (37): 348-350.

[30] Car R, Parrinello M. Unified approach for molecular-dynamics and density-functional theory[J]. Phys. Rev. Lett., 1985, (55): 2471-2474.

[31] Remler D K, Madden P A. Molelcular-dynamics without effective potentials via the Car-Parrinello approach[J]. Mol. Phys., 1990, (70): 921-966.

[32] Marx D, Hutter J. in Modern Methods and Algorithms of Quantum Chemistry [J]. NIC, FZ Jülich., 2000: 301-449.

[33] Powers T C, Brownyard T L. Studies of the Physical properties of hardened Portland cement paste[J]. Bulletin of the Portland Cement Association, 1948, (22).

[34] Jennings H M. Colloid model of C-S-H and implication to the problems of creep and shrinkage[J]. Mater. Struct. Concr. Sci. Eng., 2004, (37): 59-70.

[35] Gmira A, Zabat M, Pellenq R, et al. Mater. Struct. Concr. Sci. Eng., 2004, (37): 3-14.

[36] Pellenq R J M, van Damme H. Why does concrete set: The nature of cohesion forces in hardened cement-based materials[J]. Mater. Res. Soc. Bulletin, 2004, (29): 319-323.

[37] Pellenq R J M, Deville A, van Damme H. in Characterisation of Porous Solids IV. Cambridge: the Royal Society of Chemistry, 1997. 596.

[38] Deville A, Pellenq R J M. Electrostatic attraction and/or repulsion between charged colloids [J]. Mol. Simul., 2000, (24): 1-24.

[39] White A F, Brantley S L. Chemical weathering rates of silicate minerals. Reviews in Mineralogy [C]. Washington D. C. : Mineralogical Society of America, 1995, (31).

[40] Criscenti L J, Kubicki J D, Brantley S L. Silicate glass and mineral dissolution: calculated reaction paths and activation energies for hydrolysis of a Q^3 Si by H_3O^+ using ab initio methods [J]. J. Phys. Chem. A, 2006, (101): 198-206.

[41] Lasaga A C. Atomic treatment of mineral-water surface reactions. Mineral-water interface geochemistry, Reviews in Mineralogy [C]. Washington D. C. : Mineralogical Society of America, 1990, (23): 17-80.

[42] Xiao Y, Lasaga A C. Ab initio quantum mechanical studies of the kinetics and mechanisms of silicate dissolution: H^+ (H_3O^+) catalysis [J]. Geochim. Cosmochim. Acta, 1994, (58): 5379-5400.

[43] Xiao Y, Lasaga A C. Ab initio quantum mechanical studies of the kinetics and mechanisms of quartz dissolution: OH^- catalysis [J]. Geochim. Cosmochim. Acta, 1996, (60): 2283-2295.

[44] Kalinichev A G, Kirkpatrick R J, Cygan R T. Molecular modeling of the structure and dynamics of the interlayer and surface species of mixed metal layered hydroxides: chloride and water in hydrocalumite (Friedel's salt) [J]. Am. Mineral. , 2000, (85): 1046-1057.

[45] Kalinichev A G, Kirkpatrick R J. Molecular dynamics modeling of chloride binding to the surfaces of Ca hydroxide, hydrated Ca-aluminate and Ca-silicate phases [J]. Chem. Mater. , 2002, (14): 3539-3549.

[46] Kirkpatrick R J, Kalinichev A G, Hou X, et al. Experimental and molecular dynamics modeling studies of interlayer swelling: water in kanemite and ASR gel [J]. Mater. Struct. (Concr. Sci. Eng.), 2005, (38): 449-458.

[47] Bellissent-Funel M C. Structure of confined water [J]. J. Phys. -Cond. Matter, 2001, (13): 9165-9177.

[48] Bellissent-Funel M C. Water near hydrophilic surfaces [J]. J. Mol. Liquids, 2002, (96-97): 287-304.

[49] Guillot B. A reappraisal of what we have learnt during three decades of computer simulations on water [J]. J. Mol. Liquids, 2002, (101): 219-260.

[50] Kalinichev A G. Molecular simulations of liquid and supercritical water: thermodynamics, structure, and hydrogen bonding. Molecular modeling theory: applications in the geosciences [C]. Washington D. C. : Mineralogical Society of America, 2001. 531.

[51] Wang J, Kalinichev A G, Kirkpatrick R J. Molecular structure of water confined in brucite [M]. Geochim. Cosmochim. Acta, 2004, (68): 3351-

3365.

[52] Wang J, Kalinichev A G, Kirkpatrick R J. Effects of substrate structure and composition on the structure, dynamics and energetics of water on mineral surfaces: a molecular dynamics modeling study[J]. Geochim. Cosmochim. Acta, 2006, (70): 562-582.

[53] Gauffinet S, Finot E, Lesniewska E, et al. Acad. Sci. paris.. Earth and Planetary Sciences[M]. 1998, (327): 231-236.

[54] Allen A J, Thomas J J, Jennings H M. Composition and density of nanoscale calcium silicate hydrate in cement[R]. Nature Materials, Published online: 25 March 2007; doi: 10.1038/nmat1871.

[55] Plassard C, Lesniewska E, Pochard I, et al. Cohesion Forces between C-S-H: an Experimental and Theoretical Study[R].

[56] Plassard C, Lesniewska E, Pochard I, et al. Elastic properties of calcium silicate hydrate by Nanoindentation[R].

[57] Cassar L, Pepe C, Pimpinelli N, et al. Rebuilding the city of tomorrow[C]// 3rd European Conference REBUILD. Barcelona, Spain: 1999.

[58] Cassar L, Pepe C, Tognon G, et al. Proceedings of the 11th International Congress on the Chemistry of Cement (ICCC)[C]. Durban, South Africa: 2003.

[59] Srivastava D, Wei C, Cho K. Nanomechanics of carbon nanotubes and composites[J]. Applied Mechanics Review, 2003, (56): 215-230.

7.5 水泥系统的流变学和早期性能

一、水泥基材料的流变学

1. 水泥基材料的流变特性

强度、硬化特性（尺寸的稳定性）与耐久性是水泥基材料和混凝土最终所必需的性能。然而，这些性能能否实现取决于新拌材料的流变性质。最初设计要达到的性能只是当新拌混凝土搅拌和运输时不引起分离，随后进行适当的浇注入模，并进行适当的养护。混凝土的流变性通常用它的和易性来表征。混凝土的和易性是一个性能指标，表示在实际建造建筑物时使用的难易性，它是一个综合性术语，通常性能包括易搅拌性、可运输性、空隙填充能力、密实性、可修整性、抗分离性。有许多测试方法用于评估混凝土的和易性，具体列于表7.6中。

表 7.6　和易性的测试方法

稠度，流动性
 流动性的测试方法
  在搅拌状态下
   电力负荷
   消耗电力
   电力指数
   扭转力
  搅拌之后
   重力　坍落度
     坍落度流动试验
     落差试验
   振捣　流动台试验
     DIN 扩展流动试验
     重注试验
     振动密实试验
     落台试验
   振动　Vee Bee 稠度测试
     振动和易性测试
     振动流试验
 渗透测试
  Iribarren 测试
  凯利球试验
  德国渗透测试
  和易性测试（使用脉冲-渗透仪）

压实性
 压实性测试

续表

	重量	压实系数测试
		箱式流动试验
		L型流动试验
		通过障碍物的能力测试
	振动	用振荡器进行压塑性测试
		压实和流动试验
分离测试		
	重力	落差和分离测试
		流动性测试
	振击	筛分试验
可泵性		
	泵送测试	
		泵送过程中的泌水实验
		水平管滑动摩擦测试
		水平管泵送泌水测试

其中，坍落度法在过去的 50 年中起了重要作用，它很简单而且重复性好，然而，与此同时，它也存在许多缺点，不能对混凝土的流变学进行解释。如果将代表流动性的物理量以更加量化的方式提出，它将有助于确保混凝土质量的稳定，合理安排其生产，合理而节约地进行建设进程。关于水泥基材料和混凝土的新拌状态的许多特性如变形性和流动性能在流变学科已有研究。在水泥基材料中，水泥颗粒悬浮在水溶液中，水泥颗粒和水之间的密度不同导致沉降分离，水泥颗粒的水化产物和表面电荷的差异性导致絮凝，这些因素主要由不同矿物的组成颗粒引起，这些矿物往往导致颗粒凝结，并随时间变化使流变特性复杂化。

近期化学外加剂技术的开发使控制水泥基材料和混凝土的流动性为实际所需成为可能。然而，据报道，由于水泥本身的水化（或外加剂的吸附）使得水泥和外加剂产生特定的组合，从而改变其可流动性。本节将讨论外加剂的类型、性能、塑化机理、流动特性以及水泥和外加剂的兼容性，还将涉及过去 10～20 年中引进市场的自密实混凝土流动特性。

2. 水泥浆的流变学

1）流变学的评价方法

液体和气体的黏度测定对于了解其状态（或物理属性）或者流动性非常重

要。在运动中(流动状态)不会产生切线应力的流体被称为理想流体或无黏流体，如气体。几乎所有的液体都是黏性流体。例如，当水在圆柱形容器中绕圆柱中心轴旋转时，刚开始水处于静止状态，随后随着容器壁的拖动而移动，最后将像个刚硬的整体一样。这是因为(剪切)力是沿着流动的方向在水与容器壁的边界线产生的。众所周知，流体出现这些力是因为它有黏度。黏性流体可以进一步分为两种：一种是牛顿流体，牛顿的黏度定律适用；另一种是非牛顿流体，牛顿的黏度定律不适用。

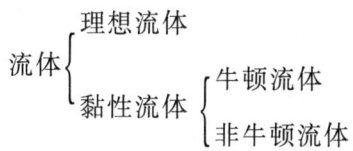

黏性系数是一个用以表示液体可流动的难易程度的物理常量。如图 7.44 所示，两个平行板之间的距离为 y_0，液体(流体)填充其间。当 A 板固定、B 板以固定的速度 v_0 平行移向 A 板时，A 板和 B 板之间的液体同样移动并产生稳流场，如果 A 板和 B 板之间的距离为 y，速度为 v，这两个变量的比例如图 7.44 所示，倾角 D 是直线 OP 的斜度，描述如下。

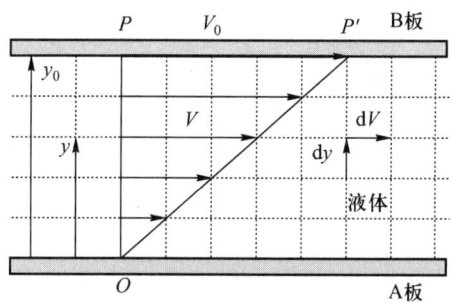

图 7.44 牛顿流体

$$D = V/y \tag{7.56}$$

D 是每单位距离上的速度增量，它是速度梯度。

$$D = \frac{dV}{dy} \tag{7.57}$$

D 在这个方程中表示的是剪切速率。

在图 7.44 中，在层间距离 y 和 $y + dy$ 处的速度分别为 V、$V + dV$，两板间的内摩擦力主要是由于存在速度梯度产生的。A 板和 B 板沿着流动方向平行表面上每单位面积的摩擦力称为切线应力。切线应力也被称为切应力，如

果切应力用 τ 表示,可以表示如下,η 为切应力和剪切速率的比例参数:

$$\tau = \eta D (牛顿黏性定律) \tag{7.58}$$

上述方程为著名的牛顿黏性定律,其中比例常数 η 为黏度:

$$\eta = \tau/D \tag{7.59}$$

符合牛顿黏性定律的流体,其黏度 η 在一定温度下是常数,而不取决于剪切速率 D 和切应力 τ,这种流体称为牛顿流体。不维持比例关系的流体(即黏度不是常数)称为非牛顿流体。许多流体组成为单一物质,例如,水和酒精为牛顿流体,而像聚合物溶液、胶状溶液,通常被认为是非牛顿流体。

剪切速率 D、切应力 τ 的关系如图 7.45 所示,牛顿流体为曲线①。如果倾斜角为 θ,那么黏度 η 可以重新定义为

$$\eta = \tan\theta \tag{7.60}$$

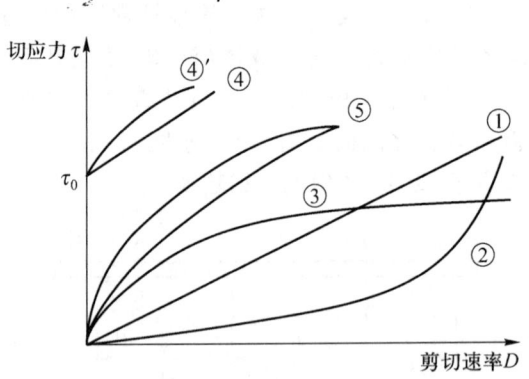

图 7.45 牛顿流体和非牛顿流体的切应力和剪切速率的关系

曲线②至曲线⑤为非牛顿流体,黏度 $\eta=\tau/D$ 不是常数,但是其变化取决于剪切速率。表 7.7 列举了几种不同类型的流体。曲线②称为胀塑型流体,其黏度随着剪切速率的增加而增加。曲线③称为假塑性流体,其黏度随着剪切速率的增加而降低。④④′称为塑性流体,即使剪切速率从零开始增加,这种流体也不流动,除非切应力超过某一极限切应力 τ_0(屈服应力)。在屈服点之后,τ 与 D 仍呈线性关系的被称为宾汉流体,不满足线性关系的被称为非宾汉流体。水泥基材料相当于非宾汉流体,但是流变分析中仍假设它为宾汉流体,其和易性与屈服应力值有关。曲线⑤称为触变体,在剪切速率的增加和减少之间会产生滞后现象。这主要是由于流化时溶胶-凝胶转变造成的。

表 7.7 流体类型的例子

流体类型	典型例子
1 牛顿流体	水,酒精
2 胀塑型流体	淀粉的水溶液
3 假塑性流体	蛋黄浆,胶体
4 宾汉流体	番茄酱
4′ 非宾汉流体	沥青(水泥基材料)
5 触变流体	动物油脂(水泥基材料)

2) 水泥浆的流变性能测定

为了获得作为剪切速率函数在连续时间上的切应力行为关系,旋转黏度计的使用是必不可少的。然而,由于不同仪器的测量范围或者转子的形状不同,以及不同研究者所用最大剪切速率和速率变化的不同,获得一个有效的数据很困难。另外,流动曲线通常被画成闭合的上升曲线和向下曲线,或者一个复杂的滞后曲线。因此,水泥基材料和混凝土的流动性评价通常用流量、流通面积的比率或通过漏斗的时间作为参数代替屈服应力和塑性黏度。

Yamada[1]论述了关于流变学的两种观点:基于流体力学观点的流变学和基于材料科学的流变学。他使用计算流变学的方法(计算机模拟)使得两种流变学融合在一起,是为了尝试进一步了解水泥浆和混凝土的流变学。他使用基于超应力理论的流体运动方程的推导结果,并提出了流量的构成公式,大大地发展了宾汉模型。此外,他还论述了水泥浆中切应力和剪切速率之间的关系,包括软化现象、硬化现象和滞后现象,这些都可以进行模拟[2]。

- **旋转黏度计**

旋转黏度计中,一个鼓形转子(旋转元件)被嵌入样品中,然后在电动机带动下以恒定的速度进行转动。旋转黏度计的测量原理是利用旋转力矩规则,即导致扭矩恒定旋转的力与黏度成比例。当旋转达到稳定状态时,由黏度引起的旋转和由扭曲弹簧的转矩引起的旋转扭矩达到平衡,这时弹簧的扭转角与样品的黏度成比例,并成指数关系。

此法是最简单的方法通常被称为单筒圆柱形旋转黏度计法。另一种方法用双筒共轴型旋转黏度计,样品被填充在内筒和外筒之间的空间里,内筒或外筒之一旋转产生层流状态,这样黏度就可测量了。第三种方法为恒旋转扭矩法,即把旋转扭矩控制在固定的测量值。

尽管旋转黏度计法就其物理原理而言是很不错的方法,但是每个转子可测量的黏度范围很窄,更换转子时测量的连续性会丢失。

为了使测量的范围更宽，需要同时使同不同类型的旋转器。此外，只能保证在满量程附近的测量精度，对于低黏度的测量，误差会变大。

日本混凝土研究院新拌混凝土的力学模型研究委员会的报告指出了以下有关旋转黏度计的问题[3]：

（1）层流分布被个别的大型粒子的运动显著打乱，如粗集料。

（2）为了模拟理想的层流，很有必要按比例加大测试设备的尺寸，同时实验需要相当大体积的混凝土。

（3）对于塑性黏度小、屈服应力大的混凝土，样品和筒体之间会发生滑动。

（4）在混凝土实验中，在内筒体底部产生的扭转损耗不可忽略。

（5）对于塑性黏度小、屈服应力大的混凝土，必须在高旋转速度下进行测量，（由于引入搅拌运动）很容易引起样品属性的改变。

（6）因为内压分布是由样品的自重引起的，应力状态会发生变化，对容器内不同高度的粒子间的摩擦阻力也有显著影响。

（7）在实际测试结果中，折叠点的影响是很明显的，因此很难得到清楚的屈服应力值，问题在于数据的重复性。

根据上述特点，有人认为旋转黏度计法仅限于坍落度小于 15 cm 的材料，即使如此也必须对测试条件作出必要的调整。Uchikawa 等[4]发现水泥浆和非水硬性颗粒尺寸相同的石英粉浆体在连续的低剪切速率条件下，得到的屈服应力在 2 h 内持续增大。他认为形成了絮凝结构并伴随颗粒的沉降，由此导致屈服应力的增加。Park 等[5]运用双筒旋转黏度计对由水泥、粉煤灰、矿渣组成的水泥浆以及外加硅灰的水泥浆进行了大量的流变测定分析。

- **振动黏度计**

振动黏度计的测量原理如下。

当剪切速率（D_s）作用到其间充满液体的两块平行板中的一块时，在另一块板上便产生切应力（或拉力）τ。当剪切速率被连续测量时，黏度 η 等于切应力的速度（τ/D_s）。对于牛顿流体虽然剪切速率改变但是黏度为常数，而对于宾汉流体（例如混凝土），黏度取决于剪切速率。因此，对于屈服应力值 τ_0、塑性黏度 η 这些参数的近似值，可以由方程式（7.61）得到。通过连续测定切应力和剪切速率的值，在图 7.45 中画出其流动曲线图。

$$\tau = \tau_0 + \eta D_s \tag{7.61}$$

水泥浆的流动性用由旋转黏度计测得的剪切速率和切应力来评价。因为高精确度的双筒旋转黏度计中两筒体间的距离很小，而且扭转力矩的可测范围很窄，它只适合于评价低黏度或高水灰比的水泥浆，不能用来评价砂浆或混凝土（包含集料）的流动性。

由于振动黏度计中的传感器板具有相对窄的振动范围，使用内部驱动电流设置的应力优先控制方法,即使剪切速率接近零它也能进行测量,并且屈服应力值测量的精确性很高。当使用振动黏度计时,砂浆(含细集料)的水灰比接近 0.2,在高剪切速率下可以测量其黏弹性。

在振动黏度计中,反应板如图 7.46 所示,它被插入样品中并在驱动电流作用下进行振动。反应板上施加的力显示与驱动电流 I 的大小成比例,见式(7.62)。反应板上的振幅以电压被感知,电压转换成电流并可被测定,同时剪切速率 D_s 可以从振幅上获得。剪切速率 D_s、切应力 τ 之间的连续性的关系如下:

$$\tau = kBLI \tag{7.62}$$

式中,k 为常数,B 为磁通量密度常数,L 为线圈长度常数,I 为驱动电流(A)。

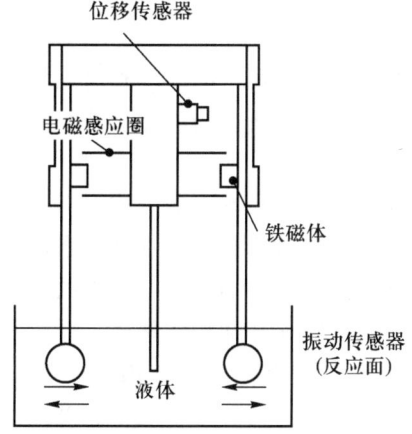

图 7.46　振动黏度计

Uchikawa 等[6,7]将三种不同尺寸的颗粒混合,即平均粒径为 2 μm 的石灰粉、平均粒径为 15 μm 的低热水泥以及平均粒径为 40 μm 的由磨机残留粉制成的水泥,水灰比(w/c)为 0.2,硅钙比为 1.5,研究它们的流动性以及强度发展。流变参数通过振动黏度计测定,低水灰比的流动曲线也可以获得,屈服应力值和塑性黏度同样可以测量。

因此,上述提到的测量类型很难或不可能通过旋转和振动黏度计获得。

二、含化学外加剂水泥体系的流变学

最近一次关于化学外加剂与混凝土材料相互作用问题的技术发展水平报告是由 Collepardi 和 Ramachandran 于 1992 年第九届 ICCC 大会上发表的。那个时候,最先进的减水剂是磺化萘和三聚氰胺甲醛缩合物。超塑性剂是相对传统的分散剂(如木质素磺酸盐),能使得水泥颗粒更高度分散的水泥分散剂。在第十届和第十一届 ICCC 大会上,在这个问题上虽然没有发表全体会议的论文,专门讨论化学外加剂与水泥的相互作用的论文数量分别为18篇和29篇。

第九届ICCC大会后,聚羧酸型高效减水剂的发明使外加剂的应用获得长足发展。聚羧酸型高效减水剂中包含接枝聚氧乙烯,即PC[9,10]。超高强混凝土的强度达到200 MPa,可以任意控制塌落度大小,混凝土的修复系统和自密实混凝土就是开发这种新技术的例子。关于工作机理,提出了许多新概念,例如立体位阻效应、水化物每单位表面积的吸附量、对含硫酸盐离子高效减水剂的吸附平衡、PC化学结构的影响以及水泥特性的影响。

下面主要回顾化学外加剂对水泥基材料新拌浆体性质的影响以及两者之间的相互作用。在前半部分,总结了水泥分散剂的近期发展;在后半部分,总结了分散剂与混凝土材料的相互作用机理。

1. 化学外加剂的类型和作用

首先,对近期化学外加剂在混凝土的生产和研究活动情况进行概述。在接下来的各个部分,将逐一介绍几种典型的高性能减水剂。

1)最近化学外加剂一览

化学外加剂根据它的化学组成和作用被分成很多种类。在这里之所以列出典型的化学外加剂,是因为对于讨论高效减水剂与水泥、胶凝材料、集料等混凝土材料的相互反应,理解这些外加剂是必不可少的。

多羟基化合物:淀粉衍生物如葡萄糖酸是最主要的组成部分。多羟基化合物型外加剂很便宜,而且在全世界范围内使用。在美国,这是最普遍的减水剂。多羟基化合物具有缓凝效应。当聚萘浓缩物(PNS)作为主要的水泥分散剂时,曾经尝试通过加入葡萄糖酸改善它的坍落度保持性。然而,这些尝试都是无效的。目前,坍落度保持性主要通过使用特定类型的PC来控制。葡萄糖酸的缓凝效应与其剂量成比例。葡萄糖酸延长了诱导期,但是凝结后的强度的发展与没有葡萄糖酸的体系差不多。

无支链的聚羧酸聚合物:羧酸盐聚合物的分散效果有限,而且这种类型的外加剂没有广泛使用。

木质素磺酸盐型AE减水剂:是最普遍的AE(引气剂)减水剂。该产品的主要成分是造纸业的副产品木质素磺酸盐。近来,由于造纸工艺的变化,这种材料的供应量变少了。木质素磺酸盐具有引气效应,它经常和葡萄糖酸混合使用,减水剂的性能取决于剂量的大小。木质素本来包含了一些糖成分,这些糖成分可以阻滞水泥凝结。为了避免水泥缓凝,在日本,传统的做法是将水泥中木质素磺酸盐的添加剂量控制在0.25%(质量分数)以下。然而,通过使用超过滤技术,可以除去引起缓凝的成分。这些经过特殊处理的木质素磺酸盐可以以更高的剂量加入而没有缓凝效应,并且产生很高的水泥分散度。

聚β-萘磺酸盐型和聚三聚氰胺型磺酸盐高效减水剂(PNS和PMS):PNS

和 PMS 的原材料分别来自钢铁工业焦炭生产的副产品和石油化工业中生产三聚氰胺的副产品。这些原材料与甲醛聚合后再被磺酸盐化,最终被合成适用于水泥分散剂的分子尺寸。PNS 和 PMS 没有很强的引气效应,很多场合下,这两种高效减水剂表现出很差的坍落度保持性。在日本,PNS 的使用仅限于工厂化的混凝土生产场合。PNS 和 PMS 不适合于那些要求长时间坍落度的商品混凝土的生产。PNS 和 PMS 与聚羧酸混合时表现出不相容性。通常认为苯环与聚氧乙烯(POE)链发生相互作用,从而破坏分散剂的性能。

聚羧酸型高效减水剂(PC):PC 是一种分散剂,20 世纪 80 年代发明于日本,是由石化产品人工合成的。PC 被认为是一种梳型分散剂,如表 7.8[11]所示。

表 7.8 日本国内使用的梳型 PC 高效减水剂的分子结构[11]

群	分子结构
Ⅰ	$H-(CH_2-O)_o-(CH_2-O)_m-H$ 侧链: $C=O$, OM 和 $C=O$, $O(CH_2CH_2O)_nR_2$ ($R_1=H$ 或 CH_3, $R_2=CH_3$, $M=Metalion$)
Ⅱ	$H-(CH-CH-CH_2-CH)_m-H$ 侧链: $O-C$, $C-O$, O 环; $CH_2O-(CH_2CH_2O)_n-R_1$
Ⅲ	$\overset{R}{C}H-CH_2-[(\overset{R}{C}-CH_2)_m-(\overset{R}{C}-CH_2)_p-(Z)_o]_N-CH_2-\overset{R}{C}H$ 侧链: CH_2, SO_2M; $C-O$, OM; $C-O$, $O(CH_2CH_2O)_mR$; CH_2, SO_3M ($R=CH_3$, $M=Na$)
	$H-[(\overset{R}{C}-CH_2)_o-(\overset{R}{C}-CH_2)_m-(\overset{R}{C}-CH_2)_p-(\overset{R}{C}-CH_2)_o]_N-H$ 侧链: $C-O$, OM; $C-O$, OR; Y, SO_3M; X, $O(CH_2CH_2O)_n-R$ $\begin{pmatrix} R=CH_3, H \\ X=CH_2, CH_2-O \\ Y=CH_2, C-O \end{pmatrix}$
Ⅳ	$-(A)_o-(B)_m-(C)_p$ 侧链: $COONa(OCH_2CH_2O)_m-H$ $\begin{pmatrix} n>60 \\ o+m+p=10\sim20 \end{pmatrix}$

群	分子结构
V	$$H-(CH_2-\underset{R_1}{\underset{|}{\overset{\overset{\displaystyle R_2}{\underset{|}{(AO)_n}}}{\overset{|}{\underset{|}{\overset{O}{\underset{|}{C=O}}}}}}{C}})_o(CH_2-\underset{\underset{\displaystyle (D)-交联点}{\underset{|}{\underset{|}{\underset{O}{\underset{|}{C=O}}}}}}{\overset{R_1}{\underset{|}{C}}})_m H$$ $$H-(CH_2-\underset{\underset{\displaystyle (AO)_n}{\underset{|}{\underset{O}{\underset{|}{C=O}}}}}{\overset{R_1}{\underset{|}{C}}})_o-(\overset{C=O}{\underset{R_1}{\underset{|}{C}}}-CH_2)_m-H$$ AO:环氧烷烃

这种类型的分散剂由三部分构成：聚乙烯主链、POE 支链以及起吸附作用的羧基官能团。通过这些化学结构改性，各种各样的性能，如刚混合后的分散性能、坍落度保持性、凝结等都可以得到控制[12]。具体细节将在下面介绍。

PC 通常具有引气效应。这种引气效应因不同的混合系统而不同，例如，在实验室中很容易引入大量的空气，通常需要使用消泡剂，但是在工厂生产中不会引入如此过量的空气，实际上这时就要用 AE。AE 剂的选择在生产中是一项很重要的技术，因为某些类型的 PC 会明显地降低抗冻/融的能力。

列于表 7.8 中的被称为一代 PC 基高效减水剂。这些高效减水剂都具备很好的分散水泥粒子的潜力。此外，基于混凝土的低水灰比趋势，以及由此引起的混凝土拌和物的难处理问题，近年来混凝土拌和物放热易处理性逐渐成为对 PC 的新的需求。为此，支链型的聚合物和低黏度的高效减水剂得到了快速发展，如图 7.47[13]和图 7.48[10,14]所示。这种类型的 PC 可以明显地降低恒屈服应力下料浆的表观黏度。换句话说，在相同的坍落度下，使用这种 PC 的混凝土拌和物会变得很容易操作。图 7.49 显示的是日本国内市场上 PC 高效减水剂具体类型的快速

7.5 水泥系统的流变学和早期性能 449

变化情况[10]。从 2002 年开始，PC 已经发展到了二代。

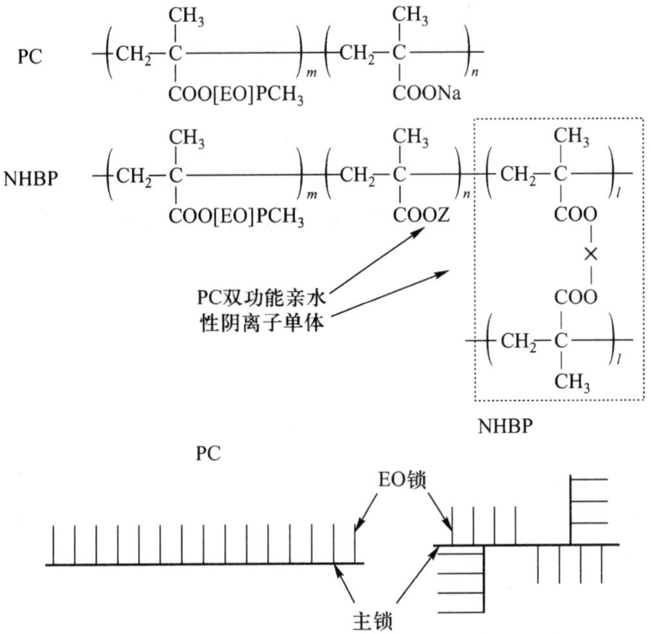

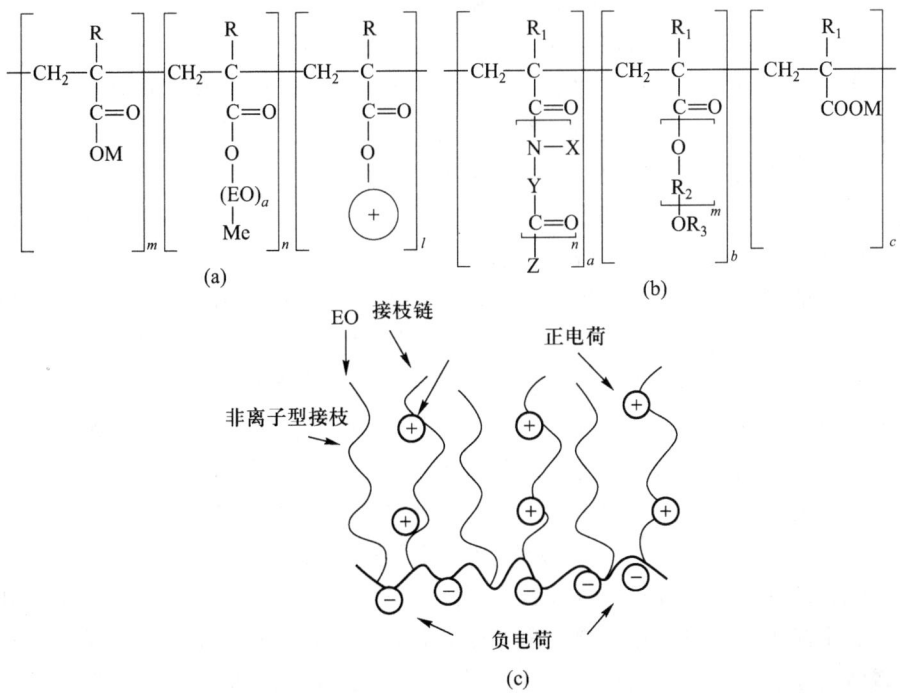

图 7.47 传统 PC 和支链化 PC(NHBP)的化学结构和外形

图 7.48 新型低黏度高效减水剂的化学结构和外形

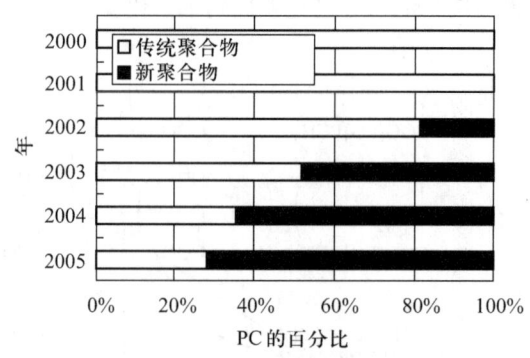

图 7.49 日本国内 PC 基高效减水剂的消耗量百分比

混合型减水剂：为了满足混凝土制造商的多样性需求，如廉价、适中的减水性能和适宜的延时坍落度，有人将几种组分混合到一种减水剂中。典型的混合型是多羟基化合物 + 木质素磺酸盐 + 聚羧酸 + AE 剂。同时，几种不同特性的 PC 基减水剂混合使用也很普遍。

减缩剂：通过降低毛细管和凝胶毛孔中水的表面张力，水泥硬化体的自收缩和干燥收缩可以得到控制。减缩剂的主要组成是由低级醇和亚烷基氧化物组成的非离子型分子[15]。超塑剂被吸附到水泥颗粒表面后起到分散剂的作用，与之相反，减缩剂不是吸附在固体表面而是留在孔溶液中。继 Berke 等提出一些技术之后，研发活动仍在进行[16]。如何控制空气量和气泡尺寸分布以保证混凝土的抗冻融性，是这类减缩剂遗留的一个技术问题。近来减缩剂的一个发展方向是和膨胀剂结合使用。在考虑了温升和对力学性能的影响之后，有人提出了一个新的可用于估计热膨胀和开裂行为的模型[17]。这个技术可以有效控制由热膨胀、自收缩、干燥收缩引起的变形。

多功能型高效减水剂：近来一种可以降低干燥收缩（图 7.51）的新型高效减水剂（图 7.50）已经被开发出来[18]。在图 7.50 中 SP1 和 SP2 是传统的 PC 型，N1 和 N2 是多功能型。有些使用了羧酸基团，主要是为了引入降低收缩的功能组分。这种新型的高效减水剂的影响效果如图 7.51[19]所示。与传统减缩剂相比，这种高效减水剂的特点是降低了使用剂量。只要采用与 PC 减水剂相近的剂量就可以获得减少 10% ~ 20% 的自收缩和干燥收缩效果。

缓凝剂：据报道[20]，已经开发出一种现场返送的混凝土拌和物与新拌混凝土混合的回收利用技术。这种技术用适量的缓凝剂加入到返送的混凝土拌和物中，水泥水化可以根据用户的需要随意延长。在这种技术中，采用了一种包含磷酸盐基团的强效缓凝剂。当这种回收的混凝土和新拌的混凝土混合时，需加入另一化合物以便使正常的水泥水化重新开始。

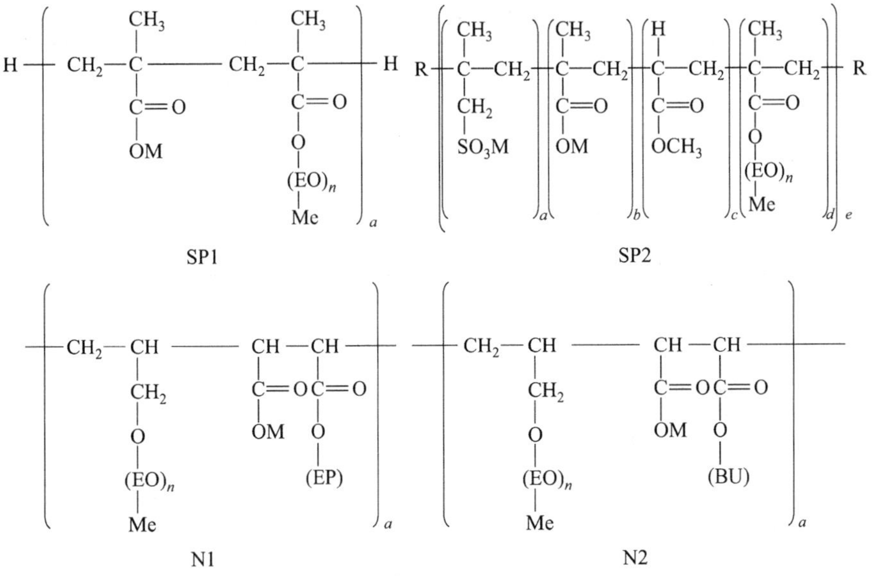

7.5 水泥系统的流变学和早期性能　451

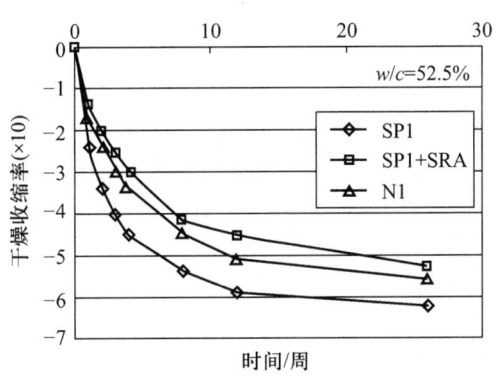

M: 金属　Me: 甲基　EO: 环氧乙烷
EP: 二甘醇-3,4-缩二丙二醇-丁醚
BU: 二乙醇单丁醚

图 7.50　多功能型超塑化剂的化学结构[19]

图 7.51　多功能型超塑化剂对干燥收缩率的降低作用[19]

2）PC 型减水剂的化学结构和性能

这里主要讨论其化学结构和性能之间的关系。支链长度、聚合度、支链或羧基基团的密度是很重要的因素。Ota 等[12]总结了 PC 的结构因素对性能的影响，详细情况列于表 7.9 中。Yamada 等[21]报道了化学结构对不同的水灰比的水泥浆流变性质的影响情况，如图 7.52 所示。长支链更适合于高流动性，尤其在低水灰比的场合，存在一个最适合的主链长度。

表 7.9 导致高分散性和分散性保持的结构因素

结构因素 分散性	主干聚合物的相对链长度	相对接枝长度	接枝的相对数量
低分散性和短分散保留性	长	短	大
高分散性	短	长	小
低分散保留性	较短	长	大

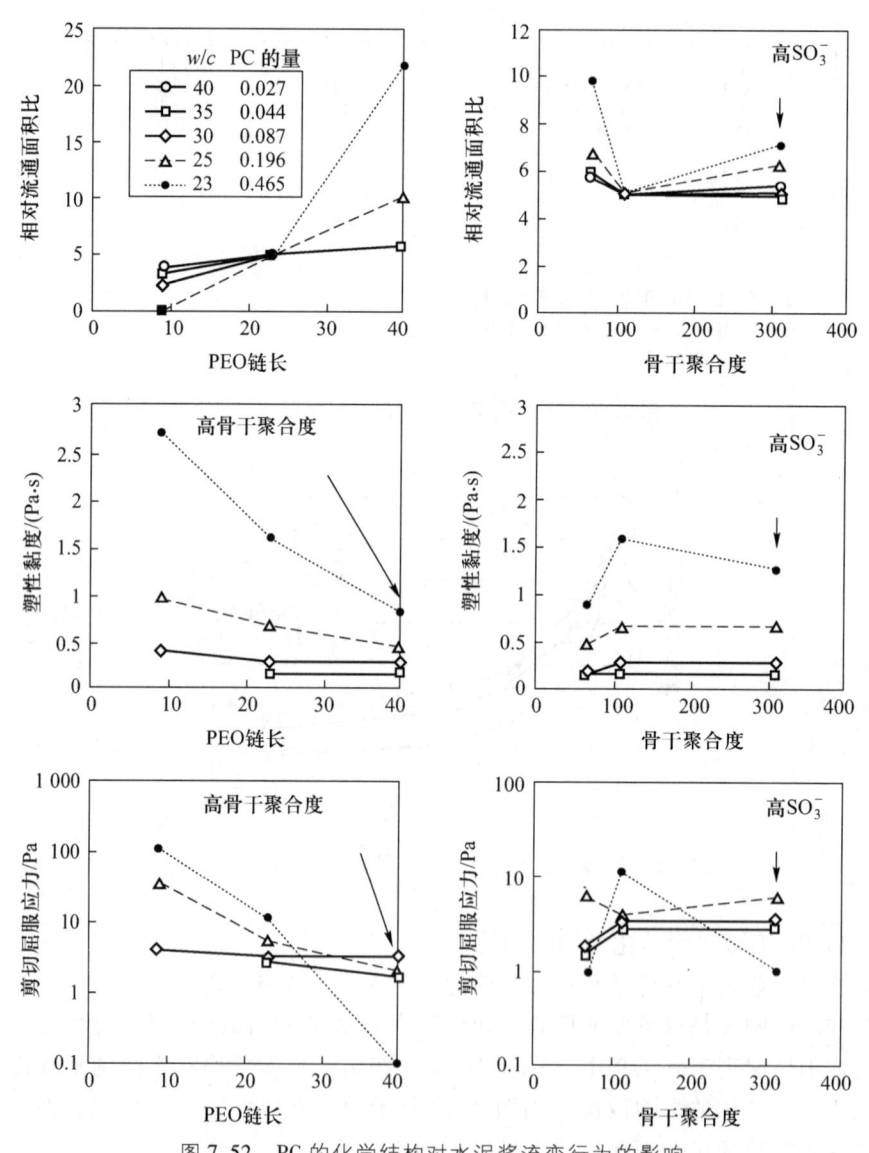

图 7.52　PC 的化学结构对水泥浆流变行为的影响

这些性质需从机械学的立场考虑。有一项研究[21]表明较长接枝链显示低流动性,与表7.9的结果相反。一些其他的实验结果也有相矛盾的情况。PC型的特性取决于原材料和合成条件。因此,PC型的化学结构对性能的影响会因制造商的不同而不同,即使它们的基本结构和工作机理相同。很难通过先进的分析技术去描述这类聚合物混合物的详细化学结构。在表7.8和图7.47、图7.48和图7.50中显示的化学结构只是一种推测,这是高效减水剂基础研究中的难点之一。

然而,基本机理还是差不多的。如图7.53[12]所示,羧基吸附在固体表面Ca^{2+}的位置上。水泥颗粒和水化产物的絮凝是接枝链产生空间位阻效应从而降低吸引力的结果。聚合物仍然在液相中,也可能以某种方式影响它分散。

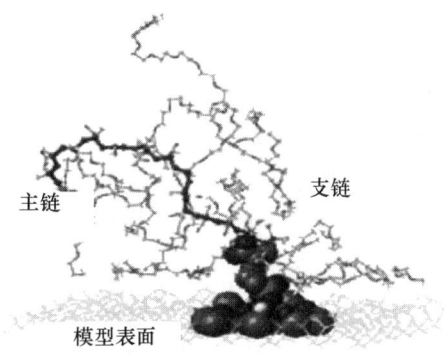

图7.53 吸附于模型水化物Ca^{2+}位上的PC的空间构造[22]

2. 化学外加剂作用下的水泥分散机理

1)基本的分散力

水泥颗粒发生絮凝是由于范德华力的作用[23]。水泥分散剂有三种基本的分散机理:第一种是润滑作用,是通过亲水分子的吸附,如多元醇型减水剂;第二种是通过吸附产生的静电力作用,如磺酸盐型的PNS和PMS;最后一种是由支链的吸附产生的空间位阻效应。空间位阻效应的存在首先是由Uchikawa等[24]在实验基础上指出的。基于位阻理论[26],Yoshioka等[25]对粒子间电位进行了理论计算,通过计算由范德华力引起的电位和空间位阻效应,可以计算出粒子间的电位,如图7.54所示[27]。当使用长支链时原来引起絮凝的大的粒间负电位变得接近于零,避免了强絮凝。

除了混合后的分散作用之外,稳定性和保持流动性同样重要。已经有人提出了一些流动性随时间变化的机理。Hattori[28]在PNS体系中提出了物理絮凝的说法,它靠随机运动来克服水泥颗粒间的静电势。在这项研究中,用Blain方法测定浆体中水泥的比表面积随时间的变化,结果发现没什么变化,

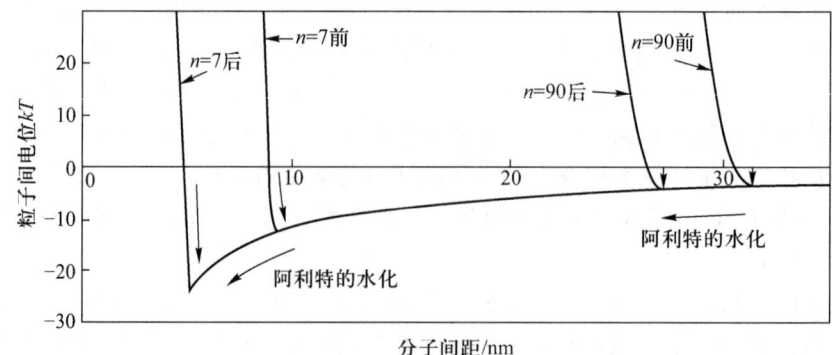

图 7.54 使用 PC 时粒间电位的估算值[27]

因此，水泥水化作用被忽略。然而，用 BET 法[29]测量比表面积时，发现比表面积增加了，因而必须考虑水泥的水化作用。

通过延迟吸附，某些 PC 可以保持很好的坍落度。通过化学结构的改性，可以改变其吸附特性。当使用特定的 PC，如用无水马来酸酐和 POE（芳基金属的共聚物）时流动性随时间增加。下面介绍一种可能的机理。

2）每单位比表面积的吸附量

关于高效减水剂的性能有一个简单的解释是：分散性能与水化水泥单位比表面积上的吸附量成比例，即 Ad/SSA，有很多例子支持这种假说。当温度不同时，含 PC 的水泥浆的流动性发生变化，这个不同之处可以通过 Ad/SSA[30]这个参数解释[30]。水泥浆体的流动性可以在很大范围内发生改变，这取决于温度以及混合后的时间，如图 7.55[30]所示。然而，这些变化可以通过 Ad/SSA 这个参数进行解释，这个理论的基本概念如图 7.56[22]所示。流动性可通过水化水泥的表面积、SSA 以及由硫酸根离子控制的 PC 吸附量这两个参数解释。随着时间的变化，流动性的改变同样可以通过这两个参数解释。

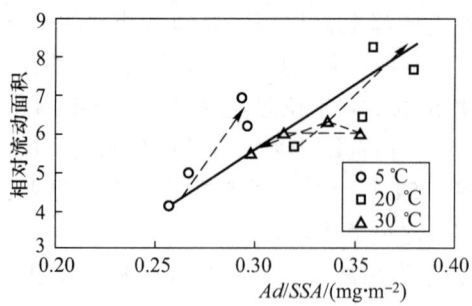

图 7.55 浆体流动性以及水化水泥每单位比表面积上的 PC 吸附量[29]（箭头表示 2 h 内时间变化）

7.5 水泥系统的流变学和早期性能 455

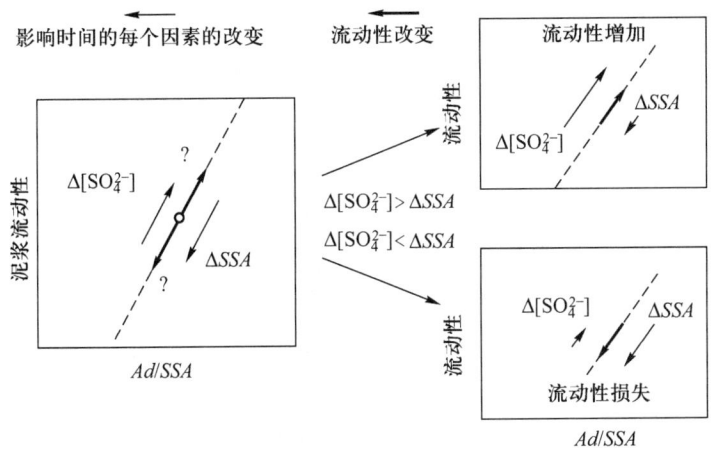

图 7.56　含 PC 的浆体流动性随时间变化的工作机理的基本概念[22]

随着时间的变化，SSA 增加，硫酸根离子的浓度 $[SO_4^{2-}]$ 下降，这两种现象从相反的方向影响 PC 的分散效应。SSA 和 $[SO_4^{2-}]$ 随时间的变化取决于水泥特性、混合程序和环境条件，$[SO_4^{2-}]$ 的变化对于 PC 分散效应的作用取决于 PC 对 $[SO_4^{2-}]$ 的敏感度，当改变 SSA 和 $[SO_4^{2-}]$ 的平衡以及 PC 特性时，可以测定流动性随着时间的变化。当 $[SO_4^{2-}]$ 变化的影响超过 SSA 变化的影响时，流动性增加，反之亦然，这个理论已经运用到混凝土坍落度的分析中。

水化水泥由几个相组成，例如钙矾石、单硫酸酯、石膏、氢氧化钙、C-S-H 和熟料矿物。每一个相吸附 PC 的程度不同[22]，最主要的吸附相是钙矾石。吸附在固相上的 PC 和硫酸根离子平衡，假设 PC 满足 Langmuir 型吸附平衡方程[22]：

$$N_{PC} = \frac{N_i K_{PC}[PC]}{1 + K_{PC}[PC] + K_{SO}[SO_4^{2-}]} \qquad (7.63)$$

式中：N_{PC} 是吸附在 i 固体表面的 PC 数目；N_i 是 i 固体表面的吸附点数目，相当于 PC 的饱和吸附量；K_{PC} 是 PC 的吸附平衡常数；K_{SO} 是硫酸根离子的吸附平衡常数；[PC] 是 PC 的摩尔浓度；$[SO_4^{2-}]$ 是硫酸根离子的摩尔浓度。

基于方程式(7.63)，预测用 9 种不同的水泥制得的混凝土在 2 h 内的 PC 吸附量大量下降，如图 7.57[22] 所示。混凝土的吸附量大量下降与 NPC 量成正比。水泥之间仍然存在着差距，但是一般实验观察到的趋势是这一理论的转载。

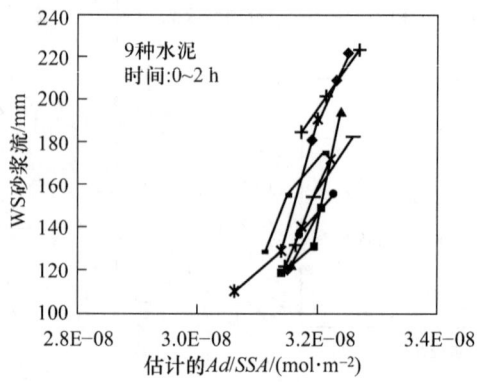

图 7.57 估计的 Ad/SSA 和 WS 砂浆流[22]

此参数对 PNS 也有效。PNS 由于其延迟效应而众所周知[31,32]，当 PNS 加到混合水泥浆体中时，其流动性比加到拌和水与水泥混合物里面时要高得多，这种效应可以通过吸附 PNS 到搅拌后刚形成初步水合物加以解释[33]，其他一些解释也被提及到[34,35]。这种吸附已知与硫酸根离子竞争[36]，最近，中岛等总结了这些概念，并提出综合的模型[38]，工作机制如图 7.58[37]所示。在这种模型中，硫酸根离子和 PNS 之间在水化水泥中的竞争吸附平衡也被考虑进去。

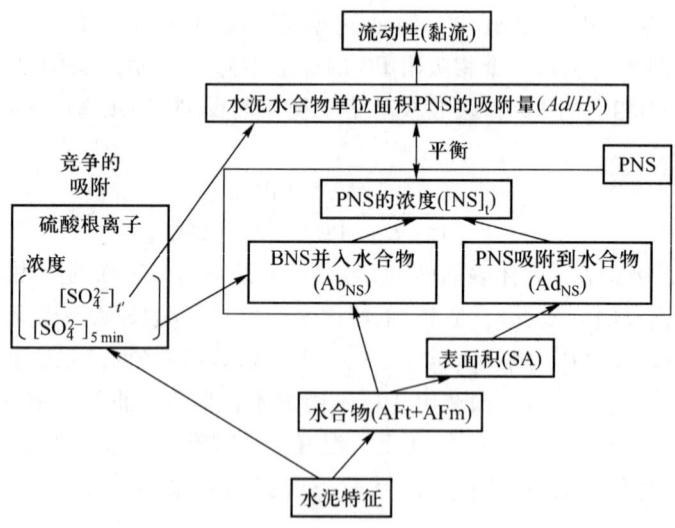

图 7.58 PNS 的工作机制模型[37]

为了 PNS 建模，有必要估计吸附量，但是很难直接估计。在模型中，吸附在水合物上的 PNS 与液相中 PNS 的浓度和硫酸盐的浓度平衡，基于这一假设，方程式(7.63)中的 PNS 常数被确定，N_{PNS}（对应于图 7.59 中的 θ_{NS}）也被估计出来。图 7.59[37]显示了黏流与计算得到的水化水泥每单位表面积的 PNS 吸附量之间的关系。在这些实验中，使用了各种类型的硅酸盐水泥，流量和计算的 PNS 吸附量之间存在一个线性关系，并建议用这个理论来解释 PNS 的工作机制。

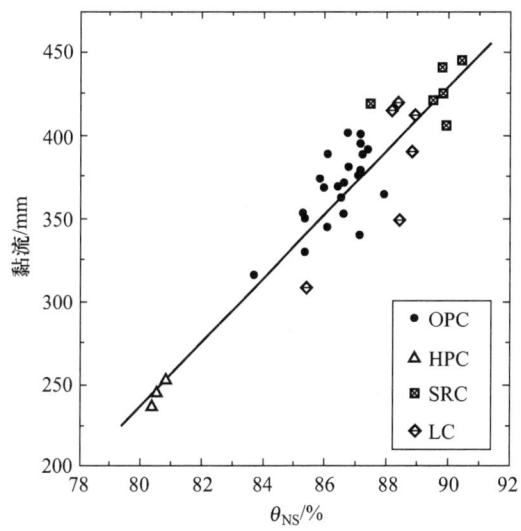

图 7.59　计算的 PNS 吸附量和浆体流动性之间的关系[37]（OPC：普通硅酸盐水泥，HPC：高早强水泥，SRC：抗硫酸盐水泥，LC：低 C_3A 含量的低热水泥）

3）水泥和高效减水剂的流动性能评价

为了评估水泥和高效减水剂的流动性能，采用一些标准的测试程序是比较适合的。有些重要因素需要考虑，其一是适量的粉末用量，其二是适当的混合比例，这取决于高效减水剂的性能[38]。关于"标准"水泥和"标准"高效减水剂的论述也作了解释。

图 7.60[38]显示了测试的 PC 剂量与混凝土和砂浆的流动性的基本关系。水灰比（w/c）为 0.55、0.40 和 0.30 的混凝土与 PC 混合，并使用了不同种类的混凝土。测定了混凝土坍落度、从混凝土中用湿筛选出的砂浆的流动度以及相同混合比单独混合的砂浆的流动度。通常会有人估计每种混合物里 PC 剂量和流动性之间的明确关系，但是只有当水灰比为 0.40 时才能获得预期的关系。有些时候，如当水灰比为 0.55 或 0.30 时，PC 不影响流动性，当水灰比为 0.55 时，粉末含量不足，混凝土可操作性差，因此，混凝土的变形不平稳，

PC 外加剂效应不能被检测。由于设计的 PC 使用环境是水灰比为 0.4 或更高,所以在低水灰比时,PC 对混合条件比较敏感,其性能会受混合过程中微小不同的影响。

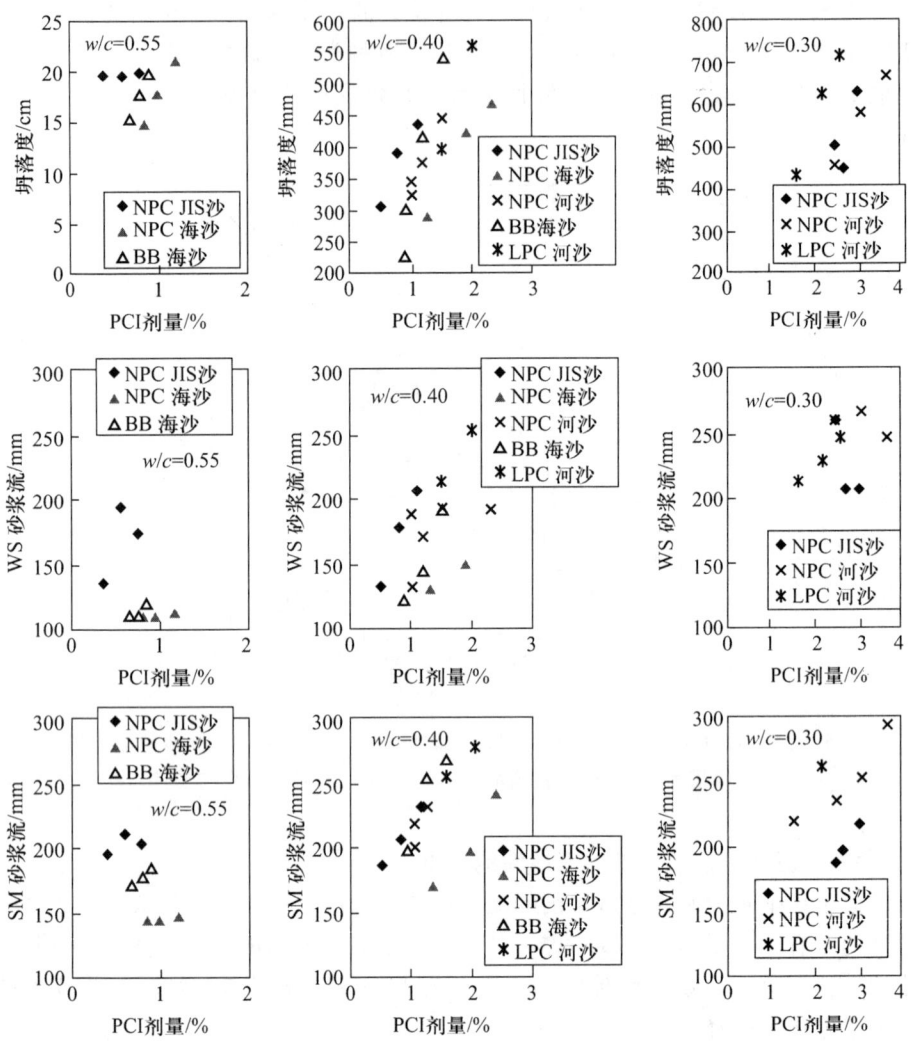

图 7.60 流动性(混凝土坍落度、湿筛选砂浆流动性和分别混合砂浆流动性)和各个水灰比下 PC 剂量之间的关系[38]。(NPC:普通硅酸盐水泥、BB:50% 的矿渣水泥、低热硅酸盐水泥)

为了改善这些因素,高水灰比时,采用增加石灰石粉,低水灰比时,采用测试范围内合适的 PC 量,通过这些改变,在任何条件下,PC 外加剂对混合物流动性都有影响。在任何水灰比条件下,Ad/SSA 与流动性存在一种比例关系,如图 7.61 所示[39]，这意味着水化水泥的分散性控制着混凝土或砂浆的流动性。图 7.62[38]显示了基于方程式(7.63)和单独混合的砂浆流动性估计的 Ad/SSA。估计的 Ad/SSA 和流动性之间存在线性关系，这一结果表明流动性可用这个参数来解释。

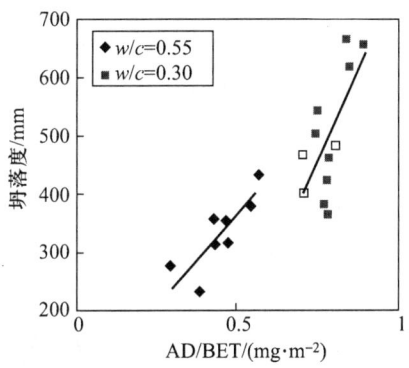

图 7.61　水化水泥单位表面积吸附的 PC 的量和坍落度[38]

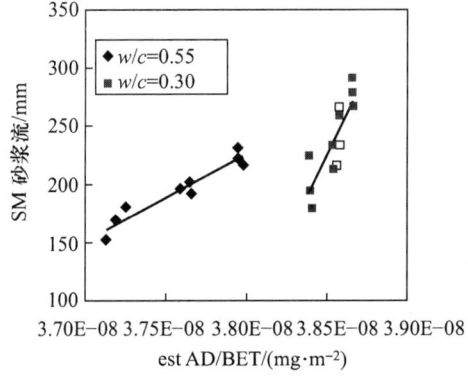

图 7.62　估计的水化水泥单位表面积吸附 PC 量和分别混合的砂浆的流动度[38]

从结果判断，没有通用的测试水泥和高效减水剂兼容性的测试方法，没有标准水泥和高效减水剂，但有一些一般的检测要求。其中一点就是混合物中有适宜的粉末含量来获得良好的可操作性。在美国和日本，水泥的强度等级没有被引用。但是，对一般强度的混凝土，适宜的粉末含量对混凝土良好的可操作性是不可或缺的[31]。因为这个要求，一些强度相对较低的水泥更为适用，另一点是水灰比要适合高效减水剂试验。

3. 水泥与化学外加剂的兼容性

1) 兼容性问题的示例

如图 7.52 所示,流变指数的选择影响水泥和化学外加剂兼容性的分析。例如,PC 在相对流动面积和塑性黏度中的影响是不同的。Yamada 等[21]测试了浆体流动性和高效减水剂剂量之间的关系,如图 7.63 所示,在这些试验中,使用了来自日本和法国的共计 6 种水泥和 6 种高效减水剂(PNS、PMS 和 4PC)。如图 7.63[21]所示,通过不同的组合可以获得相同的相对流动面积,为了区分它们,引入了两个参数。

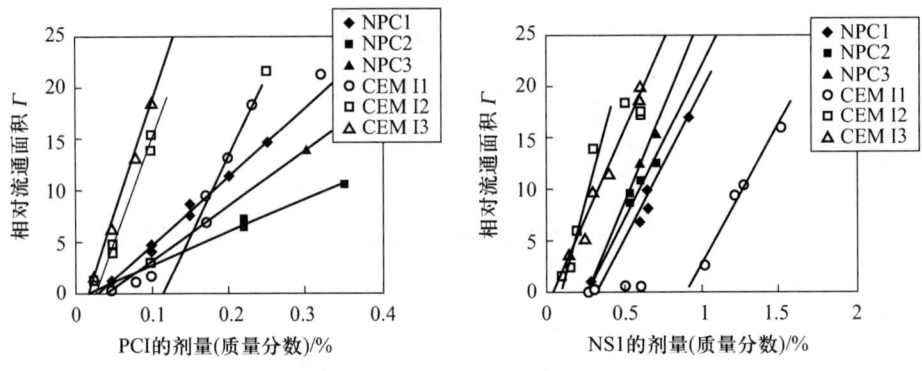

图 7.63 SP 剂量和水泥浆体流动性[21]

在图 7.64[21]中,说明了高效减水剂、SP、剂量和作为一个流动性指数的相对流动面积之间的关系。超过了临界剂量的 SP 影响流动面积。在临界剂量上,SP 在一定范围内线性地增加相对流动面积,而超过了饱和剂量时,其影响也饱和了。相对流动面积增加对 SP 剂量的斜率称为分散能力,通过临界剂量和分散能力的不同组合获得相同的相对流动面积是有意义的。因此,相对流

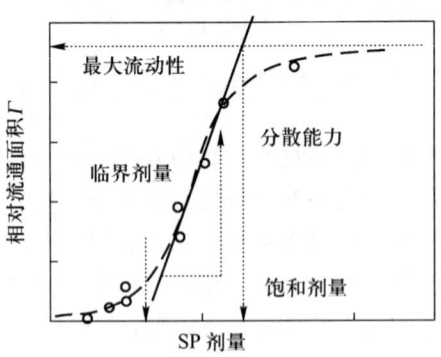

图 7.64 临界剂量和分散能力[21]

动面积的比较似乎是不恰当的。对水泥和高效减水剂的组合，这两个参数在分析时与水泥特征有关。

许多相关分析表明，在水泥的各特征中，C_3A量与临界剂量明显相关，如图7.65[21]所示，C_3A预期会影响混合后早期水化产物的数量和比表面积，其反应受各种因素的影响。由于Bogue法本身计算的C_3A的量可能不是那么准确，因此，为了准确地估计C_3A的反应量，混合后用一个微热量计检测水化30 min时的水化热。水化热和流动性之间的关系如图7.65(b)所示[21]，正如预期那样，临界剂量对应混合后水化产物的表面积显示了更好的相关性。

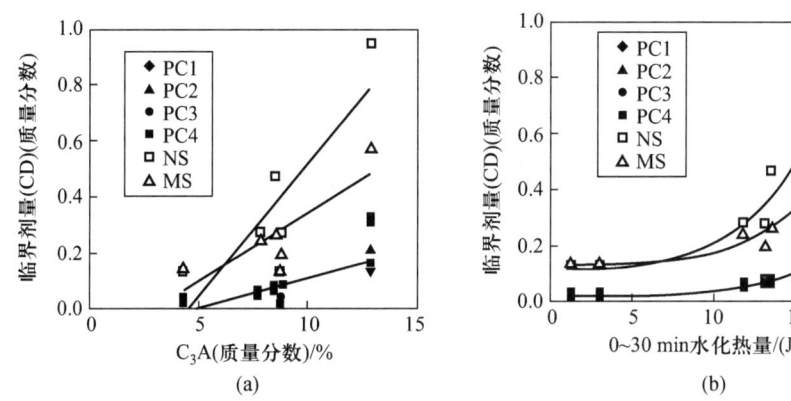

图7.65　C_3A的含量或水化热和临界剂量[21]

关于分散能力，可溶性碱量与水泥中碱性硫酸盐量间呈负相关性，但趋势不明显，因此，碱性硫酸盐的作用被单独检查。

2）碱性硫酸盐对PC的影响

碱性硫酸盐的影响由Ohno等首先报导[40]。进行了几次研究后，Yamada等[41]公布了一个关于硫酸根离子对PC吸附行为影响的综合研究。为了控制硫酸根离子的浓度，$CaCl_2$和Na_2SO_4反复加入到混合水泥浆体中，结果如图7.66[41]所示。通过添加外加剂，硫酸根离子的浓度被反复修正，随着硫酸根离子浓度的变化，水泥浆体的流动性改变了。硫酸根离子的浓度与PC吸附之间的关系如图7.67[41]所示，负线性关系说明主要是硫酸根离子的浓度控制PC吸附。这就是为什么低碱水泥表现出更高的流动性的原因之一。这些实验数据表明PC与硫酸根离子达成吸附平衡。

3）PC与硫酸根离子的比值

PC对硫酸根离子浓度的敏感度是水泥与PC不兼容的一个原因。水泥中的碱量通常取决于生料，不易控制，因此，如果能找到一种对硫酸根离子不敏感的PC化学结构就很方便了。

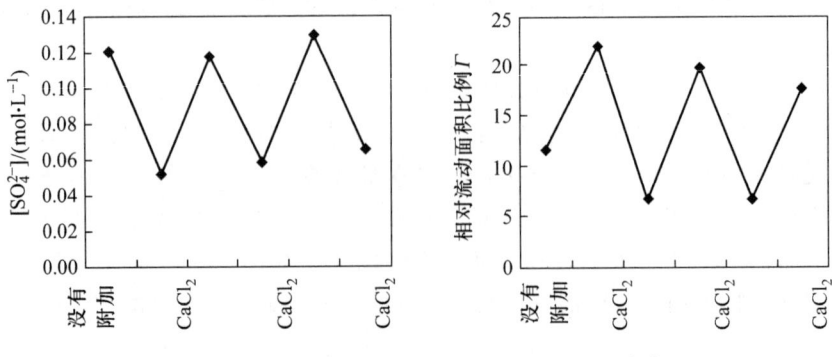

图7.66 加盐对硫酸盐浓度和流动性的影响[41]

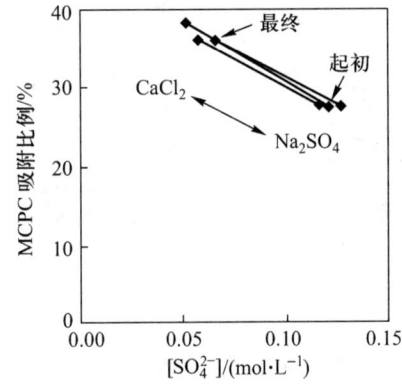

图7.67 硫酸根离子浓度与PC吸附之间的关系[41]

硫酸根离子影响PC的吸附，因此，一种具有较高吸附能力的PC应该可以有效地降低了受硫酸根离子波动的影响。在图7.68中，主链上羧基比例对流动性降低的影响伴随硫酸根离子的增加而降低[42]。具有较多羧基的聚合物受硫酸根离子的影响小。主链上数量越多的羧酸基团意味着越强的吸附能力，导致允许硫酸根离子的波动越大。

有可能让某种极端的PC具有非常强的吸附能力[43]，在水泥的正常范围内就不受硫酸根离子的影响。但是，过量的羧基会导致水化物的高表面积。在与水混合后的早期，羧基对 C_3A 的水化有一个加速效应，因而有一个羧基比例的最佳范围，也可以通过减少支链的数量来控制吸附能力。当然，因为支链会引起空间位阻效应，必然有一个最佳范围。如果支链密度太大，立体聚合物的高吸附会被阻碍。

具有强吸附能力的PC一般允许硫酸根离子浓度波动的范围更大，但一般不适合维持流动性，因为它不能停留在液相中，因为这个原因，结合了一种适

7.5 水泥系统的流变学和早期性能 463

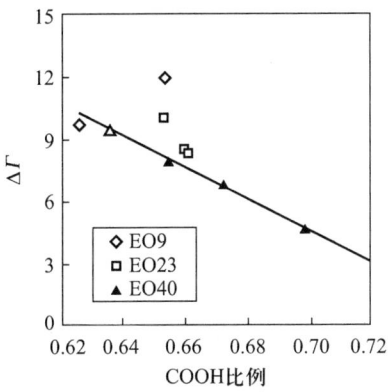

图 7.68 主链上的羧基对硫酸根离子的影响[43]

合保持流动性的 PC。虽然详细的机制不清楚,但当提供保持流动性时,有适当的混合成分的 SPs 能兼容硫酸根离子。

4) PNS

在 PNS 中,有两个重要因素前面已提到,其一是硫酸根离子吸附 PNS 到水合物上以及硫酸根离子的吸附平衡。延迟外加剂的加入和增加刚混合后硫酸根离子的浓度可以避免吸附。通过一种附加的碱性硫酸盐或增加半水石膏的比例可以增加硫酸根离子的浓度。这些效应如图 7.69[45]所示,通过延迟外加剂的加入和增加碱性硫酸盐,临界剂量减少,导致更低 PNS 剂量时具有更高的流动性。当碱硫酸盐加到混合水泥浆体中时,硫酸根离子的浓度增加,少量 PNS 被水泥水化物吸附,流动性降低。

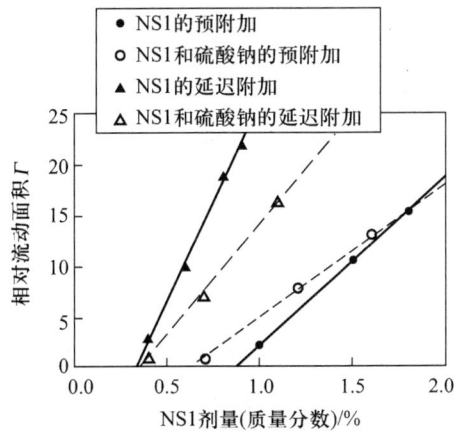

图 7.69 延迟添加剂和碱性硫酸盐添加对 PNS 性能的影响

5）水泥特性的影响

● 水泥中的硫酸盐

水泥中的硫酸盐主要有碱性硫酸盐、石膏、半水石膏和硬石膏。SO_3 在水泥中的作用是抑制 C_3A 的快速水化。为了达到这个目标，尽管 SO_3 的含量通常在水泥生产中受控制，但是来自硫酸钙的 SO_3 也应该控制，因为相对于硫酸钙中的 SO_3，碱性硫酸盐中 SO_3 的影响是有限的。

图 7.70[46] 显示了 SO_3 的含量对含有 PC 砂浆流动性的影响。在含 9% C_3A 和 0.70% SO_3 的熟料中（大部分以碱性硫酸盐形式存在），水泥中 2.0% 的 SO_3 足以抑制 C_3A 的水化。当 C_3A 和熟料中 SO_3 的含量分别增加到 10% 和 1.0% 时，能够得到高流动性。含 2.0% SO_3 的水泥的流动性比之前的情况低。随着石膏引入的 SO_3 含量的增加，流动性提高，这意味着需要足够量的硫酸钙抑制 C_3A 的最初水化。当水泥中 SO_3 的含量为 2.6% 时，流动性恢复到与之前 2.0% 相同的水平。当熟料中 SO_3 的含量增加到 1.3% 时，流动性减小，但石膏在这种情况下也提高了流动性。C_3A 对高效减水剂的性能有负面影响，然而，通过优化硫酸盐的组成从而获得足够的流动性是有可能的。

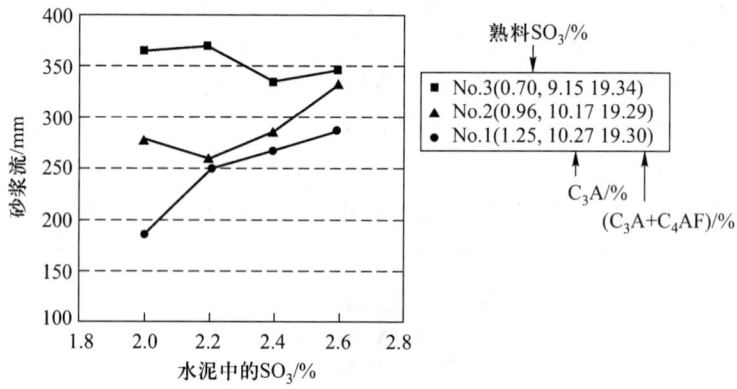

图 7.70　水泥中 SO_3 的含量对含有 PC 砂浆流动性的影响。半水石膏比例为 100% 和 50% 的水泥来自工厂，其他水泥来自实验室的熟料

当水泥中 SO_3 由硫酸钙控制时，下一个问题就是它的形式。对 PC 和 PNS，一般来说最好的是半水石膏。当半水石膏量或比例提高时，PC 的性能提高。一个例子如图 7.71[47] 所示。在这个例子中，水泥来自同一熟料，而水泥中 SO_3 的含量在实际水泥厂中得到控制，这意味着控制硫酸钙含量作为常数，半水石膏量通过粉磨温度而改变。水泥流动性由 w/c 为 0.37 含 PC 的砂浆流动性来测定，流动性随着半水石膏比例的增加而提高。较高的半水石膏比例能更好地保持流动性，在半水石膏比例较高时，流动性损失减小。在图

7.72[46]中,另一个例子显示了半水石膏对含 PC 砂浆流动性的影响,半水石膏比例较高能使 PC 的分散性能表现更好。

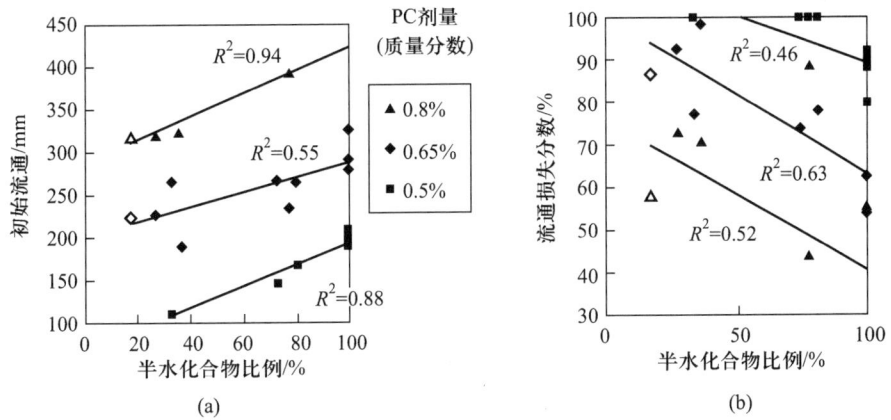

图 7.71 半水石膏比率与初始流动性和流动性损失[47]

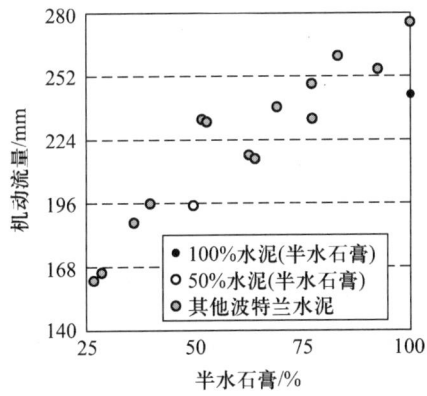

图 7.72 半水石膏含量对含 PC 砂浆的流动性的影响[46]

- 水泥中 C_3A 的含量和反应活性

上面阐述的 SO_3 的作用与 C_3A 的含量和反应活性密切相关,因为硫酸盐抑制 C_3A 的反应。换句话说,C_3A 的反应量是决定水化物表面积的实质性参数,而水化物表面积控制了最重要的参数 Ad/SSA。

即使 C_3A 的含量由 Bogue 方程计算保持不变,C_3A 的含量和反应活性可以是多样的,因为除了主要元素的化学组成外,还有其他一些因素影响 C_3A 的含量,重要因素如 MgO 的含量、冷却速度和钾的含量。

当熟料中 MgO 的含量高时,C_4AF 含量的增加和 C_3A 含量的降低对流动性都是有利的。

当从高温液相快速冷却时，生成的熟料颗粒较小，C_3A/C_4AF 的形成率降低，这对流动性也是有利的。图 7.73[38] 所示的是具有相同化学组成的生料，在不同的冷却速度下获得的熟料，C_3A 的含量用 XRD/Rietveld 方法定量。如图 7.73 所示，C_3A 的含量越低，流动性越高。在这项研究中还指出了冷却速度是影响中间相形貌的一个因素，通过快速冷却，晶体结构变得更好。这种现象可以通过测量 C_4AF 的晶粒尺寸检测到。在 C_3A 的含量一定时，随着 C_4AF 的晶粒尺寸的减小，流动性增加。

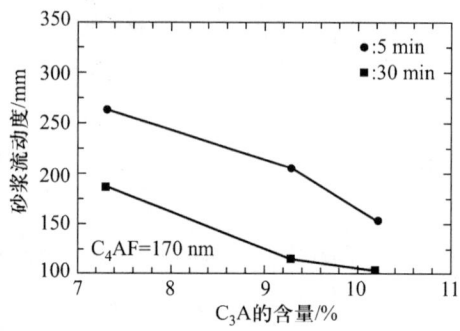

图 7.73　C_3A 的含量与含 PC 砂浆流动性[48]

碱是影响 C_3A 反应活性的另一个因素，与 C_3A 结合的有效碱量取决于熟料中碱与 SO_3 含量的平衡。当熟料中钾的含量较丰富而硫酸盐相对较少时，钾溶解在 C_3A 相中并增加了 C_3A 的反应活性，这种情况对流动性是不利的。图 7.74 显示出 SO_3/Na_2O 对含 PC 砂浆流动性的影响。在这种情况下，熟料中碱的含量保持不变。较高的 SO_3/Na_2O 有益于保持流动性以及刚搅拌后的流动性。

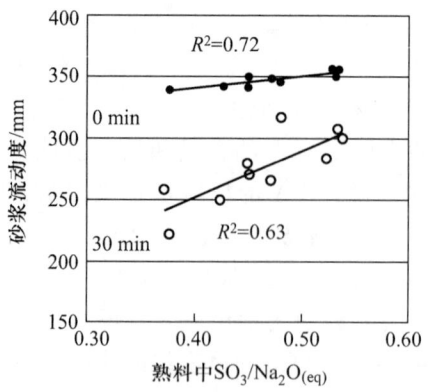

图 7.74　熟料中 $SO_3/Na_2O_{(eq)}$ 对含 PC 砂浆流动性的影响[47]

C_3A 的活性也受粉磨过程中喷水或运输和存储过程中充气的影响[45,47]，经过这些过程 C_3A 的活性降低。这种变化通常对 PNS 有利，因为吸附于最初水化物上的量在减少，对 PC 而言，它取决于最初水化物表面积的作用和硫酸根离子浓度的平衡。由 C_3A 活性的减小，硫酸盐离子的消耗量减少，且这可能导致刚搅拌后硫酸盐离子的浓度增加。

最近报道了助磨剂对初始水化的作用与 PC 的性能有关[50]。图 7.75[50] 显示了乙二醇、二甘醇对含 PC 砂浆流动性的影响。在刚搅拌后最初的流动度是相似的，然而，搅拌后随时间的推移，在加了大量二甘醇的情况下流动性会降低更多。分析表明，刚搅拌后二甘醇经与钙离子的交互作用激发了 C_3A 的活性，为了减少二甘醇的影响，高温粉磨更好些，并且在这种情况下也可获得更高的半水石膏与二水石膏的比例。

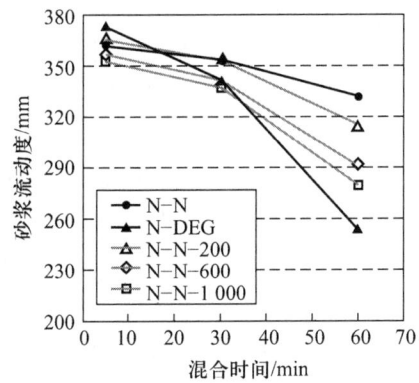

图 7.75 添加 DEG 对含 PC 砂浆流动性的影响[50] N-N：未加助磨剂，N-DEG：在粉磨过程中加 200×10^{-6} 的 DEG，N-N-200、N-N-600、N-N-1000：粉磨后分别加 200×10^{-6} 的 DEG、600×10^{-6} 的 DEG 和 1000×10^{-6} 的 DEG

6）其他影响因素

• C 级粉煤灰和缓凝剂的组合

Sandberg 等[51] 报道了一例由混凝土材料特定组合引起的不兼容现象。即低硫酸盐普通硅酸盐水泥、C 类粉煤灰和一类具有缓凝作用的减水剂，在这种特定的组合中 C_3A 水化异常和 C_3S 水化明显延迟。根据这项研究，通过提高水泥中 SO_3 的含量可以正常凝结。

已知粉煤灰是具有阻碍作用的[52]。Yamada 等[53] 研究了类似材料组合。即含 2.5% SO_3 的普通硅酸盐水泥、含 9% C_3A 的 C 类粉煤灰替代 40% 的普通硅酸盐水泥，以及一组包括强磷酸盐类型缓凝剂的化学外加剂。在这项研究中，C_3A 的异常水化峰可以通过混凝土的抗压强度测试和微量量热仪检测到。

C_3S 的水化作用显著被延迟了。硬化推迟在数天之内且在 C_3S 重新开始水化之后,强度发展正常。根据分析,因为受大量 C 类粉煤灰替代所带来的有效 C_3A 含量的增加和液相中缓凝剂捕获 Ca^{2+} 的影响,C_3A 的最初水化作用不能有效控制,随着硫酸盐和 Ca^{2+} 的供应量不足,C_3A 被认为具有异常高的活性,并导致 C_3S 水化作用延迟。

- 集料中的黏土矿物

黏土矿物例如蒙脱石影响 SPs 的性能,特别是对流动性的保持。聚醚接枝链在黏土矿物的层间可以被捕获,这导致了低的流动性[54,55]。

三、自密实混凝土流变学

自密实混凝土在 1988 年由东京大学的 Okamura、Maekawa 和 Ozawa 在混凝土实验室开发出来[56,57]。自密实混凝土是由常规组分做成的混凝土,不用振荡器振捣而利用自身的重量流动,并且填装模子中的每个角落。自密实的效率通过一对比实验得到证实,常规坍落度混凝土和自密实混凝土两者被浇注到密置钢筋的示范模板中,证实自密实混凝土可以达到优异的结构能力。

自密实混凝土发展的约束条件是:① 粗集料的最大尺寸约为 20 mm,② 钢筋的最小间距应大于粗集料的最大尺寸,③ 在模板与钢筋之间的保护层与粗集料的尺寸大小相同。目的是开发这种混凝土,同时满足以上三个约束条件时就可浇注。该技术的关键是含 20 mm 颗粒大小粗集料的新拌和混凝土如何通过钢筋间的狭窄空间而没有材料分离,即提供通过间隙的能力。通过降低 w/cm(包括胶凝材料)提供自密实性,这使得混凝土具有高强度特征、良好的抗材料位移能力和低泌水性,这种混凝土具有很少的初始裂缝,最终可以制成高性能混凝土。

自密实混凝土的技术问题有以下三点[58,59]:
(1) 混合设计方法。
(2) 自密实的测试方法。
(3) 开发一种新的大范围 AE 减水剂。

自密实混凝土的实际应用在瑞典、比利时、荷兰和法国比日本更普遍。

1. 自密实混凝土的配合比设计

图 7.76 针对通过间隙的作用机制展示了新拌混凝土自密实性的图像。通过限制粗集料的含量,在通过间隙时粗集料的阻碍现象是可控的。此外,通过减少砂浆中细集料的量和降低水固比,通过紧密包裹粗集料来增加砂浆对剪切变形的抵抗是可控的。适中的压力传输性能得到加强,因此自密实性得到提高。

7.5 水泥系统的流变学和早期性能

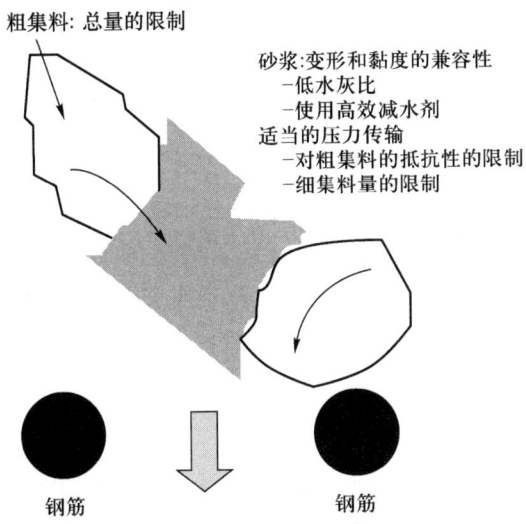

图 7.76 针对通过间隙的作用机制，新拌混凝土自密实性的图像[59]

具体来说，图 7.77 显示了粗骨料占总表观体积的 50%，这近似总混凝土体积的 30%。在由水、含外加剂的水泥和细集料组成的砂浆部分，细集料的体积上限设定为约 40%。建立了一种混合料配合比方法，通过使用高效减水剂和低水固比来提供砂浆适当的变形性和黏度，这样就达到了自密实性[56]。如图 7.78 所示，关于 w/cm（包括矿物掺合料）和高减水外加剂的剂量，如果将相对漏斗流速比和相对流动面积比的适当范围作为目标，通过调整 w/cm 和高减水外加剂的剂量，可以生产自密实混凝土[60]。例如，增加高效减水剂的使用量可以增加流动性，但材料的变形性也会增加，如果减少使用量可增加抗离析性能，因此为了自密实性，外加剂存在一个最佳掺量。

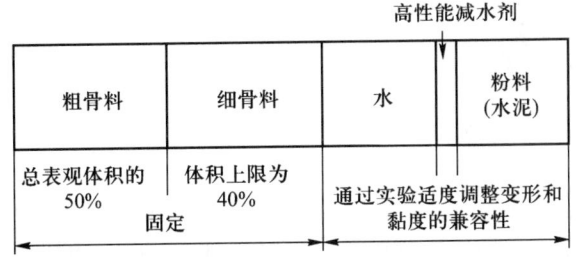

图 7.77 由 Okamura 和 Ozawa 等设计的自密实混凝土配合比[59]

2. 自密实性的评价

坍落度测试可以显示自密实性，但在实际情况中通过钢筋间隙的阻力不能

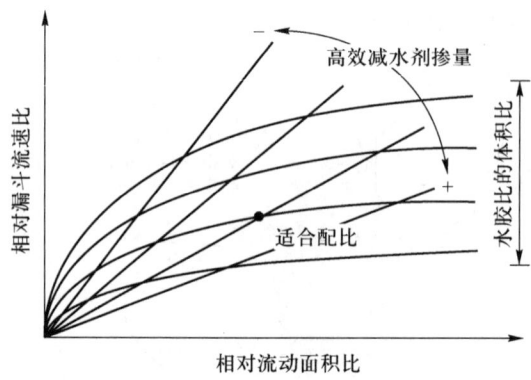

图 7.78 根据高效减水剂的加入量和水固比的体积比设计配合比[59]

用这种测试来评估。据研究,是否可以通过表明剪切速率和切应力的关系流动曲线来评估,但还未能实现。然后"U 形测试方法"中提出自密实性可以用混凝土通过一个障碍上升的高度来定量表示[61,62]。如果混凝土太坚硬,它不会上升到反面,但如果太软,粗集料会从砂浆中分离出来堵塞在障碍上使混凝土不能通过,混凝土的前端不能上升,只有适宜稠度的混凝土才能够上升(图 7.79)。

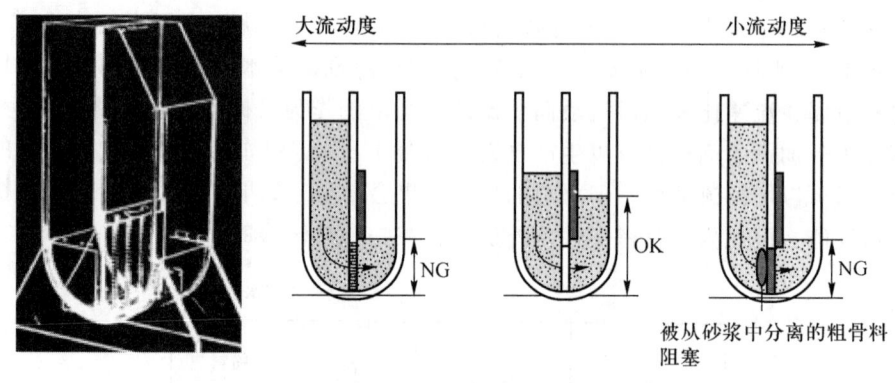

图 7.79 U 形测试方法器具(Shintoh 方法)[61,62]

Shintoh 使用这种测试方法证实了一些混凝土混合物的自密实性,该混凝土由水胶比为 32%~36%,单位胶结料使用量为 400~500 kg/m³,砂集料比(砂集料比为细骨料相对粗骨料的比)为 45%~48%,0%~1% 增稠剂组成。发现如果坍落度在 60~70 cm 之间,目标填充高度 Uh 不低于 30 cm 时,可以作为自密实性适合的一种指标。通过间隙的能力可以用 Shintoh 方法评估。控制自密实混凝土的自密实性由填充高度代替传统的流动度方法是一个突破性的贡献(图 7.80)。

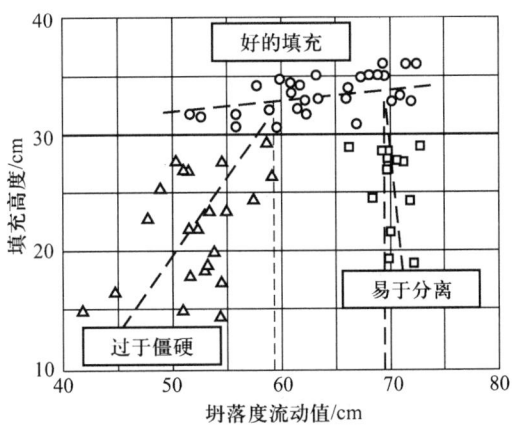

图 7.80 具有好的自密实性混凝土的坍落度流动值的可接受范围[61,62]

3. 自密实混凝土的高效减水剂

虽然最初使用的是萘磺酸盐基高效减水剂[63],一些缺点会出现,如掺量高会出现缓凝现象,掺量低会使流动性损失,或因高的塑性黏度会增加搅拌机的负载。针对这些需要一种新的化学外加剂,聚羧酸基外加剂被开发出来[64]。这在前面已经介绍过。关于聚羧酸基外加剂的实际应用证实了具有聚氧乙烯链甲基丙酸烯酸的接枝共聚物的有效性[65-70],还有一种马来酸基的聚羧酸型 AE 和高范围减水剂[71]。掺这种外加剂的混凝土流动性是通过水泥颗粒的分散性来获得的。AE 和高范围减水剂吸附在水泥颗粒表面,水泥颗粒通过自身静电斥力和空间位阻斥力来分散,萘磺酸盐基外加剂的分散作用主要是由前者起作用,而聚羧酸基外加剂的分散作用是由后者起主导作用。因此,降低塑性黏度,减少掺量,尽可能避免缓凝和减少流动性损失,从而有利于实现自密实混凝土的性能。聚羧酸基 AE 和高范围减水剂的发展时期与自密实混凝土的发展和扩散期部分重叠,可以理解为聚羧酸基 AE 和高范围减水剂的出现对自密实混凝土的发展是不可或缺的因素。

四、参考文献

[1] Yamada Y. Interaction between cement and chemical admixture from the point of cement hydration, absorption behaviour of admixture, and paste rheology [J]. Cem. Concr. Res., 1999, 29(8): 1159-1165.

[2] Yamada Y, Tomiyama J. Study on constitutive equation for viscoplastic fluid in consideration of hysteresis [J]. Proceedings of the Japan Concrete Institute,

2003, 25 (1): 899-904.

[3] Report of technical committee for mechanical model of fresh concrete [R]. Japan Concrete Institute, 1996.

[4] Uchikawa H, Uchida S, Hanehara S. Flocculation structure of fresh cement paste determined by sample freezing: back scattered electron image, II [J]. Cemento, 1987, 84: 3-22.

[5] Park C K, Noh M H, Park T H. Rheological properties of cementitious materials containing mineral admixtures[J]. Cem. Concr. Res., 2005, 35: 842-849.

[6] Uchikawa H. Characterization and materials design of high-strength concrete with superior workability [M], Cement Technology, Cemeramic Transaction (ACerS), 1990, 40: 143-186.

[7] Uchikawa H, Hanehara S, Hirao H. Cement for high-strength concrete with superior workability prepared by adjusting the composition and particle size distribution[J]. Journal of Research of the Taiheiyo Cement Corporation, 1993, 46 (1): 48-55.

[8] Collepardi M, Ramachandran V S. 9th Int Cong on the Chem Cem[C], 1992.

[9] Nippon Shokubai Co., Ltd., Cement Dispersant, JP Sho 59-18338, 1981.

[10] Sakai E, Ishida A, Ota A. New trends in the development of chemical admixtures in Japan[J]. J. Adv. Concr. Tech., 2006, 4 (2): 211-223.

[11] Sakai E, Yamada K, Ota A. Molecular structure and dispersion-adsorption mechanisms of comb-type superplasticizers used in Japan [J]. J. Adv. Concr. Tech., 2003, 1 (1): 16-25.

[12] Ota A, Sugiyama T, Tanaka Y. Fluidizing mechanism and application of polycarboxylate-based superplasticizers, 5th CANMET/ACI Int Conf on Superplasticizers and Other ChemicalAdmixtures in Concrete [C]. SP-173, 1997, 359-378.

[13] Hamada D, Hamai T, Shimoda M, et al. New superplasticizer providing ultimate workability[J]. Proc. of JCI, 2006, 28 (1): 185-190.

[14] Okazawa S, Ota A. Current status and future direction of advanced superplasticizers in Japan[J]. Kenji Sakata Symp. on Prop. of Concr., 2006, 331-344.

[15] Tomita R, Goto T, Sakai K, et al. An experimental study on drying shrinkage and crack of concrete using cement-shrinkage-reducing agent[J]. Proc. of JCI, 1983, 81-184.

[16] Berke N S, Dallaire M P, Hicks M C, et al. New developments in shrinkage-reducing admixtures, 4th Canmet/ACI Superplasticizers and Other Chemical Admixtures in Concrete[M]. SP-173 ACI, 1997, 971-998.

[17] Tanimura M, Suzuki M, Maruyama I, et al. Improvement of time-dependent

flexural behavior in RC members by using low shrinkage-high strength concrete, Proc. 7th Int Symp on the Utilization of High Strength/High Performance Concrete[M]. Washington D. C. : SP-228, ACI, 2005, 1373-1395.

[18] Sugiyama T, Ota A, Tanaka Y. Shrinkage reduction type of advanced superplasticizer[C]//Proc. 4th CANMET/ACI Int. Conf. on Adv. in Concr. Tech. , SP-179, ACI, 1998, 189-200.

[19] Yamada K, Nakanishi H, Tamaki S, et al. Working mechanism of a shrinkage-reducing superplasticizer of new generation [C]//Proc. 7th CANMET/ACI Int. Conf. on Adv. in Concr. Tech. , SP-222, ACI, 2004, 171-184.

[20] Okawa Y, Fukushima M, Yamamiya H. Study on DELVE system[J]. NMB Transaction, 1998, 12: 11-21.

[21] Yamada K, Takahashi T, Hanehara S, et al. Effects of the chemical structure on the properties of polycarboxylate-type superplasticizer[J]. Cem. Concr. Res. , 2000, 30: 197-200.

[22] Yamada K, Hanehara S. Working mechanism of polycarboxylate superplasticizer considering the chemical structure and cement characteristics[J]. Proc. 11th Int. Cong. on the Chem. Cem. , 2003, 2: 538-549.

[23] Flatt R J. Dispersion forces in cement suspensions[J]. Cem. Concr. Res. , 2004, 34 (3): 399-408.

[24] Uchikawa H, Hanehara S, Sawaki D. The role of steric repulsive force in the dispersion of cement particles in fresh paste prepared with organic admixture [J]. Cem. Concr. Res. , 1997, 27 (1): 37-50.

[25] Yoshioka K, Sakai E, Daimon M, et al. Role of steric hindrance in the performance of superplasticizers for concrete [J]. J. Am. Ceram. Soc. , 1997, 8 (10): 2667-2671.

[26] Napper D H. Steric Stabilization [J]. J. Colloid Interface Sci. , 1997, 58: 390-407.

[27] Sakai E, Daimon M. Dispersion mechanisms of alite stabilized by superplasticizers containing polyethylene oxide graft chains[C]//Proc. 5th CANMET/ACI Int. Conf. on Superplasticizers and Other Chemical Admixtures in Concrete, SP-173, ACI, 1997, 187-201.

[28] Hattori K. Mechanism of slump loss and its control[J]. Material, 1980, 29: 240-246.

[29] Yamada K, Hanehara S. Interaction mechanism of cement and superplasticizers: The role of polymer adsorption and ionic conditions of aqueous phase[J]. Concr. Sci. Eng. , 2001, 3: 135-145.

[30] Yamada K, Hanehara S, Yanagisawa T. Influence of temperature on the dispersibility of polycarboxylate type superplasticizer for highly fluid concrete [C]//Proc. of Int. Conf. on Self-Compacting Concrete, RILEM, Stockholm, 1999, 437-448.

[31] Tagnit-Hamou A, Aitcin P C. Cement and superplasticizer compatibility [J]. World Cem., 24, 1993, (8): 38-42.

[32] Aitcin P C, Jolicoeur C, MacGregor J G. Superplasticizers: How they work and why they occasionally don't[J]. Concr. Int., 1994, 5: 45-52.

[33] Fernon V, Vichot A, Le Goanvic N, et al. Intaeraction between Portland cement hydrates and polynaphthalene sulfonates[C]//Proc. 5th CANMET/ACI Int. Conf. on Superplasticizers and Other Chemical Admixtures in Concrete, SP-173, ACI, 1997, 225-248.

[34] Massazza F, Costa U. Effects of superplasticizers on the C3A hydration, 1980 [C]//Proc. 7th Int. Cong. on the Chem. Cem., IV, Paris, 271-277.

[35] Bonen D, Sarkar S L. The superplasticizer adsorption capacity of cement pastes, pore solution composition, and parameters affecting flow loss [J]. Cem. Concr. Res., 1995, 25 (7): 1423-1434.

[36] Nawa T, Eguchi H, Fukaya Y. Effect of alkali sulfate on the rheological behavior of cement paste containing a superplasticizer [C]//Proc. 3rd CANMET/ACI Int. Conf. on Superplasticizers and Other Chemical Admixtures in Concrete, SP-119, ACI, 1989, 405-424.

[37] Nakajima Y, Goto T, Yamada K. A practical model for the interactions between hydrating Portland cements and poly-beta-naphthalene sulfonate condensate superplasticizers[J]. J. Am. Ceram. Soc., 2005, 88 (4): 850-857.

[38] Yamada K, Sugamata T, Nakanishi H. Fluidity performance evaluation of cement and superplasticizer[J]. J. Adv. Concr. Tech., 2006, 4 (2): 241-250.

[39] Hanehara S, Yamada K, Saunders J. Trends of blended cement[J]. World Cem., 2005, 10 (11).

[40] Ohno A, Nakamura M. Adsorbing behavior of polycarboxylate-type superplasticizer on belite-rich Portland cement[J]. Cem. Sci. Concr. Tech., 1996, 50: 892-897.

[41] Yamada K, Ogawa S, Hanehara S. Controlling the adsorption and dispersing force of polycarboxylate-type superplasticizer by sulfate ion concentration in aqueous phase[J]. Cem. Concr. Res., 2001, 31: 375-383.

[42] Yamada K, Takahashi T, Ogawa S, et al. Molecular structure of the polycarboxylate-type superplasticizer having tolerance to the effect of sulfate

ion[J]. Cem. Sci. Concr. Tech., 2000, 54: 79-86.

[43] Yamada K, Okada K, Ozu H, et al. Polycarboxylate-type superplasticizer of which performance is enhanced by sulfate ion[J]. Pro. of JCI, 2001, 23(2): 79-84.

[44] Yamada K, Hanehara S. Incompatibility phenomena between cemen and superplasticizer and its prevention method[J]. Proc. 1st fib. Cong., 2002, 7: 203-212.

[45] Yamada K, Hanehara S, Honma K. Effects of initial hydration reactivity of cement on the dispersing performance of polycarboxylate superplasticizer [J]. Conc. Library of JSCE, 2001, 38: 71-80.

[46] Ichitsubo K, Ichikawa M, Sano S. The effects of the kind and amount of calcium sulfate on the initial hydration of cement and fluidity under the existence of polycarboxylate superplasticizer[J]. Proc. of JCA, 2004, 58: 46-53.

[47] Yamada K, Kim C, Ichitsubo K, et al. Combined effects of cement characteristics on the performance of superplasticizers: An investingation in real plants[C]//Supplemental Volume of 8th CANMET/ACI Int. Conf. on Superplasticizers and Other Chemical Admixtures, ACI, 2006 (in press).

[48] Nakano T, Ichikawa M, Susumu S, et al. Effect of cooling speed of clinker on the mortar fluidity[J]. Proc. of JCA, 2006, 60: 26-27.

[49] Tagnit-Hanou A, Bouraoui S. Effect of alkali sulfate on cement hydration at low and high water cement ratios[C]//Proc. 10th Int. Cong. on the Chem. Cem., Amarkai AB and Congrex Goeteborg, 1997, 211012.

[50] Ichitsubo K, Lin C Y, Yamada K, et al. Influence of grinding aids on the fluidity of cement and effect of grinding process for cement at the high temperature[J]. Cem. Sci. Concr. Tech., 2005, 59: 66-73.

[51] Sandberg P, Roberts L R. Studies of cement: Admixture interaction related to aluminate hydration control by isothermal calorimetry[C]//Proc. 7th CANMET/ACI Int. Conf. on Superplasticizers and Other Chemical Admixtures in Concrete, SP-, ACI, (2003) 529-543.

[52] Fajun W, Grutzeck M W, Roy D M. The retarding effects of fly ash upon the hydration of cement pastes: the first 24 hours[J]. Cem. Concr. Res., 1985, 15: 174-184.

[53] Yamada K, Hirao H, Yamashita H, et al. New incompatibility problem of hardening under specific combination among chemical admixtures, cement and fly ash[C]//Proc. 12th Int. Cong. on the Chem. Cem. (2007) (in submission).

[54] Atarashi D, Sakai E, Obinata R, et al. Influence of clay minerals on fluidity of

CaCO₃ suspension containing comb-type polymer[J]. Cem. Sci. Concr. Tech., 2003, 57: 386-391.

[55] Sakai E, Atarashi D, Kawakami A, et al. Influence of molecular structutre of comb-type superplasticizers [C]//Proc. 7th CANMET/ACI Int. Conf. on Superplasticizers and Other Chem. Adm. in Concr., SP-217, ACI, (2003) 381-392.

[56] Jeknavorian A A, Jardine L, Ou C C, et al. Interaction of superplasticizers with clay: bearing aggregates[C]//Proc. 7th CANMET/ACI Int. Conf. on Superplasticizer and Other Chem. Adm. in Concr., SP-217, ACI, (2003) 143-159.

[57] Okamura H, Maekawa K, Ozawa K. High performance concrete (self compacting concrete)[M]. [s. l.]: Gihodo Publisher, 1993.

[58] Okamura H. Self compacting and high performance concrete[M]. [s. l.]: Institute of social system, 1999.

[59] Oouchi M. Self-compacting concrete technology from Japan to the world [J]. Civil Engineering (JCSE), ISSN 0021-468X, 2001, 86 (4): 58-62.

[60] Oouchi M. Flowable self-compacting concrete [J]. Concrete Technology (JCI), ISSN 0387-1061, 2002, 40 (1): 62-67.

[61] Manual of how to produce self compacting concrete[M]. [s. l.]: ZENNAMA, 1998.

[62] Shindou T. Research on super workable concrete using unti-segregation agent, Dessertation[R]. [s. l.]: The University of Tokyo, 1993.

[63] Shindoh T, Matsuoka Y. Development of combination-type self-compacting concrete and evaluation test methods[J]. Jl. Adv. Concr. Tech., 2003, 1 (1): 26-36.

[64] Kishitani K, Kunigawa N, Iizuka M, et al. Cement Science and Concrete Technology (JCA)[J]. 1986, 478.

[65] Kinoshita M. Role and progress of organic admixture for concrete[J]. Nippon Gomu Kyokaisi(SRIJ), 2005, 78 (7): 267-272.

[66] Kinoshita M, Yamaguchi S, Yamamoto T, et al. Cement Science and Concrete Technology(JCA), 1990, 44: 222-227.

[67] Kinoshita M, Yonezawa T, Yuki Y. Cement Science and Concrete Technology (JCA)[J]. 1993, 47: 196-201.

[68] Kinoshita M, Yuk Y, Miura Y, et al. Japanese Journal of Polymer Science and Technology[J]. 1995, 52 (1): 33.

[69] Kinoshita M, Yuki Y, Saito K, et al. Japanese Journal of Polymer Science and Technology[J]. 1995, 52 (6): 357.

[70] Kinoshita M, Suzuki T, Yonezawa T, et al. Properties of an acrylic graft

copolymer-based new superplasticizer for ultra high-strength concrete [J]. American Concrete Institute, 1994, SP-148, 281-299.

[71] Mitsui K, Yonezawa T, Kinoshita M, et al. Application of a new superplasticizer for ultra high-strength concrete [J]. American Concrete Institute, 1994, SP-148, 27-45.

7.6 水泥基材料的早期性能综述

D. P. Bentz

美国国家标准与技术研究院，Gaithersburg，MD USA

本节将从材料科学的角度回顾水泥基材料的早期性能，综述早期发生的物理化学过程并讲述减轻早期开裂的策略。

一、早期养护干燥过程中的凝结、泌水和水分的蒸发

成型完毕后，重力和局部的干燥环境立刻开始影响水泥净浆、砂浆或混凝土的(微)结构。根据混合物水胶比(w/cm)(和集料的体积分数)的不同，最初的新鲜浇注的材料可以看成是刚性粒子在水中的高浓度悬浮液或是水填充的粒状多孔介质。在前者的情况下，会出现明显的凝结，同时伴随着泌水。例如，对于没有外加剂的现代波特兰水泥来说，可测量的泌水和凝结在水灰比(w/c) > 0.4 的水泥中通常能观察到。随着固体颗粒的沉降和相应体积水上升到样品顶部，在整个样品厚度范围内形成微结构(孔隙率/密度)梯度。除了固体的浓度和粒径分布(PSD)外，这种梯度细节也取决于样品顶部表面的水分蒸发，即干燥条件。

早先，X 射线吸收的测量已经用于检测在密封和干燥条件下养护的水泥净浆的微结构梯度[1]。在高浓度悬浮液中，随着颗粒的沉降，颗粒的体积分数作为深度的线性函数将有较大的局部变化，变化范围从样品底部较高的粒子浓度到样品顶部较低的粒子浓度。图 7.81 列举了 $w/cm = 0.40$ 的混合水泥净浆在密封条件下养护 2.5 h 和 4.5 h 后测得的 X 射线透过剖面图。X 射线透过率低(较低的标准化计数，这里透过计数已经通过一个参照样品标准化)，表明颗粒的浓度较大，因为水泥颗粒对 X 射线的吸收系数远大于水的吸收系数。在这种情况下，密封养护的最初几个小时内，在顶部表面形成的较低的固体浓度(较高的填充水空隙率)可能持续于材料的整个使用寿命周期，这会导致表面层比较脆弱，例如，可能对剥落现象更加敏感。

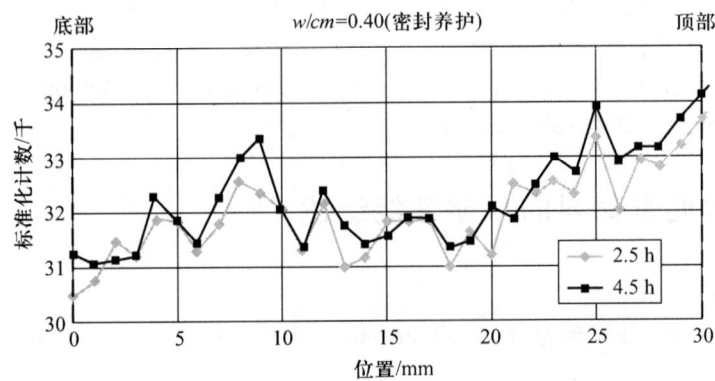

图 7.81 在 23 ℃、密封条件下养护的 $w/cm = 0.40$ 的混合水泥的 X 射线穿透标准化计数与养护时间（2.5 h 或 4.5 h）和深度[2]的关系。样品的顶部位于 30 mm 处

当样品上表面出现干燥时（水分蒸发），这种情况会变得更为复杂。如果蒸发水的量稍微多于渗透的水量，弯液面将会在样品顶部的颗粒间产生，根据 Kelvin-Laplace 方程将会在水中产生毛细管张力：

$$\sigma_{cap} = \frac{2\gamma\cos\alpha}{r} = \frac{-\ln(RH)RT}{V_m} \qquad (7.64)$$

式中，σ_{cap} 是毛细管张力（Pa），γ 是孔溶液的表面张力（N·m^{-1}），α 是孔溶液和毛细管壁的接触角，V_m 是孔溶液的摩尔体积（m^3·mol^{-1}），r 是弯液面的半径（m），RH 是相对湿度（在 0~1 之间），R 是通用气体常数（8.314 J·mol^{-1}·K^{-1}），T 是绝对温度（K）。式（7.64）中，通常假设接触角为 0°（孔壁完全被液体湿润）。毛细管张力会压迫粒状多孔介质，特别是靠近顶部表面的。在这种情况下，$w/c = 0.45$ 的水泥净浆立即暴露于干燥环境中，除了凝结/泌水期间发生在样品底部的致密化外，在靠近样品顶部表面处也可能发生局部明显的致密化现象。$w/c = 0.45$ 的水泥浆体立即暴露于干燥环境中，X 射线透过结果如图 7.82 所示。对比图 7.82 中 0.67 h 和 4.67 h 的标准计数图，可以轻易地观察到在顶部（暴露面）已经发生了优先的致密化。据此，美国混凝土协会（ACI）建议，在现场混凝土中，仅当混凝土的上表面第一次出现"干燥和不存在自由水"[4]时，采用养护剂应当也是高质量表面层形成。毛细管张力的发展也是导致水泥基材料塑性收缩开裂的原因。塑性开裂与蒸发速率、混合物的最初含水量和孔溶液的表面张力[5]有关。

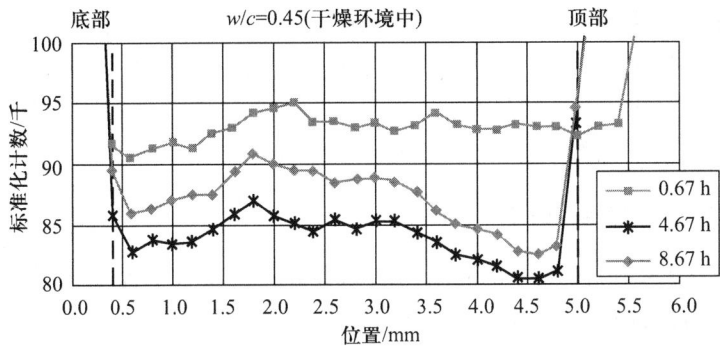

图 7.82 $w/c=0.45$ 的波特兰水泥浆暴露于干燥环境(23 ℃，相对湿度为 50%)中的 X 射线穿透标准化计数与养护时间(0.67 h、4.67 h 或 8.67 h)和深度[3]的关系。样品的上表面大概位于 5 mm 处

与凝结、泌水、蒸发同步，少量但有重要影响的水泥水化也在养护最初的几个小时内发生。总体上，这些水化会加速悬浮液中的刚性粒子通过局部聚集过程最终整体形成粒状多孔固体。然而，在养护的最初阶段，由这种少量水化引起的毛细孔尺寸的降低(将会导致毛细管压力的增加)有可能被凝固和局部颗粒重排引起的颗粒尺寸缩小所阻碍。这些水化反应伴随的化学收缩也将导致系统总体积的缩小，这将会在后面部分详细介绍。

X 射线吸收测量也已经用于观察水泥浆初凝[2,3,6]后进一步的干燥和水化过程中的水分分布。一般而言，在贯穿样品厚度范围内发生的干燥是相当一致的，不是从外表面渗透进去的。在这方面，水泥净浆和砂浆的干燥似乎更接近于之前描述的多孔介质的对流干燥理论[7]，而不是凝胶干燥建立的理论[8]。$w/c=0.45$ 的水泥净浆暴露于干燥环境中的 X 射线吸收图谱，如图 7.83 所示。

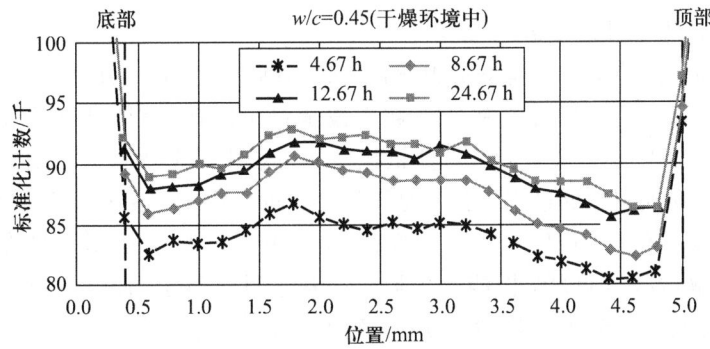

图 7.83 $w/c=0.45$ 的波特兰水泥净浆暴露于干燥条件(23 ℃，相对湿度为 50%)下的 X 射线传输标准计数是养护时间(4.67 h，8.67 h，12.67 h，24.67 h)和深度[3]的函数。样品的顶部大概位于 5 mm 处

与对非活性珠状堆积颗粒的观察相似[9]，在双层复合体中干燥/水化的初始阶段，水总是从大孔中先失去，再从细孔中失去[6]。无论大孔是由高 w/c 引起，还是使用粗 PSD（w/c 是常数）引起，都是如此[6]。在这种干燥过程中，减缩剂（SRA）有明显效果[5,10]，这将在后面单独讨论。

二、水泥水化及早期性能

水泥（胶凝材料）的水化是混凝土从黏性悬浮物转变为坚硬的具有承载性和耐久性的固体材料的原因。下面将从物理/微结构、热效应和湿度（饱和）等方面考虑水化，也将论及混合物参数如 w/c 和水泥 PSD 对这些效应的影响。

1. 物理/微结构的影响

1) 凝固

水泥的凝固是通过逾渗过程[11,12]将独立的或具有微弱键作用的颗粒与水化产物结合起来。初凝和终凝，通过维卡仪测量，总的来说，是由通过微结构对穿透和剪切呈现出的机械抵抗力限度来定义的。已有研究表明，维卡仪针体穿透和三维微结构模型估算的固体逾渗之间有定量关系[13-15]。这种等量关系在图 7.84 中做了进一步解释，图 7.84 对比了用于制作 4 种不同 w/c 水泥净浆的同种水泥[16]的针阻力（定义为 40 - 测得的针穿透深度单位 mm）和逾渗固体体积分数之间的关系。这些结果也表明了 w/c 对凝固的重要影响，如高 w/c 的净浆由于较大的初始颗粒空间将需要更多的水化（和较长的水化时间）来达到凝固。另一方面，在 w/c 为定值时，水泥 PSD 对凝结的影响不是那么明显。而较粗颗粒的水泥由于较低的水化速率可能需要更多的时间来达到凝结，事实上，它能在较低的水化率下凝结，因为颗粒较少（但粒径较大）时，颗粒间凝结所需要形成的"桥"也少[17]。

2) 早期力学性能发展

渗透固体网络的建立是测量力学性能，包括弹性模量、强度、应力弛豫和蠕变的基础。可用做凝结指标[12]的超声波测量也同样可以扩展到预测早期抗压强度的增加[18]。一般来说，这些机械性能在水化早期比水化后期较难测量，因为他们在物理测量的过程中常常是持续变化的。应力弛豫和拉力下蠕变的测量特别复杂，但是有所进步[19]。在压力作用下，通常使用传统的蠕变荷载[20]。理解这些早期力学性能的发展，是基于材料科学预测材料早期开裂的关键，因为它们决定了荷载/反作用力范例中的一半[20,21]。

2. 热效应

假设通过适当的养护因忽略蒸发，两个导致早期开裂的主要原因，一是热效应，另一个是自收缩。根据外部环境，水泥混凝土一般会因早期水化，先受

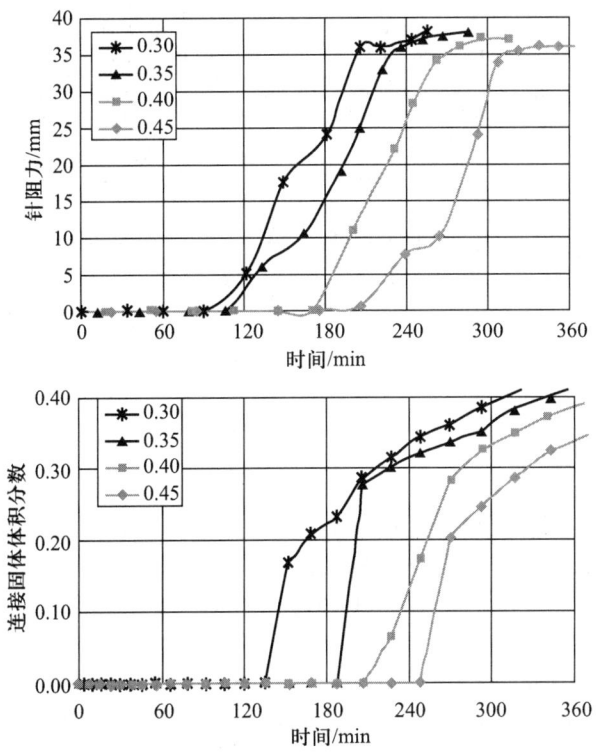

图 7.84 水泥浆凝结过程与时间和 w/c 的关系的两种观点：(a) 针阻力和(b) 来自 CEMHYD3D 电脑模型[16]的连接固体体积分数

热膨胀。如果随后的冷却速度过快，混凝土可能会开裂，特别是局部或整体受到限制时。为正确评估这些热效应对早期开裂的贡献，定量描述混凝土热物理性能、水化热及它和环境的相互反应都至关重要。

1) 热物理性能的发展(热容、热导率和热膨胀系数)

由于硅酸盐水泥的水化很大程度上改变了三维微结构内固体、液体和气体(气孔和空的毛细孔)的体积分数和空间排列，可以预测水泥净浆的热物理性能，如热容、热导率及热膨胀系数将随水化而变。如图 7.85 所示，水泥净浆的热容是 w/c 和养护条件[22]的显著函数。这主要由水的高热容 ($4.18\ J \cdot g^{-1} \cdot K^{-1}$，而干燥水泥粉末大约为 $0.75\ J \cdot g^{-1} \cdot K^{-1}$)，以及当水结合入(物理或化学)水化产物后热容降低引起的。相对于密封养护，饱和养护(伴随着水浸入)因为有更多的水(高 w/c)而导致热容更高。

如图 7.86 所示，在两种 w/c 和两种养护条件下水化的水泥浆体在实验测量误差以内，其热导率基本上是一个常数($1.0\ W \cdot m^{-1} \cdot K^{-1}$)。原料的热导

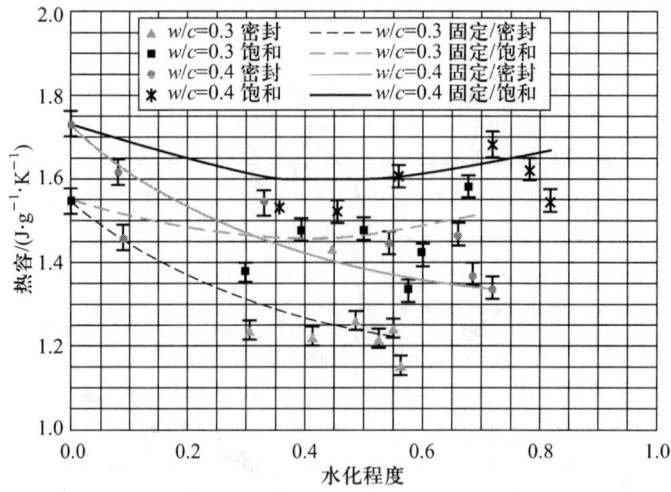

图 7.85 $w/c=0.3$ 和 $w/c=0.4$ 时的水泥水化浆体，测得的和合适热容与水化程度的关系，在 20 ℃ 下饱和养护或密封养护[22]。误差线表明实验测量的再现性是 ±2%

率(水：$0.604\ W\cdot m^{-1}\cdot K^{-1}$，水泥：$1.55\ W\cdot m^{-1}\cdot K^{-1}$，20 ℃)和水化产物的热导率相互之间相对接近，这是由于水化过程中固体和液体的渗透、反渗透、再渗透，热导率保持不变(如 ±10%)。这和电导率及离子扩散相反，水化过程中它们都有较大的变化[15,23]。

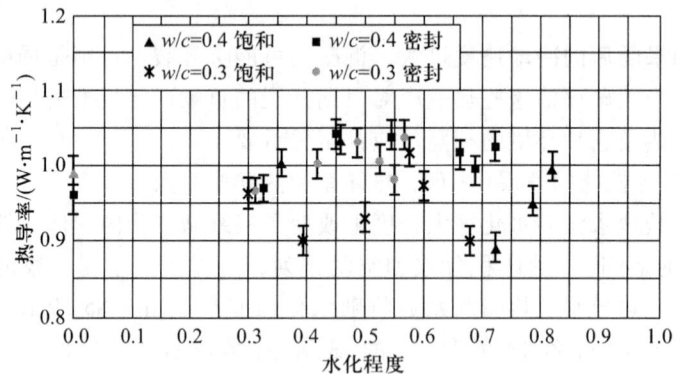

图 7.86 在 20 ℃ 下饱和养护或密封养护[22]，$w/c=0.3$ 和 $w/c=0.4$ 时的水化水泥浆体，测量的热导率与水化程度的关系，误差线表明实验测量的再现性是 ±2%

与预测早期热开裂同样重要的是，对混凝土热膨胀系数的准确表征。这个性质受正在进行的水化及其他过程的混杂影响,在早期特别难以测量[24]。光导纤维技术对这个难题提供了原位无损检测方法[25]。对于混凝土具有代表性的值为 $10 \times 10^{-6} \sim 12 \times 10^{-6} \mathrm{K}^{-1}$。

2) 水化热

当水泥水化时,大量的能量以热能的形式放出。水化热必定包括在任何一个混凝土热传递的早期模型中。放热量依赖于水泥的相组成;各种水泥熟料的文献值编制在表 7.10 中[26,27]。在混合水泥中,单位标准的放热量可能随使用的矿物外加剂增加或减少。例如,硅灰大约有 780 kJ·kg^{-1} 的水化热(当和 Ca(OH)$_2$ 发生火山灰反应时)[28],而当粉煤灰和矿渣反应时产生的热量比硅酸盐水泥的放热量要低。水化热法的测量方法是使用标准化的溶解热法[29]或半隔热法;一种新的基于等温量热的标准化方法已经在北欧国家建立[30],现在美国材料试验协会(ASTM) C01.26 水化热小组委员也正在考虑采用该方法。另外,ASTM 也在开发普通硅酸盐水泥水化热的有效测试方法[31]。

表 7.10 波特兰水泥主要相的完全水化焓

相	焓/(kJ·kg^{-1})
C$_3$S	517
C$_2$S	262
C$_3$A	908,1672,1144^A
C$_4$AF	418,725^A

^{A} 表示 C$_3$A 和 C$_4$AF 的水化,数值分别对应于它水化成 C$_3$AH$_6$、钙矾石和单硫酸盐相(AFm 仅对于 C$_3$A)的值。

3) 早期的环境因素

预测混凝土早期暴露于各种环境下的温度和压/拉应力的计算机模型建立了很多,有的出于商业用途,有的可以免费获得[28,32-37]。除了上面已经讨论以及在下面即将讨论的对混凝土性能的定量了解外,要通过这些模型精确预测必须对外部环境有详细的定量描述,其中包括温度、相对湿度、风速、日光照射和养护条件(养护膜、水雾等)等[37]。而对后面这些区域的进一步研究是必要的,这些模型在过去的几十年中已经在很多情况下成功得到使用。

3. 湿度影响

1) 化学收缩

当水泥水化时,水化产物的体积比原材料(包括水)的体积小。这种化学收缩对水泥基材料的早期性能有重要影响,这将在下面详细讨论。Powers 在 1935 年首先对各种水泥熟料相的化学收缩(水吸入)进行了定量[38]。Geiker[39]详细研究过的一种定量化学收缩的实验技术最近被核准为 ASTM 标准测试法 C1608[40]。这种方法基础是测量已知质量的水泥净浆或砂浆试样在等温饱和条件下水化时吸入的水的体积。日本也有一种类似的标准化技术[41]。由于毛细孔的反渗透作用,可能会导致水化过程中限制水的传输[42,43],样品厚度和 w/c 必须在一定的范围内(分别是几毫米和 0.4),在后期才能得到有意义的结果。

化学收缩也可以通过假设一系列的水泥水化反应和各种水泥组成的摩尔体积来计算。这种方法已经被很多作者使用,但发表的数值之间具有不同的一致性[44-46]。总的来说,铝相(C_3A 和 C_4AF)的化学收缩比其他硅酸钙(大约 $0.07\ mL \cdot g^{-1}\ C_nS$)的化学收缩高 50%(每单位质量)左右。硅灰和 $Ca(OH)_2$ 发生火山灰反应的化学收缩非常高,大约为 $0.22\ mL \cdot g^{-1}$ 硅灰[47]。典型的硅酸盐水泥极限化学收缩大约是体积的 10%。

2) 自干燥

在密封、部分饱和或饱和但毛细孔反渗透已经发生的条件下养护时,化学收缩将导致空的孔隙和内部相对湿度的降低,这个过程称为自干燥。通常,在水泥净浆微结构中最大的孔在自干燥过程中将会最先变空[44,48]。如方程式(7.67)所示,这些空的孔隙(部分)中形成的半月面将会在孔溶液中产生毛细管张力,也将降低样品内部的相对湿度。这种自干燥过程,因是近年来引起现场混凝土,特别是高性能混凝土早期开裂的主要原因而成为研究前沿。然而,自干燥过程也不一直是有害的,它能在人们应用地毯或其他遮盖物之前加速混凝土地板的干燥,也能改善混凝土早期的抗冻性。它从 1997 年开始就成为一系列连续的国际研讨会的主题[49]。

3) 内部相对湿度

如上所述,测量水泥基材料内部相对湿度可以提供对它们内应力的有价值的见解。实验室测量[50]和最近用于现场的[51]实验方法已经建立,但仅有少量实际现场的数据发表[52]。内部相对湿度的降低也将降低剩余的水泥熟料相的水化速率[44,53]。在高 w/c 的系统中,由于水泥颗粒间的初始空间比较大,内部相对湿度的降低显著减少。如图 7.87 所示,在一定 w/c 和相同水化程度的条件下,水泥 PSD 越细[54],后期(水化程度 > 0.4)相对湿度的降低越大,这也是出于对粒子间空隙的考虑。硅灰由于极小的颗粒尺寸和火山灰反应的高化学收缩率,可以大幅度提高在水化早期测量到的相对湿度减少量[50,55]。

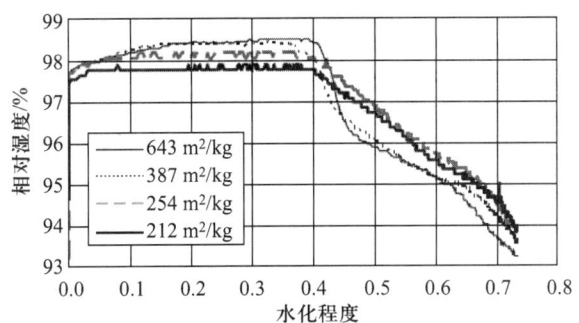

图 7.87　内部相对湿度与水化度和水泥细度的关系，水泥净浆 w/c = 0.35，30 ℃密封条件下养护[54]

三、水泥体系的自收缩/早期开裂

在水泥凝结前[56,57]，水泥水化中出现的化学收缩会伴随着这种流体材料等量的体积减小。在凝结期间，水泥浆的体积进一步减少产生有限的阻力。凝结之后，测得的自生变形比化学收缩小得多(减小达两个数量级)。过去，用滴定法(胶乳薄膜)或线性方法(密封波纹试管)测量自生收缩[57-59]。但是最近 Lura 和 Jensen 完成的详细研究表明，前一种方法是不恰当的方法。主要原因是由于在测量阶段，薄膜进水会产生混杂影响[60]。当前 ASTMC09.68 体积变化小组委员会(ASTMC09.68 Volume Change)正在考虑标准化水泥浆体和砂浆[58]的线性方法。

在自干燥过程中，孔溶液中产生毛细管张力(σ_{cap})，导致了多孔材料(混凝土)的自生变形。在这种情况下，变形量可以用下式计算[61,62]：

$$\varepsilon = \frac{S\sigma_{cap}}{3}\left(\frac{1}{K} - \frac{1}{K_s}\right) \quad (7.65)$$

式中，ε 为线应变或收缩，S 为饱和度(组分值介于 0 和 1 之间)或者为水填充的孔隙率百分数，K 为含有未被水填充的多孔材料的容积系数(干燥)(Pa)，K_s 为含有多孔材料的固相骨架的容积系数(Pa)。式(7.65)是纯弹性材料的近似值，它在水泥基材料上也有一些成功的应用[63]。最近也推广用于含有黏弹性成分蠕变的材料[20]。Baroghel-Bouny 指出了由于内在的干燥而产生的自生收缩和由于外部的干燥产生的干燥收缩之间内在的相似之处[64]。

因为毛细管压力是空隙尺寸的函数，自生形变受 w/c 的影响显著，在硅酸盐水泥系统中，随着 w/c 降低到 0.35 以下，其显著地增长。更显著的增长可在包含有硅灰和矿渣外加剂的系统中[59,65-67]。如图 7.88 所示，在恒定的 w/c

值和水化程度下，自生收缩在用细水泥配制的体系中更大。实际上，图7.88中两种较粗的水泥早期观测到的自生膨胀现象，很可能是因水化产物（如钙钒石）的形成而引起的肿胀现象[54]。

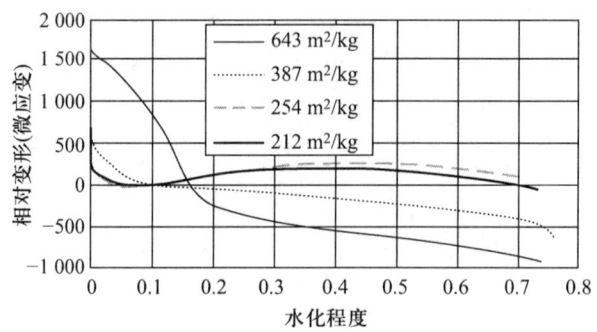

图7.88 自生形变与不同水泥细度浆体水化程度的关系，在$w/c = 0.35$和30 ℃养护下[54]。形变值在每种水泥浆的凝固时间（水化程度）为零

从测量自生收缩量延伸到预测早期开裂不是一件容易的事情。Moon等[68]在近期的论文中对许多必须合理考虑到的性能做了讨论。然而，几种已有的预测现场混凝土早期开裂的模型，已经以某种形式测量包括热效应和自收缩效应的影响。

1. 通过内养护减缓早期开裂

仔细比较方程式(7.64)和式(7.65)提出的一种可能的方法，来避免或减少由于自生收缩造成的早期开裂。由于自应力的大小由在自干燥期间被清空的孔隙的大小所控制，在混凝土内引入大于水泥浆体毛细孔的"蓄水池"可显著降低这种应力。由此产生了内养护的想法。这种构想最先由Philleo在1991年的文献中提出[69]。迄今为止，尝试着利用饱和的轻质细骨料（LWA）[70]（由Philleo提出），高分子超吸收树脂（SAP）[71]和掺水饱和的木质产品[72]作为内养护的蓄水池。在2005年，这种构想在美国从实验室构想转变为施工现场实际，在得克萨斯州的一个大型路面工程中，用了181 000 m^3的饱和轻质细骨料的内养护混凝土，历时几个月，分批进行浇筑[73]。本论文的作者在2005年12月检查了该混凝土（大约在它的第一个冻/融循环），仅发现了两条裂缝，其中一条裂缝位于伸缩缝的地方而消失，因此，混凝土自身只产生了一条裂缝。

除改变混凝土微结构内所产生的空孔的大小之外，内养护水也还将增加周围水泥浆的水化作用。内养护的功效和效力可通过抗压强度、水化程度、内部相对湿度、自生收缩、约束收缩和蠕变来评估[21,71,74,75]。例如，图7.89显示了一系列在不用或采用不同内养护蓄水池制备的高性能砂浆的自生形变随时间的变化[74]。在每种情况下，增加内养护水池会导致在早期测得的自生收缩明显减小，此外，添加 LWA 和 SAP 能够显著减小自生收缩也得到清晰的证明。最近，四维(三维空间和时间)X 射线显微断层扫描实验可以直接观察到，在密封等温开始水化(30 ℃)的最初两天内，水从饱和细轻质细骨料流动到周围的水泥浆的过程[76]。

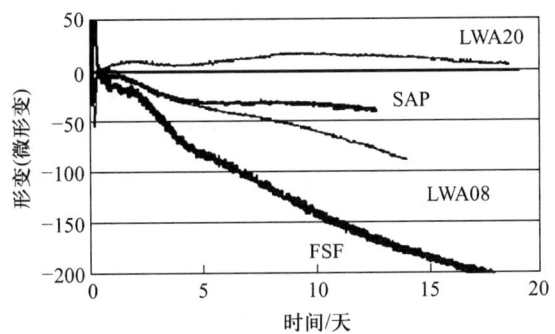

图 7.89 在密封等温水化(30 ℃)条件下，一系列在不用或采用不同内养护蓄水池制备的高性能灰泥砂浆($w/cm = 0.3$)测得的自生形变量与时间的变化关系[74]；曲线 FSF 表示掺有细硅灰(质量分数为 8%)的水泥制备的水泥砂浆。曲线 SAP 表示添加水泥质量分数为 0.4% 的高吸水性聚合物颗粒。LWA08 和 LWA20 分别表示 LWA 取代质量分数为 8% 和 20% 的正常砂粒

饱和毛管孔隙的内养护用水量直接与混凝土中胶凝材料的化学收缩有关。对 LWA 蓄水池而言，这个量可以根据下式计算[77]：

$$M_{\text{LWA}} = \frac{C_f CS \alpha_{\max}}{S \phi_{\text{LWA}}} \tag{7.66}$$

式中，M_{LWA} 为单位体积混凝土内所需要的(干)LWA 的质量(kg/m³ 或 lb/yd³)，C_f 为混凝土混合物中水泥的系数(含量)(kg/m³ 或 lb/yd³)，CS 为在水泥的水化程度为 100% 时的化学收缩量(每克水泥的含水量或 lb/lb)，$\alpha_{\max}$ 为水泥水化程度预计的最大值，S 为骨料(0-1)的饱和度，ϕ_{LWA} 为轻质骨料的吸收量(kg 水/kg 干 LWA 或 lb/lb)，或从饱和面干状态降低到相对湿度约为 93% 更接近脱附状态。对 SAPs[71] 或其他内养护水源可以采用相似的方法计算。除满足所需要养护水的体积外，水的空间分布也非常重要。在这方面，用细的轻质细骨料比用粗糙的轻质细骨料作用更好。因为它在整个混凝土体积中更均匀，各个内养护池的空间分布更紧密[78,79]。

2. 加入降低收缩的外加剂减轻早期开裂

在前面，已经提出了一种通过提高式(7.64)的 r 项减小自生缩减和早期开裂的方法。另一个选择就是减小孔隙溶液的表面张力 γ 值。这种减少方式可以

通过在混合物中添加降低收缩外加剂(SAR)来实现。二十年前[80]日本首次利用减缩剂(SAR),美国用 SRA 降低干燥收缩也有十年左右[81,82]。添加百分之几的 SRA(占水泥质量)可以通过两个因子的一个来减少测得的水泥孔隙溶液的表面张力[5,10]。在所有其他的性质(接触角等)保持相同时,根据方程式(7.64),毛细管张力将减小一半;根据方程式(7.65),它将转换为自生应力的一半。在含有 SRA 的系统中降低自生收缩的设想已经通过实验证实,如图 7.90[10,83-85]所示。

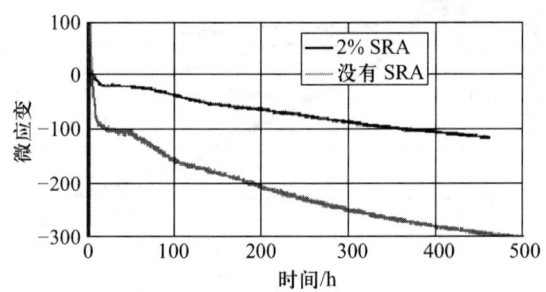

图 7.90 在 30 ℃密封状况下养护[10],对含有或不含 SRA 的水泥砂浆($w/c = 0.35$)自生形变[58]的差别

SRA 的添加对水泥基材料的早期性能有另外的显著影响。如图 7.91 所示,根据 X 射线透射测定方法,在早期(≤8 h)无 SRA 存在条件下产生的干燥曲线和图 7.83 比较有显著不同[10]。显然,最初孔溶液因毛细管力由表面蒸发,表面残留的溶液中的 SRA 浓度比位于样品内部的溶液更大。正如由于在双层组分[6]中毛细管力的不同,水从粗大的孔进入细小的孔,表面层不能再把下面高表面张力的水"拉"到表面层;这些现象的验证实验已经预先在双层(含 SRA 层在不含 SRA 层之上和不含 SRA 层在含 SRA 层之上)合成材料样品中成功[10]。这导致添加 SRA 的系统的蒸发速率相对于没有添加 SRA 的系统的蒸发速率降低[10,85]。有关在样品内孔溶液的移动,值得提及的是,在含 10% SRA 蒸馏水溶液的黏度比蒸馏水的黏度高 50%[86],这预示着内部的流动速率降低了。正如 Lura 等[5]指出,添加了 SRA 导致在砂浆顶层的蒸发率减少、沉降量减少、毛细管张力减少、开裂诱导力降低,与 Esping 和 Löfgren 关于自密实混凝土[85]的实验结果一致。综合作用使暴露在干燥环境中的浆体[5,85]产生塑性收缩裂缝的倾向降低。最近结果表明[87],采用含有 SRA 的溶液(在水中的质量分数为 10%或 20%)作为养护溶液具有类似减少蒸发水损失的效果。对暴露在相对湿度为 50%的环境中的砂浆上表面适时应用 SRA 溶液,导致蒸发失水明显减少和样品在更长龄期后的水化程度明显增加。

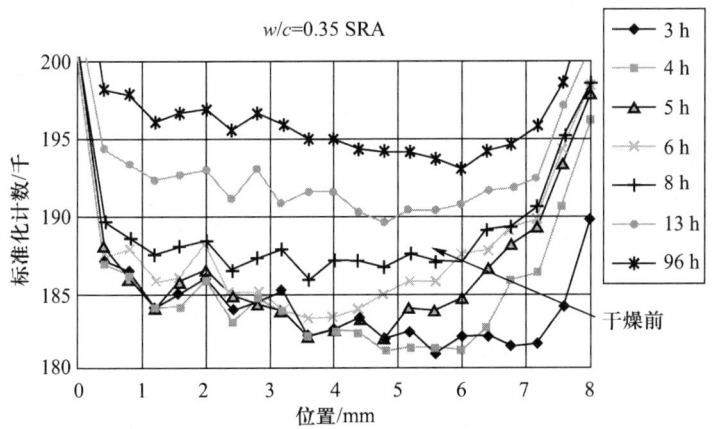

图 7.91　添加水泥质量分数为 2% 的 SRA，$w/c = 0.35$ 的水泥浆体立即暴露到 23 ℃，RH 50% 的干燥条件下，其 X 射线透射规范脉冲数与养护时间(3~96 h)和深度的关系。样品顶端位于大约 8 mm 处

　　仅仅通过改变孔溶液的表面张力(和黏度)，可以显著改变水泥基材料的早期性质。除了影响干燥速率和内应力的发展外，SRA 还可增加饱和养护状态下的水泥浆中早期的可冻结水的含量[1,85]，这会对这些材料的早期抗冻性产生负面影响。本论文强调了弯液面在部分饱和水泥基材料的早期及对以后的性能中起至关重要的作用。关于这个主题更多的研究，应在既能改善早期性能，尤其是避免早期开裂，又能改善混凝土的长期耐久性两个方向上。

四、参考文献

[1] Bentz D P. Ten observations from experiments to quantify water movement and porosity percolation in hydrating cement pastes[M]. Transport Properties and Concrete Quality Workshop, Phoenix, AZ, American Ceramic Society, Westerville, OH, 2006.

[2] Bentz D P. Influence of curing conditions on water loss and hydration in cement pastes with and without fly ash substitution[M]. NISTIR 6886, U. S. Department of Commerce, 2002.

[3] Bentz D P, Hansen K K. Preliminary observations of water movement in cement pastes during curing using X-ray absorption[J]. Cem. Concr. Res., 2000, 30: 1157-1168.

[4] Guide to Curing Concrete (ACI 308. R-01), ACI Manual of Concrete Practice [M]. Farmington Hills, Michigan: American Concrete Institute, 2001.

[5] Lura P, Pease B, Mazzotta G, et al. Influence of shrinkage-reducing

admixtures on the development of plastic shrinkage cracks[J]. ACI Mater. J., 2006.

[6] Bentz D P, Hansen K K, Madsen H D, et al. Drying/hydration in cement pastes during curing[J]. Mater. Struct., 2001, 34: 557-565.

[7] Coussot P. Scaling approach of the convective drying of a porous Medium [J]. Euro. Phys. J. B, 2000, 15 (3): 557-566.

[8] Scherer G W. The theory of drying[J]. J. Am. Ceram. Soc., 1990, 73 (1): 3-14.

[9] Coussot P, Gauthier C, Nadji D, et al. Mouvements capillaires durant le séchage d'une pâte granulaire[J]. C. R. Acad. Sci. (Paris), 1999, t. 327, Série II b: 1101-1106.

[10] Bentz D P, Hansen K K, Geiker M R. Shrinkage-reducing admixtures and early age desiccation in cement pastes and mortars[J]. Cem. Concr. Res., 2001, 31 (7): 1075-1085.

[11] Jiang S P, Mutin J C, Nonat A. Studies on mechanism and physicochemical parameters at the origin of the cement setting. I. The fundamental processes involved during the cement setting[J]. Cem. Concr. Res., 1995, 25 (4): 779-789.

[12] D'Angelo R, Plona T, Schwartz L, et al. Ultrasonic measurements on hydrating cement slurries: The onset of shear wave propagation[J]. Adv. Cem. Based Mater., 1995, 2 (1): 8-14.

[13] Haecker C J, Bentz D P, Feng X P, et al. Prediction of cement physical properties by virtual testing[J]. Cem. Inter., 2003, 1 (3): 86-92.

[14] Princigallo A, Lura P, van Breugel K, et al. Early development of properties in a cement paste: A numerical and experimental study[J]. Cem. Concr. Res., 2003, 33: 1013-1020.

[15] Bullard J W, D'Ambrosia M, Grasley Z, et al. A comparison of test methods for early-age behavior of cementitious materials[M]. 2nd ed. Quebec: the International Symposium on Advances in Concrete Through Science and Engineering, 2006.

[16] Bentz D P. Cement hydration: Building bridges and dams at the microstructure level[J]. Mater. Struct., 2006.

[17] Bentz D P, Garboczi E J, Haecker C J, et al. Effects of cement particle size distribution on performance properties of cementbased materials[J]. Cem. Concr. Res., 1999, 29: 1663-1671.

[18] Akkaya Y, Voigt T, Subramaniam K V, et al. Nondestructive measurement of concrete strength gain by an ultrasonic wave reflection method[J]. Mater. Struct., 2003, 36 (262): 507-514.

[19] Dela B F. Eigenstresses in hardening concrete[D]. Lyngby, Denmark: The Technical University of Denmark, 2000.

[20] Grasley Z C, Lange D A, Brinks A J, et al. Modeling autogenous shrinkage of concrete accounting for creep caused by aggregate restraint[C]//Proc. 4th International Seminar on Self-Desiccation and Its Importance in Concrete Technology, NIST, Gaithersburg, MD, 2005, 78-94.

[21] Lura P. Autogenous deformation and internal curing of concrete[D]. Delft, The Netherlands: Technical University of Delft, 2003.

[22] Bentz D P. Transient plane source measurements of the thermal properties of hydrating cement pastes[J]. Mater. Struct. , 2005.

[23] Bentz D P, Jensen O M, Coats A M, et al. Influence of silica fume on diffusivity in cement-based materials. I. Experimental and computer modeling studies on cement pastes[J]. Cem. Concr. Res. , 2000, 30: 953-962.

[24] Bjontegaard O. Thermal dilation and autogenous deformation as driving forces to self-induced stresses in high performance concrete [D]. [s. l.]: Norweigan University of Science and Technology, 1999.

[25] Brown K, Brown A W, Colpitts B G, et al. The mitigation of measurement inaccuracies of Brillouin scattering based fiber optic sensors through bonded fiber temperature calibrations [M]. Montreal, Quebec, Canada: 7th Cansmart Workshop: Smart Materials and Structures, 2004, 317-324.

[26] Taylor H F W. Cement Chemistry [M]. 2nd ed. London: Thomas Telford, 1997.

[27] Fukuhara M, Goto S, Asaga K, et al. Mechanisms and kinetics of C_4AF hydration with gypsum[J]. Cem. Concr. Res. , 1981, 11: 407-414.

[28] Waller V, De Larrard F, Roussel P. Modelling the temperature rise in massive HPC structures [C]//4th International Symposium on Utilization of High-Strength/High-Performance Concrete, RILEM S. A. R. L. Paris: 1996, 415-421.

[29] ASTM C186-05, Standard test method for heat of hydration of hydraulic cement[M]. Volume 04. 01, ASTM International, West Conshohocken, PA, 2005.

[30] Wadso L. An experimental comparison between isothermal calorimetry[C]// semi-adiabatic calorimetry and solution calorimetry for the study of cement hydration, Final Report NORDTEST project 1534-01. Lund, Sweden: Lund University, 2002.

[31] Bentz D P. Verification, validation, and variability of virtual standards, this proceedings[M]. [s. l.]: [s. n.], 2007.

[32] Roelfstra P E, Salet T A M, Kuiks J E. Defining and application of stress-

analysis-based temperature difference limits to prevent earlyage cracking in concrete structures, Proceedings #25 of the International RILEM Symposium, Thermal Cracking in Concrete at Early Ages[C]. Munich: 1994, 273-280.

[33] Kapila D, Falkowsky J, Plawsky J L. Thermal effects during the curing of concrete pavements[J]. ACI Mater. J. , 1997, 94 (2): 119-128.

[34] McCullough B F, Rasmussen R O. Fast-track paving: concrete temperature control and traffic opening criteria for bonded concrete overlays, FHWA-RD [J], 1999, 98-167.

[35] Maekawa K, Chaube R, Kishi T. Modelling of Concrete Performance: Hydration, Microstructure Formation, and Mass Transport [M] . London: E&FN Spon, 1999.

[36] Bentz D P. A computer model to predict the surface temperature and time-of-wetness of concrete pavements and bridge decks [M] . NISTIR 6551, U. S. Department of Commerce, 2000.

[37] Wojcik G S. The interaction between the atmosphere and curing concrete bridge decks[D]. New York: State University of New York, 2001.

[38] Powers T C. Adsorption of water by Portland cement paste during the hardening process[J]. Ind. Eng. Chem. Res. , 1935, 27: 790-794.

[39] Geiker M R. Studies of Portland cement hydration: Measurements of chemical shrinkage and a systematic evaluation of hydration curves by means of the dispersion model[D]. Lyngby, Denmark: Technical University of Denmark, 1983.

[40] ASTM C1608-05, Test method for chemical shrinkage of hydraulic cement paste[M] . Volume 04.01, ASTM International, West Conshohocken, PA, 2005.

[41] Tazawa E. Autogenous Shrinkage of Concrete [M] . London: E&FN Spon, 1999.

[42] Powers T C, Copeland L E, Mann H M. Capillary continuity or discontinuity in cement paste[J]. PCA Bull, 1959, 10: 2-12.

[43] Bentz D P, Garboczi E J. Percolation of phases in a three-dimensional cement paste microstructure model[J]. Cem. Concr. Res. , 1991, 21(2): 325-244.

[44] Bentz D P. Three-dimensional computer simulation of Portland cement hydration and microstructure development[J]. J. Am. Ceram. Soc. , 1997, 80 (1): 3-21.

[45] Justnes H, Sellevold E J, Reyniers B, et al. The influence of cement characteristics on chemical shrinkage[M]//Tazawa E. Autogenous Shrinkage of Concrete. London: E&FN Spon, 1999.

[46] Mounanga P, Khelidj A, Loukili A, et al. Predicting Ca(OH)$_2$ content and chemical shrinkage of hydrating cement pastes using analytical approach[J]. Cem. Concr. Res., 2004, 34 (2): 255-265. Erratum published in Cem. Concr. Res., 2005, 35: 423-424.

[47] Jensen O M. The pozzolanic reaction of silica fume, M. S. Thesis [R]. Technical Report TR229/90, Technical University of Denmark, Lyngby, Denmark, 1990 (in Danish).

[48] Hua C, Acker P, Erlacher A. Analyses and models of the autogenous shrinkage of hardening cement pastes[J]. Cem. Concr. Res., 1995, 25 (7): 1457-1468.

[49] Persson B, Fagerlund G. Self-Desiccation and Its Importance in Concrete Technology, Proceedings of the 1st International Seminar: Report TVBM-3075 [R]. Lund, Sweden: Lund University, 1997.

[50] Jensen O M, Hansen P F. Autogenous relative humidity change in silica fume-modified cement paste[J]. Adv. Cem. Res., 1995, 7 (25): 33-38.

[51] Grasley Z C, D'Ambrosia M D, Lange D A. Internal relative humidityand drying stress gradients in concrete [J]. Concr. Sci. Eng., accepted for publication, 2004.

[52] Andrade C, Sarria J, Alonso C. Relative humidity in the interior of concrete exposed to natural and artificial weathering[J]. Cem. Concr. Res., 1999, 29: 1249-1259.

[53] Jensen O M, Hansen P F, Lachowski E E, et al. Clinker mineral hydration at reduced relative humidities[J]. Cem. Concr. Res., 1999, 29(9): 1505-1512.

[54] Bentz D P, Jensen O M, Hansen K K, et al. Influence of cement particle size distribution on early age autogenous strains and stresses in cement-based materials[J]. J. Am. Ceram. Soc., 2001, 84 (1): 129-135.

[55] McGrath P, Hooton R D. Self-desiccation of portland cement and silica fume modified mortars. Ceramic Transactions, Vol. 16, Advances in Cementitious Materials [M], Westerville: The American Ceramic Society, Inc., 1991, 489-500.

[56] Hammer T A, Heese C. Early age chemical shrinkage and autogenous deformation of cement pastes[M]//Persson B, Fagerlund G. Proceedings of the 2nd International Seminar on Self-Desiccation and Its Importance in Concrete Technology. Lund, Sweden: Lund University, 1999.

[57] Barcelo L, Boivin S, Rigaud S, et al. Linear vs. volumetric autogenous shrinkage measurement: Material behaviour or experimental artefact [M]. Lund, Sweden: Lund University, 1997.

[58] Jensen O M, Hansen P F. A dilatometer for measuring autogenous deformation in hardening Portland cement paste[J]. Mater. Struct., 1995, 28(181): 406-409.

[59] Jensen O M, Hansen P F. Autogenous deformation and change of the relative humidity in silica fume-modified cement paste[J]. ACI Mater. J., 1996, 93(6): 539-543.

[60] Lura P, Jensen O M. Volumetric measurement in water bath: an inappropriate method to measure autogenous strain of cement paste[M]. PCA R&D Serial No. 2925, Portland Cement Association, Skokie, IL, 2005.

[61] Bentz D P, Garboczi E J, Quenard D A. Modeling drying shrinkage in reconstructed porous materials: Application to porous vycor glass [J]. Modell. Simul. Mater. Sci. Eng., 1998, 6(3): 211-236.

[62] MacKenzie J K. The elastic constants of a solid containing spherical holes [J]. Proc. Phys. Soc., 1950, 683: 2-11.

[63] Lura P, Jensen O M, van Breugel K. Autogenous shrinkage in high-performance cement paste: An evaluation of basic mechanisms[J]. Cem. Concr. Res., 2003, 33(2): 223-232.

[64] Baroghel-Bouny V. Experimental investigation of self-desiccation in high-performance materials: Comparison with drying behaviour[M]. in reference 49, 1997, 72-87.

[65] Lee K M, Lee H K, Lee S H, et al. Autogenous shrinkage of concrete containing granulated blast-furnace slag[J]. Cem. Concr. Res., 2006, 36(7): 1279-1285.

[66] Bentz D P. Internal curing of high-performance blended cement mortars [J]. ACI Mater. J., 2006.

[67] Hanehara S, Hirao H, Uchikawa H. Relationships between autogenous shrinkage and the microstructure and humidity changes at inner part of hardened cement paste at early age[M]//Tazawa E. Autogenous Shrinkage of Concrete. London: E&FN Spon, 1999.

[68] Moon J H, Rajabipour F, Pease B, et al. Autogenous shrinkage, residual stress, and cracking in cementitious composites: The influence of internal and external restraint[C]//Proc. the 4th International Seminar on Self-Desiccation and Its Importance in Concrete Technology, NIST, Gaithersburg, MD, 2005, 1-20.

[69] Philleo R E. Concrete science and reality[C]//Materials Science of Concrete II, American Ceramic Society, Westerville, OH, 1991, 1-8.

[70] Weber S, Reinhardt H W. A blend of aggregates to support curing of concrete [C]//Proc. the International Symposium on Structural Lightweight Aggregate

[71] Jensen O M, Hansen P F. Water-entrained cement-based materials: II. Experimental observations[J]. Cem. Concr. Res., 2002, 32(6): 973-978.

[72] Mohr B, Premenko L, Nanko H, et al. Examination of woodderived powders and fibers for internal curing of cement-based materials[C]//Proc. the 4th International Seminar on Self-Desiccation and Its Importance in Concrete Technology, NIST, Gaithersburg, MD, 2005, 229-244.

[73] Villarreal V, Crocker D. Building better pavements through internal hydration [J]. Concr. Inter., 2007.

[74] Geiker M R, Bentz D P, Jensen O M. Mitigating autogenous shrinkage by internal curing[C]//ACI SP-218, High Performance Structural Lightweight Concrete[M]. Farmington Hills, MI: American Concrete Institute, 2004, 143-154.

[75] Cusson D, Hoogeveen D T. Internally-cured high-performance concrete under restrained shrinkage and creep[M]//CONCREEP 7 Workshop on Creep, Shrinkage, and Durability of Concrete and Concrete Structures. Nantes, France: [s. n.], 2005, 579-584.

[76] Bentz D P, Halleck P M, Grader A S, et al. Direct observation of water movement during internal curing using X-ray microtomography[J]. Concr. Inter., 2006, 28(10): 61-67.

[77] Bentz D P, Lura P, Roberts J W. Mixture proportioning for internal curing [J]. Concr. Inter., 2005, 27(2): 35-40.

[78] Bentz D P, Snyder K A. Protected paste volume in concrete: Extension to internal curing using saturated lightweight fine aggregates[J]. Cem. Concr. Res., 1999, 29: 1863-1867.

[79] van Breugel K, Lura P. Effect of initial moisture content and particle size distribution of lightweight aggregates on autogenous deformation[M]//Helland S, Holand I, Smeplass S. Proceedings of the 2nd International Symposium on Structural Lightweight Concrete. Kristiansand, Norway: [s. n.], 2000, 453-462.

[80] Sato T, Goto T, Sakai K. Mechanism for reducing drying shrinkage of hardened cement by organic additives[J]. CAJ Rev.: 52-54.

[81] Folliard K J, Berke N S. Properties of high-performance concrete containing shrinkage-reducing admixtures[J]. Cem. Concr. Res., 1997, 27(9): 1357-1364.

[82] Nmai C K, Tomita R, Hondo F, et al. Shrinkage-reducing admixtures [J]. Concr. Inter., 1998, 20(4): 31-37.

[83] Rongbing B, Jian S. Synthesis and evaluation of shrinkage-reducing admixtures for cementitious materials[J]. Cem. Concr. Res., 2005, 35(3): 445-448.

[84] Bentz D P, Geiker M R, Jensen O M. On the mitigation of early age cracking [M]//Persson B, Fagerlund G. Proceedings of the 3rd International Seminar on Self-Desiccation and Its Importance in Concrete Technology. Lund, Sweden: [s. n.], 2002, 195-203.

[85] Esping O, Löfgren I. Investigation of early age deformation in selfconsolidating concrete [C]// Proceedings of the 2nd International RILEM Symposium "Advances in Concrete through Science and Engineering", 2006.

[86] Bentz D P. Influence of shrinkage-reducing admixtures on drying, autogenous shrinkage, and freezable water content of cement pastes at early ages [J]. J. Adv. Concr. Tech., 2006, 4 (3).

[87] Bentz D P. Curing with shrinkage-reducing admixtures: Beyond drying shrinkage reduction[J]. Concr. Inter., 2005, 27 (10): 55-60.

7.7 材料性能试验

A. Bentur[1], D. Mitchell[2]
[1]以色列理工学院，海法，以色列
[2]麦吉尔大学，蒙特利尔，加拿大

摘要：结合传统的原材料，采用先进的化学和矿物外加剂技术，可以为混凝土工业当前面临的挑战提供经济、有效的解决措施，特别是关于性价比高的耐久性结构的生产，再也不需要引进新的外加胶凝材料物质。控制此种混凝土性能的机制和混凝土配合比的设计理念通常可为人们所了解。然而尽管知道这一点，但在施工现场，它通常不能够达到混凝土自身存在的潜能。产生这种差异的部分原因是经常忽略现场应用和仅仅依赖指定的、监控的混凝土的强度。本论文将讨论可能会改变目前的现象多方面的参数和方法，矿物外加剂的敏感性可以在不同的自然环境下使耐久性增强；根据耐久性技术规范，进行定量的强度限制；通过考虑预养的作用及通过模块和试验测试使对耐久性的混合设计达到最优。除此之外，基于对结构早期残余应力的发展定量分析，还可以对开裂现象进行预测。

关键词：外加剂，耐久性，强度。

一、引言

近年来，各种各样的高性能水泥基材料在发展中取得了显著的进步，包括低水灰比(w/c)高强度混凝土、高性能纤维增强水泥(可以增加延展性,甚至应变硬化)和更多的环境友好型材料(包括增加副产品和矿物外加剂的含量)。这些发展的动力源自在这些领域中研究人员的创新性和鉴别能力,有时是凭直觉得到的判断,是为了获得有更高成本效用比的、耐用、环境友好的结构和建筑,这就需要一种创新的材料技术,引导研发胶凝材料的材料科学的出现取得了举世瞩目的成就。

这种发展的成果可以生动体会到,尤其在建筑行业更是显而易见的。下面举几个例子。① 使用高强度混凝土获得经济有效的结构体系,并增强其耐久性;② 在隧道衬料和敷地中使用纤维增强混凝土来取代钢网控制裂缝产生;③ 采用自密实混凝土使建筑结构成本效用比提高;④ 根据环保要求,广泛使用粉煤灰和矿渣,并利用经济环保的鼓励机制。

虽然这些技术成果和应用在科学和工程界觉得满意,但同时人们日益认识到,这些先进技术在实际应用中并没有基于它们的潜能而发挥到极致,知识和实践之间存在着一些差距。

在评价钢筋混凝土结构的长期性能时,差距也是明显的,这也许就是现代混凝土施工优先考虑的最重要的性能特征。从现场施工中得到的经验教训是,实际得到的长期性能往往比人们了解控制耐久性机理所期待的要差得多。这些机制就是体系中胶凝材料与环境进行化学和物理的相互作用,即使按照规范设计至少 50 年的寿命,也会遇到过早需要修复结构的问题。

有多种理由可以解释这些差别,部分是经济因素,还有部分是技术问题。本论文将对部分问题和差异进行讨论,特别是在耐久性和耐久性先进胶凝材料发展等方面。本论文将描述这些差异并通过考虑三个方面因素联系它们:

(1) 材料特性和实际性能。
(2) 材料特性和受结构内部反应影响的性能,特别是裂缝。
(3) 性能和建模方法。

二、材料特性和实际性能

在混凝土技术中的指导性原则是水胶比(w/cm)。这在很大程度上决定了耐久性(不同暴露情况下 w/cm 的最大比例)的主要标准和规范,以及设计混凝土强度的决定因素,但是,Mindess 等[1]、Neville[2]认为在很多情况下,这个原则是不充分的,甚至产生误导,特别是当 w/cm 对强度和耐久性的影响之间存在差距时,所以将对混凝土的保护层和矿物添加剂的应用策略给以特别的关注,这两方面都有很大的实际效果,并且它们代表了混凝土技术的两个方法,这两个方面正备受关注:

(1) 混凝土的施工和性能。

(2) 环境法规和推动促进工业副产品利用的鼓励措施,尤其是在粉煤灰方面,以及磨细粒化高炉矿渣和碳酸钙填充料方面。

1. 现场操作和质量控制

现场操作的主要影响与混凝土的凝固和养护有关。对任一混凝土技术而言,这两个性质的本质是显而易见的,因为它们都影响到混凝土的孔隙率,因此不正确的操作将会导致混凝土孔隙率增大,从而反映到混凝土的低强度和低耐久性上。有些混凝土专家曾试图将混凝土的性能和强度联系起来,从这些专家的观点来看,在强度评估中这些影响可以通过质量控制措施来检测。很明显,这个概念在低强度(由于差的现场操作)和低耐久性之间存在明显的关系下是正确的。基于对氯化物和碳酸腐蚀的实际模型,并根据混凝土的强度,就可以很容易地算出钢筋混凝土结构的使用寿命。Bentur[3]的计算结果如图7.92所示。由此可见,混凝土的强度等级达45 MPa以上(当耐久性能达到要求时,这通常是混凝土质量指定的范围)时,强度上稍有改变就会使使用寿命增长很多。这就说明,可能会导致强度微小降低(从结构性能规范的观点来说,这是可以允许的),不当的实际操作将会导致耐久性能的相当大的减弱。这种观点说明了强度作为质量控制措施的局限性,以及它未能作为一个合理的工具来保证良好的现场操作应用,尤其是在需要特定的耐久性的混凝土中。

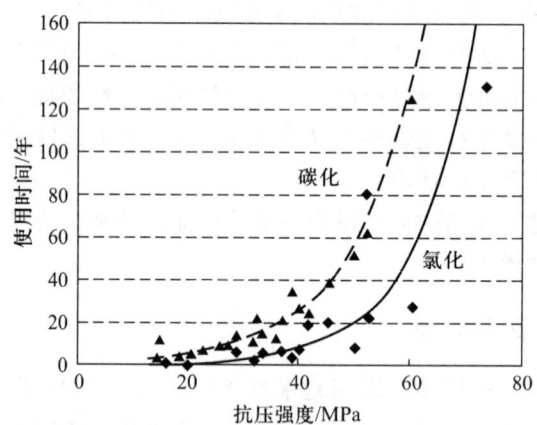

图7.92 通过钢筋混凝土结构的碳化和氯离子对钢筋锈蚀计算使用寿命曲线[3]

Bentur和Baum[4]为了提供更多的关于这个局限性的定量数据和证明,他们进行了养护制度对强度和耐久性的影响的研究,结果体现在力学性能(强度)和耐久性(预测的使用寿命)上。可以通过采用测定养护制度对氯离子扩散和碳化速率的影响这个方法，以及基于这些参数和服役寿命的相关模型对耐久性进行计算。在图 7.93 和图 7.94 中，示出了养护过程对强度和使用寿命的影响，通过相关的数值判断出好的养护制度是在水中连续养护一周。

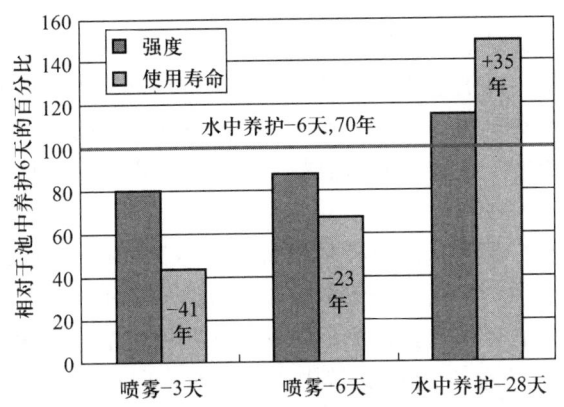

图 7.93　不同养护状态对强度和使用寿命的影响：在碳化条件下养护以及在水中养护 6 天的对比。100 mm 的空气干燥混凝土立方试块的强度为 50 MPa[3]

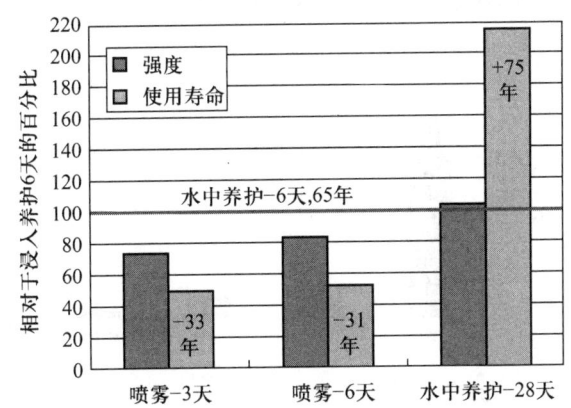

图 7.94　不同养护状态对强度和使用寿命的影响：在氯化物条件下养护以及在水中养护 6 天的对比。100 mm 的空气干燥混凝土立方试块的强度为 75 MPa[3]

可以看出，改进的养护过程与增加强度和耐久性有关系，养护制度对耐久性的相对影响要比对强度的相对影响更大。不充分的养护将会导致强度下降 10%~20%，使用寿命减少 30%~60%。使用寿命的减少多达 20~40 年，影响估计比强度降低更严重。

这些观察现象产生了一些关于实际应用与实验室测试的评论。在特殊的养护制度下（即 28 天标准实验室池养），使用寿命的提高代表了特定的混凝土的潜力。潜力的提高仅当使用环境是潮湿的，但并不总是这样。

这里的数据展示给实践者和理论者们，即尽管人们普遍认为使用寿命（即耐久性）和强度有关，但从实际观点来看，并不足够灵敏：强度上小的变化在某种程度上可以忍受，但也会与寿命上较大的改变相关，这是无法接受的，因其会使使用寿命缩短 20~40 年。图 7.93 和图 7.94 中的数据仍然可以带来关于现场养护重要性的信息和仅通过强度来评价养护的局限性。

上面关于养护制度的趋势证实了混凝土保护层对养护的影响。期待差的养护对混凝土强度具有更小的影响。由于混凝土的核心不能同表层一样干得快，且结构性能很大程度上依赖于散装混凝土的特性，因而耐久性对混凝土保护层的性能更敏感了。

在地面完工时，用抹刀抹平砼是很普通的做法，在渗出的水蒸发掉以后，通过此法使表层密实，这是获得无裂缝和抗磨损的表面普遍而有效的方法。这里有表面完工技术的现场经验，但是很少有证明和定量分析这种影响的系统研究。这种影响的说明很少能在文献中见到，Soroushian 等[5]发表文章后，图 7.95 证实了其中的一个观点。他们讨论了表面完工对减少塑性收缩裂缝的影响，强调了很多实践者的观点，即在施工过程中使用好的方法，就没必要用专门的方法如纤维增强水泥来控制塑性收缩裂缝问题。

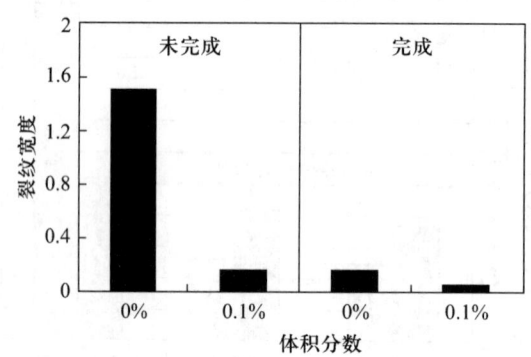

图 7.95 聚丙烯纤维的影响和塑性收缩开裂收工的方式[5]

为了解决这些问题，还需要大量的 R&D（研究和设计）努力去开发和应用一些测试方法来表征混凝土表面性质，这些应用的技术应该可以充分地、友好地在现场运用。他们通过对气体或液体的渗透来评估，或者通过导电性能来描述，特别是电阻率。一些关于此种测试方法的回顾与评论可以从国际材料与结构研究实验联合技术委员会出版的 Torrent 和 Luco[6,7]查到。关于处理混凝土保护层性能的无损检测提供了一种方法，通过这种方法获得的性能因素见图 7.96（Kubens 等[8]之后），说明了空气渗透率测试可以提供由于缺少水养护的混凝土保护层而不断增加渗透性的证据。这比通过强度测试获得的证据更敏感，空气渗透率变化与氯离子渗透性和碳化变化有更好的关系。这些测试方法的局限性是渗透率对混凝土表面的潮湿条件非常敏感，为使测试更有意义，需要建立方法论来描写这种影响。Torrent 和 Luco[6]、Romer[10] 已经发表了若干此类文章。

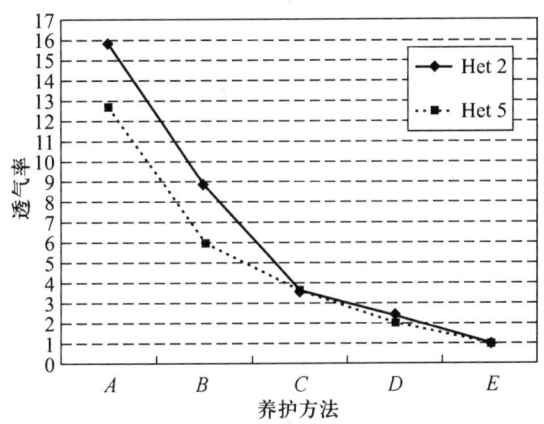

图 7.96　在试验室模拟试验时，养护条件对 20 MPa(Het 2) 和 50 MPa(Het 5) 混凝土表面的透气率的影响[8] E—28 天水池中养护；D—7 天水池中养护；C—7 天间断的水中养护；B—3 天间断的水中养护；A—1 天脱模后空气养护

当考虑混凝土保护层的有效性时，除了前面讨论的混凝土的质量外，还需要考虑保护层的厚度。通过测量的保护层厚度和在支模时钢筋的排布来达到需要的厚度是非常简单直接的。人们倾向于认为保护层厚度特征总是能达到并能很好地控制。然而在实践中是完全不同的，任何一个有过检测腐蚀结构经验的人都会知道，因保护层厚度不够，腐蚀是很频繁的。Neville[11] 已经强调和回顾过这一问题，证明给定的保护层厚度经常与规定值有很大幅度的变化，这是由于现场施工和质量控制不当导致的，还有钢筋增强水泥配置使它不能满足保护层厚度的要求。这表明使用寿命与保护层厚度的平方根成正比，因此根据耐久性的性能要求，这些离规范的偏差很大。例如，厚度偏差 20%（如从规定的 50 mm 到实际的 40 mm）将会导致寿命下降近 36%（如果按照 50 mm 的要求，那么 40 mm 厚度的使用寿命为预期寿命的 $(40/50)^2$）。

2. 矿物外加剂的利用

混凝土中矿物外加剂的利用有悠久的历史，特别成功的应用就是关于粉煤灰、粒化高炉矿渣和硅灰。近年来，偏高岭土也加入此列中，从应用观点来看是高耐久性所要求的。重新激励使用这些材料显然与环境管理有关，通常伴有经济鼓励和制裁。从技术角度来看，使用这些材料是因为重视性能的提高靠这些材料和它们的潜力为耐久性要求提供保证，而这些是硅酸盐水泥所不能满足的。另外，大量使用这些材料的另一个动力就是技术优势，即预拌混凝土行业的出现，它们用自动化和计算机控制设备，能在高水平的质量控制措施下生产砼，这些现代化生产设备为更有效率地使用矿物外加剂作为一种新型的混凝土组分铺平了道路，可随时调整以满足不同的需求。

这些发展反映在现代技术规范和标准上，如新的欧洲标准206，根据性能要求，为混凝土配合比设计时使用这些外加剂提供了指导方针。在欧洲标准206中规定了一种常见方法，该方法可以用影响因子 k 值来量化外加剂的好坏。它是基于掺有外加剂的混合物的有效水胶比 $(w/b)_{eff}$ 计算出来的，该比值规定与基准混凝土的水灰比 $(w_0/c_0)_{ref}$ 具有相同的性能：

$$(w_0/c_0)_{ref} = (w/b)_{eff} = w/(c + kA) \quad (7.67)$$

式中，k 是影响因子，A 和 c 分别为外加剂和水泥的含量，w 为含水量。

如果参考混凝土配合比和加有外加剂拌和砼具有相同的含水量（例如，$w_0 = w$，意味着在保持相同的和易性时，外加剂没有改变含水量），k 值可以简单地理解为替代每公斤水泥所需要的外加剂的量。

科学地评价这些材料的作用（也即 k 值）的一个普遍的共识是它们与硅酸盐水泥水化产物相互作用使孔结构密实了。基于此，有采用前面讨论过的合理方法的趋势，即这些矿物外加剂的全部性能对它们提供的强度之间的相互关系。因此，在欧洲标准206中，定义 k 值的主要条款就是强度性能。虽然欧洲标准206阐明耐久性可能需要不同的配合比设计，而许多施工单位则使用根据强度值设计的 k 值。在欧洲标准206中，推荐的 k 值，粉煤灰为0.2~0.4，硅灰为1~2。

通过大量参考文献（Babu 和 Rao[13]、Babu 和 Kumar[14]、Babu 和 Prakash[15]、Papadakis 和 Tsimas[16,17]、Papadakis 等[18,19]、Cyr 等[20]、Oner 等[21]、Hobbs[22]、Bentur 和 Baum[4]），粉煤灰的强度碳化和氯离子扩散的影响因素汇编于图7.97，证明各种性能的效率之间存在明显差别。强度效率为1~1.5（远大于欧洲标准206中的推荐值），碳化效率低于0.6，氯离子抗渗透指数约为2。显然，通过强度评定耐久性效率是个误导，甚至对耐久性不同的暴露环境将会产生显著的差异，粉煤灰在氯离子环境下更有效果，而在碳化暴露条件下就不理想了。

当提到掺粉煤灰的耐久性能时，需要特别注意养护不足的影响，主要影响的是混凝土表面，它是粉煤灰材料的效率区。图7.98所示是实验室模拟粉煤灰在各种养护制度下对强度和耐久性能的影响。这些数据表明，关于强度性能，养护制度敏感小，而当考虑在氯离子环境中氯离子的渗透时，养护制度就极其敏感。这些极大的差异也再次证明在考虑耐久性的砼结构中用强度作为评判标准的局限性。

上面强调的复杂性表明需要更多的先进方法使作为耐久性控制手段的矿物

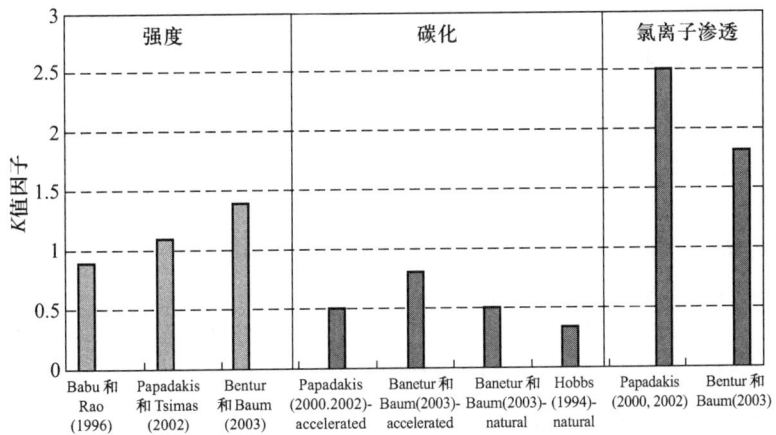

图 7.97 粉煤灰混凝土 90 天强度碳化和氯离子渗透因子 k 值[12]

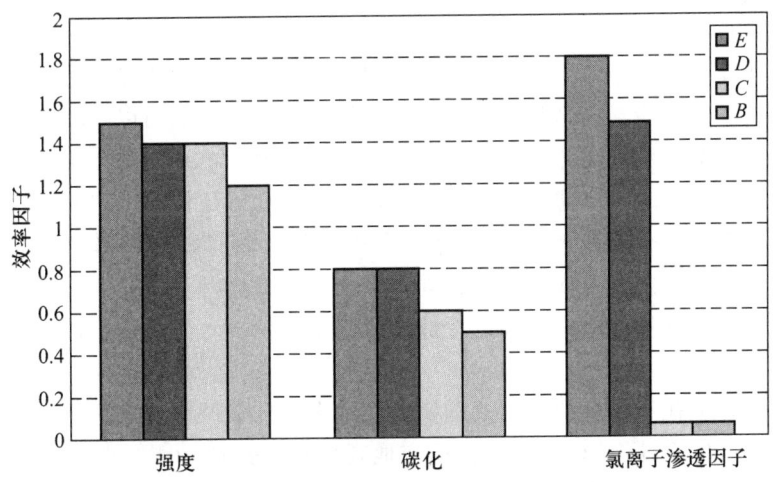

图 7.98 F 型粉煤灰 90 天养护对强度、碳化和氯离子渗透因子的影响[4]：E—28 天水池中养护；D—7 天水池中养护；C—7 天间断的水中养护；B—3 天间断的水中养护

掺合料的潜力更加具体化，Thomas[23]已经指出了提供方法的标准缺陷，显然，只有靠性能规范发展才行，其中包括的试验方法也必须是标准的。

一种基于耐久性指数的方法发展迅速，它反映了不同暴露条件下混凝土的现实性能。这是最近的一个专门的课题（Baroghel-Bouny 等[24]），有两篇优秀的综述性文章，并对这种方法的潜在优势进行了深入的分析（Baroghel-Bouny[25]、Alexander 等[26]）。根据试验性能特点还发展了几个参数，如氯离子渗透、空气渗透率、氧渗透率、吸水率和电阻率。在规定的暴露条件下，现场需求与这几个指标相互组合，将其作为砼要求的性能指导。

三、结构材料中的性能

结构材料中的实际性能可能与通过实验测试预测得到的性能十分不同。许多因素可以解释这种差异，但从实际角度来看，三个最有影响力的因素是密实过程、养护过程和开裂过程，标准材料质量控制测试并没有考虑到这些影响，因而在实践中材料的实际性能可能会偏离基于材料性能而预计到的结构性能。现场试验在捕捉这些影响因素时还是有限的，然而，这些影响因素中有些可以在实验室中模拟出来，这样做有可能证明其后果，为现场保持好的实践，通过凝结机理保证随后的结果。前面的养护效果中给出了这种模拟及其后果的例子。在将来，如果对混凝土保护层的质量现场检测的实验方法发展了，依赖实验方法进行质量控制才有可能。这些可以作为如何进行养护的现行实际说明的替换物，即如何进行养护，以及谁来监督和检查养护行为确实在现场完成了。

当涉及控制和评估结构开裂的影响因素时，这个问题要复杂得多。在裂缝开始和裂缝扩展期，它是与材料性能、结构性质、负载能力以及环境条件都相关的一个复杂函数。因此，为了处理这一问题需要一个系统的方法来探讨材料的性能，并且同时要考虑到整个结构，这些可以通过建模的方法做到。一些方法将在下面重点介绍。下面将讨论一下开裂对性能的影响结果，尤其是耐久性。在最近的一次在 Evanst 举行的国际研讨会（Bentur 等[27]）上，这些问题成为突出重点，这里所讨论的都是在那次会议上讨论的一些议题。需要论述的问题有如下要点：

（1）在近代混凝土的使用上确实存在更多的开裂问题，它对与寿命周期成本相关的性能有什么影响（主要依据实地观察和经验）？

（2）在关于耐久性上的开裂控制有什么意义？

（3）现行规范是否充分反映了开裂的影响（在设计规范中限制裂缝宽度的要求，在收缩和抑制收缩的测试中对材料性能的要求）？

尽管现场观测不总是起决定性作用，但是在高强低 w/b 的混凝土中，对开裂的较大的灵敏度已经引起了一些注意（例如 French 等[28]、Schmitt 和 Darwin[29]、Krauss 和 Rogalla[30]、Saadeghvaziri 和 Hadidi[31]）。然而，大量的研究强调，在这些混凝土中早期收缩（自收缩）的增加是由于较大灵敏度的开裂，这可以从几个关于这些混凝土的限制装备研究的论文中看到（Bentur[32]）。

针对现场观察到的裂纹灵敏性这一问题存在许多不一致的观点，这可以通过考虑"残余应力"增大来使这些不同的观点相统一。在过去这与浆体强度相关程度不大（见图 7.98 中的安全曲线），但增长到接近于图 7.99 中不稳定强度曲线时，与浆体强度的相关性增加。这导致对裂纹变得非常敏感，因为裂纹从"不稳定"状态到"开裂"状态变成一个可以"统计"的现象，这取决于许多二次效应(环境、沉降等)，这些因素可能对从不稳定态到开裂起决定性作用。这可能解释在现场观测到的裂纹状态飘忽不定的现象。

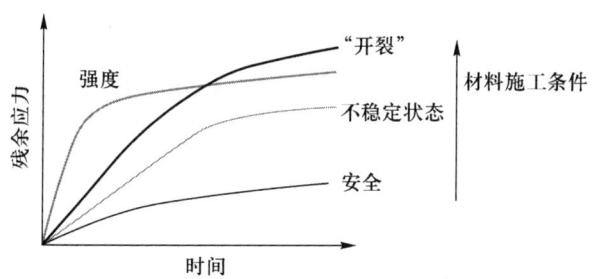

图 7.99 残余应力分布图，在砼混合组成中因查询结构的实践和变化正移向不稳定区[27]

裂缝控制和耐久性的问题受到越来越多的重视，尤其是对标准和规范的要求，根据使用环境，通常会限制裂缝宽度范围在 0.3 mm 以内。Beeby[33]、Schiessl[35]和Ohta[34]的研究表明，在控制钢筋混凝土的整体耐久性时，裂缝宽度不再是一个重要参数了，它仅受起初的腐蚀影响而不是腐蚀的蔓延。显然，这种方法与标准中裂缝控制的要求(如美国混凝土协会[36,37])相矛盾，最近专题研究组(Bentur 等[27])提出了这些明显的矛盾，并作了关于标准中采用合理的最小裂缝限制值以符合最低的法定要求的寿命安全的评论，因此，裂缝宽度的技术要求是指保证安全而非耐用性。

越来越多的专著涉及结构的性能和在使用过程中的费用、要求的耐用性，它包括如耐久性、不透水性等。因此，控制裂缝保证耐用性应该比现场标准中的要求更为严格。通过近期几个混凝土裂缝渗透实验研究(Lawler 等[38]、Aldea 等[39,40]、Edvardsen[41]、Burlion 等[42]、Jooss 等[43]、Schiessl 和 Raupach[44]、Arliguie 等[45])表明，在裂缝宽度的下限临界值时渗透极低，和没有开裂的基体材料相近(见图 7.100)。这个裂缝宽度的临界值为50~100 μm。对耐久性的裂缝宽度临界值，如果可用，可能不是一个简单的值，而是要取决于性能的种类，即不透水性、氯离子渗透以及工艺的不同。通过本论文的介绍，应该考虑裂缝的微观结构(例如弯曲、连续性等)，这也许是一种比考虑裂缝宽度更恰当的方法，而微观结构正是混凝土表面上的特征。

当研究裂缝的微观结构和裂缝宽度的临界值(不超过 100 μm)时，应当注意贯通裂缝的流量研究，可以推断在这个宽度范围内当水经过时可能会发生裂缝愈合的过程(Edvardsen[41]、Reinhardt 和 Jooss[43]、Schiessl 和 Raupach[44])。

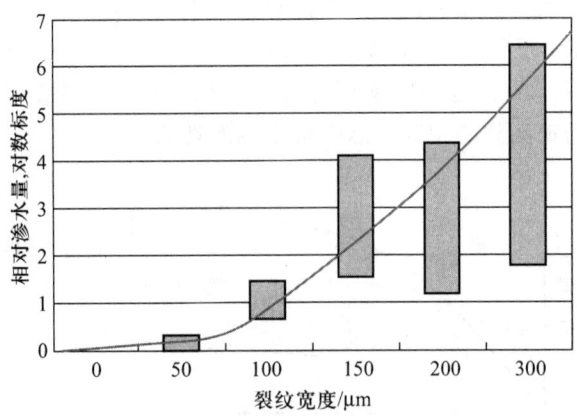

图 7.100　裂缝宽度对相对透水量的影响

这可能与复杂的微观孔结构有关,当足够精细时,可以允许自愈合有效进行,因此,裂缝宽度的临界值可能与这种自愈合机制有关。

四、性能和模拟方法

前面已经提到,关于耐久性,结构的整体性能不可能一直有效,除非采取一种综合的方法。为此需要建立一个整体模型,在体系中引入材料特性是很重要的,但不是唯一的选择。特别是,有两种模型与性能有关:

(1) 从浇注到成熟度的时间到控制开裂的结构模型;在这一阶段,材料的性能、施工条件和环境条件产生较大的影响,人们在设计和施工阶段中都要考虑控制裂缝。

(2) 研究整体性能中的耐久性模型时应考虑物理、化学、机械的几个过程可能会同时发生。

1. 裂缝控制模型化

开裂性能通常是这个领域的结构工程师在设计成熟结构时,或在混凝土达到成熟的性能后都应考虑的。然而,在实践中,许多情况下,早期也可以发生开裂,因环境负荷,如收缩(高强混凝土的干燥收缩)和热膨胀(可能是高强混凝土中含有大量胶凝材料)引起的。即使这些负荷不会导致开裂,但它们会在结构中产生残余应力,以后会增加结构开裂的可能性(见图 7.99)。

早期开裂不仅受材料特性和环境条件的影响,也受施工实践的影响(如养护条件、拆模时间),因此,考虑所有这些影响因素进行模拟时不仅要面对建筑工程师,还应提供给主管材料选择施工环节的工程师,这类模型的例子就是美国的 HIPERPAVE II 模型和荷兰的 FEMASSE 模型(Beek 等[46]、Schlangen 等[47]),其适用范围如图 7.101 所示。

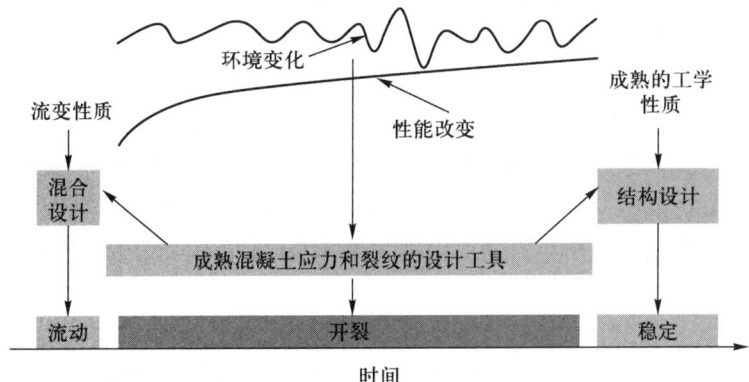

图 7.101　混凝土及混凝土结构的设计模具及适用范围

近期 Li 等[48,49]最新发表的研究表明这些方法在桥面开裂风险计算中的应用。在这个实验中，考虑桥面混凝土（w/c 为 $0.3\sim0.5$，掺或不掺减少收缩的外加剂）的性能以及主梁的位置（桥面混凝土抑制拉伸应力产生依赖于混凝土跨梁的约束，在更刚性梁中会有更高的约束和拉应力）。这些影响结果如图 7.102 所示，列出了配合比的变化（SRA 掺合料）和横跨梁刚性（HSC 和 NSC 预应力梁）可以消除开裂。不过，值得注意的是，即使排除开裂，但仍然存在残余应力，它比强度低些，显然这种残余应力会造成潜在危险，但可定量并起到预测开裂危险的作用，计算结果如图 7.102 所示。

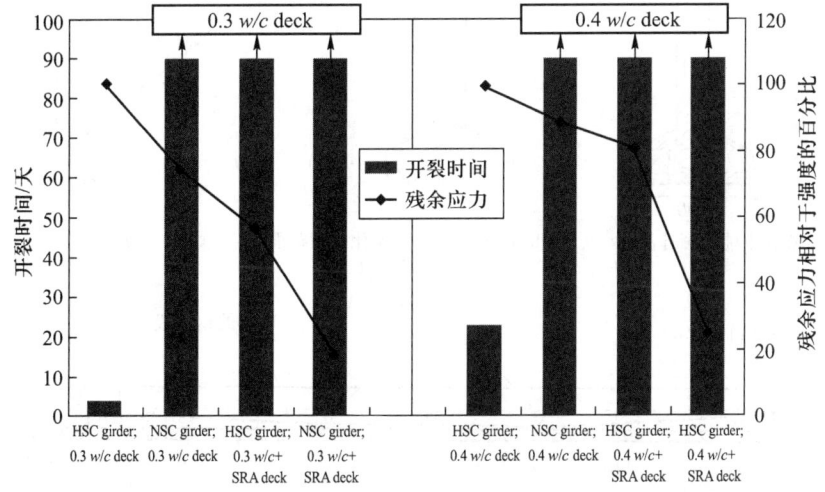

图 7.102　桥面开裂的时间及残余应力值[48,49]。砼桥石 $w/c=0.3\sim0.4$，加或不加减缩外加剂（SRA），浇注在由预应力普通和高强砼制成梁（分别为 NSC 和 HSC），模型运转期 90 天，90 天的棒表示在试验期内无裂缝产生

这些实例显示了这种模型的作用和需求，它可以提供一个协调结构工程师、材料工程师和负责工程施工的结构工程师的平台，以生产无裂缝结构。

2. 在预浇法预应力梁中裂缝和残余应力的实例

为了获得长耐久性、业主们正期待用预浇法预应力原理使生产的产品完全"无裂缝"，这需要更加详细的验证分析，要考虑到结构部件在不同阶段的情况，图7.102示出一桥梁2 300 mm深的横截面，此梁为加拿大东部Khan等[50]一室外预制件厂所生产的，如图7.103(a)所示，预测了在拆除钢模之前蒸气养护试件的温度。

Khan等[51]预测出横截面不同部件的砼强度，如图7.103(b)所示，20 h后拆去模板，假定在类似生产一些梁的环境温度为5 ℃，拆去模板后，试件的估计温度变化如图7.103(c)所示。图7.103中拆模1 h在脱板处温差变化最大，薄腹板的温度下降可达19 ℃，而厚一点的法艺盘的温度下降约3 ℃和5 ℃。此时相对于法艺盘，这里在腹板处由于大的热梯度梁将有拉伸应力。如图7.103(d)所示，除这些内部热应力之外，事实上由于梁急冷时，预浇的直径为13～36 mm的钢筋固定在预应力支座上，使得横梁也会遭受明显的约束拉力。

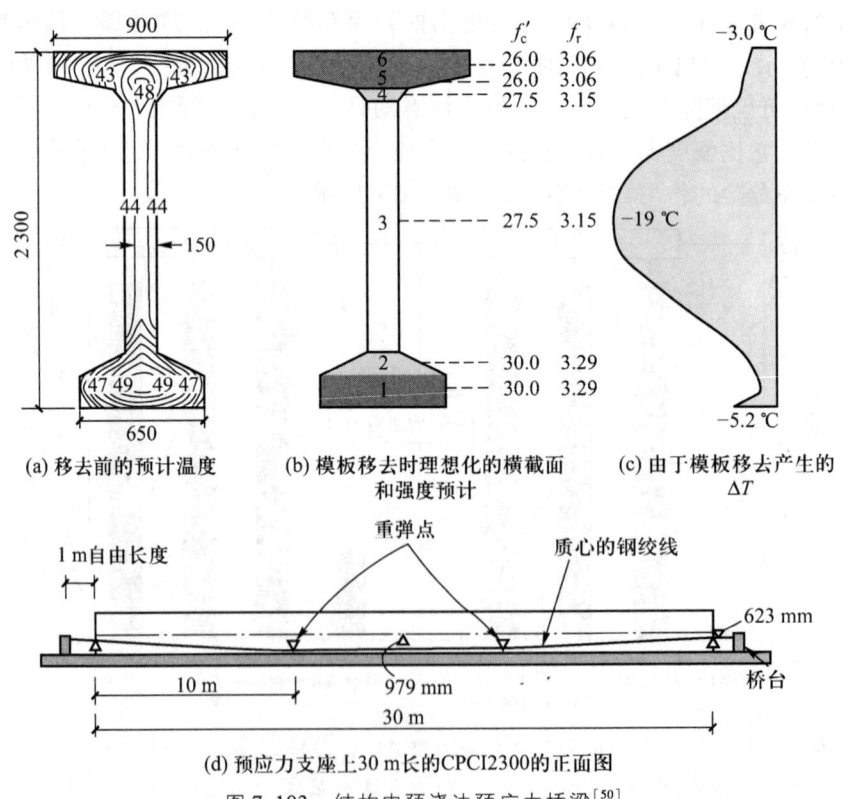

(a) 移去前的预计温度　(b) 模板移去时理想化的横截面和强度预计　(c) 由于模板移去产生的 ΔT

(d) 预应力支座上30 m长的CPCI2300的正面图

图7.103　结构中预浇法预应力桥梁[50]

在这种情况下,根据变形兼用性可以计算出纵向压应力,其值为 479 kN。图 7.104(a)所示为 Bentz 和 Collins[52]用计算机程序 2000 从混凝土一个平面结构说明应变条件和应力,并推断在拆模梁零时的弯曲变形。

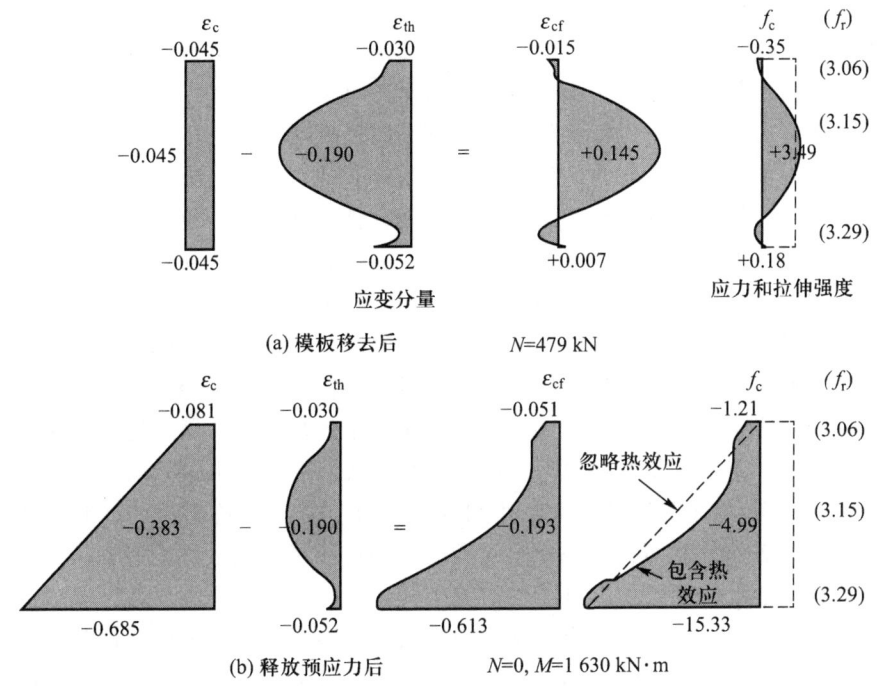

图 7.104　用预浇法预应力梁预测的拉力与压应力

混凝土的应力应变 ε_{cf} 等于总的应变 ε_c 减去热应变 ε_{th},见图 7.104(b)。在分析时,采用混凝土不同部分的横截面(图 7.104(b))的早期特性(Mitchell 等[53])是非常必要的。预测表明,在腹板的中心最大张应力为 3.49 MPa。腹板的断裂系数为 3.15 MPa,因此可能会产生裂缝。在预浇位置的一些实验梁中,假设单独考虑腹板中最少量纵向配筋时,估计可能会产生 600 mm 长、最大宽度为 0.13 mm 的垂直裂缝。这个例子说明了在腹板区域需提供最少纵向钢筋数,也表明腹板中产生明显的残余拉应力。图 7.103(b)显示了根据有无热效应,在预应力释放后砼立即产生的应力相当于得到的预应力,可以预示混凝土的应力,在使用中,这些残余拉应力使梁产生早期剪切裂缝,蠕变效应会随时减少这些应力,事实上,腹板中预应力会产生明显的压力将导致裂缝关闭。Zia 和 Caner 等[54]已经证明,如果腹板保持潮湿,裂缝界面的自愈合是会发生的。Kannel 等[55]认为倾斜的和水平的钢筋的去张次序也是必须考虑的,在拆模时一种降低对钢筋抑制影响的方法是增加梁端无钢筋的长度,Kannel

等[55]建议总的无钢筋长度至少要为基体长度的10%。

3. 耐久性

耐用性通常是指混凝土抵抗有害物质渗透的能力。一个典型的例子就是氯离子渗透,美国试验材料学会 C1202 在电势梯度条件下对混凝土试件氯离子渗透进行了定量分析,评定混凝土质量的依据是经过 6 h 后电荷量或普通水泥试验中测量的电阻率,这两个参数都与扩散系数有关。

然而,也应该考虑到影响混凝土的钢筋锈蚀性能还有其他影响因素,如氯离子的临界值、混凝土表面产生氯化物的增加和随着时间混凝土的扩散系数的变化。因此,仅依据混凝土的扩散系数可能会被误导,故评价混凝土性能时应考虑整个侵蚀过程,为此建立过几种模型。它们有些是相当先进的,并且考虑了许多化学的、物理的和环境的因素(如 Marchand[56]),而其他的就考虑得简单了,专门为了工程应用方面(如 LIFE 365 模型、Thomas 和 Bentz[57])。

因为缺乏对材料性质的比较,如果在对能够提供良好的经济效益的耐久性能材料进行两者选择一个时,这就需要考虑模型的整体性。说明这个体系的一个例子就是暴露在氯化物情况下,用粉煤灰替代水泥以增强钢筋的耐久性,在图 7.97 中,简单而明显的方法是用粉煤灰设计,基于渗透阻力的比较,用渗透系数 K 值表达。然而,考虑整个过程时,还应该考虑别的影响因素,如在粉煤灰混合物中水泥量减少,可能伴随着防钝化与减少氯化物临界值,降低时间效应,由于连续的火山灰反应,这有望在粉煤灰混凝土中较大地降低氯化物的扩散系数。火山灰反应的影响可能慢些,但是如果考虑时间跨度为 10~50 年,它的影响也会很明显。这种降低也明显依赖于环境的条件,需要为明显的火山灰反应的进行提供一个潮湿的环境。LIFE 365 模型中推荐的扩散系数关系如下:

$$D(t) = D_{ref}(t_{ref}/t)^m \tag{7.68}$$

在式(7.68)中,高的 m 值表示了扩散系数随时间减小而增大,在 LIFE 365 模型里,对普通硅酸盐水泥,m 值为 0.2,当掺入 40% 粉煤灰时,m 值为 0.5。最近,Aldykiewicz 等[58]认为对于粉煤灰混凝土扩散系数的减小主要发生在开始的 2~3 年里,且 m 值会低于 0.35。

这些研究表明依据由氯化物渗透试验(即材料性质)测得的 K 值可能不会体现出它的整体效应和对钢筋的保护能力。为了说明两者的区别,在 LIFE 365 模型中,一些灵敏度的计算得以实现。用不同的假设分析是为了确定开始的时间,根据氯化物开始作用时间来计算 K 值大小,Bentur 和 Baum[4]的数据就是以此为目的的,设想如下。

(1)氯化物临界值与混合物(水泥的质量分数为 0.4%)中水泥的实际含量成比例,意味着低价值的粉煤灰混合物可以取代水泥。

（2）扩散系数随时间减小，模拟几种情况：① 和硅酸盐水泥混凝土一样（即 $m = 0.2$），意味着 90 天后，就会没有过多的连续的火山灰反应；② 在 LIFE 365 模型中，对粉煤灰替代 40% 时推荐 $m = 0.52$；③ Aldykiewicz 等[58] 建议中间值 $m = 0.35$。

在此基础上计算了 K 有效值，示于图 7.105 中。如果没有预期的火山灰反应（即 $m = 0.2$，这是在干燥的环境下，也就是混凝土表面保持干燥），计算的使用寿命 K 有效值远比在扩散系数基础上的计算值要低。然而，假定火山灰反应发生（即 $m = 0.35$ 是典型的潮湿环境条件），使用寿命 K 的有效值要比扩散的值高得多，$m = 0.50$ 时，对粉煤灰会产生更大的影响系数，大于 3 是 Aldykiewicz 等[58] 的报道数据，仍存在疑问。这说明当评价混凝土组成的变化作用和单一材料性能时，即使只是一个相关的材料，也会显出模型的重要性。

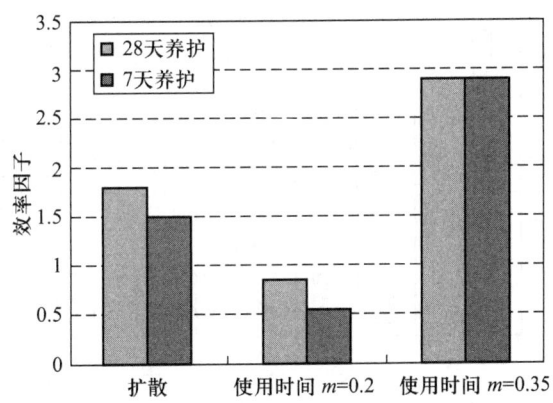

图 7.105　混凝土在氯化物环境下钢筋锈蚀耐久性的粉煤灰 K 有效值

关于混凝土混合材的配比设计来实现经济合理的耐久性的另一个典型的模型就是，在一个混合物中掺进不同种类的掺合料，每种掺合料都会提高耐久性。Bentur 等[59,60] 认为在混凝土存在氯化物腐蚀的情况下，混合物的设计将会影响控制使用寿命的几个因数：

（1）粉煤灰和硅灰降低扩散系数，可能降低一个数量级。

（2）在潮湿或干燥的环境下，防水剂可以减少混凝土表面氯化物的积聚，文献证明，表面氯化物浓度的增加与毛细管吸收系数成比例，当混凝土中存在防水剂时，毛细管吸收系数降低 3~5。

（3）防蚀剂可以提高在钢筋表面的氯化物的临界值，据报道，可以增加到约 $10 \text{ kg} \cdot \text{m}^{-3}$。

曾经一度提倡用三种措施中的一种提高耐久性，然而为了设计一个混合物，能够同时用这三种措施使耐久性最优，那么就得考虑它们结合后的影响，并且这只能在模型情况下进行。Bentur 等[59,60]最近研究想通过输入受三种技术影响的表面氯化物增量、扩散系数和氯化物临界值，使用 LIFE 365 模型来达到此目的。该模型可以根据使用寿命(去钝化时间)和维护寿命循环成本(图 7.106 中，根据标准对海洋地质建筑所要求的 $w/c > 0.4$ 的混合物基础上额外追加的)进行定量输出。可以看出，外加剂的使用会增加混凝土的初始成本，但伴随维护寿命循环费用明显减少，基于混凝土的寿命循环费用而非初始成本，证明应用这样的模型可通过优化混凝土混合物设计来保证混凝土的长期性能和提供一个合理的最佳选择，遗憾的是初始成本分量是由制造商决定的。但是，在这里展示的不是很复杂的使用方法，根据寿命循环成本研究的应用，可以促进调整使用高质量混凝土。

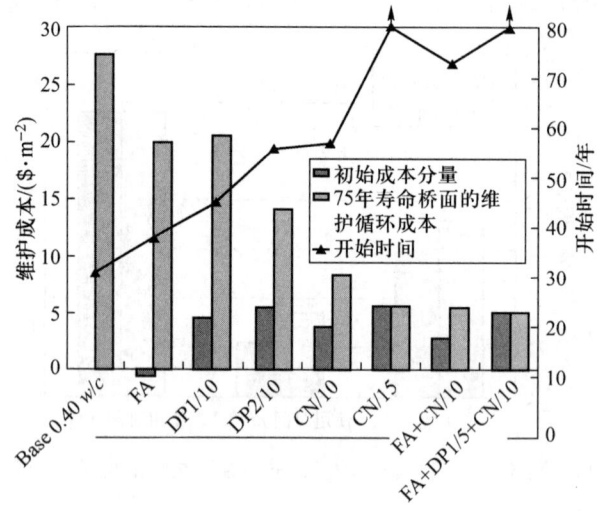

图 7.106 对 75 年寿命设计桥面的成本(开始和寿命周期)及开始腐蚀的时间预测[59]

五、结论

（1）高性能水泥基材料的发展，如 w/c 小于 0.2 和应变硬化性能，为生产更加经济的短期或长期性能的结构的阶跃函数铺平了道路。然而，为了使这种潜力更具体化，需要更深入协调所有结构中的学科，发展新的设计方法和施工(结构)体系与标准。

（2）化学和矿物外加剂等先进技术的应用，结合传统的原材料，如硅酸盐水泥和集料，可以生产更多的环境友好型混凝土和高性能混凝土。这些可利用的和先进的技术可以提供经济的方法来迎接当前混凝土行业的挑战，特别是关于生产经济、耐久的结构的。

（3）这种混凝土性能控制机理和配合比的设计理念通常是人们熟悉的，并能通过工程性质的方法来模拟。然而，尽管知道原理，但在施工现场测试的性能还没有达到这些砼的潜力。存在差异的一些原因是往往忽略了现场施工影响，仅仅依赖于强度和对混凝土质量的监督。

（4）不严格的现场施工对混凝土性能的影响也是肯定的，尤其是耐久性问题。现代的模拟方法可以用来估计养护不足和混凝土保护层的厚度对使用寿命的影响，如果使用得当，可以提供切实可行的监督机制。受到糟糕的现场施工的影响，从服役寿命这一方面来定量，能为这些实际应用的成本效益提供基础，并且如果它们缺少值，则可以提供所需要的补偿。

（5）化学试剂和矿物掺合料的结合使用可以为调节各种耐久性混凝土的配合比设计提供灵活的方法。为了做到这一点，并得到适当的应用，需要运用模型方法，例如用来预测开裂和钢筋锈蚀。近年来发展起来的模型可以提供性能输出（例如服务寿命、开裂），在混凝土成熟期及以后，输入混凝土配合比的设计、施工实践、结构详图和环境条件。因此，这种模型可以为混凝土配合比设计与高性能混凝土的应用提供一个平台，高的初始成本可用寿命周期成本来调节。

（6）为了使混凝土性能设计更为灵活，通过化学和矿物添加剂的具体应用，或许会被误导。性能测试手段和不止一个性能要求（如性能指标）的混凝土质量技术要求现在为满足更合理的混凝土需要铺平了道路。这些方法增强了混凝土设计的性能，需要在标准中添加。

（7）为了在施工中减少开裂的危险，应该采取措施降低由热膨胀和干燥收缩引起的张应力，这些措施也可以降低残余应力和在使用中由于荷载使结构部件开裂的危险。

六、参考文献

[1] Mindess S, Young J F, Darwin D. Concrete[M]. 2nd ed. [s. l.]: Prentice Hall, 2002.

[2] Neville A M. Properties of concrete [M]. 4th ed. [s. l.]: Prentice Hall, 1996.

[3] Bentur A. Durability design of concrete cover: the knowing-doing gap, materials science of concrete[J]. The American Ceramic Society, 2002.

[4] Bentur A, Baum H. Durability of fly ash concrete, research report[R]. National Building Research Institute, Technion-Israel Institute of Technology (in Hebrew), 2003.

[5] Soroushian P, Mirza F, Alhozaimy A. Plastic shrinkage cracking of PP fiber reinforced concrete[J]. ACI Mater. J., 1995, 92: 553-560.

[6] Torrent R J, Luco C F. Non destructive evaluation of the concrete cover: state of the art report[C]//RILEM Technical Committee, TC 189-NEC, in press.

[7] Torrent R J, Luco C F. Non destructive evaluation of the concrete cover: comparative tests[C]//RILEM Technical Committee, TC 189-NEC, in press.

[8] Kubens S, Wasserman R, Bentur A. Non destructive air permeability tests to assess the performance of the concrete cover. 15, Internationalen Baustofftagung ibausil [C]// F. A. Finger Institut fur Baustoffkunde, Bauhaus Universitat Weimar. Tagungsbericht -Band 2, 2003, 1231-1238.

[9] Torrent R J. A two chamber vacuum cell for measurement of the coefficient of permeability to air of the concrete cover on site[J]. Mater. Struct., 1992, 25: 358-365.

[10] Romer R. Effect of moisture and concrete composition on the torrent permeability measurement[J]. Mater. Struct., 2005, 38: 541-547.

[11] Neville A M. Concrete cover to reinforcement, or cover-up[J]. Concr. Int., 1998, 25-29.

[12] Bentur A. Impact of additions: indicators for durability and strength performance[C]//Proceedings International RILEM Workshop on Performance Based Evaluation and Indicators for Concrete Durability, in press.

[13] Babu K G, Rao G S N. Efficiency of fly ash in concrete with age[J]. Cem. Concr. Res., 1996, 26(3): 465-474.

[14] Babu K G, Kumar V S R. Efficiency of GGBS in concrete[J]. Cem. Concr. Res., 2000, 30: 1031-1036.

[15] Babu K G, Prakash P V S. Efficiency of silica fume in concrete[J]. Cem. Concr. Res., 1995, 25(6): 1273-1283.

[16] Papadakis V G, Tsimas S. Supplementary cementing materials in concrete Part I: efficiency and design[J]. Cem. Concr. Res., 2000, 32: 1525-1532.

[17] Papadakis V G, Tsimas S. Supplementary cementing materials in concrete Part I: a fundamental estimation of the efficiency factor[J]. Cem. Concr. Res., 2002, 32: 1533-1538.

[18] Papadakis V G. Efficiency factors (k-values) for supplementary cementing materials regarding carbonation and chloride penetration [C]// CANMET/ACI International Conference on Durability of Concrete, Barcelona, Spain, ACI SP-192. Michigan: American Concrete Institute, Farmington Hills, 2000, 173-187.

[19] Papadakis V G. Effect of supplementary cementing materials on concrete resistance against carbonation and chloride ingress[J]. Cem. Concr. Res., 2000, 30: 291-299.

[20] Cyr M, Lawrence P, Ringot E. Efficiency of mineral admixtures in mortars: quantification of the physical and chemical effects of fine admixtures in relation

with compressive strength[J]. Cem. Concr. Res. , in press.

[21] Oner A, Akyuz S, Yildiz R. An experimental study on the strength development of concrete containing fly ash and optimum usage of fly ash in concrete[J]. Cem. Concr. Res. , 2005, 35: 1165-1171.

[22] Hobbs D W. Carbonation of concrete containing PFA [J]. Magazine of Concrete Research, 1994, 46(166): 35-38.

[23] Thomas M D A. Code requirements for durability: are they good enough[C]// Advances in Concrete through Science and Engineering. Evanston: 1st International Rilem Workshop, 2004.

[24] Baroghel-Bouny V, Andarde C, Scrivener K. Proceedings International RILEM Workshop on Performance Based Evaluation and Indicators for Concrete Durability[C]. Madrid: [s. n.], 2006, in press.

[25] Baroghel-Bouny V. Durability indicators: relevant tools for performance-based evaluation and multi-level prediction of RC durability[C]//Baroghel-Bouny V, Andarde C, Scrivener K. Proceedings International RILEM Workshop on Performance Based Evaluation and Indicators for Concrete Durability. Madrid: [s. n.], 2006, in press.

[26] Alexander M G, Stanish K, Ballim Y. Performance-based durability design and specification: overview of the south African approach [C]//Baroghel-Bouny V, Andarde C, Scrivener K. Proceedings International RILEM Workshop on Performance Based Evaluation and Indicators for Concrete Durability. Madrid: [s. n.], 2006, in press.

[27] Bentur A, Weiss J, Berke N, et al. Co-Chairs of Workshop, Road map for cracking and enhanced durability of concrete structures. Summary of workshop held in Northwestern University[C]. Evanston: [s. n.], 2005, 18-19.

[28] French C, Eppers L, Quoc L, et al. Transverse cracking in concrete bridge decks [C]. Washington D. C. : Transportation Research Record 1688, Transportation Research Board, National Research Council, 1999: 21-29.

[29] Schmitt T R, Darwin D. Effect of material properties on cracking in bridge decks[J]. Journal of Bridge Engineering, 1999, 4(1): 8-13.

[30] Krauss P D, Rogalla E A. Transverse cracking in newly constructed bridge decks, NCHRP Report 380[R]. Washington D. C. : Transportation Research Board, National Research Council, 1996.

[31] Saadeghvaziri M, Hadidi R. Cause and control of transverse cracking in concrete bridge decks, Final Report [R]. FHWA-NJ-2002-19, December, 2002.

[32] Bentur A. Early Age Cracking in Cementitious Systems: State of the Art, RILEM Report 25[R]. S. A. R. L: RILEM Publications, 2003.

[33] Beeby A W. Corrosion of reinforcing steel in concrete and its relation to cracking[J]. The Structural Engineer, 1978, 56A: 77-81.

[34] Schiessl P. Cracking of concrete and durability of concrete structures[C]// AFREM-CCE, St Remy les Chevreuse. [s. l.]: [s. n.], 1988.

[35] Ohta T. Corrosion of reinforcement steel in concrete exposed to sea air[C]// Canmet/ACI International Conference, SP 126-24, 549-477, Montreal, Canada, 1991.

[36] ACI Committee 222, Protection of metals in concrete against corrosion[C]. American Concrete Institute, USA, 2001.

[37] ACI Committee 222, Design and construction practices to mitigate corrosion reinforcement in concrete structures[C]. American Concrete Institute, USA, 2003.

[38] Lawler J, Zampini D, Shah D, et al. Permeability of cracked hybrid fiber-reinforced mortar under load[J]. ACI Mater. J., 2002, July-August: 379-385.

[39] Aldea C M, Shah S P, Karr A. Permeability of cracked concrete[J]. Mater. Struct., 1999, 32(219): 370-366.

[40] Aldea C M, Ghandehari M, Shah S P, et al. Estimation of water flow through cracked concrete under load[J]. ACI Mater. J., 2000, 95(5): 567-575.

[41] Edvardsen C. Water permeability and autogenous healing of cracks in concrete [J]. ACI Mater. J., 1999, 96(4): 448-454.

[42] Burlion N, Skoczylas F, Dubois T. Induced anisotropic permeability due to drying of concrete[J]. Cem. Concr. Res., 2003, 33: 679-687.

[43] Reinhardt H W, Jooss M. Permeability and self-healing of cracked concrete as a function of temperature and crack width[J]. Cem. Concr. Res., 2003, 33: 981-985.

[44] Schiessl P, Raupach M. Laboratory studies and calculations on the influence of crack width on chloride-induced corrosion of steel in concrete[J]. ACI Mater. J., 1997, 94(1): 56-62.

[45] Francois R, Arliguie G. Effect of microcracking and cracking on the development of corrosion in reinforced concrete members[J]. Magazine of Concrete Research, 1999, 51: 143-150.

[46] Beek A, Baetens B, Schlangen E. Numerical model for prediction of cracks in concrete structures, in Proceedings EAC'01, Conference on Early Age Cracking in Cementitious Systems[C]. Haifa: [s. n.], 2001: 39-48.

[47] Schlangen E, Lemmens T, Beek T. Simulation of physical and mechanical processes in concrete floors and slabs, Proceedings of the international Seminar held at University of Dundee, Scotland, UK on 5-6 September 2002

[C]. [s. l.]: [s. n.], 2002, 45-56.

[48] Li L, Berke N S, Durning T, et al. Computer modeling of bridge deck cracking at early ages, Computer modeling of bridge deck cracking at early ages[C]// Advances in Concrete through Science and Engineering, p. 261 in Proc. 2nd Int. RILEM Proceeding PRO 51, RILEM Publications, 2006.

[49] Li L, Durning T, Berke N, et al. Numerical modeling for prediction of bridge deck cracking[C]. Reno, Nevada: Concrete Bridge Conference, 2006.

[50] Khan A A, Cook W D, Mitchell D. Factors influencing thermal stresses in HPC members[C]. ACI SP-172, HPC Conf. , Malaysia, 1997: 135-153.

[51] Khan A A, Cook W D, Mitchell D. Thermal properties and transient thermal analysis of structural members during hydration[J]. ACI Mater. J. , 1998, 95 (3): 293-303.

[52] Bentz E C, Collins M P. Response 2000 [J/OL]. Univ. of Toronto (2000). www. ecf. utoronto. ca/bentz/r2k. htm.

[53] Mitchell D, Khan A A, Cook W D. Early age properties for thermal and stress analyses during hydration[C]// Materials Science of Concrete V. Westerville: American Ceramic Society, 1998: 265-306.

[54] Zia P, Caner A. Cracking in large-sized long-span prestressed concrete AASHTO girders, Fed[R]. Highway Admin. Research Report 1993, 23241-93-3.

[55] Kannel J, French C, Stolarski H. Release methodology of strands to reduce end cracking in pretensioned concrete girders[J]. PCI J. 42 (1), 1997: 42-54.

[56] Marchand J. Modeling the behavior of unsaturated cement systems exposed to aggressive chemical environment[J]. Mater. Struct. , 2001, 3(4): 195-200.

[57] Thomas M D A, Bentz E C. Life 365[C]// Computer Program for Predicting Service Life and Life-Cycle Costs of Reinforced Concrete Exposed to Chlorides. University of Toronto, 2000.

[58] Aldykiewicz A, Berke N S, Hoopes R, et al. Long term behavior of fly ash and silica fume concretes in laboratory and field exposures to chlorides[C]// Corrosion 2005, NACE Annual Conference. Texas: NACE International Publication Division, 2005.

[59] Bentur A, Berke N S, Li L. Integration of technologies for optimizing durability performance of reinforced concretes[C]// Concrete Durability and Service Life Planning (ConcreteLife 06), Proceeding RILEM International Conference, Israel. Paris: RILEM Publications, 2006, PRO 46: 247-258.

[60] Bentur A, Berke N S, Li L, et al. Concrete Mix Design for Durability: Integration of Technologies[J]. Structures, 2006.

郑重声明

高等教育出版社依法对本书享有专有出版权。任何未经许可的复制、销售行为均违反《中华人民共和国著作权法》，其行为人将承担相应的民事责任和行政责任；构成犯罪的，将被依法追究刑事责任。为了维护市场秩序，保护读者的合法权益，避免读者误用盗版书造成不良后果，我社将配合行政执法部门和司法机关对违法犯罪的单位和个人进行严厉打击。社会各界人士如发现上述侵权行为，希望及时举报，本社将奖励举报有功人员。

反盗版举报电话　（010）58581897　58582371　58581879
反盗版举报传真　（010）82086060
反盗版举报邮箱　dd@hep.com.cn
通信地址　北京市西城区德外大街4号　高等教育出版社法务部
邮政编码　100120